运河文化卷 智汇栖水乡

2023全国城乡规划专业七校联合

毕业设计作品集

浙江工业大学
北京建筑大学
苏州科技大学
山东建筑大学
安徽建筑大学
福建理工大学
浙江科技学院
编

華中科技大學出版社
http://press.hust.edu.cn
中国·武汉

图书在版编目（CIP）数据

运河文化卷，智汇栖水乡：2023 全国城乡规划专业七校联合毕业设计作品集 / 浙江工业大学等编 .-- 武汉：华中科技大学出版社，2024.1

ISBN 978-7-5772-0237-2

Ⅰ . ①运… Ⅱ . ①浙… Ⅲ . ①城乡规划 – 建筑设计 – 作品集 – 中国 – 现代 Ⅳ . ① TU984.2

中国国家版本馆 CIP 数据核字 (2023) 第 235885 号

运河文化卷，智汇栖水乡：2023 全国城乡规划专业七校联合毕业设计作品集

YUNHE WENHUA JUAN,ZHIHUI QI SHUIXIANG:
2023 QUANGUO CHENGXIANG GUIHUA ZHUANYE QIXIAO LIANHE BIYE SHEJI ZUOPINJI

浙江工业大学等 编

策划编辑：简晓思

责任编辑：简晓思

装帧设计：金 金

责任监印：朱 玢

出版发行：华中科技大学出版社（中国·武汉） 电 话：（027）81321913

武汉市东湖新技术开发区华工科技园 邮 编：430223

印 刷：湖北金港彩印有限公司

开 本：889mm × 1194mm 1/16

印 张：12.75

字 数：439 千字

版 次：2024 年 1 月第 1 版第 1 次印刷

定 价：108.00 元

编委会

- 浙江工业大学：徐　鑫　丁　亮　龚　强　孙　莹　陈梦微　李凯克
- 北京建筑大学：荣玥芳　高晓路　苏　毅
- 苏州科技大学：顿明明　于　淼　周　敏
- 山东建筑大学：陈　朋　程　亮
- 安徽建筑大学：汪勇政　李伦亮　张馨木
- 福建理工大学：杨芙蓉　曹风晓　邱永谦
- 浙江科技学院：丁康乐　汤　燕　张学文
- 浙江省城乡规划设计研究院有限公司城市规划设计三分院：蔡　健　华　力

浙江工业大学

北京建筑大学

苏州科技大学

山东建筑大学

安徽建筑大学

福建理工大学

浙江科技学院

浙江省城乡规划设计研究院有限公司

序言 1

PREFACE

2023 年全国城乡规划专业“7+1”联合毕业设计教学活动终于回归常态化的线下举办，时隔七年再一次来到了杭州，由浙江工业大学承办本次联合毕业设计教学活动。

全国城乡规划专业“7+1”联合毕业设计教学活动是国内第一个城乡规划专业联合毕业设计教学活动，历经 13 年发展，该教学活动已成为国内城乡规划专业具有重要影响力的特色品牌，参与其中的各校在 13 年砥砺同行中一起进步，先后都成为城乡规划专业国家级一流本科专业建设点。

2023 年全国城乡规划专业“7+1”联合毕业设计教学活动由北京建筑大学、苏州科技大学、山东建筑大学、安徽建筑大学、浙江工业大学、福建理工大学、浙江科技学院共同主办，在浙江省城乡规划设计研究院有限公司、杭州临平大运河科创城建设指挥部及浙江省国土空间规划学会人才培养专业委员会的倾力支持下，共同商定以“运河文化卷，智汇栖水乡”为主题，以杭州市临平区塘栖北单元的 A、B、C、D 地块和张家墩地块作为城市设计对象。参与联合毕业设计活动的学生采用“多地块”组合方式，根据人均不小于 25 公顷的设计范围工作量，形成 2~4 人的小组组合形式，在毕业设计中对世界文化遗产进行保护与传承，这对他们来说是一次既难得又极具挑战性的城市设计实践经历。

大运河，沟通南北，穿越古今，孕育着塘栖的江南水乡文化，承载着塘栖的无数繁华景象。塘栖镇既是大运河国家文化公园杭州段的门户，又是浙江省首批小城市培育试点镇，肩负着“展现运河南源首镇风采，示范小城市高质量发展”的重要使命。作为运河沿线的重要节点，塘栖镇迎来重大发展机遇，但也存在着许多问题。在新时期大运河国家文化公园建设保护的目标要求下，我们需要重新思考如何挖掘运河价值、彰显运河古镇意象；如何进一步加强塘栖的开发竞争力；如何保护好、传承好、利用好大运河，助力塘栖高质量发展，使其焕发新活力；如何实现保护古镇、发展旅游、创新经济与造福百姓的多赢局面等一系列问题。

本次联合毕业设计经历选题、混编调研、调研汇报、中期交流、成果答辩等环节，经过大半年的努力，圆满落幕。此次作品集收录了 7 所高等院校城乡规划专业的 22 份优秀毕业设计作品，精彩呈现给读者的每一组作品都是小组学生和指导教师共同劳动的成果及集体智慧的结晶，大家在城市设计实践中从运河文化、文旅产业与科创转型等视角探索塘栖北单元各地块中的复兴策略，在设计中深入挖掘塘栖特色，在新旧融合共生中彰显大运河文化、古镇文化的演绎与活化，为古镇保护与复兴设计提供了新思路。

在本书出版之际，参加本次联合毕业设计的学生已踏上新的人生征程，下一届的东道主福建理工大学也将为筹备新一轮的联合毕业设计活动开始忙碌，期待 2024 年在榕城与各校老师和学生相聚。祝愿全国城乡规划专业“7+1”联合毕业设计教学活动继续逐光前行，越办越好！

序言 2

PREFACE

2023 年第十三届全国城乡规划专业“7+1”联合毕业设计以“运河文化卷，智汇栖水乡”为设计主题，具体题目为“杭州市临平区塘栖北单元城市设计”。本届联合毕业设计采用校企联合的方式，特别荣幸，浙江省城乡规划设计研究院有限公司城市规划设计三分院作为本次活动的支持单位，能为大家展现设计才华提供平台。本届联合毕业设计是高校、规划院及地方政府共同探索杭州塘栖片区城市设计的一次重要尝试，对历史文化名镇更新设计的课题教学及联合毕业设计的教学交流意义重大。

大运河距今已有 2500 年历史，是沟通中国南北的大动脉，起着漕粮北运等重要作用。本次设计基地所在的塘栖古镇作为大运河进入杭州的门户首镇，是世界文化遗产大运河的重要节点，也是大运河历史的见证者。古镇因运河而兴，历朝历代均为杭州市的水上门户，曾贵为江南十大名镇之首。如今，塘栖古镇位处对接嘉兴、面对上海的科创服务走廊之上，接轨大上海，融入长三角，是杭州创新驱动下的产城融合新区，已规划多个科创产业板块，科创氛围浓厚。运河、湿地、山川、古镇等元素形成“山 - 湖 - 城”的景观格局，河道纵横、水网密布，店铺临河而立，延续着江南水乡的肌理特征。然而，基地现状面临着功能业态、配套设施、创新产业活力不足，文化展示缺乏特色，道路交通设施滞后，古镇同质化竞争严重等诸多挑战。基于历史文化名镇保护更新工作，希望通过系统梳理现状问题特征和城市设计手段，以优化功能业态布局、重塑空间形态和交通组织、营造水乡特色景观风貌为出发点，平衡好古镇文化保护传承和新时代城市发展的关系。

在新时期大运河国家文化公园建设保护的目标要求下，如何挖掘运河价值、彰显运河古镇意象，如何进一步加强塘栖的开发竞争力，如何实现保护古镇、发展旅游、创新经济与造福百姓的多赢局面，是本次联合毕业设计探索的重要议题。通过深入挖掘历史文化资源和现状特征，结合功能、交通、业态、人口、空间等方面分组进行方案设计，多视角探寻片区保护更新的可能性，最终形成的设计成果凝聚了塘栖北单元城市设计的多样化思路，实现融合、传承和创新。这是高校、企业和地方政府全体规划人的集体智慧，为古镇更新实际工作奠定了坚实基础。期待运河古韵与现代社会融合，塘栖文脉与美好生活共生，以规划之笔助力古镇历史文化再现辉煌。

祝全国城乡规划专业“7+1”联合毕业设计越办越好！

浙江省城乡规划设计研究院有限公司城市规划设计三分院

蔡健

2023 年 10 月

目录

CONTENTS

选题与任务书

Mission Statement

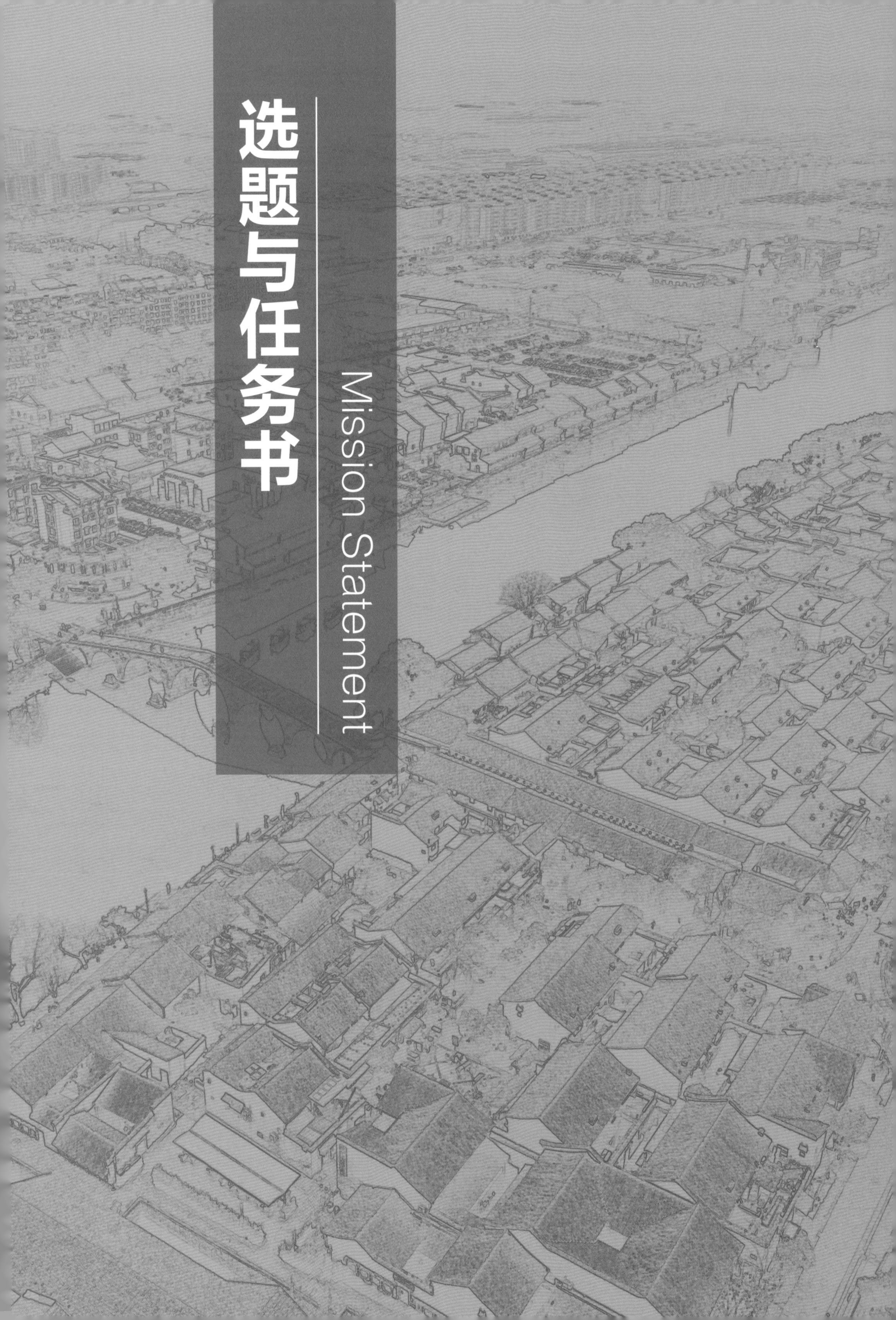

一、选题背景

大运河是中华民族发展历史长河中展现巨大民族凝聚力、向心力和文化力的一项重大标志性工程，是祖先留给我们的宝贵文化遗产和精神财富。

2014 年 6 月 22 日，在卡塔尔多哈举行的联合国教科文组织第 38 届世界遗产委员会会议上，中国大运河被列入《世界遗产名录》。2019 年 7 月，中央全面深化改革委员会审议通过《长城、大运河、长征国家文化公园建设方案》，强调建设大运河国家文化公园是统筹推进大运河文化保护传承利用的具体行动。2021 年 8 月 8 日，国家文化公园建设工作领导小组印发《大运河国家文化公园建设保护规划》，要求各相关部门和沿线省份结合实际抓好贯彻落实习近平总书记关于保护好、传承好、利用好大运河的重要指示批示精神。

位于杭州市临平区西部的塘栖镇，是大运河进入杭州的门户首镇，因运河而生、以运河而兴，走过了数百年的历史。在新时期大运河国家文化公园建设保护的目标要求下，塘栖镇面临着环境重塑、文化重构和产业再生的迫切需求。

1. 杭州市概况

杭州，简称“杭”，古称临安、钱塘。杭州是浙江省省会、副省级城市、特大城市，杭州都市圈核心城市，国务院批复确定的浙江省经济、文化、科教中心，长江三角洲中心城市之一。截至 2022 年，杭州市下辖 10 个市辖区、2 个县，代管 1 个县级市，总面积 16850 平方千米，建成区面积 648.46 平方千米。截至 2022 年底，杭州市常住人口为 1237.6 万人。2022 年，全市实现地区生产总值 18753 亿元。

杭州地处中国华东地区、钱塘江下游、东南沿海、浙江北部、京杭大运河南端，是环杭州湾大湾区核心城市、G60 科创走廊中心城市。杭州人文古迹众多，西湖及其周边有大量的自然及人文景观遗迹，具代表性的有西湖文化、良渚文化、丝绸文化、茶文化（图 1–1）。

在新一轮的国土空间规划中，杭州恰逢行政区划优化调整，统筹推进“五位一体”总体布局，协调推进“四个全面”战略布局，贯彻落实新发展理念，围绕“数智杭州、宜居天堂”的发展导向，加快建设社会主义现代化大都市，奋力展现

图 1–1 杭州的西湖文化、良渚文化、丝绸文化、茶文化

重要窗口的“头雁风采”，分阶段完成“数智杭州、宜居天堂（2025）”“社会主义现代化国际大都市（2035）”“独特韵味别样精彩的世界名城（2050）”三个城市发展目标。新时期的杭州在坚持全市域“一张图”指导下，形成“做优主城、做强副城、集聚县城、培育重镇，构建多中心、网络化、组团式、生态型空间结构”，构建浙江高质量发展建设共同富裕示范区“城市范例”，打造“城市之窗”，展示“中国之治”（图1-2）。

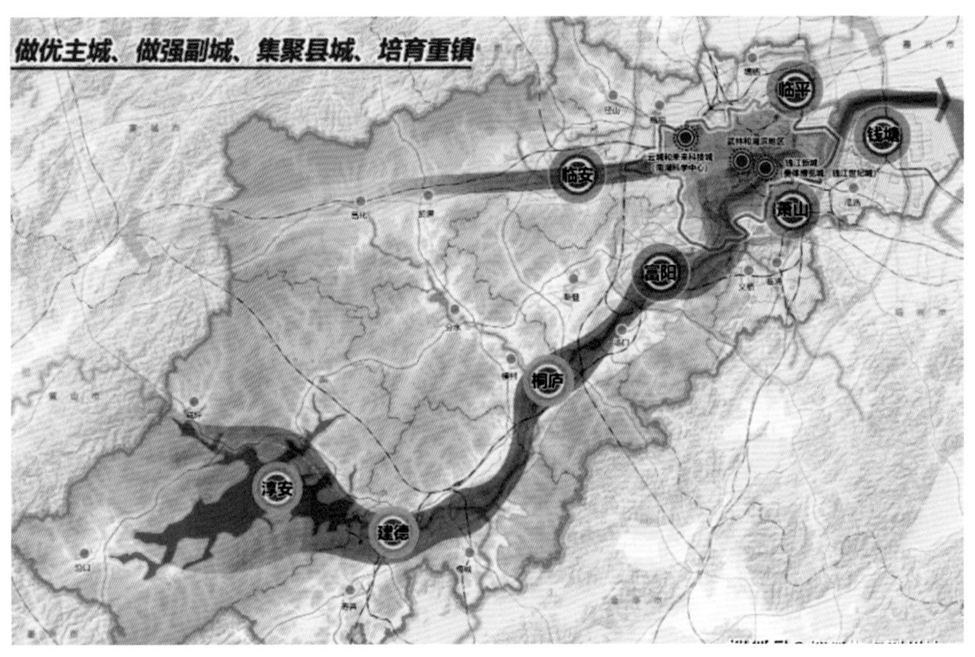

图1-2 杭州特大城市空间格局

2. 临平区概况

临平区，前身是原余杭区临平创业城，是原余杭区的政府所在地，境内主要地势平坦，水系纵横，京杭大运河、上塘河、运河二通道环绕，具有临平山、超山、丁山湖湿地等各具特色的山水资源优势。临平区地处长三角圆心地，坐落于G60科创走廊和杭州城东智造大走廊的战略交汇点，是杭州融沪桥头堡和杭州都市圈东北门户，境内交通网络发达。临平可通过沪杭铁路、沪昆铁路、沪杭高速、杭浦高速、申嘉湖杭高速等多条对外快速通道与上海直接联系，临平至上海虹桥站高铁47分钟可达，至杭州核心区交通实现了半小时通勤圈。作为杭州的东大门、G60科创走廊和城东智造大走廊的战略交汇点，临平区经济发展势头强劲，产业和科创基础扎实，创新活力凸显。临平区在成立后科学把握“核”与“星”的关系，坚持全面融入、深度融入杭州主城整体发展格局，按照“科产城融合、功能完备、职住平衡、生态宜居、交通便利”的建设要求，合理规划空间布局，统筹全区域构筑“双轴双环、两心三片”国土空间总体格局，实施“南融、北创、东靓、西优、中兴”的区域发展策略（图1-3）。

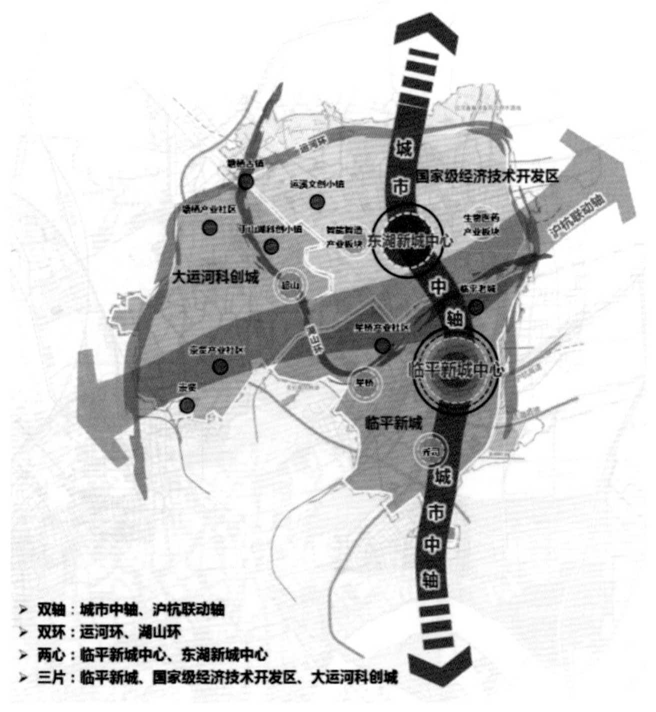

图1-3 临平国土空间结构图

3. 塘栖镇概况

塘栖镇地处杭嘉湖平原南端，是浙北重镇、江南水乡名镇、临平副中心。塘栖镇水陆交通十分便捷，S13 申嘉湖杭高速公路穿镇而过，S304 省道、京杭大运河东西向贯穿全镇，塘康公路、拱康路、圆满路延伸段（S304 省道和 G320 国道连接线）直通杭州，距杭州主城区 15 千米，水上巴士直达武林门。塘栖镇现辖 21 个村、17 个社区，常住人口超过 8 万人，总面积 79 平方千米，是闻名遐迩的“鱼米之乡、花果之地、丝绸之府、枇杷之乡”。

在经济大潮中，塘栖镇先后获全国千强镇、浙江省文明镇、浙江省综合实力百强乡镇、浙江省十大历史文化名镇、浙江省卫生镇、杭州市经济发展十佳乡镇、杭州市现代化标志性教育强镇、国家枇杷原产地域保护之乡等荣誉称号。2010 年底，塘栖镇成为浙江 27 个小城市培育试点镇之一。2020 年 1 月，塘栖镇入选浙江省 2020 年度美丽城镇建设样板创建名单。

（1）塘栖历史

塘栖历史悠久，始建于北宋，时称下塘，为小镇，当时京杭大运河水系已经形成网络，主要为渔民聚居点。自元代以来，张士诚开挖武林港至涨桥运河河道，名新开运河，此后大运河走向舍自长安镇经临平至杭州之旧河道，取道塘栖，一时间塘栖商贾云集，蔚成大镇。明代以来，广济桥修复，运河两岸聚连成片。清代康熙帝两次南巡、乾隆帝南巡都到达塘栖，当时的塘栖已经声誉日隆，成为通商要埠，富甲一方，贵为“江南十大名镇”之首。清末时期，塘栖近代丝绸工业发轫，大纶丝厂、波华织绸厂等相继开办。至民国时期，塘栖镇容规模空间已与县城相当。新中国成立后塘栖城建工作始兴，城镇规模扩张，但也面临着历史保护与城镇发展需求的矛盾（图 1-4)。

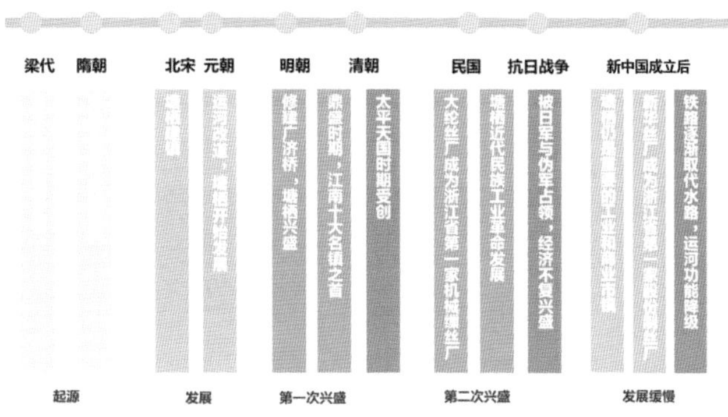

图 1-4 塘栖古镇历史发展沿革

（2）文化遗存

目前塘栖镇范围内现状历史文化遗存丰富，拥有文物资源点、工业遗存近 90 处，包括全国重点文物保护单位 1 处，省级文物保护单位 1 处，市级文物保护单位 3 处，市级文物保护点 3 处，以及第三次全国文物普查登录点 73 处，历史建筑 7 处。另外，塘栖镇还拥有 11 条明弄堂、3 条暗弄堂、3 段廊檐街等历史街巷，2 条古航道和 10 段生活水系构成了镇区四通八达的水网肌理，分布的 10 座石桥（其中 6 座为复建）、3 处古码头见证了塘栖繁华的历史（图 1-5、图 1-6）。

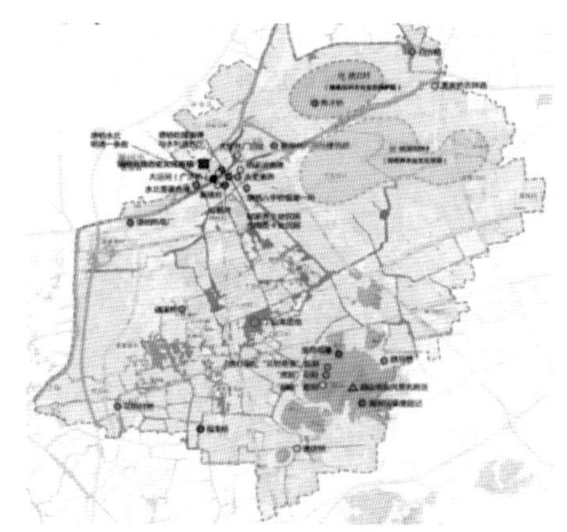
图 1-5 塘栖镇现状历史资源

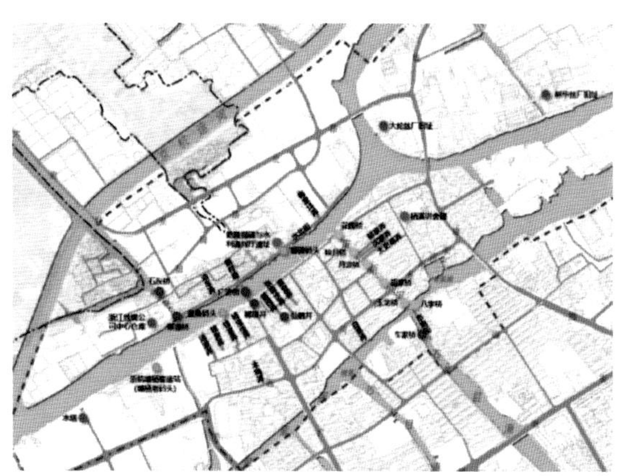
图 1-6 塘栖镇重点区范围现状历史文化资源

4. 现状问题

塘栖镇现在遇到的问题如图 1-7 至图 1-14 所示。

S 优势
南运首镇历史
战略区位优势
水乡古镇特色
人文历史璀璨
山湖生态体系
腹地留白空间
O 机遇
大运河国家战略
国家文化公园建设
大运河科创城布局
轨道交通提升
文旅科技趋势
W 劣势
运河特色未彰
文旅活力不足
古建留存较少
文化展示不足
科创基础较弱
年轻人口流失
T 挑战
运河各段竞争
水乡古镇竞争
数字科创竞争
城市人才竞争

运河破题：
极致运河大主题

生态再造：
重现江南佳丽地

文化再生：
唤活千年人文脉

产业再聚：
注入科技创新力

城镇再兴：
复兴水乡运河镇

图 1-7 现状问题汇总

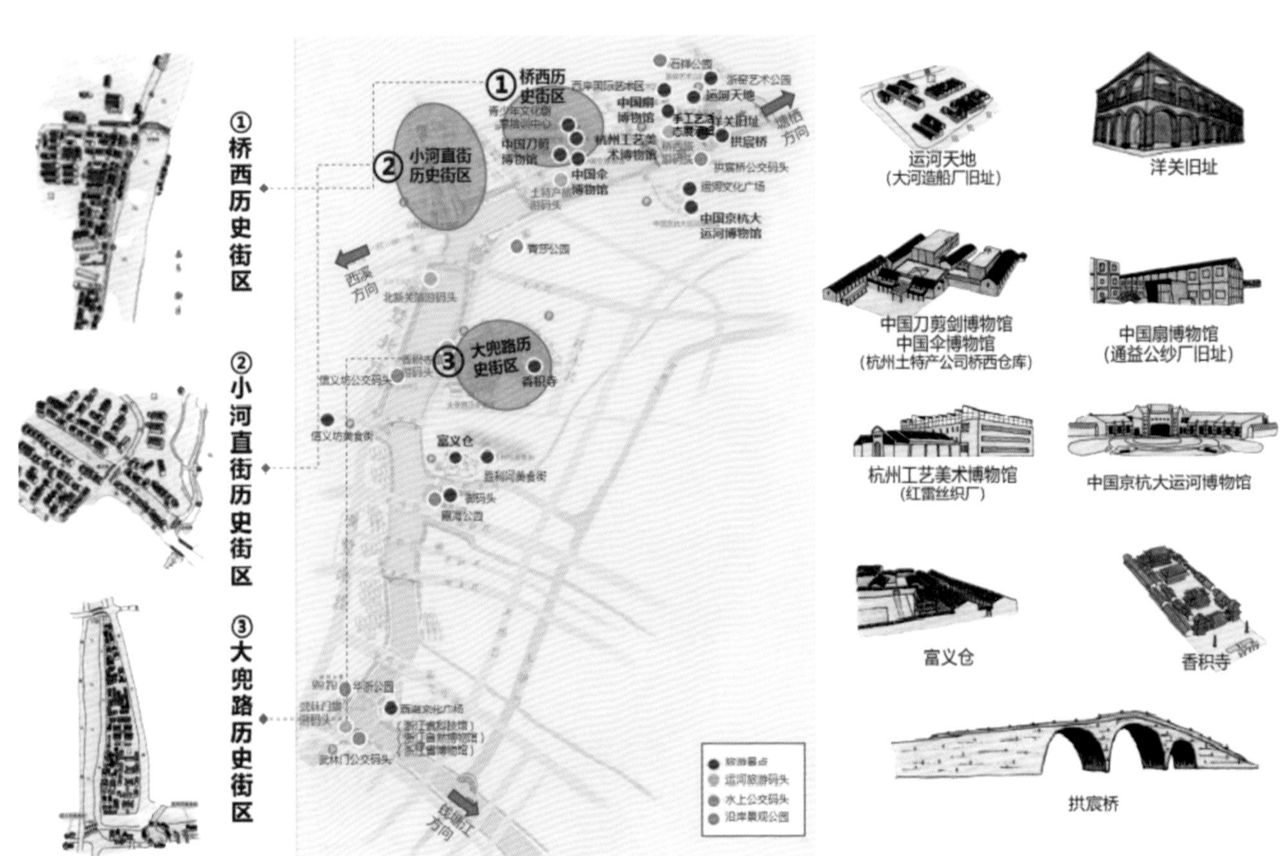

图 1-8 杭州市运河区段项目较多，缺乏运河的聚焦

- 目前杭嘉湖沪地区共有古镇10余个，江南水乡类景点雷同度高、竞争激烈。
- 塘栖古镇现状游客量及开发程度较第一梯队的西塘、乌镇等均有较大的差距。
- 塘栖是杭州唯一一个市区内的水乡古镇，且地处杭嘉湖交界，地理位置优越。
- 相较历史上“江南十大名镇”的辉煌，现在的塘栖远未展示其独特魅力。

古镇	区位	占地（km²）	等级	2019年游客量（万人次）	主要项目内容
塘栖古镇	杭州市	54.3	4A	230	运河商贾重镇，生活气氛浓郁，小资情调浓厚，侧重水乡生活体验
龙门古镇	杭州市	2	4A	—	浙明清古建筑群、青山绿水、孙权故里，宗族聚居形态明显
河桥古镇	杭州市	190.8	4A	—	山水风光、老街、清代民国时期建筑
西塘古镇	嘉兴市	83.61	5A	1136	倪宅、西园、醉园、五姑娘主题公园、卧龙桥、万安桥、朱念慈扇面书法艺术馆、百印馆、南社陈列室等
乌镇	嘉兴市	79	5A	918	江南水乡风貌、水乡街区、文化场馆、乌村、乌镇戏剧节、国际互联网大会
新市古镇	湖州市	—	4A	—	名人故里、京杭大运河线上最大水运码头的起源、电影取景地、运河新天地旅游综合体古镇旅游复兴项目
南浔古镇	湖州市	34.27	5A	941	小莲庄、嘉业堂藏书楼、张石铭故居、百间楼、刘氏梯号、辑里湖丝馆、丝业会馆
锦溪古镇	昆山市	90.69	4A	—	素有“中国民间博物馆之乡”的美誉，留存诸多人文景观、古迹名胜和无数独具明清特色的建筑，每年还举办锦溪古镇艺术节
朱家角古镇	上海	47	4A	—	扎西达娲藏文化体验馆、大清邮局、课植园、人文艺术馆、城隍庙、手工艺馆、圆漫禅院、上海全华水彩艺术馆
枫泾古镇	上海市	91.66	4A	—	上海现存规模最大、最古老的古镇

图 1-9　塘栖开发相对落后，竞争力不足

项目所在板块：已呈现科创产业发展趋势，但基础仍然薄弱

塘栖装备制造机械产业园
- 主导产业：新能源汽车制造业（关键零部件）
- 功能定位：杭州北部重要先进装备制造基地
- 规划面积：7.38平方千米

塘栖已来科创园
- 主导产业：智能制造
- 位置：位于塘栖装备制造产业园区内（其前身是嘉艺针织厂房）
- 规模：占地6600多平方米，建筑面积1.5公顷

丁山湖科创小镇

在行政区划调整的新形势下，面对临平区创新空间、数字经济发展不足的问题，希望依托塘栖—丁山湖—超山区域良好的生态环境，**吸引科创产业落地**，打造科创水城，支撑原有**智能智造**板块的发展。

——《临平区国土空间总体规划》

塘栖智能物流园区
- 由中通智能物流、鲜丰水果、阿里健康共同投资开创并落户于此

项目相邻板块：应避免同质化竞争

余杭生物医药高新技术产业园
- 主导产业：着力打造长三角规模最大、最具影响力的**医疗器械和创新药物产业**基地
- 全省唯一的省级生物医药高新区
- 总规划面积20.76平方千米

艺尚小镇
- 主导产业：**时尚产业、文化创意、设计研发、旅游休闲、教育培训、销售展示**等产业，定位树立“**中国直播电商新地标**”
- 位置：临平新城核心区
- 规模：小镇总体规划约3平方千米
- 创建时间：2015年（特色小镇）

图 1-10　基地周边初步呈现数字经济与新制造类产业布局，基础仍然较为薄弱

图 1-11　运河古镇意象初显，但运河价值挖掘不足

图 1–12　文旅功能初步具备，但辐射能力较为有限

图 1–13　水乡风貌余韵尚存，但整体策划实施不佳

图 1-14　古镇镇区功能齐备，但文旅服务支撑较弱

5. 相关规划

（1）《临平区国土空间总体规划（过程稿）》

临平始终贯彻生态文明理念，实现高水平保护、集约高效发展理念，实现高质量发展、以人民为中心思想，实现高品质生活、“多规合一”全域统筹要求，实现高效能治理，落实国土空间规划新理念、新要求。

结合目标定位空间需求，初步构建“双轴双环、两心三片”国土空间总体格局。“双轴”为城市中轴和沪杭联动轴：城市中轴贯穿南数字、中时尚、北创造的城市核心轴线，以核心轴线联动塑城，提升临平城市活力，提升人居品质，提升区域地位；沪杭联动轴衔接落实沪杭区域发展轴、G60 科创走廊，并以此为依托，推进临平智造、科创以及城市功能空间全域全要素融入沪杭发展。

（2）《杭州市余杭区塘栖镇小城市培育试点总体规划》

《杭州市余杭区塘栖镇小城市培育试点总体规划》对塘栖的功能定位：杭州湾先进高新技术产业高地、古运河畔宜居新城、江南水乡文化名城。

根据塘栖的功能定位，确定塘栖的城市性质：杭州都市近郊融古镇、运河、湿地和名山于一体的现代水乡田园城市。

（3）《大运河浙江段遗址保护规划》

《大运河浙江段遗址保护规划》对大运河塘栖段和塘栖古镇涉及运河遗产的相关文物和古迹提出了保护要求。该规划提出对大运河浙江段在用河道岸线进行分类保护。

（4）《杭州市大运河世界文化遗产保护规划》

该规划用于指导大运河（杭州段）的保护与管理工作，遗产区内的专项规划、详细规划应符合该规划要求。该规划主要措施应纳入《杭州市城市总体规划》，其他各类相关规划应与该规划进行衔接。大运河（杭州段）的保护对象为杭州市区范围内列入中国大运河世界文化遗产的整体价值和 11 个遗产点段，作为杭州塘遗产点段的重要组成部分，运河塘栖段被提出了较为细致明确的保护与利用要求。

（5）《杭州市塘栖历史文化保护区保护规划》

该规划提出的总体目标：保护塘栖镇悠久的历史文化遗产，使塘栖镇独具特色的代表明清时期的江南水乡重镇风貌得以展示，重现千年古镇水上都市的浓郁地方传统文化氛围，并使之成为名副其实的省级历史文化名镇。

二、毕业设计选题

1. 选题意义

国家层面，推进“大运河国家文化公园”建设，并将大运河文化带建设上升为国家战略。塘栖既是大运河国家文化公园杭州段的门户，又是浙江省首批小城市培育试点镇，肩负着“展现运河南源首镇风采，示范小城市高质量发展”的重要使命。

杭州市层面，大运河（杭州段）目标建设成为中国大运河文化核心展示区、大运河国家文化公园的样板园和经典园。塘栖既是杭州段中的高人气水乡古镇，又地处城东制造大走廊与城西科创大走廊的交点区位，肩负着“擦亮杭派运河水乡品牌，创新运河科创融合模式”的重要使命。

临平区层面，临平区规划调整，结合大运河国家文化公园建设，谋划布局大运河科创城，打造长三角科创新高地。本项目既包含大运河科创城的启动区，又与丁山湖及超山板块紧密联动，肩负着“领衔山水人文价值释放，带动临平科创产业腾飞”的重要使命。

为加快大运河国家文化公园（临平段）核心区块的建设进度，形成示范标杆，打响塘栖“中国大运河南源首镇”品牌，现以临平区塘栖镇镇区所在的塘栖北单元主体作为研究区块，在设计时如何整合、传承、创新并重新激发城市特色魅力与彰显时代特色是本次城市设计课题需要解决的主要问题，也是本次联合毕业设计的选题缘由和意义所在。

2. 选题区位

（1）区位条件

大运河（临平段）包括杭州塘、上塘河，总体价值高，各遗产点段、文物保护单位保持了较高的原真性和完整性。本次项目对象大运河（临平段）核心区块所在的塘栖镇是省级历史文化名镇，位于杭州市北部，距杭州市区中心（钱江新城）约20千米，距临平区政府所在地临平城区约13千米，是杭州的北门户，也是杭州北部生态带重要节点（图1-15、图1-16）。

塘栖镇以大运河为中轴线，南北有水北历史街区以及水北历史地段、太史第历史地段、市南街历史地段三处历史地段，分布有全国重点文物保护单位1处——广济桥（京杭大运河上唯一一座七孔石桥，大运河重要的文化遗产地标），省级文物保护单位1处——乾隆御碑，市级文物保护单位3处——塘栖郭璞古井、塘栖太史第弄、栖溪讲舍碑，这些历史遗存都成了临平地区江南水乡地域文化和运河文化的见证。

图1-15 塘栖镇区位特征

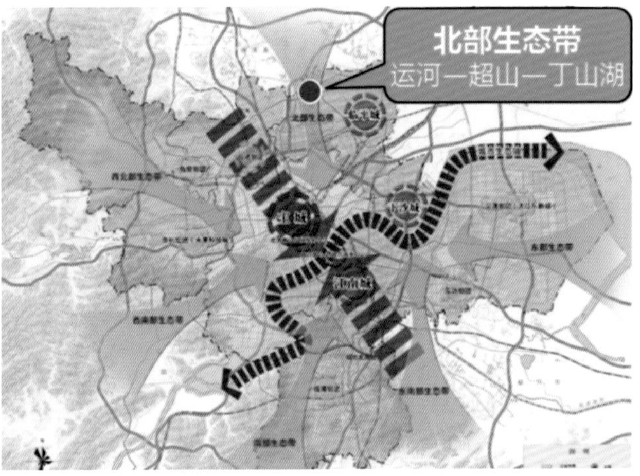

图1-16 塘栖北单元周边环境资源

（2）周边环境

以塘栖北单元为主体的核心区块是塘栖镇的主要城镇区域，东接余杭经济技术开发区，西邻钱江开发区，北部与德清、雷甸隔运河相望，南接丁山湖湿地与超山风景名胜区，具有良好的周边功能支撑及优越的自然环境资源（图1-17）。申嘉湖高速从单元西侧穿过，区块通过东西大道、望梅路、秋石北路、塘康路与周边地区快速连接，交通区位优势明显。未

来在周边地区发展的推动下，塘栖北单元核心区块将成为联系周边地区的重要节点。

3. 规划基地概况

（1）水文地貌

塘栖北单元核心区块范围内现状河渠纵横，京杭大运河在单元北部东西向穿流而过，张泗洋河、嵇家墩河、石目港、沙目港等构成区块南北向主干河道，现状水面率达 15%。

根据《防洪工程规划报告》，规划区内主要河流 50 年一遇最高洪水位为 3.5 米。塘栖北单元范围内北侧建成区现状标高已达 3.8 米以上；南侧村庄地区现状标高在 2.5~2.7 米，南部大部分河段堤岸未达到该标准，且塘栖镇所处流域雨量充沛，季节变化很大，洪水发生较为频繁。

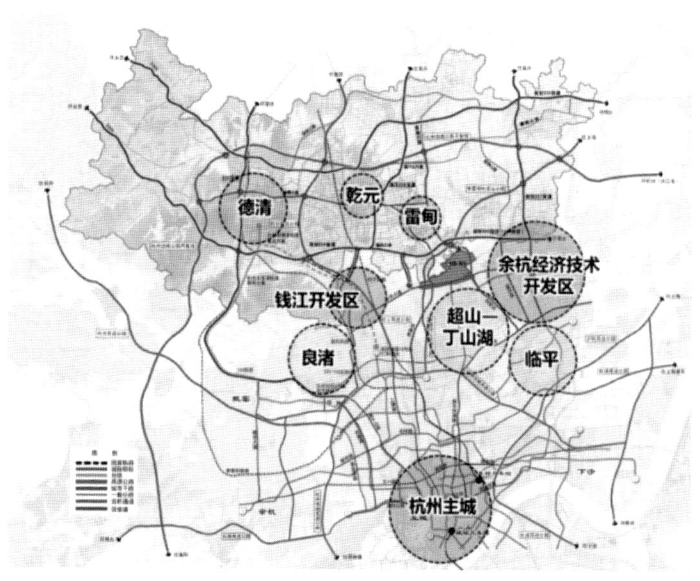

图 1-17　塘栖北单元在杭州的区位

塘栖北单元范围内 2~40 米地层以第四全新世的淤泥沉积物为主，土壤为黏性土，地基承载力差距较大。塘栖北单元内地势平坦，平均海拔 2~3 米（黄海高程）。所在区域内河网密布，呈现典型的江南水网湿地特征。

（2）气候特征

塘栖镇地处北亚热带季风气候区，四季分明，温暖湿润，雨量充沛。全年平均气温 16.2℃，多年平均最高气温 20.7℃，多年平均最低气温 -12.8℃，多年平均相对湿度 79%。年平均降雨量 1200~1300 毫米，4—9 月份降水量较多，集中在春末夏初的梅雨和 8—10 月份的台风雨。多年平均日照小时数为 1853.4 小时。常年 11 月下旬初霜，3 月中旬终霜。全年盛行风向为东到东南风，冬季盛行西北风。

（3）现状用地

塘栖北单元总用地面积 953.09 公顷，其中，城乡建设用地 547.10 公顷；城市（城镇）建设用地约 522.45 公顷，以居住功能为主，公共设施为辅（2020 年年末统计）（图 1-18）。

（4）现状交通

现状对外交通主要通过东西大道（云溪路）、塘栖路、秋石北路、塘康路、S304 省道进行组织。内部道路主要在圆满河东侧的塘栖镇区形成网络，但镇区运河两岸的沟通仅由一处里仁桥联系南北。圆满河西侧的张家墩区块以东西大道和张家墩路为骨架，主要呈东西向连接镇区和原张家墩工业区。申嘉湖高速在西侧南北向穿越并在东西大道上有一处出入口，S304 省道跨越运河联系德清、塘栖。现状道路交通存在交通组织瓶颈。

图 1-18　塘栖北单元用地现状图

①外部交通。由于镇区缺少环镇道路，外部道路呈现结构性丁字口问题，客流、货流、过境交通混杂，多条快速主干路的交通量在东西大道上疏解，东西大道的转换压力越来越大。

②内部交通。老镇以街道空间组织，街区尺度小、路幅窄，但出行量大，同时异地交通需求较大。问题主要表现在以下几个方面。早高峰时段：内部堵、外围堵； 潮汐交通：主要是与临平、崇贤之间的潮汐交通；景区交通：平时、节假日景区机动车客流集中在南侧镇区，尽端停车场加剧拥堵。同时，镇区内部交通组织职能不清，人车混行现象严重，公共停车设施存在欠缺，机动车停放往往挤占道路空间，加剧镇区内部的拥堵。

（5）现状风貌

①古镇地区：水南水北风貌协调、尺度宜人，体现了塘栖“沿塘而栖”的风貌特色（图1-19）。

②古镇外围：因过去缺乏重视，古镇外围地区存在风貌失调的历史问题（图1-20）。

图1-19 塘栖古镇古运河

图1-20 塘栖古镇风貌现状

③运河两岸：留下了塘栖不同发展时期的历史痕迹，也见证了大运河的辉煌，应当以运河沿线独特的历史印迹资源塑造塘栖发展故事和运河文脉窗口。

④门户节点：塘栖是杭州的北门户，但其尚缺少城镇特色形象的彰显和整体风貌的体现。

（6）限制条件

①自然资源：规划应尊重核心区内现状主要水系，落实上位规划，确定河流等河道水系规划的蓝线管控要求，部分河道在上位规划中以弹性蓝线方式落位，在本次规划中提出优化方案。②已建、在建和待建项目：尊重在建、已批待建的建设项目。落实在建、已建项目总平面图，对意向较为成熟的重点建设项目应做好协调对接并留有充足的发展空间。③历史保护：规划范围涉及历史文化保护区紫线和建设控制地带，按照其管控要求落实，周边建设应符合文物保护单位的保护控制要求。④景观风貌控制：按照已经批复的《杭州市大运河世界文化遗产保护规划》的要求落实。运河沿线的建筑风貌应与传统风貌相协调，传承杭派民居建筑风格，逐步改造与传统风貌不协调的建（构）筑物，加强城市景观视廊控制。

4. 规划用地范围

（1）基地选择范围

本次联合毕业设计分为两个层面，分别为研究范围和设计地块范围。基地由两部分组成：基地一位于临平城北单元北侧，由 A、B、C、D 四个由大运河河道围合，边界清晰且完整的地块组成；地基二为位于临平城北单元西侧，北侧和西侧邻大运河，南侧为东西大道的张家墩地块。

研究范围为塘栖城北单元内，包含塘栖古镇核心区，京杭大运河北侧 A、B、C、D 四个地块以及基地二张家墩地块。规划用地面积约 6.5 平方千米。具体范围如图 1-21 所示。

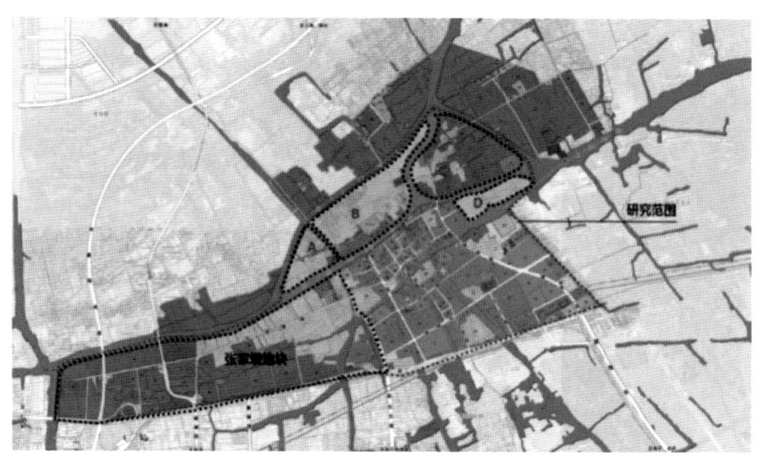

图 1-21　塘栖北单元研究范围

（2）基地基本信息

本次联合毕业设计根据各校实际情况，采取灵活组队的方式，每组人数可以为 2 人，也可以为 2 人以上（组队人数按照人均不小于 25 公顷工作量来选择设计范围）。

①基地一——A、B、C、D 地块。

A、B、C、D 地块属于塘栖历史文化名镇重点区域范围内由大运河河道划分出的四个边界清晰的地块（图 1-22）。大运河以北的 A、B、C 地块以及大运河以南的 D 地块现状以工业用地或农林用地为主。A、B、C 地块内有较为丰富的历史文化资源（图 1-23）。

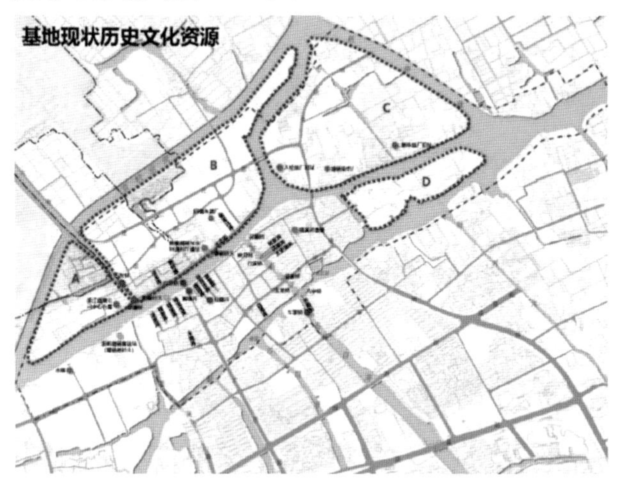

图 1-22　A、B、C、D 地块规划设计范围

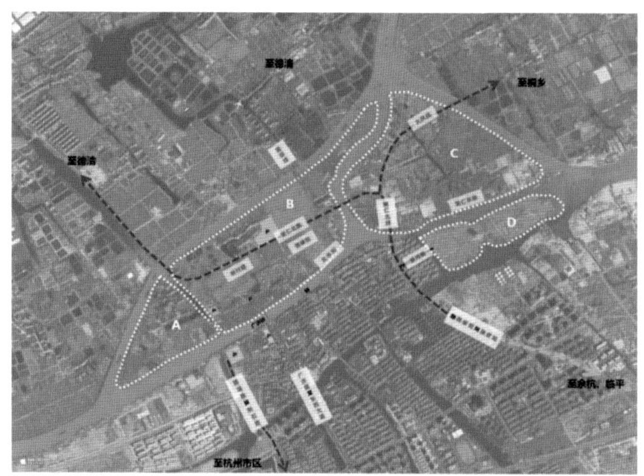

图 1-23　基地道路交通现状

针对拟定的城市设计研究范围，从人的使用和活动体验角度，合理组织和整理空间关系，详细考虑场地布局、空间形态与尺度、建筑组合、建筑立面与色彩、高度秩序等内容。尤其针对具有公共属性的地块，要突出公共空间活力塑造的环境设计。

A、B 地块做好“古桥、古景、古宅”特色文章，打响塘栖“中国大运河南源首镇”品牌，侧重杭运文化传承，突出古镇文化旅游功能，在明确功能业态的基础上，谋划符合古镇旅游要求的建筑空间形态，适当植入文化产业相关功能，提炼塘栖运河文化和古镇特色，加快拓展古镇规模。

C、D 地块突出科创功能和品质宜居主题，高水平规划科创产业孵化器，侧重智汇新韵人居环境。建筑风貌上与古镇风貌衔接，注入富有地方特色的科技元素，形成古今融合的城市面貌。建筑形态上面向科创活动的场所和科创人群的使用需求进行创新，塑造活力公共空间。

规划用地面积：共计约 1.5 平方千米，其中 A 地块约 18 公顷，B 地块约 57 公顷，C 地块约 58 公顷，D 地块约 17 公顷（实际面积以 CAD 地形图为准），可根据需求自由组合。

基地特征：基地外围三水交汇，基地内部溪流纵横，规划设计边界较为明晰，东侧形成“一江两岸”特色空间。

②基地二——张家墩地块。

张家墩地块（东起圆满河，西至武林头，东西大道以北），现状为塘栖的工业区。对大运河世界文化遗产的保护以及运河景观风貌的利用塑造、运河沿岸城市功能空间的重新组织是本次城市设计的重要议题。现状张家墩地块内的工业厂区多为粗放式发展的老工业厂区，产业业态以化工、泡沫、树脂、纺织、印染、涂料、金属制造、电力、水泥等为主，厂房质量良莠不齐，对周边环境具有明显的外部负效应，部分厂房还存在侵占运河岸线的行为和现象。运河塘栖老镇区段与张家墩地块段紧密相依，时至今日，张家墩地块继续保留这类工业生产功能，与塘栖整体江南水乡、运河古镇的诉求相悖，也不符合大运河世界文化遗产的保护要求和愿景导向。

结合临平国土空间规划“南融、北创、东靓、西优、中兴”的区域发展战略要求，以西拓科创空间、东拓人文格局为目标，依托塘栖古镇、大运河世界文化遗产、超山风景区和丁山湖湿地，做优世界级山水人文空间，利用 G60 科创走廊，联动杭州综合科学中心与城西科创大走廊，拓展长三角科创新高地。如何在继承和创新中转变，塘栖应当重新审视如何与运河一起继续辉煌互生，尤其是对于张家墩地块，传统的将沿岸作为工业岸线的粗放式发展不应是塘栖的选择，应当以东西大道为界，将东西大道以北的空间进行全面的功能置换，通过空间重塑、功能重构、产业重整，全面融入杭州中心城区发展，全力打造杭州未来产业高新区（图 1-24）。

图 1-24　张家墩地块沿岸的现状工业岸线景观

规划用地面积：共计约 1.47 平方千米，各组可在规划用地范围内自行选择不小于 50 公顷、邻大运河且边界连续完整的地块进行城市设计（图 1-25）。

基地特征：基地北侧、西侧邻大运河，基地内东侧内部亦有溪流纵横，邻运河一侧设计边界清晰，地块由西侧向东侧分别由申嘉湖高速和 S09 省道南北向穿过，西侧是运河多水交汇特色空间。

图 1-25　张家墩地块规划设计范围

（3）城市设计范围

城市设计范围各组从基地一 A、B、C、D 地块和基地二张家墩地块中自行选择，经过对选题理解和深入研究后，划定具体设计地块范围。具体要求如下：

①城市设计范围不小于 50 公顷（不含水域面积）；

②城市设计范围边界形态简单、规整且连续；

③城市设计范围划定需要充分论证并说明与“运河文化卷，智汇栖水乡”选题的内在关联性。

三、毕业设计成果内容要求

以下为基本成果要求，具体以各个学校毕业设计成果要求为准，成果内容和表达可增加。

1. 城市设计要求

（1）彰显新价值

① 聚焦世界文化遗产——中国大运河，坚持保护优先，明确大运河国家文化公园（临平段）核心区建设的目标，提炼大运河历史文化价值和时代精神，发掘地区文化内涵，尊重古镇水乡历史载体肌理，延续古镇整体风貌特色，为文化传承提供活化空间。

② 立足区域比较优势，在核心区块内做好临平区“西优”的文章。依托超山、丁山湖等生态文化资源，结合大运河国家文化公园建设，谋划布局大运河科创城的示范区，植入科创、文创等环境影响低、技术含量高、创新能力强的产业功能，打造杭州大都市青年创业基地、数字文化创新港，承接核心区产业要素转移，吸引创新产业、人才集聚，实现运河古镇的蝶变与活力延续。

（2）塑造新空间

厘清核心区块现状面临的交通组织、产业功能、公共空间营造和景观风貌等问题，对地区的发展潜力、发展制约进行重点梳理，重新谋划发展策略，落实相关历史文化遗产保护规划的管控要求，研究适合地区发展、具有特殊的科创产业空间的布局模式，提出更为科学合理的功能布局和空间方案，塑造运河古镇新的活力发展空间。

（3）提升新品质

立足都市区近郊和门户区位，突出“古镇、文化、生态” 特点，充分考虑城镇品质生活与文化旅游的需求，致力“宜居、旅游”功能，兼顾文化产业和科创功能激活，将核心区块打造成为大运河国家文化公园建设的标杆，生态、创新、人文融合发展的双创示范，杭州北部生态人文品质宜居古镇的典范。

2. 其他设计要求

分类描绘核心区未来不同人群工作、生活、旅游、休闲等各类图景，细分未来该地区各类人群（如本地居民、通勤工作人群、文化旅游产业从业人群、科技创新人群、杭州市旅游人群、周边城市及长三角旅游人群等）的构成，分析其活动需求的空间指向、活动序列的时段分布等。

①根据不同人群的场所使用需求，策划相应的功能空间，对于已建成的区域可以提出相应的优化对策。

②针对不同人群的空间使用特征，突出不同公共空间的品质化塑造，重视滨水空间、标志性历史文化遗存点周边的活力空间、特色商业空间等。

③根据不同人群的出行特征，解决旅游交通和功能需求与城镇正常交通和生活服务需求之间的矛盾。

④研究面向本地居民的城镇绿色生活的新场景、面向游客的古镇旅游展示体验的新方式、面向文化产业等业态的新交互模式，面向科技创新活动和人群的空间使用样例，描绘古镇活力新生和产业振兴的发展图景。

⑤用地内可结合方案设计兼容部分其他用地性质，兼容比例不超过 30%。

3. 重点设计内容

（1）规划设计研究范围内容

基地一规划设计研究范围 A、B、C、D 地块约 1.5 平方千米，基地二规划设计研究范围张家墩地块约 1.47 平方千米，各组可根据所选基地和划定研究范围，在给定的基地一或基地二规划设计研究范围基础上自行扩充研究范围。在规划设计研究范围内进行总体概念性城市设计，具体包括以下方面内容：

①确定片区发展区域中的区位、交通、环境等条件；

②确定片区发展愿景、功能定位和城市设计目标；

③确定功能布局道路交通框架以及总体城市设计空间结构；

④确定以运河价值重现为核心的城市更新规划设计策略；

⑤选择并确定控制性详细规划层面的城市设计地块范围，并说明与本次联合毕业设计选题的关系。

（2）总体城市设计内容

全组共同规划设计范围，以不小于50公顷且人均不小于25公顷工作量来确定设计范围。总体城市设计范围主要任务为整体策划，主要内容包括总体发展定位、总体功能布局、公共空间系统研究等。

①总体发展定位：结合上位控规修编成果与大运河国家文化公园建设的最新要求，落实临平区十四五规划的成果内容和临平区委第一届代表大会会议精神，突出科创和文旅特色，进一步细化核心区块发展定位。

②总体功能布局：以大运河为中轴，A、B地块以古镇为背景，发展文化、旅游、创意产业等业态，突出文旅服务功能；C、D地块通过本次规划设计统筹整体开发与局部开发，结合产业业态研究，提出功能布局，并倡导能多样化，土地使用复合化，引导核心区发展。张家墩地块则由传统工业岸线的粗放式发展走向科创、文创产业空间，由继承到创新实现塘栖高品质的产城融合科创新空间。

③公共空间研究：结合水乡古镇肌理特征和历史元素，系统研究运河沿岸景观风貌的重塑以及节点公共空间的营造，延续地区文脉。

（3）重点片区城市设计内容

重点片区面积划定人均不小于20公顷。主要任务为重点片区城市设计，包括空间形态布局、业态布局、交通组织、公共空间、景观营造、建筑控制等。

①空间形态：依据城市形态整体格局与空间结构的塑造要求，提出核心区城市设计的空间形态方案，整体空间结构上强化对密度、强度、高度的分区管控，对城市形象设计系统进行研究。

②业态布局：结合协调区整体策划的产业业态和功能布局，从有利于提高整体空间质量和保持古镇活力的角度，提出具体业态的空间布局方案和项目策划。

③交通组织：根据业态需求和出行特征研究交通组织优化方案。落实片区对外联系和内部的骨架路网，可对内部次支路布局、慢行系统等内容进行优化完善，可按照慢行优先、绿色出行要求增加或取消部分支路网。

④公共空间：提出公共开放空间系统规划方案，合理布局基地公共空间系统，构建一体化的城市公共空间体系，考虑公共空间连接、景观一体化设计，同时适当增加具有江南水乡特色的文化设施、市民运动休闲空间，构建可达性高、多样化的绿色空间网络，提供舒适宜人的场所体验。

⑤景观营造：提出景观系统规划方案，充分发挥水系纵横的肌理优势与历史建筑风貌优势，考虑人群活动需求，合理组织景观和绿地系统。

⑥建筑控制：明确核心区建筑肌理样式、高度、体量、色彩、密度、风貌、功能与形式、界面连续性等要素的形态分区及空间组合关系，强化空间秩序与特征。建筑控制需按照大运河文化遗产保护相关规划、塘栖历史文化名镇保护规划相关管控要求落实。

4. 毕业设计成果内容及图纸表达要求

（1）图纸表达要求

人均不少于3张A1标准图纸、2人组不少于6张 、3人组共9张、4人组共12张、5人组共15张、6人组共18张（图纸内容要图文并茂、文字大小要满足出版的需求）。规划内容至少包括区位上位规划分析图、基地现状分析图、设计构思分析图、规划结构分析图、城市设计总平面图、道路交通系统分析图、绿化景观分析图、其他各项综合分析图、节点意象设计图、城市天际线、总体鸟瞰图及局部透视效果图、城市设计导则等。

（2）规划文本表达要求

文本内容包括文字说明（前期研究、功能定位、设计构思、功能分区、空间组织、总体布局、交通组织、环境设计、建筑意象、经济技术指标控制等内容）和图纸（至少满足图纸表达要求）。

（3）PPT 汇报文件制作要求

中期 PPT 汇报时间，2 人组不超过 15 分钟，2 人以上组不超过 30 分钟。具体时间按中期汇报分组分类确定。

毕业终期答辩 PPT 汇报时间，2 人组不超过 20 分钟，2 人以上组不超过 35 分钟。具体时间按最终答辩分组分类确定。

汇报内容至少包括区位及上位规划区位解析、基地现状分析、综合研究、功能定位、规划方案等，汇报内容应简明扼要，突出重点。

（4）毕业设计时间安排

表 1-1 毕业设计时间安排表

阶段	时间	地点	内容要求	形式
第一阶段：开题及调研	（第 1 周） 2 月 25 日	浙江工业大学屏峰校区	联合毕业设计任务书解读、专题讲座、教学研讨会、基地综合调研及汇报	根据情况，线上或线下联合工作坊
第二阶段：城市设计方案阶段	（第 2 周—第 7 周）	各自学校	包括背景研究、区位研究、现状研究、案例研究、定位研究、方案设计等方面内容	各校自定
中期检查	（第 8 周周末）	浙江工业大学屏峰校区	汇报内容包括综合研究、功能定位和初步方案等内容	以设计小组为单位汇报交流，PPT 时间控制在 15 分钟内
第三阶段	（第 9 周—第 15 周）	各自学校	根据中期检查意见，对方案进行深化、完善、绘图等	各校自定
成果汇报	（第 15 周周末）	福建理工大学	汇报 PPT，每人不少于 3 张 A1 标准图纸（如 2 人组总数不少于 6 张，3 人组总数不少于 12 张）和 1 套规划文本	以设计小组为单位汇报，汇报时间控制在 20 分钟内； 评优； 展览

解题

Vision & Solution

运绸栖水畔　共营智汇岛

——基于像元评估体系的水城共栖家园计划 / 崔净雅　扈航　赵婷

编织江南

——AI 引领的未来水乡小镇 / 李兆康　罗子渝　奚景煜

“流动”的生态乡

——杭州市临平区塘栖北单元城市设计 / 陈歌　黄心怡　姜欣玥

航运 · 杭韵

——水城共融，产业引领的张家墩地块更新改造 / 方纪圆　何阅　李恩

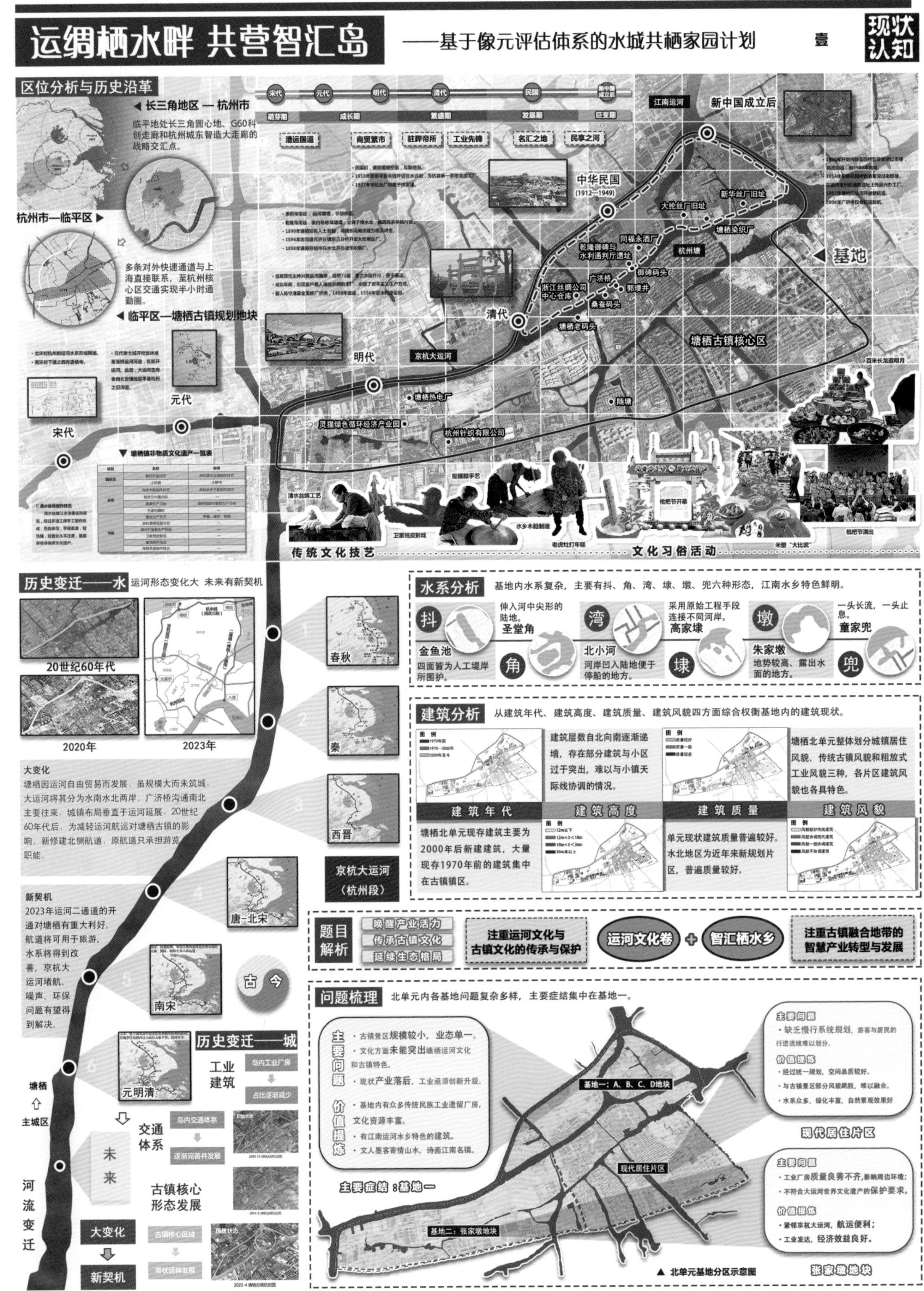
运绸栖水畔 共营智汇岛
——基于像元评估体系的水城共栖家园计划
壹
现状认知
区位分析与历史沿革
长三角地区 — 杭州市
临平地处长三角圆心地、G60科创走廊和杭州城东智造大走廊的战略交汇点。
杭州市—临平区
多条对外快速通道与上海直接联系，至杭州核心区交通实现半小时通勤圈。
临平区—塘栖古镇规划地块
宋代
元代
明代
清代
民国
新中国成立后
萌芽期
成长期
繁盛期
发展期
巨变期
漕运国道
商贸繁市
驻跸帝所
工业先锋
名汇之地
民享之河
江南运河
中华民国
(1912—1949)
京杭大运河
基地
塘栖古镇核心区
大纶丝厂旧址
新华丝厂旧址
塘栖染织厂
同福永酒厂
乾隆御碑与水利通判厅遗址
御碑码头
郭璞井
广济桥
浙江丝绸公司中心仓库
桑蚕码头
塘栖老码头
杭州塘
塘栖热电厂
灵猫绿色循环经济产业园
杭州针织有限公司
塘栖镇非物质文化遗产一览表
传统文化技艺
文化习俗活动
清水丝绵工艺
卫家班皮影戏
水乡木船制造
老虎灶打年糕
枇杷节开幕
枇杷节演出
历史变迁——水
运河形态变化大 未来有新契机
20世纪60年代
2020年
2023年
大变化
塘栖因运河自由贸易而发展，虽规模大而未筑城。大运河将其分为水南水北两岸，广济桥沟通南北主要往来，城镇布局垂直于运河延展。20世纪60年代后，为减轻运河航运对塘栖古镇的影响，新修建北侧航道，原航道只承担游览职能。
新契机
2023年运河二通道的开通对塘栖有重大利好。航道将可用于旅游，水系将得到改善，京杭大运河堵航、噪声、环保问题有望得到解决。
春秋
秦
西晋
唐-北宋
南宋
元明清
京杭大运河
（杭州段）
古
今
塘栖
主城区
河流变迁
未来
大变化
新契机
历史变迁——城
工业建筑
交通体系
古镇核心形态发展
水系分析
基地内水系复杂，主要有抖、角、湾、堜、墩、兜六种形态，江南水乡特色鲜明。
抖
伸入河中尖形的陆地。
圣堂角
金鱼池
四面皆为人工堤岸所围护。
角
湾
采用原始工程手段连接不同河岸。
高家堜
北小河
河岸凹入陆地便于停船的地方。
堜
墩
一头长流，一头止息。
童家兜
朱家墩
地势较高、露出水面的地方。
兜
建筑分析
从建筑年代、建筑高度、建筑质量、建筑风貌四方面综合权衡基地内的建筑现状。
建筑层数自北向南逐渐递增，存在部分建筑与小区过于突出，难以与小镇天际线协调的情况。
塘栖北单元整体划分城镇居住风貌、传统古镇风貌和粗放式工业风貌三种，各片区建筑风貌也各具特色。
建筑年代
建筑高度
建筑质量
建筑风貌
塘栖北单元现存建筑主要为2000年后新建建筑，大量现存1970年前的建筑集中在古镇镇区。
单元现状建筑质量普遍较好。水北地区为近年来新规划片区，普遍质量较好。
题目解析
唤醒产业活力
传承古镇文化
延续生态格局
注重运河文化与古镇文化的传承与保护
运河文化卷
智汇栖水乡
注重古镇融合地带的智慧产业转型与发展
问题梳理
北单元内各基地问题复杂多样，主要症结集中在基地一。
主要问题
· 古镇景区规模较小，业态单一。
· 文化方面未能突出塘栖运河文化和古镇特色。
· 现状产业落后，工业亟须创新升级。
价值提炼
· 基地内有众多传统民族工业遗留厂房，文化资源丰富。
· 有江南运河水乡特色的建筑。
· 文人墨客寄情山水，诗画江南名镇。
主要症结8基地一
基地一：A、B、C、D地块
现代居住片区
基地二：张家墩地块
▲ 北单元基地分区示意图
主要问题
· 缺乏慢行系统规划，游客与居民的行进流线难以划分。
价值提炼
· 经过统一规划，空间品质较好。
· 与古镇景区部分风貌跨越，难以融合。
· 水系众多，绿化丰富，自然景观效果好
现代居住片区
主要问题
· 工业厂房质量良莠不齐，影响周边环境；
· 不符合大运河世界文化遗产的保护要求。
价值提炼
· 紧邻京杭大运河，航运便利；
· 工业发达，经济效益良好。
张家墩地块

运绸栖水畔 共营智汇岛

——基于像元评估体系的水城共栖家园计划 贰

用地规划

将规划后的北单元用地规划图与用地现状图和上版规划图相对比，出具城市建设用地平衡表，合理调整用地功能。

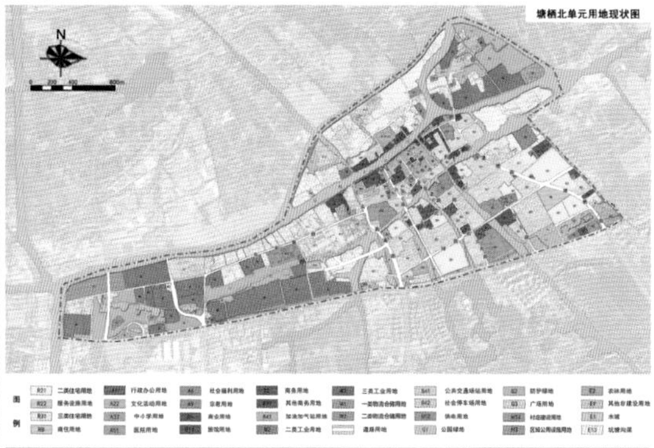

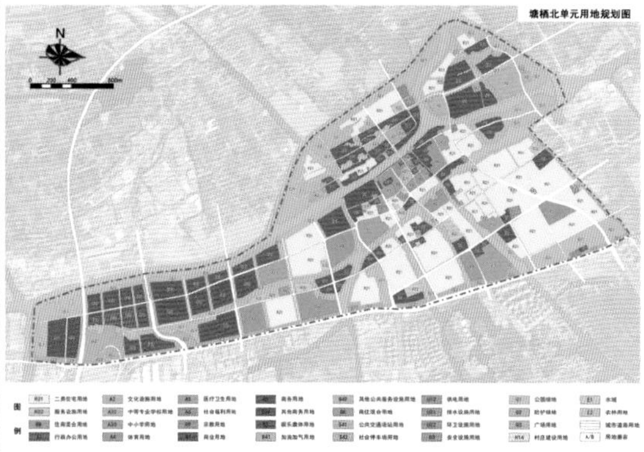

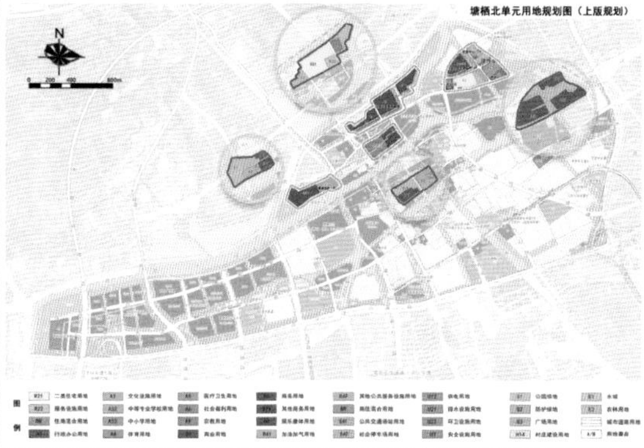

塘栖北单元用地现状图

塘栖北单元用地规划图

塘栖北单元用地规划图（上版规划）

城市建设用地平衡表

用地代码 大类	用地代码 中类	用地名称	用地面积（hm²）现状	用地面积（hm²）规划	占城市建设用地比例（%）现状	占城市建设用地比例（%）规划
R		居住用地	127.00	201.27	24.31	32.50
	R1	一类居住用地	0.00	2.02	0.00	0.00
	R2	二类居住用地	114.18	161.29	21.85	26.31
	RB	住商用地	12.82	37.96	2.45	6.19
A		公共管理与公共服务设施用地	31.74	45.70	6.08	7.46
	A1	行政办公用地	5.89	3.92	1.13	0.64
	A2	文化设施用地	0.27	13.11	0.05	2.14
	A3	教育科研用地	21.74	24.15	4.16	3.94
	A4	体育用地	0.00	0.83	0.00	0.14
	A5	医疗卫生用地	1.47	1.23	0.28	0.20
	A6	社会福利用地	1.52	1.62	0.29	0.26
	A9	宗教用地	0.85	0.85	0.16	0.14
B		商业服务业设施用地	20.39	126.02	3.90	20.56
	B1	商业用地	13.22	61.80	2.50	10.08
	B2	商务用地	6.04	63.65	1.16	10.38
	B4	公用设施营业网点用地	1.24	0.58	0.24	0.09
M		工业用地	101.36	10.08	19.40	1.34
	M1	一类工业用地	0.00	10.08	0.00	1.64
	M2	二类工业用地	93.72	0.00	17.94	0.00
	M3	三类工业用地	9.65	0.00	1.46	0.00
W		物流仓储用地	4.44	0.00	0.85	0.00
	W1	一类物流仓储用地	1.16	0.00	0.22	0.00
	W3	三类物流仓储用地	3.29	0.00	0.63	0.00
S		道路与交通设施用地	53.55	93.64	10.25	15.28
	S1	城市道路用地	44.99	85.38	8.61	13.93%
	S4	交通场站用地	5.26	8.26	1.00	1.35%
	S9	其他交通设施用地	3.30	3.30	0.63	0.54%
U		公用设施用地	2.86	2.51	0.55	0.41
	U1	供应设施用地	1.25	1.18	0.24	0.19
	U2	环境设施用地	0.72	0.66	0.14	0.11
	U3	安全设施用地	0.89	0.67	0.15	0.11
G		绿地与广场用地	176.69	133.71	33.82	21.81
	G1	公园绿地	166.37	102.66	31.84	16.75
	G2	防护绿地	9.45	30.62	1.81	4.97
	G3	广场用地	0.87	0.43	0.17	0.07
H11		城市建设用地	520.16	616.25	100.00	100.00

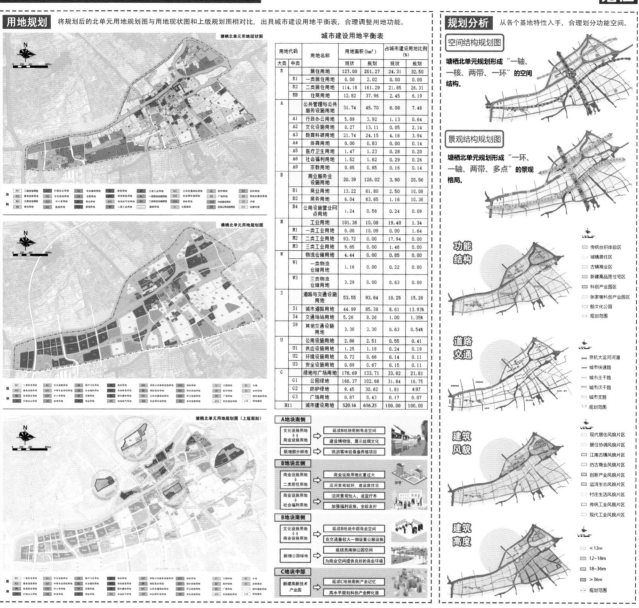

A地块南侧

文化设施用地 ⇧⇩ 商业设施用地 ⇨ 延续B地块南侧商业空间；建设博物馆，展示丝绸文化

新增部分耕地 ⇨ 供游客体验桑蚕养殖项目

B地块北侧

商业设施用地 ⇩ 二类居住用地 ⇨ 商业设施用地比重过大；沿河景观较好，建设居住区

商业设施用地 ⇩ 社会福利用地 ⇨ 沿河景观怡人，适宜疗养；加强福利设施，全龄友好

B地块南侧

文化设施用地 ⇧⇩ 商业设施用地 ⇨ 延续B地块中部商业空间；在交通量较大一侧设置公服设施

新增公园绿地 ⇨ 延续西南侧公园空间；为商业空间提供良好的商业环境

C地块中部

新建高新技术产业园 ⇨ 延续C地块南侧产业记忆；高水平规划科创产业孵化器

规划分析

从各个基地特性入手，合理划分功能空间。

空间结构规划图

塘栖北单元规划形成“一轴、一核、两带、一环”的空间结构。

景观结构规划图

塘栖北单元规划形成“一环、一轴、两带、多点”的景观格局。

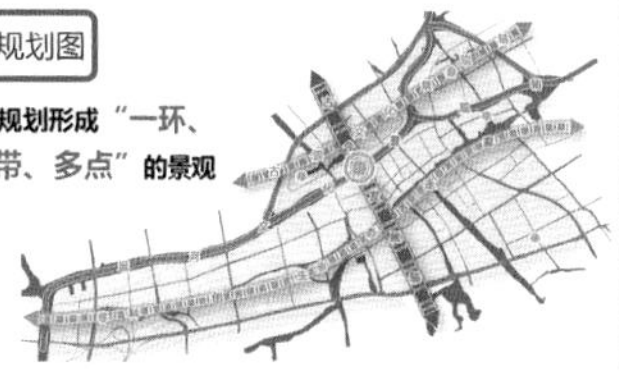

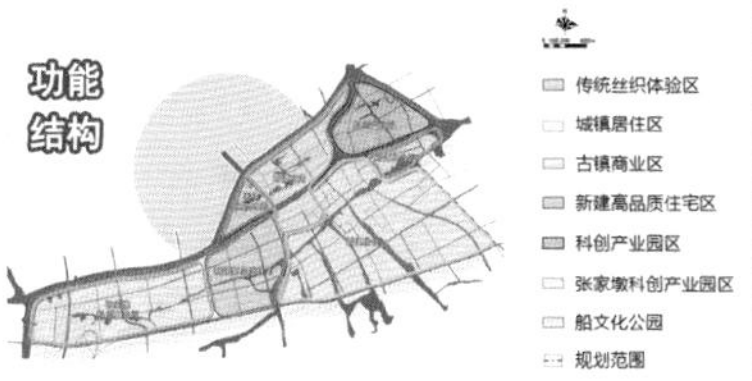

功能结构

传统丝织体验区
城镇居住区
古镇商业区
新建高品质住宅区
科创产业园区
张家墩科创产业园区
船文化公园
规划范围

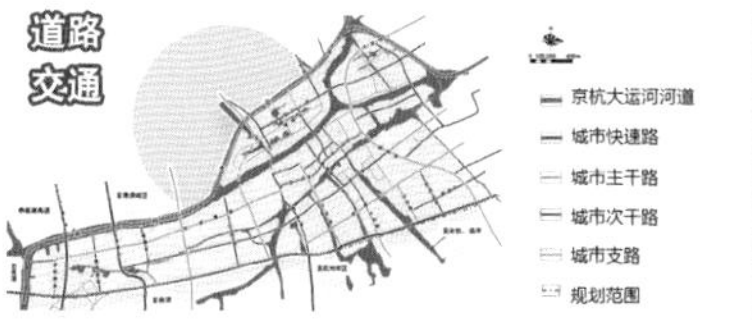

道路交通

京杭大运河河道
城市快速路
城市主干路
城市次干路
城市支路
规划范围

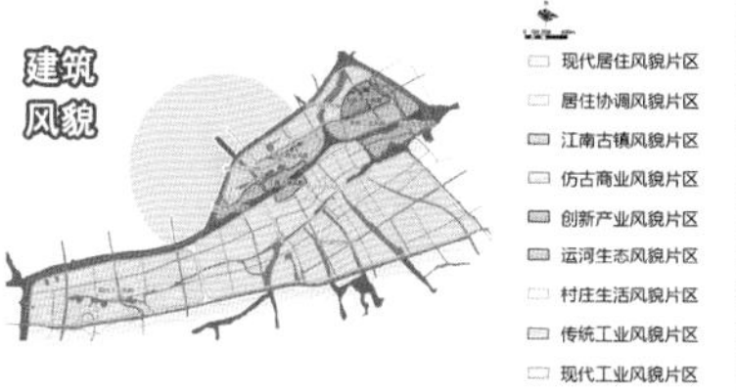

建筑风貌

现代居住风貌片区
居住协调风貌片区
江南古镇风貌片区
仿古商业风貌片区
创新产业风貌片区
运河生态风貌片区
村庄生活风貌片区
传统工业风貌片区
现代工业风貌片区

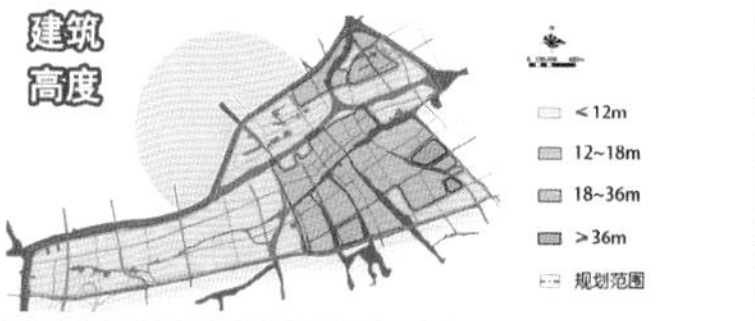

建筑高度

<12m
12~18m
18~36m
>36m
规划范围

智慧场景

运绸栖水畔 共营智汇岛

——基于像元评估体系的水城共栖家园计划 叁

场地现状

基地内现状复杂，特色多样。

蚕桑生产民俗产生至今已有近千年的历史。明朝时期，资本主义的生产方式萌芽。随着我国由计划经济转向市场经济，塘栖遗留下大量废弃厂房。
浙江丝绸公司中心仓库

塘栖古镇商业街
广济桥
在塘栖众多的老桥中，广济桥无疑是经典中的经典。其由寓居塘栖的宁波商人陈守清建造，其间，他四处化缘，筹集修建经费。最后，由明政府出面修建了这座泽被后世的广济桥。塘栖也由此成了最有水乡味的地方。

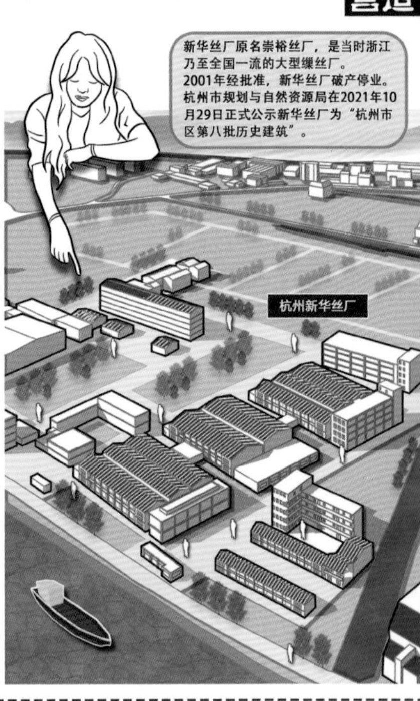

新华丝厂原名崇裕丝厂，是当时浙江乃至全国一流的大型缫丝厂。
2001年经批准，新华丝厂破产停业。
杭州市规划与自然资源局在2021年10月29日正式公示新华丝厂为“杭州市区第八批历史建筑”。
杭州新华丝厂

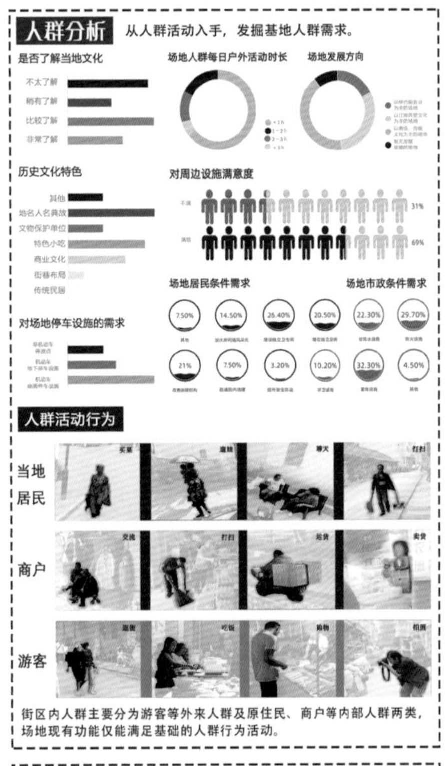

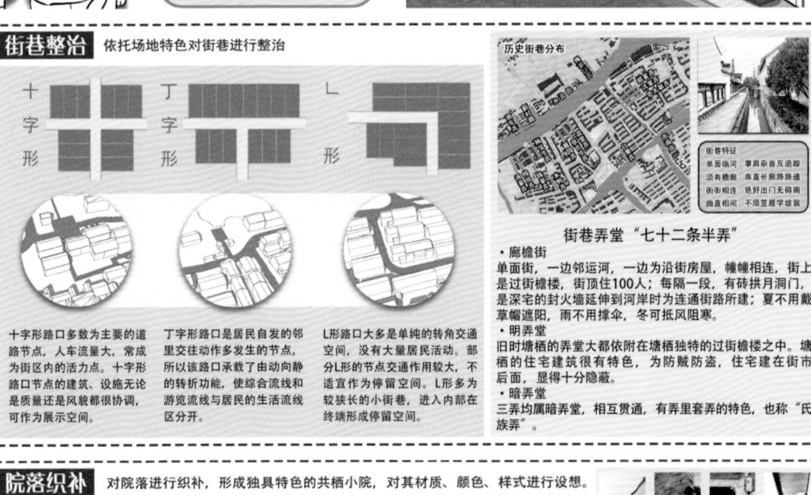

街巷整治
依托场地特色对街巷进行整治
十字形
丁字形
L形
十字形路口多数为主要的道路节点，人车流量大，常成为街区内的活力点。十字形路口节点的建筑、设施无论是质量还是风貌都很协调，可作为展示空间。
丁字形路口是居民自发的邻里交往动作多发生的节点，所以该路口承载了由动向静的转折功能，使综合流线和游览流线与居民的生活流线区分开。
L形路口大多是单纯的转角交通空间，没有大量居民活动。部分L形的节点交通作用较大，不适宜作为停留空间。L形多为较狭长的小街巷，进入内部在终端形成停留空间。
历史街巷分布
街巷特征
单面临河
顶有檐廊
街街相连
曲直相间
不须笠履学玻翁
街巷弄堂“七十二条半弄”
·廊檐街
单面街，一边邻运河，一边为沿街房屋，幢幢相连，街上是过街檐楼，街顶住100人；每隔一段，有砖拱月洞门，是深宅的封火墙延伸到河岸时为连通街路所建；夏不用戴草帽遮阳，雨不用撑伞，冬可抵风阻寒。
·明弄堂
旧时塘栖的弄堂大都依附在塘栖独特的过街檐楼之中。塘栖的住宅建筑很有特色，为防贼防盗，住宅建在街市后面，显得十分隐蔽。
·暗弄堂
三弄均属暗弄堂，相互贯通，有弄里套弄的特色，也称“氏族弄”。

SWOT分析

从优势、劣势、机遇、挑战对基地进行调研

S 优势

1)**格局完整**——基地内有水网格局、山水景观轴线、明清宅第和传统巷弄。

2)**文化底蕴深厚**——基地内有新华丝厂等工业遗产，为浙江近代民族工业萌芽发展地区。

3)**情感联结**——经过大运河对其风俗传统的塑造，人们产生了深刻情感关联。

W 劣势

1）**文化展示不足**——旅游产业缺少内涵，影响历史文化传承。

2）**运河保护不善**——河段的水体质量差，运河文化没有得到重视。

3）**产业基础薄弱**——业态单一。

4）**历史建筑留存少**

O 机遇

1)**区位优势**——水北历史街区被划入遗产区范围。

2)**大运河文化公园建设**——塘栖是国家文化公园的示范段落。

3)**全面贯彻协调理念**——加强世界文化遗产保护管理监测，维护历史文化遗产的真实性、完整性、延续性。

T 挑战

1)**古镇间竞争激烈**——运河沿岸古镇众多，同质化现象严重。

2）**数字产业竞争激烈**——杭州数字化水平高，塘栖发展晚，竞争力弱。

3）**人才流失现象严重**——城镇化加速发展，城市就业机会增加，乡镇人才大量流失。

院落织补
对院落进行织补，形成独具特色的共栖小院，对其材质、颜色、样式进行设想。
功能缺失
院落整理
肌理织补
院落整合
形成共栖小院
功能杂乱
院落整理
肌理织补
功能整合
L形院落:院落内简易私搭房侵占了居民日常活动空间，同时阻塞了居民日常的交通通行，在对其进行拆除后，整合院落内部空间使用功能，打造L形共栖院，在提高居民生活品质的同时，还能在特殊时期对该院落内的居民进行有效的隔离防控管理。
共栖院-L形共栖院-居住功能
一字形院落：原始建筑的肌理较为混乱，院落内有私搭乱建、堆放杂物现象，导致院落空间浪费、功能零散。因而拆除内部简易房，在院落中心设立可供人们储物、休闲、晾衣的共栖院，借此整合院落功能，以便利居民日常活动。
共栖院-一字形共栖院-居住功能
共栖院-口字形共栖院-居住功能
口字形院落：内部大量简易房依墙而建，导致原始建筑肌理过于充盈，因而拆除内部简易房，归还场地内原有公共空间，在场地中心设立共栖院，还原建筑肌理，以达到提升居民生活品质、增加居民交流机会的目的。
共栖院-复杂型共栖院-服务功能
混合功能型院落:将私搭乱建以及居民堆放的杂物进行拆除和转移，有效地释放活动空间，同时打通各个零散建筑物的墙壁，保留建筑屋顶并对其功能进行融合，为居民提供服务空间，满足居民日常生活需求。
需求融合
共栖组件
医疗
服务
咨询
便民
按需分配
内部功能
外部肌理
相互融合
需求功能集合
空间合理腾退
共栖小院
主体融合
单体增大
瓦
砖
木
墙
材质
建筑的材质以传统的塘栖建筑材质为底，形制较高的建筑利用粉墙黛瓦的材质搭配凸显出江南建筑小家碧玉的风格；形制较低的建筑以传统的江南民居为底，配以青砖黛瓦，古朴至上。
颜色
建筑以及街道的颜色以杭州市市树香樟树树干的灰黄色、塘栖风格建筑的黛色为主要颜色基调，加之杭州大运河两岸的植物绿色以及御碑建筑的深红色，四种颜色相互衬托，整体凸显出塘栖古镇独有的历史底蕴色彩，令人回味。
样式
街道建筑样式以传统的塘栖风格建筑与江南简朴的传统民居为主。整体注重坡屋顶的建设与街巷肌理的延续。在场地中现代建筑的样式设计上遵循配色与坡屋顶的颜色统一，整体样式低调大方。

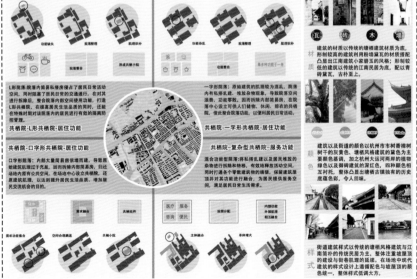

运绸栖水畔 共营智汇岛

——基于像元评估体系的水城共栖家园计划

理念植入

目标解读

依托目标引导，制定水城共栖主题，呈现水城与生产、生活、生态之间的解决策略。

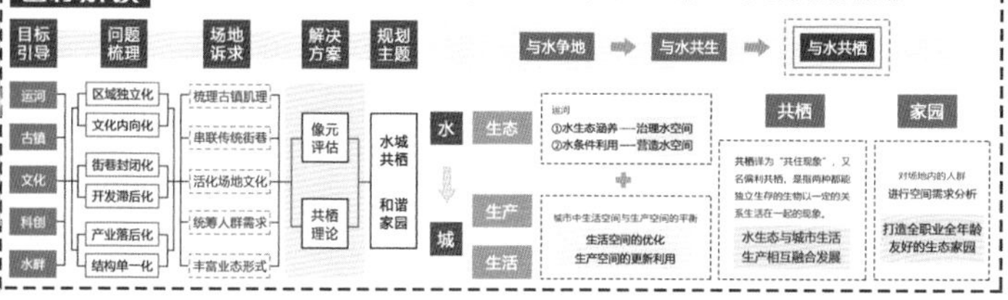

目标引导：运河、古镇、文化、科创、水畔

问题梳理：区域独立化、文化内向化、街巷封闭化、开发滞后化、产业落后化、结构单一化

场地诉求：梳理古镇肌理、串联传统街巷、活化场地文化、统筹人群需求、丰富业态形式

解决方案：像元评估、共栖理论

规划主题：水城共栖 和谐家园

与水争地 → 与水共生 → 与水共栖

水：生态 ①水生态涵养——治理水空间 ②水条件利用——营造水空间

城：生产、生活 城市中生活空间与生产空间的平衡 生活空间的优化 生产空间的更新利用

共栖：共栖译为"共住现象"，又名偏利共栖，是指两种都能独立生存的生物以一定的关系生活在一起的现象。水生态与城市生活生产相互融合发展

家园：对场地内的人群进行空间需求分析 打造全职业全年龄友好的生态家园

策略阐述

制定以水定城、依水塑城、营水兴城的规划策略 营造水城共栖和谐家园

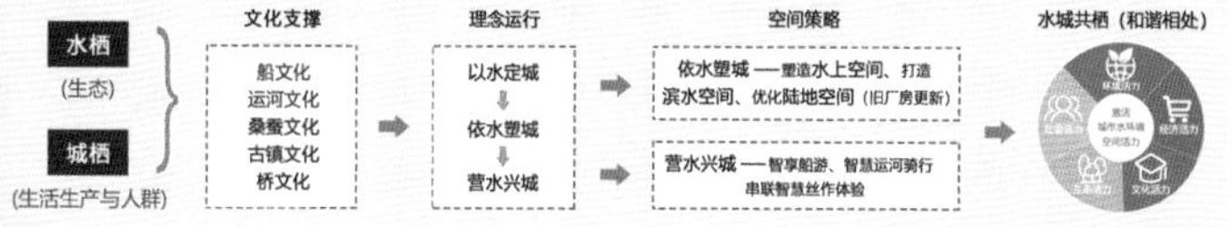

水栖（生态）、城栖（生活生产与人群）

文化支撑：船文化、运河文化、桑蚕文化、古镇文化、桥文化

理念运行：以水定城 → 依水塑城 → 营水兴城

空间策略：依水塑城——塑造水上空间、打造滨水空间、优化陆地空间（旧厂房更新）；营水兴城——智享船游、智慧运河骑行 串联智慧丝作体验

水城共栖（和谐相处）

以水定城—继承发展：桑蚕文化、塘栖文化、运河文化；大运河文化公园的建设与维护；传统工厂空间的更新与焕活；桑蚕文化与运河文化

提取——整治景观与厂房环境——主题展示

植入——营造展演与创客空间——观赏游学

优化——打造景观与文化节点——休憩娱乐

融合——营建亲水与体验空间——文体活动

塘栖蚕桑生产民俗——大纶丝厂、新华丝厂、水北蚕丝仓库——"丝绸之府"

京杭大运河文化——水网湿地等自然景观与文化景观——"江南名镇"

依水塑城—活化塑造：水上空间、滨水空间、陆地空间

流动漂浮生态岛、水上露营基地、亲水栈道、可移动步行桥、塑胶展示空间、船文化公园

根据岛内不同人群对于空间的不同需求，在开展水体治理工作的同时，进行水上、滨水、陆地空间的塑造设计

营水兴城—憧憬想象：

以运河文化为依托 进行智慧慢行空间串联

骑行路线贯穿岛屿各个不同的功能分区，游客可以边骑行锻炼边体会不同地区风貌，感受塘栖水乡特色，体验多彩文化，打卡特色景观点。

滨水空间与生活生产空间的串联

以运河文化为依托 进行智慧游览空间串联

利用现代先进的智慧无人驾驶船舶技术，可以为游客游玩路线进行私人订制，互动式玻璃屏幕可以让游人体验更加丰富。

利用AR与VR技术，用触摸屏+可视化流程的形式，让游客切身体验当地历史文化内涵与底蕴，体会智慧生活带来的便捷。

水上空间与生活生产空间的串联

水城共栖

解读水城共栖的水与建筑院落、街巷交通、景观生态的深层关系，提出设计解决方案。

依水而筑 岛内建筑多依水而筑，得益于优美的水系环境，这些邻水建筑所见的天然美景也得天独厚，也因为自身环水聚居的特色而为这些美景锦上添花。

骑水而筑 骑水而筑的建筑多集中在新建古镇片区与产业园片区，依托当地特色的水网形式，结合干阑式建筑，架空建筑物底层，形成更具有亲水性的骑水建筑。

环水而筑 环水建筑多集中在小型湖泊或河湾周边，借助水系自然流淌的地形形成环水而筑的建筑群，该样式在欣赏水系美景的同时更加具有私密性，且宜居宜业。

在不影响正常水体形态与环境的前提下进行建筑院落布置，使水与建筑院落达成共栖。

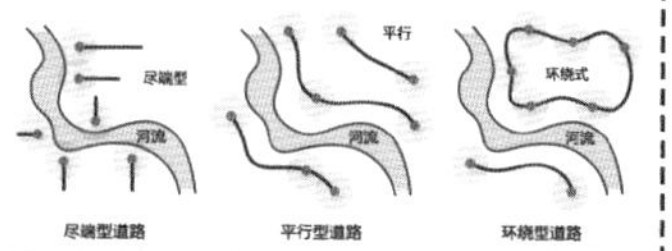

尽端型道路 场地内河流水系众多，基地内部道路大多遵循河流肌理，呈现出尽端型道路的形式。特点是可以相应地在尽端处布置公园广场，以便提升人群对场地的亲水性。

平行型道路 遵循大运河（杭州段）东西走向的肌理，基地主要道路呈现出平行式布局。特点是提升道路通达性，与河流景观相互呼应，布置适当的交通节点便于通行。

环绕型道路 大运河（杭州段）河流宽度大，跨河修建桥梁成本高，而岛型交通规划环绕型道路通达性高，可达性强。该布置形式是水岛交通高效率的最优之选。

依托场地水体形态与水系肌理，合理布置交通，达成交通层面上的与水共栖。

依水而筑、环水而筑、骑水而筑

水与建筑院落　水与街巷交通

水城共栖 水 WATER

生活式道路、蓄水式道路、生态式道路

充分利用道路绿化带和隔离带设置植草浅沟，进行径流削减和水质净化，将道路分为生活式、蓄水式和生态式。

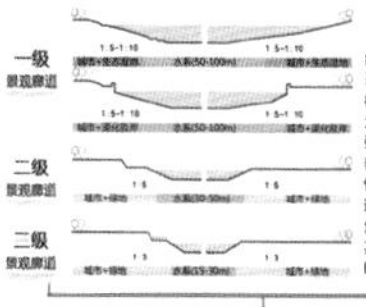

水与景观生态

一级景观廊道、二级景观廊道

景观生态水廊道：结合基地水系特点，将水系划分为三级景观廊道，进行分级管控。一级廊道分为生态型与景观型，生态型兼具活力休闲、水源涵养功能，渠化型主要承担快速排洪的功能；二级廊道具有生态休闲与雨水收集功效；三级廊道为休闲其他水网，具有生态回渗的作用。

结合水系特色，构建三级景观生态水廊，进行分级管控。

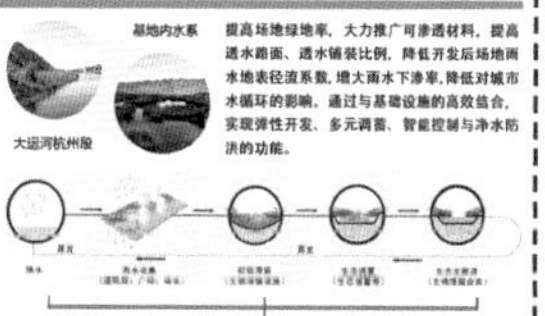

海绵城市

大运河杭州段

提高场地绿地率、大力推广渗水透材料，提高透水路面、透水铺装比例，降低开发后场地雨水径流系数。增大雨水下渗率，降低对城市水循环的影响。通过与基础设施的高效结合，实现弹性开发、多元调蓄、智能控制与净水防洪的功能。

借助海绵城市先进的管理技术，提升场地内水生态的涵养能力。

像元评估

以像元理念为基底，选取基本尺度单元进行评估，并对其进行叠加分析。

一字院、三合院、拐角院、二进院

像元评估的应用：院落是塘栖古镇中最基础的尺度单元。选取古镇内的基础院落尺寸约30m×30m（三合院）作为基本的像元单位进行进一步的评估。

通过对生态与生产两大方面进行评估，以图像化的像元方式进行显示，并以此进行叠加分析，找出保护和开发利用的重点点位，为下一步规划设计的合理性奠定基础。

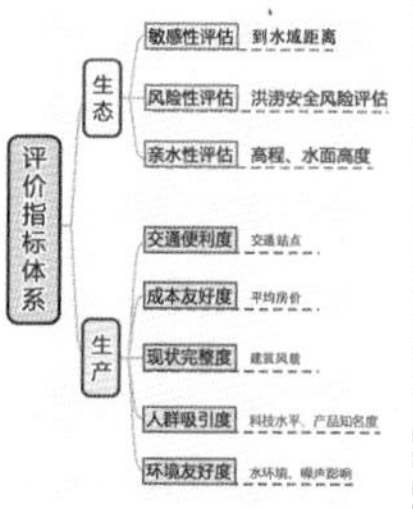

评价指标体系：

生态：敏感性评估——到水域距离；风险性评估——洪涝安全风险评估；亲水性评估——高程、水面高度

生产：交通便利度——交通站点；成本友好度——平均房价；现状完整度——建筑风貌；人群吸引度——科技水平、产品知名度；环境友好度——水环境、噪声影响

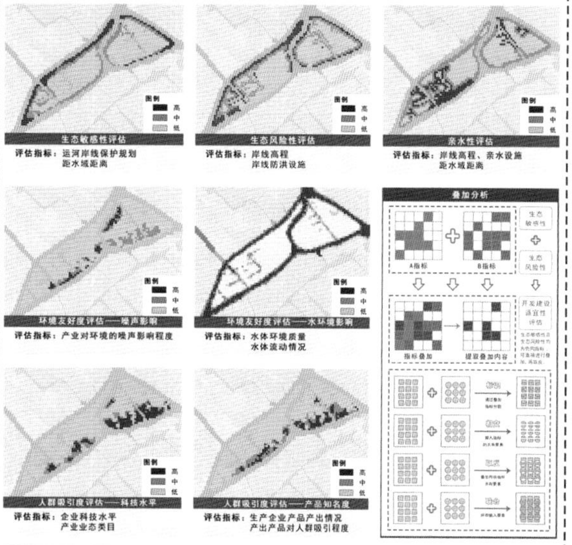

生态敏感性评估　评估指标：运河岸线保护规划 距水域距离

生态风险性评估　评估指标：岸线高程 岸线防洪设施

亲水性评估　评估指标：岸线高程、亲水设施 距水域距离

环境友好度评估——噪声影响　评估指标：产业对环境的噪声影响程度

环境友好度评估——水环境影响　评估指标：水体环境质量 水体流动情况

人群吸引度评估——科技水平　评估指标：企业科技水平 产业业态类目

人群吸引度评估——产品知名度　评估指标：生活企业产品产出情况 产出产品对人群吸引程度

图例：高、中、低

叠加分析

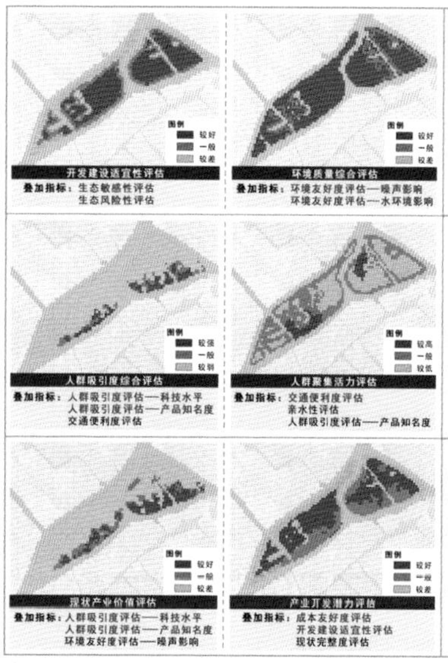

开发建设适宜性评估　叠加指标：生态敏感性评估 生态风险性评估

环境质量综合评估　叠加指标：环境友好度评估——噪声影响 环境友好度评估——水环境影响

图例：较好、一般、较差

生态评估 开发建设适宜性评估结果显示，北部运河沿岸及内水部分生态评估不适宜开发，内水沿岸图中浅色部分适宜开发。

环境质量综合评估结果显示，基地内部环境质量整体较好，但部分水体环境质量较差，导致水岸环境一般，规划中应注重水环境治理，提升环境质量。

人群吸引度综合评估　叠加指标：人群吸引度评估——科技水平 人群吸引度评估——产品知名度 交通便利度评估

人群聚集活力评估　叠加指标：交通便利度评估 亲水性评估 人群吸引度评估——产品知名度

图例：较高、一般、较低

人群评估 人群吸引度综合评估结果显示，场地内吸引力较强地区集中在古镇景区及C地块工业厂房一带，北侧空间对于人群吸引力则较弱。

人群聚集活力评估结果显示，古镇景区知名店铺密集，交通便利性强，人流密集；地块北部交通便利性差，产业吸引力弱，人流分散，与调研现状较为符合。

现状产业价值评估　叠加指标：人群吸引度评估——科技水平 人群吸引度评估——产品知名度 环境友好度评估——噪声影响

产业开发潜力评估　叠加指标：成本友好度评估 开发建设适宜性评估 现状完整度评估

产业评估 现状产业价值评估结果显示，价值较高地区集中在古镇景区及C地块南侧工业厂房（现已废弃）一带，可对产业进行整治，价值较低产业可酌情腾退。

产业开发潜力评估结果显示，A地块南部的丝厂工业遗址附近、B地块中部及C地块中部的产业开发友好度极高。评估结果对规划开发建设具有指导性作用。

叠加分析结果

综合分析

叠加分析　面—线—点综合分析　要素一　要素二

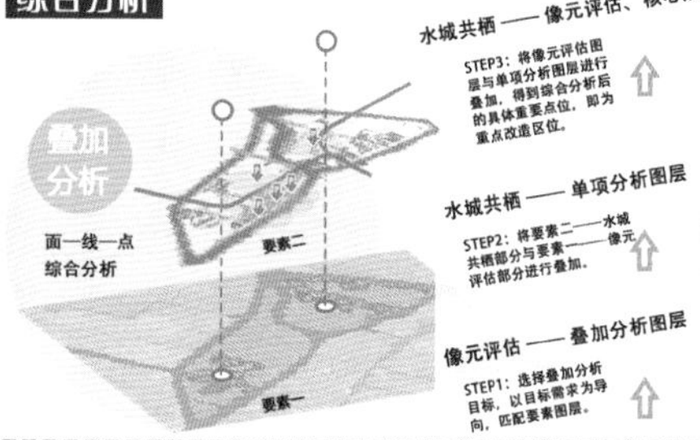

水城共栖——像元评估、核心点

STEP3：将像元评估图层与单项分析图层进行叠加，得到综合分析后的具体重要点位，即为重点改造区位。

水城共栖——单项分析图层

STEP2：将要素二——水城共栖部分与要素一——像元评估部分进行叠加。

像元评估——叠加分析图层

STEP1：选择叠加分析目标，以目标需求为导向，匹配要素图层。

像元——污水处理设施选址分析

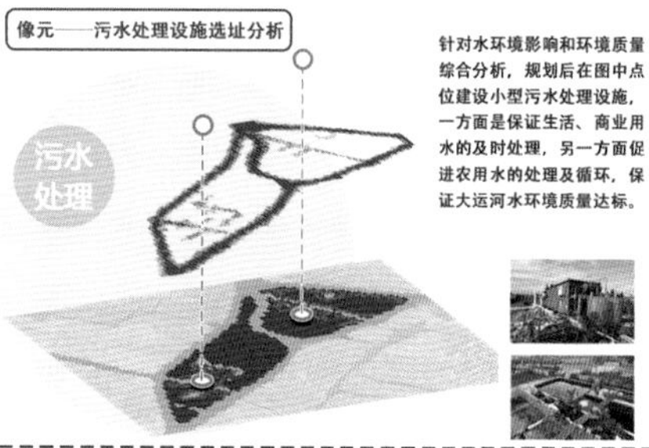

污水处理

针对水环境影响和环境质量综合分析，规划后在图中点位建设小型污水处理设施，一方面是保证生活、商业用水的及时处理，另一方面促进农用水的处理及循环，保证大运河水环境质量达标。

像元——游客集散设施选址分析

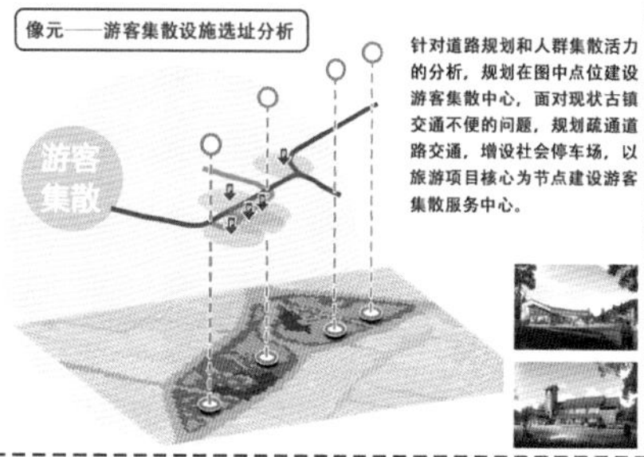

游客集散

针对道路规划和人群集散活力的分析，规划在图中点位建设游客集散中心，面对现状古镇交通不便的问题，规划疏通道路交通，增设社会停车场，以旅游项目核心为节点建设游客集散服务中心。

运绸栖水畔 共营智汇岛

——基于像元评估体系的水城共栖家园计划

伍

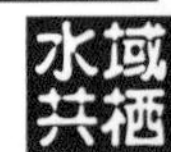

总平面图

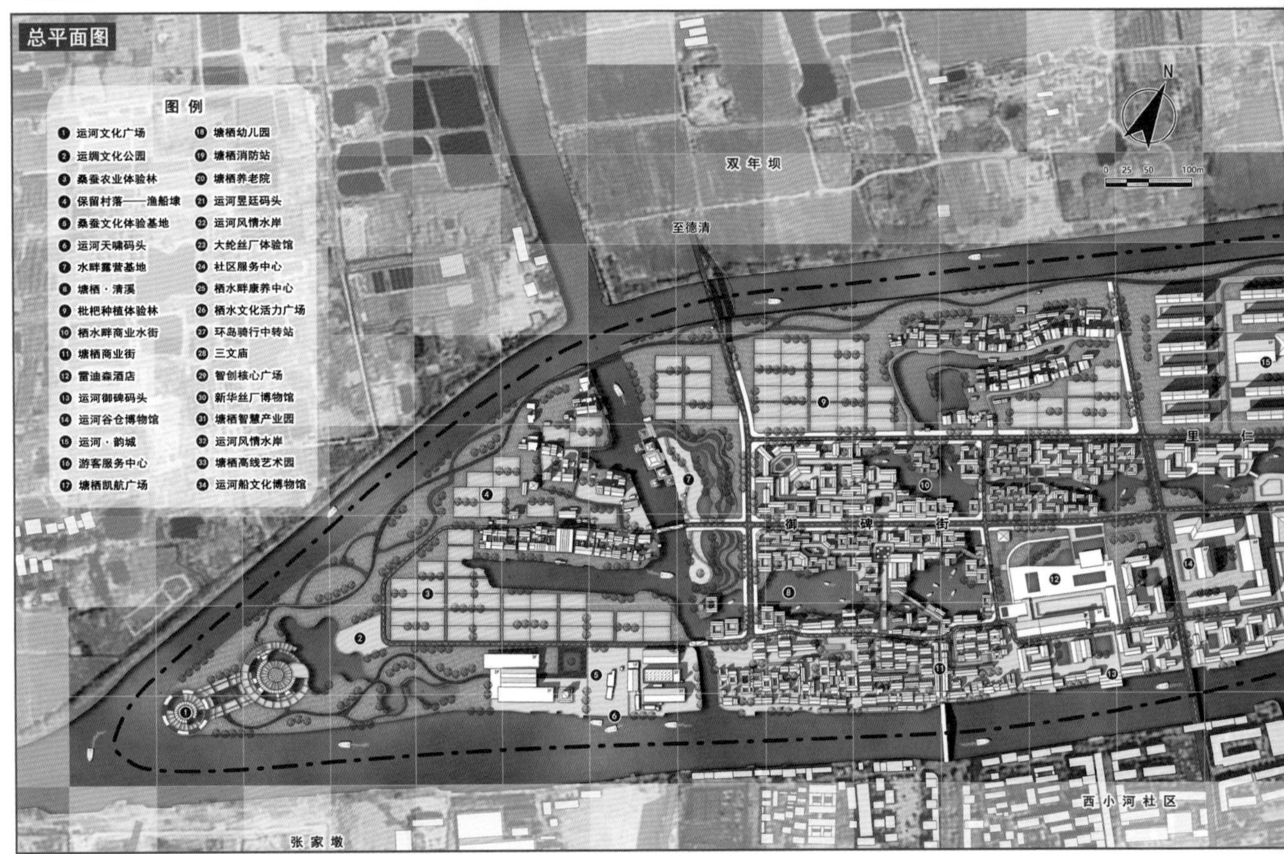

基地天际线

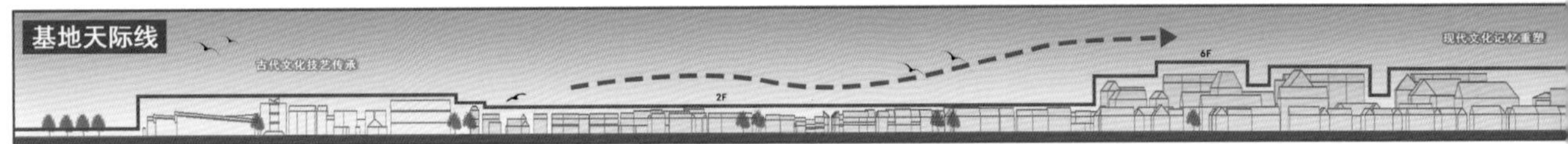

规划解析 从规划结构、功能分区等方面解析规划设计方案。

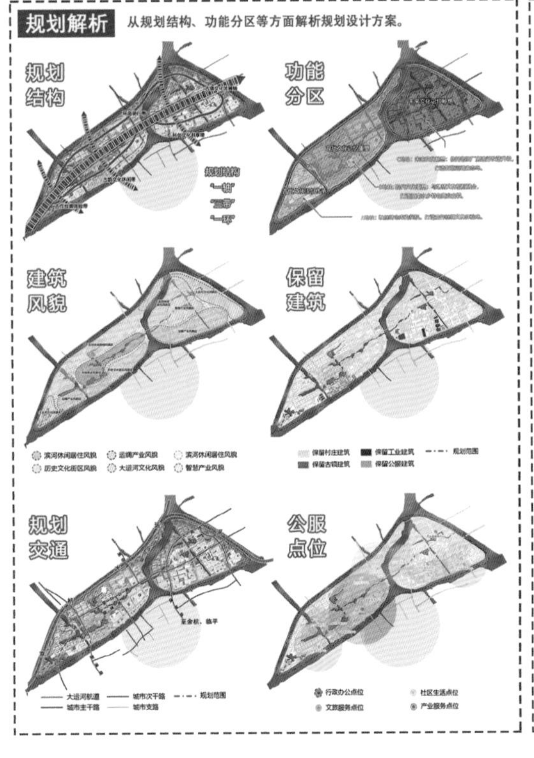

游线分析 将风貌体验与自行车游线、游船体验相结合，用立体化的方法展示独一无二的旅行线路与特色打卡点。

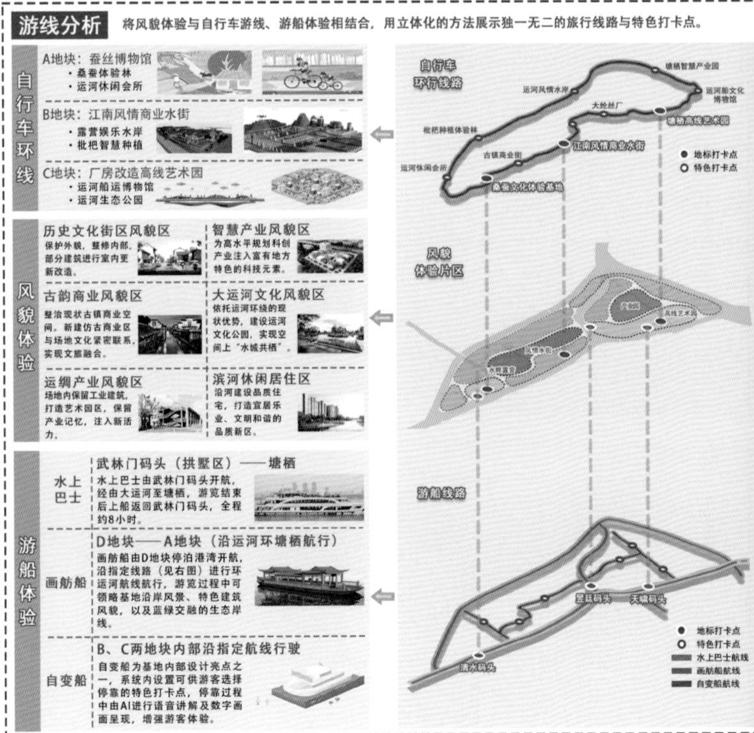

运绸栖水畔 共营智汇岛

——基于像元评估体系的水城共栖家园计划

场景呈现

总平面图

江南运河
邵家坝
姚家坝
N
0 25 50 100m
里邵线
北路
大苑线
杭州塘
六宝村
东小河社区
D岛
京杭大运河
技术经济指标
• 总用地面积：133hm²
• 总建筑面积：159.6hm²
• 容积率：1.20
• 建筑密度：40%
• 绿地率：33%
• 停车位（含地下）：6000个

基地天际线

未来文化记忆畅想
9F

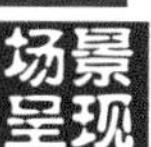

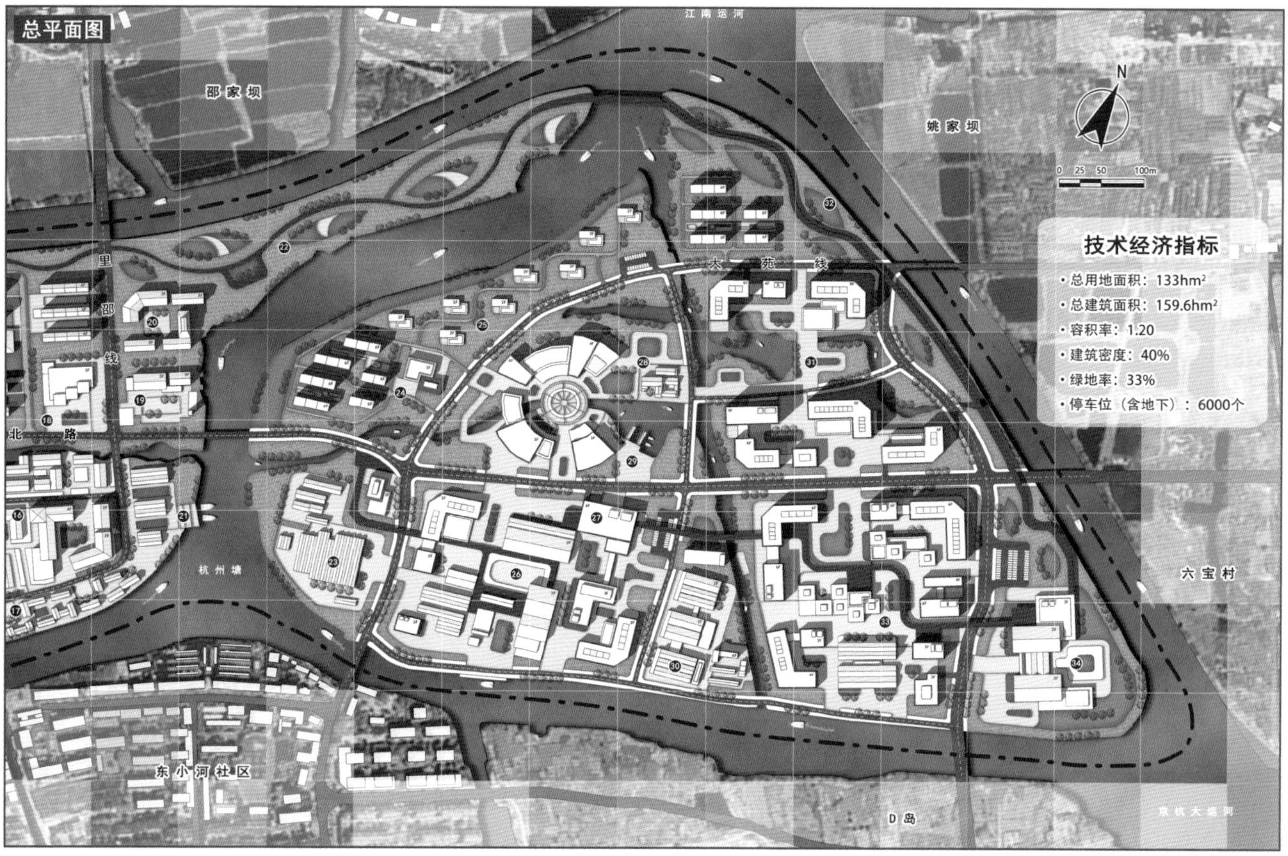

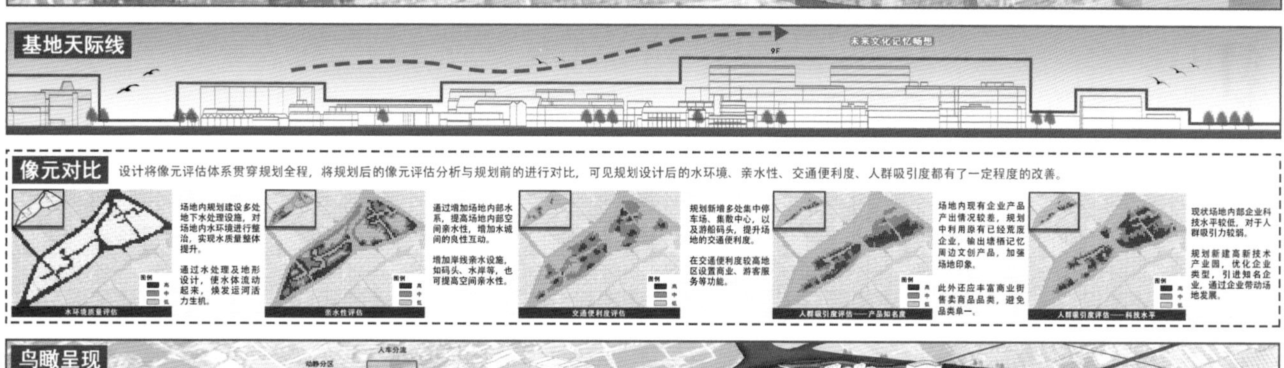

像元对比

设计将像元评估体系贯穿规划全程，将规划后的像元评估分析与规划前的进行对比，可见规划设计后的水环境、亲水性、交通便利度、人群吸引度都有了一定程度的改善。

图例
高
中
低
水环境质量评估

场地内规划建设多处地下水处理设施，对场地内水环境进行整治，实现水质量整体提升。

通过水处理及地形设计，使水体流动起来，焕发运河活力生机。

图例
高
中
低
亲水性评估

通过增加场地内部水系，提高场地内部空间亲水性，增加水城间的良性互动。

增加岸线亲水设施，如码头、水岸等，也可提高空间亲水性。

图例
高
中
低
交通便利度评估

规划新增多处集中停车场、集散中心，以及游船码头，提升场地的交通便利度。

在交通便利度较高地区设置商业、游客服务等功能。

图例
高
中
低
人群吸引度评估——产品知名度

场地内现有企业产品产出情况较差，规划中利用原有已经荒废企业，输出塘栖记忆周边文创产品，加强场地印象。

此外还应丰富商业街售卖商品品类，避免品类单一。

图例
高
中
低
人群吸引度评估——科技水平

现状场地内部企业科技水平较低，对于人群吸引力较弱。

规划新建高新技术产业园，优化企业类型，引进知名企业，通过企业带动场地发展。

鸟瞰呈现

活动展演
游憩广场
动静分区
人车分流

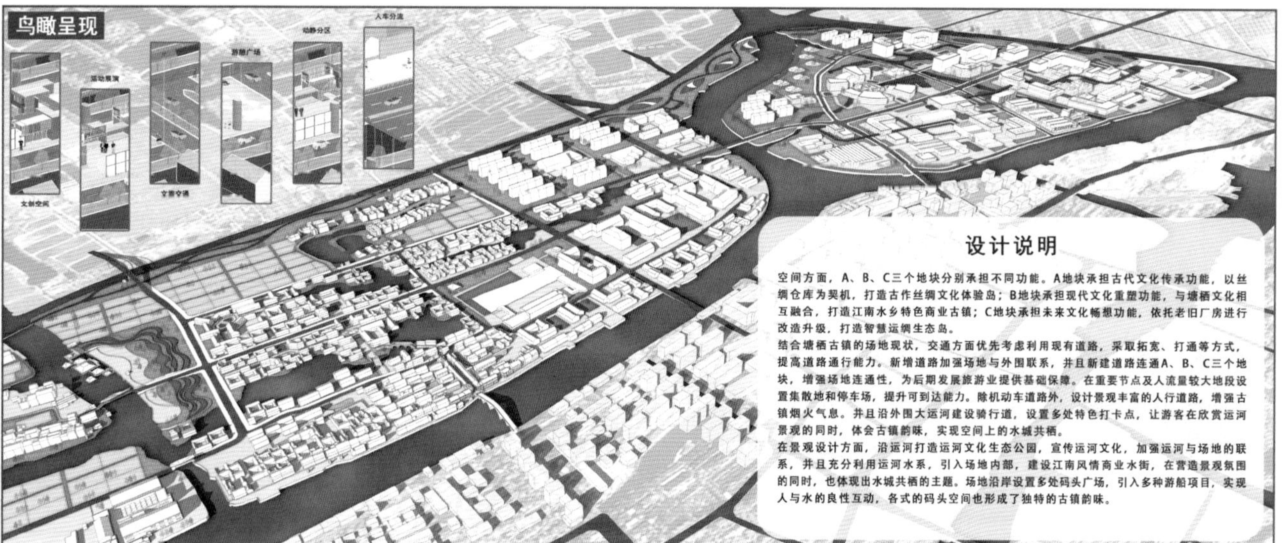

设计说明

空间方面，A、B、C三个地块分别承担不同功能。A地块承担古代文化传承功能，以丝绸仓库为契机，打造古作丝绸文化体验岛；B地块承担现代文化重塑功能，与塘栖文化相互融合，打造江南水乡特色商业古镇；C地块承担未来文化畅想功能，依托老旧厂房进行改造升级，打造智慧运绸生态岛。

结合塘栖古镇的场地现状，交通方面优先考虑利用现有道路，采取拓宽、打通等方式，提高道路通行能力。新增道路加强场地与外围联系，并且新建道路连通A、B、C三个地块，增强场地连通性，为后期发展旅游业提供基础保障。在重要节点及人流量较大地段设置集散地和停车场，提升可到达能力。除机动车道路外，设计景观丰富的人行道路，增强古镇烟火气息。并且沿外围大运河建设骑行道，设置多处特色打卡点，让游客在欣赏运河景观的同时，体会古镇韵味，实现空间上的水城共栖。

在景观设计方面，沿运河打造运河文化生态公园，宣传运河文化，加强运河与场地的联系，并且充分利用运河水系，引入场地内部，建设江南风情商业水街，在营造景观氛围的同时，也体现出水城共栖的主题。场地沿岸设置多处码头广场，引入多种游船项目，实现人与水的良性互动，各式的码头空间也形成了独特的古镇韵味。

编织江南 ——AI 引领的未来水乡小镇

壹

AI 共享服务单元通过对每天行人输入的词汇进行汇总，自动生成一幅当日塘栖印象的全息投影电子画，投向服务单元所在岛屿的上空 。

大背景分析

地理区位分析图

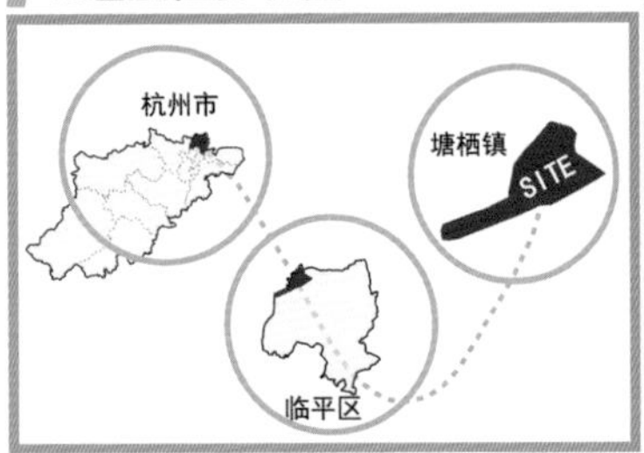

塘栖位于浙江省杭州市临平区，地处杭嘉湖平原南端，是浙北重镇、江南水乡名镇、临平副中心，是闻名遐迩的"鱼米之乡、花果之地、丝绸之府、枇杷之乡" 。位于临平区西部的塘栖镇，是京杭大运河进入杭州的门户首镇，因运河而生、以运河而兴，走过了数百年的历史。

周边资源分析图

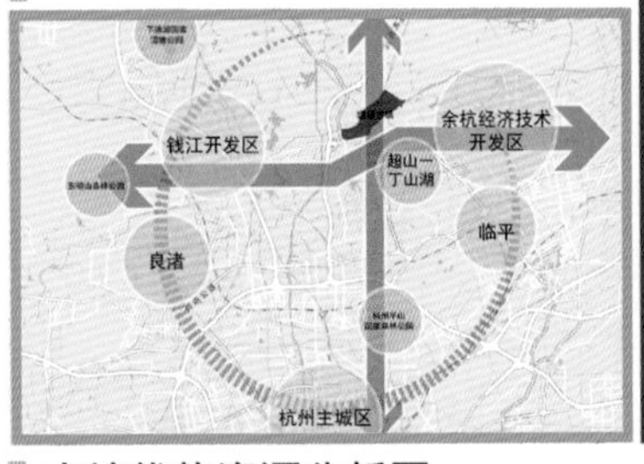

塘栖北单元是塘栖镇的主要城镇区，东接余杭经济开发区，西邻钱江开发区，南接超山—丁山湖风景名胜区，具有良好的周边功能支撑及优越的自然环境资源。申嘉湖高速从单元西侧穿过，区块通过多条道路与周边地区连接，交通区位优势明显。未来在周边地区发展的推动下，核心区块将成为联系周边地区的重要节点。

古镇优势资源分析图

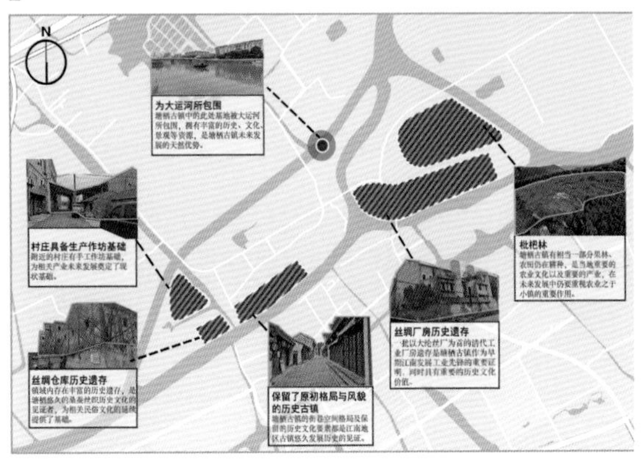

上位规划分析

《杭州市国土空间总体规划（2021—2035年）》

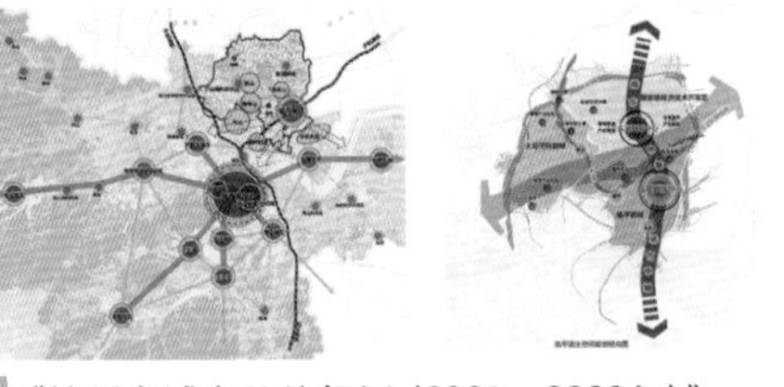

以社会主义现代化国际大都市为城市定位，提出打造具有全球影响力的独特韵味别样精彩的世界名城目标愿景，构建**"一核九星、双网融合、三江绿楔"**特大城市空间格局，紧紧围绕"数智杭州·宜居天堂"的发展导向，加快建设社会主义现代化国际大都市。

《杭州市城市总体规划（2001—2020年）》

区域层面：杭州作为长三角南翼中心、信息经济的先导区和创新型城市，正面临着经济社会的转型升级态势。

塘栖层面： 复兴古镇活力和展现现代面貌的双重需求。塘栖应顺应宏观趋势，突出强调区域性历史人文和生态景观资源优势，打造城镇发展核心竞争力。

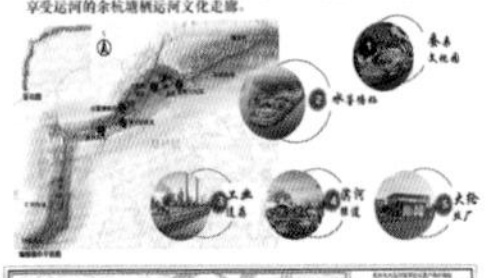

《浙江省大运河文化保护利用传承实施规划》

将塘栖列为省级历史文化名城，结合大运河塘栖段历史文化名城的打造，根据"千年古镇"的定位，打造融合生产、生态、生活、旅游为一体的江南水城流动文化走廊，建设以**"千年古韵，江南丝路"** 为浙江样本的定位。

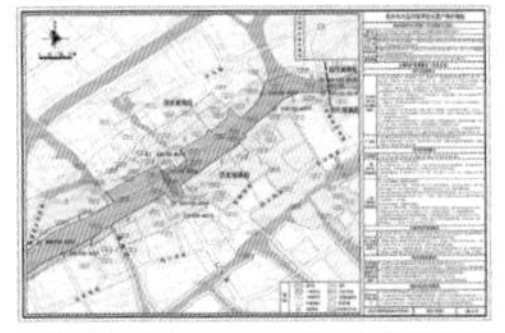

《大运河遗产保护规划》

规划提出对大运河浙江段在用河道岸线进行分类保护。根据河道岸线的遗产分布和价值、保存状况、目前主要功能、未来改造要求等，把河道岸线分为三个类别，限制新增建设、限制高度、限制用地的功能。

杭州段运河改道新闻

根据大运河杭州段运河的改道消息，此后货运船不会从塘栖段运河通行，基地的水域空间也可以在满足河道保护规划的前提下充分利用起来了。

编织江南——AI 引领的未来水乡小镇

贰

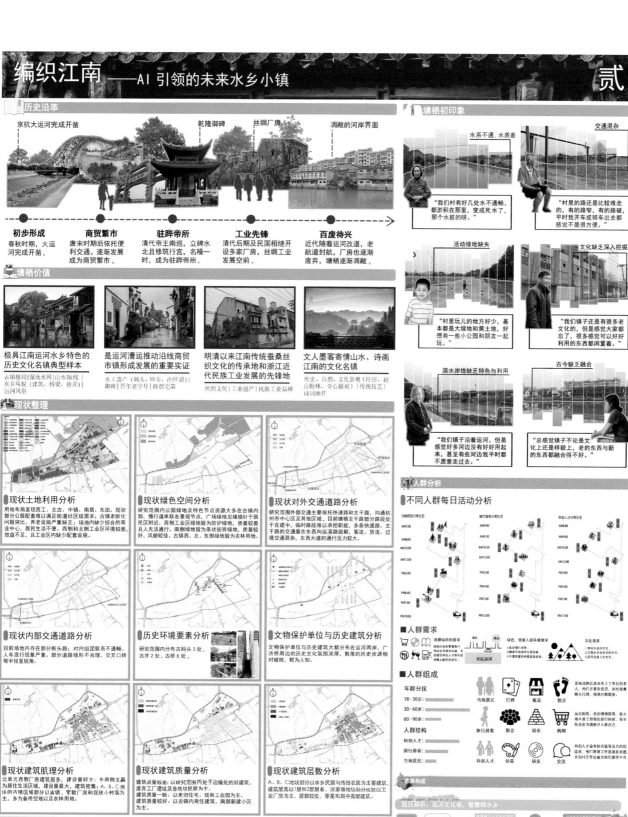

历史沿革

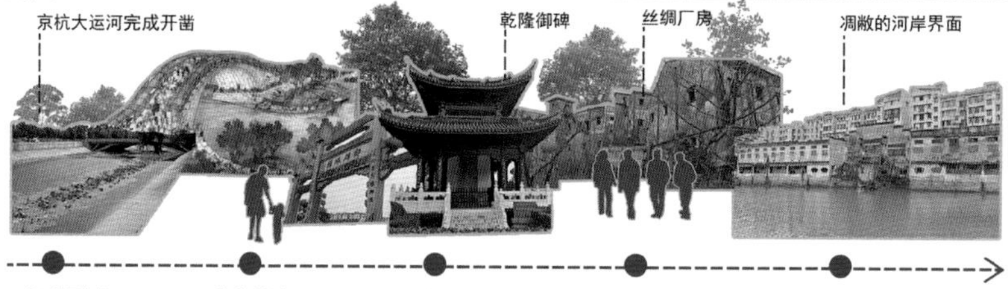

京杭大运河完成开凿　乾隆御碑　丝绸厂房　凋敝的河岸界面

初步形成　春秋时期，大运河完成开凿。

商贸繁市　唐宋时期后依托便利交通，逐渐发展成为商贸繁市。

驻跸帝所　清代帝王南巡，立碑水北且修筑行宫，名噪一时，成为驻跸帝所。

工业先锋　清代后期及民国相继开设多家厂房，丝绸工业发展空前。

百废待兴　近代随着运河改道，老航道封航，厂房也逐渐废弃，塘栖逐渐凋敝。

塘栖价值

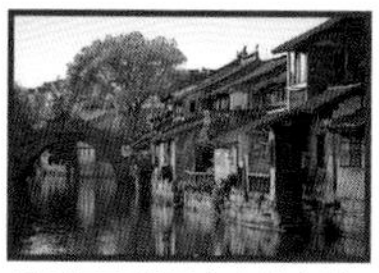

极具江南运河水乡特色的历史文化名镇典型样本

古镇格局|湿地水网|山水轴线|水乡风貌（建筑、桥梁、巷弄）|运河风俗

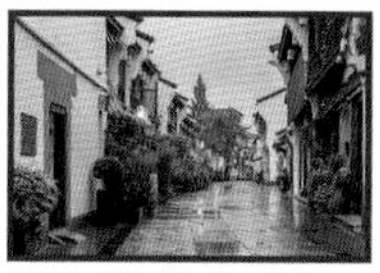

是运河漕运推动沿线商贸市镇形成发展的重要实证

水工遗产（码头、埠头、古纤道）|御碑|百年老字号|商贸宅第

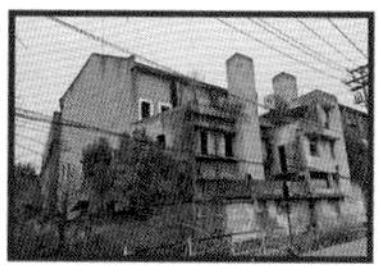

明清以来江南传统蚕桑丝织文化的传承地和浙江近代民族工业发展的先锋地

丝织文化|工业遗产|民族工业品牌

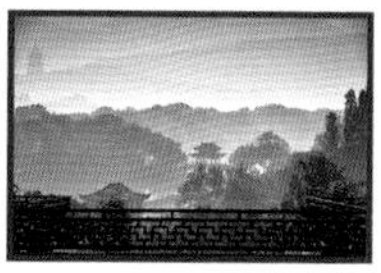

文人墨客寄情山水、诗画江南的文化名镇

历史、自然、文化景观（圩田、超山梅林、金石题刻）|传统技艺|诗词画作

现状整理

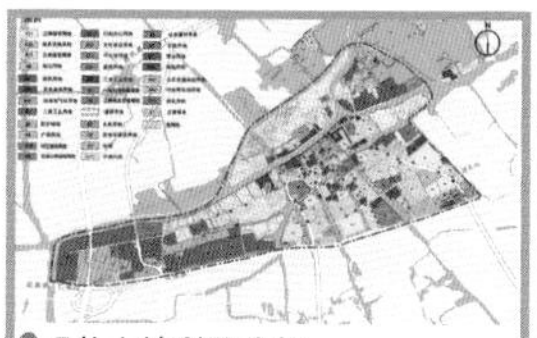

现状土地利用分析

用地布局呈现西工、北古、中镇、南居、东田。现状部分公服配套难以满足街道社区级需求；古镇老龄化问题突出，养老设施严重缺乏；场地内缺少综合的商业中心，居民生活不便。西侧和北侧工业区环境较差，效益不足，且工业区内缺少配套设施。

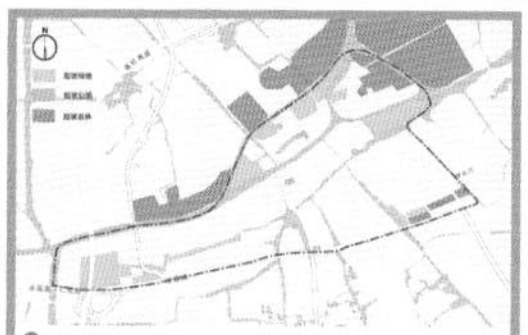

现状绿色空间分析

研究范围内公园绿地及特色节点资源大多在古镇内部，慢行道串联各景观节点，广场绿地见缝插针于居民区附近。西侧工业区绿地皆为防护绿地，质量较差且人无法通行。南侧绿地皆为条状街旁绿地，质量较好，风貌较佳。古镇西、北、东侧绿地皆为农林用地。

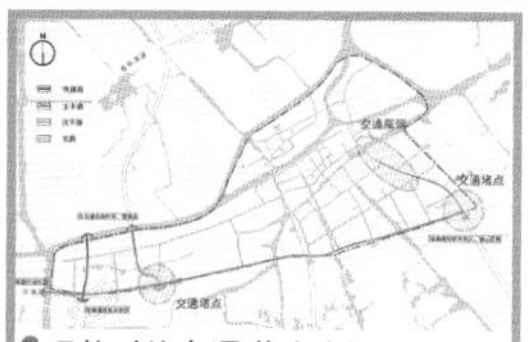

现状对外交通道路分析

研究范围外部交通主要依托快速路和主干路，沟通杭州市中心区及其他区域。目前塘栖主干路部分路段处于在建中，临时路段难以承担职能，多条快速路、主干路的交通量在东西向运溪路疏解，客流、货流、过境交通混杂，东西大道的通行压力较大。

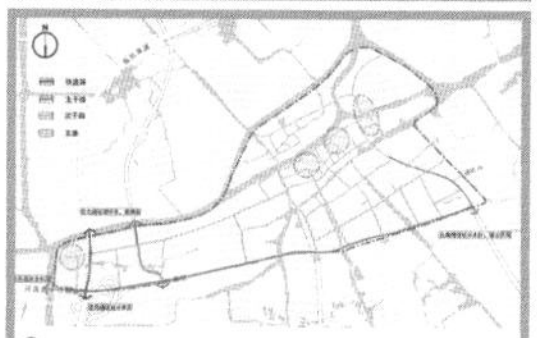

现状内部交通道路分析

目前场地内存在部分断头路；对内组团联系不通畅，人车混行现象严重；部分道路线形不合理，交叉口转弯半径狭窄。

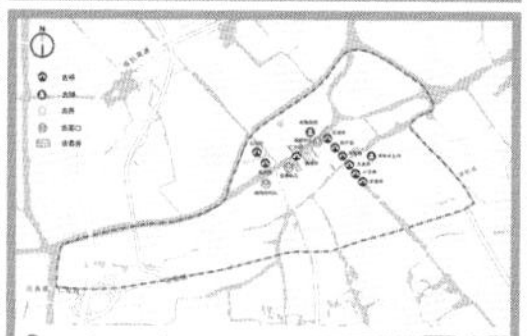

历史环境要素分析

研究范围内分布古码头 3 处，古井 2 处，古桥 8 处。

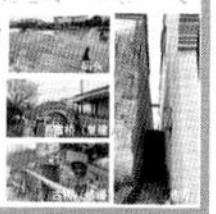

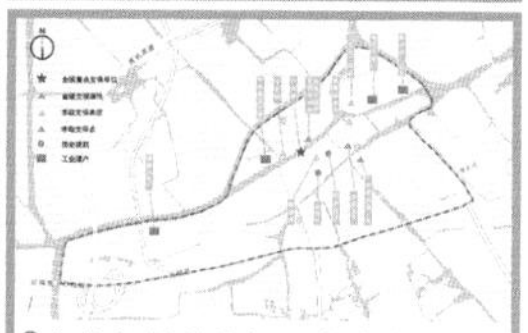

文物保护单位与历史建筑分析

文物保护单位与历史建筑大都分布在运河两岸，广济桥周边的历史文化氛围浓厚，散落的历史资源相对破败，鲜为人知。

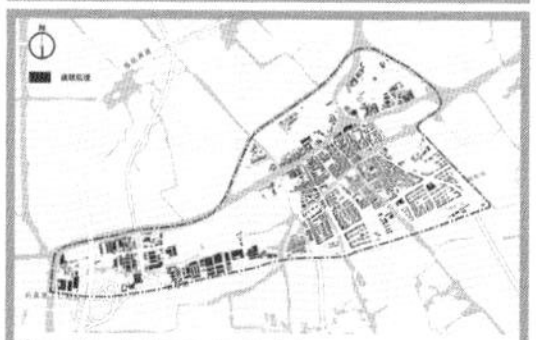

现状建筑肌理分析

北单元西侧厂房建筑居多，建设量较大；东南侧主要为居住生活区域，建设量最大，建筑密集；A、B、C地块的古镇区域部分以古镇，零散厂房和现状小村落为主，多为备用空地以及农林用地。

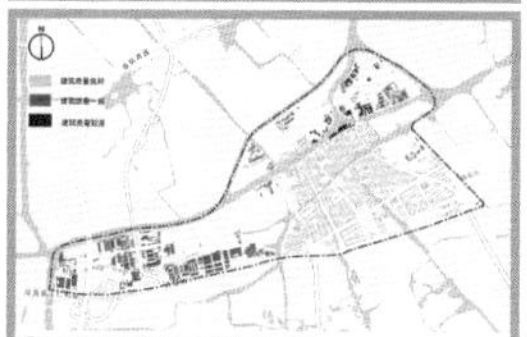

现状建筑质量分析

建筑质量较差：以研究范围内处于边缘处的旧建筑、废弃工厂遗址及各地块民居为主。
建筑质量一般：以老旧住宅、现有工业园为主。
建筑质量较好：以古镇内商住建筑、南部新建小区为主。

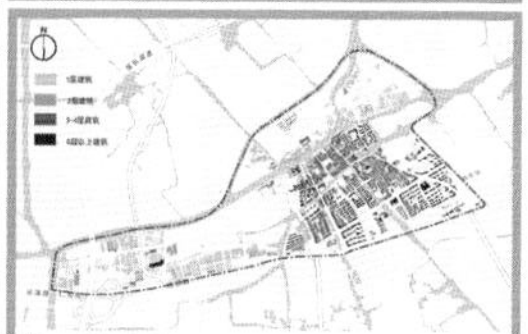

现状建筑层数分析

A、B、C地块部分以水乡民居与传统农居为主要建筑，建筑层高以1层和2层居多，张家墩地块部分现状以工业厂房为主，层数较低，零星布局中高层建筑。

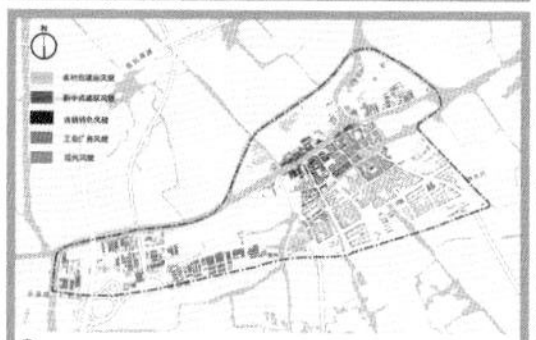

现状建筑风貌分析

以古镇为核心及其辐射范围内的建筑以坡屋顶为主，体现古镇特色，但个别老旧民居也为坡屋顶，风貌较差。工业园区内建筑及南部现代居住建筑主要为平屋顶，缺乏传统元素。

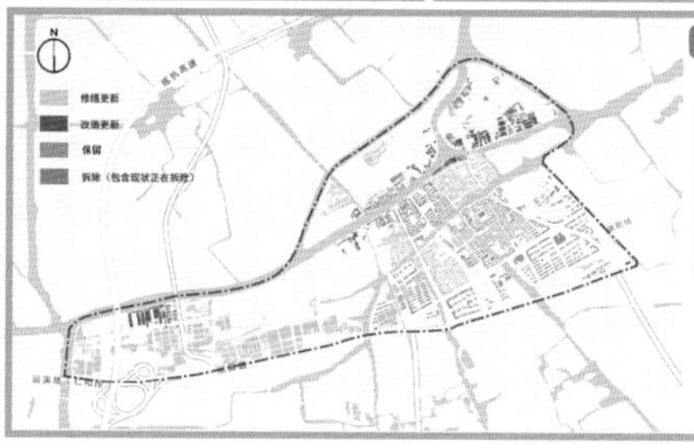

建筑拆改留分析

保护历史古镇，保留具有历史价值的厂房进行改造更新，对破旧、价值低的建筑进行拆除，对现状质量较差的建筑进行修缮更新。

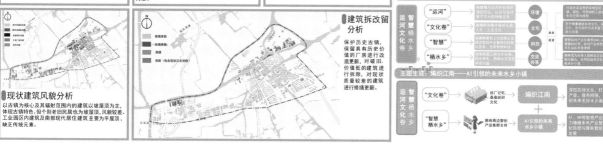

塘栖初印象

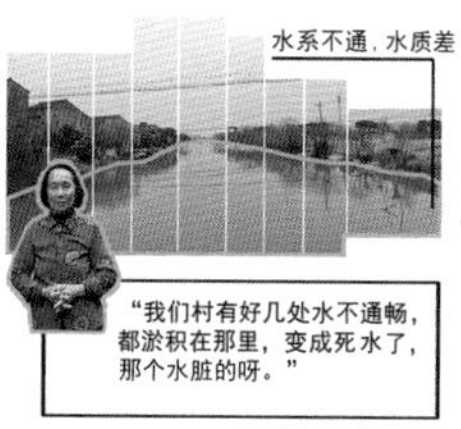

水系不通，水质差

"我们村有好几处水不通畅，都淤积在那里，变成死水了，那个水脏的呀。"

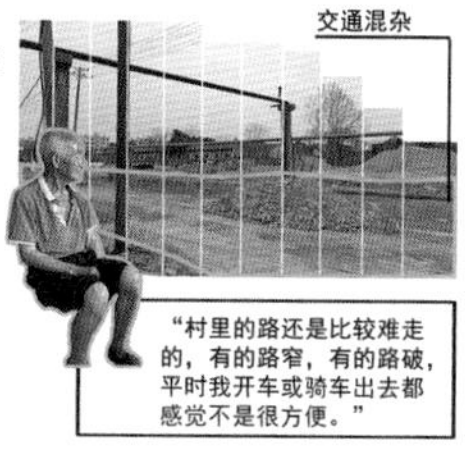

交通混杂

"村里的路还是比较难走的，有的路窄，有的路破，平时我开车或骑车出去都感觉不是很方便。"

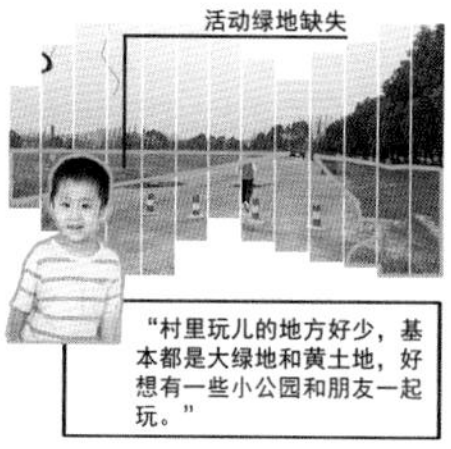

活动绿地缺失

"村里玩儿的地方好少，基本都是大绿地和黄土地，好想有一些小公园和朋友一起玩。"

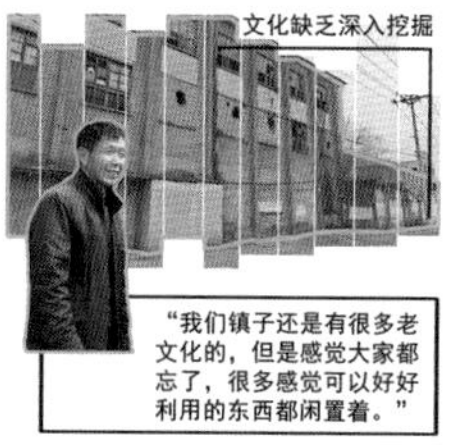

文化缺乏深入挖掘

"我们镇子还是有很多老文化的，但是感觉大家都忘了，很多感觉可以好好利用的东西都闲置着。"

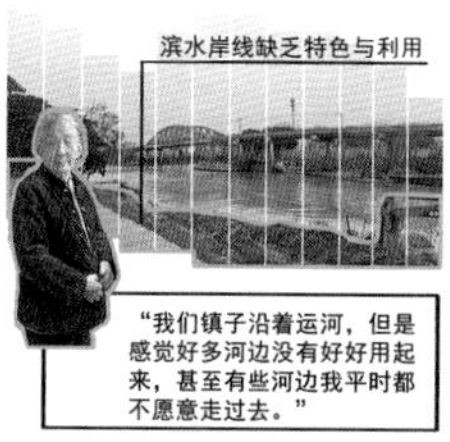

滨水岸线缺乏特色与利用

"我们镇子沿着运河，但是感觉好多河边没有好好用起来，甚至有些河边我平时都不愿意走过去。"

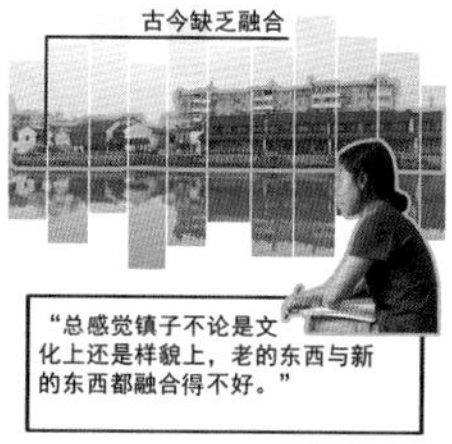

古今缺乏融合

"总感觉镇子不论是文化上还是样貌上，老的东西与新的东西都融合得不好。"

人群分析

不同人群每日活动分析

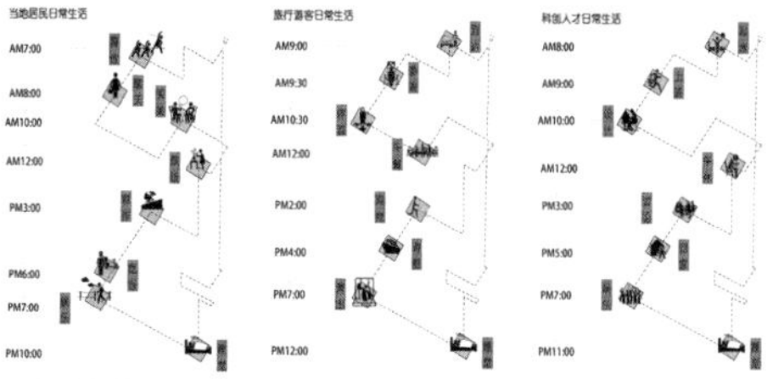

当地居民日常生活　旅行游客日常生活　科创人才日常生活

人群需求

消费场所的需求　绿色、健康人居环境需求　文化需求

人群组成

年龄分段
18~30岁：
30~60岁：
60~90岁：

人群结构
科创人才：
旅行游客：
当地居民：

当地居民　打牌　贩卖　散步

旅行游客　聚会　娱乐　购物

科创人才　创意　研发　交流

思路构成

题目解析：运河文化卷，智慧栖水乡

运河文化卷　智慧栖水乡

"运河"　"文化卷"　"智慧"　"栖水乡"

环境　文化　科技　交流共享

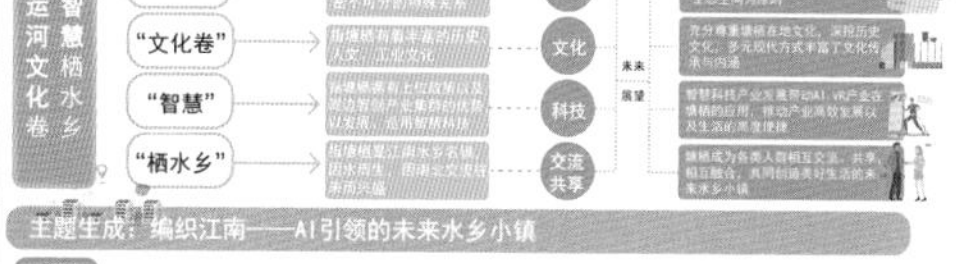

主题生成：编织江南——AI引领的未来水乡小镇

"文化卷"　丝厂记忆、桑蚕丝织文化　编织江南

"智慧栖水乡"　拥有周边智创产业集群支持　AI引领的未来水乡小镇

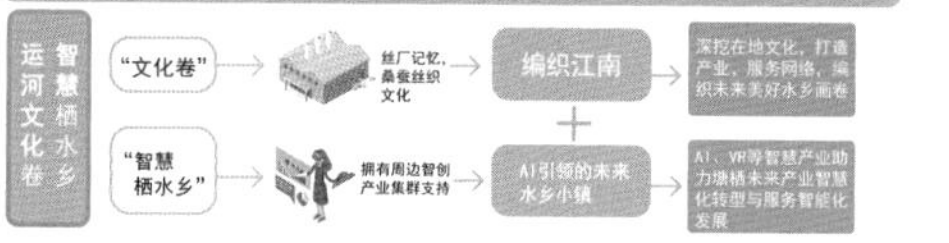

编织江南——AI 引领的未来水乡小镇
叁
N
总平面图
① 塘栖剧院
② AI 服务单元
③ 自动驾驶动车总站
④ 运河博物馆
⑤ 丝织文化展馆
⑥ 文创村
⑦ 桑基鱼塘
⑧ 塘栖步行街
⑨ 现状村落
⑩ 塘栖古镇区
⑪ 博物馆群
⑫ 船文化度假村
⑬ 运河观景点（之一）
⑭ 农业主题度假村
⑮ 枇杷林
⑯ 新建居住区
⑰ 艺术小学
⑱ 艺术公寓
⑲ 艺术展馆
⑳ 丝绸市场
㉑ 丝绸时装秀场
㉒ 艺术家工作室
㉓ 运河游船码头
㉔ 自动动车总站
新功能植入说明图
结构规划
基地西南部的张家墩地块作为智慧科创区，分为展示交流、研发、服务等分区；东南为北单元现状的主要生活居住区；A地块为形象展示区，B地块为休闲旅游区，C地块为文化创意集聚区，五个核心，双轴驱动。
大规划结构分析图
规划土地利用在现状用地的基础上，A地块增加了一些文化展示功能，B地块增加了部分商业与特色旅游休闲度假的功能，C地块则增加了新居住用地功能，厂房功能转为文化展示与商业混合功能，在部分增加的同时保留大量农林绿地。
规划土地利用图
策略展开01——打造绿色健康、可持续的美好生活环境
整合利用基地内闲散绿地资源，串连成轴，组成绿化慢行轴线贯穿基地，在美化环境的同时也优化了基地风貌，绿轴对接场地外的农林用地或水面景观等，形成四通八达的景观通廊，与周边浑然天成。
绿色空间系统规划
在规划的绿色空间轴线上结合现状开敞用地打造四个绿心公园，服务各类人群的健康绿色慢行生活需求，公园内通过场地设计以及设施的增添来满足各类人群的多样化生活需求。
绿心公园分布规划
内部水系疏通点位分析图
水系海绵化及沿岸形式改造
生态浮岛
针对富营养化的水质，利用生态工程学原理，降解水中的 COD、氮、磷含量的人工浮岛。
蜂巢系统
通过系统中相互连接的巢室所形成的高强度三维网格来约束和稳定土体，蜂巢系统显著提高了土体性能。
生态袋
生态袋具有透水不透土的过滤功能，既能防止填充物流失，又能实现水分在土壤中的正常交流。
软硬铺装结合
凹凸岸线
亲水平台
水上景观桥
整理道路，控制成本
规划中整理了线形混乱的支路，去除了部分断头路。其他道路基本在原本路网的基础上进行小优化，避免过大的调整以控制成本。
循环三岛，打通南北
道路在三个地块形成环路，方便地块内交通；因运河保护规划要求，在A地块通隧道过河至张家墩地块，解决了南北交通全靠C地块一条路的交通痛点。
规划路网分析图
无人化有轨电车
智慧公交站点
绿色可持续的智慧动车
利用现状空地作为动车的两个首发站，各个重要节点都设置动车停靠站，鼓励人们公共出行，慢行生活。
自动驾驶动车分析图
游船航线规划分析图
Q：如何将文化+智慧融入小镇，打造未来美好水乡片区？
设计策略
社会问题
居民生活需求与现状不匹配，无法满足健康、美好、智慧现代生活的愿望需求
蓝绿网络编织
构建绿轴慢行系统，打造绿色廊道
在各个岛屿设置绿心公园
种植特色枇杷林与发展桑基鱼塘
梳理现状水系，疏通无法流动的河道，打造流动、循环的水系，并种植环保水生植物，打造健康水环境
交通网络编织
构建便利的道路系统
构建自动驾驶电车服务网络，鼓励公共交通出行，通过智慧系统实时监测
自动驾驶游船网络编织，充分利用运河景观特色的同时解决岛屿之间连通不便问题
景观桥网络的编织，连接各节点与AI服务单元，鼓励慢行与智慧生活
服务网络编织
智能农作物监测中心
老年食堂
智慧服务中心
共享办公区
AI创作中心
全息投影会议室
游客
智慧旅游路线定制中心
历史游览体验中心
游客智慧交互中心
文化问题
历史记忆衰弱，与现代化隔阂，缺乏深度挖掘
历史文化要素编织
保护历史文化要素，打造多个古镇历史文化游线
通过破旧工业记忆厂房再利用，打造博物馆、展馆，传播文化，延续历史记忆
改造丝厂旧址，打造丝织时尚艺术区旧厂新生，融入现代生活
引入文创产业，深挖当地历史文化发展智慧+文化产业
经济问题
产业低端效益低，并且过于同质化，产业活力欠佳
产业网编织
AI+旅游：农业游、休闲游、历史文化游、运河旅游、时尚休闲游等多游线定制
文创+手工作坊现状村庄结合，活化村庄，促进产业发展
丝织时尚艺术区：丝织秀场、艺术家工作室、丝绸市场、各类艺术展，承办丝绸时装展
智慧农业：桑基鱼塘、林下经济、枇杷林
环岛游船，多样出行方式选择
由于运河航道改道的消息落定，塘栖段的运河河道可以更加有效地利用起来了。我们在三个岛屿设置了四个游船停靠站点，依据航程分为长途航线与短途航线两种类型。长途航线西接杭州市区，南接超山一丁山湖风景名胜区，塘栖属于中途站的性质；短途航线则是环绕岛屿一周，在弥补陆地交通不足的同时增添江南水乡的浪漫情趣，也可以借此开展诸多关联的水上项目及产业。

编织江南——AI 引领的未来水乡小镇　肆

AI 共享服务单元布局分析

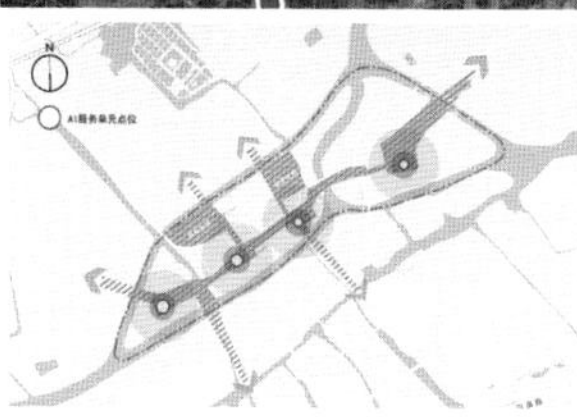

智慧科技加持，便捷共享服务

规划中设置了四处 AI 共享服务单元的点位，旨在为不同人群提供更加智能化的服务，为本地居住的居民，慕名前来的旅行者，从事文创、智创、艺术工作的工作人员等三大类人群提供多样化的服务。

景观桥系统分析图

鼓励慢行生活，步行友好小镇

规划中设置了大量连贯的景观桥将三个地块串联起来，在地块中央将各个节点以及 AI 服务单元等串联起来，形成鼓励步行的景观空中步道，在地块边缘则形成多个运河观景点，在活跃岸线的同时也充分利用了运河景观资源。

AI 共享服务单元功能分析

针对居民

智能农作物监测中心

利用智慧系统实时监测和预测农作物生长，提升产量和质量。

老年食堂

针对塘栖老龄化突出的问题，以及服务单元发挥不足、基础设施功能缺乏的问题，打造老年食堂。

智慧服务中心

基于 AI 技术建立线上小镇模型，预测小镇人口分布与变动，智能实时监测古镇区历史建筑、文物保护单位保护状况，打造智能交通系统。

针对艺术工作者

共享办公区

为规模不太的企业以及独立艺术工作者提供共享办公区，鼓励扶持艺术创作以及产业创新，使之未来为塘栖带来更大的发展活力。

AI 创作中心

AI 智慧科技辅助艺术、智创工作者进行创作，激发想象创意，同时也可以提升工作者的工作效率。

全息投影会议室

智慧科技支持下的具有实感的远程会议，进行远程办公，将文创智创产品推向更远的地方。

针对旅游者

智慧旅游路线定制中心

基于 AI 的旅游推荐系统，可实现多个方面的个性化旅游定制，包括行程安排、景点推荐、订票和餐饮推荐，以及旅游攻略等。AI 旅游指南也会提供更加全面的旅游资源和线路优化。

历史游览体验中心

通过虚拟游览、互动体验和大规模漫游，通过 AR 和 VR 设备，游客穿越时间和空间，体验文化、历史，观看小镇以及运河变迁等历史场景的模拟。

游客智慧交互中心

①与本地的文创产品进行沉浸式交互体验，促进文创作品的销售与推广，推动本地文化的传播。

②与全息投影装置交互，输入印象词语，AI 生成电子画，通过全息投影设备投向 AI 服务单元的上空。

策略展开 02——文化 + 产业结合实现转型

01 **文创产业 + 现状村庄**

产业解析

新产业新居民，吸引人口回流

文创产业模式解决了村庄产业活力低、人口老龄化等痛点。

深挖文化产业，传承文化记忆

插入文创单元，是文创 + 产业发展的基础，是村庄的一针强心剂。

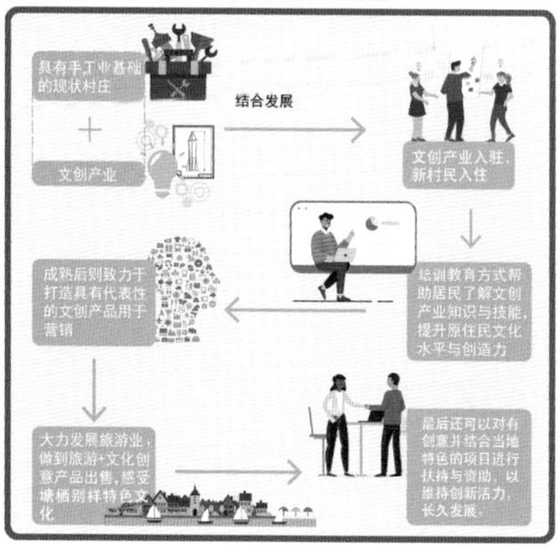

编织江南——AI 引领的未来水乡小镇 伍

春

今年春天文创村的广济桥周边你们有买吗，超好玩哎！

春天听说塘栖剧院又有新舞台剧了，开春一起去看好不好？

夏

夏天塘栖的枇杷也成熟了，要不要一起去采摘？

夏天塘栖还有种植体验活动，要不要去玩一玩？

塘栖古镇里的戏台表演节快到了，记得抢票哦！

02 多样化游线打造

AI 辅助策划游线，多样化旅程自由定制

旅游人群可以在 AI 单元中或塘栖智慧平台个性化定制属于自己的旅游路线，根据自己的喜好、预算、时间等进行生成。

03 AI 智慧科技 + 农业

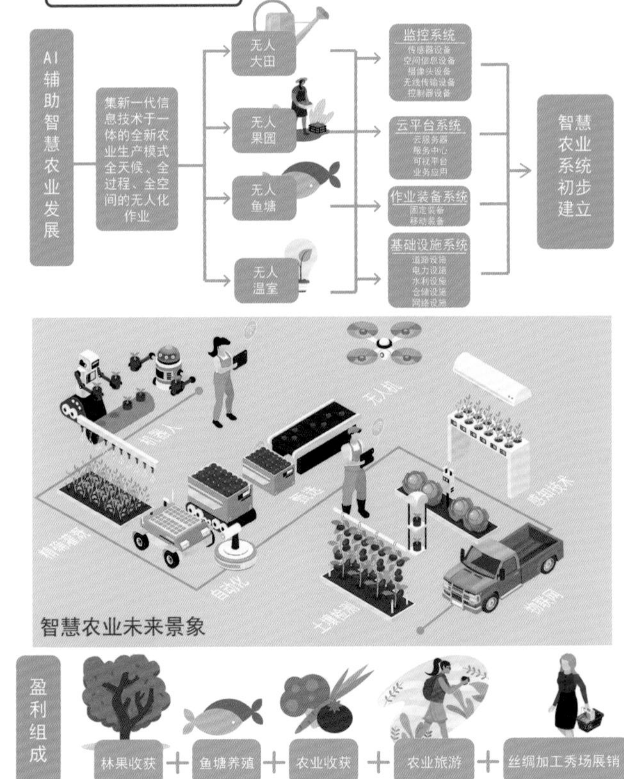

编织江南 ——AI 引领的未来水乡小镇

陆

秋

冬

超推荐塘栖的船文化度假村！这里也有小码头可以去运河划船，秋天景色超级美的。

塘栖丝织艺术区这边要开双年展了哦，下周咱们一起去吧！

塘栖艺术区又有我喜欢的艺术家和摄影师去办展了，这次一定要去。

塘栖艺术区丝绸时装周的冬季秀又要开始了！

鸟瞰图

04 丝织艺术区

文化记忆重构，丝织孕育新生
规划改造大纶丝厂等旧厂房为丝织艺术区，打造集丝绸时装秀场、丝绸展销会、艺术展馆、艺术家工作室、休闲街区为一体的塘栖新地标，承办各类艺术展览、丝绸展销、高定设计、时装展等丰富活动。

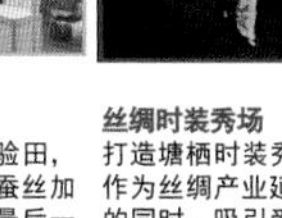

艺术展馆
规划改造部分厂房举办丝绸展、摄影展、艺术展等，不时与热门艺术家或IP联动，创造热度。

丝绸展销会
北部邻近试验田，可作为自动蚕丝加工产业链的最后一步，打造塘栖丝绸品牌。

丝绸时装秀场
打造塘栖时装秀，作为丝绸产业延伸的同时，吸引爱好时装设计的年轻人，激发塘栖活力。

艺术家工作室
规划部分厂房作为艺术家工作室，致力于打造塘栖时装、艺术品牌。

厂房建筑改造

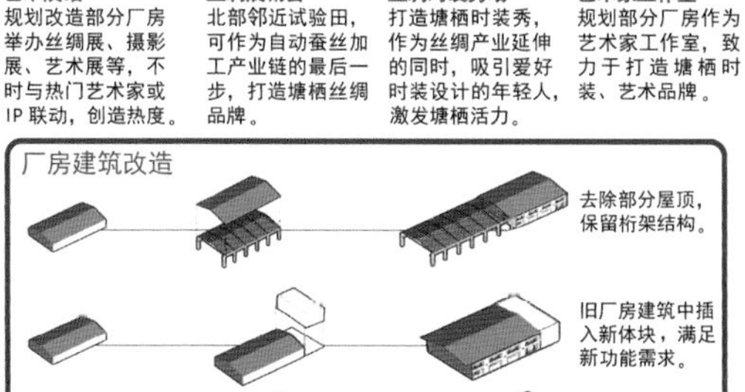

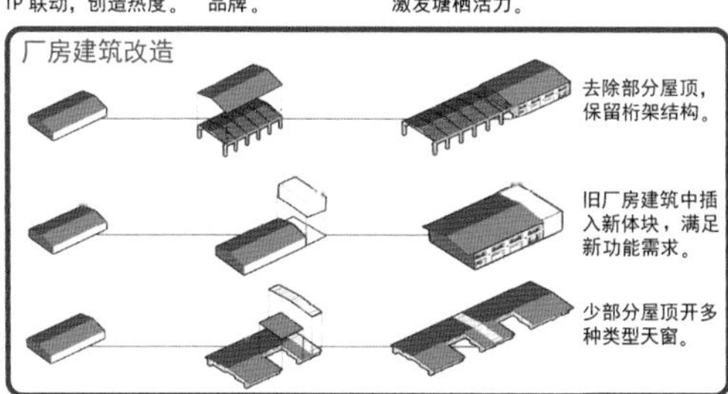

去除部分屋顶，保留桁架结构。
旧厂房建筑中插入新体块，满足新功能需求。
少部分屋顶开多种类型天窗。

丝织艺术区效果图

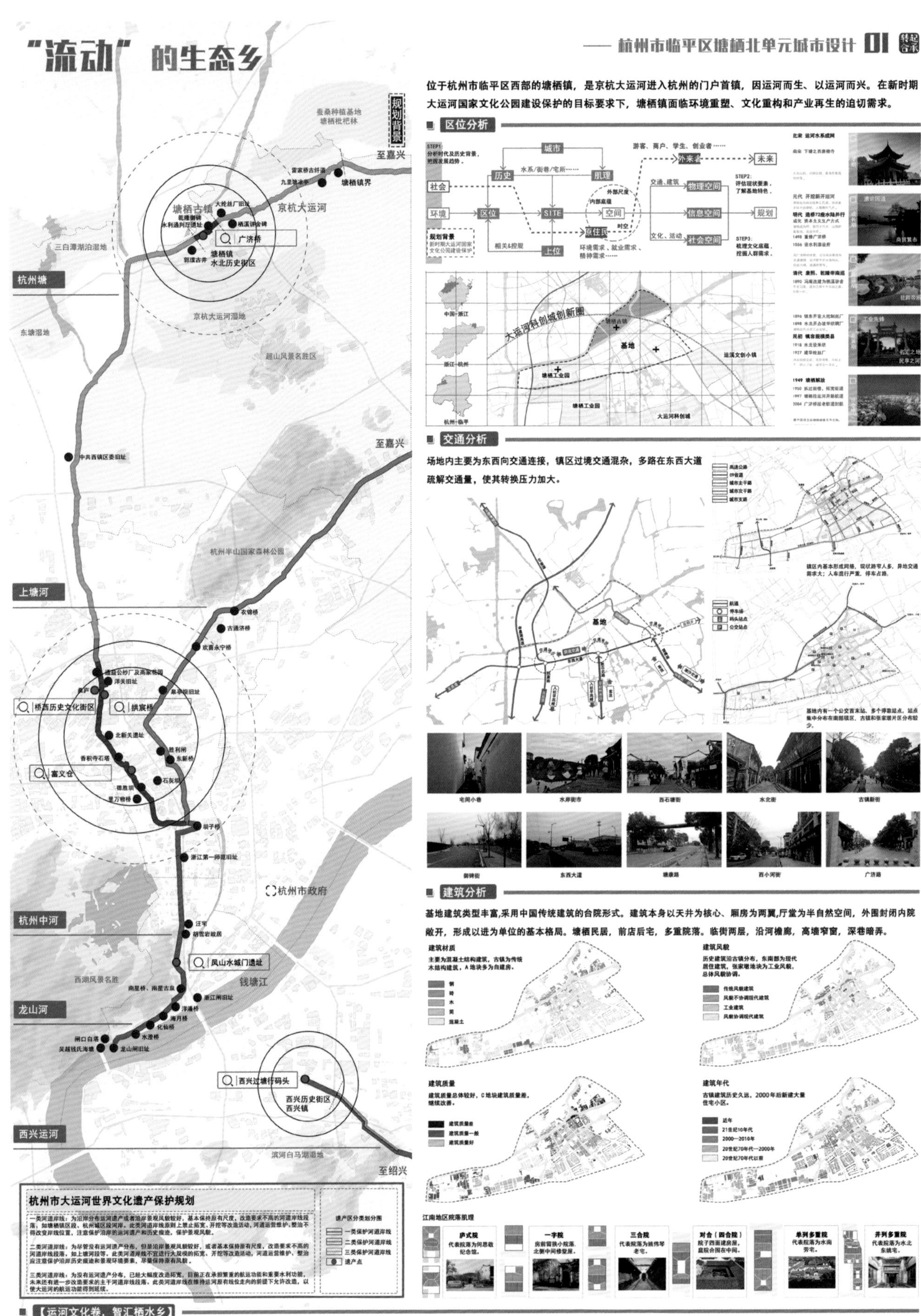
"流动"的生态乡
—— 杭州市临平区塘栖北单元城市设计 01
规划背景
位于杭州市临平区西部的塘栖镇，是京杭大运河进入杭州的门户首镇，因运河而生、以运河而兴。在新时期大运河国家文化公园建设保护的目标要求下，塘栖镇面临环境重塑、文化重构和产业再生的迫切需求。
区位分析
城市
历史
肌理
社会
环境
区位
SITE
空间
居住民
上位
物理空间
信息空间
社会空间
规划
未来
交通分析
场地内主要为东西向交通连接，镇区过境交通混杂，多路在东西大道疏解交通量，使其转换压力加大。
基地
宅间小巷
水岸街市
西石塘街
水北街
古镇新街
御碑街
东西大道
塘康路
西小河街
广济路
建筑分析
基地建筑类型丰富,采用中国传统建筑的合院形式。建筑本身以天井为核心、厢房为两翼,厅堂为半自然空间，外围封闭内院敞开，形成以进为单位的基本格局。塘栖民居，前店后宅，多重院落。临街两层，沿河檐廊，高墙窄窗，深巷暗弄。
建筑材质
建筑风貌
建筑质量
建筑年代
江南地区院落肌理
庐式院
一字院
三合院
对合（四合院）
单列多重院
并列多重院
塘栖古镇
京杭大运河
广济桥
塘栖镇 水北历史街区
三白潭湖泊湿地
杭州塘
东塘湿地
京杭大运河湿地
超山风景名胜区
至嘉兴
杭州半山国家森林公园
上塘河
桥西历史文化街区
拱宸桥
富义仓
杭州市政府
杭州中河
凤山水城门遗址
钱塘江
西湖风景名胜
龙山河
西兴过塘行码头
西兴历史街区 西兴镇
西兴运河
滨河白马湖湿地
至绍兴
杭州市大运河世界文化遗产保护规划
【运河文化卷，智汇栖水乡】

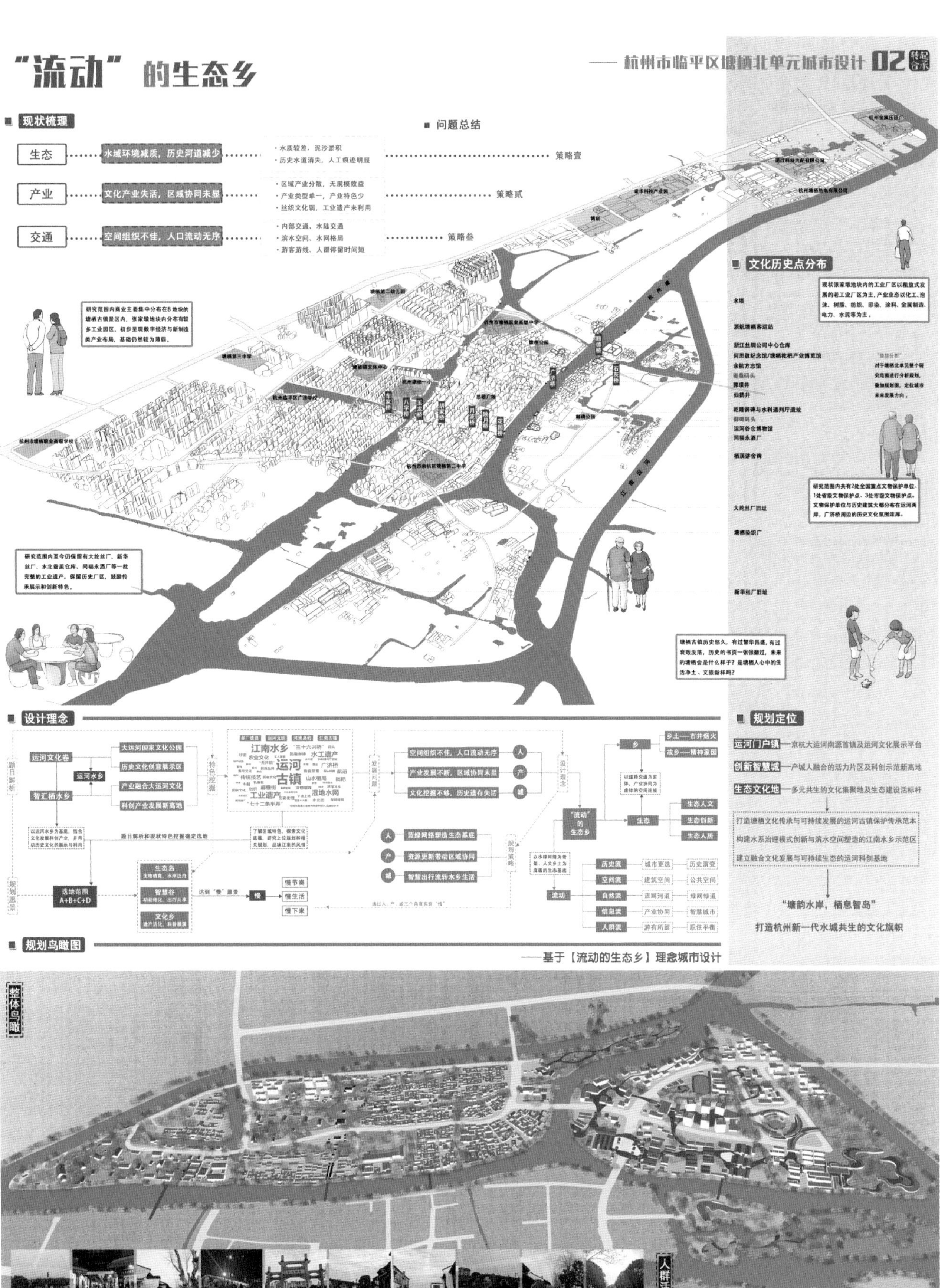

杭州塘栖基地以"运河文化卷，智汇栖水乡"为主题，以穿镇而过的京杭大运河为核心价值，以古镇人文肌理为城市脉络，融合科创、文创等新型产业，打造集山水、人文于一体的杭派运河水乡。设计从"流动的生态乡"理念出发，通过交通产业实体、虚体的空间连接，以水绿网络为骨架，以人文乡土为底蕴，创造以生态人文、生态创新、生态人居为核心的塘栖水乡。

"流动"的生态乡

—— 杭州市临平区塘栖北单元城市设计 03 转起合承

策略壹——流"动"水乡

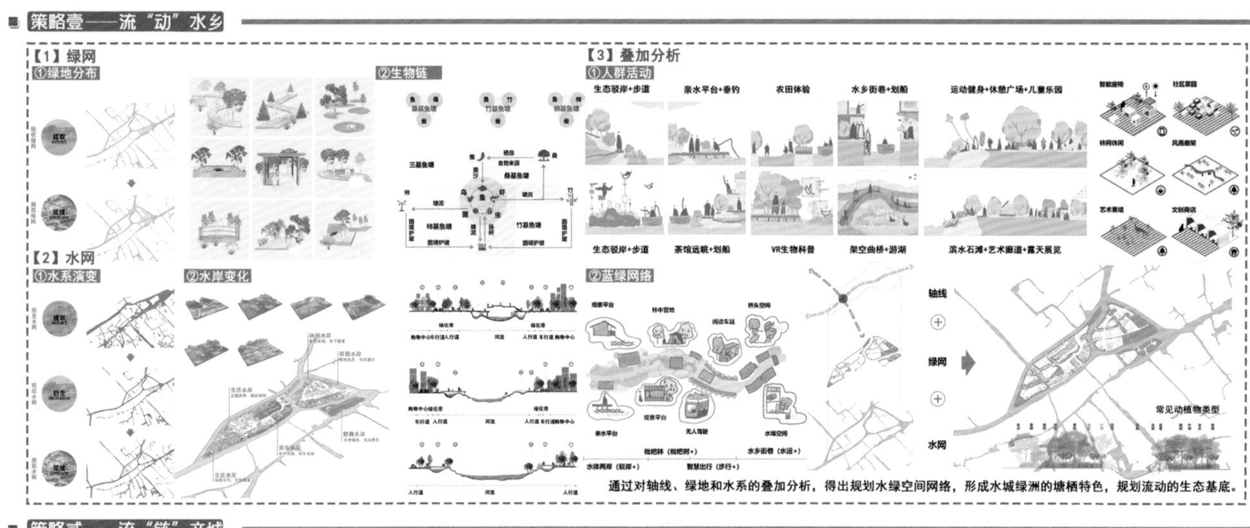

策略贰——流"链"产城

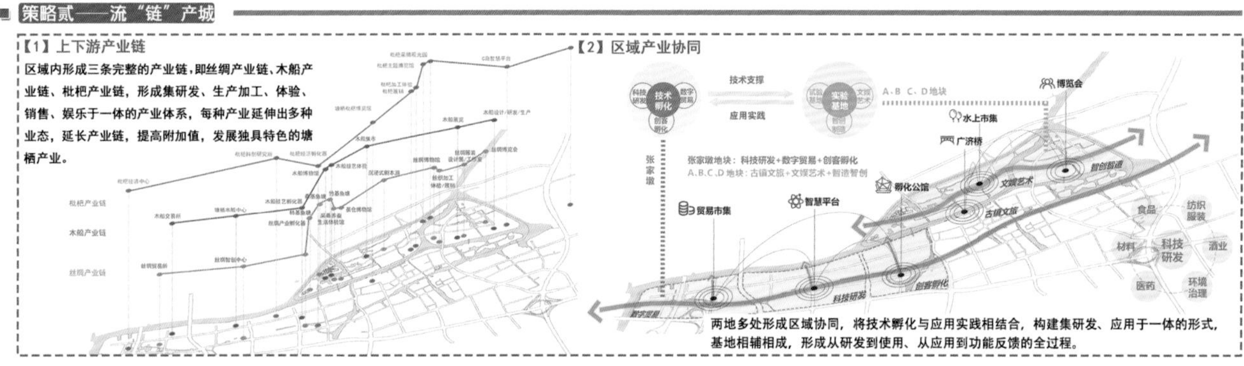

【1】上下游产业链
区域内形成三条完整的产业链，即丝绸产业链、木船产业链、枇杷产业链，形成集研发、生产加工、体验、销售、娱乐于一体的产业体系，每种产业延伸出多种业态，延长产业链，提高附加值，发展独具特色的塘栖产业。
枇杷产业链
木船产业链
丝网产业链
【2】区域产业协同
技术支撑
应用实践
A、B、C、D地块
博览会
水上市集
广济桥
孵化公馆
智慧平台
贸易市集
张家墩地块：科技研发+数字贸易+创客孵化
A、B、C、D地块：古镇文旅+文娱艺术+智造智创
食品
纺织服装
材料
科技研发
酒业
医药
环境治理
两地多处形成区域协同，将技术孵化与应用实践相结合，构建集研发、应用于一体的形式，基地相辅相成，形成从研发到使用、从应用到功能反馈的全过程。

策略叁——流"连"阡陌

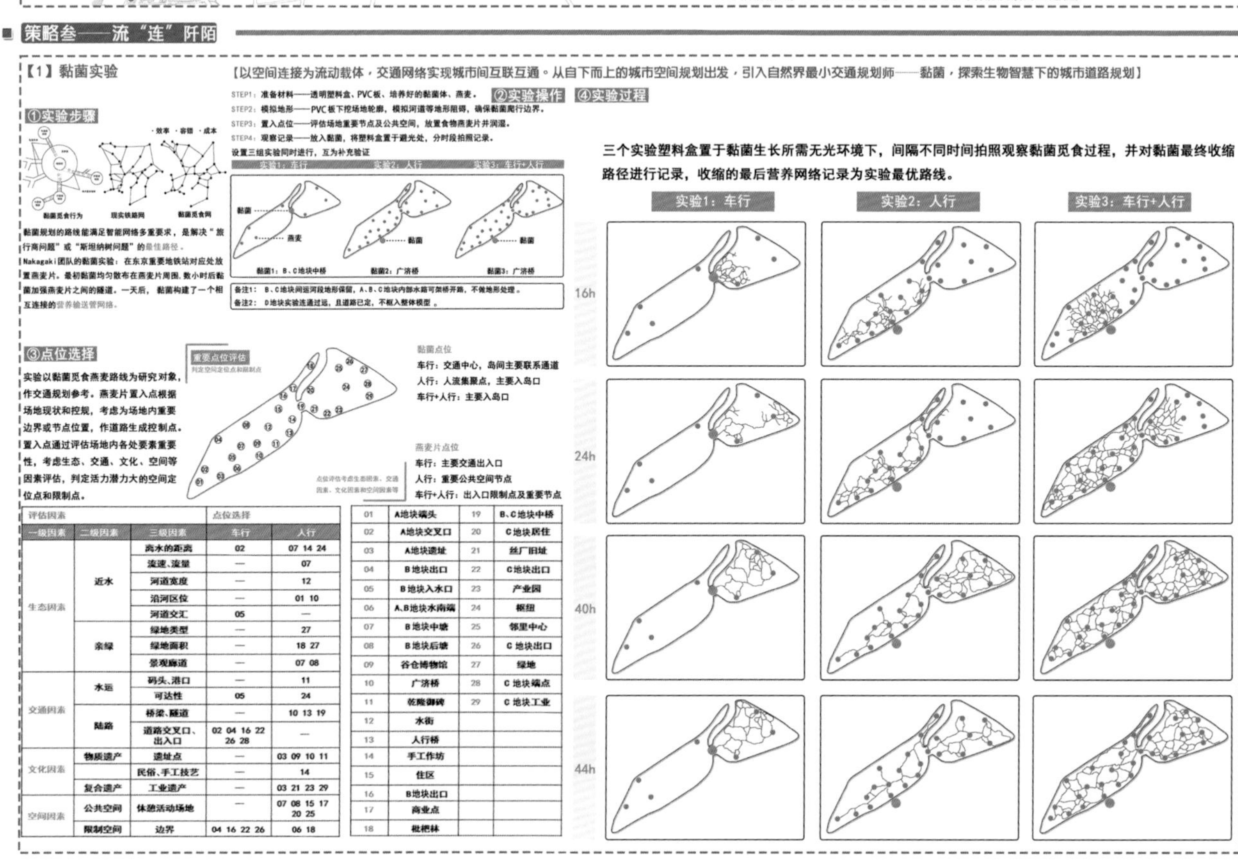

评估因素			点位选择	
一级因素	二级因素	三级因素	车行	人行
生态因素	近水	离水的距离	02	07 14 24
		流速、流量	—	07
		河道宽度	—	12
		沿河区位	—	01 10
		河道交汇	05	—
	亲绿	绿地类型	—	27
		绿地面积	—	18 27
		景观廊道	—	07 08
交通因素	水运	码头、港口	—	11
		可达性	05	24
	陆路	桥梁、隧道	—	10 13 19
		道路交叉口、出入口	02 04 16 22 26 28	—
文化因素	物质遗产	遗址点	—	03 09 10 11
		民俗、手工技艺	—	14
	复合遗产	工业遗产	—	03 21 23 29
空间因素	公共空间	休憩活动场地	—	07 08 15 17 20 25
	限制空间	边界	04 16 22 26	06 18

01	A地块端头	19	B、C地块中桥
02	A地块交叉口	20	C地块居住
03	A地块遗址	21	丝厂旧址
04	B地块出口	22	C地块出口
05	B地块入水口	23	产业园
06	A、B地块水南端	24	枢纽
07	B地块中塘	25	邻里中心
08	B地块后塘	26	C地块出口
09	谷仓博物馆	27	绿地
10	广济桥	28	C地块端点
11	乾隆御碑	29	C地块工业
12	水街		
13	人行桥		
14	手工作坊		
15	住区		
16	B地块出口		
17	商业点		
18	枇杷林		

“流动”的生态乡

策略叁——流“连”阡陌

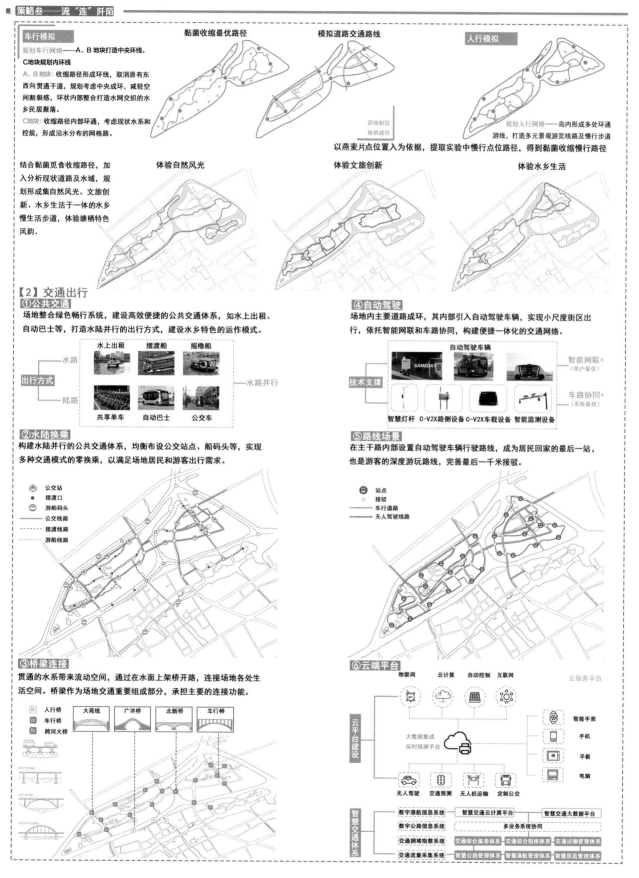

车行模拟

规划车行网络——A、B 地块打造中央环线，C地块规划内环线

A、B 地块：收缩路径形成环线，取消原有东西向贯通干道，规划考虑中央成环，减轻空间割裂感，环状内部整合打造水网交织的水乡民居聚落。

C地块：收缩路径内部环通，考虑现状水系和控规，形成沿水分布的网格路。

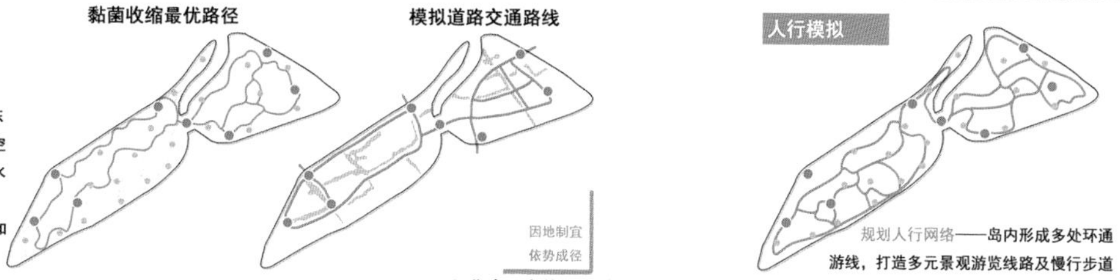

黏菌收缩最优路径

模拟道路交通路线

因地制宜 依势成径

人行模拟

规划人行网络——岛内形成多处环通游线，打造多元景观游览线路及慢行步道

以燕麦片点位置入为依据，提取实验中慢行点位路径，得到黏菌收缩慢行路径

结合黏菌觅食收缩路径，加入分析现状道路及水域，规划形成集自然风光、文旅创新、水乡生活于一体的水乡慢生活步道，体验塘栖特色风韵。

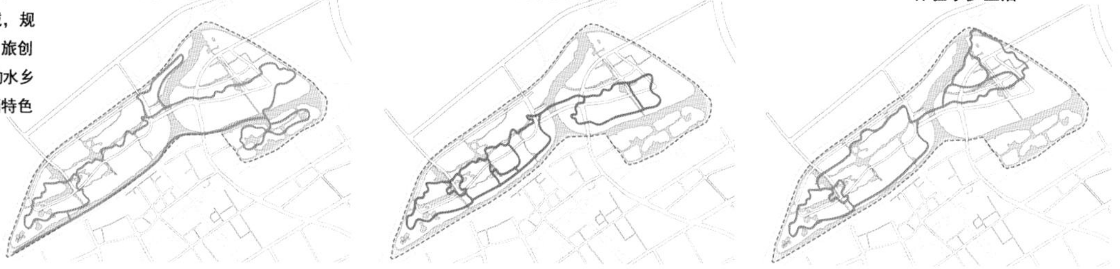

体验自然风光　体验文旅创新　体验水乡生活

【2】交通出行

①公共交通

场地整合绿色畅行系统，建设高效便捷的公共交通体系，如水上出租、自动巴士等，打造水陆并行的出行方式，建设水乡特色的运作模式。

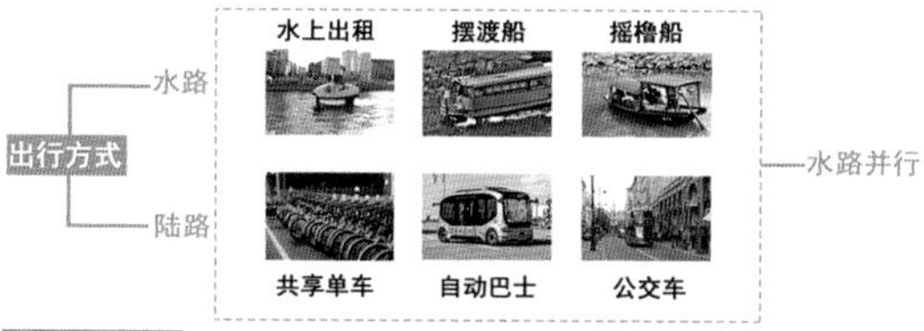

出行方式——水路：水上出租、摆渡船、摇橹船；陆路：共享单车、自动巴士、公交车——水路并行

②水陆换乘

构建水陆并行的公共交通体系，均衡布设公交站点、船码头等，实现多种交通模式的零换乘，以满足场地居民和游客出行需求。

公交站　摆渡口　游船码头　公交线路　摆渡线路　游船线路

③桥梁连接

贯通的水系带来流动空间，通过在水面上架桥开路，连接场地各处生活空间。桥梁作为场地交通重要组成部分，承担主要的连接功能。

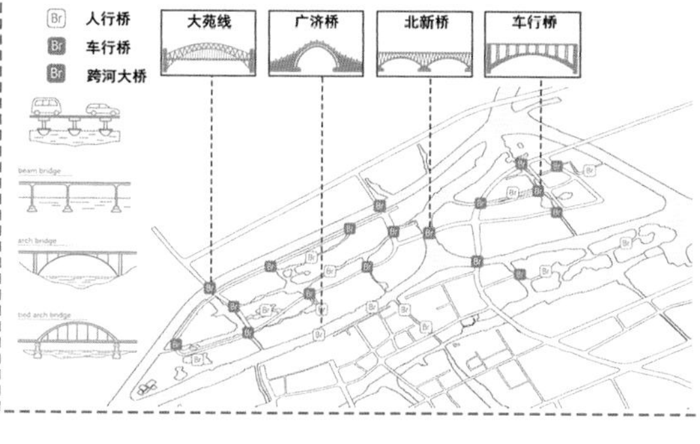

人行桥　车行桥　跨河大桥

大苑线　广济桥　北新桥　车行桥

beam bridge　arch bridge　tied arch bridge

④自动驾驶

场地内主要道路成环，其内部引入自动驾驶车辆，实现小尺度街区出行，依托智能网联和车路协同，构建便捷一体化的交通网络。

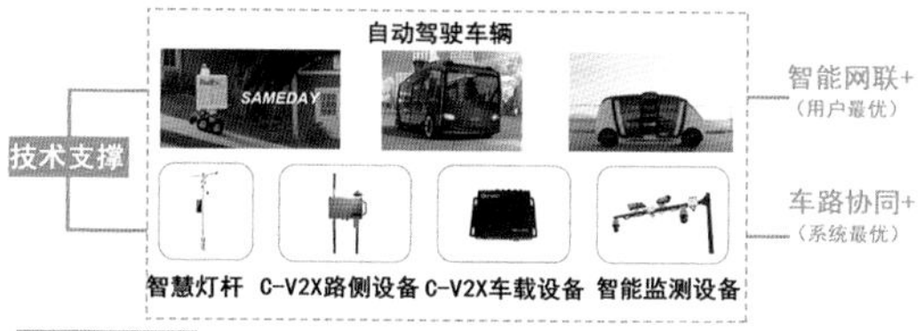

技术支撑——自动驾驶车辆（SAMEDAY）；智慧灯杆　C-V2X路侧设备　C-V2X车载设备　智能监测设备

智能网联+（用户最优）

车路协同+（系统最优）

⑤路线场景

在主干路内部设置自动驾驶车辆行驶路线，成为居民回家的最后一站，也是游客的深度游玩路线，完善最后一千米接驳。

站点　接驳　车行道路　无人驾驶线路

⑥云端平台

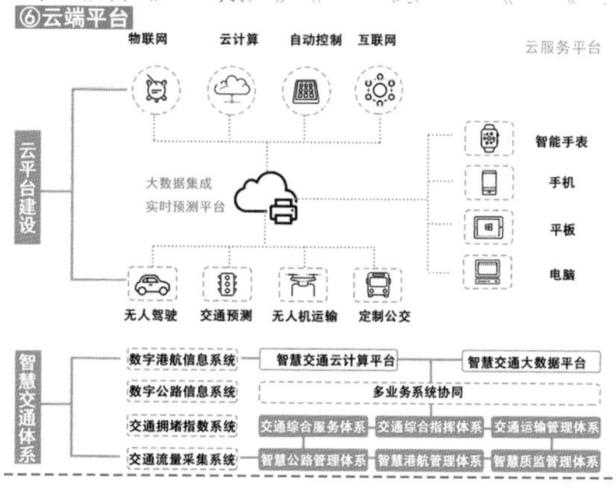

云平台建设：物联网　云计算　自动控制　互联网　云服务平台

大数据集成 实时预测平台

智能手表　手机　平板　电脑

无人驾驶　交通预测　无人机运输　定制公交

智慧交通体系：

数字港航信息系统　智慧交通云计算平台　智慧交通大数据平台

数字公路信息系统　多业务系统协同

交通拥堵指数系统　交通综合服务体系　交通综合指挥体系　交通运输管理体系

交通流量采集系统　智慧公路管理体系　智慧港航管理体系　智慧质监管理体系

“流动”的生态乡

——杭州市临平区塘栖北单元城市设计 05

总平面图

位于杭州市临平区西部的塘栖镇，是京杭大运河进入杭州的门户首镇，其因运河而生、以运河而兴。在新时期大运河国家文化公园建设保护的目标要求下，塘栖镇面临环境重塑、文化重构和产业再生的迫切需求。

【经济技术指标】

总用地面积：134.05 hm^2
基底面积：30.14 hm^2
总建筑面积：57.50 hm^2
容积率：0.43
建筑密度：22.48%
绿地率：36%

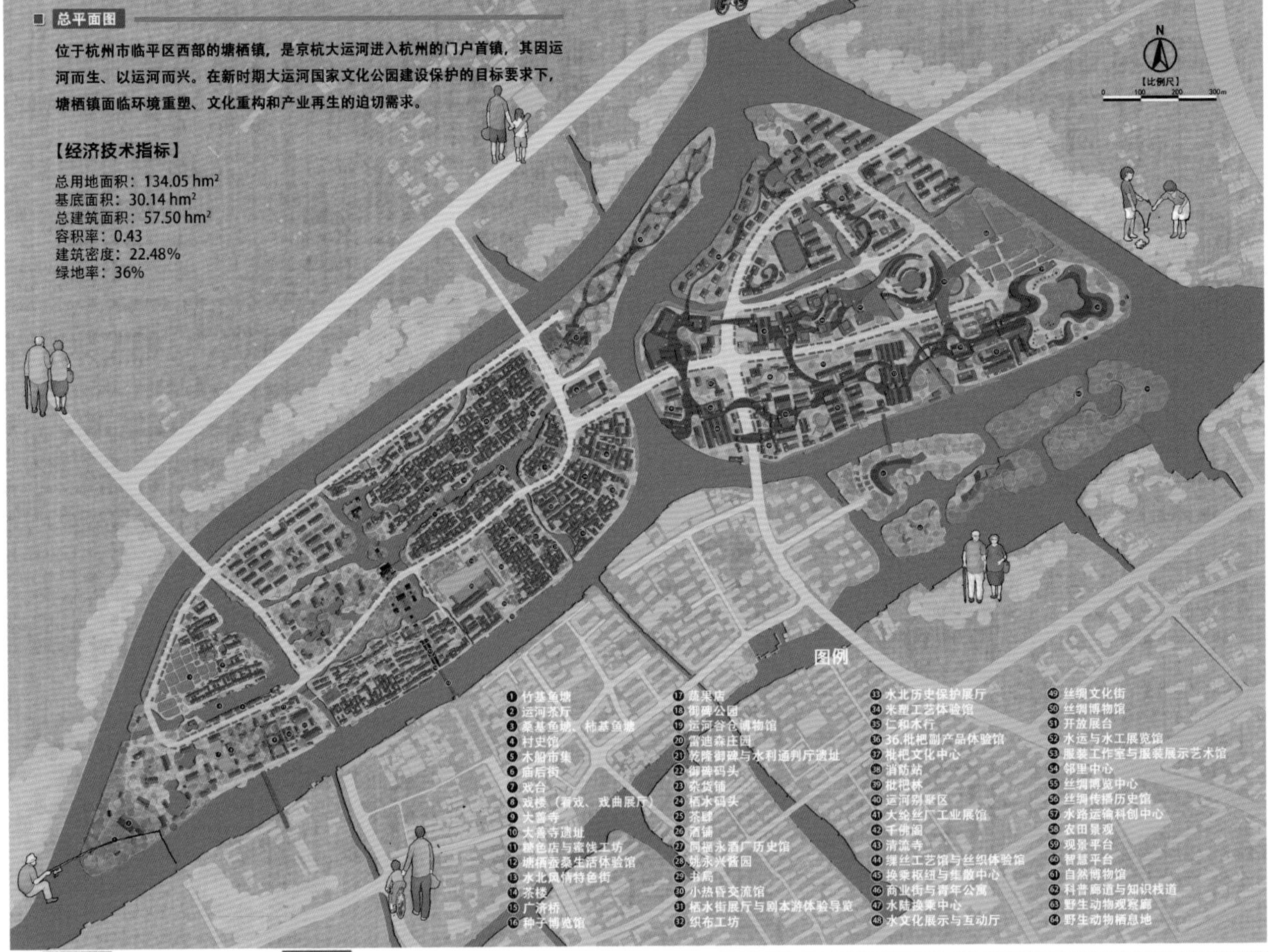
N
[比例尺]
0 100 200 300m
图例
1 竹基鱼塘
2 运河茶厅
3 桑基鱼塘、柿基鱼塘
4 村史馆
5 木船市集
6 庙后街
7 戏台
8 戏楼（看戏、戏曲展厅）
9 大善寺
10 大善寺遗址
11 糖色店与蜜饯工坊
12 塘栖蚕桑生活体验馆
13 水北风情特色街
14 茶楼
15 广济桥
16 种子博览馆
17 蔬果店
18 御碑公园
19 运河谷仓博物馆
20 富迪森庄园
21 乾隆御碑与水利通判厅遗址
22 御碑码头
23 杂货铺
24 栖水码头
25 茶肆
26 酒铺
27 同福永酒厂历史馆
28 姚永兴酱园
29 书局
30 小热昏交流馆
31 栖水街展厅与剧本游体验导览
32 织布工坊
33 水北历史保护展厅
34 米塑工艺体验馆
35 仁和木行
36 36.枇杷副产品体验馆
37 枇杷文化中心
38 消防站
39 枇杷林
40 运河别墅区
41 大纶丝厂工业展馆
42 千佛阁
43 清流寺
44 缫丝工艺馆与丝织体验馆
45 换乘枢纽与集散中心
46 商业街与青年公寓
47 水陆换乘中心
48 水文化展示与互动厅
49 丝绸文化街
50 丝绸博物馆
51 开放展台
52 水运与水工展览馆
53 服装工作室与服装展示艺术馆
54 邻里中心
55 丝绸博览中心
56 丝绸传播历史馆
57 水路运输科创中心
58 农田景观
59 观景平台
60 智慧平台
61 自然博物馆
62 科普廊道与知识栈道
63 野生动物观察廊
64 野生动物栖息地

规划分析

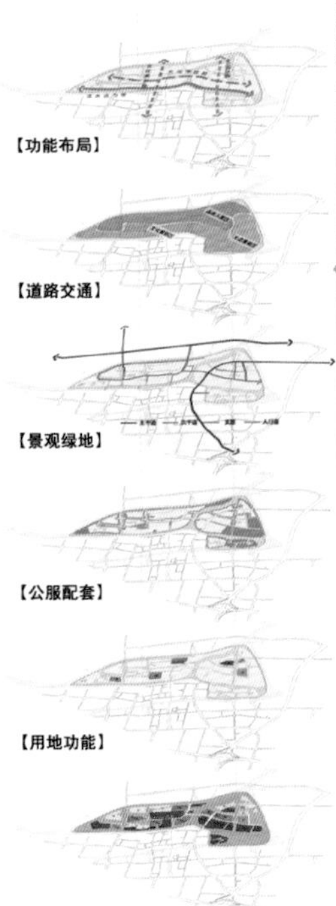
【规划结构】
【功能布局】
【道路交通】
【景观绿地】
【公服配套】
【用地功能】

节点效果

杭州塘栖基地以“运河文化卷，智汇栖水乡”为主题，以穿镇而过的京杭大运河为核心价值，以古镇人文肌理为城市脉络，融合科创、文创等新型产业，打造集山水、人文于一体的杭派运河水乡。设计上从“流动的生态乡”理念出发，通过以道路交通为实体、产业协同为虚体的空间连接，以水绿网络为骨架，以人文乡土为底蕴，创造以生态人文、生态创新、生态人居为核心的塘栖水乡。

规划从自然元素出发，挖掘场地的水网脉络，再现江南水乡别致的空间肌理。场地规划考虑自下而上的生态布局，引入“最小交通规划师——黏菌”，从营养流动最集约的最优路径出发，重新规划和定义场地空间分隔，通过自然智慧下生成的道路连接场地的诸多元素和空间，营造流动的交通、文化、产业空间，融自上而下城市布局规划和自下而上自然空间营造，打造产城人融合共生的生态家园。

轴线公园

REC

枇杷公园

REC

交通枢纽

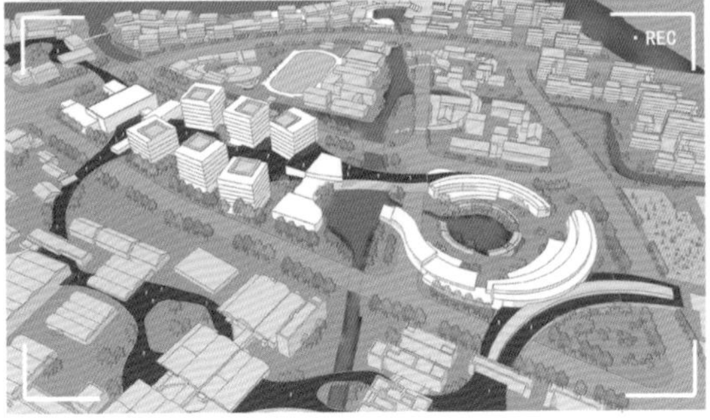
REC

邻里中心

REC

“流动”的生态乡

——杭州市临平区塘栖北单元城市设计 06 集起合承

生态岛

【总平面图】

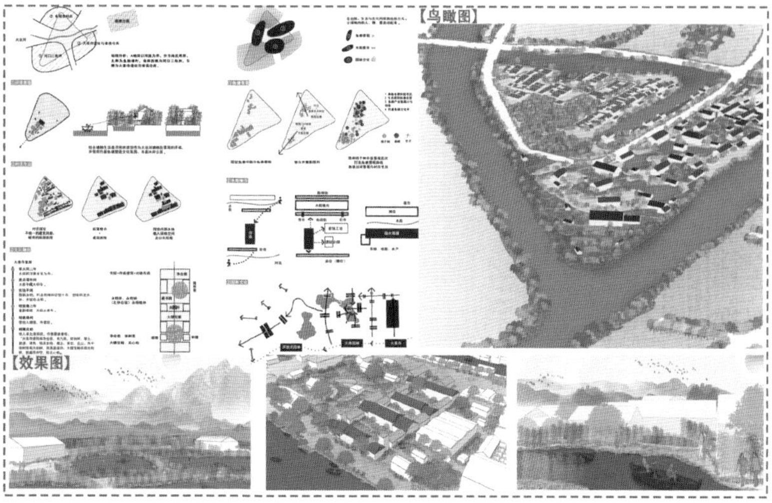

【鸟瞰图】

【效果图】

文化乡

【总平面图】

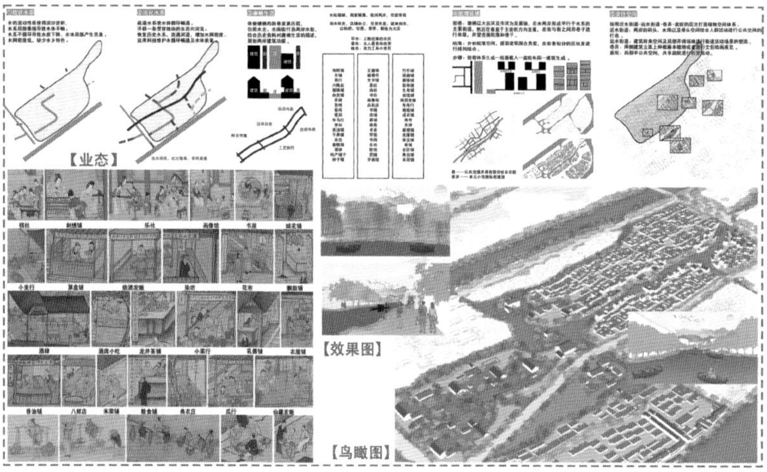

【业态】

【效果图】

【鸟瞰图】

智慧谷

以水系为出发点进行廊道设计，既呼应了运河水，也是对水文化的多重诠释之一。廊道不仅连接了南侧工业遗产，也促进了北侧居民与南侧的交流，同时廊道路线的变化丰富了人的视觉感受，增加了上下互动的交流层次。廊道是景观的一个亮点，串联各个景观节点及艺术装置，在廊道上设计景观小品及城市家具，并结合穿过的建筑层进行主题场景设计，丰富人们的视觉体验。

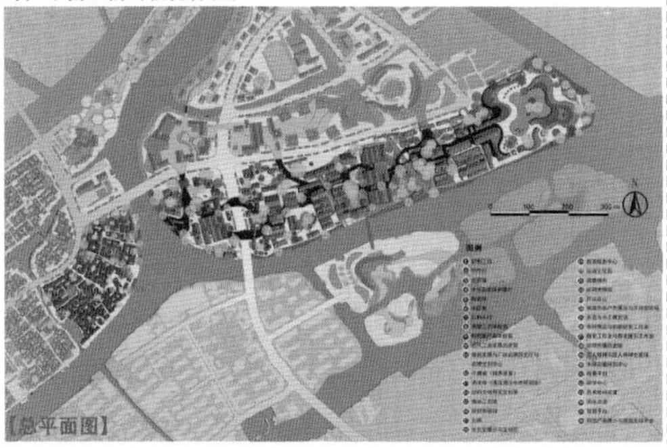

【总平面图】

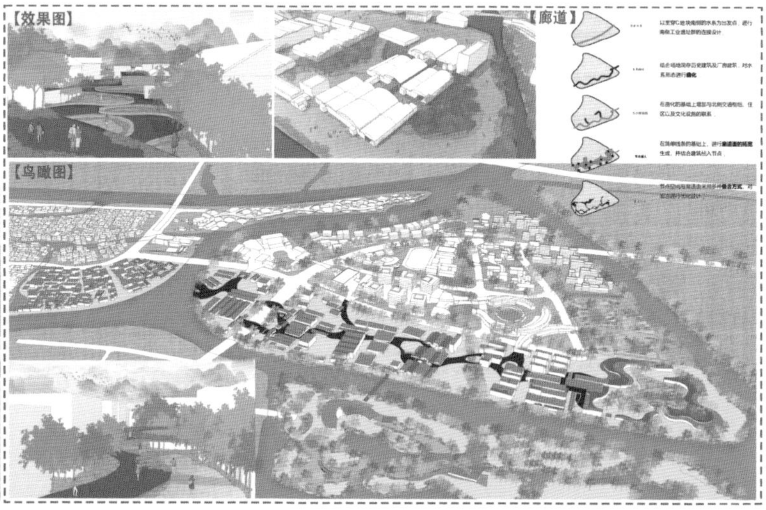

【效果图】

【廊道】

【鸟瞰图】

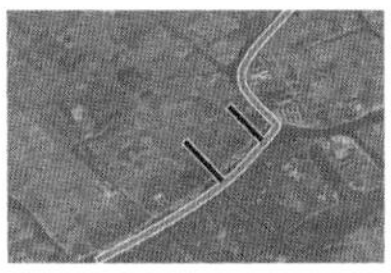

建筑沿垂直于水岸的方向发展。

运河水系弯曲度发生变化。

沿新的运河岸线发展的建筑群与保留的的历史建筑的院落朝向不同，并且会发生冲突，形成难以利用的灰空间。

①延续原有历史肌理。

②沿垂直于现状水岸的方向进行排列。

③新旧肌理之间植入景观带（打造北侧水街与东南侧小商品市场的景观视廊，起到过渡肌理作用的同时也增加公共空间，优化空间感受）。

①保留历史建筑，修补院落空间。
②通过建筑一收一放，完成肌理的平缓过渡。
③依据场地历史建筑木行及永福同酒厂，将地块定位为手工作坊群，结合业态策划，工坊用地以及院落形式进行建筑排列。

航运·杭韵 HANGYUN

——水城共融，产业引领的张家墩地块更新改造 1

场地分析

1 场地周边

2 场地区位

3 区位交通

由于镇区缺少环镇道路，外部道路呈现了字形结构问题，客流、货流、过境交通混杂，多条快速路、主干路的交通量在东西大道上疏解，东西大道的转换压力越来越大。

4 上位规划

人群分析

1 人群结构

2 人群行为分析

3 访谈

4 人群密度

5 人群分布

①居民与游客在主要道路上有共同路径。
②当地居民很多通过骑行方式出行，这与步行的游客在公共空间产生了冲突。
③工作日与周末游客承载密度差异巨大。

建筑分析

产业分析

依据市统计数据，2021年副城总GDP在杭州市的GDP中占比大约为39.4%，而临平区在副城总GDP中占比为约14.5%，在杭州市各区中排名居中。自民国便兴起的工业和依托历史文化资源的旅游业组成了塘栖镇的主要经济成分。

宝鼎重工 船舶配件生产 大型铸件加工
宇盛码头 货运船只停泊 货物装载
传统民宿 古民居改造 独特体验
金属加工 轧机车间 金属压延加工
塑件生产 塑件生产 塑制品加工
针织服饰 服装设计 生产销售
博创机械 设备生产 售后技术维护
陶瓷加工 陶瓷烧制 工艺品加工
餐饮一条街 日常用餐 特色食品
为农服务 农民帮扶 农产品供销

研究框架

京杭大运河 —— 水

水与文化——杭韵：历史沿革、历史建筑、建筑围合形式、历史构筑物、非物质文化遗产
水与产业——航运：水与丝织业、水与运输业、水与传统制造业、水与生活设施
水体本身：水体演变规律、水动力、水网结构

问题为导向：
水污染 —— 策略：产业置换、水体分级管理
文化消亡 —— 策略：游线规划、文化体验、点位打卡
流线冲突 —— 策略：慢行系统、雷德朋体系、调整路网结构
水体面积减少 —— 策略：增加水网连通性、构建蓝绿空间体系、低影响开发

水与街巷、水与建筑、建筑与街巷
图论方法—评价—规划前后水网
上位规划——高端科技定位

交通：POI、水陆换乘系统、快慢行系统（公交、骑行、步道、连廊）、智慧交通、安宁交通
生活：共享住区、调整住区结构（建立小的居住单元、混合用地开放街区）、多元化保障性住房（智慧社区、不同类型配套）、配套服务、完善十五分钟生活圈
产业：现有产业等位、正负面清单，鼓励准入清单、产业核心区控制体系、产业图脱
公共空间：人群热力分布图、公共空间分类图（城市花园、城市客厅、口袋公园、社区级绿地）、营造策略（多维角色画像、人民城市）

总平面图 鸟瞰图 节点

场地认知

1 道路交通分析图

2 公共服务设施分析图

现状鸟瞰图

杭州繁荣之河
杭州生发之河
杭州开放之河

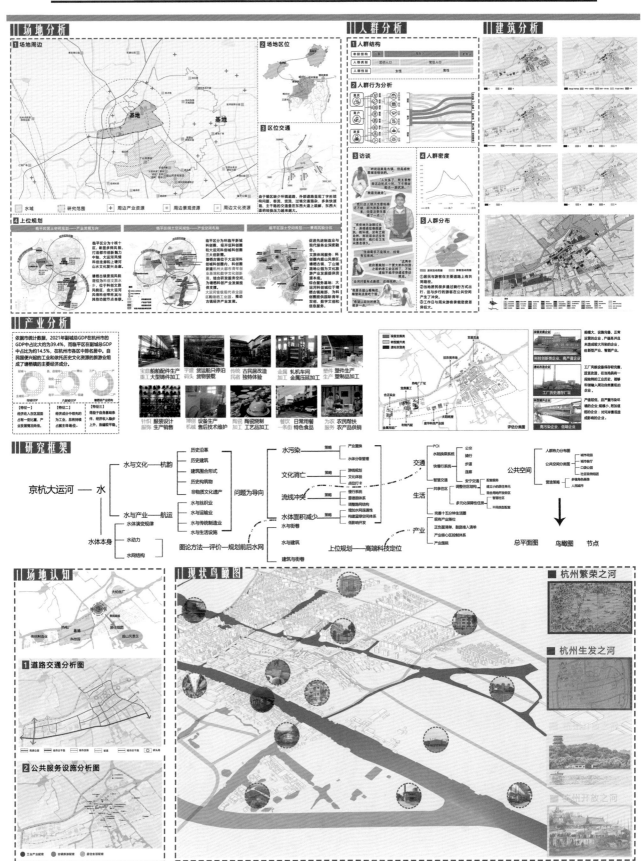

航运·杭韵 HANGYUN

——水城共融，产业引领的张家墩地块更新改造 2

风俗文化

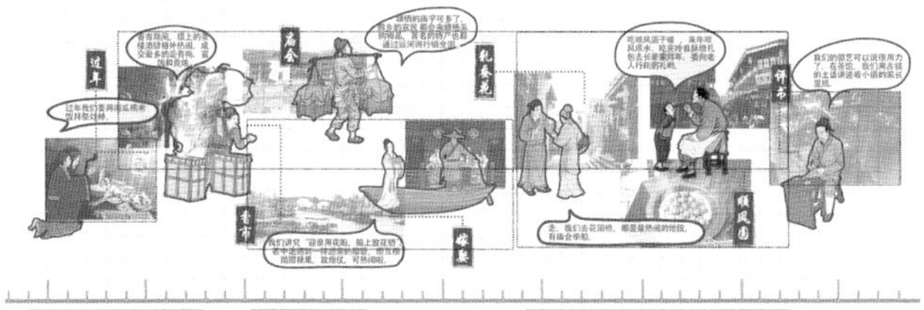

历史沿革

萌芽期——漕运国道

元代张士诚开挖武林港至张桥运河河道，名新开运河。此后，大运河走向舍自长安镇经临平至杭州之旧河道。

成长期——商贸繁市

巡抚周忱主持兴筑运河（自北新桥至崇德界）塘岸，造桥72座，使之水陆并行，便于漕运。

繁荣期——驻跸帝所、工业先锋

康熙帝南巡，运河堤塘，节加修固；乾隆帝南巡，拨内帑修筑塘堤，立碑于镇水北。

发展期——名汇之地

民国初，镇容规模空前，与县相当。1918年张泰丰春米坊开设在水北街，为杭县第一家。

巨变期——文旅小镇

1997年塘栖段运河开辟新航道，2004年广济桥段老航道封航。

塘栖历史水网

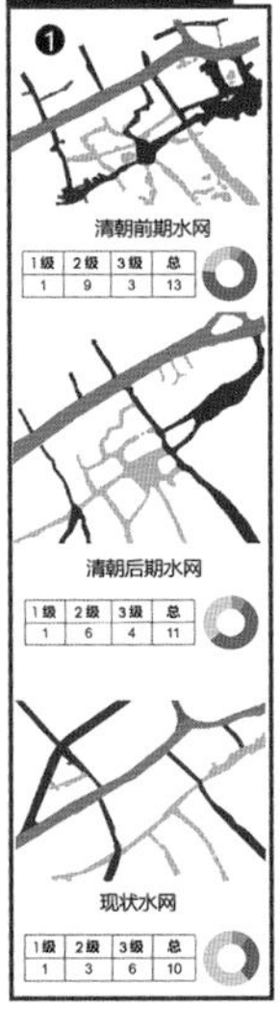

❶

清朝前期水网

1级	2级	3级	总
1	9	3	13

清朝后期水网

1级	2级	3级	总
1	6	4	11

现状水网

1级	2级	3级	总
1	3	6	10

理论基础

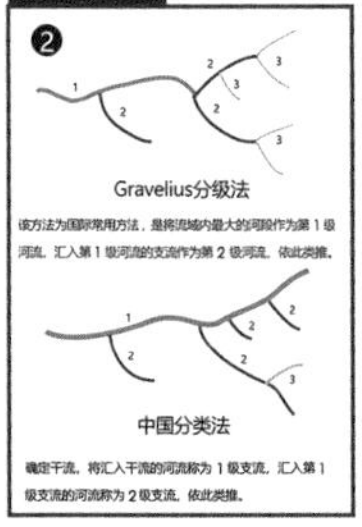

❷

Gravelius分级法

该方法为国际常用方法，是将流域内最大的河段作为第1级河流，汇入第1级河流的支流作为第2级河流，依此类推。

中国分类法

确定干流，将汇入干流的河流称为1级支流，汇入第1级支流的河流称为2级支流，依此类推。

图论法—河网水系模型概化

图论是以一种抽象形式来表达事物之间相互联系的数学模型。河网水系模型概化中,需要将水系中的不合节点利用图论中的相关元素进行表征。河道通过边（E1、E2、E3、E4、E5、E6、E7）来表示,河流汇合处、边界条件和蓄水工程用点(V1、V2、V3、V4、V5、V6、V7)来表示，将河网水系概化成图模型。

概化模型简化写成二元素图 $G=(V,E)$，V 表节点集合，E 表示边集合。

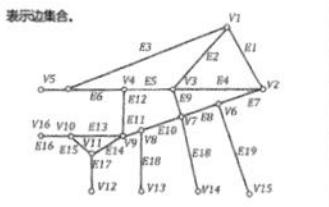

其他地区古今水网对比

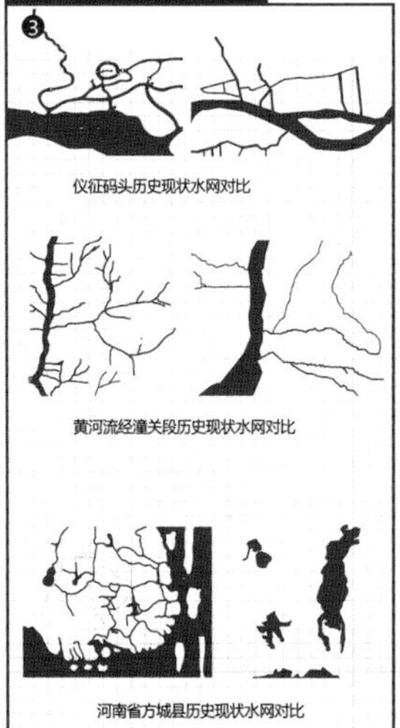

❸

仪征码头历史现状水网对比

黄河流经潼关段历史现状水网对比

河南省方城县历史现状水网对比

“由复杂到简单、由多元到单一，河网区域内部因不同城市化进程而水系衰减程度不一，主干化、简单化趋势明显”。人为原因如下。

① 城市化对支流的影响大于主干河流，河流的行洪、排涝能力主要由主干河流承担，大量的支流更易被掩埋、侵占。

② 城市化发展到一定的程度，城市洪涝灾害频发，造成大量经济与社会损失，城市防洪压力越大，主干河流的重要性越凸显。

③ 到了城市化发展后期，出于减轻防洪排涝压力的目的，部分二级河道被进一步疏浚、扩宽为主干河道，主干河道则采取河道清淤、保持其过水面积不变等措施。

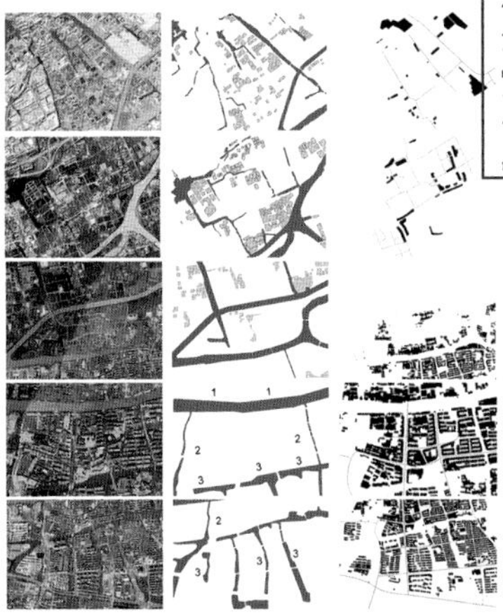

❹ 设计理念

不透水铺装　水平面下降

高密度开发 → 宽度变窄

快速城镇化　密度降低

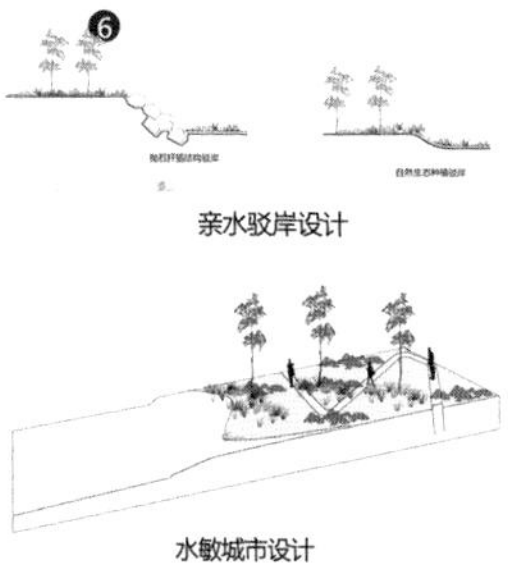

水网发展规律预测

❺

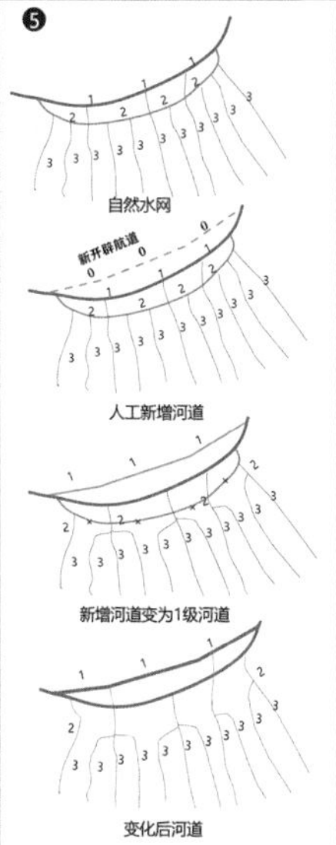

自然水网

人工新增河道

新增河道变为1级河道

变化后河道

规律总结

① 平原地区水道直交。

② 支流互相平行。

③ 高等级次级水道呈丁字形交叉。

④ 等级越高，入河点距离越远。

❻

亲水驳岸设计

水敏城市设计

规划前后水网评价

❼

随着新航道的开辟，京杭大运河河网发生了变化。新航道改变了水道系统的布局和连接方式。新的河道能够更加直接地连接主要河流，而不是通过丁字形交叉或平行的支流连接。这可能导致入河点与主要河流的距离变得更远，因为水流需要更长的路径才能注入主要河流。

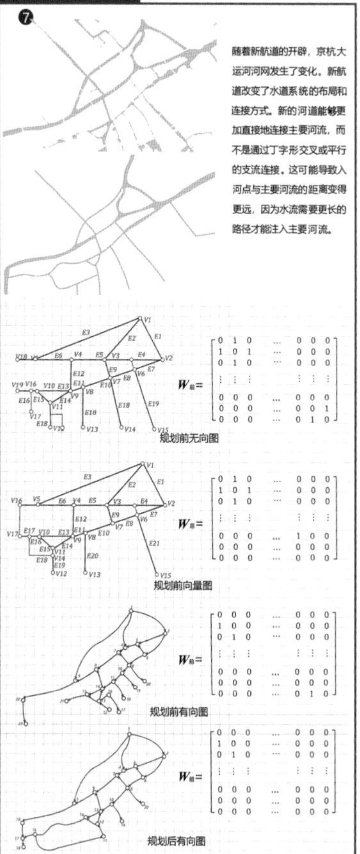

规划前无向图

规划前向量图

规划前有向图

规划后有向图

规划前后水体连通性与水动力对比

概化模型简化写成二元素图 $G=(V,E)$，V 表节点集合，E 表示边集合。图 $G=(V,E)$ 所表达边或点之间的关系与概化模型图是等价的。河网结构连通性不考虑水流因素，所以这里的河网水系概化模型是无向图。河网系统中水力连通性考虑水流因素，水流有流向和流速的特征，其河网水系模型概化比结构连通性的概化复杂。由于水流是有方向的，所以概化出的图是有向图。

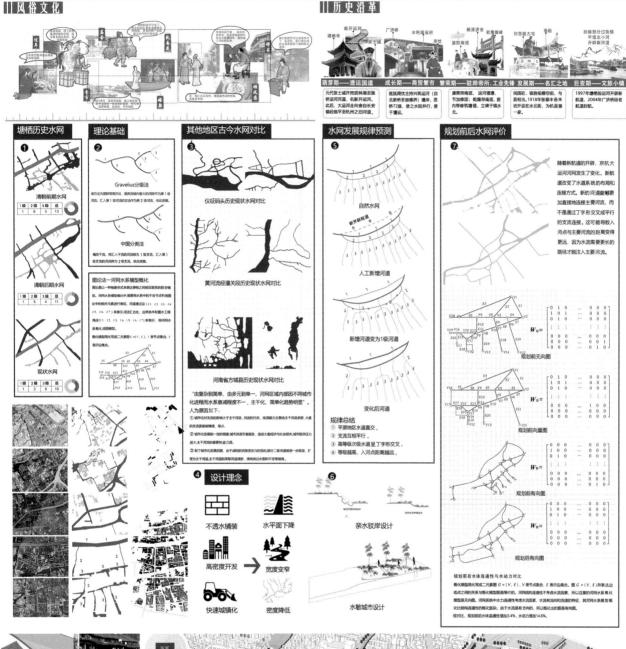

经对比，规划前后水体连通性增加3.4%，水动力增加14.6%。

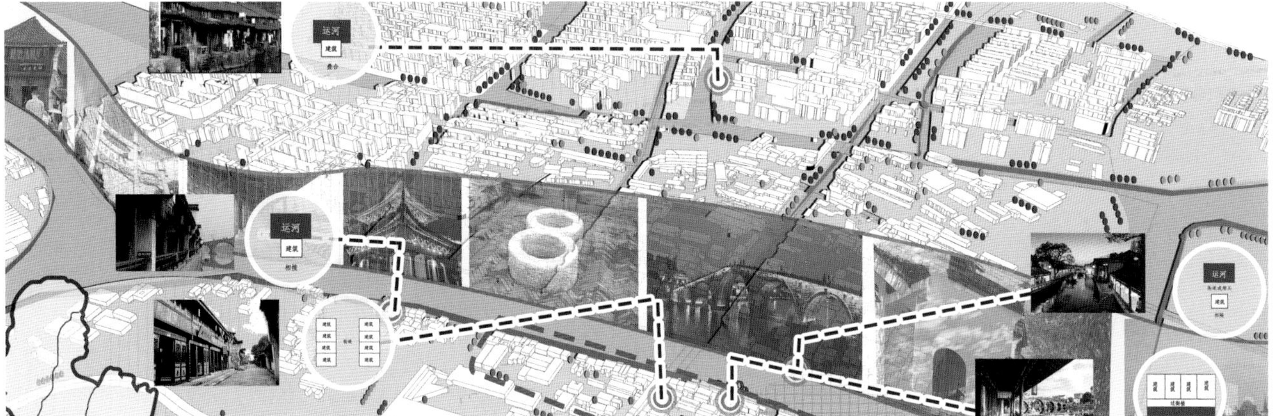

航运·杭韵 HANGYUN

——水城共融，产业引领的张家墩地块更新改造　3

研究范围

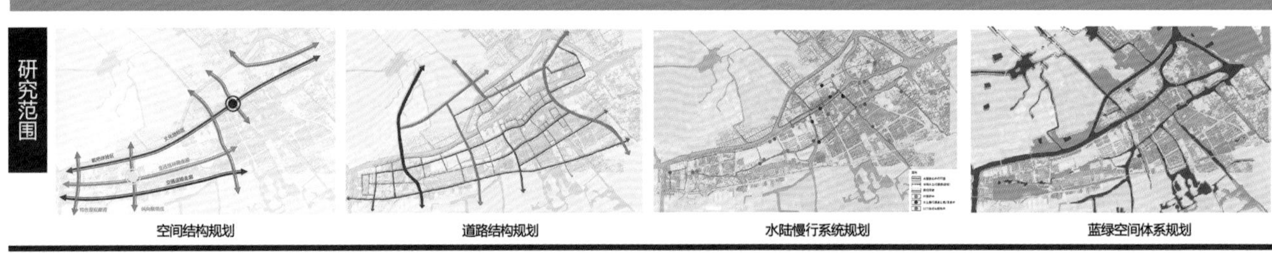

空间结构规划

道路结构规划

水陆慢行系统规划

蓝绿空间体系规划

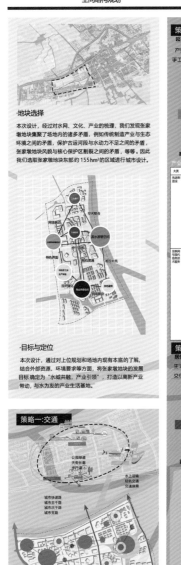

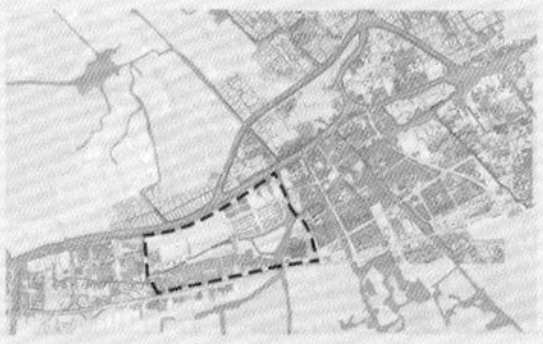

·地块选择

本次设计，经过对水网、文化、产业的梳理，我们发现张家墩地块集聚了场地内的诸多矛盾，例如传统制造产业与生态环境之间的矛盾，保护古运河段与水动力不足之间的矛盾，张家墩地块风貌与核心保护区割裂之间的矛盾，等等。因此我们选取张家墩地块东部约155hm²的区域进行城市设计。

交流融合
网络联动
滨水游憩空间
特色界面
相互补充
特色建筑

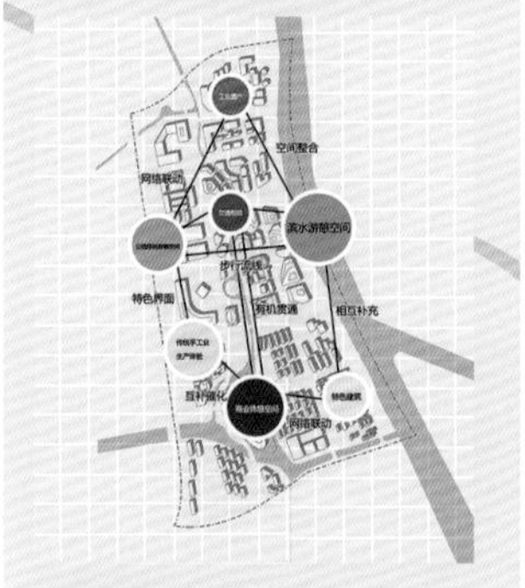

·目标与定位

本次设计，通过对上位规划和场地内现有本底的了解，结合外部资源、环境要求等方面，将张家墩地块的发展目标确定为"水城共融，产业引领"，打造以高新产业带动，与水为友的产业生活基地。

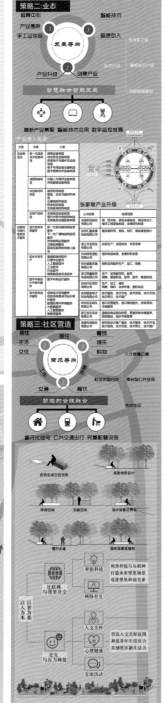

策略一:交通

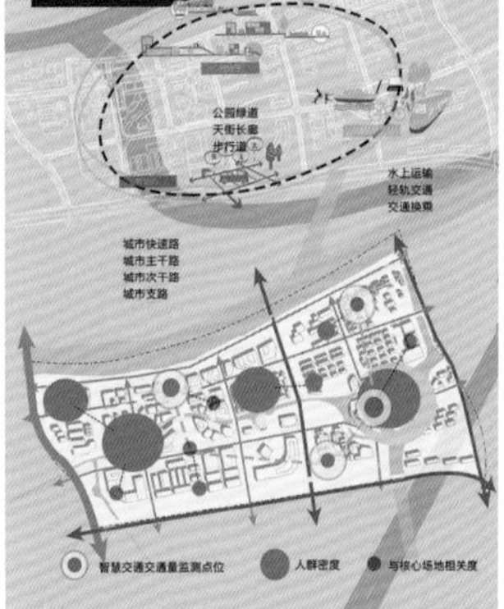

公园绿道
天街长廊
步行道
水上运输
轻轨交通
交通换乘
城市快速路
城市主干路
城市次干路
城市支路
智慧交通流量监测点位
人群密度
与核心场地相关度

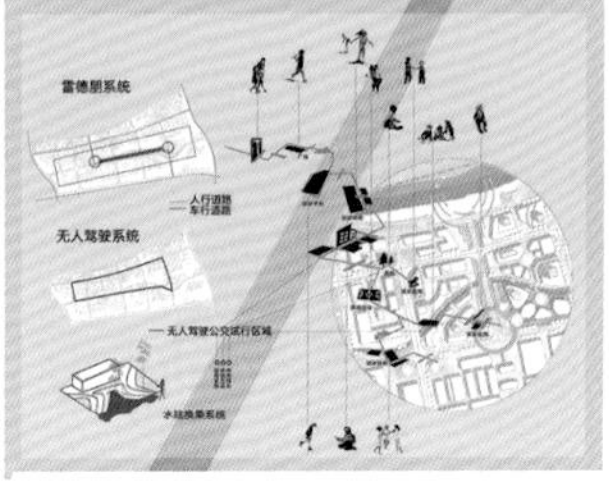

雷德朋系统
人行道路
车行道路
无人驾驶系统
无人驾驶公交试行区域
小型集散系统

策略二:业态

超算中心
智能技术
产业园區
手工业体验
基绿引入
发展导向
产业升级
创意产业
传统手工业
业态分类
高新技术产业
创新型制造业
智慧融合智能发展

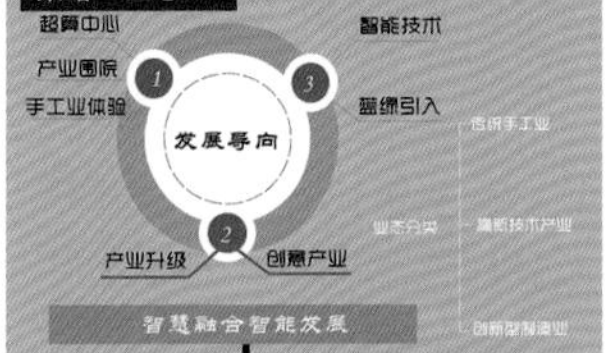

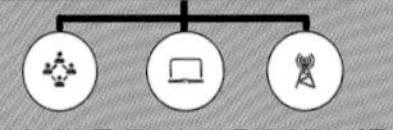

高新产业集聚　智能技术应用　数字监控发展

产业准入名录

大类	中类	小类
先进制造业	新一代信息技术设备制造	网络设备制造 信息安全设备制造 新型电子元器件及设备制造 电子专用设备仪器制造 数字创意技术设备制造
	高端装备制造	机器人与增材设备制造 其他智能设备制造
	前沿新材料制造	超导材料制造 智能、仿生与超材料制造 石墨烯材料制造 纳米材料制造 生物医用材料制造
	生物产品制造	生物药品制品制造 现代中药与民族药制造 生物医药关键装备制造
互联网与现代信息技术服务	现代信息传输服务	新一代移动通信网运营服务 下一代广播电视网运营服务 其他网络运营服务 卫星应用服务 国家互联网宽带接入服务
	软件开发生产	基础和通用软件 计算平台软件 人工智能软件 工业软件 行业软件 网络和信息安全软件
	数字内容设计与制作服务	数字内容设计服务
	现代信息技术服务	信息技术咨询服务 信息系统集成与运行维护服务 数据处理与存储服务 大数据服务 人工智能服务 物联网服务

张家墩产业升级

公司名称	经营范围
宝鼎科技股份有限公司	钢、铁冶炼，黑色金属铸造，锻压件加工，海洋工程装备制造，金属结构制造
杭州汇鑫金属制品有限公司	镀锌钢绞线、钢丝、制钉、钢丝镀塑网片
浙江宇龙药业有限公司	农药生产、农药批发、农药零售
杭州恒宝塑胶有限公司	塑料制品制造、金属材料制造
杭州威勒乐器有限公司	钢琴及其配件生产、加工、销售
浙江扬鑫胶带制品有限公司	生产：铝箔胶带纸、胶带 销售：橡塑制品、胶带、胶布、橡塑制品
杭州兴乐纺织有限公司	生产、加工：橡纱 销售：橡纱、化学纤维、塑料制品
杭州锐若电子科技有限公司	技术服务、技术开发、技术咨询、技术交流、技术转让、技术推广
杭州合正码头有限公司	港口经营服务，港口理货服务，货物装卸、仓储服务
浙江合正实业有限公司	道路货物运输站经营，普通货物仓储服务，装卸搬运，城乡市容管理
宝鼎科技股份有限公司	新材料技术推广服务，技术服务，技术开发，技术咨询，技术交流，技术转让，技术推广

策略三:社区营造

居住
生活
交往
居住
餐饮
娱乐
购物
需求导向
工作
游憩
交通
餐饮
人才保障公寓
社区类型分类
围合型公共空间
传统住区
功能的合理融合

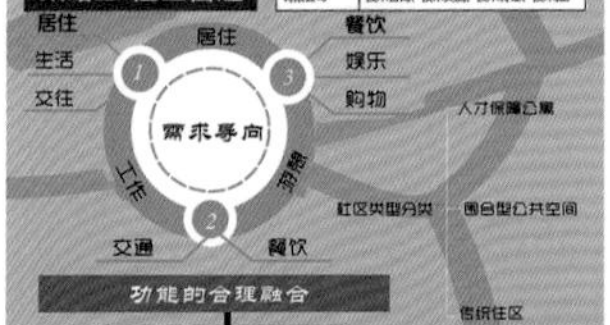

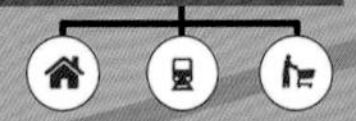

多元化住宅　公共交通出行　完善配套设施

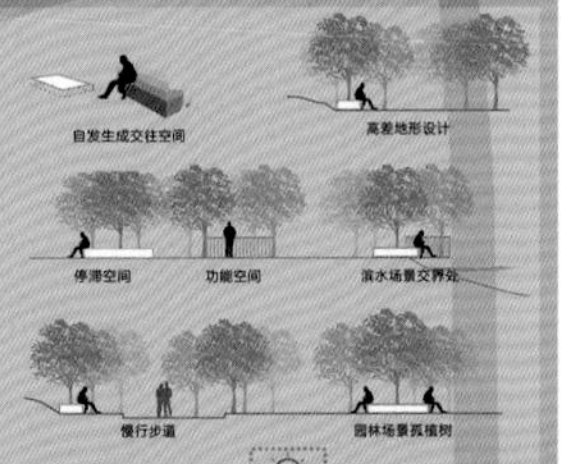

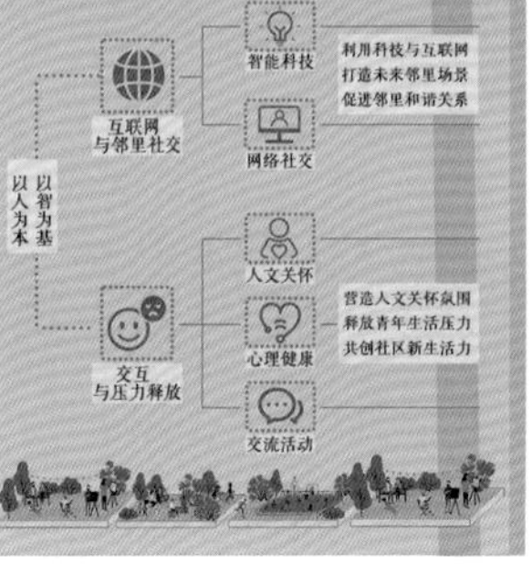

自发生成交往空间
高差地形设计
停滞空间
功能空间
滨水场景交界处
慢行步道
园林场景孤植树

智能科技
利用科技与互联网
打造未来邻里场景
促进邻里和谐关系
互联网
与邻里社交
网络社交
以人为本
以智为基
人文关怀
营造人文关怀氛围
释放青年生活压力
共创社区新活力
交互
与压力释放
心理健康
交流活动

策略四:公共空间

居住
商业
办公
混合空间
公共空间
绿化
空间导向
正式公共空间
小微绿地
城市客厅
公共空间分类
围合型公共空间
口袋公园
空间布局多样化

集合住宅　滨水景观　多样绿地

场地内内向型场所

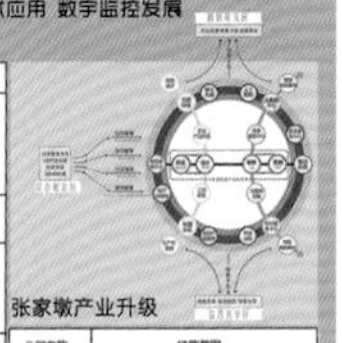

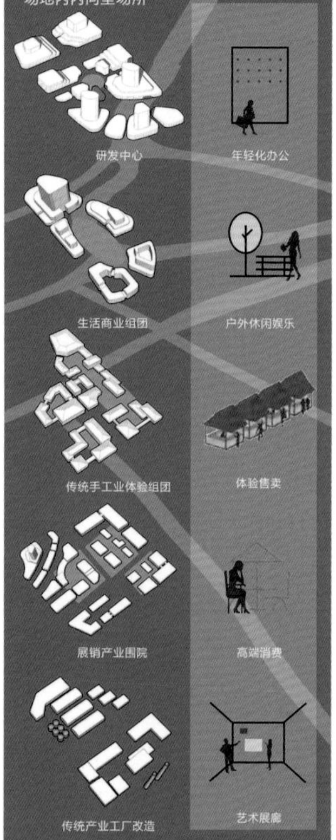

研发中心
年轻化办公
生活商业组团
户外休闲娱乐
传统手工业体验组团
体验售卖
展销产业園院
高端消费
传统产业工厂改造
艺术展廊

小微公共空间营造策略

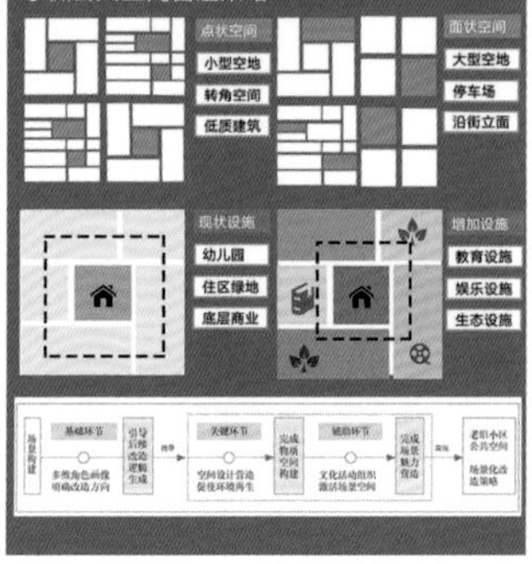

点状空间
小型空地
转角空间
低质建筑
面状空间
大型空地
停车场
沿街立面
现状设施
幼儿园
住区绿地
底层商业
增加设施
教育设施
娱乐设施
生态设施

策略五：滨水空间

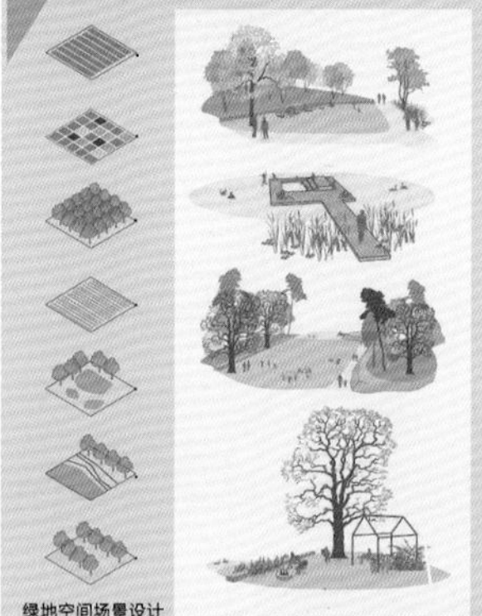

绿地空间场景设计

根据对场地的理解和现场条件，从空间再生、生态再生、弹性再生等方向对未来进行规划，使废弃的工厂向第一、第三产业的方向发展，最终让人体验到工业、产业、文化科普的新型旅游+体验。

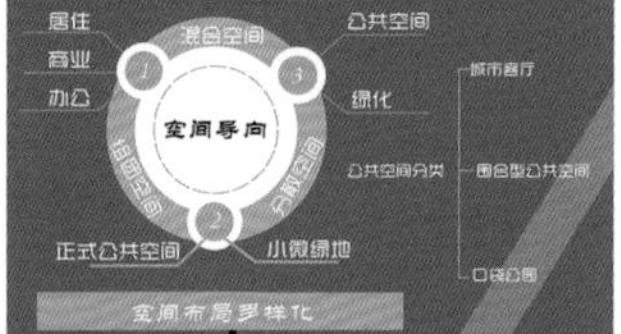

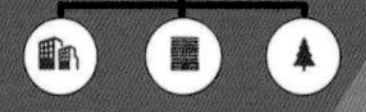

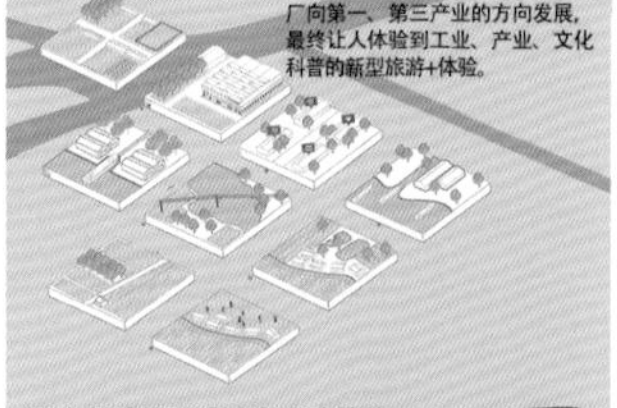

滨水区域低影响开发活动策略

娱乐空间
交流空间
游憩空间
活动空间
休闲空间
聚餐空间
商业空间

策略六：文化活动

餐饮
旅游
居住
美食
工艺
建筑
文化振兴
游线串联
文化体验
传统工艺的复兴

·年味节
·元宵节
·七夕雅趣节
·中秋节
·国庆节
·水乡开渔节
·中国农民丰收节
·梅花节
·端午节
·运河灯光节
·中国国际动漫节

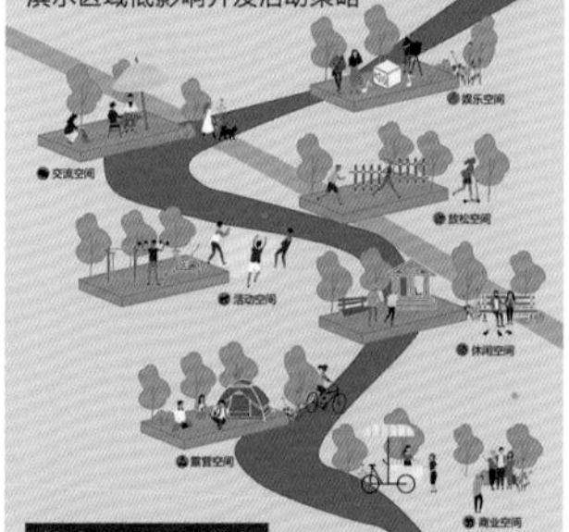

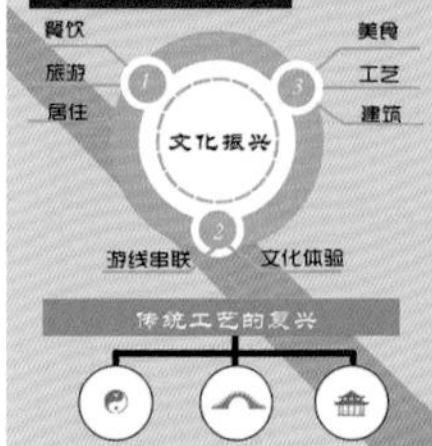

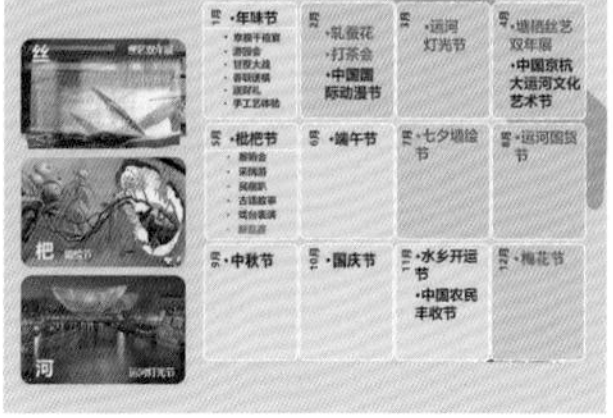

航运·杭韵 HANGYUN

——水城共融，产业引领的张家墩地块更新改造 4

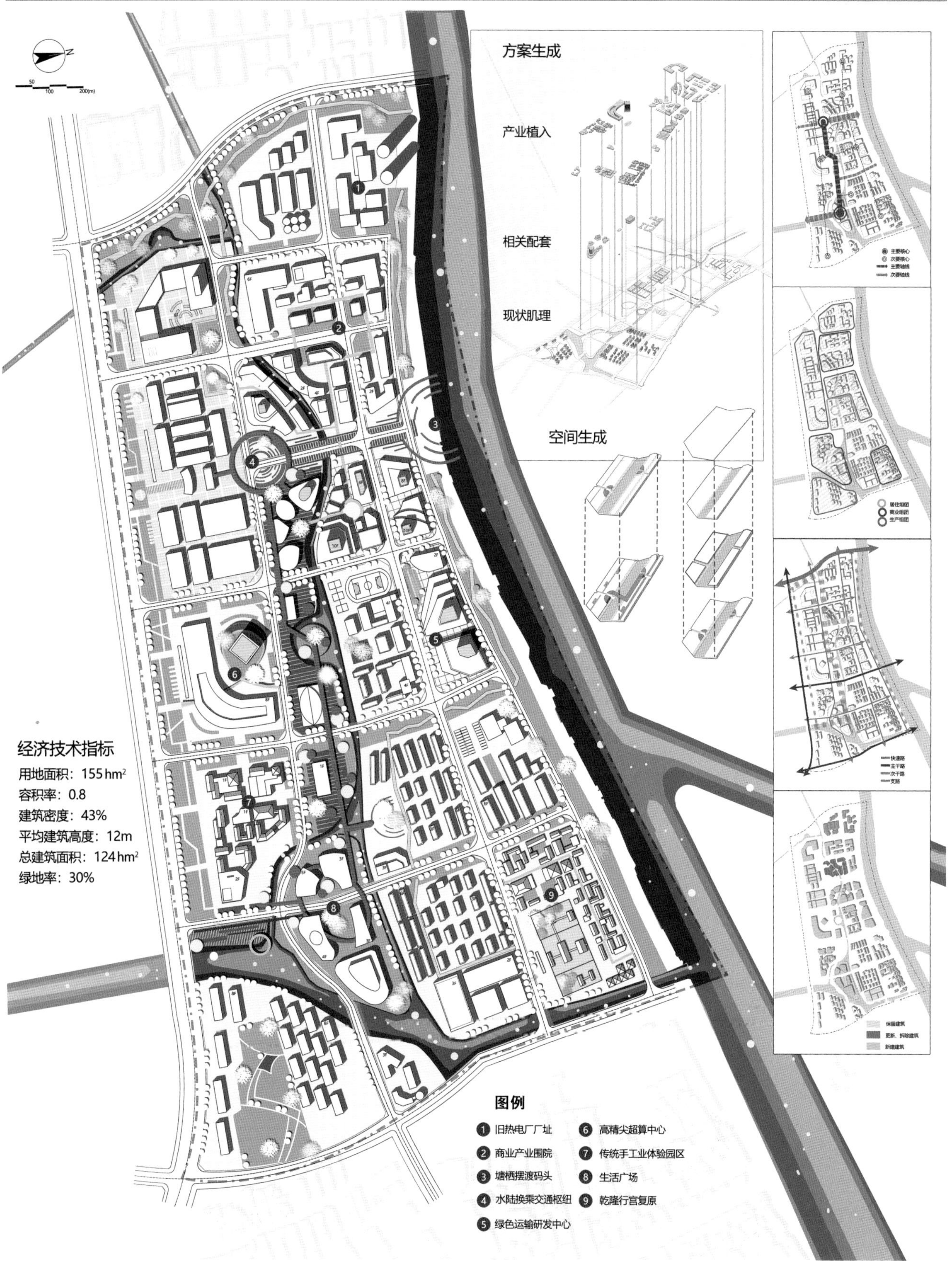

航运·杭韵 HANGYUN

——水城共融，产业引领的张家墩地块更新改造 5

规划鸟瞰图

设计说明

张家墩地块位于塘栖北单元，拥有独特的水域资源和悠久的历史文化底蕴。本设计旨在将水城特色与现代产业相结合，通过更新改造，打造一个航运与文化相融合的创新产业区，为当地居民提供舒适宜居的生活环境，同时促进经济发展和文化传承。

本设计强调产业引领，通过将创新产业与张家墩地块的特色相结合，培育具有竞争力的产业集群。我们将打造一个开放、包容、创新的产业环境，吸引高科技、文化创意等新兴产业的发展，为当地经济增长注入新动力。

我们将充分利用张家墩地块的水域资源，打造一个水城共融的水乡古镇 。通过规划设计，使水系与城市景观融为一体，形成独特的水上交通系统和休闲娱乐空间，使居民能够充分享受水城的美丽与便利。

智慧图景

空间轴测

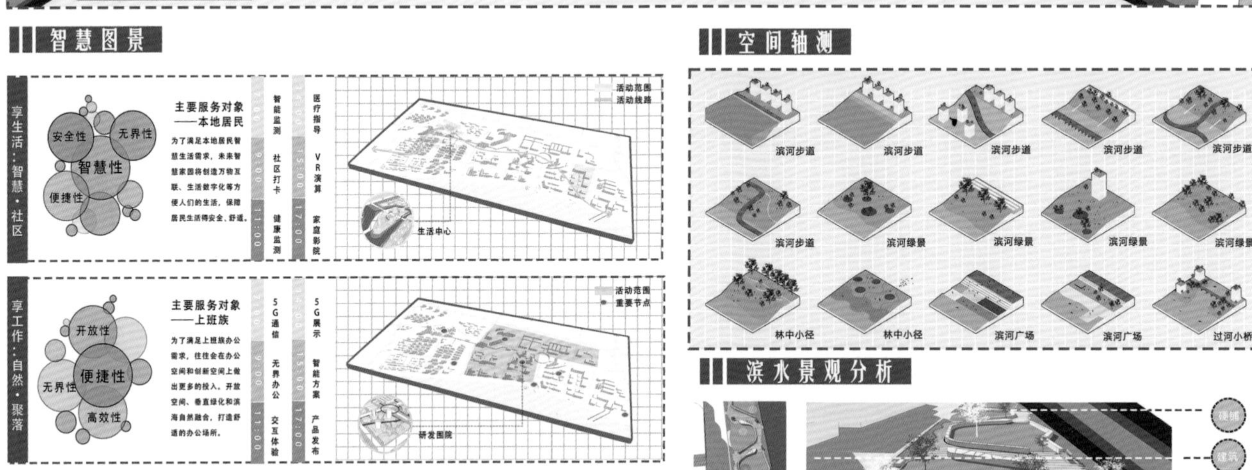

滨水景观分析

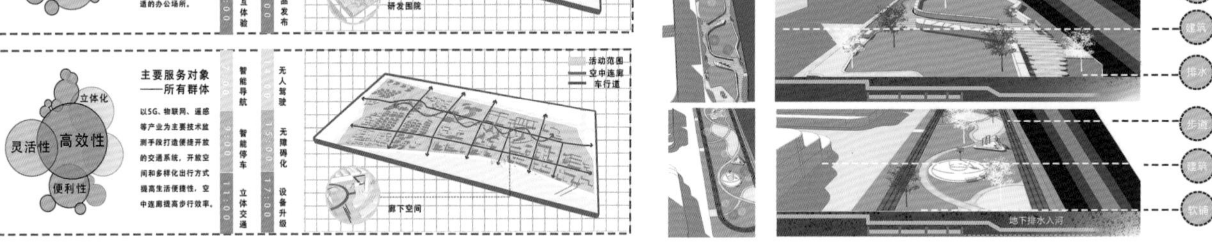

立面图

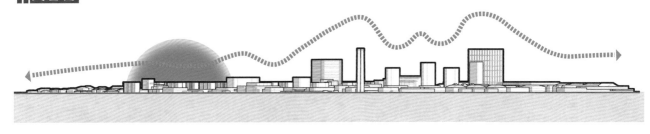

航运·杭韵 HANGYUN

——水城共融，产业引领的张家墩地块更新改造 6

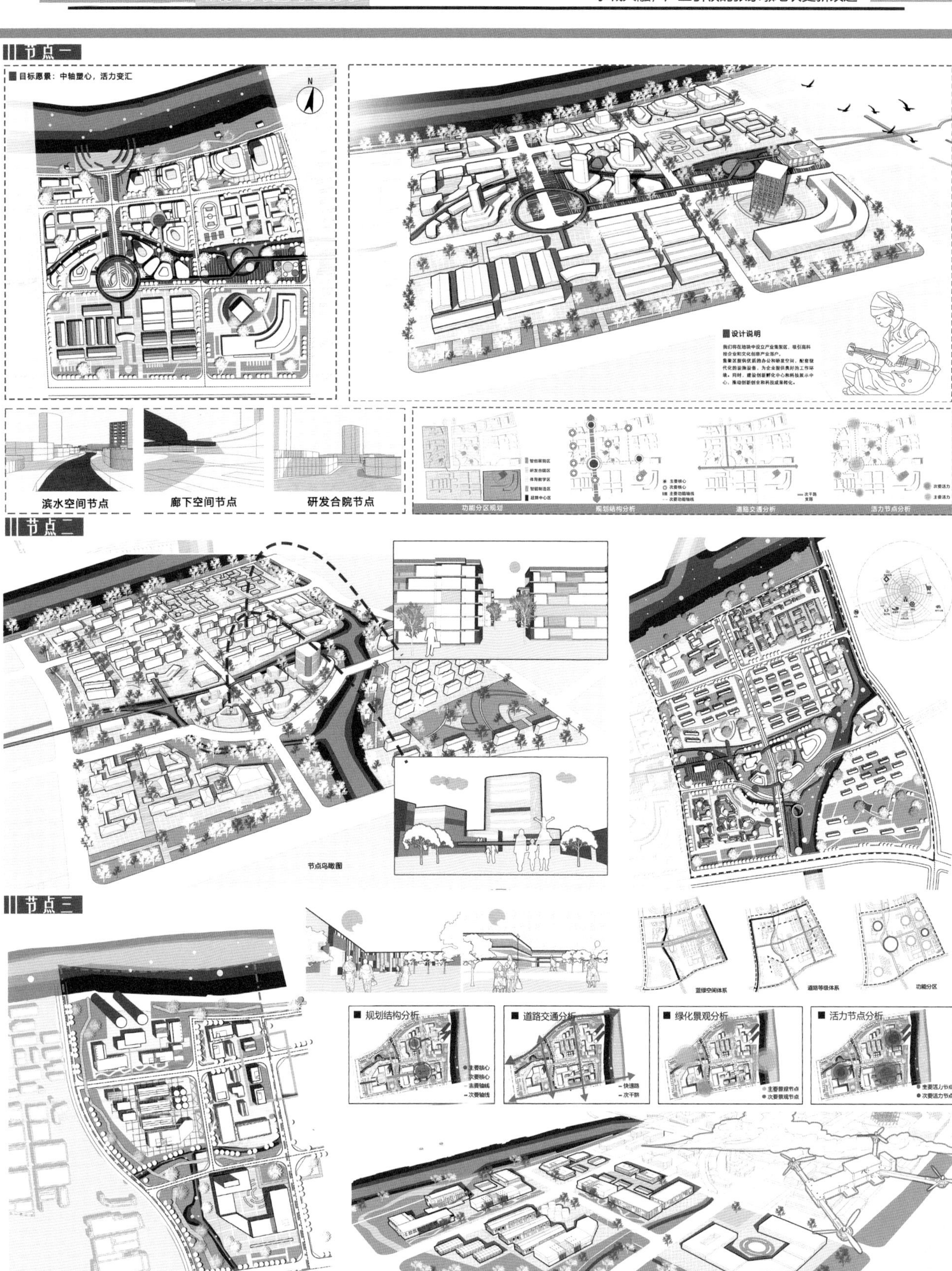

苏州科技大学

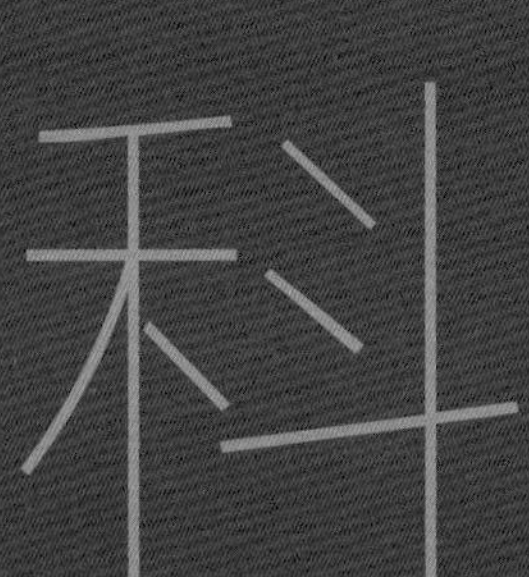

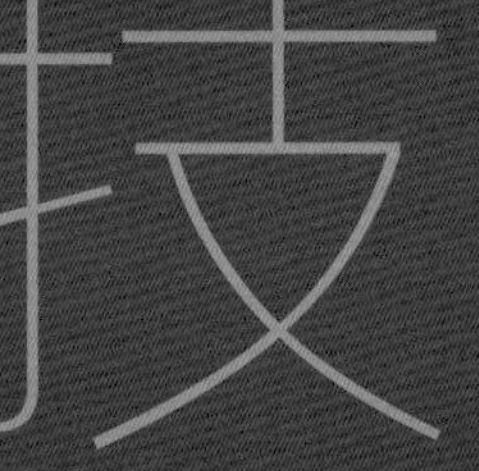

水象四界说

——杭州市临平区塘栖北单元城市设计 / 程菲儿 李玉冰 王雪松 章嘉圆

栖汇川流 · C 合新境

——基于城水耦合理念的临平区塘栖北单元城市设计 / 高丽 梁瑞宸 马旭 张晨

五脉承古今，创智链未来

/ 陈良樾 潘启烨 杨浩巍 杨宇溪

水象四界说——杭州市临平区塘栖北单元城市设计

观场 · 1

01 项目解读

运河文化卷 智汇栖水乡

本组认为，本次设计的目的是通过挖掘运河文化资源，促进当地的文化旅游和休闲经济发展，打造一个聚集文化、科技、创新元素的特色古镇和省会门户。

“运河文化卷”指的是通过对运河文化历史、文化遗产的挖掘和利用，创造一系列的展示空间和体验活动，以吸引游客到来，并提升当地的文化知名度和旅游吸引力。

“智汇栖水乡”则是指在运河文化卷基础上，通过科技的应用，打造一个智慧型的社区、智能制造展示平台和国际化沟通窗口，以激活古镇新活力，吸引年轻人和创业者，同时提升当地的创新和科技水平。

设计范围

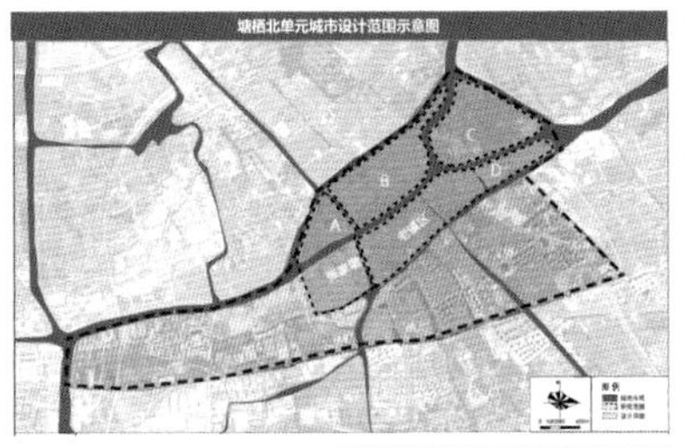

本次设计将基地分为研究范围和设计范围两个层面。

研究范围：研判中观层面现状；用地·交通 生态·文化 产业
→ 价值基础 → 设计范围：落实微观层面构想；四界智联
← 价值实现 ←

研究范围

研究范围以任务书为准，为塘栖北单元，总面积约 6.5 平方千米，具体范围如上图。

本组经过对任务书主题的深入分析，认为设计范围可在A、B、C、D四个地块外适当扩展，以便完整展现塘栖镇从西到东四段各异的运河风光，展开新时代运河画卷。

最终本组研究范围以水定型，将A、B、C、D四个地块及运河南侧部分塘栖老镇区划为规划范围，总面积约2.8平方千米。

02 基地背景

历史沿革

起源与发展 | 第一次兴盛 | 第二次兴盛 | 发展缓慢

民国塘栖段运河实景 | 当前塘栖段运河实景

宋：据史籍记载，塘栖在北宋前为一个名不见经传的渔村。北宋时其地称“下塘”，有下塘寨等朝廷所设置的军事机构。

元：元初运河疏浚改道，形成从北京到杭州的南北水运通道，**水运开始繁荣**。大批船工、船户聚集，形成颇具规模的**造船和租船中心**。

明：元末张士诚为拓宽下塘河道，新开运河后，**京杭运河改道塘栖**，一时间商贾云集，蔚成大镇。1498 年，**广济桥修复**。

清：康熙、乾隆两代皇帝的游幸，以及**行宫的兴建**，展现了塘栖镇浓厚的经济实力，使塘栖镇确立了江南巨镇的独特地位。

民国：清末近代丝绸**工业发轫**，大纶丝厂、波华织绸厂等相继开办，蚕丝工业迅速发展。

建国：新中国成立后，由于水运地位的下降和整体经济的发展，尽管塘栖产业稳步发展，但上升势头不及周边，不复名镇之首的地位。

运河改道是塘栖兴起最重要的因素，没有运河，就没有如今的塘栖。

运河二次改道后塘栖逐步发展为**江南十大名镇之首**。

塘栖逐渐没落，泯然于众小镇矣。

清末铁路建设 | 过去辉煌

运河贯通带来城镇地位提升

塘栖的兴起与大运河的贯通有着密不可分的关系。塘栖因地处南北交通要道的天然优势而成为联系南北两大经济区域的连接点和官方漕运的必经之地及转运中心。明清以来的漕运和轻工业的发展给塘栖的商业经济提供了发展、兴盛的机会。

漕运衰落伴随城镇地位下降

清末以后，由于持续蔓延的战火纷扰、运河的淤塞、河道的转移，昔日运河上繁忙的运输景象逐渐消失，曾经因水而兴的塘栖繁华落幕，难逃衰落的命运。

规划与政策背景

大运河文化保护传承利用/数字智慧产业发展/江南水乡一体化建设/大运河文化公园建设

2019年2月 中共中央办公厅、国务院办公厅印发

大运河文化保护传承利用规划纲要

- 强化文化遗产保护传承；
- 推进河道水系治理管护；
- 加强**生态环境保护修复**；
- 推动**文化旅游融合发展**；
- 促进城乡区域统筹协调；
- 创新保护传承利用机制。

2021年3月 杭州市第十三届人民代表大会

杭州“十四五”规划

- 完善全域一流创新创业生态；
- 引领数字变革潮流，建设新时代**数字杭州**；
- 加强文化服务体系建设，**推进文化旅游深度融合**；
- 加快建设大运河国家文化公园。

2021年12月 长三角一体化示范区执委会发布会

长三角生态绿色一体化发展示范区江南水乡古镇生态文化旅游圈建设三年行动计划

- 破解古镇发展同质化的问题，**打响独具特色的江南水乡古镇品牌**；
- 构建水乡古镇的联动保护和开发**一体化体制机制**；
- **加快建立古镇文化旅游数据系统**，提升旅游公共事务的治理和供给效率。

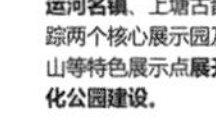

2022年2月 杭州市发展和改革委员会、杭州市园林文物局发布

杭州市大运河文化保护传承利用暨国家文化公园建设方案

- 临平区中涉及杭州塘、上塘河、运河二通道三条河道，**围绕塘栖江南运河名镇**、上塘古韵寻踪两个核心展示园及超山等特色展示点**展开文化公园建设**。

外部机遇

· 大运河开发提上日程，将从国家层面推动大运河沿线的经济文化建设，塘栖作为杭州段大运河一大展示节点将迎来高速发展时期；

· 江南文化旅游圈的建设，推动长三角水乡古镇一体化建设，能为塘栖古镇的复兴提供重要支持；

· 杭州市推动数字科技产业发展，为塘栖加快完成产业升级，实现工业上的推陈出新给予充足动力。

内部挑战

· 长三角古镇同质化严重，且发展竞争激烈，在塘栖的古镇肌理保存不足的历史现状下，如何才能使塘栖建设产生差异性。

结合相关规划中对塘栖镇的定位，总结出科创、文旅、生态是上位规划及相关规划对塘栖镇的主要方向要求，其中特色文化名镇是各层级规划的共同追求。

鸟瞰图

水象四界说——杭州市临平区塘栖北单元城市设计

观场·2

03 基地现状

区位分析
(1) 行政区位：杭州北大门
宏观上，杭州是浙江省辖地级市、省会、副省级市、特大城市，是杭州都市圈核心城市。
中观上，临平区坐落于G60科创走廊和杭州城东智造大走廊的战略交汇点，是杭州融沪桥头堡和杭州都市圈东北门户。
微观上，基地塘栖地处临平德清交汇处，是浙北重镇、江南水乡名镇、临平北侧副中心。
塘栖行政区位示意图
上海
松江
沪苏湖高铁
嘉兴
G60高速
杭州
(2) 交通区位：对外交通便利
从出行时空上说，基地对长三角可达性较强。
基地至杭州核心区交通实现了30分钟通勤圈，至上海虹桥站的高铁47分钟可达；基地距杭州主城区15千米，京杭大运河水上巴士直达武林门码头。
从出行方式上说，基地对外出行方式多样且相辅相成。
塘栖周边铁路、高速公路、快速路自成网络；水路纵横，以运河连通南北，交通便利；距机场35千米。
塘栖交通区位示意图
上海
塘栖
杭州
萧山国际机场
(3) 地理区位：自然生态环境优越
宏观上，杭州旅游资源优秀。
杭州地处中国华东地区、钱塘江下游、东南沿海、浙江北部、京杭大运河南端。
中观上，临平区山水自然资源丰富。
基地所在的临平区境内主要地势平坦，水系纵横。水域面积占全区面积达7.3%，京杭大运河、上塘河、运河二通道环绕，并具有临平山、超山、丁山湖湿地等各具特色的山水资源优势。
超山梅花俯拍图
临平山俯拍图
微观上，塘栖呈现典型江南水网湿地特征。
塘栖范围内现状河渠纵横，河网密布，现状水面率达15%。
塘栖运河俯拍图
塘栖运河实拍图
广济桥实拍图
区位总结
区位优势
行政区位优越：在长三角城市群中对接G60科创走廊和杭州城东智造大走廊。
地理资源丰富：拥有山水环绕的生态本底，自然条件优越。
交通往来便捷：实现杭州半小时、上海一小时通勤，公路、铁路、水路均可利用。
区位劣势
行政区位较差：在杭州市中距行政中心较远，处于边缘地带。
旅游区位不佳：距离杭州市热门景点距离较远，竞争力不强。
用地分析
用地现状图
现状总结
研究范围内用地结构呈现“东田、西工、南居、北古、中镇”的板块分布格局。基地内水网密布，拥有优美的自然环境，但同时造成了地块间相对独立，联系较弱。
现状总用地面积721.04公顷，其中城乡建设用地461.42公顷，以居住用地为主，工业用地和公共设施用地为辅，目前基地内正在进行城市更新，可利用地较多。

现状用地平衡表

用地代码	用地名称	面积（hm²）	百分比（%）
R	居住用地	145.30	20.15
A	公共管理与公共服务设施用地	35.09	4.87
B	商业服务业设施用地	24.89	3.45
M	工业用地	98.52	13.66
W	物流仓储用地	4.16	0.58
S	道路与交通设施用地	81.11	11.25
G	绿地与广场用地	55.75	7.73
U	公用设施用地	3.24	0.45
H	建设用地	13.36	1.85
E	非建设用地	259.62	36.01
总用地面积		721.04	100.00

文化遗产
物质文化
• 历史悠久、文化价值高：物质文化遗产具有较长的历史，代表了塘栖文化、建筑、技艺等方面的独特特征，具有很高的历史和文化价值。
• 吸引游客、推动旅游经济：物质文化遗产以其独特的历史、文化和建筑风貌，吸引大量的游客前来观光、旅游，推动塘栖的旅游经济发展。
• 受损和破坏：物质文化遗产由于历经岁月和部分人为影响，需要更好的保护和维护。
塘栖 古镇
非物质文化
• 文化特色突出：非物质文化遗产大多是传统的手工艺品或是区域内的特色美食、音乐等，能够体现出塘栖地域、民族的特点和文化的多样性。
• 传承发展空间大：非物质文化遗产依托师徒制教授，传承和开发的模式有利于增强塘栖当地的人文意识和地方特色。
• 非物质文化遗产的传承存在危机：由于生活方式的改变，非物质文化遗产的传承受到威胁，老一辈传承人去世，而很多年轻人又无法延续传统，部分非物质文化遗产面临着失传的危机。
• 商业化倾向与文化传承不平衡：开发非物质文化遗产的旅游价值，对部分历史文化、手工艺品发展商业化经营会让文化走向市场化，会产生风格矛盾和水平差异等问题。
景观生态
水网格局
现状水网格局图
现状水岸景观质量分析图
现状景观节点分布图
现状总结
景观质量一般
景观质量较好
景观质量差
• 古镇沿线主要河道经过修整，质量较佳，而北部及西部其他河道两岸大部分杂乱且无序。
• 景观节点要素丰富，但分布不均，相互间联系较少，难成体系。
生态敏感性
生态敏感性评价
• 综合评价分析后可知，塘栖北单元中用地生态敏感性以敏感及以上为主，占总用地的64.16%。

综合评价分析表

生态敏感性评价等级	面积（hm²）	比例（%）
很不敏感	86.45	10.33
不敏感	213.58	25.51
敏感	276.80	33.06
较敏感	184.89	22.08
很敏感	75.49	9.02

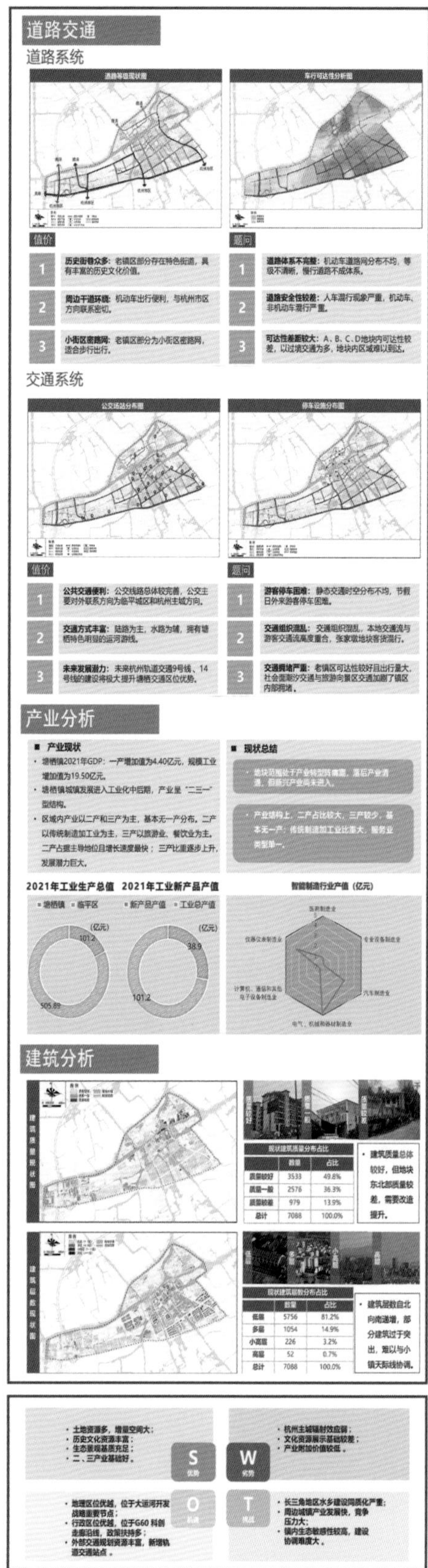

道路交通
道路系统
道路等级现状图
车行可达性分析图
价值
1 历史街巷众多：老镇区部分存在特色街道，具有丰富的历史文化价值。
2 周边干道环绕：机动车出行便利，与杭州市区方向联系密切。
3 小街区密路网：老镇区部分为小街区密路网，适合步行出行。
问题
1 道路体系不完整：机动车道路网分布不均，等级不清晰，慢行道路不成体系。
2 道路安全性较差：人车混行现象严重，机动车、非机动车混行严重。
3 可达性差距较大：A、B、C、D地块内可达性较差，以过境交通为多，地块内区域难以到达。
交通系统
公交场站分布图
停车设施分布图
价值
1 公共交通便利：公交线路总体较完善，公交主要对外联系方向为临平城区和杭州主城方向。
2 交通方式丰富：陆路为主，水路为辅，拥有塘栖特色明显的运河游线。
3 未来发展潜力：未来杭州轨道交通9号线、14号线的建设将极大提升塘栖交通区位优势。
问题
1 游客停车困难：静态交通时空分布不均，节假日外来游客停车困难。
2 交通组织混乱：交通组织混乱，本地交通流与游客交通流高度重合，张家墩地块客货混行。
3 交通拥堵严重：老镇区可达性较好且出行量大，社会面潮汐交通与旅游向景区交通加剧了镇区内部拥堵。
产业分析
产业现状
• 塘栖镇2021年GDP：一产增加值为4.40亿元，规模工业增加值为19.50亿元。
• 塘栖镇城镇发展进入工业化中后期，产业呈“二三一”型结构。
• 区域内产业以二产和三产为主，基本无一产分布。二产以传统制造加工业为主，三产以旅游业、餐饮业为主。二产占据主导地位且增长速度最快；三产比重逐步上升，发展潜力巨大。
现状总结
2021年工业生产总值
塘栖镇
临平区
(亿元)
101.2
2021年工业新产品产值
新产品产值
工业总产值
(亿元)
38.9
101.2
智能制造行业产值（亿元）
建筑分析
建筑质量现状图
• 建筑质量总体较好，但地块东北部质量较差，需要改造提升。
建筑层数现状图
• 建筑层数自北向南递增，部分建筑过于突出，难以与小镇天际线协调。
S 优势
• 土地资源多，增量空间大；
• 历史文化资源丰富；
• 生态景观基质充足；
• 二、三产业基础好。
W 劣势
• 杭州主城辐射效应弱；
• 文化资源展示基础较差；
• 产业附加价值较低。
O 机遇
• 地理区位优越，位于大运河开发战略重要节点；
• 行政区位优越，位于G60科创走廊沿线，政策扶持多；
• 外部交通规划资源丰富，新增轨道交通站点。
T 挑战
• 长三角地区水乡建设同质化严重；
• 周边城镇产业发展快，竞争压力大；
• 镇内生态敏感性较高，建设协调难度大。

现状建筑质量分布占比

	数量	占比
质量较好	3533	49.8%
质量一般	2576	36.3%
质量较差	979	13.9%
总计	7088	100.0%

现状建筑层数分布占比

	数量	占比
低层	5756	81.2%
多层	1054	14.9%
小高层	226	3.2%
高层	52	0.7%
总计	7088	100.0%

水象四界说——杭州市临平区塘栖北单元城市设计

定脉 策略 见界 · 3

04 定位愿景

05 规划策略

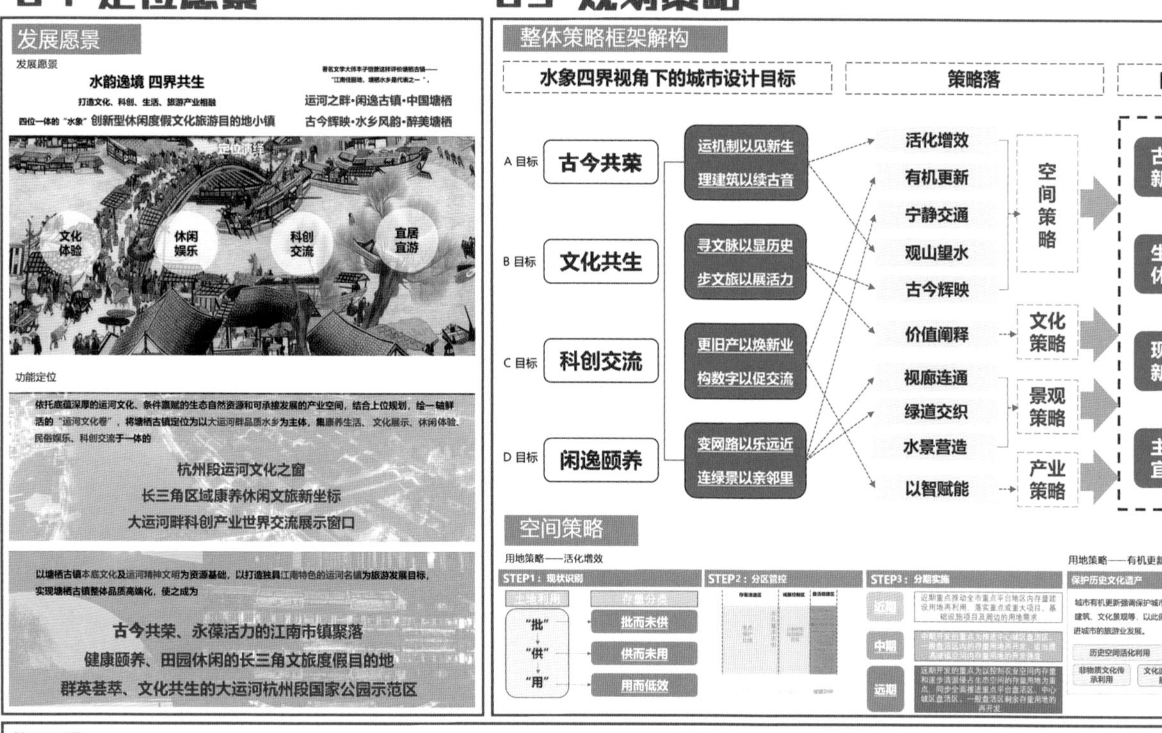

发展愿景
发展愿景
水韵逸境 四界共生
打造文化、科创、生活、旅游产业相融
四位一体的"水象"创新型休闲度假文化旅游目的地小镇
著名文学大师丰子恺曾这样评价塘栖古镇——
"江南佳丽地，塘栖水乡是代表之一"。
运河之畔·闲逸古镇·中国塘栖
古今辉映·水乡风韵·醉美塘栖
定位演绎
文化体验
休闲娱乐
科创交流
宜居宜游
功能定位
依托底蕴深厚的运河文化、条件禀赋的生态自然资源和可承接发展的产业空间，结合上位规划，绘一轴鲜活的"运河文化卷"，将塘栖古镇定位为以大运河畔品质水乡为主体，集康养生活、文化展示、休闲体验、民俗娱乐、科创交流于一体的
杭州段运河文化之窗
长三角区域康养休闲文旅新坐标
大运河畔科创产业世界交流展示窗口
以塘栖古镇本底文化及运河精神文明为资源基础，以打造独具江南特色的运河名镇为旅游发展目标，实现塘栖古镇整体品质高端化，使之成为
古今共荣、永葆活力的江南市镇聚落
健康颐养、田园休闲的长三角文旅度假目的地
群英荟萃、文化共生的大运河杭州段国家公园示范区
整体策略框架解构
水象四界视角下的城市设计目标
策略落
四界生
A 目标
古今共荣
运机制以见新生
理建筑以续古音
B 目标
文化共生
寻文脉以显历史
步文旅以展活力
C 目标
科创交流
更旧产以换新业
构数字以促交流
D 目标
闲逸颐养
变网路以乐远近
连绿景以亲邻里
活化增效
有机更新
宁静交通
观山望水
古今辉映
价值阐释
视廊连通
绿道交织
水景营造
以智赋能
空间策略
文化策略
景观策略
产业策略
古今文化新展之界
生态文旅休闲之界
现代产业新城之界
主客共养宜居之界
空间策略
用地策略——活化增效
STEP1：现状识别
土地利用
存量分类
"批"
"供"
"用"
批而未供
供而未用
用而低效
STEP2：分区管控
STEP3：分期实施
近期
近期重点推动全市重点平台地区内存量建设用地再利用，落实重点或重大项目、基础设施项目及周边的用地需求
中期
远期
远期开发的重点为以控制农业空间内存量和逐步清退侵占生态空间的存量用地为重点，同步全面推进重点平台盘活区、中心城区盘活区、一般盘活区剩余存量用地的再开发
用地策略——有机更新
保护历史文化遗产
城市有机更新强调保护城市的历史文化遗产，包括历史建筑、文化景观等，以此保护城市的文化价值，同时促进城市的旅游业发展。
历史空间活化利用
工业遗产整体利用
非物质文化传承利用
文化遗址挖掘展示
运河文化集中展示体验

总平面图

N
0 100 200m

图例

1 人才公寓
2 游客中心
3 大师工坊
4 大运河博物馆
5 运河公园
6 文创体验园
7 水幕剧场
8 游客集散中心
9 文化商业街区
10 塘栖老码头
11 创意论坛
12 创意街区
13 运河步道
14 商业综合体
15 非遗基地
16 油车租宅
17 芦香唱晚池
18 生态枇杷园
19 山水桥广场
20 游客中心
21 烟火集市
22 广济桥
23 御碑广场
24 运溪酒店
25 民俗工坊
26 埠前酒家
27 活力水街
28 观东广场
29 仁和木行
30 运汇广场
31 运汇露营地
32 别墅洋房
33 游客中心
34 智慧商业街
35 科创产业园
36 科技交流中心
37 科技体验馆
38 中心公园
39 遗产博物馆
40 地标大剧院
41 非遗体验馆
42 亲水平台
43 文化活动站
44 枇杷博览馆
45 观东广场
46 观东广场
47 观东广场
48 圣塘漾综合体
49 非遗剧场
50 圆木技艺体验馆
51 巷弄文化空间会展
52 滨水商业广场
53 塘栖文体中心
54 康养体验社区

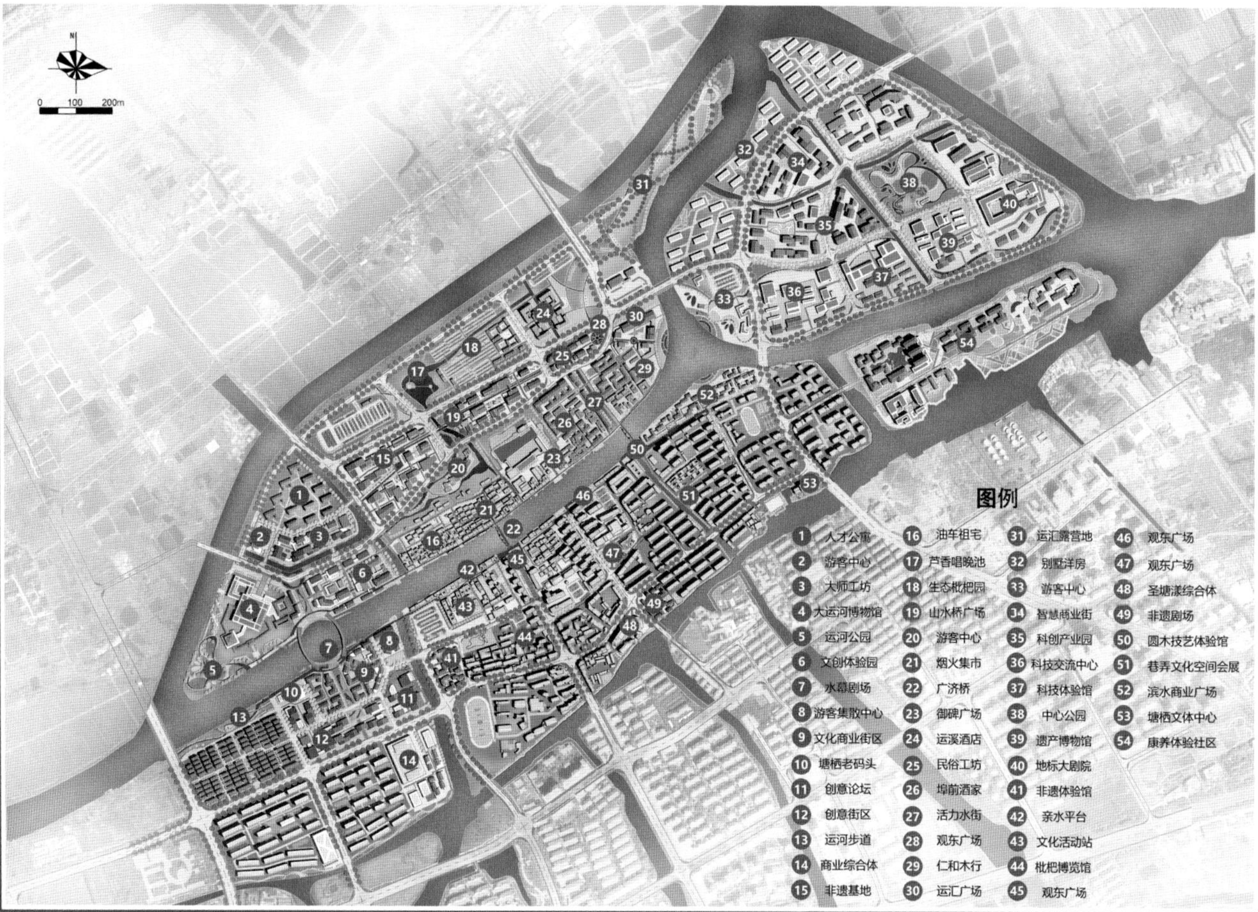

水象四界说——杭州市临平区塘栖北单元城市设计　定脉 策略 见界·4

05 规划策略

序号	位置	河道弯曲度	河道宽度	河段类型
1	武林头	68°	约130m	郊野村庄段
2	塘栖镇	27°	约80m	现代城镇段
3	塘栖镇	52°	约60m	历史城镇段
4	运河街道	42°	约120m	现代城镇段

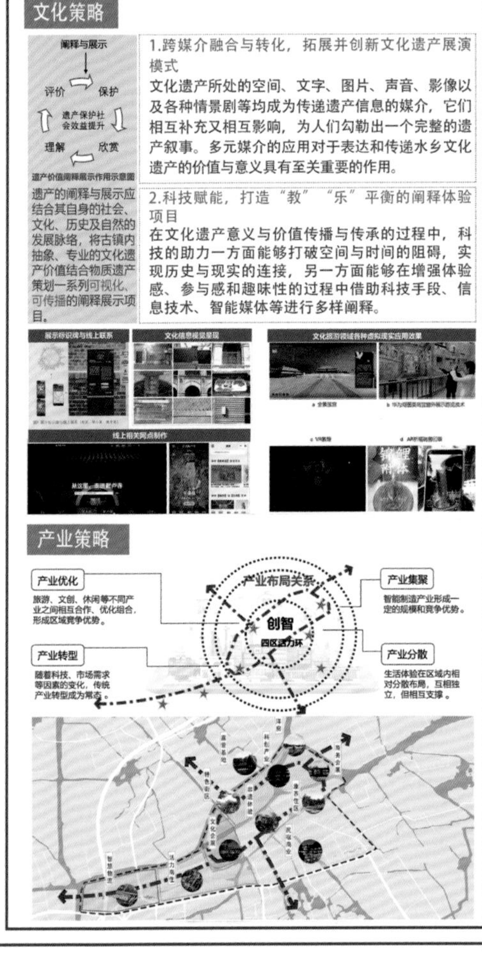

文化策略
阐释与展示
评价
保护
遗产保护社会效益提升
理解
欣赏
遗产价值阐释展示作用示意图
遗产的阐释与展示应结合其自身的社会、文化、历史及自然的发展脉络，将古镇内抽象、专业的文化遗产价值结合物质遗产策划一系列可视化、可传播的阐释展示项目。
1.跨媒介融合与转化，拓展并创新文化遗产展演模式
文化遗产所处的空间、文字、图片、声音、影像以及各种情景剧等均成为传递遗产信息的媒介，它们相互补充又相互影响，为人们勾勒出一个完整的遗产叙事。多元媒介的应用对于表达和传递水乡文化遗产的价值与意义具有至关重要的作用。
2.科技赋能，打造“教”“乐”平衡的阐释体验项目
在文化遗产意义与价值传播与传承的过程中，科技的助力一方面能够打破空间与时间的阻碍，实现历史与现实的连接，另一方面能够在增强体验感、参与感和趣味性的过程中借助科技手段、信息技术、智能媒体等进行多样阐释。
展示标识牌与线上联系
文化信息视觉呈现
文化旅游领域各种虚拟现实应用效果
线上相关网点制作
产业策略
产业优化
旅游、文创、休闲等不同产业之间相互合作、优化组合，形成区域竞争优势。
产业转型
随着科技、市场需求等因素的变化，传统产业转型成为常态。
产业布局关系
创智
四区活力环
产业集聚
智能制造产业形成一定的规模和竞争优势。
产业分散
生活体验在区域内相对分散布局，互相独立，但相互支撑。

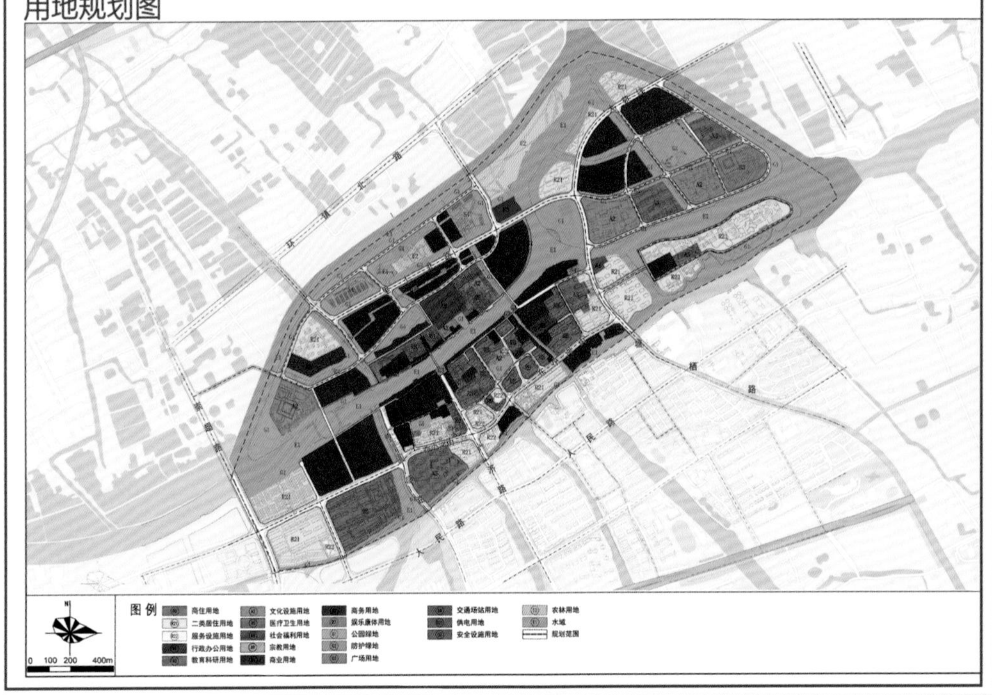

水象四界说——杭州市临平区塘栖北单元城市设计

落景 · 5

06 分区设计——文化门户

规划设计框架

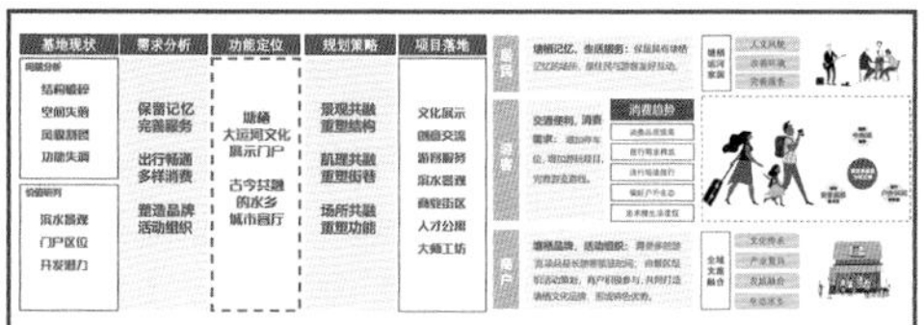

定位：塘栖大运河文化展示门户，古今共融的水乡城市客厅

功能：承担游客接待和提供文化体验消费功能的滨水商业街区

人群：外来游客、本地消费人群、展览交流人群

基地现状

价值研判：具有特色滨水空间，开发潜力较高的游客集散门户区域

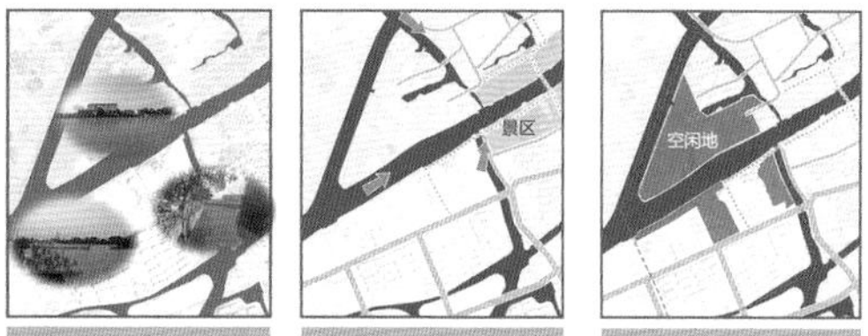

丰富的滨水景观：两岸互动、生态河岸、蓝绿网络、防涝减灾

游憩的入口节点：游客服务、交通换乘、运河航线、商业消费

较低的开发难度：地势平坦、空闲地多、开发强度低、建筑老旧

规划策略

景观共融 重塑结构

1 水岸修复

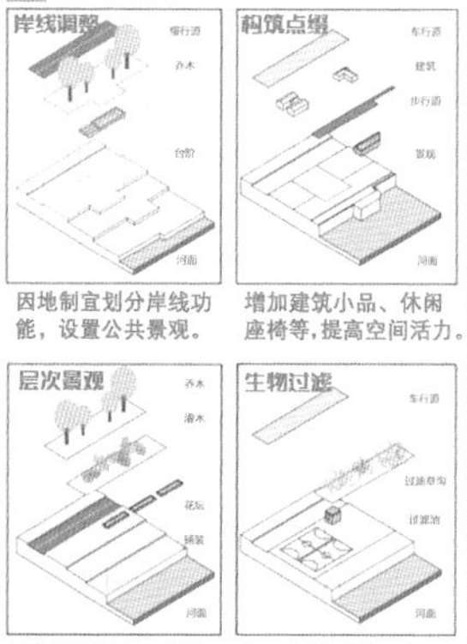

岸线调整：因地制宜划分岸线功能，设置公共景观。

构筑点缀：增加建筑小品、休闲座椅等，提高空间活力。

层次营造：利用不同植物、铺装丰富滨水景观层次。

生物过滤：加入生物过滤技术，减少对大运河的污染。

2 两岸互动

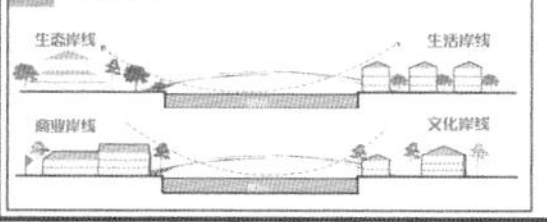

规划总平面图

图例

1 人才公寓
2 游客服务中心
3 大师工坊
4 大运河博物馆
5 运河公园
6 文创体验园
7 水幕剧场
8 泛舟河上
9 游客集散中心
10 文化商业街区
11 塘栖码头
12 停车场
13 创意论坛
14 创意街区
15 运河步道
16 品质住区
17 一般住区
18 社区中心
19 商业综合体
20 滨水商业街

地块面积：62.85公顷

片区在设计范围中的位置：

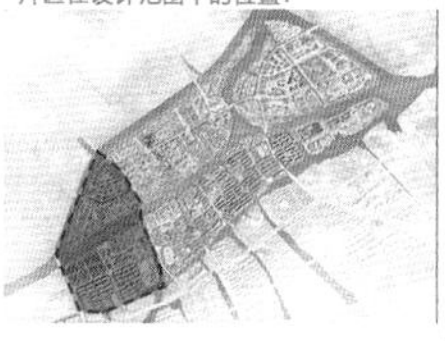

问题分析

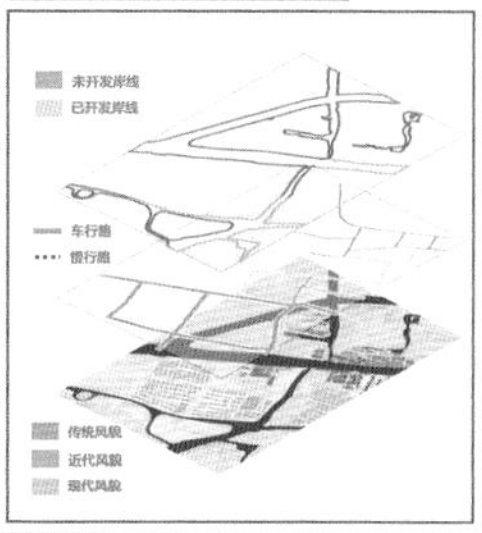

交通：运河两岸缺少连接

景观：结构缺失，滨水空间荒废

建筑：风貌杂乱，与周边不协调

商业：业态低端，同质化严重

人群：本地人群与游客混合

文化：文化失落，缺少特色

功能结构［4 大主题功能分区 + 1主轴 2次轴］

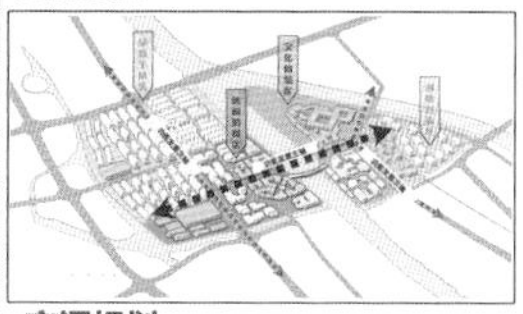

交通规划

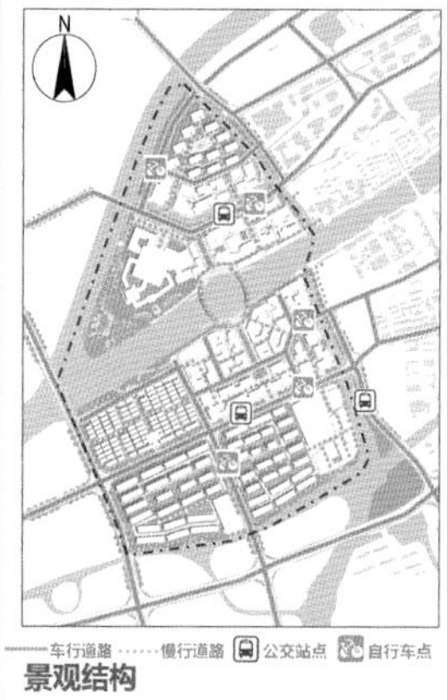

车行道路 慢行道路 公交站点 自行车点

景观结构

核心节点 次要节点 景观环 运河景观轴

规划鸟瞰图

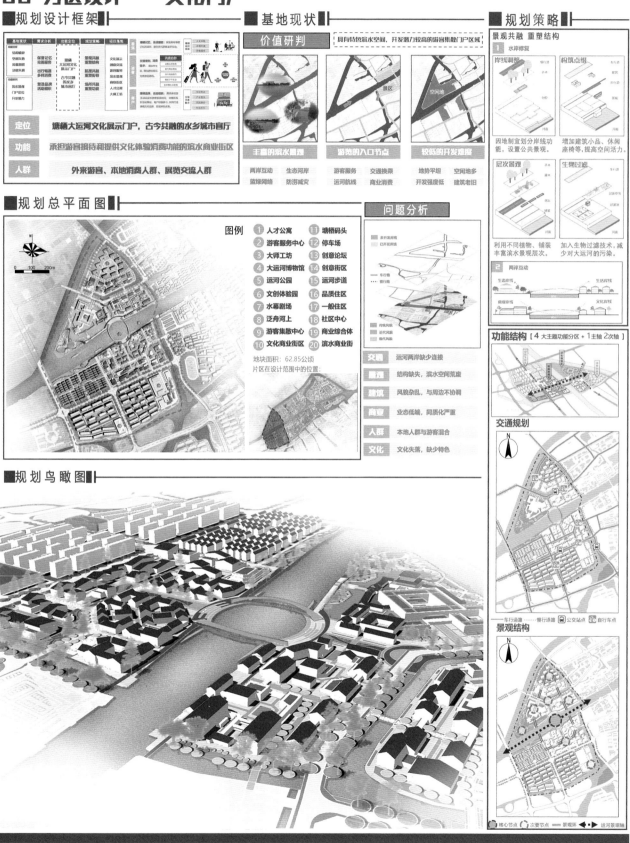

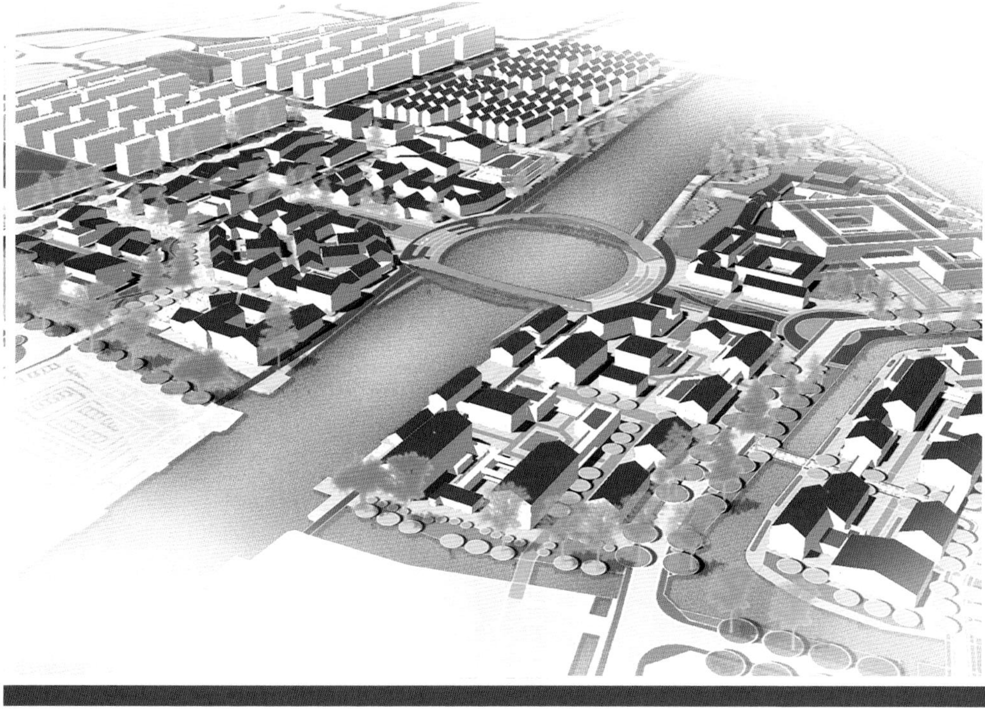

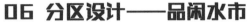

水象四界说——杭州市临平区塘栖北单元城市设计

落景·6

06 分区设计——品闲水市

规划设计框架

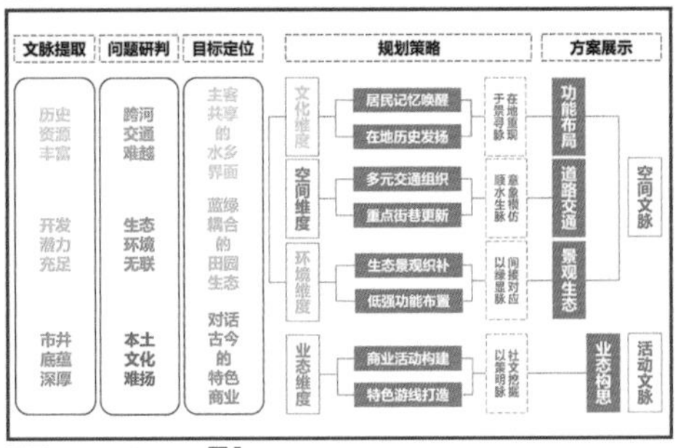

文脉提取 问题研判 目标定位 规划策略 方案展示

历史资源丰富 开发潜力充足 市井底蕴深厚

跨河交通难越 生态环境无联 本土文化难扬

文化维度：居民记忆唤醒、在地历史发扬

空间维度：多元交通组织、重点街巷更新

环境维度：生态景观织补、低强功能布置

业态维度：商业活动构建、特色游线打造

功能布局、道路交通、景观生态、空间文脉、业态构思、活动文脉

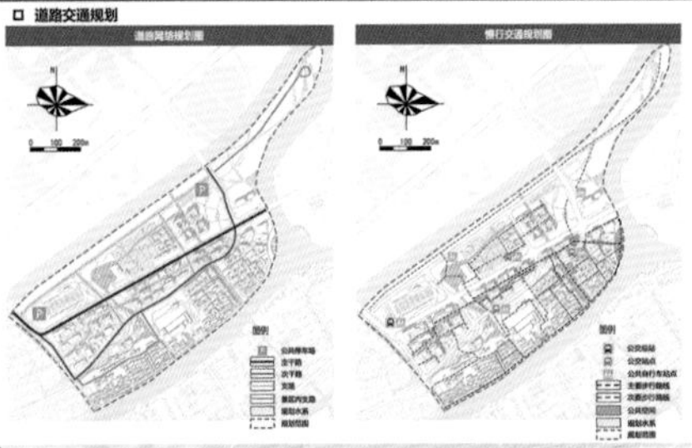

规划鸟瞰图

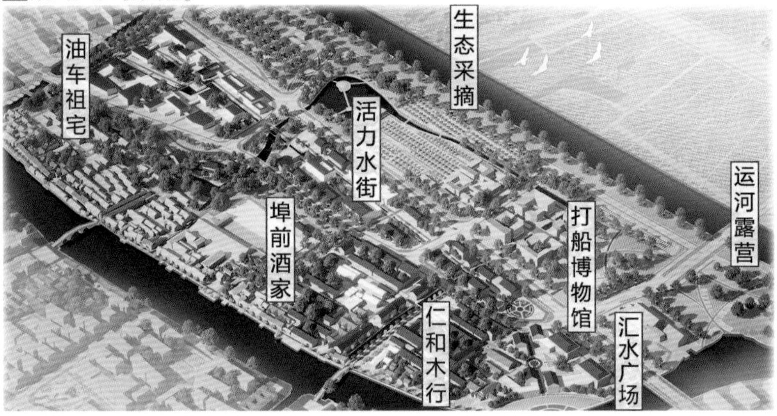

油车祖宅、活力水街、生态采摘、埠前酒家、打船博物馆、运河露营、仁和木行、汇水广场

规划策略

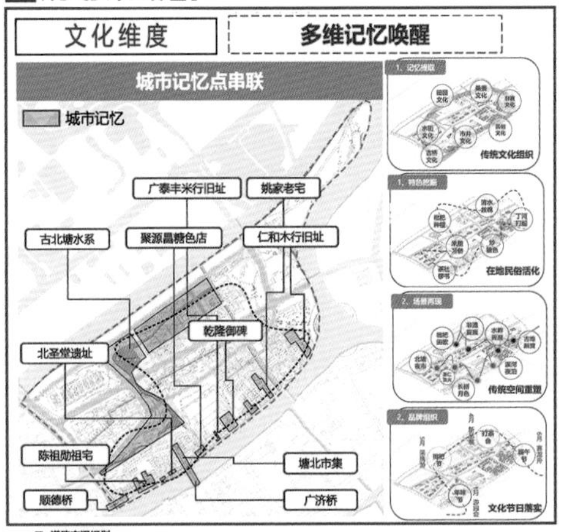

文化维度 多维记忆唤醒

城市记忆点串联

城市记忆

广泰丰米行旧址、姚家老宅、古北塘水系、聚源昌糖色店、仁和木行旧址、乾隆御碑、北圣堂遗址、陈祖南祖宅、塘北市集、顺德桥、广济桥

1. 记忆唤醒 传统文化组织
2. 特色把脉 在地民俗活化
3. 场景再现 传统空间重塑
4. 品牌组织 文化节日落实

道路交通规划

基地现状

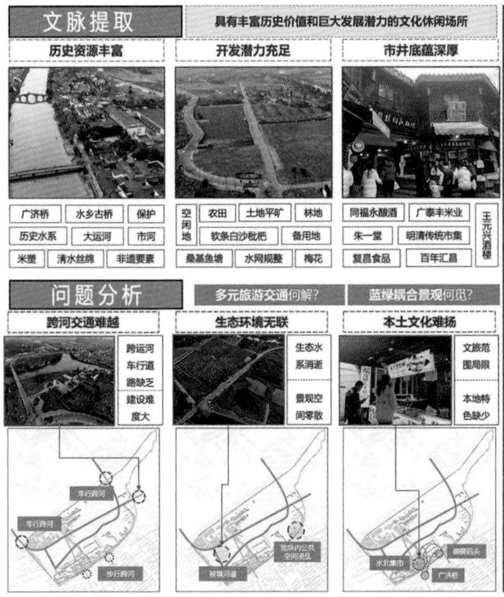

文脉提取 具有丰富历史价值和巨大发展潜力的文化休闲场所

历史资源丰富：广济桥、水乡古桥、保护、历史水系、大运河、市河、米塑、清水丝绵、非遗要素

开发潜力充足：空闲地、农田、土地平旷、林地、软条白沙枇杷、水网规整、鱼塘、桑基鱼塘、梅花

市井底蕴深厚：同福永酿酒、广泰丰米业、朱一堂、明清传统市集、复昌食品、百年汇昌、王元兴酒楼

问题分析 多元旅游交通何解？ 蓝绿耦合景观何觅？

跨河交通难越：跨运河车行道路缺乏建设难度大

生态环境无联：生态水系消逝、景观空间零散

本土文化难扬：文旅范围局限、本地特色缺少

规划策略

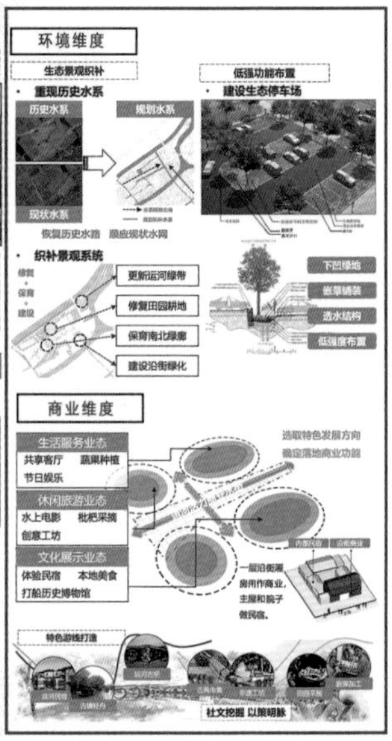

环境维度

生态景观织补：重现历史水系 — 历史水系、规划水系、现状水系

低强功能布置：建设生态停车场

织补景观系统

商业维度

生活服务业态：共享客厅、蔬果种植、节日娱乐

休闲旅游业态：水上电影、枇杷采摘、创意工坊

文化展示业态：体验民宿、本地美食、打船历史博物馆

特色游线打造

社交挖掘 以展唱路

规划平面图

0 100 200m

图例
1 水北电车总站
2 芦香唱晚池
3 生态枇杷园
4 枇杷DIY体验区
5 运溪酒店
6 蝶跃广场
7 栖北运汇露营地
8 非遗传承基地
9 米塑自制工坊
10 山水桥广场
11 运河活力商业水街
12 民俗工坊
13 观乐广场
14 水北游客中心
15 梅风花茶书屋
16 油车祖宅展示群
17 里仁烟火集市
18 广济桥
19 文林步道
20 鹊渡广场
21 埠前酒家
22 米字广场
23 姚家老宅
24 运河活力景观水街
25 塘北商号
26 仁和木行旧址
27 余杭打船博物馆
28 汇水西广场

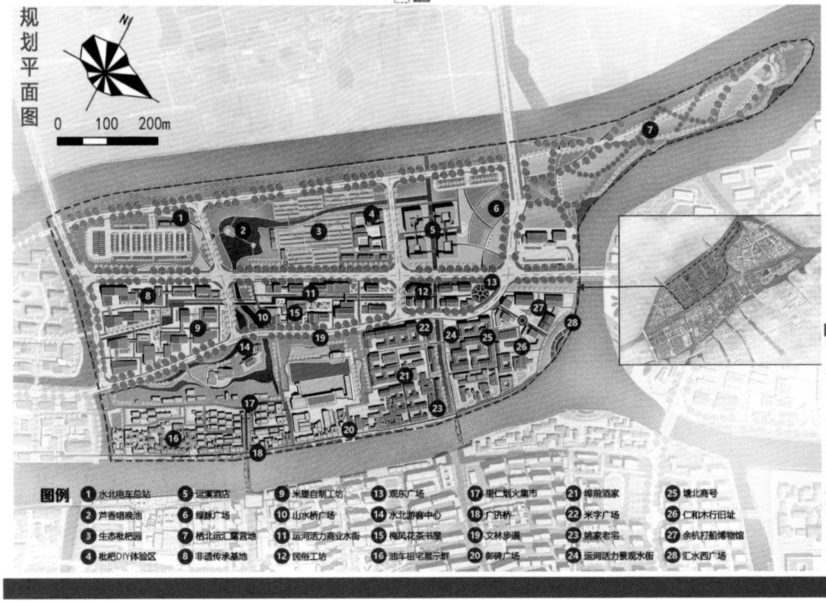

规划系统分析

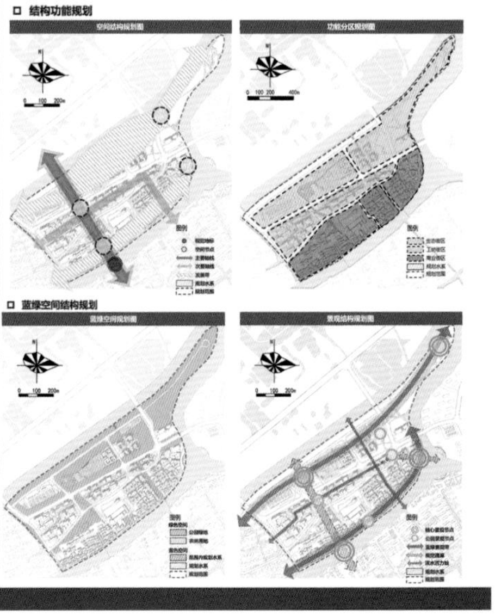

结构功能规划

空间结构规划图 功能分区规划图

蓝绿空间结构规划

蓝绿空间规划图 景观结构规划图

水象四界说——杭州市临平区塘栖北单元城市设计

落景·7

06 分区设计——智慧之窗

基地现状

价值研判

具有多元发展和打造数字化、智慧化科创交流平台的潜力

问题分析

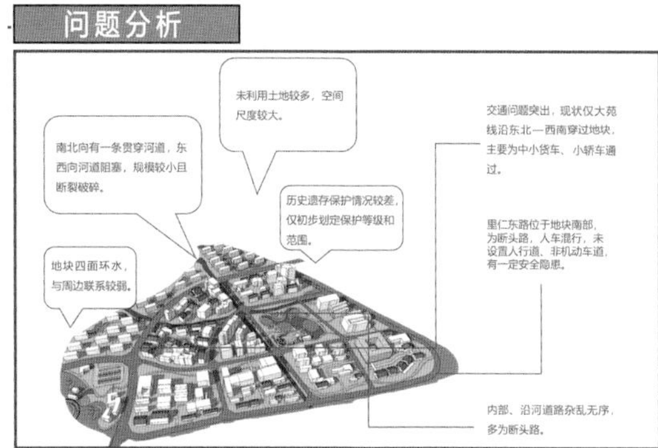

规划总平面图

图例 ❶ 地标大剧院 ❸ 科创产业园 ❺ 科技体验馆 ❼ 别墅洋房 ❾ 中心公园 用地边界
❷ 遗产博物馆 ❹ 科技交流中心 ❻ 智慧商业街 ❽ 游客服务中心 ❿ 停车场

规划鸟瞰图

规划策略

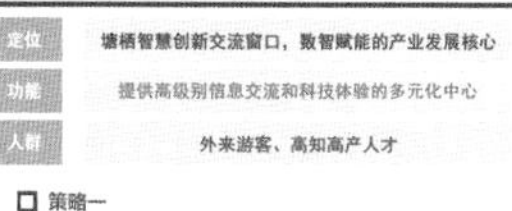

定位 塘栖智慧创新交流窗口，数智赋能的产业发展核心
功能 提供高级别信息交流和科技体验的多元化中心
人群 外来游客、高知高产人才

☐ 策略一

建立地标剧院，增强小岛形象和知名度。

- 剧院定期组织演出剧目，吸引高水平剧团、舞团入驻。
- 利用明星效应组织品牌活动或演艺活动。
- 在没有大型文化演出、音乐会或展览的时候，剧院本身也能成为一个旅游景点，吸引游客观光和拍照留念。

余杭大剧院
（设计意象，仅供参考）

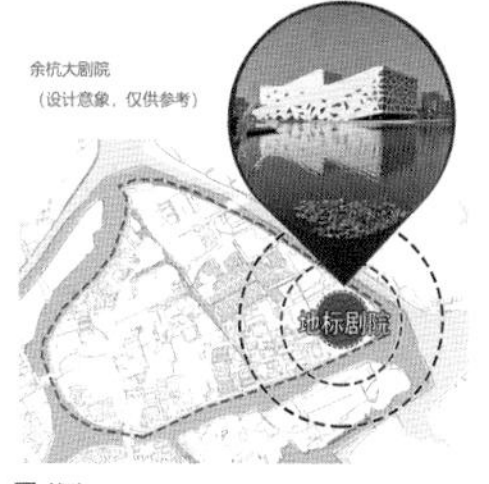

☐ 策略二

改造工业遗存为遗产博物馆，展示历史和文化遗产。

通过改造工业遗存，可以实现对历史遗存的保护和利用，也可以将废弃的建筑物变成具有吸引力的旅游景点。同时设置交互性的展览活动，让游客可以参与其中，增强他们的参与感和体验感。

江南水乡文化博物馆
（设计意象，仅供参考）

☐ 策略三

建设科创产业园，展示最新的科技成果和吸引高端科技企业入驻。

通过提供理想的科技改革和研发环境，吸引高端科技企业和专业人才来此发展，同时为小岛提供展示最新科技成果的机会，促进小岛经济和科技的发展。

海川电子科技产业园
（设计意象，仅供参考）

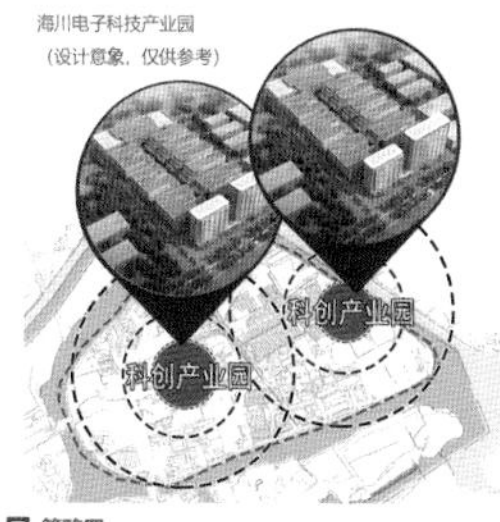

☐ 策略四

建设智慧商业街区，以最新的智慧商业理念，打造集休闲、购物、娱乐于一体的商业街区。

通过提供先进的智能化系统和完善的商业设施及服务，满足不同人群的需求。同时，商业街区营造休闲和文化氛围，例如展示公共艺术品，举行文化美食节等，以提升商业街区的整体形象和吸引力。

303生活购物广场
（设计意象，仅供参考）

水象四界说——杭州市临平区塘栖北单元城市设计

落景·8

06 分区设计——水韵颐居

栖江川流 · C合新境

——基于城水耦合理念的临平区塘栖北单元城市设计 壹

溯洄 · 前情回顾

政策解读

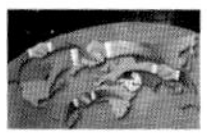

全球化发展成为发展趋势

国家开发战略与新型经济发展

浙江省城市化新的发展方向

发展背景

宋朝

北宋时称下塘，南宋时有唐栖寺。
宋朝及以前，塘栖仍然处于自由发展阶段。

元朝

运河元初始改道，水运元末变繁荣。
元代开始，小镇地位开始凸显，主要发展造船业及航运相关产业。

明朝

塘栖成为新兴的商业以及南北交通的重镇。航运小镇的功能依然存在，商业开始发展。

清朝

塘栖成为甲于一方的蚕丝业和粮米等农副产品转销贸易的中心，成为运河水路的重镇，全国重要的水运枢纽，近代丝绸工业崭露头角。

民国

镇容规模空前，百货凑集，舟航上下，烟火万家，诚可立一县矣。
近代工业进一步发展，运输枢纽功能仍能胜任，运输功能依旧。

新中国成立初期

人民政府采取贷款、投资、委托加工等措施，扶持停工企业复工。
战争过后，百废待兴，塘栖重启产业发展之路。

1978年

工作重点转移到经济建设上来，镇(村)办企业获得发展。贯彻党的工作重点，主要发展经济。

2005年

"两山"理论提出，浙江省政府始终坚持以"两山"理念为指导，不断推进生态文明建设。
塘栖致力于保护当地自然环境。

2012年

《关于开展小城市培育试点的通知》出台，塘栖入选开展小城市培育试点，加快实现特大镇向小城市转型发展。

2021年

"十四五"发展规划的提出，推动了塘栖的进一步发展。
塘栖贯彻创新、协调、绿色、开放、共享的新发展理念。

2023年

《实施全城旅游发展战略加快国际重要的旅游休闲中心建设的若干意见》提出贯彻创新、协调、绿色、开放、共享的新发展理念。

项目背景

政策导向

文化保护创新彰显高品位的新要求

中央文件

历史文化名城保护提升到了国家战略高度。

实施镇域空间改造、营造高品质空间的新方向

全国人民代表大会关于国民经济和社会发展第十四个五年规划和2035年远景目标纲要的决议 表决通过

我国的城市更新进入综合整治阶段，存量房屋的提升改造成为政策新风口。

加快国际重要的旅游休闲中心建设

杭州市人民政府文件

杭州旅游休闲业加快转型升级，加快国际重要的旅游休闲中心建设，形成全域旅游新格局。

生态背景

水 五水共治

治理目标：流畅、水清、宜居、岸绿、景美

形成"水网相通、山水相融、城水相依、人水相亲"的塘栖大美河湖新格局

山 超山—丁山湖山水综合体

超山—丁山湖综合保护工程
- 三年行动计划
- 守住绿色家底
- 杭州大城北新地标

具体表现 / 关键举措 / 现实需要 / 内在要求

田 永久基本农田集中连片整治

杭州市推动永久基本农田
"小田"变"大田"
"满天星"到"百千万"

七山一水二分田 → 耕地资源宝贵

结合	乡村振兴	高质量发展建设共同富裕示范"城市范例"
结合	共同富裕示范区	
结合	解决"三农"问题	
	生态化工程措施	

产业背景

长三角G60科创走廊

G60新引擎"一廊六平台、1主副双支点"空间格局

杭州城西科创大走廊

拓展大走廊南北两翼，创新产业链融合互促

大运河科创城

运河背景——全国

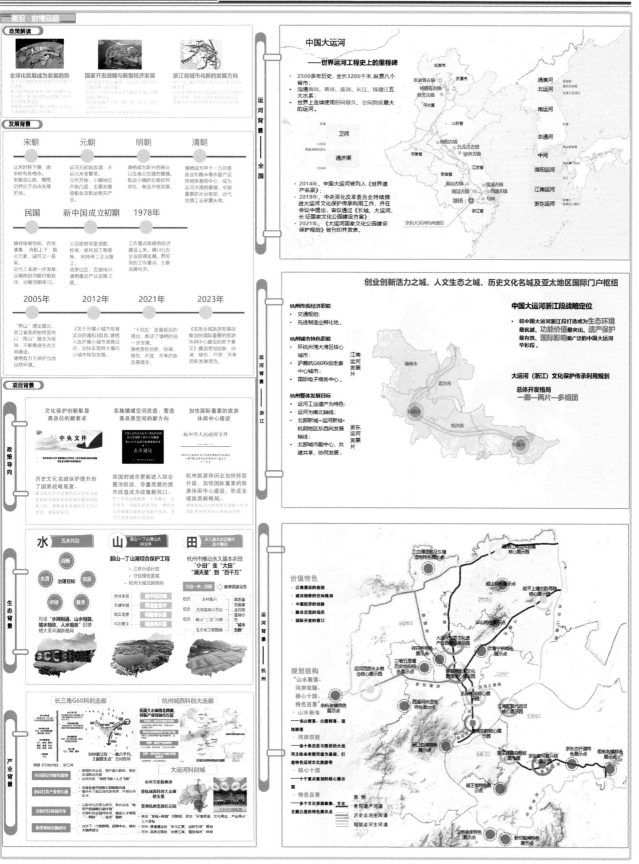

中国大运河

——世界运河工程史上的里程碑

- 2500多年历史，全长3200千米，纵贯八个省市；
- 沟通海河、黄河、淮河、长江、钱塘江五大水系；
- 世界上连续使用时间最久、空间跨度最大的运河。

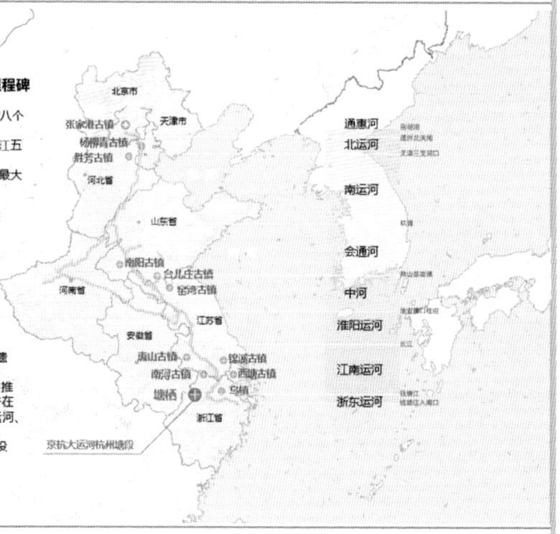

- 2014年，中国大运河被列入《世界遗产名录》；
- 2019年，中央深化改革委员会持续推进大运河文化保护传承利用工作，并在会议中提出、审议通过《长城、大运河、长征国家文化公园建设方案》；
- 2021年，《大运河国家文化公园建设保护规划》被刊印并发表。

运河背景——浙江

创业创新活力之城、人文生态之城、历史文化名城及亚太地区国际门户枢纽

杭州传统经济职能
- 交通枢纽；
- 先进制造业孵化地。

杭州城市特色职能
- 环杭州湾大湾区核心城市；
- 沪嘉杭G60科创走廊中心城市；
- 国际电子商务中心。

江南运河发展片

杭州整体发展目标
- 运河工业遗产为特色；
- 运河为南北轴线；
- 北部新城+运河新城+杭网地区东西向发展轴线；
- 北部城市副中心，共建共享，协同发展。

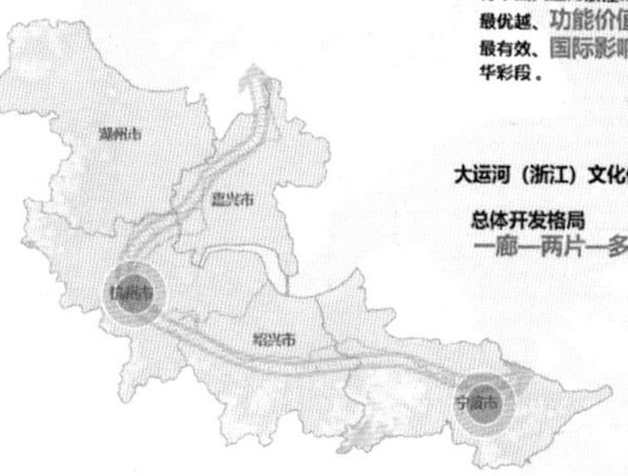

浙东运河发展片

中国大运河浙江段战略定位
- 将中国大运河浙江段打造成为生态环境最优越、功能价值最突出、遗产保护最有效、国际影响最广泛的中国大运河华彩段。

大运河（浙江）文化保护传承利用规划

总体开发格局
一廊—两片—多组团

运河背景——杭州

价值特色
- 江南漕运的枢纽
- 城河相依的空间格局
- 中国经济的动脉
- 融合交流的场所
- 国际开放的窗口

规划结构

"山水聚落、河岸双链、核心十园、特色百景"
- 山水聚落
——名山群落、公园群落、湿地群落
- 河岸双链
——由十条历史与现状的大运河主体来承载河道为基础，打造特色运河文化旅游带
- 核心十园
——十个重点策划的核心展示园
- 特色百景
——多个文化资源聚集、文化主题凸显的特色展示点

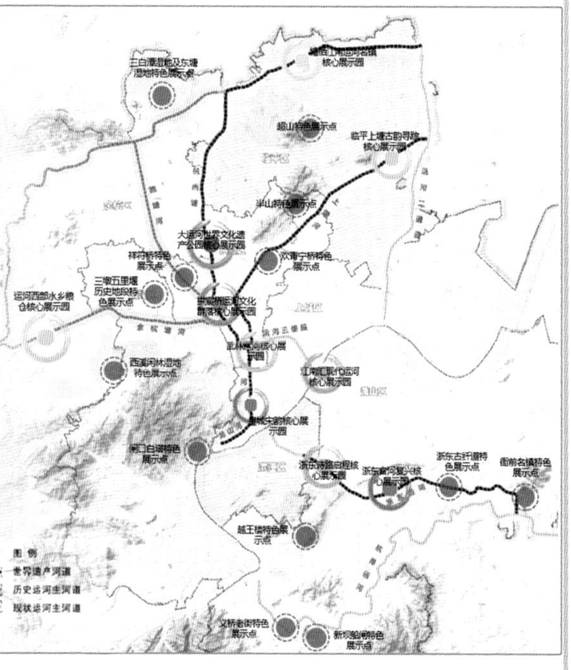

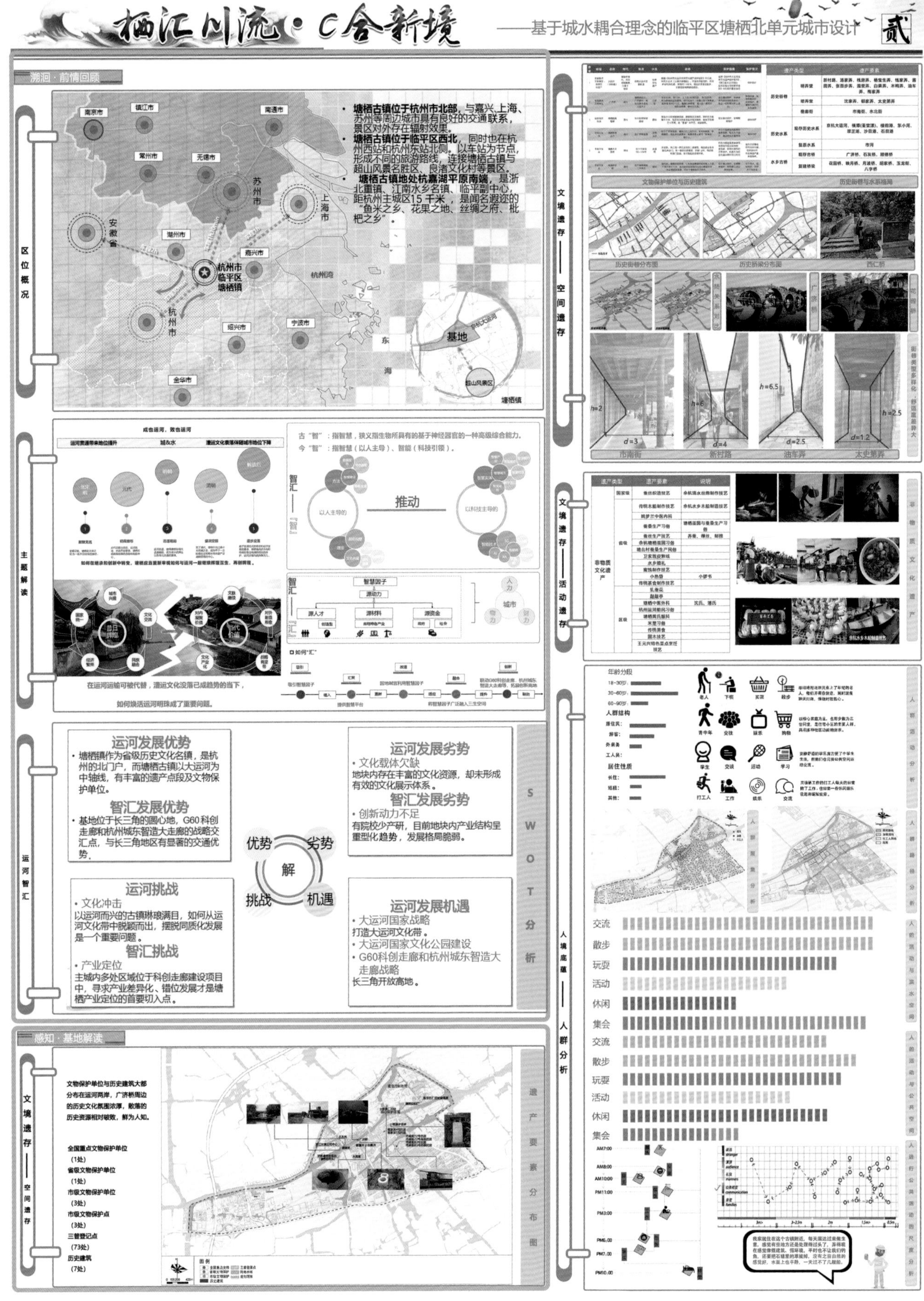
栖汇川流·C合新境
——基于城水耦合理念的临平区塘栖北单元城市设计
贰
溯洄·前情回顾
区位概况
塘栖古镇位于杭州市北部，与嘉兴、上海、苏州等周边城市具有良好的交通联系，景区对外存在辐射效果。
塘栖古镇位于临平区西北，同时也在杭州西站和杭州东站北侧，以车站为节点，形成不同的旅游路线，连接塘栖古镇与超山风景名胜区、良渚文化村等景区。
塘栖古镇地处杭嘉湖平原南端，是浙北重镇、江南水乡名镇、临平副中心，距杭州主城区15千米，是闻名遐迩的"鱼米之乡、花果之地、丝绸之府、枇杷之乡"。
主题解读
在运河运输可被代替，漕运文化没落已成趋势的当下，如何焕活运河明珠成了重要问题。
推动
运河智汇
运河发展优势
塘栖镇作为省级历史文化名镇，是杭州的北门户，而塘栖古镇以大运河为中轴线，有丰富的遗产点段及文物保护单位。
智汇发展优势
基地位于长三角的圆心地，G60科创走廊和杭州城东智造大走廊的战略交汇点，与长三角地区有显著的交通优势。
运河挑战
文化冲击
以运河而兴的古镇琳琅满目，如何从运河文化带中脱颖而出，摆脱同质化发展是一个重要问题。
智汇挑战
产业定位
主城内多处区域位于科创走廊建设项目中，寻求产业差异化、错位发展才是塘栖产业定位的首要切入点。
运河发展劣势
文化载体欠缺
地块内存在丰富的文化资源，却未形成有效的文化展示体系。
智汇发展劣势
创新动力不足
有院校少产研，目前地块内产业结构呈重型化趋势，发展格局脆弱。
运河发展机遇
大运河国家战略
打造大运河文化带。
大运河国家文化公园建设
G60科创走廊和杭州城东智造大走廊战略
长三角开放高地。
优势 劣势 解 挑战 机遇
SWOT分析
感知·基地解读
文境遗存——空间遗存
文物保护单位与历史建筑大部分布在运河两岸，广济桥周边的历史文化氛围浓厚，散落的历史资源相对破败，鲜为人知。
全国重点文物保护单位（1处）
省级文物保护单位（1处）
市级文物保护单位（3处）
市级文物保护点（3处）
三普登记点（73处）
历史建筑（7处）
遗产要素分布图
文境遗存——空间遗存
文物保护单位与历史建筑
历史街巷与水系格局
历史街巷分布图
历史桥梁分布图
西仁桥
市南街 新村路 油车弄 太史弄
文境遗存——活动遗存
非物质文化遗产
人境底蕴——人群分析
交流 散步 玩耍 活动 休闲 集会

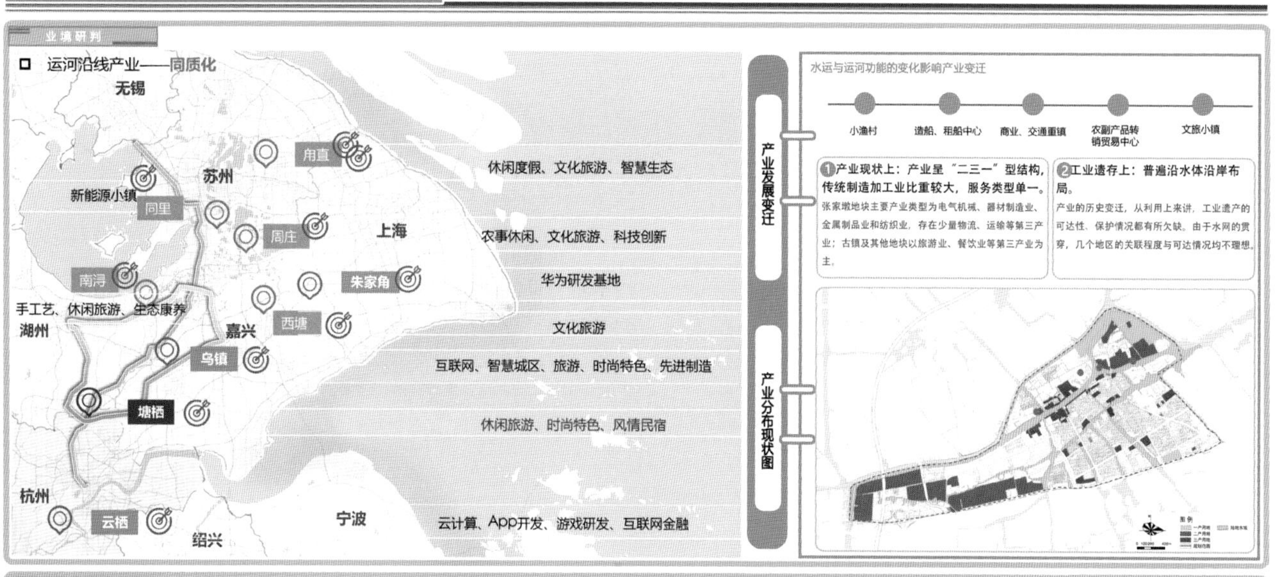

场境研判

板块分布格局

现状城镇整体用地框架拉开，但功能单一，彼此孤立，在单元内呈现“东田、西工、南居、北古、中镇”的板块分布格局。

土地利用现状

用地现状图

城市更新评价评价过程

交易成本0.1615
土地价值0.5296
经济成本0.3089
城市更新弹性评价
功能混合度0.3333
产权碎片化0.6667
坡度条件0.0509
水系条件0.1219
交通条件0.2633
公共服务设施0.5579
容积率0.5296
建筑质量0.1615
地价等级0.3089

功能混合度分析　产权碎片化分析　交易成本评价

土地价值评价

容积率　建筑质量　地价等级　经济成本评价

建筑质量

建筑质量现状图

建筑年代

建筑年代现状图

建筑层数

建筑层数现状图

建筑风貌

建筑风貌现状图

建筑肌理

建筑肌理现状图

城市更新评价评价结果

城市更新弹性越高，意味着城市更新可行性越高，可优先进行城市更新。

城市更新弹性

外部交通

陆路为主，水路为辅。

对外交通现状图

交通热力统计

内部交通

道路现状图　道路等级现状图　车行可达性分析图　停车设施分析图

公交站点可达性分析图　公交线路密度分析图　古镇公共交通40min可达分析图

公共自行车站点

自行车站点26处，统计共有还车桩791个。

张家墩未启用站点

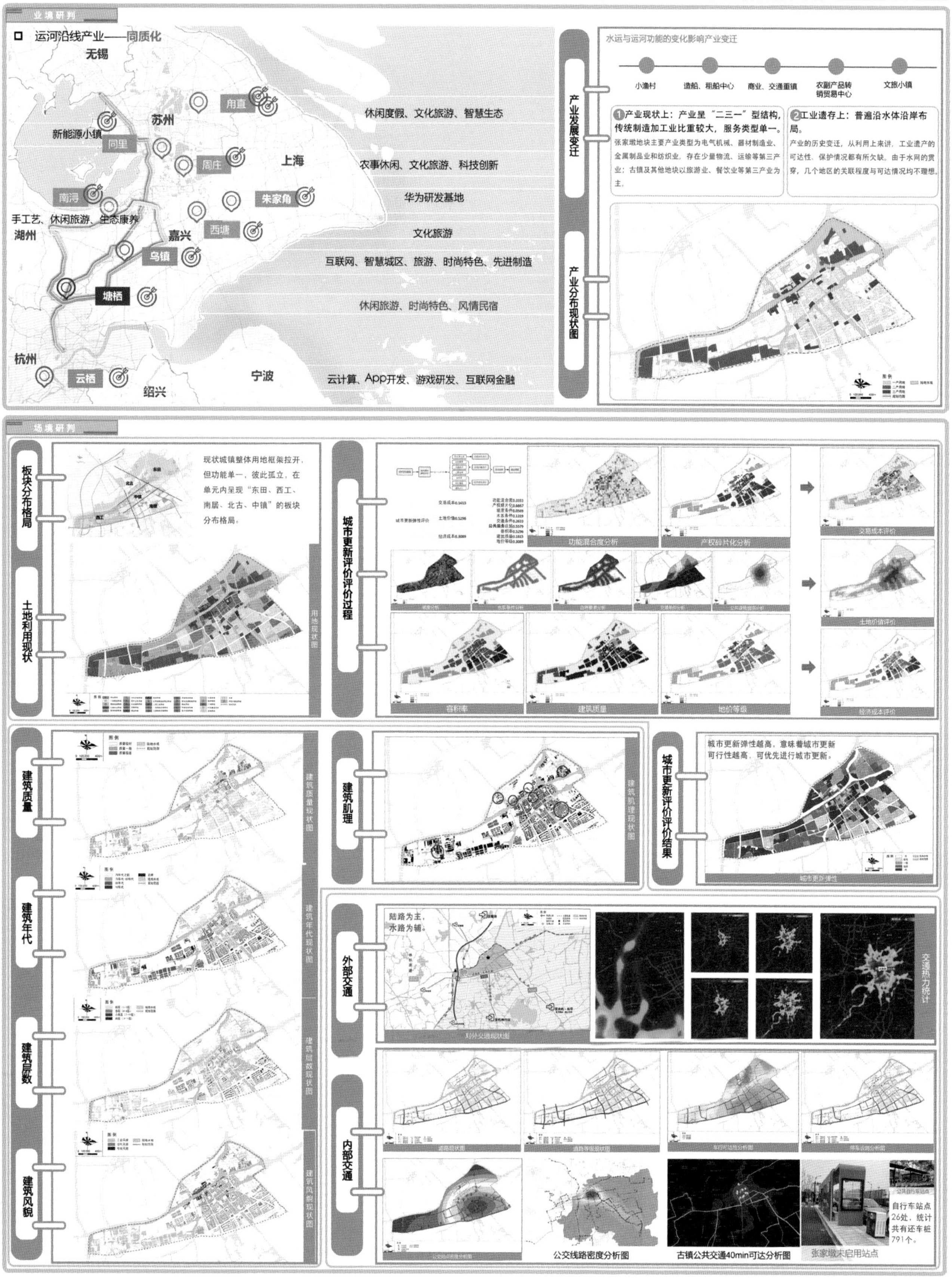

栖汇川流·C合新境

——基于城水耦合理念的临平区塘栖北单元城市设计 肆

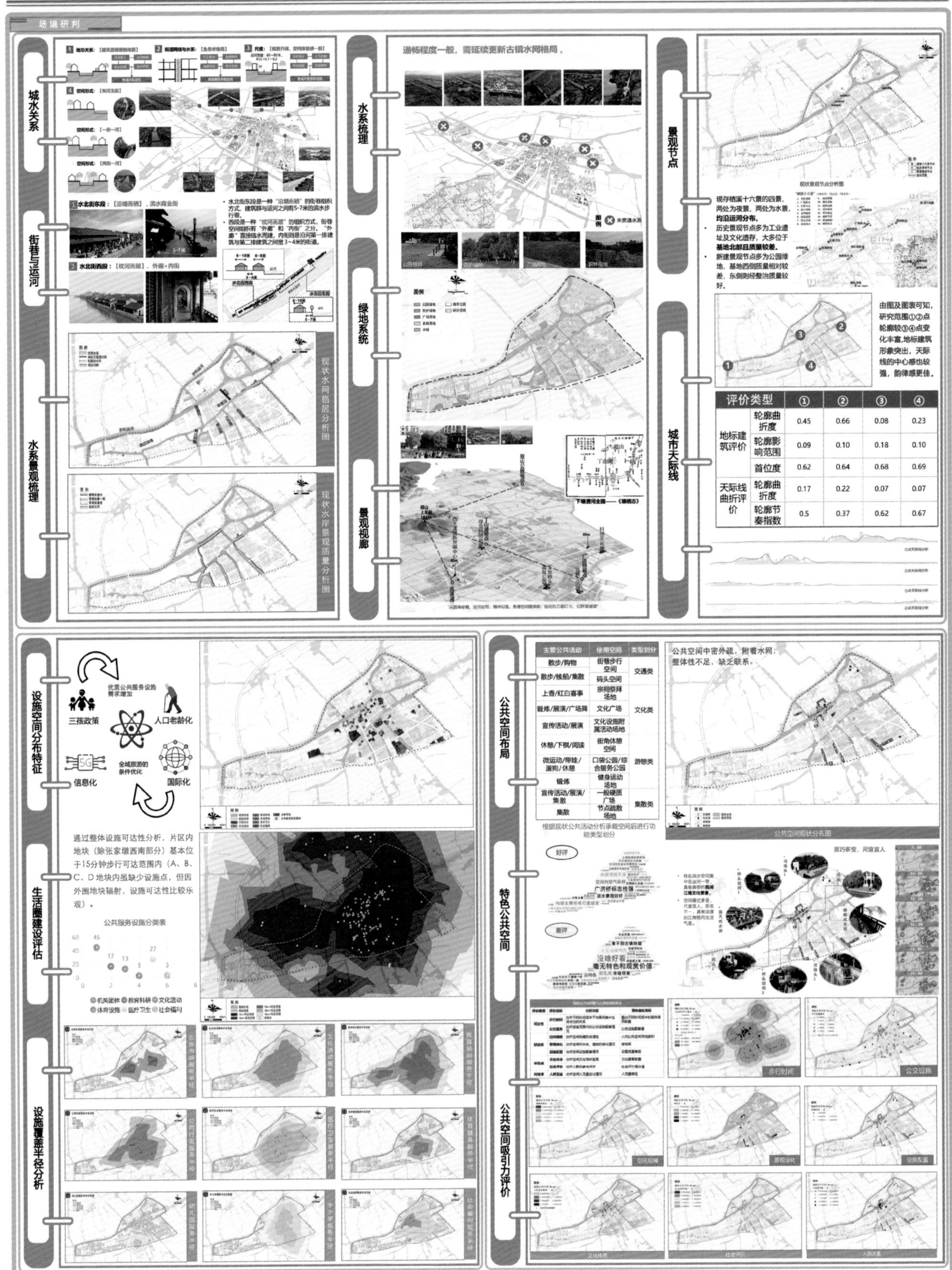

评价类型		①	②	③	④
地标建筑评价	轮廓曲折度	0.45	0.66	0.08	0.23
	轮廓影响范围	0.09	0.10	0.18	0.10
	首位度	0.62	0.64	0.68	0.69
天际线曲折评价	轮廓曲折度	0.17	0.22	0.07	0.07
	轮廓节奏指数	0.5	0.37	0.62	0.67

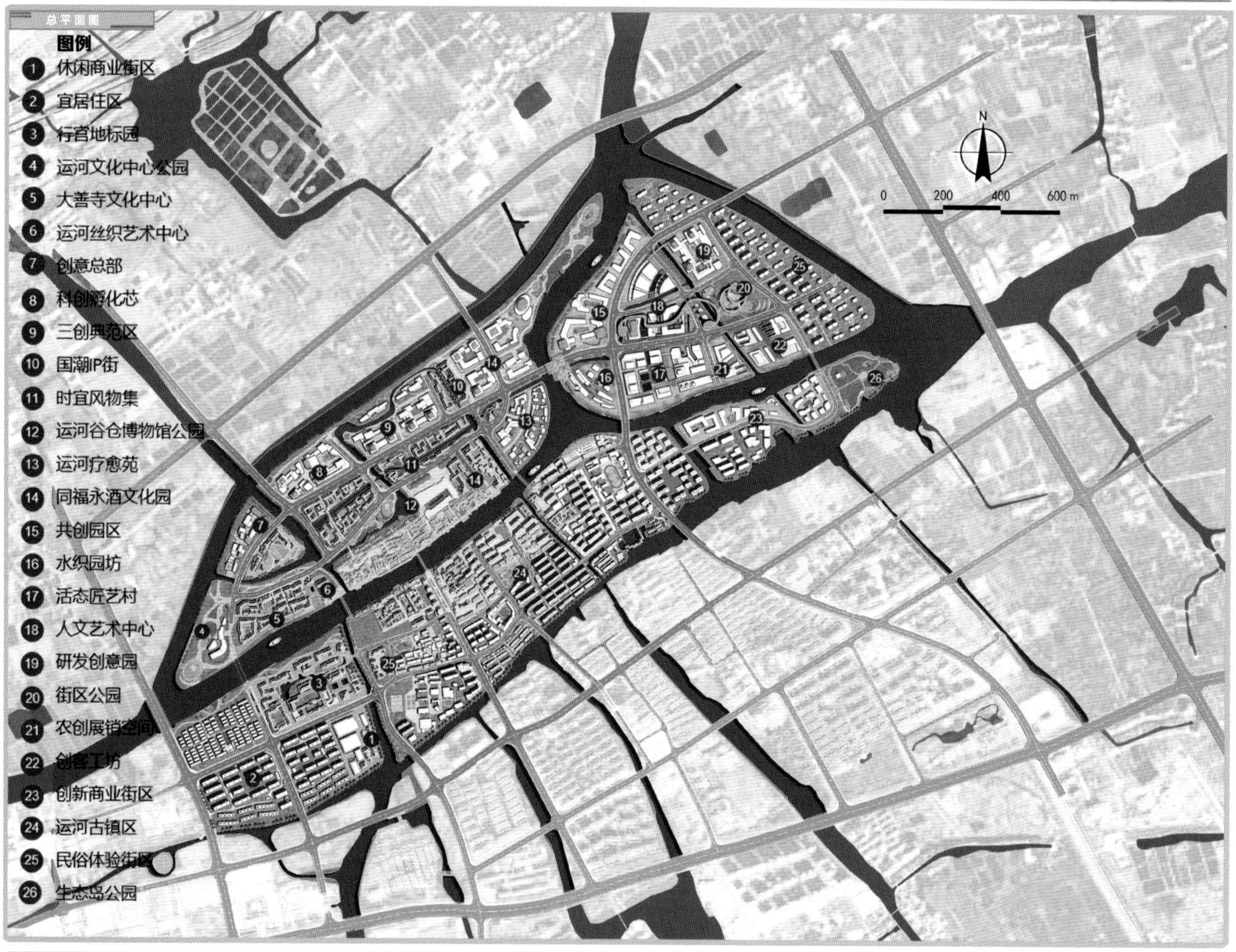

总平面图

图例

1. 休闲商业街区
2. 宜居住区
3. 行宫地标园
4. 运河文化中心公园
5. 大善寺文化中心
6. 运河丝织艺术中心
7. 创意总部
8. 科创孵化芯
9. 三创典范区
10. 国潮IP街
11. 时宜风物集
12. 运河谷仓博物馆公园
13. 运河疗愈苑
14. 同福永酒文化园
15. 共创园区
16. 水织园坊
17. 活态匠艺村
18. 人文艺术中心
19. 研发创意园
20. 街区公园
21. 农创展销空间
22. 创客工坊
23. 创新商业街区
24. 运河古镇区
25. 民俗体验街区
26. 生态岛公园

N

0 200 400 600 m

理念阐释

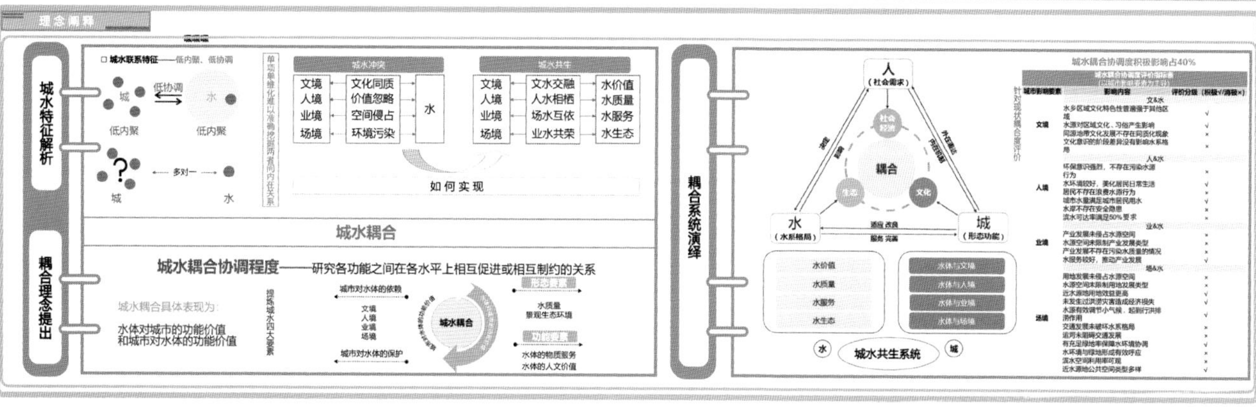

策略框架

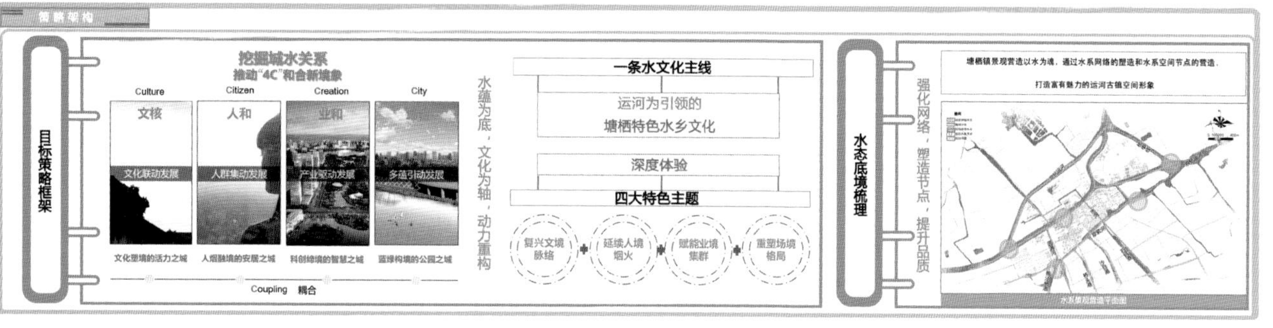

栖汇川流·C合新境

——基于城水耦合理念的临平区塘栖北单元城市设计 陆

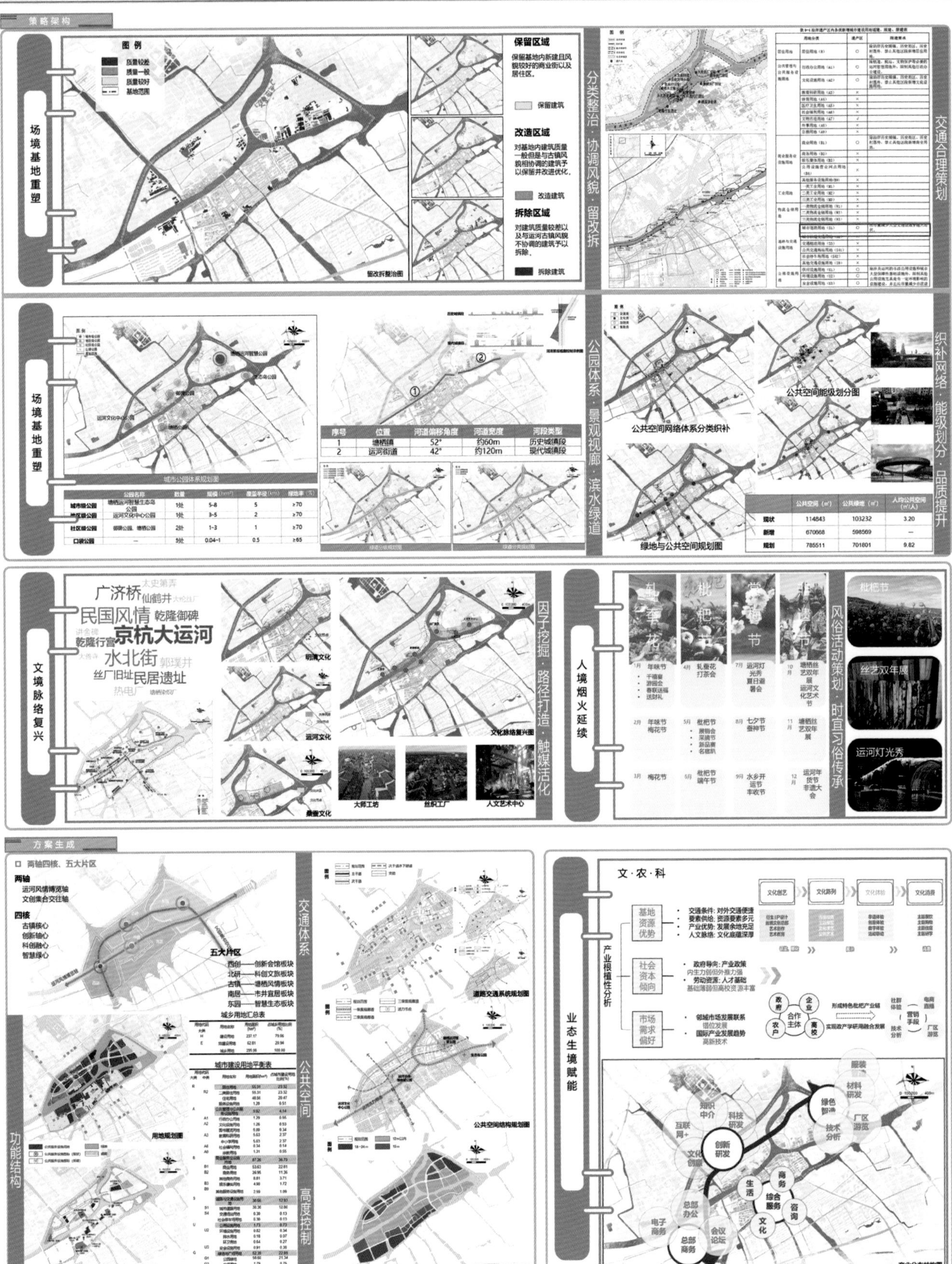

序号	位置	河道偏移角度	河道宽度	河段类型
1	塘栖镇	52°	约60m	历史城镇段
2	运河街道	42°	约120m	现代城镇段

	公共空间（m²）	公共绿地（m²）	人均公共空间（m²/人）
现状	114843	103232	3.20
新增	670668	598569	—
规划	785511	701801	9.82

栖汇川流·C合新境

——基于城水耦合理念的临平区塘栖北单元城市设计 柒

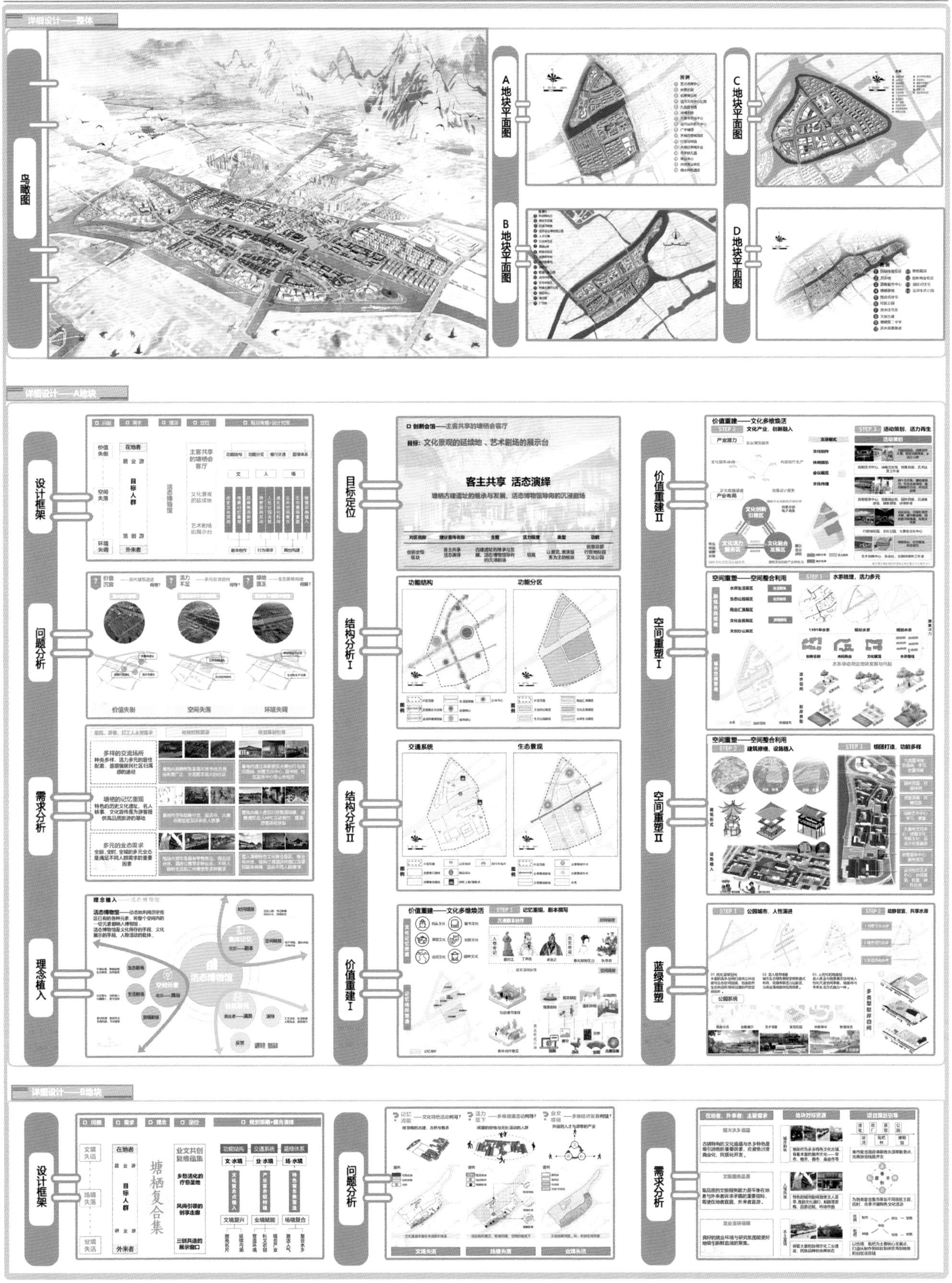

详细设计——整体

鸟瞰图

A地块平面图

B地块平面图

C地块平面图

D地块平面图

详细设计——A地块

设计框架

问题分析

需求分析

理念植入

目标定位

结构分析Ⅰ

结构分析Ⅱ

价值重建Ⅰ

价值重建Ⅱ

空间重塑Ⅰ

空间重塑Ⅱ

蓝绿重塑

详细设计——B地块

设计框架

问题分析

需求分析

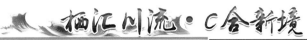

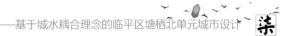

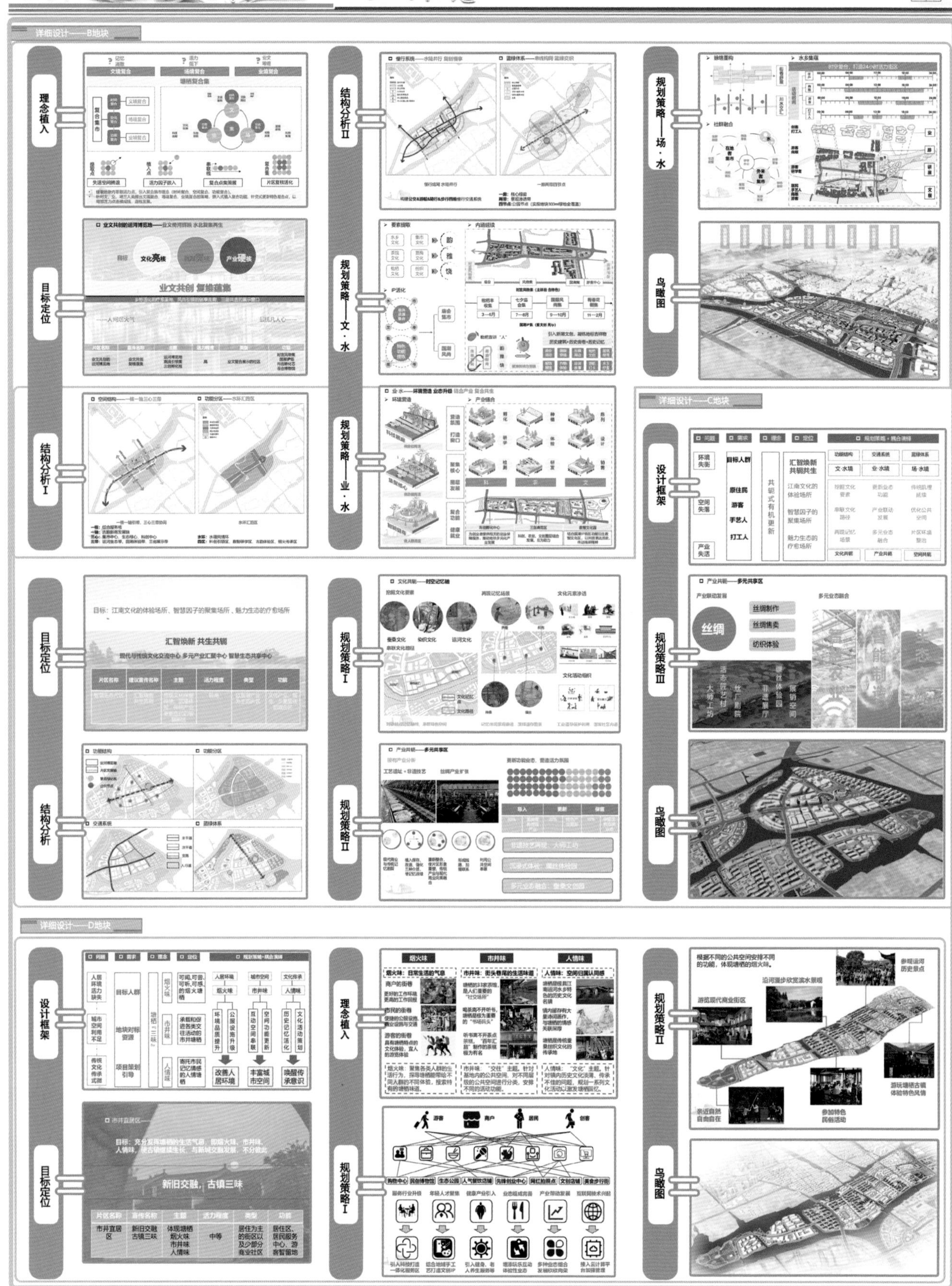
栖汇川流·C合新境
——基于城水耦合理念的临平区塘栖北单元城市设计
捌
详细设计——B地块
理念植入
目标定位
结构分析Ⅰ
结构分析Ⅱ
规划策略——文·水
规划策略——业·水
规划策略——场·水
鸟瞰图
目标定位
结构分析
规划策略Ⅰ
规划策略Ⅱ
详细设计——C地块
设计框架
规划策略Ⅲ
鸟瞰图
目标：江南文化的体验场所、智慧因子的聚集场所、魅力生态的疗愈场所
汇智焕新 共生共赖
丝绸
丝绸制作
丝绸售卖
纺织体验
详细设计——D地块
设计框架
目标定位
理念植入
规划策略Ⅰ
规划策略Ⅱ
鸟瞰图
烟火味
市井味
人情味
新旧交融，古镇三味
游客
商户
居民
创客

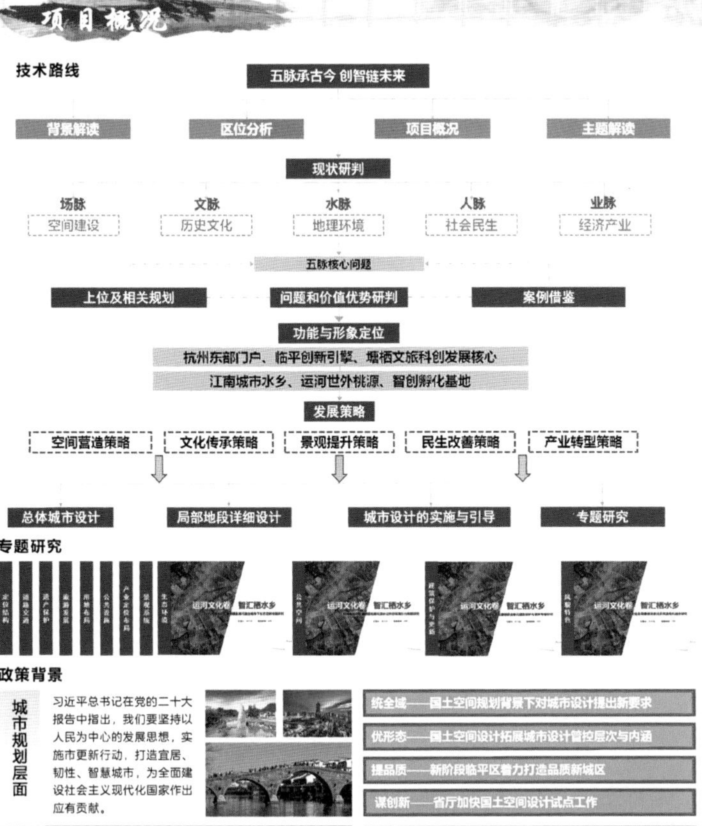

政策背景
城市规划层面
习近平总书记在党的二十大报告中指出，我们要坚持以人民为中心的发展思想，实施城市更新行动，打造宜居、韧性、智慧城市，为全面建设社会主义现代化国家作出应有贡献。
统全域——国土空间规划背景下对城市设计提出新要求
优形态——国土空间设计拓展城市设计管控层次与内涵
提品质——新阶段临平区着力打造品质新城区
谋创新——省厅加快国土空间设计试点工作
运河层面
中国大运河世界文化遗产与保护传承利用
塘栖历史名镇保护背景
•2014年6月22日，中国大运河项目入选世界文化遗产名录。塘栖位于江南运河杭州段上，广济桥被列入遗产点，成为杭州段大运河6个遗产点之一，水北历史街区被划入遗产区范围。
•国家：《大运河文化保护传承利用规划纲要》
•浙江：《浙江省大运河文化保护传承利用实施规划》
•杭州：《杭州大运河文化带建设实施行动纲要》
•临平：《大运河国家文化（临平郊野段）公园方案》
历史文化遗产层面
新时代文化遗产保护事业
塘栖历史名镇保护背景
《关于在城乡建设中加强历史文化保护传承的意见》
●坚持统筹谋划、系统推进。
●坚持价值导向、应保尽保。
●坚持合理利用、传承发展。
●坚持多方参与、形成合力。
全面加强历史文化遗产保护利用，要贯彻协调理念。
●要坚持保护第一、强化系统保护。
●统筹好历史文化遗产保护与城乡建设、经济发展、旅游开发；
●统筹好重要文化和自然遗产、非物质文化遗产系统性保护。

规划范围

●本次规划范围对原有LP13单元范围进行微调，调整后规划范围东至杭州塘支流，南至东西大道（运溪路），西侧以塘栖镇界为界，北侧以京杭大运河为界，总面积约6.5平方千米。

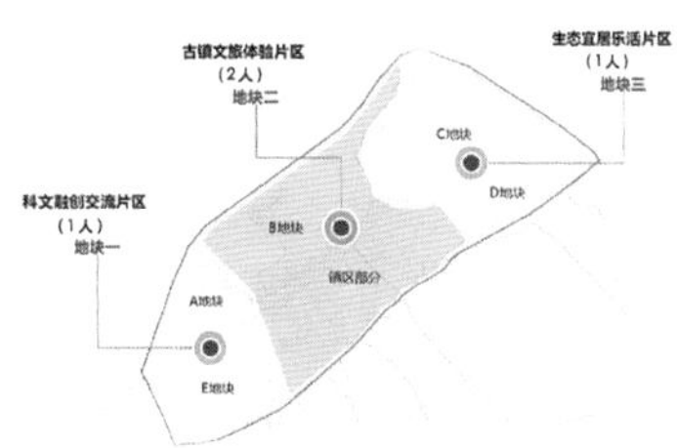

●本次详细规划范围分为科文融创交流片区、古镇文旅体验片区、生态宜居乐活片区三个片区，四位同学共同完成设计。

主题解读

●运河文化卷
地块邻运河带，拥有塘栖段特色文化资源，主题旨在强调运河塘栖段的文化保护和发展关系，通过抓住文化传承、场景打造，再绘昔日繁盛画卷。

●智汇栖水乡
以智慧、数字化产业转型升级和智慧社区营造为抓手，展望未来江南水乡特色的城市生活。

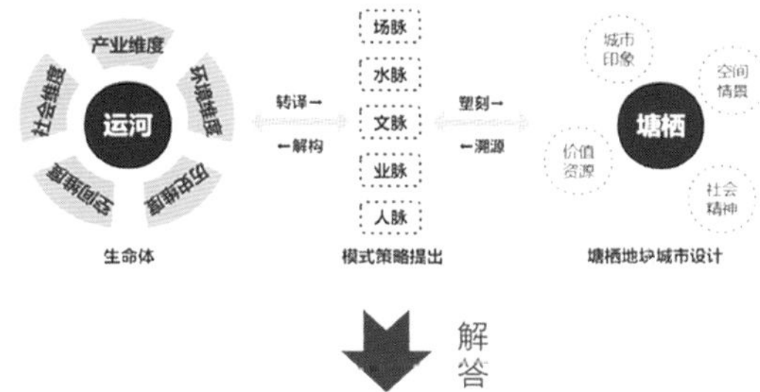

解答

为什么提出五脉？其与大运河、塘栖有什么关系？

●**概念研究（五脉）**

运河是承载塘栖各维度要素核心价值和内涵的生命体，其促进塘栖的城市各维度发展分工，形成不断延伸发展的特色脉络体系。

运河牵动了脉络伸延，多维脉络共同塑造了塘栖的时代印象和空间面貌，同时定义了大运河塘栖段，其中存在着共生关系。因此设计提出五脉，旨在将承载的核心价值进行归纳、转译和延伸，展望未来发展。

●**概念提出**

设计提出贴合塘栖发展的五脉（五个维度的核心体系），进行诊断、溯源和更新，旨在追溯塘栖历史价值内涵，再绘发展脉络，古今聚合，延伸并赋予时代精神。

现状研判

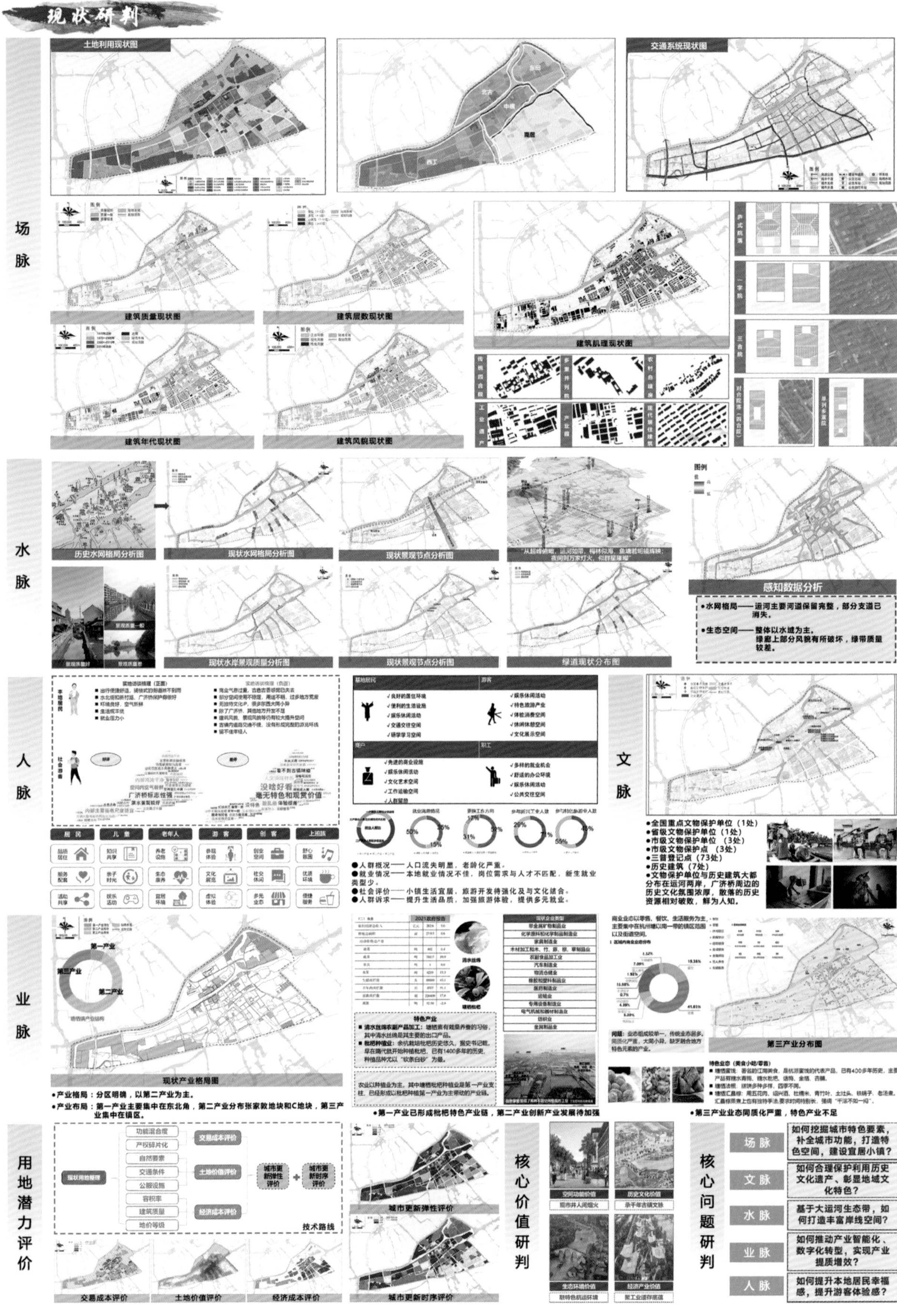
场脉
土地利用现状图
交通系统现状图
建筑质量现状图
建筑层数现状图
建筑年代现状图
建筑风貌现状图
建筑肌理现状图
水脉
历史水网格局分析图
现状水网格局分析图
现状景观节点分析图
现状水岸景观质量分析图
现状景观节点分析图
绿道现状分布图
感知数据分析
•水网格局——运河主要河道保留完整，部分支道已消失。
•生态空间——整体以水域为主，绿廊上部分风貌有所破坏，绿带质量较差。
人脉
•人群概况——人口流失明显，老龄化严重。
•就业情况——本地就业情况不佳，岗位需求与人才不匹配，新生就业类型少。
•社会评价——小镇生活宜居，旅游开发待强化及与文化结合。
•人群诉求——提升生活品质，加强旅游体验，提供多元就业。
文脉
•全国重点文物保护单位（1处）
•省级文物保护单位（1处）
•市级文物保护单位（3处）
•市级文物保护点（3处）
•三普登记点（73处）
•历史建筑（7处）
•文物保护单位与历史建筑大都分布在运河两岸，广济桥周边的历史文化氛围浓厚，散落的历史资源相对破败，鲜为人知。
业脉
现状产业格局图
•产业格局：分区明确，以第二产业为主。
•产业布局：第一产业主要集中在东北角，第二产业分布张家墩地块和C地块，第三产业集中在镇区。
•第一产业已形成枇杷特色产业链，第二产业创新产业发展待加强
第三产业分布图
•第三产业业态同质化严重，特色产业不足
用地潜力评价
技术路线
交易成本评价
土地价值评价
经济成本评价
城市更新弹性评价
城市更新时序评价
核心价值研判
核心问题研判
场脉 如何挖掘城市特色要素，补全城市功能，打造特色空间，建设宜居小镇？
文脉 如何合理保护利用历史文化遗产，彰显地域文化特色？
水脉 基于大运河生态带，如何打造丰富岸线空间？
业脉 如何推动产业智能化、数字化转型，实现产业提质增效？
人脉 如何提升本地居民幸福感，提升游客体验感？

五脉承古今 创智链未来

第二章·规划定位及策略引导

上位及相关规划定位

理念引导

《临平区国土空间总体规划》

国土空间规划结构图

风貌定位格局引导

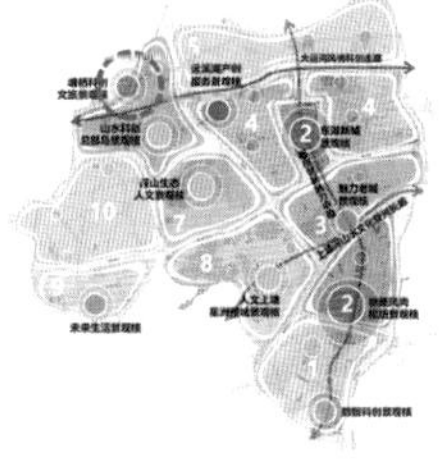

景观分区引导

《杭州市塘栖北单元（LP13）控制性详细规划》

目标愿景落实：产城人文融合的示范区，运河文化的展示区，品质生活的样板区。
基地职能指引：详细设计地段处在塘栖文旅综合板块。

《塘栖历史文化名镇保护规划》《杭州市大运河保护管理规划》

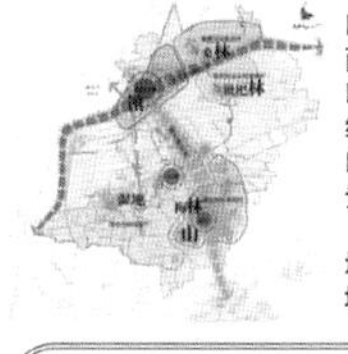

以运河为线，整体保护两岸风貌；
以古镇为珠，联动保护纵深街巷；
以林塘为底，保护生态景观。

地块位于文化景观廊和塘超山水景观廊交点。

"一核"：塘栖古镇保护核心；
"双心"：丁山湖和超山山水文化生态心；
"两廊"：运河文化景观廊和塘超山水景观廊；
"五片"：塘栖古镇片，蚕桑丝织文化生态片，枇杷农业文化景观片，超山文化景观片和湿地传统村落片；
"水网纵横"：以丁山湖湿地为主的水网体系，梳理周边的历史文化遗产、传统村落等。

以"保护为主、抢救第一、合理利用、加强管理"的文物工作方针为指导，以使遗产的真实性、完整性获得有效保护和延续为根本目标，充分考虑大运河遗产的在用功能和活态遗产特性，贯彻落实以人为本，全面、协调、可持续的科学发展观，确立整体保护大运河遗产的战略思想。

规划定位推导

杭州市国土空间总体定位指引

临平区国土空间总体定位指引

功能定位

- 杭州东部门户
- 临平创新引擎
- **塘栖文旅科创发展核心**

形象定位

- 江南市井水乡——打造旅游水乡体验样板区
- 运河世外桃源——打造生活和谐宜居样板区
- 创智孵化基地——打造产业创新孵化样板区

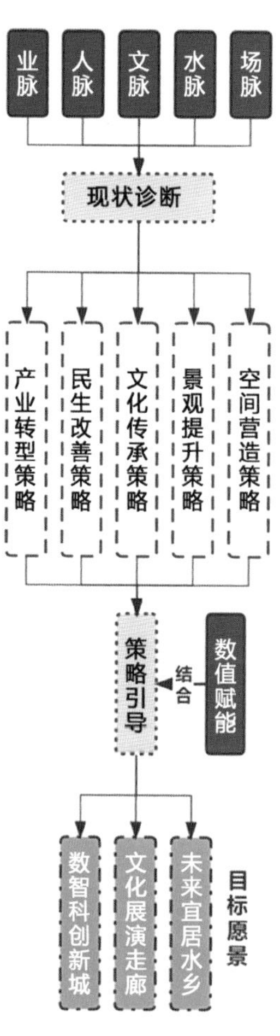

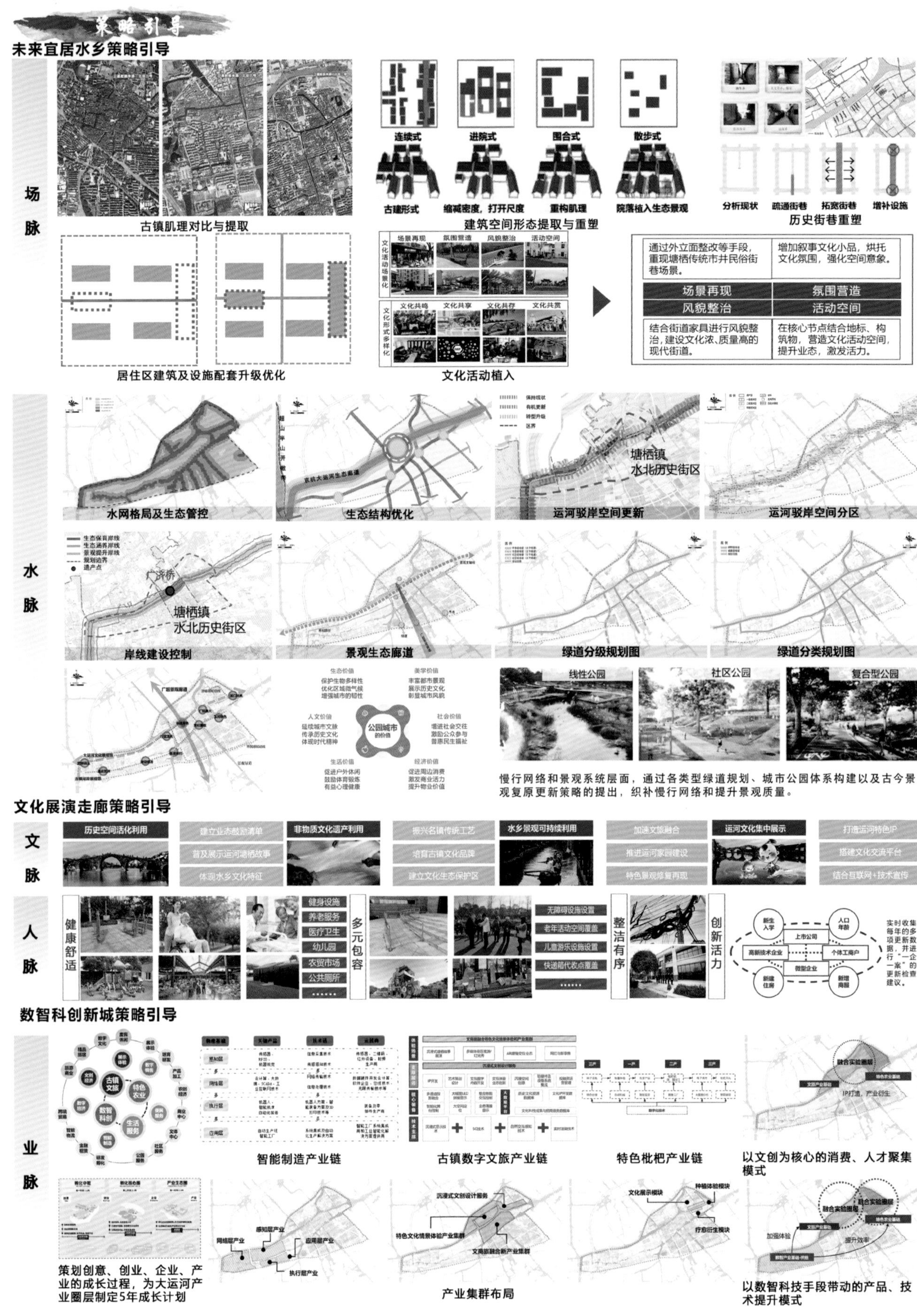
策略引导
未来宜居水乡策略引导
场脉
古镇肌理对比与提取
连续式
进院式
围合式
散步式
古建形式
缩减密度，打开尺度
重构肌理
院落植入生态景观
建筑空间形态提取与重塑
分析现状
疏通街巷
拓宽街巷
增补设施
历史街巷重塑
居住区建筑及设施配套升级优化
场景再现
氛围营造
风貌整治
活动空间
文化共鸣
文化共享
文化共存
文化共赏
文化活动植入
通过外立面整改等手段，重现塘栖传统市井民俗街巷场景。
增加叙事文化小品，烘托文化氛围，强化空间意象。
结合街道家具进行风貌整治，建设文化浓、质量高的现代街道。
在核心节点结合地标、构筑物，营造文化活动空间，提升业态，激发活力。
水脉
水网格局及生态管控
生态结构优化
运河驳岸空间更新
运河驳岸空间分区
塘栖镇
水北历史街区
广济桥
岸线建设控制
景观生态廊道
绿道分级规划图
绿道分类规划图
生态价值
美学价值
人文价值
社会价值
生活价值
经济价值
公园城市的价值
线性公园
社区公园
复合型公园
慢行网络和景观系统层面，通过各类型绿道规划、城市公园体系构建以及古今景观复原更新策略的提出，织补慢行网络和提升景观质量。
文化展演走廊策略引导
文脉
历史空间活化利用
建立业态鼓励清单
普及展示运河塘栖故事
体现水乡文化特征
非物质文化遗产利用
振兴名镇传统工艺
培育古镇文化品牌
建立文化生态保护区
水乡景观可持续利用
加速文旅融合
推进运河家园建设
特色景观修复再现
运河文化集中展示
打造运河特色IP
搭建文化交流平台
结合互联网+技术宣传
人脉
健康舒适
健身设施
养老服务
医疗卫生
幼儿园
农贸市场
公共厕所
多元包容
无障碍设施设置
老年活动空间覆盖
儿童游乐设施设置
快递箱代收点覆盖
整洁有序
创新活力
实时收集每年的多项更新数据，并进行“一企一案”的更新检查建议。
数智科创新城策略引导
业脉
古镇文旅
特色农业
数智科创
生活服务
智能制造产业链
古镇数字文旅产业链
特色枇杷产业链
以文创为核心的消费、人才聚集模式
策划创意、创业、企业、产业的成长过程，为大运河产业圈层制定5年成长计划
网络层产业
感知层产业
应用层产业
执行层产业
沉浸式文创设计服务
特色文化情景体验产业集群
文商旅融合新产业集群
文化展示模块
种植体验模块
疗愈衍生模块
产业集群布局
融合实验圈层
以数智科技手段带动的产品、技术提升模式

五脉承古今 创智链未来

第三章 · 总体规划

1 商业商务中心
2 科技展示集市
3 生态公园
4 蚕丝博物馆群
5 展示中心
6 科创孵化中心
7 生产研发中心
8 品质居住区
9 智能居住区
10 幼儿园
11 数字科创园
12 新中式商业街
13 绿地公园
14 智慧产业园
15 康复疗养中心
16 特色民宿
17 商业服务中心
18 旅游服务中心
19 酒店
20 特色商业街
21 滨水商业街
22 停车场
23 古镇商业街
24 社区商业配套
25 商住混合区
26 学校
27 消防救援中心
28 市井创意工坊
29 为农服务中心
30 文化集市广场
31 运河文化展馆
32 住宅小区
33 运河步行街
34 塘栖第一小学
35 市民活动中心
36 运河艺术走廊
37 景区游客中心
38 精品民俗
39 酒店
40 私家院落
41 第一幼儿园
42 商务办公中心
43 水乡华庭
44 疗养休闲街区
45 运河之声音乐厅
46 疗愈生态岛
47 历史文化展演馆
48 游客服务中心
49 染坊工艺创意街区
50 农业文创研究基地
51 运河带文化公园
52 蚕桑文化创意街区
53 枇杷文化创意街区
54 枇杷/蚕桑公园
55 小学
56 乐活商业综合体
57 乐活休闲带公园
58 燃脂体育公园
59 三文村宗祠
60 幼儿园
61 青年公寓
62 听雨园

德清
塘栖镇区
0 30 150 300m

经济技术指标

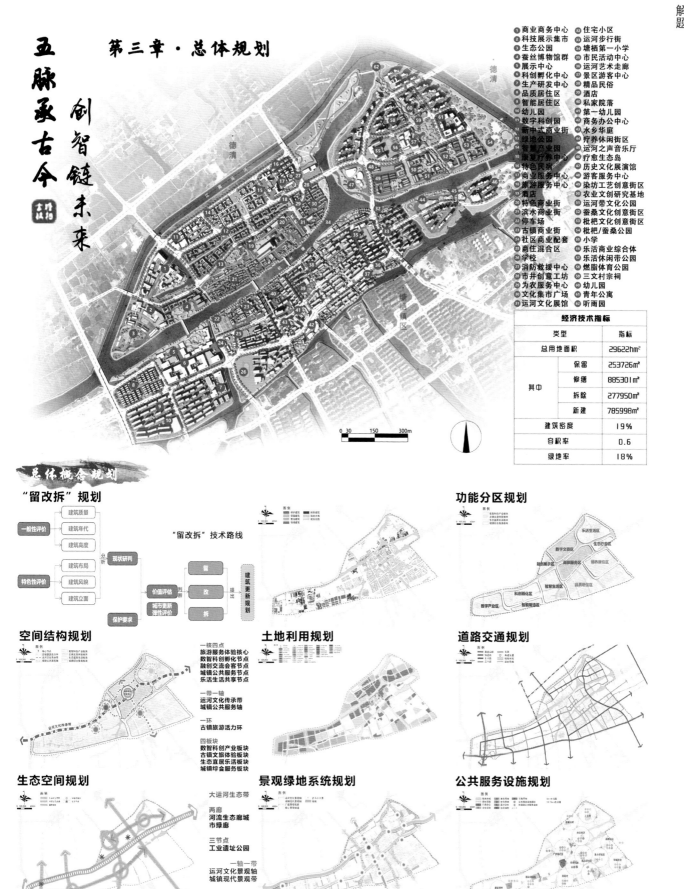

类型		指标
总用地面积		29622hm²
其中	保留	253726m²
	修缮	885301m²
	拆除	277950m²
	新建	785998m²
建筑密度		19%
容积率		0.6
绿地率		18%

总体概念规划

"留改拆"规划

"留改拆"技术路线

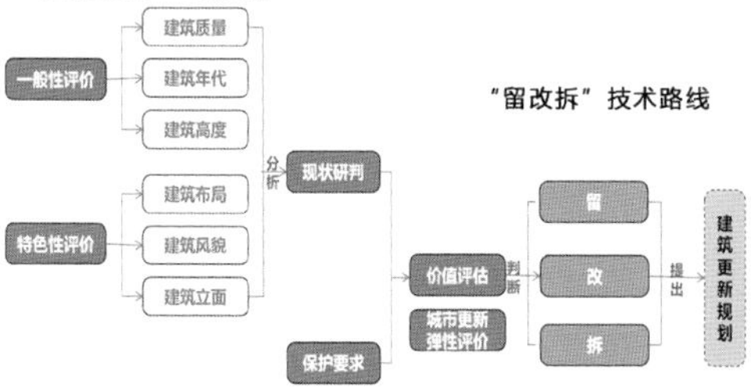

一般性评价：建筑质量、建筑年代、建筑高度
特色性评价：建筑布局、建筑风貌、建筑立面
分析 → 现状研判
保护要求
价值评估、城市更新弹性评价 → 判断 → 留、改、拆 → 提出 → 建筑更新规划

功能分区规划

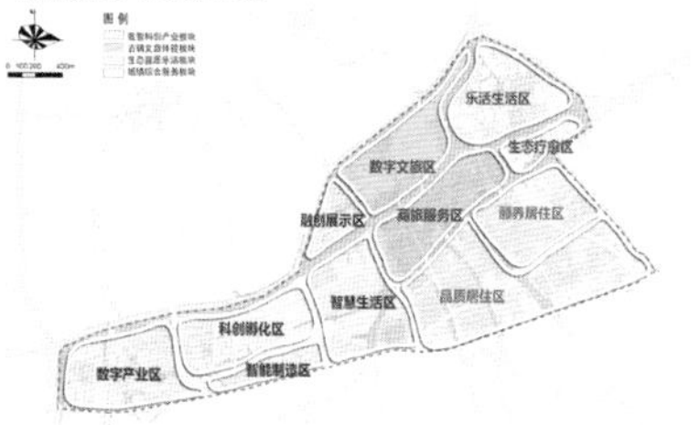

乐活生活区、生态疗愈区、数字文旅区、颐养居住区、科创展示区、商旅服务区、智慧生活区、品质居住区、科创孵化区、数字产业区、智能制造区

空间结构规划

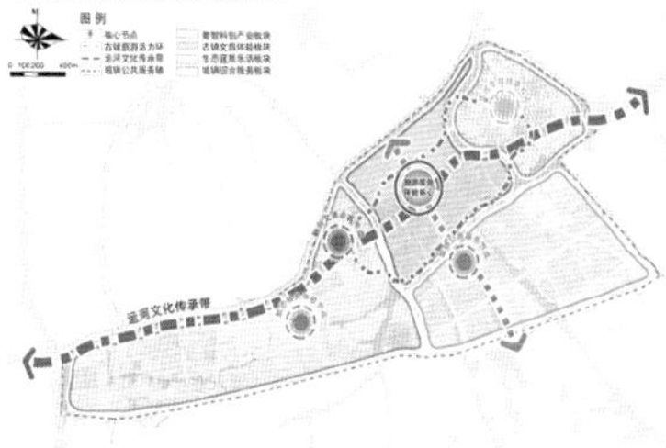

一核四点
旅游服务体验核心
数智科创孵化节点
融创交流会客节点
城镇公共服务节点
乐活生活共享节点

一带一轴
运河文化传承带
城镇公共服务轴

一环
古镇旅游活力环

四板块
数智科创产业板块
古镇文旅体验板块
生态宜居乐活板块
城镇综合服务板块

土地利用规划

道路交通规划

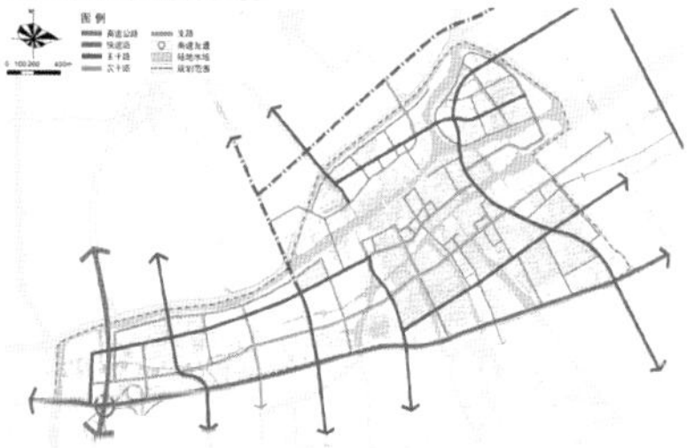

生态空间规划

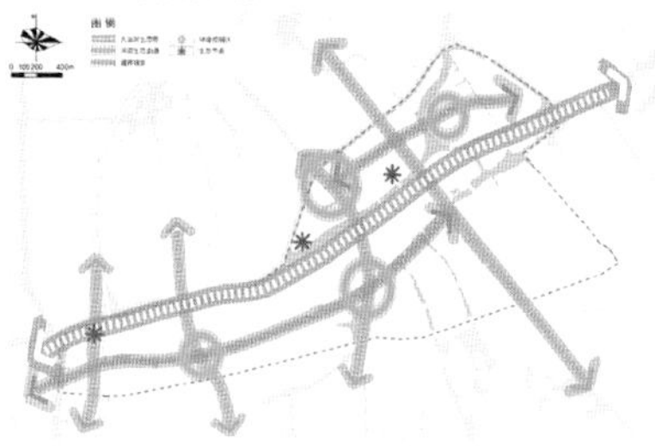

大运河生态带

两廊
河流生态廊城市绿廊

三节点
工业遗址公园

一轴一带
运河文化景观轴
城镇现代景观带

一廊三道
广超景观视廊
核心景观绿道

景观绿地系统规划

公共服务设施规划

产业空间结构规划
文、农创产业中枢
文创产业中枢
科创产业中枢
生活服务产业圈层（三产）
东湖区
临平区
科创产业孵化圈层（二/三产）
文创产业孵化圈层（三产）
文、农创产业孵化圈层（一产/三产）
三圈层、三中枢
科创、农创、文创
产业孵化圈层
以二、三产为支柱，打造“产业协作发展轴+产业发展圈层+产业中枢”
公共空间规划
三组慢行网络
产区展示慢行网络
古镇文旅慢行网络
城镇生活慢行网络
五类公共空间
集散、游憩、交通、文化、体健
文化遗产保护规划
旅游规划
中嘉湖高速
塘栖水上巴士线
旅游巴士线
杭州方向次客流
杭州方向主客流
重点解决旅游客流交通和城镇交通的矛盾和冲突问题
一南、一北两处旅游集散中心：对塘栖机动车客流进行定向集散
A地块、C地块、里仁桥南三处旅游集散点提供社会停车和旅游服务，实现里仁北路—圆满路—人民路—塘栖路的古镇核心景区范围内无旅游机动车客流通行和穿越。
城市风貌引导
塘栖水韵
大运河风貌控制带
时代风尚
智慧新城
高度控制
总体城市设计
风貌引导
古镇——老旧小区更新
古镇——新商业街区
生态宜居乐活片区
科文融创交流片区
广济路风貌更新意象
功能结构设计
生态宜居乐活核心区
古镇文旅体验核心区
文旅交通服务轴
科文融创交流核心区
文化景观传承轴
镇区设施基础核心区
土地利用规划
道路交通规划
景观与绿地系统规划
开发强度控制

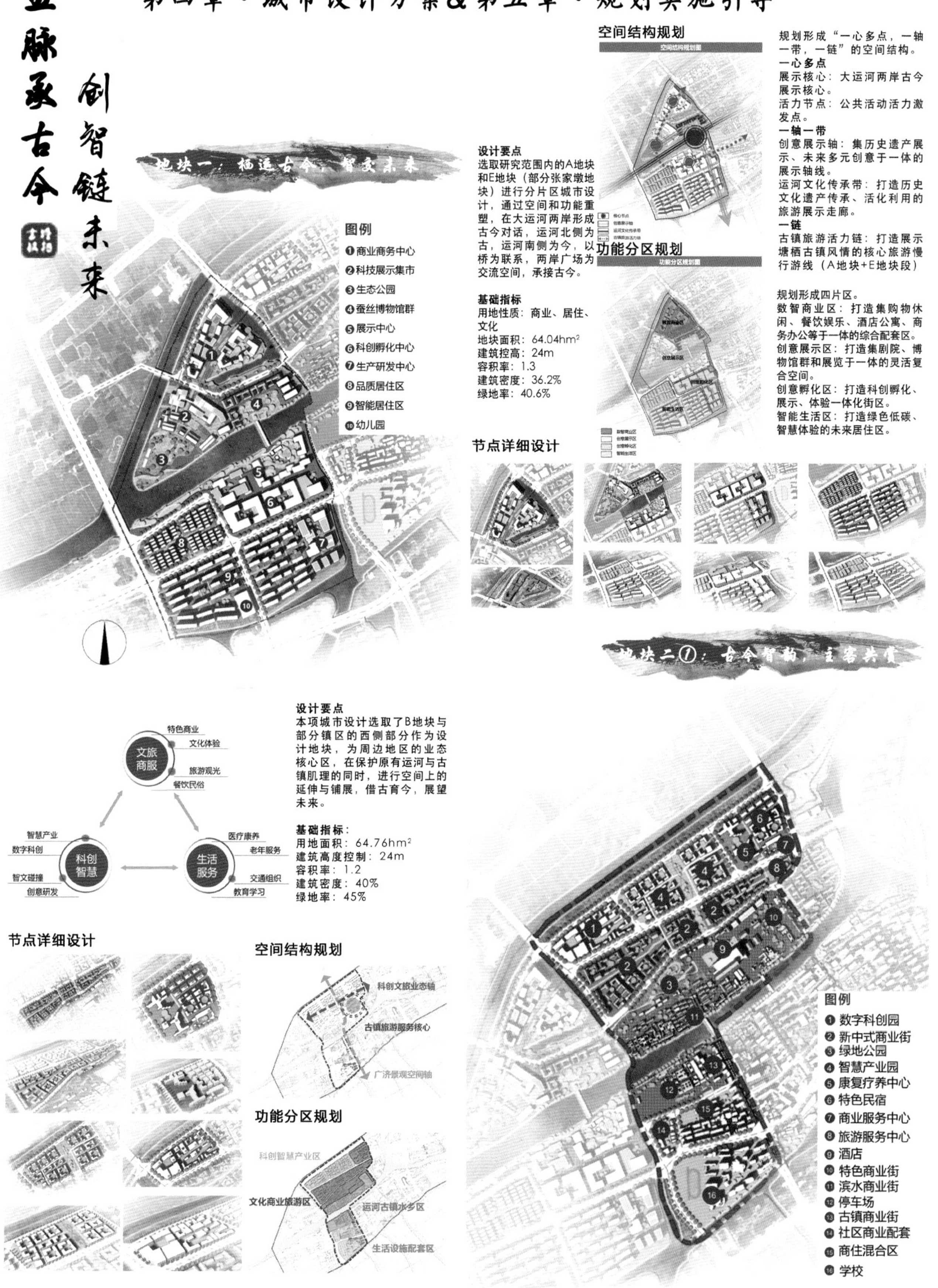
五脉承古今
创智链未来
第四章·城市设计方案&第五章·规划实施引导
地块一：栖运古今，智变未来
图例
❶商业商务中心
❷科技展示集市
❸生态公园
❹蚕丝博物馆群
❺展示中心
❻科创孵化中心
❼生产研发中心
❽品质居住区
❾智能居住区
❿幼儿园
设计要点
选取研究范围内的A地块和E地块（部分张家墩地块）进行分片区城市设计，通过空间和功能重塑，在大运河两岸形成古今对话，运河北侧为古，运河南侧为今，以桥为联系，两岸广场为交流空间，承接古今。
基础指标
用地性质：商业、居住、文化
地块面积：64.04hm²
建筑控高：24m
容积率：1.3
建筑密度：36.2%
绿地率：40.6%
空间结构规划
规划形成“一心多点，一轴一带，一链”的空间结构。
一心多点
展示核心：大运河两岸古今展示核心。
活力节点：公共活动活力激发点。
一轴一带
创意展示轴：集历史遗产展示、未来多元创意于一体的展示轴线。
运河文化传承带：打造历史文化遗产传承、活化利用的旅游展示走廊。
一链
古镇旅游活力链：打造展示塘栖古镇风情的核心旅游慢行游线（A地块+E地块段）
功能分区规划
规划形成四片区。
数智商业区：打造集购物休闲、餐饮娱乐、酒店公寓、商务办公等于一体的综合配套区。
创意展示区：打造集剧院、博物馆群和展览于一体的灵活复合空间。
创意孵化区：打造科创孵化、展示、体验一体化街区。
智能生活区：打造绿色低碳、智慧体验的未来居住区。
节点详细设计
地块二①：古今智韵，主客共赏
文旅商服
特色商业
文化体验
旅游观光
餐饮民俗
科创智慧
智慧产业
数字科创
智文碰撞
创意研发
生活服务
医疗康养
老年服务
交通组织
教育学习
设计要点
本项城市设计选取了B地块与部分镇区的西侧部分作为设计地块，为周边地区的业态核心区，在保护原有运河与古镇肌理的同时，进行空间上的延伸与铺展，借古育今，展望未来。
基础指标：
用地面积：64.76hm²
建筑高度控制：24m
容积率：1.2
建筑密度：40%
绿地率：45%
节点详细设计
空间结构规划
科创文旅业态轴
古镇旅游服务核心
广济景观空间轴
功能分区规划
科创智慧产业区
文化商业旅游区
运河古镇水乡区
生活设施配套区
图例
❶数字科创园
❷新中式商业街
❸绿地公园
❹智慧产业园
❺康复疗养中心
❻特色民宿
❼商业服务中心
❽旅游服务中心
❾酒店
❿特色商业街
⓫滨水商业街
⓬停车场
⓭古镇商业街
⓮社区商业配套
⓯商住混合区
⓰学校

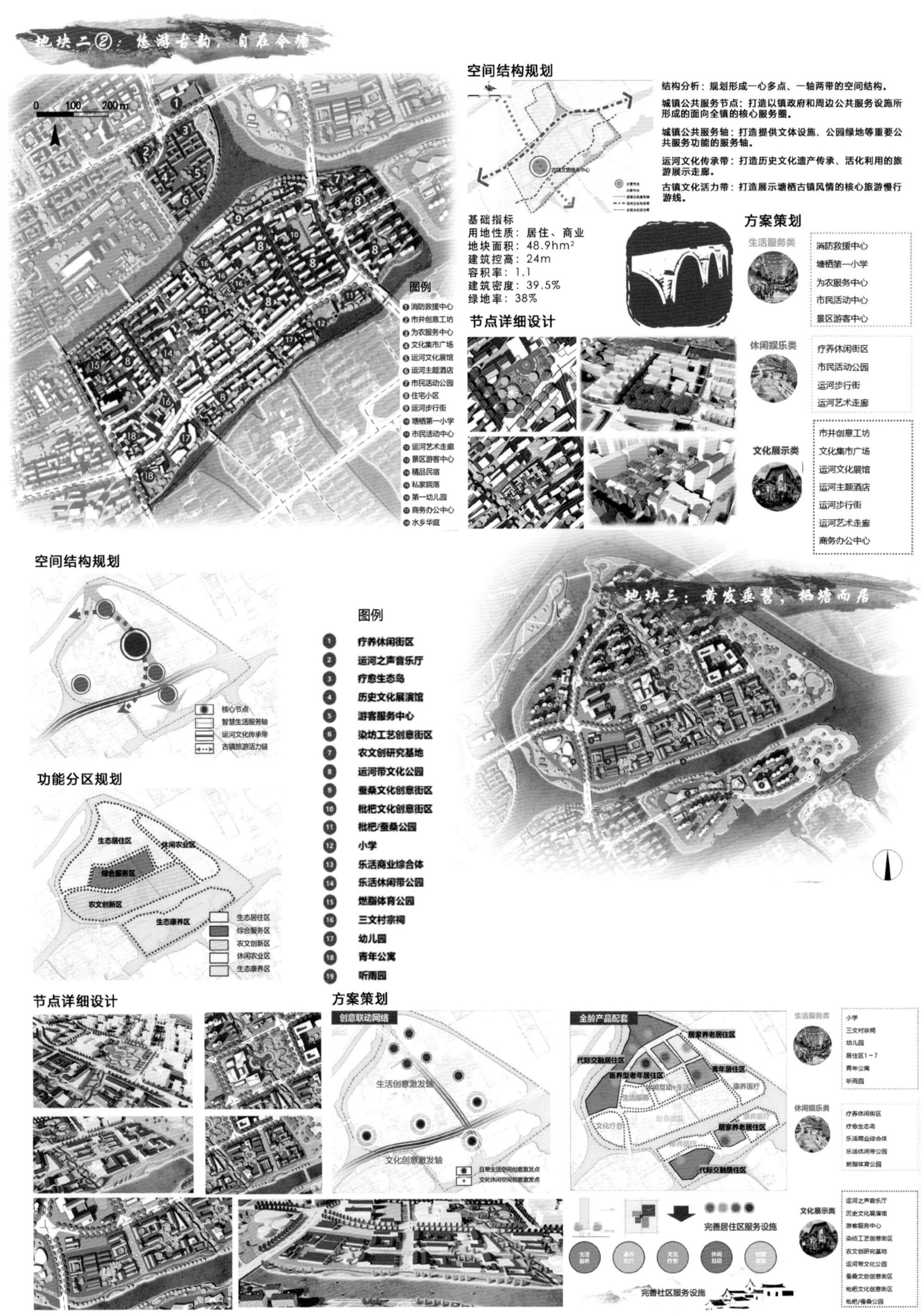
地块二②：悠游古韵，自在今塘
空间结构规划
结构分析：规划形成一心多点、一轴两带的空间结构。
城镇公共服务节点：打造以镇政府和周边公共服务设施所形成的面向全镇的核心服务圈。
城镇公共服务轴：打造提供文体设施、公园绿地等重要公共服务功能的服务轴。
运河文化传承带：打造历史文化遗产传承、活化利用的旅游展示走廊。
古镇文化活力带：打造展示塘栖古镇风情的核心旅游慢行游线。
基础指标
用地性质：居住、商业
地块面积：48.9hm²
建筑控高：24m
容积率：1.1
建筑密度：39.5%
绿地率：38%
方案策划
生活服务类
消防救援中心
塘栖第一小学
为农服务中心
市民活动中心
景区游客中心
休闲娱乐类
疗养休闲街区
市民活动公园
运河步行街
运河艺术走廊
文化展示类
市井创意工坊
文化集市广场
运河文化展馆
运河主题酒店
运河步行街
运河艺术走廊
商务办公中心
节点详细设计
图例
1 消防救援中心
2 市井创意工坊
3 为农服务中心
4 文化集市广场
5 运河文化展馆
6 运河主题酒店
7 市民活动公园
8 住宅小区
9 运河步行街
10 塘栖第一小学
11 市民活动中心
12 运河艺术走廊
13 景区游客中心
14 精品民宿
15 私家院落
16 第一幼儿园
17 商务办公中心
18 水乡华庭
地块三：黄发垂髫，栖塘而居
空间结构规划
核心节点
智慧生活服务轴
运河文化传承带
古镇旅游活力链
功能分区规划
生态居住区
休闲农业区
综合服务区
农文创新区
生态康养区
图例
1 疗养休闲街区
2 运河之声音乐厅
3 疗愈生态岛
4 历史文化展演馆
5 游客服务中心
6 染坊工艺创意街区
7 农文创研究基地
8 运河带文化公园
9 蚕桑文化创意街区
10 枇杷文化创意街区
11 枇杷/蚕桑公园
12 小学
13 乐活商业综合体
14 乐活休闲带公园
15 燃脂体育公园
16 三文村宗祠
17 幼儿园
18 青年公寓
19 听雨园
节点详细设计
方案策划
创意联动网络
生活创意激发轴
文化创意激发轴
日常生活空间创意激发点
文化休闲空间创意激发点
全龄产品配套
居家养老居住区
代际交融居住区
医养型老年居住区
青年居住区
康养医疗
文化疗愈
居家养老居住区
代际交融居住区
完善居住区服务设施
完善社区服务设施
生活服务类
小学
三文村宗祠
幼儿园
居住区1～7
青年公寓
听雨园
休闲娱乐类
疗养休闲街区
疗愈生态岛
乐活商业综合体
乐活休闲带公园
燃脂体育公园
文化展示类
运河之声音乐厅
历史文化展演馆
游客服务中心
染坊工艺创意街区
农文创研究基地
运河带文化公园
蚕桑文化创意街区
枇杷文化创意街区
枇杷/蚕桑公园

山东建筑大学

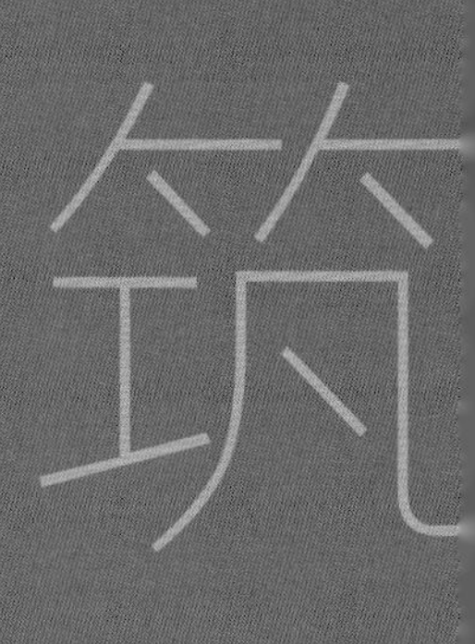

挖掘 · 重现 · 永续

——文化基因视角下的杭州市临平区塘栖北单元规划 / 刘文涵 王雨晗

OUR’S 塘栖

——杭州市临平区塘栖北单元城市设计 / 李源宇 刘瑨丞

融古织今 水运塘栖

——杭州市临平区塘栖北单元城市设计 / 葛琪 刘希贤

挖掘·重现·永续

——文化基因视角下的杭州市临平区塘栖北单元规划

世界运河

▶大运河发展史

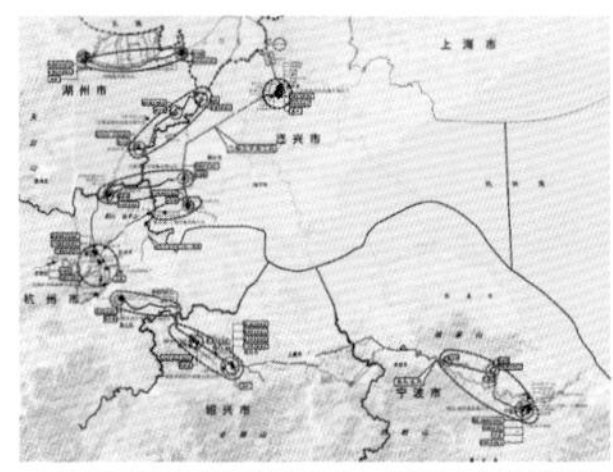

大运河拥有2500多年历史，是中国古代创造的一项伟大工程。

▶大运河对城市定位的支撑

形成“山水群落、河岸双带、核心十园、特色百景”的杭州大运河国家文化公园主题空间格局。

▶大运河杭州段现状

大运河杭州段城镇景观环境面临的主要威胁来自发展建设处理不当。

主要表现为：

①局部沿岸土地利用不合理；

②部分道路交通设施建设对运河遗产形成威胁；

③部分基础设施廊道、管线影响到大运河沿岸的景观风貌。

区域分析

▶地理区位

■宏观区位

临平区是杭城接沪要地，地处长江三角洲圆心地，是杭州东北的门户。

■中观区位

基地位于临平区西北，也在杭州北侧。

■微观区位

基地位于塘栖北部由“运河—超山—丁山湖”组成的北部生态带上。

▶生态区位

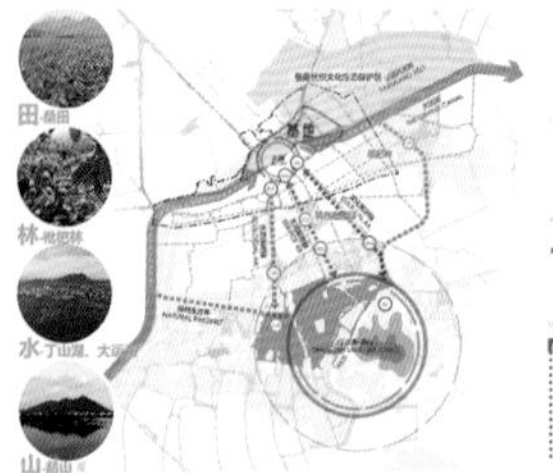

▶交通区位

基地主要通过城市次干路进行对外联系，交通优势明显。

▶旅游区位

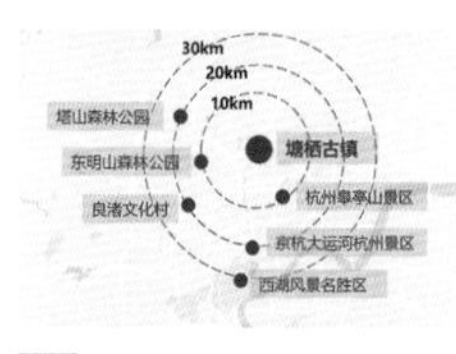

基地30 km辐射范围内旅游资源丰富，距离超山风景名胜区5 km。

上位规划

▶杭州市相关规划

■《杭州市城市总体规划（2001-2020年）》

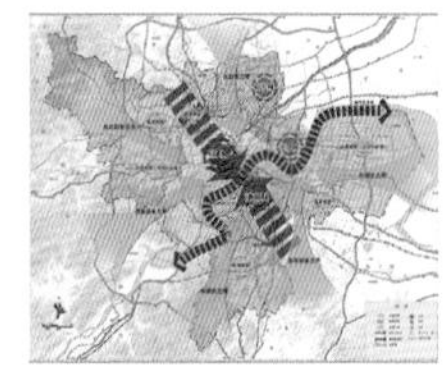

①总体规划对塘栖提出了转型提升工业功能区的要求。

②在总体规划公共中心体系规划中，塘栖镇被定位为地区级次中心（旅游型），发展旅游特色是塘栖镇的一大特征和目标。

▶临平区相关规划

■《临平区国土空间规划（过程稿）》

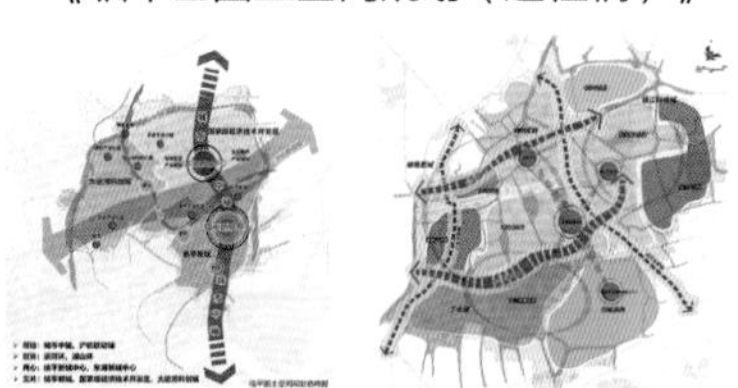

①在旅游体系规划中，提出建设塘栖旅游集散服务中心。

②规划对塘栖全镇提出“一湖双城，多轴多片，四心联动”的总体结构。

▶塘栖镇相关规划

■《塘栖历史文化名镇保护规划》

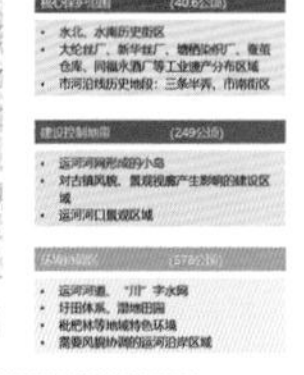

根据塘栖历史文化名镇保护的实际情况，规划划定核心保护范围、建设控制地带以及环境协调区；按照不同的保护层次，实施不同的保护要求。

历史溯源

▶产业发展

■发展脉络

■一产本底

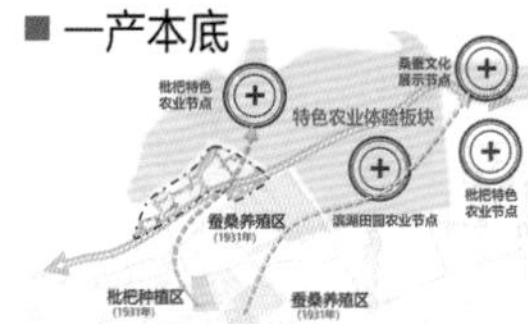

▶文化溯源

人群感知

▶人流量统计

统计时间	人流量	青少年	中年	老年
周五13：30	25	2	14	9
周五15：00	28	3	12	13
周五16：00	33	5	12	16
周五16：30	28	7	14	7
周六16：00	104	14	50	40

在广济桥的出入口于多个时间段进行了2分钟的人流量统计，人群中大多数为居住在附近的居民，少部分是来此参观的游客。

▶人群需求

居民	儿童	老年人	游客	创客	上班族
品质居住	知识共享	养老设施	参观体验	创业空间	舒心氛围
服务配套	亲子时光	生态康养	文化展览	社交休闲	优质环境
活动共享	娱乐活动	宜居环境	虚拟体验	多元业态	便捷服务

挖掘 · 重现 · 永续

—— 文化基因视角下的杭州市临平区塘栖北单元规划　贰

本底态势

基地发展条件

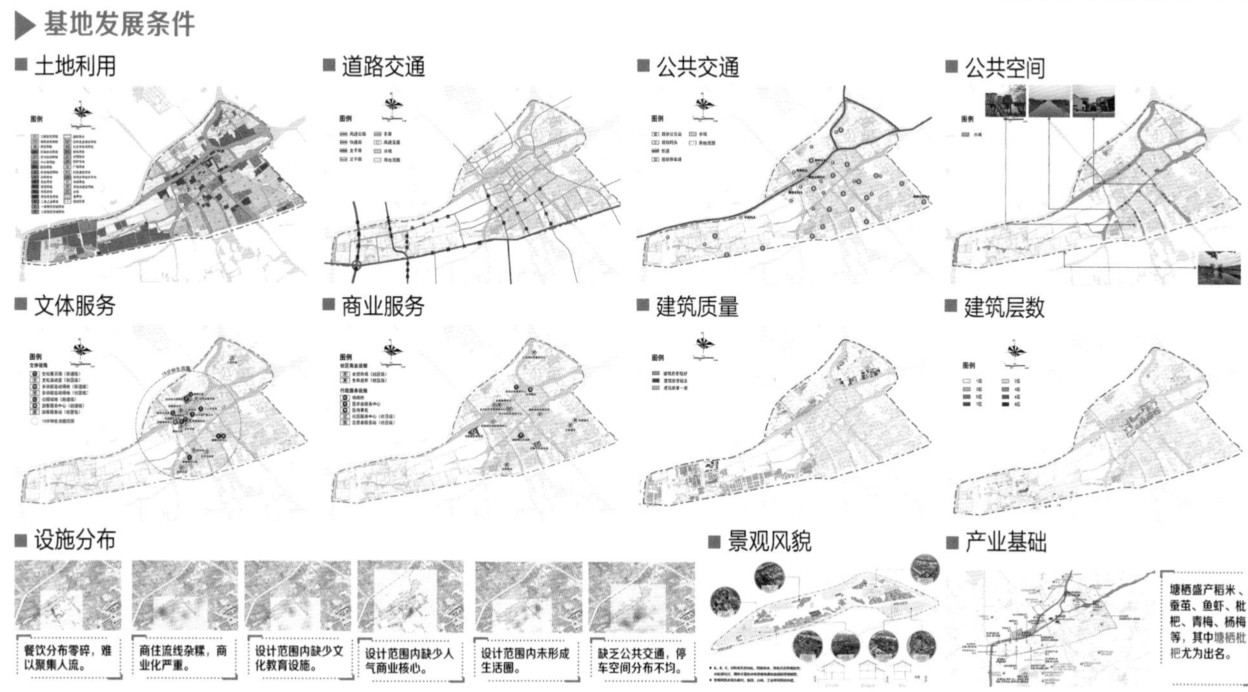

土地利用
道路交通
公共交通
公共空间
文体服务
商业服务
建筑质量
建筑层数
设施分布
餐饮分布零碎，难以聚集人流。
商住流线杂糅，商业化严重。
设计范围内缺少文化教育设施。
设计范围内缺少人气商业核心。
设计范围内未形成生活圈。
缺乏公共交通，停车空间分布不均。
景观风貌
产业基础
塘栖盛产稻米、蚕茧、鱼虾、枇杷、青梅、杨梅等，其中塘栖枇杷尤为出名。

问题总结

SWOT分析

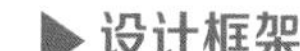

设计框架

S ①区位优势明显：良好的周边功能支撑、优越的自然环境资源
②文化底蕴丰厚：江南古镇，历史文化丰富，极具历史价值
W ①历史资源利用不足：历史建筑缺乏组织联系，文化弘扬不足
②发展模式有待创新：业态与文化空间的联系较弱
O ①发展潜力大：未来将有轨道交通连接，面临诸多发展机遇
②上位规划支持：当前杭州市已出台相关保护规划
T ①新旧融合：如何激活片区活力，处理历史与新增要素的关系
②与周边历史街区差异化发展：如何塑造塘栖特色
前期研究
项目背景
价值认知
上位规划
现状评估
文化遗存
城景格局
人居环境
产业发展
保护弱、利用低
杂乱碎、联系弱
旧失活、缺设施
雷同高、同质化
塘栖历经千年沧桑，如何从昔日的繁荣市镇，到一度没落的偏远水乡，再到借助文旅重新找到自身定位，注入新兴产业以追赶时代的潮流？
案例分析
乌镇、南浔古镇——以河流之名，复兴一个小镇的文化命脉
大场镇——数字化转型的先行镇
目标策略
杭州临平区的文化传承风貌织补典范区
文化延续彰显
风貌复兴导控
民生持续改善
文旅多元发展
传统文化空间有机重组
疏通水系汇聚活力
文化服务生活圈
激活文化创造力
借助运河提高文化展示力
自然绿地与城市空间交融
公服设施多元化
搭建文化场景
重塑塘栖地域特色文化
丰富开放空间
复合片区功能满足不同需求
新型文化业态
方案设计
规划结构
总体设计
用地规划

主题推演

形式背景
中国大运河世界文化遗产与保护传承利用
大运河国家文化公园建设
加强历史文化遗产保护与协调可持续发展
大运河国家文化公园与科创城建设
现实困境
文化弘扬不足、历史要素缺乏联系
景观绿地缺乏、生态要素不成体系
商住流线杂糅、居住环境亟待提高
产业类型单一、产业空间分布零碎
主体导向
诉求
提升基础条件，完善服务功能
挖掘自身资源，注入新兴产业
重现文化价值，实现运河复兴
需求
品质居住，生活配套
城市公园，休闲娱乐
文化创意，博物展览
要求
名镇重点区域保护
历史街巷保护
非物质文化遗产保护
发展模式
创造协助更新的运河文化产业区
打造水岸新生的运河生态活力网
塑造宜景宜人的运河共享生活圈
理念引入

规划构思

规划愿景

规划目标

功能定位

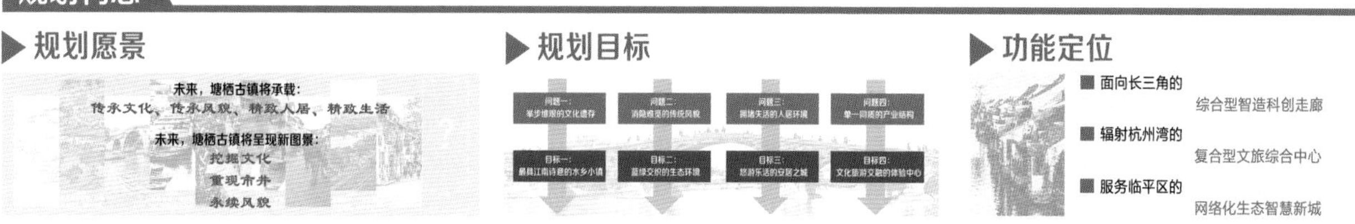

未来，塘栖古镇将承载：
传承文化、传承风貌、精致人居、精致生活
未来，塘栖古镇将呈现新图景：
挖掘文化
重现市井
永续风貌
问题一：
问题二：
问题三：
问题四：
目标一：
目标二：
目标三：
目标四：
面向长三角的
综合型智造科创走廊
辐射杭州湾的
复合型文旅综合中心
服务临平区的
网络化生态智慧新城

挖掘·重现·永续

——文化基因视角下的杭州市临平区塘栖北单元规划

总平面图

经济技术指标表

用地代码	用地性质	用地面积(hm²)		建筑面积（hm²）		容积率		绿地率(%)		建筑密度(%)	
		现状	规划	现状	规划	现状	规划	现状	规划	现状	规划
R	居住用地	2.1	3.09	3.15	5.56	1.5	1.8	15	40	40	35
A	公共管理与公共服务设施用地用地	—	5.01	—	6.51	—	1.3	—	35	—	25
B	商业服务业设施用地	6.8	18.68	8.16	18.68	1.2	1	10	30	20	40

用地代码		用地性质	用地面积(hm²)	比例（%）
R	R21	住宅用地	2.8	4.91
	R22	服务设施用地	0.29	0.51
A	A1	行政办公用地	0.69	1.21
	A22	文化活动用地	2.23	3.91
	A9	宗教用地	2.09	3.67
B	B11	零售商业用地	7.79	13.67
	B13	餐饮用地	4.54	7.96
	B14	旅馆用地	5.22	9.16
	B31	娱乐用地	1.13	1.98
G	G1	公园绿地	14.06	24.67
	G2	防护绿地	6.17	10.82
	G3	广场用地	0.54	0.95
S	S	城市道路用地	9.45	16.58
城镇总建设用地面积			57	100.00

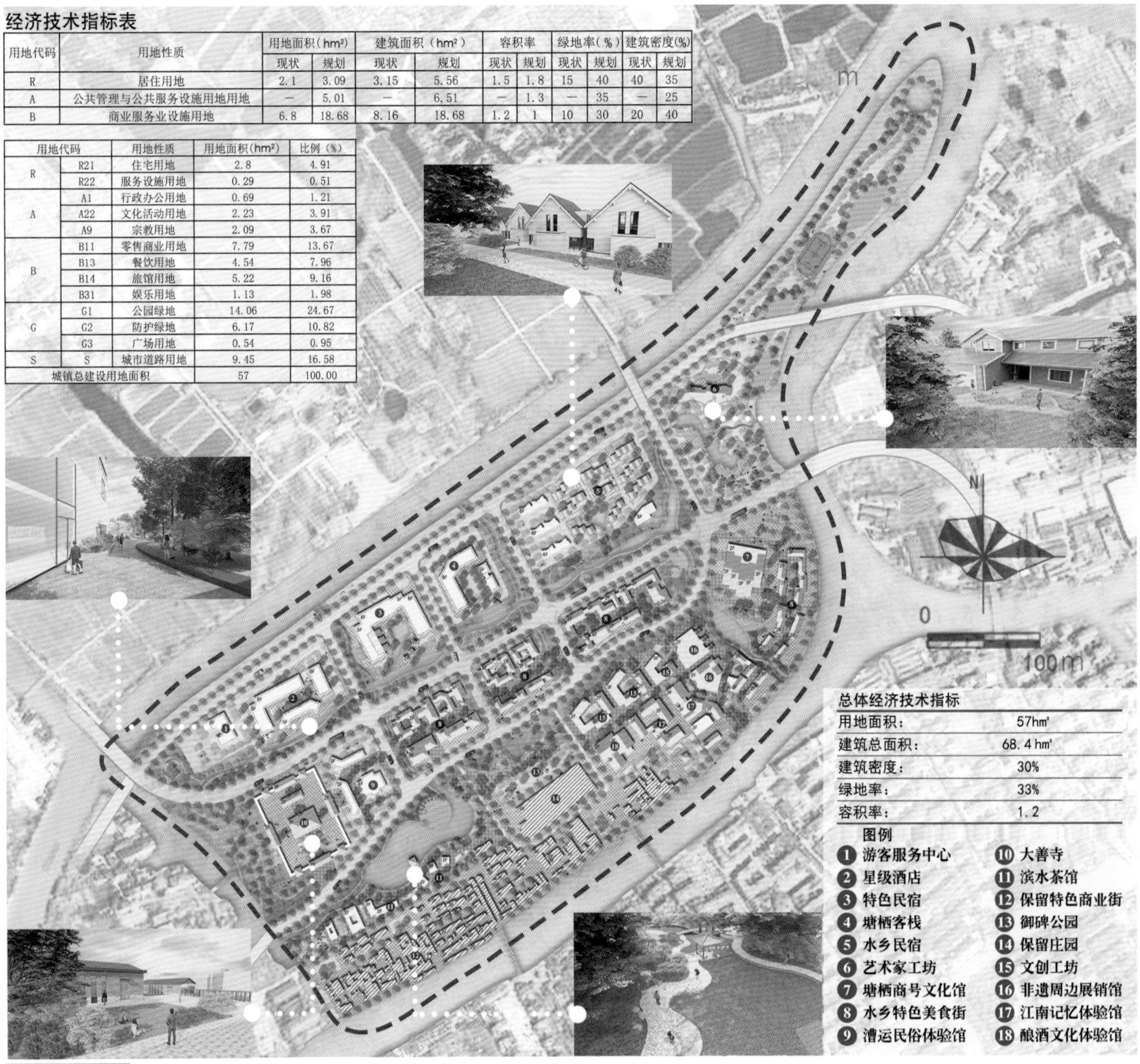

总体经济技术指标

用地面积：	57hm²
建筑总面积：	68.4 hm²
建筑密度：	30%
绿地率：	33%
容积率：	1.2

图例

1. 游客服务中心
2. 星级酒店
3. 特色民宿
4. 塘栖客栈
5. 水乡民宿
6. 艺术家工坊
7. 塘栖商号文化馆
8. 水乡特色美食街
9. 漕运民俗体验馆
10. 大善寺
11. 滨水茶馆
12. 保留特色商业街
13. 御碑公园
14. 保留庄园
15. 文创工坊
16. 非遗周边展销馆
17. 江南记忆体验馆
18. 酿酒文化体验馆

N

0 100m

规划策略

文化彰显延续

文旅多元发展

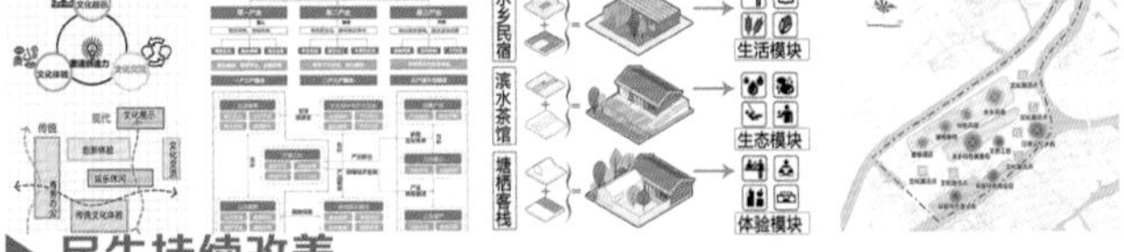

风貌复兴导控

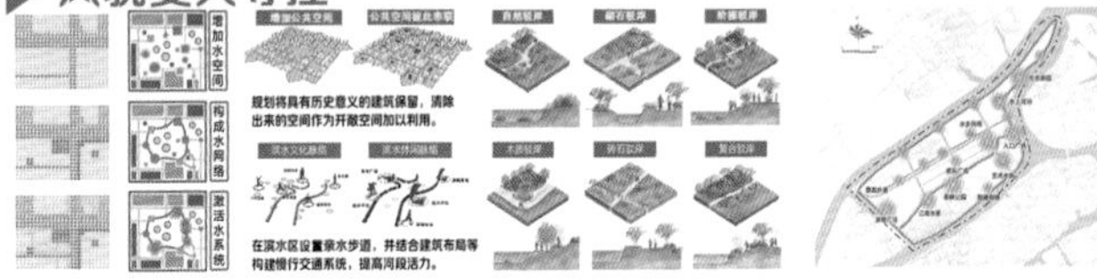

民生持续改善

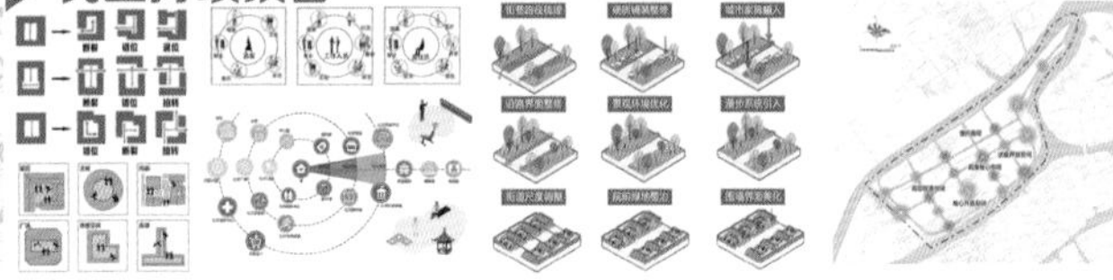

挖掘·重现·永续

——文化基因视角下的杭州市临平区塘栖北单元规划

肆

规划分析

▶ 规划结构规划　▶ 功能分区规划　▶ 土地利用规划　▶ 绿地系统规划

▶ 车行系统规划　▶ 步行系统规划　▶ 道路断面规划

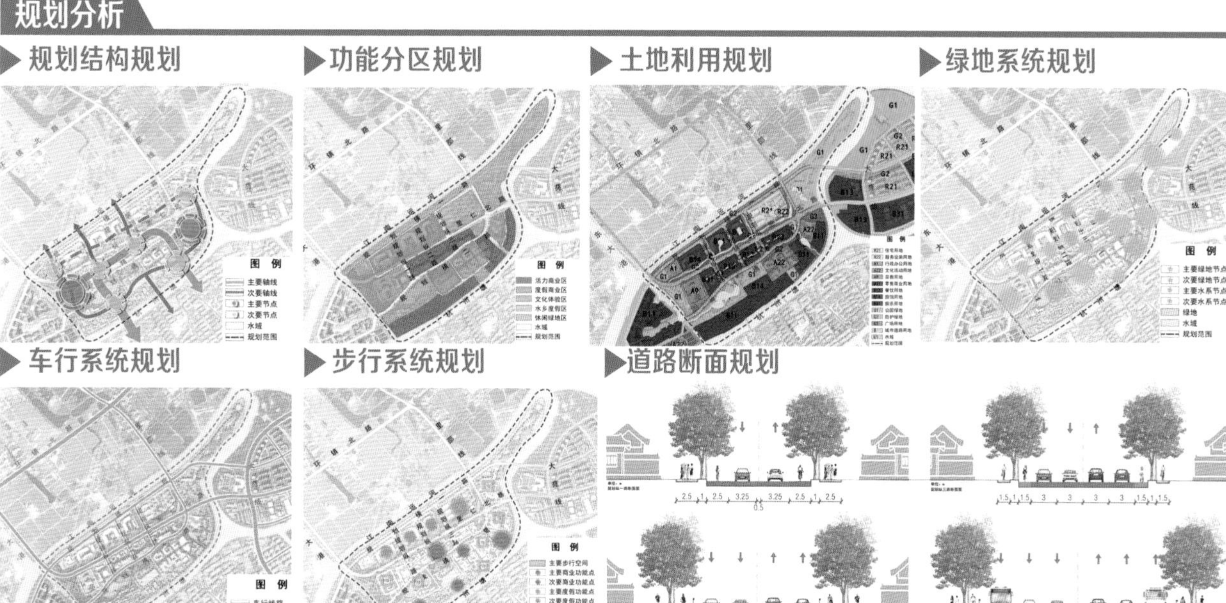

鸟瞰图展示

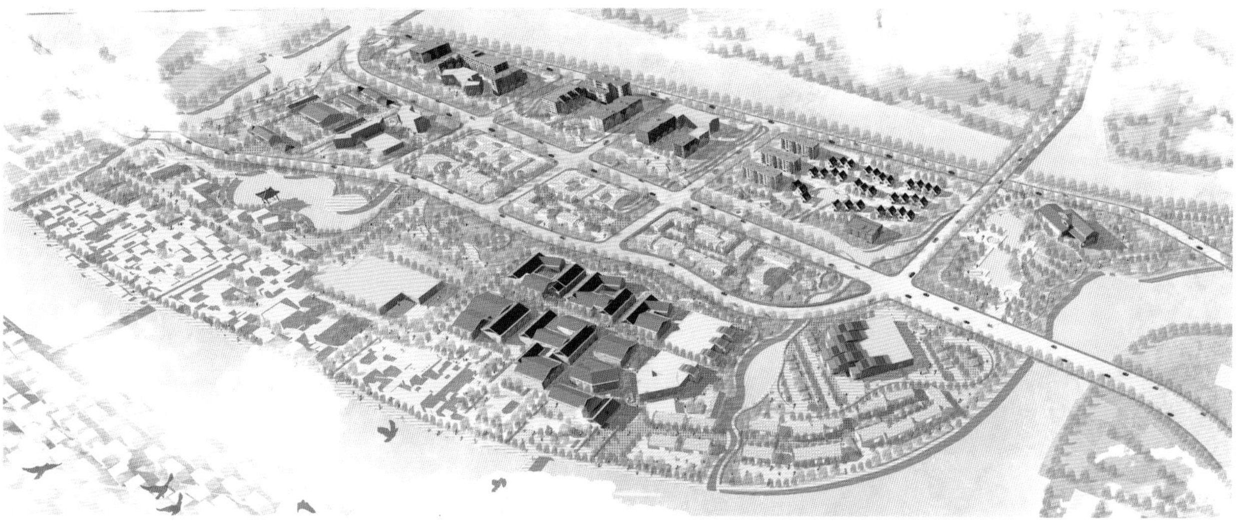

功能展示

▶ 节点功能展示

规划实施

▶ 开发实施控制

■ 街道界面控制　■ 公共空间控制

■ 建筑退线控制　■ 建筑高度控制

▶ 规划设施导引

■ 商务商业地块引导

OUR' s 塘栖 ——杭州市临平区塘栖北单元城市设计
01 现状篇
项目背景
大运河国家公园建设
依托九条骨架河道，形成“山水群落、河岸双带、核心十园、特色百景”的展示空间格局。
塘栖为“核心十园”北部首园，是杭州大运河国家文化公园的示范段落和三大示范重点板块之一。
区位分析
地理区位
本次规划单元位于杭州市临平区北部，距市区中心约20千米，距临平城区约13千米，为杭州北门户。
交通区位
塘栖交通便捷，杭宁高速穿城而过，三条主干道直通杭州，为杭州巴士终点站。
生态区位
塘栖古镇位于杭州市北部生态带，是大运河生态的重要承载点。
旅游区位
塘栖古镇位于临平区西北，30千米辐射范围圈内旅游资源丰富。
上位规划
《大运河（杭州段）遗产保护规划》
景区核心范围为“三大街区、四大园区”，以及博物馆群落。
《控制性详细规划》
强调运河古镇文旅功能，增加商业用地，商住结合布置。着重打造城市公共服务设施中心。
《临平区国土空间规划》
落实高品质的现代服务空间，促进先进制造业与现代服务业深度融合，打造综合服务基地。
依托塘栖古镇，打造“名山名湖名镇”生态休闲名片，加快转型发展，谋划青年创业基地，打造人才集聚中心。
重点打造杭州大都市青年创业基地、数字文化创新港，吸引创新产业、人才集聚，承接核心区产业要素转移。
打造临平“双轴双环两心三片”的空间规划结构，将塘栖北单元做优世界极山水人文空间，拓展长三角科创新高地。
《塘栖历史文化名镇保护规划》
大运河世界文化遗产地活态传承与可持续发展的运河名镇保护传承利用典范，杭州名镇、名湖、名山一体化融合发展的文化生态区。
历史沿革
京杭大运河是世界上里程最长、工程最大、最古老的运河，与长城并称中国古代两大奇迹，运河的开凿成就杭州的繁荣兴盛。
从19世纪末开始，塘栖率先进入“工业化”时代。塘栖在清代被誉为江南十大名镇之首。
宋朝时期
民国时期
南唐时期
明清时期
新中国成立后
二十一世纪
历史格局
现状分析
建筑肌理
基地建筑肌理类型丰富，合院多样。
水系景观
整体呈现传统江南水乡景观风貌。
内部交通
A、B、C、D地块与镇区交通联系薄弱。老镇街区尺度小、路幅窄、出行量大。
外部交通
镇区缺少环镇道路，客流、货流、过境交通混杂，东西交通转换压力大。
历史名巷
街巷、弄堂留存不全，功能单一，亟待注入活力。
绿地景观
绿地空间匮乏，分布零散，缺乏一定的连续性和系统性，活力不足。
智慧产业分布
数字智慧产业主要分布于张家墩地块南侧。
现状产业结构
现状产业以第二产业为主、第三产业为辅。
教育养老设施
教育设施基本满足教育需求，养老卫生设施体系亟待完善。
历史遗存
工业建筑遗址及码头沿运河分布，历史建筑集中在塘栖古镇。
河流水系
城市扩张侵蚀了纵横的水网，运河两岸支流消失殆尽，部分河流堵塞。
第一产业分布
研究范围内，只有少部分第一产业分布于C地块。
业态类型
业态较为单一，以零售、餐饮为主，主要集中在古镇景区范围。
文体服务设施
文体设施配套较为不足和滞后，部分设施陈旧闲置。

OUR' s 塘栖 ——杭州市临平区塘栖北单元城市设计

02 策略篇

企业现状

企业类型	企业名称	所属产业划分	企业位置
电气机械和器材制造业	博创机械公司	第二产业	张家墩地块
	杭州国科电气有限公司	第二产业	张家墩地块
	建华科技产业园	第二产业	张家墩地块
	杭州九天机电化工有限公司	第二产业	C地块
	杭州科力德斯压缩机有限公司	第二产业	C地块
纺织业	杭州宏艺纺织品有限公司	第二产业	张家墩地块
	杭州华龙拉丝厂	第二产业	张家墩地块
	杭州济民羊毛衫有限公司	第二产业	张家墩地块
	杭州意迪兰斯针织有限公司	第二产业	张家墩地块
	杭州余杭正强纺织有限公司	第二产业	张家墩地块
	杭州七星制丝有限公司	第二产业	C地块
金属制品业	宝鼎科技股份有限公司	第二产业	张家墩地块
	大通企业	第二产业	张家墩地块
	杭州凯迈金属装饰工程有限公司	第二产业	张家墩地块
	汇鑫金属制品	第二产业	张家墩地块
	灵猫绿色循环经济产业园	第二产业	张家墩地块
	国陵金属装饰	第二产业	张家墩地块
	杭州双星五金有限公司	第二产业	C地块

企业类型	企业名称	所属产业划分	企业位置
非金属矿物制品业	浙江楠宋瓷业有限公司	第二产业	张家墩地块
化学原料和化学制品制造业	杭州天丰润滑油有限公司	第二产业	张家墩地块
	杭州宇龙化工有限公司	第二产业	张家墩地块
家具制造业	科尔卡诺集团有限公司	第二产业	张家墩地块
木材加工和木、竹、藤、棕、草制品业	鼎妙木业	第二产业	张家墩地块
	栢旺贸易有限公司	第二产业	张家墩地块
农副食品加工业	杭州尚点食品有限公司	第二产业	张家墩地块
	杭州浙梅实业有限公司	第二产业	张家墩地块
汽车制造业	杭州卡莱制动产品有限公司	第二产业	张家墩地块
	杭州长怡汽车配件有限公司	第二产业	张家墩地块
	浙江科特汽配	第二产业	张家墩地块
	迅捷汽配轮胎销售有限公司	第二产业	C地块
物流仓储业	杭州玉坤物流园	第三产业	张家墩地块
	合正实业（临平城发码头）	第三产业	张家墩地块
橡胶和塑料制品业	杭州金达塑业	第二产业	张家墩地块
医药制造业	杭州宝晶生物股份有限公司	第二产业	张家墩地块
运输业	杭州新图线运输有限公司	第三产业	张家墩地块
专用设备制造业	浙江江能建设有限公司	第二产业	张家墩地块

研究范围内产业以工业为主，汽车制造、化工业占有一定比例。仅有一家生物制药的高科技研发企业。沿运河发展的老旧工业带，呈低端粗放发展，未形成产业集聚效应。

现状人群分析

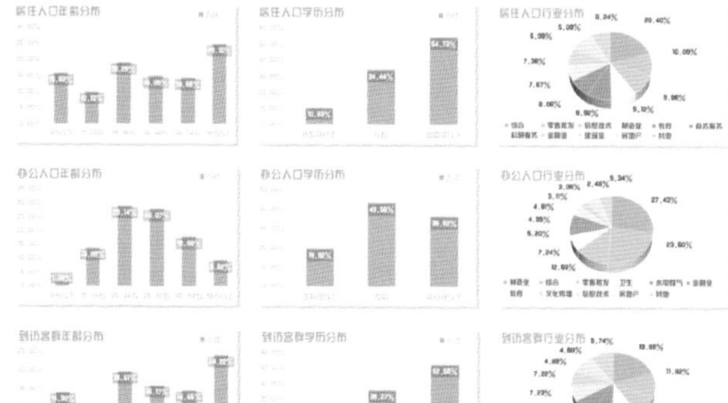

居住人口年龄分布均匀，缺乏高新技术人才，办公人口主要从事行业为制造业、批发业。到访游客群体主要指外地以及市内其他地区游玩人群。

现状问题总结

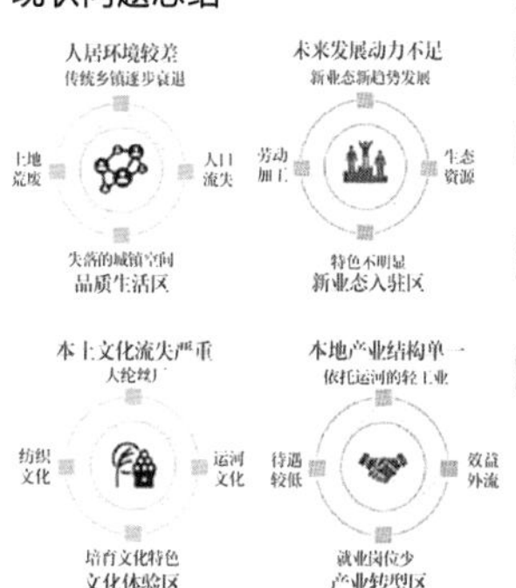

整体呈现出人居环境较差、本土文化流失严重、本地产业机构单一、未来产业发展动力不足四大问题。

技术框架

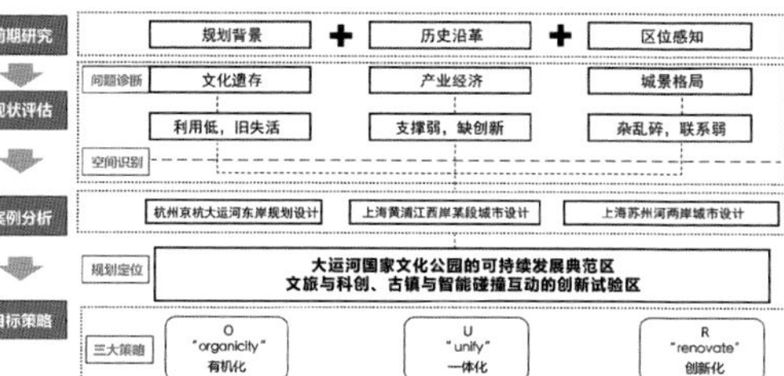

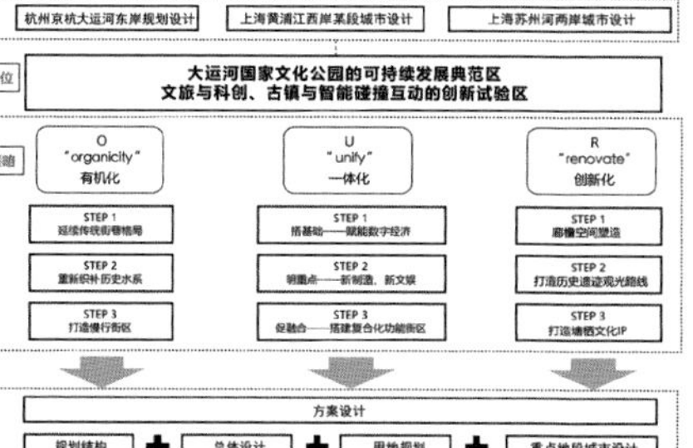

规划意向

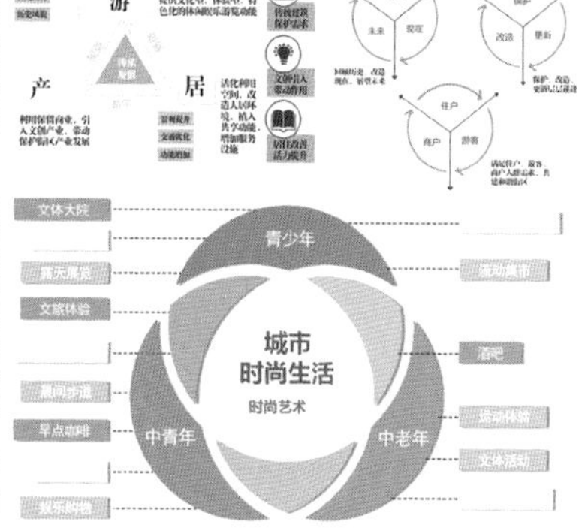

规划策略

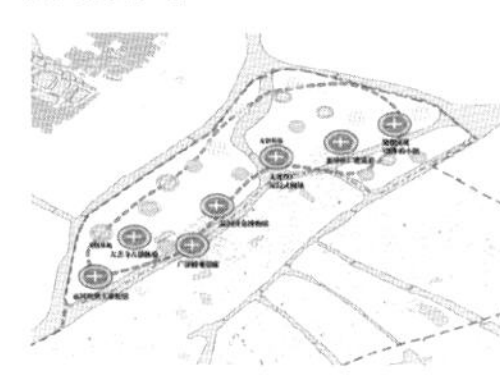

文脉复兴：寻找本底文化要素、集聚文化要素，对文化要素进行分类，集中展示古今文化，串联古今文化节点,构建文化主题线索，形成文化主题游线。

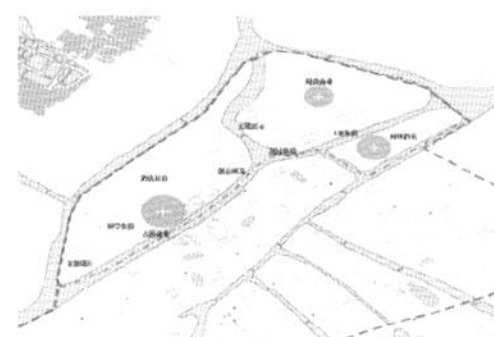

产业兴旺：识别物质空间、非物质空间、公共空间，分别提取三类空间的文化特征，充分发挥原生文化的基础优势与积淀，融文化于产业，打造古韵运河游线，打造塘栖文化IP，形成具有鲜明辨识度的特色产业。

风貌重塑：识别原生生态资源与优势，整合生态资源，梳理蓝绿基底，活化原始生态属性，植入新功能，倡导人与自然和谐发展，提出生态建设与保护的分期实施计划。

规划设计

整体规划结构

整体形成“两核四点四轴“的空间格局。A地块为文创核心，B地块为文旅核心，C、D地块为休闲核心。

整体功能分区

形成9大功能片区，落实以文创研发为主、文化旅游为辅的产业体系。

整体道路体系

整体延续现状道路网，打通内部断头路，形成全新路网。

总体规划结构

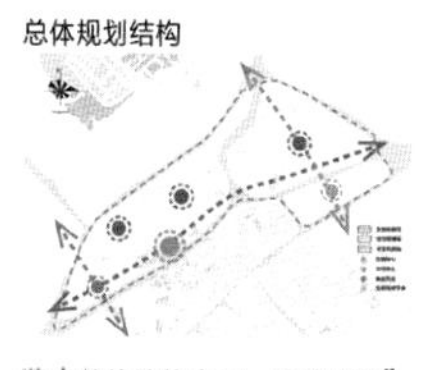

落实整体结构布局，总体形成”两核四点一带两轴“的空间结构体系。

总体功能分区

形成16大功能片区，沿运河形成文旅发展带，B、C地块配套居住区。

总体规划用地

B地块以商业用地为主，配套酒店居住；C地块以商业与文化展示为主，并配套部分民宿。

总体道路体系

落实整体道路交通体系，以主干道连接四个地块，加强各地块之间联系，形成全新路网。

总体慢行体系

以水系为纽带，构建多层次、滨水型、网络状的步行网络体系。环岛环核心打造慢行系统

总体河流水系

恢复历史水系，打通现状堵塞河道，引水入城，构建东西向水系主轴，各地块内部向南北引水系为次轴。

总体绿地景观

A、B地块沿东西布置绿地景观系统，C地块形成“一横一纵”十字生态绿廊，D地块打造园林酒店景观节点。

OUR's 塘栖 ——杭州市临平区塘栖北单元城市设计

03 总体篇

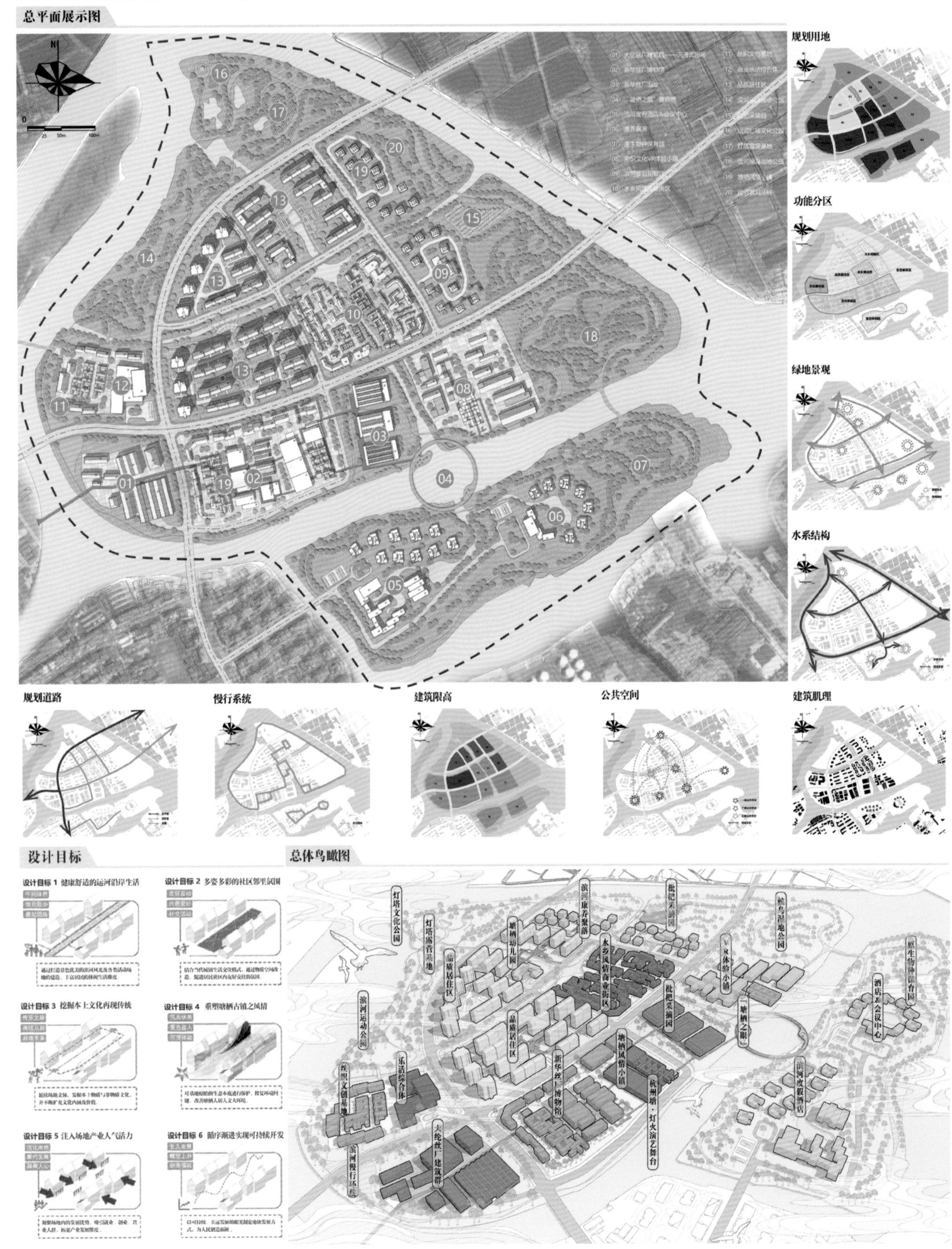

OUR's 塘栖 ——杭州市临平区塘栖北单元城市设计

04 设计篇

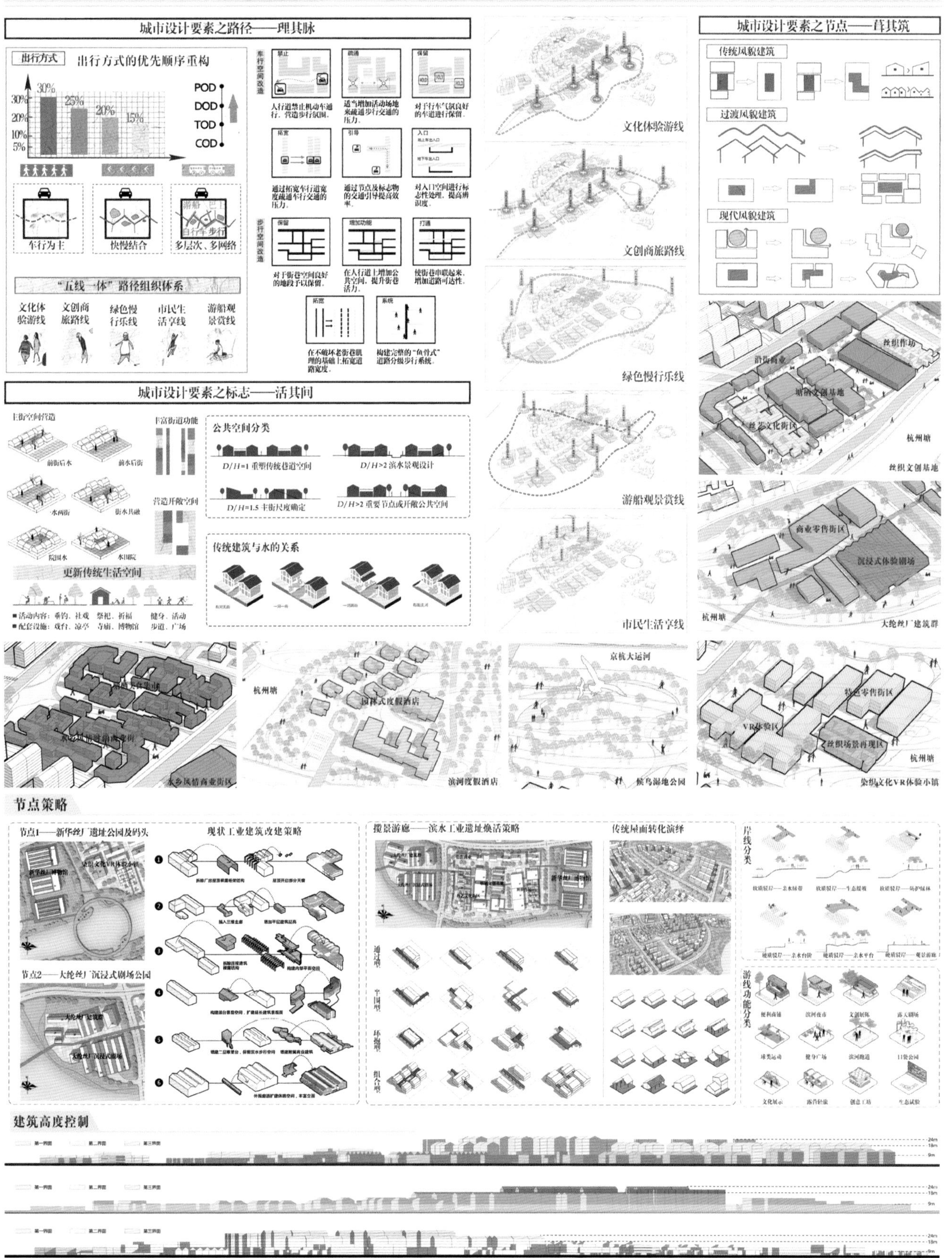

01 融古织新 水运塘栖

——杭州市临平区塘栖北单元城市设计

上位规划

城镇功能：基地位于杭州大都市服务中心的空间范围内。

基地位于历史与未来共生的运河名镇，是申报世界遗产的样板工程、世界级的旅游综合体。

经济产业：基地要求实现工业遗产的改造与保护，实现旅游与文化创意产业互动，引领产业升级与转型。

历史文化：基地要求结合运河综合保护，提升历史街区保护与开发的质量。

生态环境：基地位于超山—塘栖生态保护区。

发展潜力

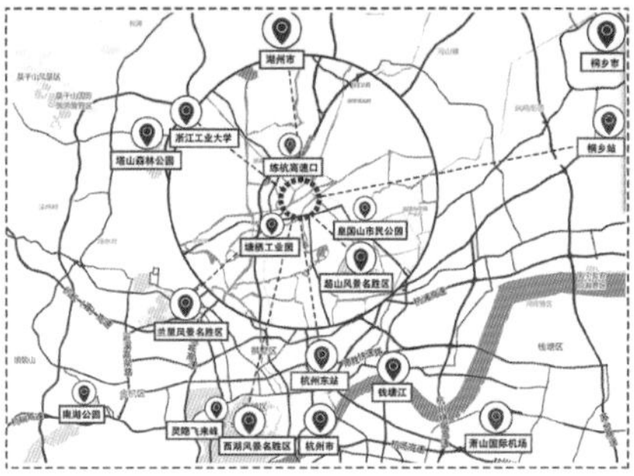

■ 新旧产业转型

通过对研究范围内部产业进行分析发现，基地现有一、二、三产业结构复杂，且处于产业转型发展的关键时期。

■ 文旅体验更迭

以古镇的历史、运河文化、特色建筑等为主题，向游客展示城市独特的文化魅力，并为游客提供休闲、娱乐、购物等服务。

■ 新旧建筑结合

以现有建筑肌理为基础条件，围绕重点保留的工业遗产建筑，对基地内部建筑进行新旧融合处理。

历史文化

■ 塘栖历史沿革

宋代：北宋以前，河网交错，是渔民聚居的村落。

元代：塘栖始为南北往来通道，驰驿者舍临平由塘栖，人烟以聚，风气以开。

漕运国道

明代：因广济桥的修复，运河两岸聚连成片，成为一处交通便捷的水路码头、通商要埠。

商贸繁市

清代：塘栖声名日隆，成为江南十大名镇之首，近代丝绸工业发轫。

工业先锋

民国：镇容规模空前，百货凑集，舟航上下，烟火万家，诚可立一县。

名汇之地

新中国成立后：新中国成立后，塘栖城建工作开始。

民享之河

未来：塘栖历史历经千年，如何从中找寻规律，重新确定发展定位？

人居环境

■ 建筑质量

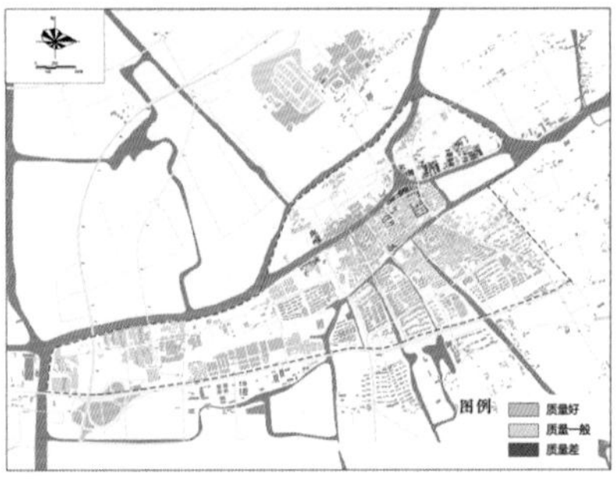

■ 建筑层数

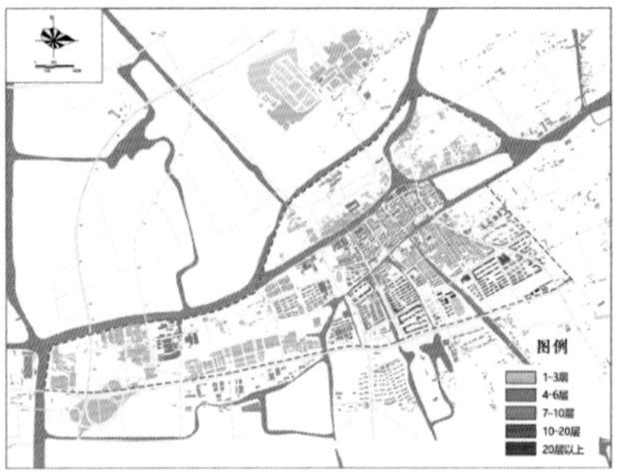

■ 建筑风貌

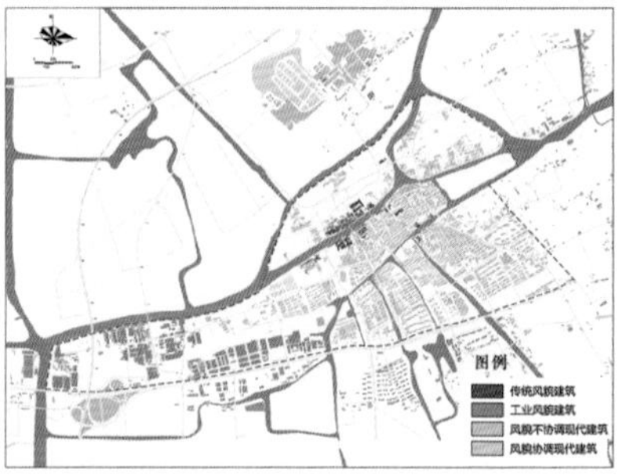

■ 土地利用现状

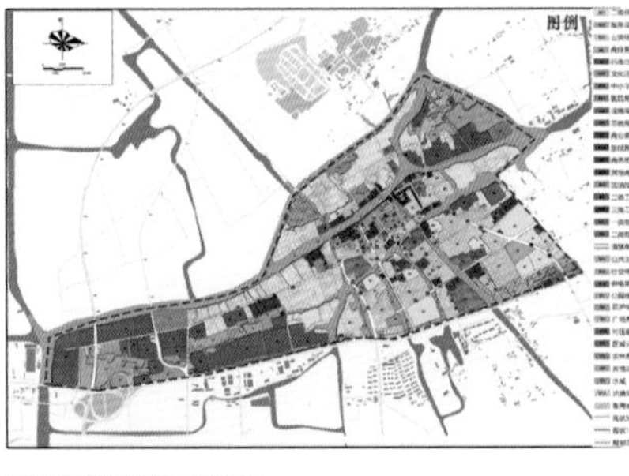

■ 历史资源

■ 道路系统

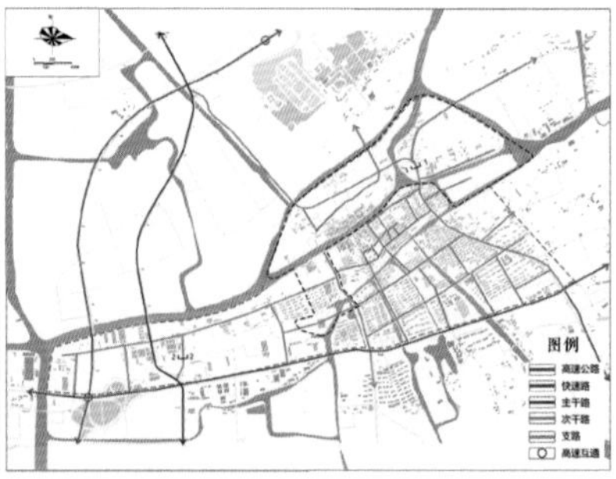

规划分析

■ 空间结构规划

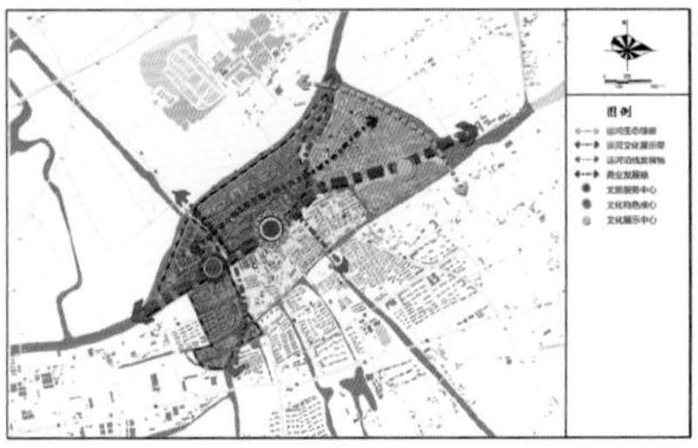

■ 蓝绿系统规划

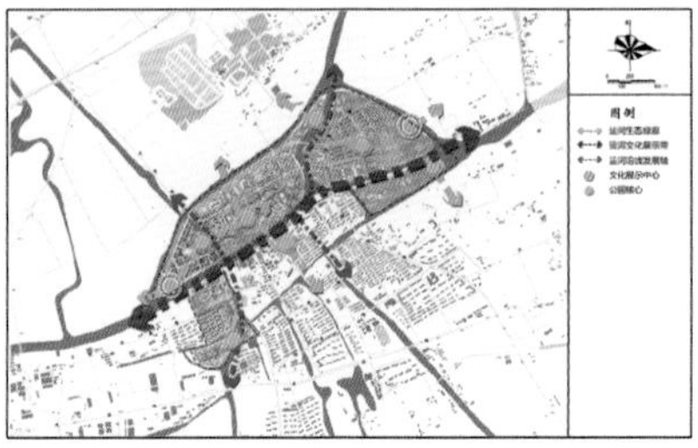

■ 土地利用规划

SWOT分析

	优势（strength）	劣势（weakness）
	• 经济：运河带来经济价值；张家墩产业基础 • 文化：运河的文化性、历史建筑的价值性 • 生态：广济桥与超山景观廊道，改造的便利性 • 交通：高速出入口，对外交通便利 • 风貌：江南传统建筑风貌的代表性	• 经济：产业结构单一，经济落后 • 文化：基地内部文保单位和历史建筑的展示性、带动性不足 • 生态：现状环境较差 • 交通：部分内部交通混杂，水运通道利用率较低 • 空间：空间关系混乱，不具地区特色
机遇分析（opportunity）	so（增长性战略）	wo（扭转性战略）
• 运河：大运河新时代的新价值 • 产业：产业基础面临转型机遇 • 交通：基地周围及内部高速路主干路逐渐完善，以及地铁线路（9号线）的通达	• 运河：挖掘运河新时代价值，充分展示其悠久的历史底蕴，发挥其经济及生态价值 • 经济：利用现有产业基础，构建一、二、三产联动产业链，发展第三产业 • 交通：交通便利性带来人流，充分发展文旅、商业等多功能复合区	• 产业：抓住机遇，实现产业转型 • 文化：保护与更新现有历史建筑、文保单位，发展文旅产业 • 交通：完善水陆双棋盘道路系统，增强地块的可达性和便捷性
威胁分析（threat）	st（多种经营战略）	wt（防御性战略）
• 运河：新旧职能之间的转变 • 产业：现状产业转型困难 • 环境：现状C、D地块恶劣的环境减少了土地价值	• 不断挖掘运河价值，既保留原有价值，又加入新的活力元素 • 充分改善生态环境，使其变成地区优势	• 完善各部门预防管理机制 • 提高预防管理标准 • 加强机遇检测和发展判断的能力，不断创新

人群分析

目标人群	人群特征	实况图片	人群需求
外来游客	自驾、地铁等方式到达 年龄跨度大 聚集商业街 渴望特色文化标识		公共交通便利 特色旅游资源 古镇特色风貌 体验型消费 （居住、娱乐、医疗、环境舒适、商业、出行、社交）
商家	工作面临数字化趋势 古镇风貌带来产业效益 产品业态网红化		基础设施便利 就业机会多 生活成本低 就业压力小 （居住、娱乐、文化、高效益经营、商业、参观、环境）
周边居民	老龄化严重 休闲、锻炼、交往 生活成本较市区低 就业机会少		部分功能置换 智能化创新产业 文化场景体验 相关产业联动 （居住、聚会、工作、文化之旅、商业、出行、社交）

主题解读

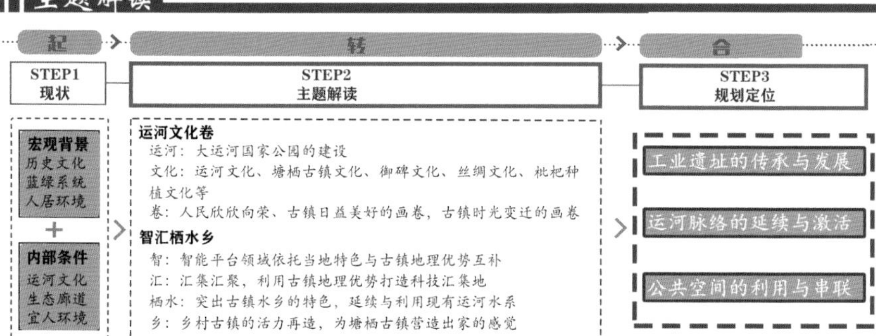

起
转
合
STEP1
现状
STEP2
主题解读
STEP3
规划定位
宏观背景
历史文化
蓝绿系统
人居环境
+
内部条件
运河文化
生态廊道
宜人环境
运河文化卷
运河：大运河国家公园的建设
文化：运河文化、塘栖古镇文化、御碑文化、丝绸文化、枇杷种植文化等
卷：人民欣欣向荣、古镇日益美好的画卷，古镇时光变迁的画卷
智汇栖水乡
智：智能平台领域依托当地特色与古镇地理优势互补
汇：汇集汇聚，利用古镇地理优势打造科技汇集地
栖水：突出古镇水乡的特色，延续与利用现有运河水系
乡：乡村古镇的活力再造，为塘栖古镇营造出家的感觉
工业遗址的传承与发展
运河脉络的延续与激活
公共空间的利用与串联

设计理念

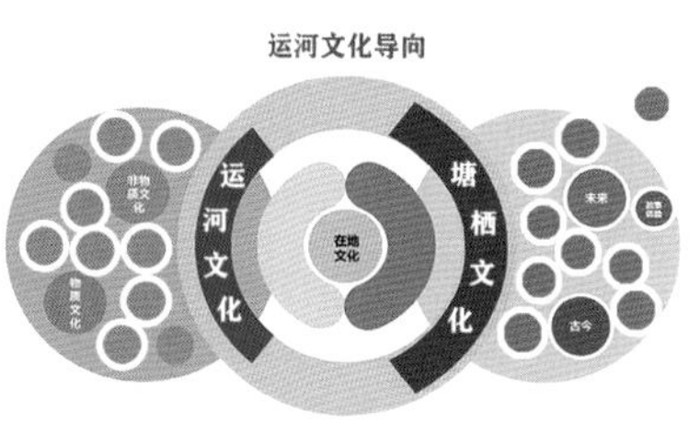

本设计旨在将运河文化、古镇文化、工业遗存等联系起来并发扬光大，利用运河现有水系串联空间节点，织补蓝绿系统网络，结合时空耦合概念，打造水乡文化、水系生态、活力多元的文旅乐园。

规划策略

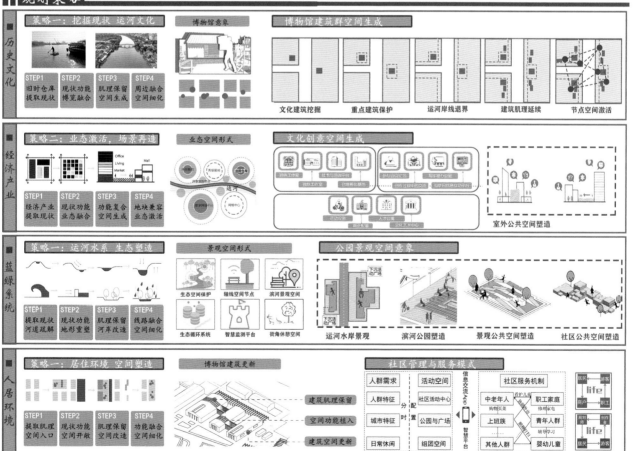

历史文化

策略一：挖掘现状 运河文化

STEP1 旧时仓库 提取现状
STEP2 现状功能 博览融合
STEP3 肌理保留 空间生成
STEP4 周边融合 空间细化

博物馆意象

博物馆建筑群空间生成

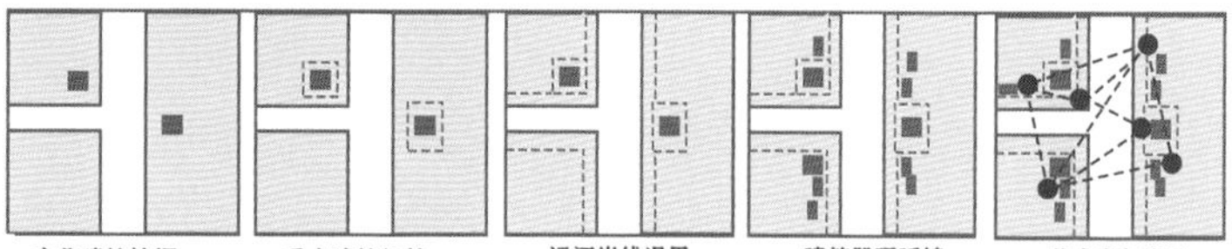

文化建筑挖掘 / 重点建筑保护 / 运河岸线退界 / 建筑肌理延续 / 节点空间激活

经济产业

策略二：业态激活，场景再造

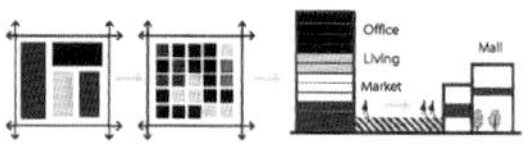

Office / Living / Market / Mall

STEP1 经济产业 提取现状
STEP2 现状功能 业态融合
STEP3 功能复合 空间生成
STEP4 地块兼容 业态激活

业态空间形式

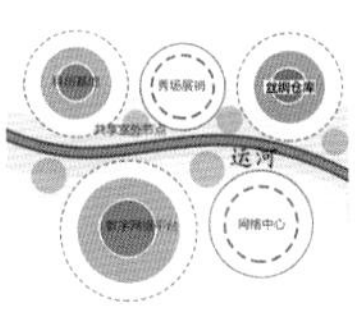

运河 / 网络中心

文化创意空间生成

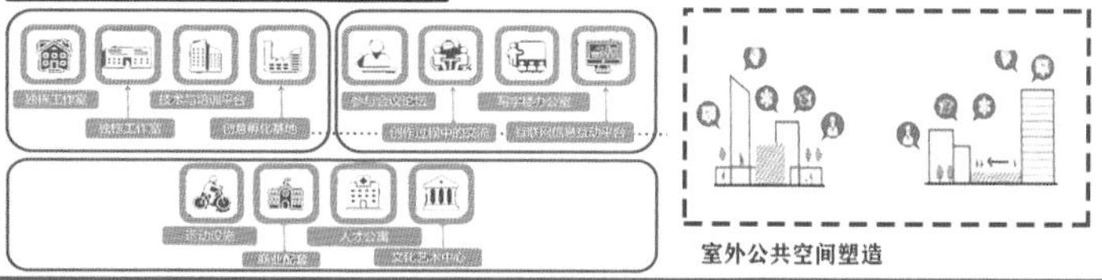

室外公共空间塑造

蓝绿系统

策略一：运河水系 生态塑造

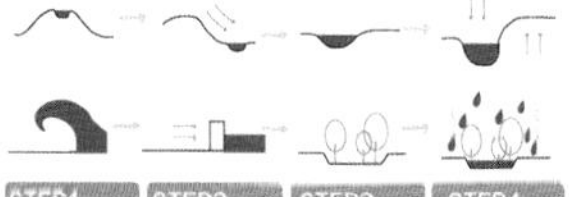

STEP1 提取现状 河道疏解
STEP2 现状功能 地形重塑
STEP3 肌理保留 河岸改造
STEP4 线路融合 空间细化

景观空间形式

生态空间保护 / 駐线空间节点 / 滨河景观空间
生态循环系统 / 智慧监测平台 / 街角休憩空间

公园景观空间意象

下沉活动广场 / 下沉活动广场

运河水岸景观 / 滨河公园塑造 / 景观公共空间塑造 / 社区公共空间塑造

人居环境

策略一：居住环境 空间塑造

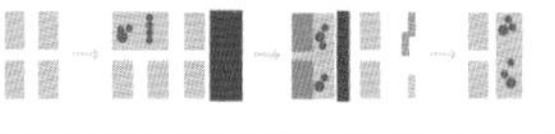

STEP1 提取肌理 空间入口
STEP2 现状功能 空间开敞
STEP3 肌理保留 空间改造
STEP4 功能融合 空间细化

博物馆建筑更新

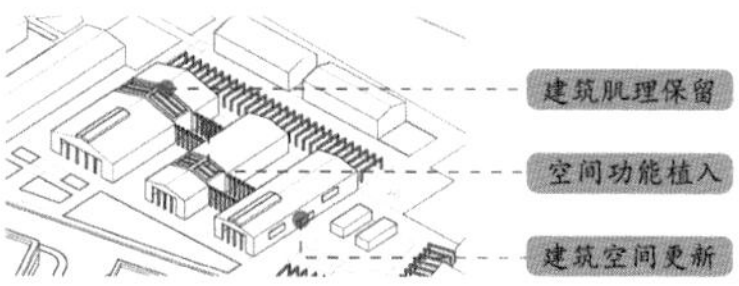

建筑肌理保留 / 空间功能植入 / 建筑空间更新

社区管理与服务模式

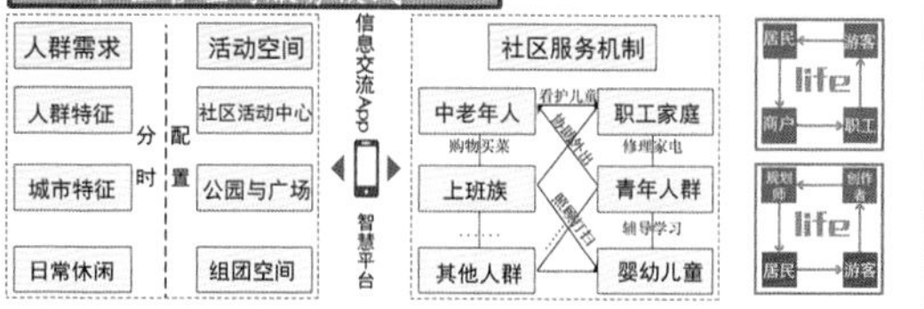

人群需求 / 人群特征 / 城市特征 / 日常休闲 —— 分时 配置 —— 活动空间 / 社区活动中心 / 公园与广场 / 组团空间

信息交流App / 智慧平台

社区服务机制：中老年人 / 上班族 / …… / 其他人群；职工家庭 / 青年人群 / 婴幼儿童；看护儿童、协助外出、照顾打扫、购物买菜、修理家电、辅导学习

life：居民、游客、商户、职工
life：规划师、创作者、居民、游客

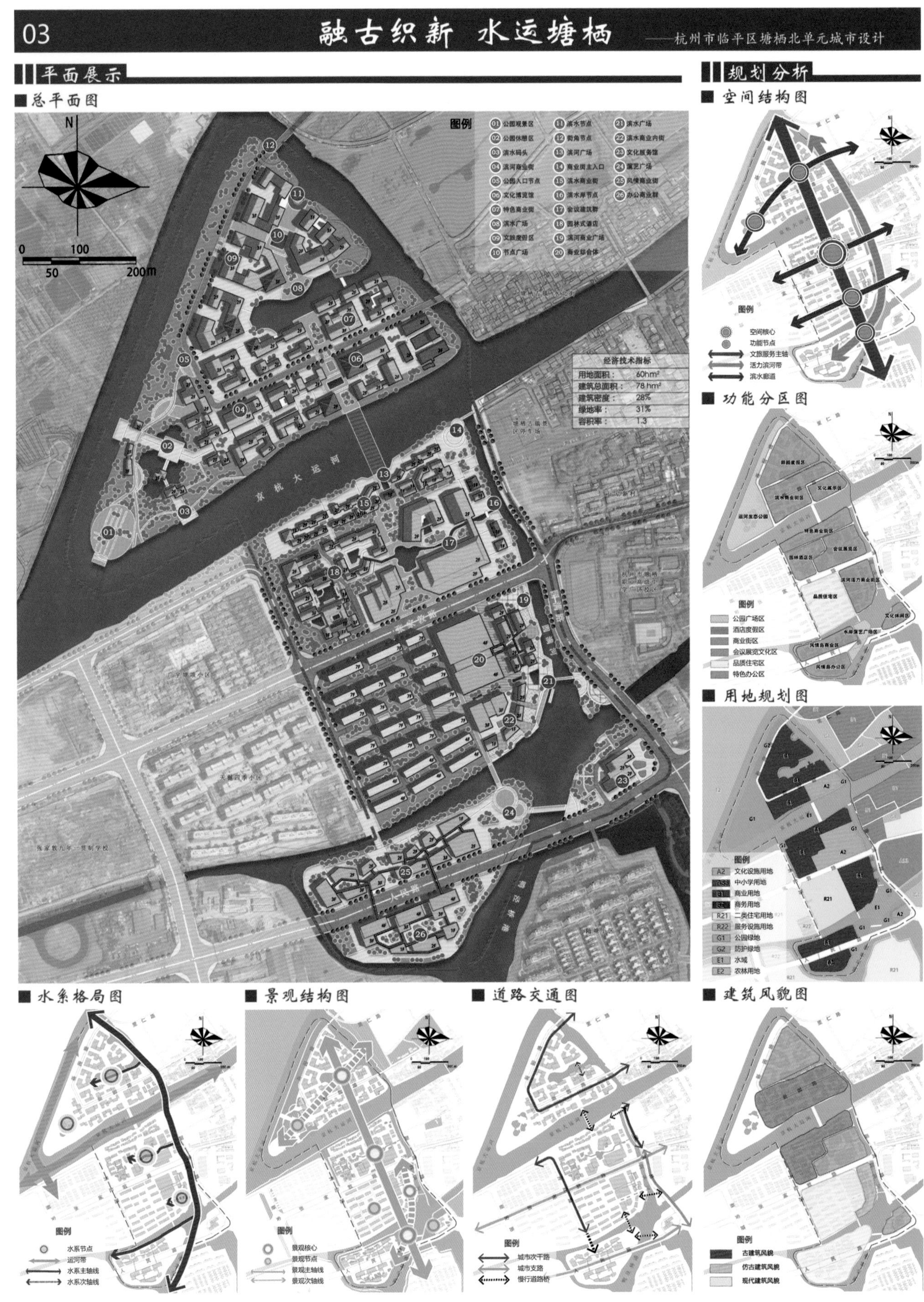

经济技术指标	
用地面积：	60hm²
建筑总面积：	78 hm²
建筑密度：	28%
绿地率：	31%
容积率：	1.3

04

融古织新 水运塘栖

——杭州市临平区塘栖北单元城市设计

空间构建

控制引导

生态重构生成
现状的河岸缺少吸引力，无法汇集人流。
适过绿地的重构，将滨河两岸的片区核心联系起来。
新建连廊步行系统，串联起河岸两边的人流。
沿河道公共空间再次与生活场域紧密结合。
岸边绿地与地块内部缺乏有效的联系。
引导地块建筑设置开敞空间，引入水系，打造景观绿廊。
将绿廊水系横向串连成蓝绿交织的景观网络。
带动城市空间的活力，串连人与河流的生活关系。
高度可达的滨水开放空间
开放与围合兼顾的水岸空间
注重滨水节点空间的打造
高度控制图
开发强度控制图
图例

功能要素分析

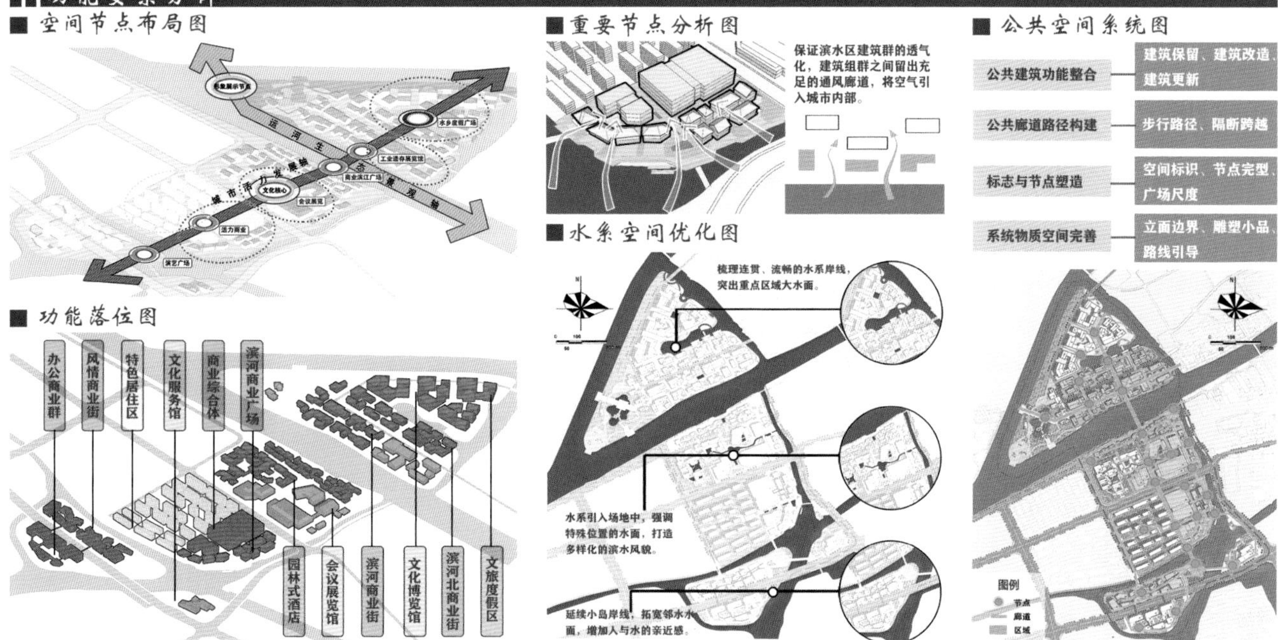

效果展示

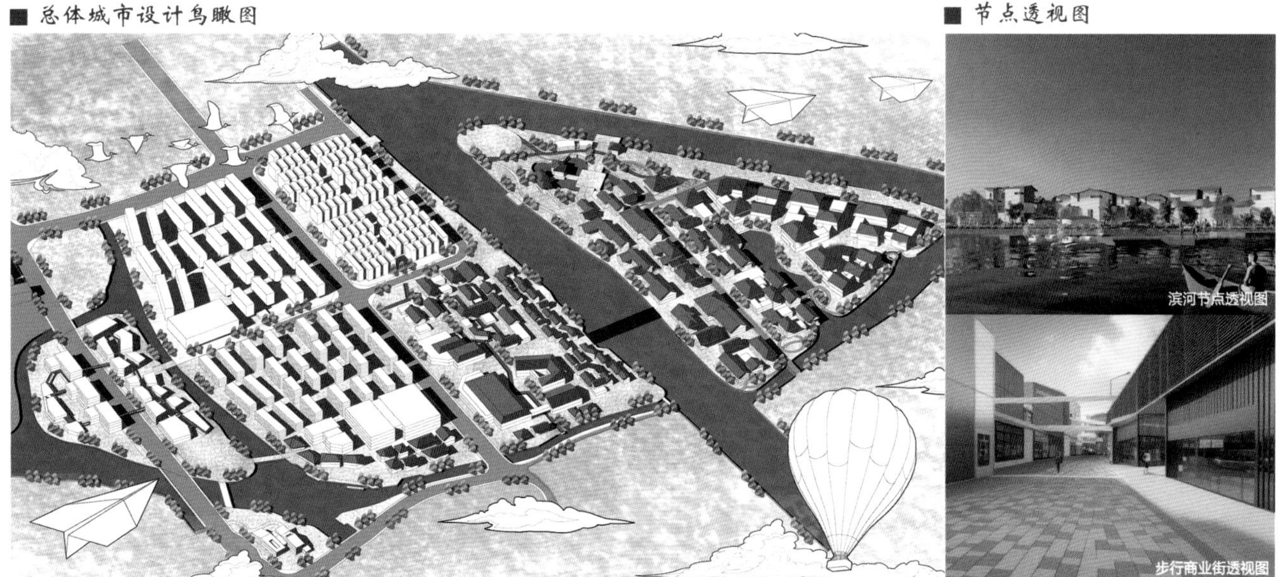

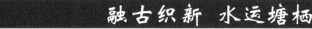

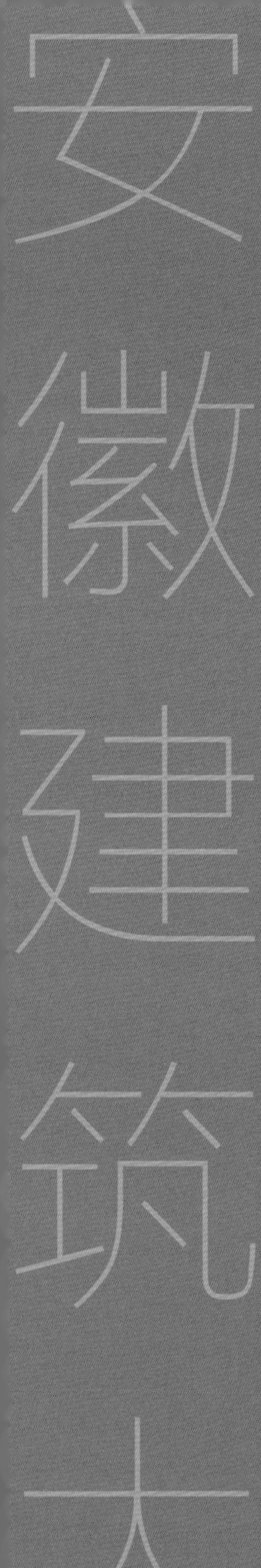

不“栖”而遇，大运河“古今对谈企划”

——基于“五感体验”的杭州市临平区塘栖古镇西北单元城市设计 / 卢逸舟 阮思琦

和“运”同尘，万象共栖

——基于共生理念的塘栖北单元 B 地块城市设计 / 贾慧琳 徐图

栖水育丝，织智化蝶

——熊彼特破坏性创新理论导向的塘栖北制丝厂区创新空间生产探索 / 洪玮 徐红

古运今叙 · 智屿新成

——空间叙事视角下的杭州市临平区塘栖北单元城市设计 / 胡诚洁 田雨佳

不“栖”而遇，大运河“古今对谈企划”

“栖”待相见

——基于“五感体验”的杭州市临平区塘栖古镇西北单元城市设计

壹

总体规划设计

规划目标

立足现状问题，充分利用现状资源，围绕塘栖古镇打造古镇衍生片区。优化旅游观光游览线路，织补片区生活圈，修复生态渗透轴线，建设创新发展小镇。

基地定位

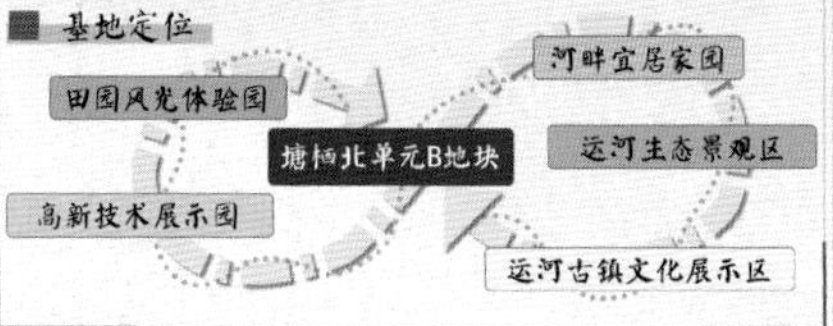

田园风光体验园　河畔宜居家园　塘栖北单元B地块　运河生态景观区　高新技术展示园　运河古镇文化展示区

技术路线框架

历史沿革

问题总结

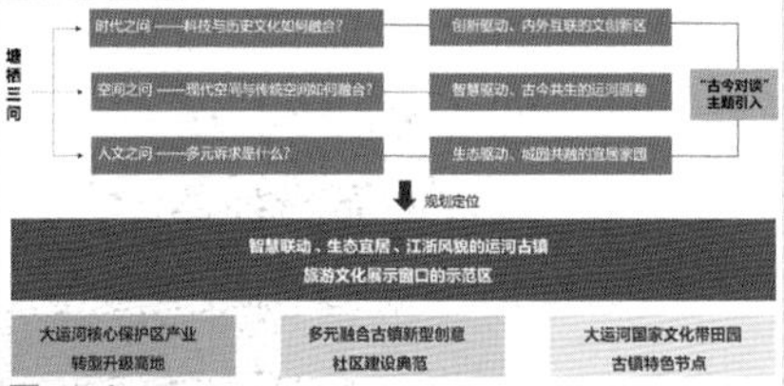

塘栖三问

时代之问——科技与历史文化如何融合？——创新驱动、内外互联的文创新区

空间之问——现代空间与传统空间如何融合？——智慧驱动、古今共生的运河画卷

人文之问——多元诉求是什么？——生态驱动、城园共融的宜居家园

“古今对谈”主题引入

规划定位

智慧联动、生态宜居、江浙风貌的运河古镇旅游文化展示窗口的示范区

大运河核心保护区产业转型升级高地　多元融合古镇新型创意社区建设典范　大运河国家文化带田园古镇特色节点

技术路线

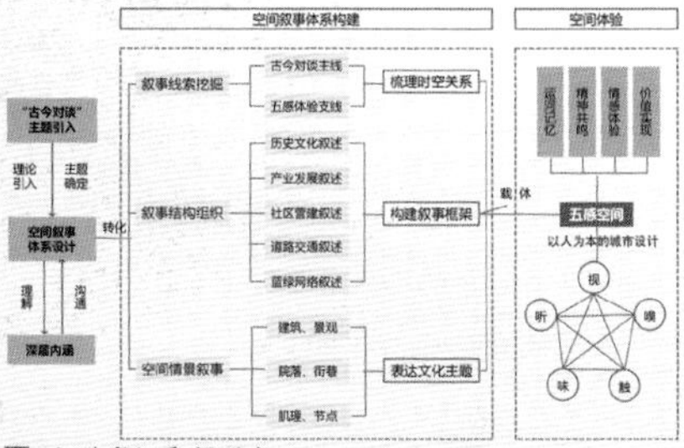

主动有机更新模式

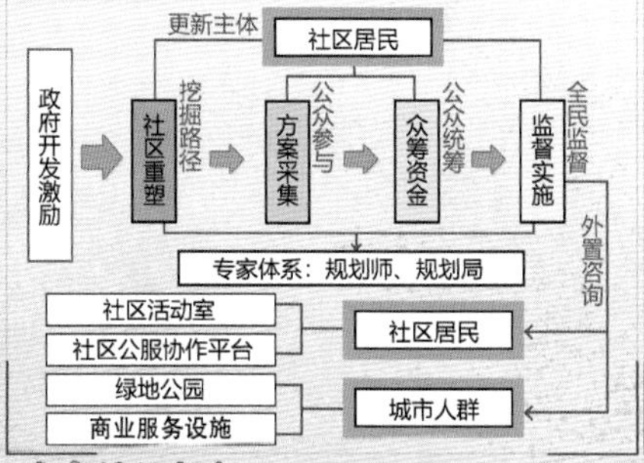

土地利用控制

土地利用现状

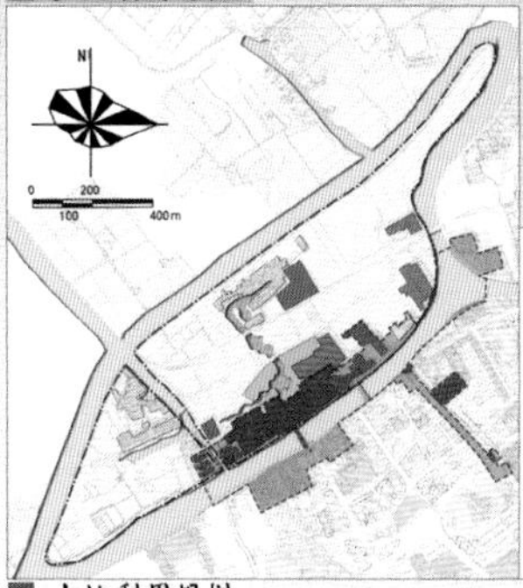

现存问题：
①功能空间布局失衡；
②出行交通联系不便；
③公共设施布局不足；
④生态渗透廊道缺失；
⑤工业遗址待盘活。

土地利用规划、现状对比表

用地代码	用地名称		用地面积（hm²）	
			现状	规划
07（R）	居住用地		4.16	10.52
08（A）	公共管理与公共服务设施用地		3.03	13.22
	其中	行政办公用地	0	0
		文化设施用地	2.89	11.85
		教育科研用地	0	1.23
		体育用地	0	0
		医疗卫生用地	0	0
		社会福利用地	0	0
		文物古迹用地	0.14	0.14
		外事用地	0	0
		宗教用地	0	0
09（B）	商业服务业设施用地		4.87	10.02
10（M）	工业用地		0	0
11（W）	物流仓储用地		0	0
12（S）	道路与交通设施用地		4.31	13.66
	其中：城市道路用地		2.87	12.22
13（U）	公用设施用地		0.76	0.76
14（G）	绿地与广场用地		3.21	30.28
	其中：公园绿地		2.95	26.02
H11	城市建设用地		20.34	78.45

用地代码	用地名称		占城市建设用地比例（%）		人均城市建设用地面积（m²/人）	
			现状	规划	现状	规划
07（R）	居住用地		20.45	13.41	1.05	15.03
08（A）	公共管理与公共服务设施用地		14.9	16.85	0.76	18.89
	其中	行政办公用地	0	0	0	0
		文化设施用地	14.21	15.1	0.73	16.93
		教育科研用地	0	1.57	0	1.76
		体育用地	0	0	0	0
		医疗卫生用地	0	0	0	0
		社会福利用地	0	0	0	0
		文物古迹用地	0.69	0.18	0.04	0.2
		外事用地	0	0	0	0
		宗教用地	0	0	0	0
09（B）	商业服务业设施用地		23.94	12.77	1.23	14.31
10（M）	工业用地		0	0	0	0
11（W）	物流仓储用地		0	0	0	0
12（S）	道路与交通设施用地		21.19	17.41	1.09	19.51
	其中：城市道路用地		14.11	15.57	0.72	17.46
13（U）	公用设施用地		3.74	0.97	0.19	1.09
14（G）	绿地与广场用地		15.78	38.59	0.81	43.26
	其中：公园绿地		14.5	33.17	0.74	37.17
H11	城市建设用地		100	100	5.13	112.07

土地利用规划

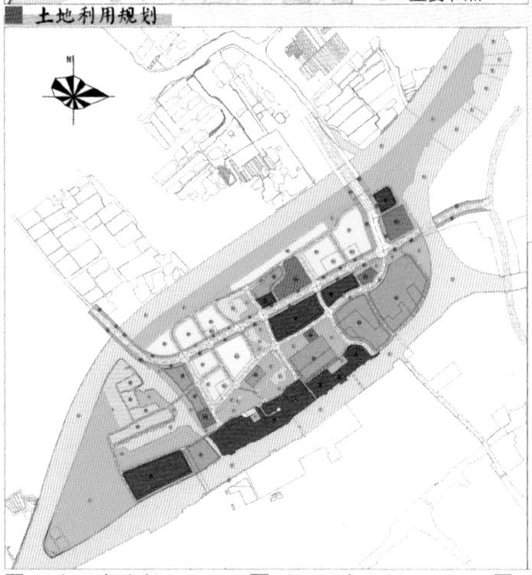

土地利用规划说明

基于问题与目标导向，尊重现状，对空格键功能进行重组与织补。

①严格划定运河边保护范围20米，限制运河临街面建设。

②尊重原有用地功能布局。

③串联文化设施，塑造文化游线走廊。

④织补生态体系，打造南北生态渗透廊道。

⑤依人口及园区职住平衡需求，设计适合的生活圈社区规模。

开发强度控制

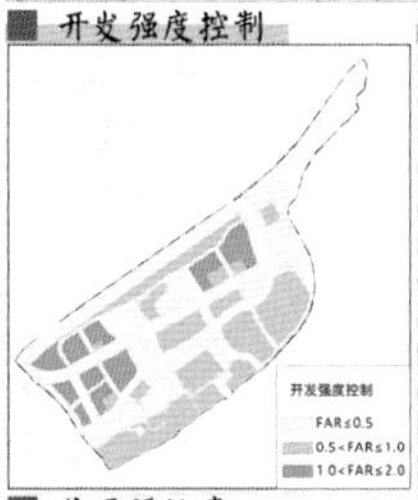

土地开发态势

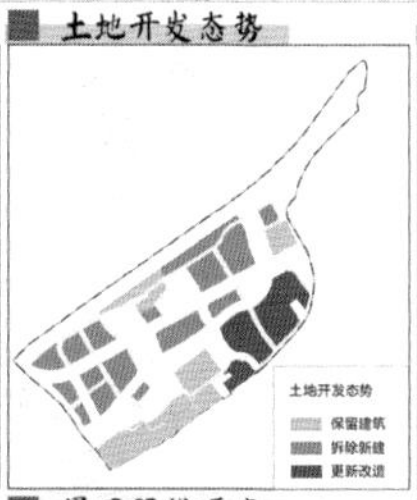

片区建筑密度

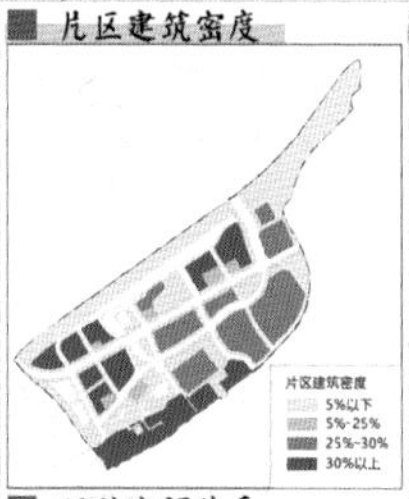

片区建筑密度

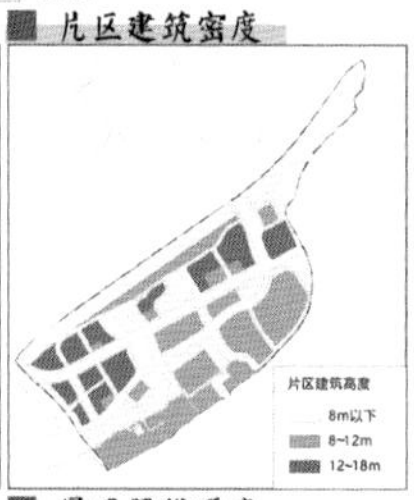

片区绿地率

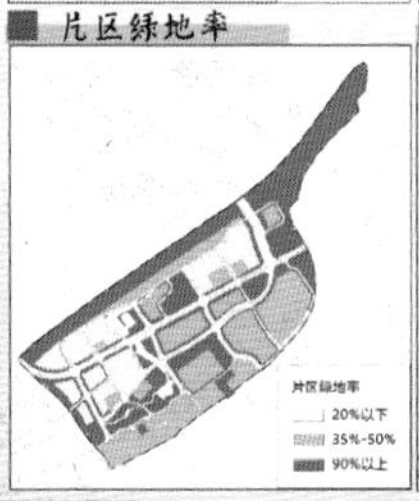

景观视线通廊

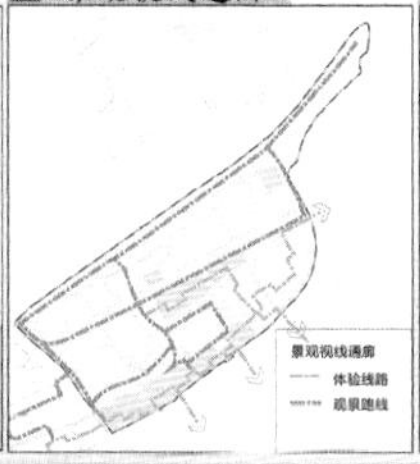

公共空间体系

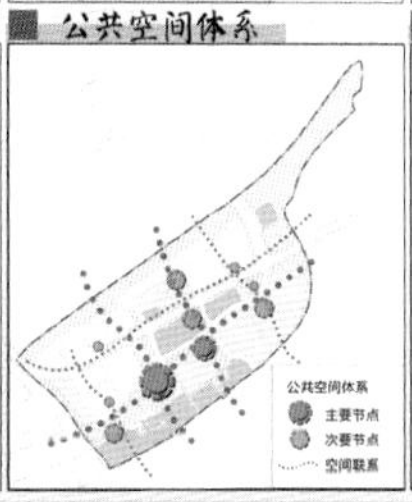

景观视线通廊

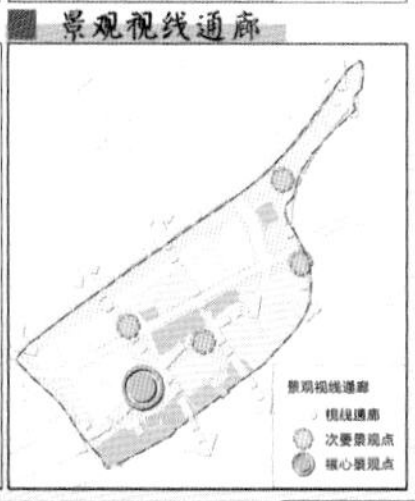

城市设计框架

总体结构框架

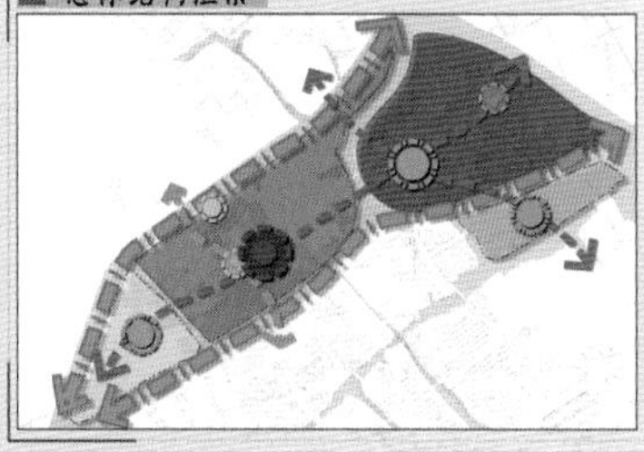

四核两廊一带两轴

四核：宜居社区核心
古镇文化核心
科创产业核心
休闲风光核心

两廊：新航道生态绿廊
古运河活力廊道

一带：南北生态渗透绿带

两轴：文化传承发展轴
创新发展体验轴

城市设计范围划定

基地所在区位：设计地块选择基地一中的B地块。以广济桥为核心塑造历史特色风貌片区，发展宜居社区与服务设施，织补用地功能，打造古镇文化展示区。

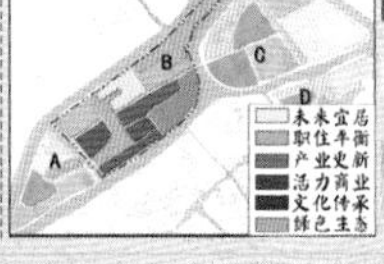

基地一
B地块 57 公顷

A—河畔宜居家园
B—古镇文化展示区
C—科创产业发展区
D—休闲风光体验区

平面方案生成

手绘一稿方案

手绘二稿方案

手绘二稿方案

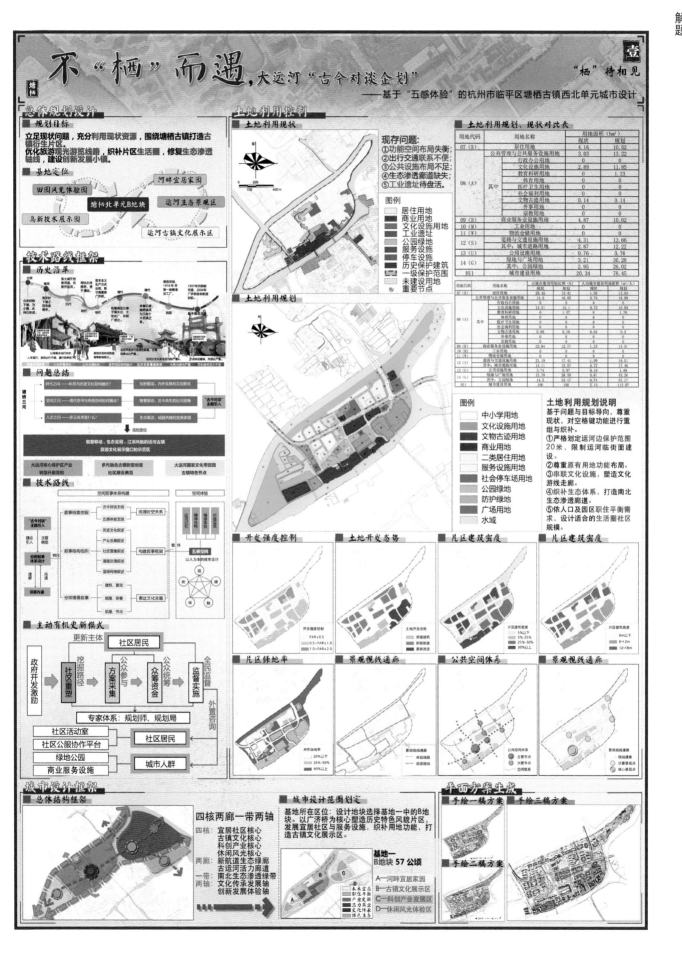

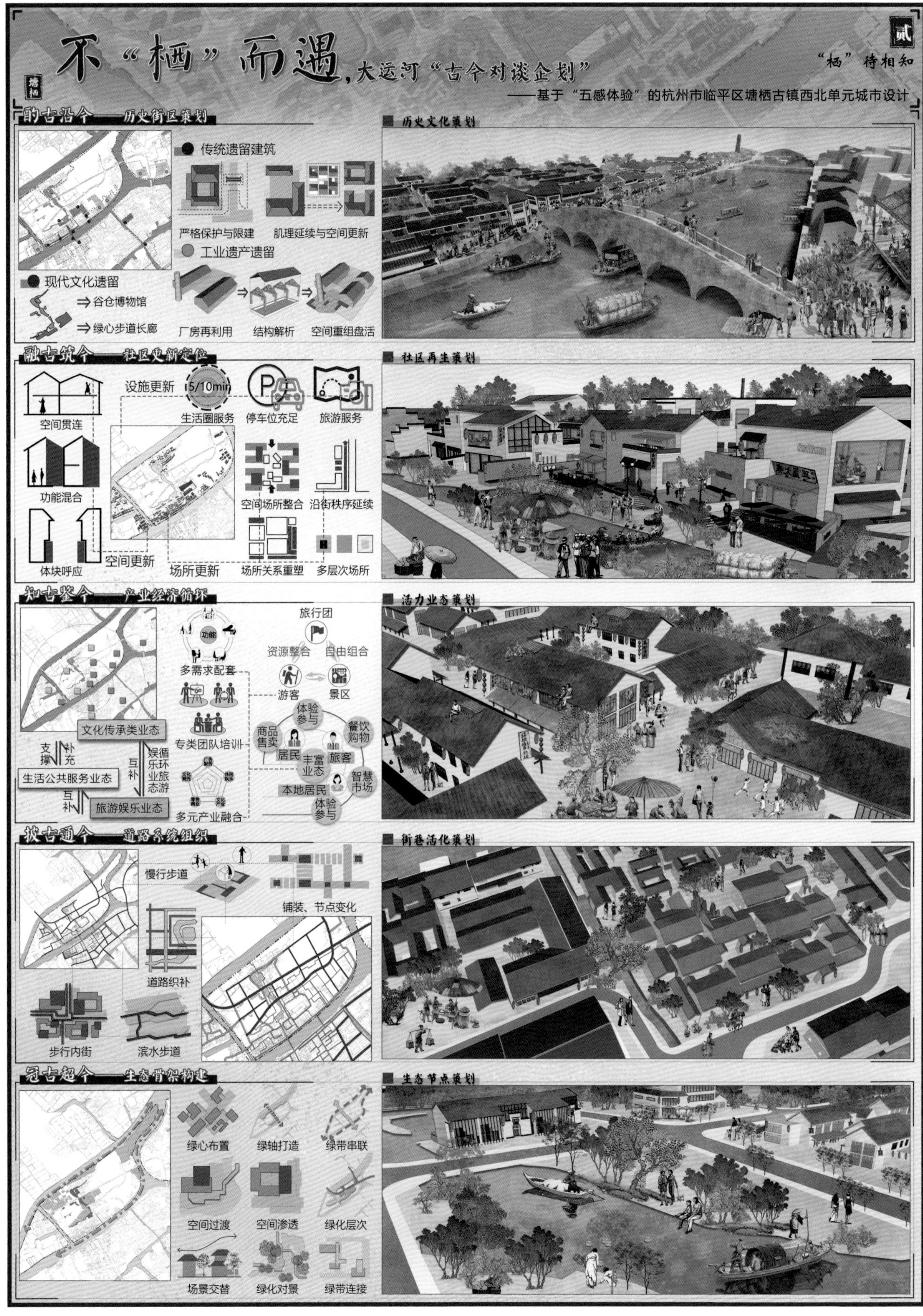
贰
不"栖"而遇，大运河"古今对谈企划"
"栖"待相知
——基于"五感体验"的杭州市临平区塘栖古镇西北单元城市设计
韵古沿今——历史街区策划
传统遗留建筑
严格保护与限建
肌理延续与空间更新
工业遗产遗留
现代文化遗留
谷仓博物馆
绿心步道长廊
厂房再利用
结构解析
空间重组盘活
历史文化策划
融古筑今——社区更新定位
设施更新
5/10min
空间贯连
生活圈服务
停车位充足
旅游服务
功能混合
空间场所整合
沿街秩序延续
体块呼应
空间更新
场所更新
场所关系重塑
多层次场所
社区再生策划
知古鉴今——产业经济循环
旅行团
功能
资源整合
自由组合
多需求配套
游客
景区
体验参与
餐饮购物
商品售卖
居民
旅客
专类团队培训
丰富业态
智慧市场
本地居民
体验参与
多元产业融合
文化传承类业态
支撑
补充
互补
娱乐
循环
业态
旅游
生活公共服务业态
互补
旅游娱乐业态
活力业态策划
拔古通今——道路系统组织
慢行步道
铺装、节点变化
道路织补
步行内街
滨水步道
街巷活化策划
冠古超今——生态骨架构建
绿心布置
绿轴打造
绿带串联
空间过渡
空间渗透
绿化层次
场景交替
绿化对景
绿带连接
生态节点策划

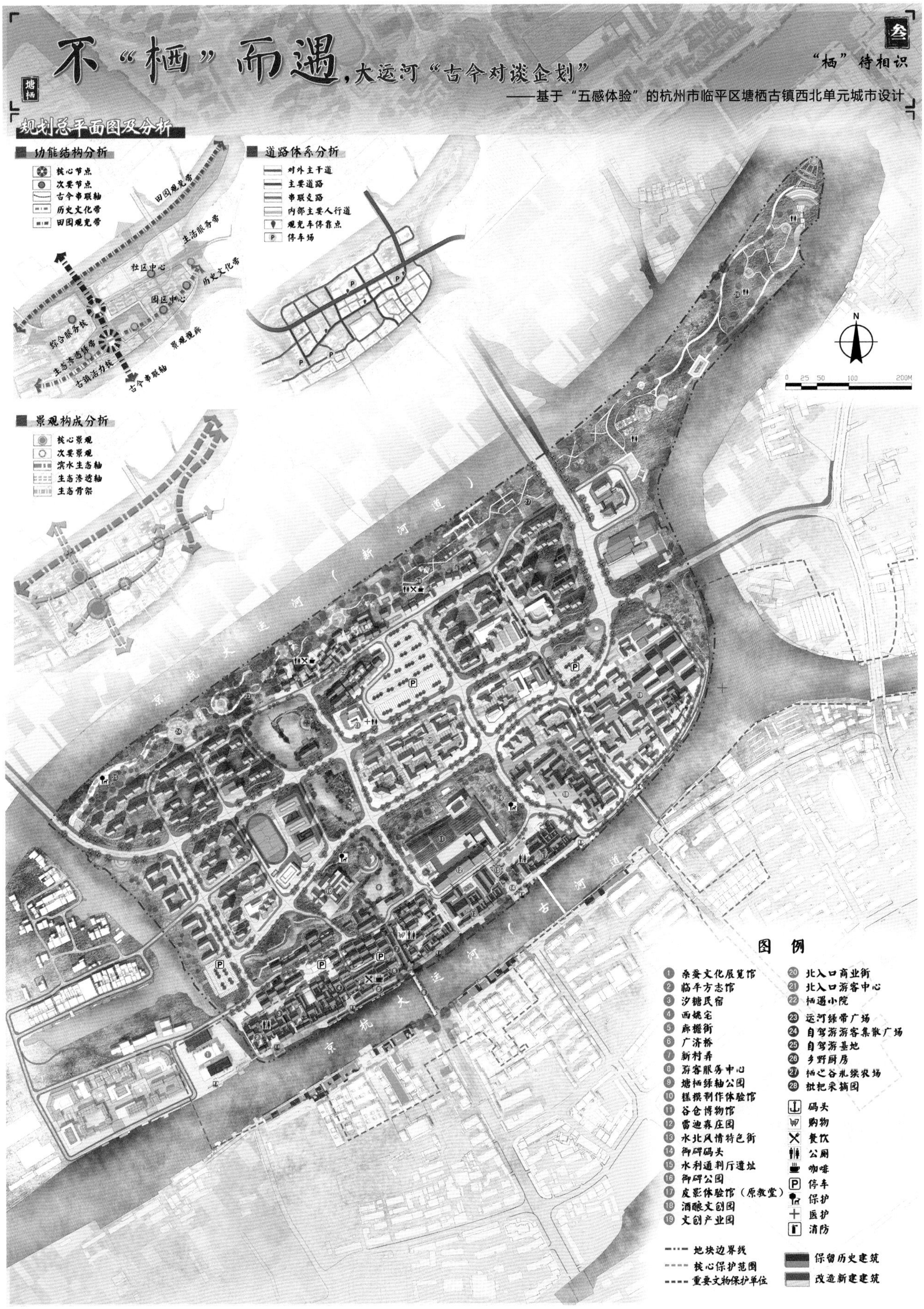

塘栖

不“栖”而遇，大运河“古今对谈企划”

叁

“栖”待相识

——基于“五感体验”的杭州市临平区塘栖古镇西北单元城市设计

规划总平面图及分析

功能结构分析

- 核心节点
- 次要节点
- 古今串联轴
- 历史文化带
- 田园观光带

田园观光带
生活服务带
社区中心
历史文化带
园区中心
综合服务核
景观视廊
生态渗透绿带
古镇活力核
古今串联轴

道路体系分析

- 对外主干道
- 主要道路
- 串联支路
- 内部主要人行道
- 观光车停靠点
- 停车场

景观构成分析

- 核心景观
- 次要景观
- 滨水生态轴
- 生态渗透轴
- 生态骨架

京杭大运河（新河道）

京杭大运河（古河道）

N

0 25 50 100 200M

图例

1. 桑蚕文化展览馆
2. 临平方志馆
3. 汐糖民宿
4. 西姚宅
5. 廊檐街
6. 广济桥
7. 新村弄
8. 游客服务中心
9. 塘栖绿轴公园
10. 糕模制作体验馆
11. 谷仓博物馆
12. 雷迪森庄园
13. 水北风情特色街
14. 御碑码头
15. 水利通判厅遗址
16. 御碑公园
17. 皮影体验馆（原教堂）
18. 酒酿文创园
19. 文创产业园
20. 北入口商业街
21. 北入口游客中心
22. 栖遇小院
23. 运河绿带广场
24. 自驾游游客集散广场
25. 自驾游基地
26. 乡野厨房
27. 栖之谷礼缤农场
28. 枇杷采摘园

- 码头
- 购物
- 餐饮
- 公厕
- 咖啡
- 停车
- 保护
- 医护
- 消防

- 地块边界线
- 核心保护范围
- 重要文物保护单位
- 保留历史建筑
- 改造新建建筑

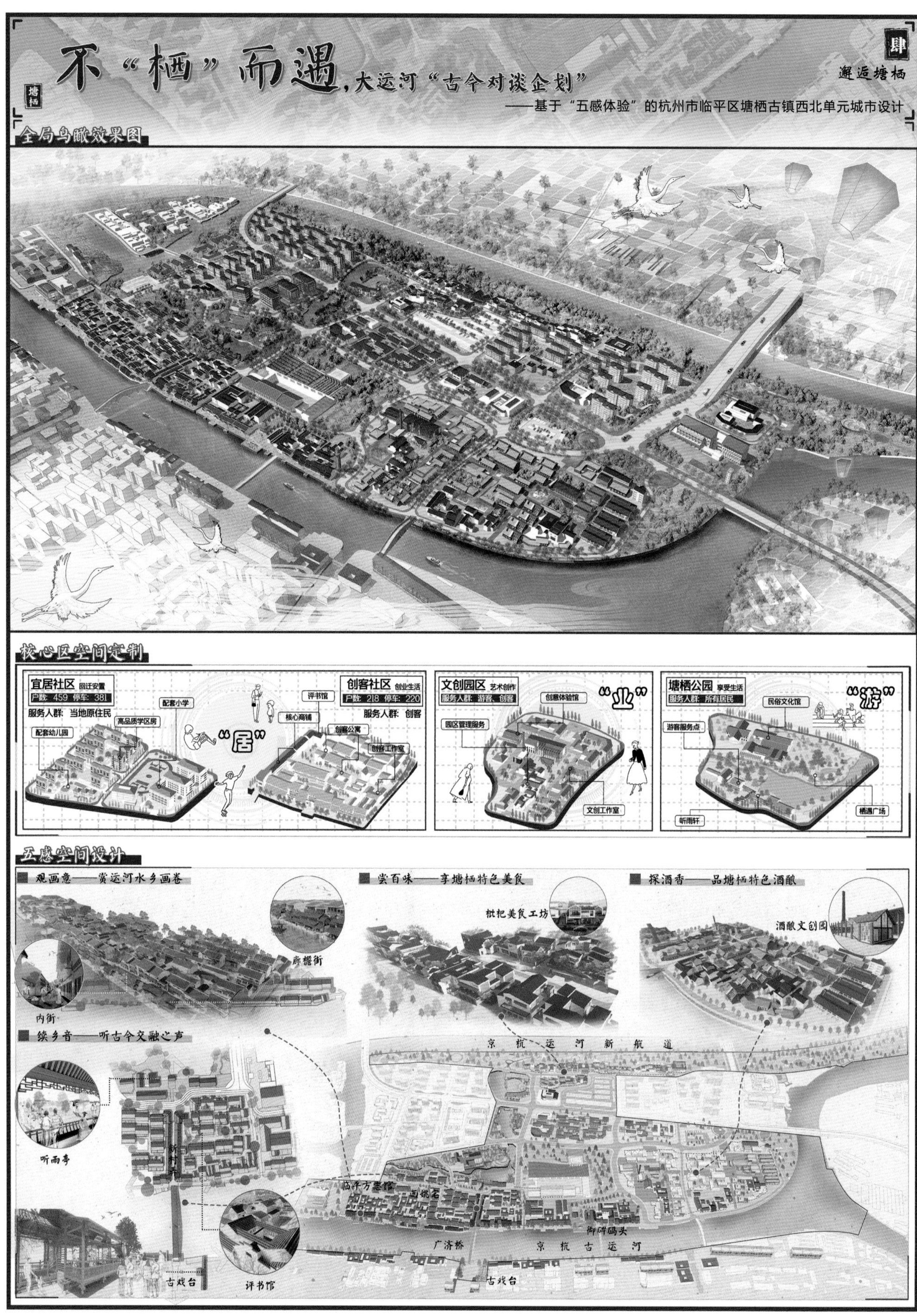
不"栖"而遇，大运河"古今对谈企划"
——基于"五感体验"的杭州市临平区塘栖古镇西北单元城市设计
肆
邂逅塘栖
全局鸟瞰效果图
核心区空间定制
宜居社区 回迁安置
户数：459 停车：381
服务人群：当地原住民
配套小学
高品质学区房
配套幼儿园
"居"
创客社区 创业生活
户数：218 停车：220
服务人群：创客
评书馆
核心商铺
创客公寓
创客工作室
文创园区 艺术创作
服务人群：游客、创客
创意体验馆
园区管理服务
"业"
文创工作室
塘栖公园 享受生活
服务人群：所有居民
民俗文化馆
"游"
游客服务点
栖遇广场
听雨轩
五感空间设计
观画意——赏运河水乡画卷
廊棚街
内街
尝百味——享塘栖特色美食
枇杷美食工坊
探酒香——品塘栖特色酒酿
酒酿文创园
续乡音——听古今交融之声
听雨亭
古戏台
评书馆
京杭运河新航道
临平方志馆
西塘街
御碑码头
广济桥
京杭古运河
古戏台

和“运”同尘，万象共栖
——基于共生理念的塘栖北单元B地块城市设计
认识与价值判断
判断Ⅰ——基地概况
地理区位
周边功能关系
对外交通
城市山水
文脉“运”相传
城市近郊
交通便利
运河穿越
水上门户
智创文创
水陆两运，汇聚人才
运河环抱，江南水乡
文化名镇
运河传承
运河流淌
枇杷品茶
诗画江南
运河·塘栖·基地
塘栖因运河而兴
发展路径：运河是基地发展的重点
运河因塘栖而活
判断Ⅱ——运河概况
相关规划
历史溯源——塘栖·运河
历史溯源——运河
历史溯源——塘栖
600's
1800's
1950's
2020's
future?
判断Ⅲ——人群概况
居民
游客
创业者
具有特色，有古镇活力气息
人气不旺，千镇一面，业态类型不高
居民的出行交通尚可，建筑风貌尚存，但是塘栖独有的弄堂有稍许破坏，生活气息不足，商业气息过重，配套不足。
古镇体验，游玩不足，游览范围小。
提供发展机会，加强地方独有特色，寻求历史与未来。
人群需求访谈
从市区跑来买房的大爷：
本地来的游客：
在这里经营面馆的老板：
居民 61岁
游客 21岁
小镇创业者 30岁
现状特征
生活塘栖
塘栖因运河而兴
运河因塘栖而活
万象运河
浩浩大河，扬扬其流
塘栖的运河是京杭的运河
运河的塘栖是独一无二的塘栖
多元人群
现状分析
居住及村庄用地
居住用地零散布置，主要包括水北街住区及部分村落。
居住用地相对独立，不互相干扰，配套服务不足。
公共管理与公共服务设施用地
主要集中在南侧地块外，地块内包括塘栖镇水北社区委员会、运河谷仓博物馆、余杭方志馆。
文化设施相对丰富，但缺乏对于居民的服务设施。
商业服务业设施用地
主要集中在塘栖古镇内，以沿街商铺为主。
提供休闲场地，但只集中于一点，尚未发散。
工业用地
主要集中在C、D地块，以轻工业为主，B地块主要为工业遗址。
主要为消防站、防涝所。
农林用地
多为农林用地，主要集中于C地块。
现状为蚕桑农田和枇杷林。
运河活力商旅轴
京杭大运河塘栖段
塘栖古镇入口
图例
问题总结
价值提取——A、B、C、D地块
优势
运河特色显著
区位优势明显
历史文化悠久
生态资源丰富
劣势
土地利用·业态分布不均，基础设施不足
道路交通·岛县联系较弱，外部可达性欠缺
蓝绿空间·绿地亲水性差，滨水空间活力差异化
公共空间·空间零散，功能单一
建筑风貌·风貌衔接有待斟酌
人群需求·多元主体诉求不同
运河文化·运河文化不够鲜明
价值提取——B地块
劣势
物质基础
·基础配套不足，对于居民考虑少
·外部道路系统不明确，步行车行混乱
物质与空间层面
·滨水空间活力差异化，滨水区域未得到有效利用
·空间零散，缺少集散以及引导的特色空间
·建筑风貌需要保护以及进行特色挖掘
精神与空间层面
·多元主体诉求不同，缺乏相互交流空间
·运河文化缺少空间承载以及利用措施
规划范围
规划范围由两部分组成。
研究范围
A、B、C、D地块：北至杭州塘—江南运河，东至杭州塘，南至杭州塘，西至江南运河。
城市设计范围
B地块：四面环水，地块分界清晰，边界连续完整。
1. 规划范围图
交通问题一
①断头路：交到等级道路邻水而断或不通车行。
②道路等级不明晰：交到等级道路邻水而等级下降。
③道路冲突、重复：道路由于先后建设，产生用地浪费。
2. 道路系统分析(1)
交通问题二
①道路等级不系统：车行道大部分为支路。
②道路线路不流畅：道路曲折复杂。
③步行线路不成体系：步行线路尚未环成体系，与车行直接接壤冲突。
3. 道路系统分析(2)
公共空间
①南段滨水公共空间界面多变丰富。
②入口空间排列有序。
③社区公共空间较少，缺乏对居民生活的考虑。
蓝绿空间
①集中于塘栖古镇附近。
②临河缺乏设计与保护。
③缺乏足够的休憩空间。
4. 公共空间及绿地系统分析
建筑风貌
①商业 券门前街、深宅大院。
②居住 前店后宅、种类混杂。
③工业 工业遗产、历史沧桑。
外部向南新古过渡
内部向北何去何从
5. 建筑功能及风貌分析
基地物质文化
三桥、三弄、七厂、一街、一道。
物质文化空间活力塑造关注点
空间一：蚕茧仓库区。
空间二：工业旧址区。
空间三：广济桥辐射区。
空间四：染织厂旧址区。
一环：古运河复兴环。
6. 物质分析空间分析
概念提出
发展重点
运河给予渊源历史
运河指引现状发展
运河提供特色未来
起 运河活化
承 万象运河
水秀洲绿
转 多元互联
生活塘栖
合 共生之环

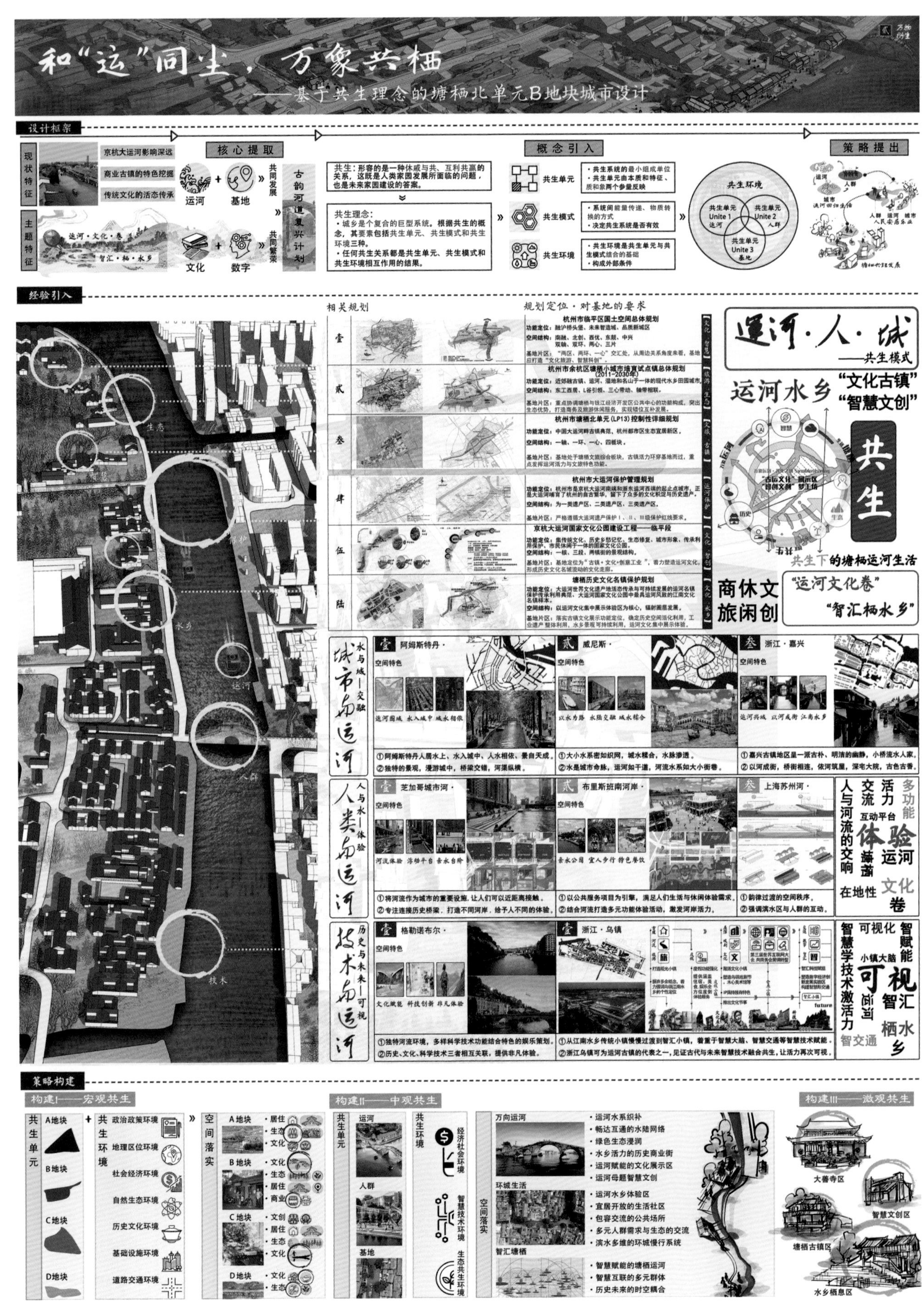
和"运"同生，万象共栖
——基于共生理念的塘栖北单元B地块城市设计
设计框架
现状特征
京杭大运河影响深远
商业古镇的特色挖掘
传统文化的活态传承
主题特征
核心提取
运河
基地
共同发展
文化
数字
共同繁荣
古韵河道复兴计划
概念引入
共生：形容的是一种休戚与共、互利共赢的关系，这既是人类家园发展所面临的问题，也是未来家园建设的答案。
共生理念：
· 城乡是个复合的巨型系统。根据共生的概念，其要素包括共生单元、共生环境和共生环境三种。
· 任何共生关系都是共生单元、共生模式和共生环境相互作用的结果。
共生单元
· 共生系统的最小组成单位
· 共生单元由本质和特征、质和象两个参量反映
共生模式
· 系统间能量传递、物质转换的方式
· 决定共生系统是否有效
共生环境
· 共生环境是共生单元与共生模式结合的基础
· 构成外部条件
共生环境
共生单元 Unite 1 运河
共生单元 Unite 2 人群
共生单元 Unite 3 基地
策略提出
运河
人群
城市
人群 运河 城市
经验引入
相关规划
规划定位 · 对基地的要求
壹 杭州市临平区国土空间总体规划
贰 杭州市余杭区塘栖小城市培育试点镇总体规划(2011—2030年)
叁 杭州市塘栖北单元(LP13)控制性详细规划
肆 杭州市大运河保护管理规划
伍 京杭大运河国家文化公园建设工程——临平段
陆 塘栖历史文化名镇保护规划
运河·人·城
——共生模式
运河水乡 "文化古镇" "智慧文创"
共生
共生下的塘栖运河生活
商休文旅闲创
"运河文化卷" "智汇栖水乡"
城市与运河 水与城—交融
壹 阿姆斯特丹
贰 威尼斯
叁 浙江·嘉兴
人类与运河 人与水—体验
壹 芝加哥城市河
贰 布里斯班南河岸
叁 上海苏州河
技术与运河 历史与未来—可视
壹 格勒诺布尔
贰 浙江·乌镇
策略构建
构建I——宏观共生
共生单元
A地块
B地块
C地块
D地块
共生环境
政治政策环境
地理区位环境
社会经济环境
自然生态环境
历史文化环境
基础设施环境
道路交通环境
空间落实
构建II——中观共生
共生单元
运河
人群
基地
共生环境
经济社会环境
智慧技术环境
生态共生环境
空间落实
万向运河
· 运河水系织补
· 畅达互通的水陆网络
· 绿色生态漫洞
· 水乡活力的历史商业街
· 运河赋能的文化展示区
· 运河母题智慧文创
环城生活
· 运河水乡体验区
· 宜居开放的生活社区
· 包容交流的公共场所
· 多元人群需求与生态的交流
· 滨水多维的环城慢行系统
智汇塘栖
· 智慧赋能的塘栖运河
· 智慧互联的多元群体
· 历史未来的时空耦合
构建III——微观共生
大善寺区
智慧文创区
塘栖古镇区
水乡栖息区

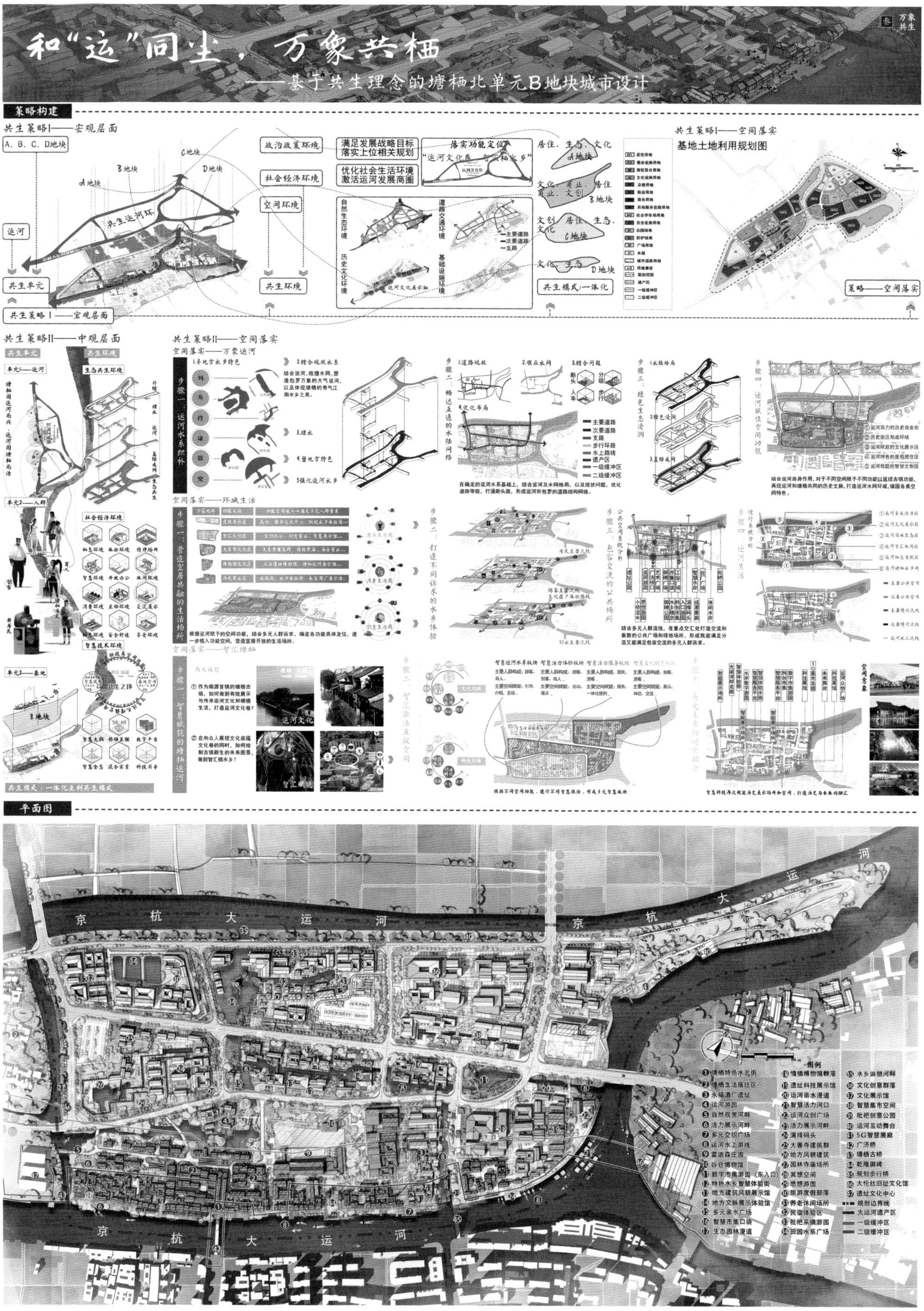

和"运"同生，万象共栖

——基于共生理念的塘栖北单元B地块城市设计

万象共生

策略构建

共生策略I——宏观层面

A、B、C、D地块

A地块 B地块 C地块 D地块

共生运河环

运河

共生单元

共生策略I——宏观层面

政治政策环境

社会经济环境

空间环境

共生环境

满足发展战略目标 落实上位相关规划

优化社会生活环境 激活运河发展商圈

落实功能定位 "运河文化券 塘栖水乡"

自然生态环境

道路交通环境

历史文化环境

基础设施环境

主要道路 次要道路 支路

运河文化展示轴

居住、生态、文化 A地块

文化、商业、居住 商业、文创 B地块

文创、居住、生态、文化 C地块

文化、生态 D地块

共生模式：一体化

共生策略I——空间落实

基地土地利用规划图

策略——空间落实

共生策略II——中观层面

共生单元 共生环境

单元1——运河

生态共生环境

单元2——人群

社会经济环境

智慧技术环境

单元3——基地

B地块

共生模式：一体化互利共生模式

共生策略II——空间落实

空间落实——万象运河

步骤一：运河水系织补

1.寻地方水乡特色

2.结合现状水系

结合运河，梳理水网，塑造包罗万象的大气运河，以及体现塘栖的秀气江南水乡之美。

3.理水

4.显地方特色

5.强化运河水乡

步骤二：畅达互通的水陆网络

1.道路现状

2.顺应水网

3.结合问题

4.优化布局

主要道路 次要道路 支路 步行环路 水上路线 遗产区 一级缓冲区 二级缓冲区

在确定的运河水系基础上，结合运河及水网格局，以及现状问题，优化道路等级，打通断头路，形成运河所包罗的道路结构网络。

步骤三：绿色生态浸润

1.水系格局

2.绿色浸润

3.直接成网

步骤四：运河赋值空间功能

运河活力的历史商业街

历史街区风貌环境

运河两岸的文化展示区

运河特色的度假居住区

运河沿岸的智慧文创区

结合运河自身作用，对于不同空间赋予不同功能以延续古镇功能，再现运河和塘栖共同的历史文脉，打造运河水网环城，镶嵌各美空间特色。

空间落实——环城生活

步骤一：营造宜居共融的生活场所

步骤二：打造不同诉求的水乡体验

步骤三：包容交流的公共场所

结合多元人群流线，在重点交汇处打造交流和集散的公共广场和绿地场所，形成既能满足的交流又能满足包容交流的多元人群需求。

步骤四：运河生活

根据运河赋予的空间功能，结合多元人群诉求，确定各功能具体定位，进一步植入功能空间，营造宜居开放的生活场所。

空间落实——智汇塘栖

步骤一：智慧赋能的塘栖运河

① 作为南浔首镇的塘栖古镇，如何做到有效展示与传承运河文化和塘栖生活，打造运河文化香？

② 在向众人展现文化底蕴文化香的同时，如何绘制古镇新生的未来图景，做到智汇栖水乡？

运河文化

步骤二：智汇激活灵动空间

根据不同空间功能，进行不同智慧激活，形成多元智慧板块

步骤三：历史未来的时空融合

智慧科技再次赋能历史展示场所和空间，打造历史与未来的融汇

空间意象

平面图

和"运"同尘，万象共栖
——基于共生理念的塘栖北单元B地块城市设计
共生策略III——微观层面
地块一：古镇历史风貌街地块
地块二：活力水乡体验街地块
地块三：塘栖博物馆群落地块
系统支撑
土地利用规划图
绿地系统规划图
空间功能分区及结构规划图
道路系统规划图
公共系统及服务设施配套规划图
开发强度控制图
建筑风貌控制图
单元控制图
鸟瞰图

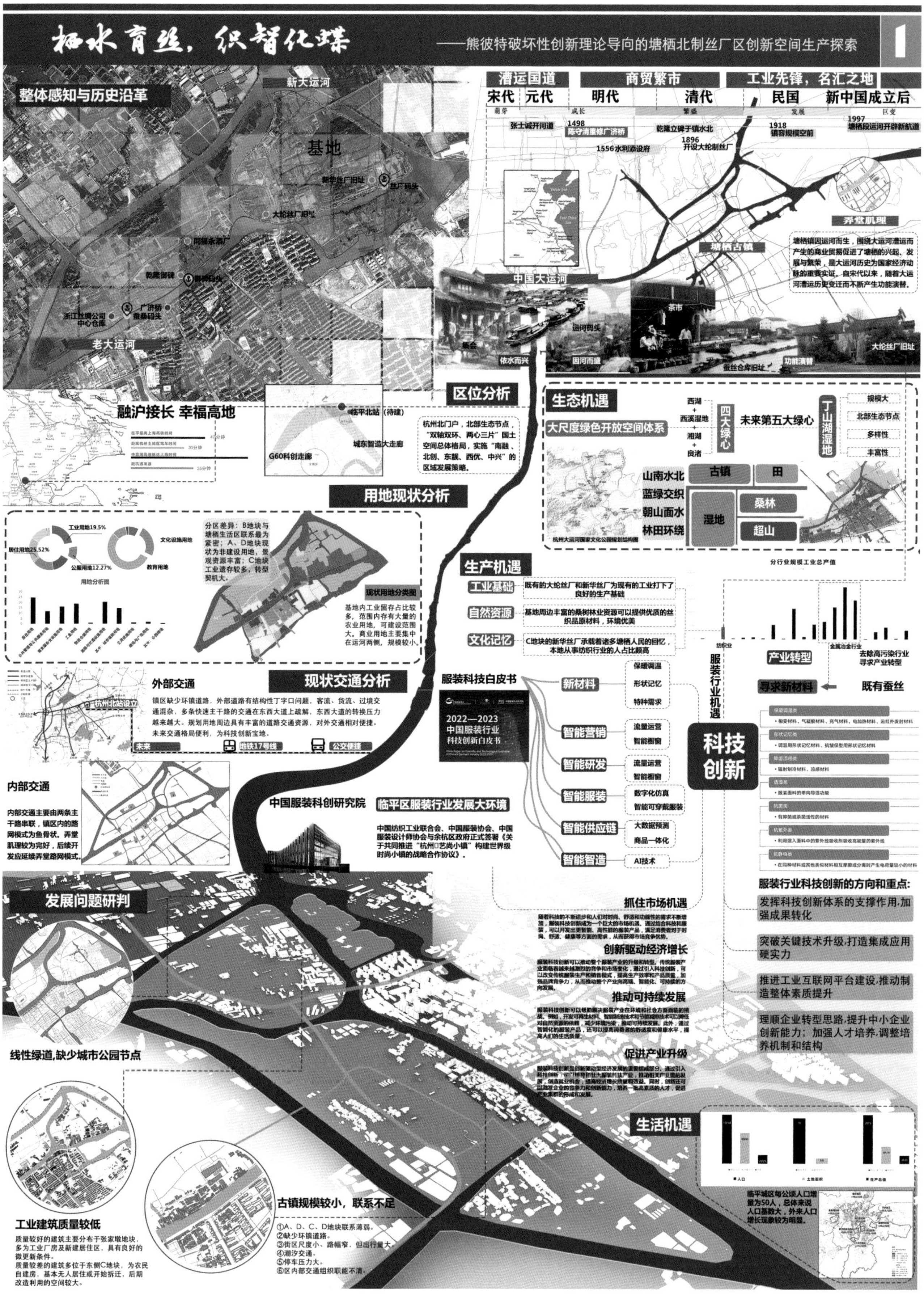

栖水育丝，织智化蝶

——熊彼特破坏性创新理论导向的塘栖北制丝厂区创新空间生产探索

1

整体感知与历史沿革

新大运河

基地

新华丝厂旧址 丝厂码头

大纶丝厂旧址

同福永酱厂

乾隆御碑 御码头

浙江丝绸公司中心仓库 广济桥 蚕桑码头

老大运河

漕运国道 | 商贸繁市 | 工业先锋，名汇之地

宋代 元代 明代 清代 民国 新中国成立后

萌芽 成长 繁盛 发展 巨变

张士诚开河道

1498 陈守清重修广济桥

1556水利添设府

乾隆立碑于镇水北

1896 开设大纶制丝厂

1918 镇容规模空前

1997 塘栖段运河开辟新航道

弄堂肌理

塘栖古镇

塘栖镇因运河而生，围绕大运河漕运而产生的商业贸易促进了塘栖的兴起、发展与繁荣，是大运河历史为国家经济动脉的重要实证。自宋代以来，随着大运河漕运历史变迁而不断产生功能演替。

中国大运河

集会 依水而兴 运河码头 因河而盛 茶市 蚕丝仓库旧址 功能演替 大纶丝厂旧址

区位分析

融沪接长 幸福高地

临平北站（待建）

城东智造大走廊

G60科创走廊

杭州北门户，北部生态节点，“双轴双环、两心三片”国土空间总体格局，实施“南融、北创、东靓、西优、中兴”的区域发展策略。

用地现状分析

工业用地19.5%

居住用地25.52%

公服用地12.27%

文化设施用地

教育用地

用地分析图

分区差异：B地块与塘栖生活区联系最为紧密；A、D地块现状为非建设用地，景观资源丰富；C地块工业遗存较多，转型契机大。

现状用地分类图

基地内工业留存占比较多，范围内存有大量的农业用地，可建设范围大。商业用地主要集中在运河两侧，规模较小。

现状交通分析

外部交通

杭州北站设立

镇区缺少环镇道路，外部道路有结构性丁字口问题，客流、货流、过境交通混杂，多条快速主干路的交通在东西大道上疏解，东西大道的转换压力越来越大。规划用地周边具有丰富的道路交通资源，对外交通相对便捷。未来交通格局便利，为科技创新宝地。

未来 地铁17号线 公交便捷

内部交通

内部交通主要由两条主干路串联，镇区内的路网模式为鱼骨状。弄堂肌理较为完好，后续开发应延续弄堂路网模式。

生态机遇

大尺度绿色开放空间体系

西湖 + 西溪湿地 + 湘湖 + 良渚

四大绿心

未来第五大绿心

丁山湖湿地

规模大 北部生态节点 多样性 丰富性

山南水北 蓝绿交织 朝山面水 林田环绕

杭州大运河国家文化公园规划结构图

古镇 田 湿地 桑林 超山

分行业规模工业总产值

纺织业 金属冶金行业

产业转型

去除高污染行业 寻求产业转型

寻求新材料 ← 既有蚕丝

生产机遇

工业基础：既有的大纶丝厂和新华丝厂为现有的工业打下了良好的生产基础

自然资源：基地周边丰富的桑树林业资源可以提供优质的丝织品原材料，环境优美

文化记忆：C地块的新华丝厂承载着诸多塘栖人民的回忆，本地从事纺织行业的人占比颇高

服装行业机遇

服装科技白皮书

2022—2023 中国服装行业科技创新白皮书

新材料：保暖调温、形状记忆、特种需求

智能营销：流量运营、智能橱窗

智能研发：流量运营、智能橱窗

智能服装：数字化仿真、智能可穿戴服装

智能供应链：大数据预测、商品一体化

智能智造：AI技术

科技创新

保暖调温类
- 相变材料、气凝胶材料、充气材料、电加热材料、远红外发射材料

形状记忆类
- 调温用形状记忆材料、抗皱保型用形状记忆材料

降温凉感类
- 辐射制冷材料、凉感材料

透湿类
- 服装面料的单向导湿功能

抗菌类
- 有抑菌或杀菌活性的材料

抗紫外类
- 利用混入面料中的紫外线吸收剂吸收高能量的紫外线

抗静电类
- 在同种材料或其他类似材料相互摩擦或分离时产生电荷量较小的材料

中国服装科创研究院

临平区服装行业发展大环境

中国纺织工业联合会、中国服装协会、中国服装设计师协会与余杭区政府正式签署《关于共同推进“杭州□艺尚小镇”构建世界级时尚小镇的战略合作协议》。

服装行业科技创新的方向和重点:

发挥科技创新体系的支撑作用，加强成果转化

突破关键技术升级，打造集成应用硬实力

推进工业互联网平台建设，推动制造整体素质提升

理顺企业转型思路，提升中小企业创新能力；加强人才培养，调整培养机制和结构

抓住市场机遇

随着科技的不断进步和人们对时尚、舒适和功能性的需求不断增加，服装科技创新成为一个巨大的市场机遇。通过结合科技和服装，可以开发出更智能、高性能的服装产品，满足消费者对于时尚、舒适、健康等方面的需求，从而获得市场竞争优势。

创新驱动经济增长

服装科技创新可以推动整个服装产业的升级和转型。传统服装产业面临着越来越激烈的竞争和市场变化，通过引入科技创新，可以改变传统服装生产和销售模式，提高生产效率和产品质量，加强品牌竞争力，从而推动整个产业向高端、智能化、可持续的方向发展。

推动可持续发展

服装科技创新可以帮助解决服装产业在环境和社会方面面临的挑战。例如，开发可再生材料、智能制造技术和节能减排技术可以降低对自然资源的依赖，减少环境污染，推动可持续发展。此外，通过智能化的服装产品，还可以提高消费者的舒适度和健康水平，提高人们的生活质量。

促进产业升级

服装科技创新是创新驱动型经济发展的重要组成部分。通过引入科技创新，可以培育和壮大服装科技产业，推动相关产业链的发展，创造就业机会，提高经济增长质量和效益。同时，创新还可以激发企业的竞争力和创新能力，培养一批高素质的人才，促进产业集群的形成和发展。

生活机遇

人口 土地面积 生产总值

临平城区每公顷人口增量为50人，总体来说人口基数大，外来人口增长现象较为明显。

发展问题研判

线性绿道，缺少城市公园节点

工业建筑质量较低

质量较好的建筑主要分布于张家墩地块，多为工业厂房及新建居住区，具有良好的微更新条件。

质量较差的建筑多位于东侧C地块，为农民自建房，基本无人居住或开始拆迁，后期改造利用的空间较大。

古镇规模较小，联系不足

①A、D、C、D地块联系薄弱。

②缺少环镇道路。

③街区尺度小、路幅窄，但出行量大。

④潮汐交通。

⑤停车压力大。

⑥区内部交通组织职能不清。

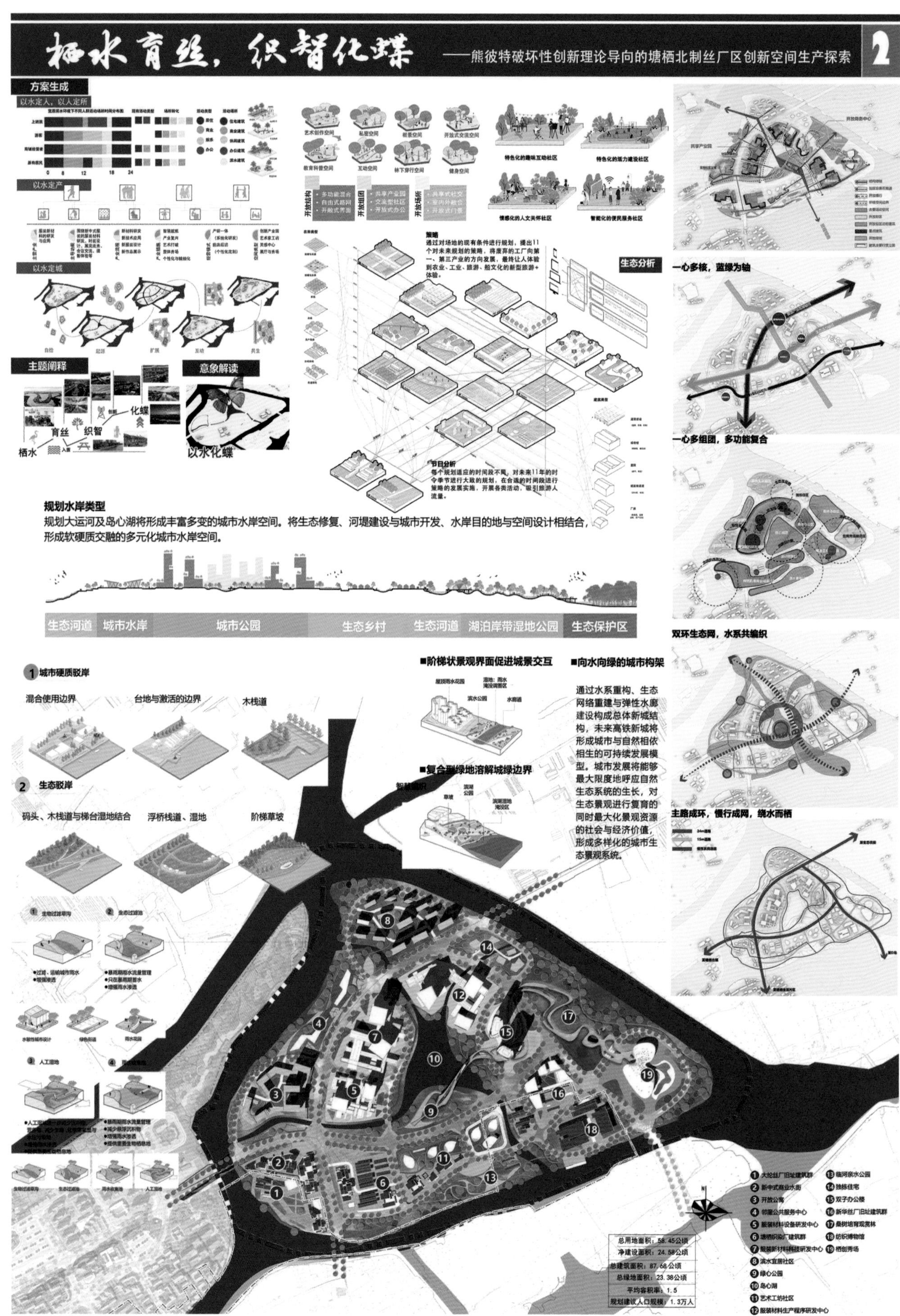
栖水育丝，织智化蝶
——熊彼特破坏性创新理论导向的塘栖北制丝厂区创新空间生产探索
2
方案生成
以水定人，以人定所
以水定产
以水定城
自治
起源
扩展
互动
共生
主题阐释
栖水
育丝
织智
化蝶
意象解读
以水化蝶
艺术创作空间
私密空间
观景空间
开放式交流空间
教育科普空间
互动空间
林下穿行空间
健身空间
特色化的趣味互动社区
特色化的活力建设社区
情感化的人文关怀社区
智能化的便民服务社区
开放结构
多功能混合
自由式路网
开敞式界面
开放组团
共享产业园
交流型社区
开放式办公
开放场所
共享式社交
室内外融合
开放运行
策略
通过对场地的现有条件进行规划，提出11个对未来规划的策略，将废弃的工厂向第一、第三产业的方向发展，最终让人体验到农业、工业、旅游、船文化的新型旅游+体验。
生态分析
节日分析
每个规划适应的时间段不同，对未来11年的时令季节进行大致的规划，在合适的时间段进行策略的发展实施，开展各类活动，吸引旅游人流量。
规划水岸类型
规划大运河及岛心湖将形成丰富多变的城市水岸空间。将生态修复、河堤建设与城市开发、水岸目的地与空间设计相结合，形成软硬质交融的多元化城市水岸空间。
生态河道
城市水岸
城市公园
生态乡村
生态河道
湖泊岸带湿地公园
生态保护区
1 城市硬质驳岸
混合使用边界
台地与激活的边界
木栈道
2 生态驳岸
码头、木栈道与梯台湿地结合
浮桥栈道、湿地
阶梯草坡
■阶梯状景观界面促进城景交互
■复合型绿地消解城绿边界
■向水向绿的城市构架
通过水系重构、生态网络重建与弹性水廊建设构成总体新城结构，未来高铁新城将形成城市与自然相依相生的可持续发展模型。城市发展将能够最大限度地呼应自然生态系统的生长，对生态景观进行复育的同时最大化景观资源的社会与经济价值，形成多样化的城市生态景观系统。
一心多核，蓝绿为轴
一心多组团，多功能复合
双环生态网，水系共编织
主路成环，慢行成网，绕水而栖
总用地面积：58.45公顷
净建设面积：24.58公顷
总建筑面积：87.68公顷
总绿地面积：23.38公顷
平均容积率：1.5
规划建议人口规模：1.3万人
1 大纶丝厂旧址建筑群
2 新中式商业水街
3 开放公寓
4 邻里公共服务中心
5 服装材料设备研发中心
6 塘栖织染厂建筑群
7 服装新材料科技研发中心
8 流水宜居社区
9 绿心公园
10 岛心湖
11 艺术工坊社区
12 服装材料生产程序研发中心
13 临河亲水公园
14 独栋住宅
15 双子办公楼
16 新华丝厂旧址建筑群
17 桑树培育观赏林
18 纺织博物馆
19 栖创秀场

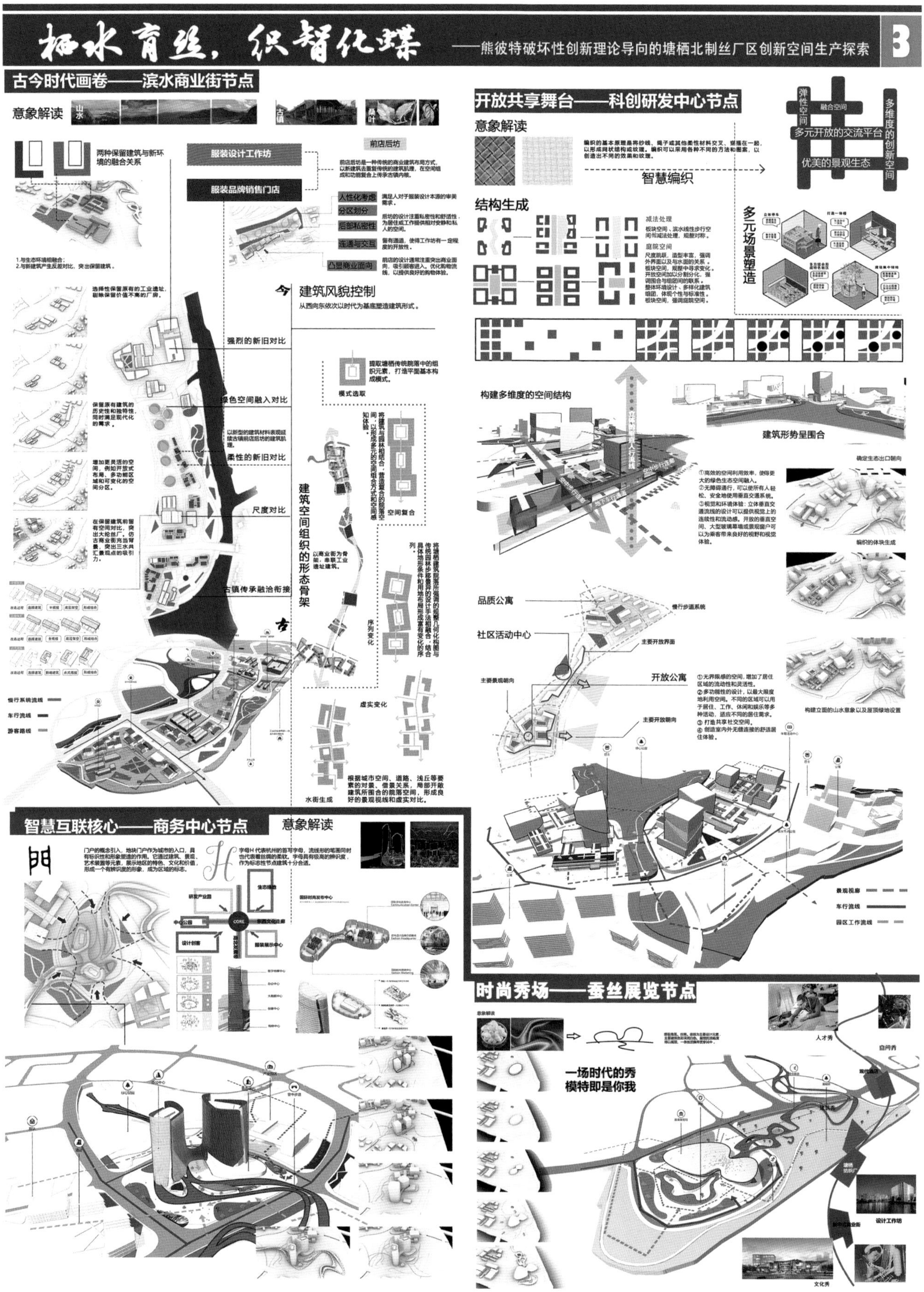

栖水育丝，织智化蝶

——熊彼特破坏性创新理论导向的塘栖北制丝厂区创新空间生产探索

3

古今时代画卷——滨水商业街节点

意象解读 山水 古镇 桑叶

两种保留建筑与新环境的融合关系

1.与生态环境相融合；
2.与新建筑产生反差对比，突出保留建筑。

服装设计工作坊

服装品牌销售门店

前店后坊

前店后坊是一种传统的商业建筑布局方式，以新建筑去重复传统的建筑肌理，在空间组成和功能复合上传承古镇内核。

人性化考虑 满足人对于服装设计本源的审美需求。

分区划分

后部私密性 后坊的设计注重私密性和舒适性，为居住或工作提供相对安静和私人的空间。

连通与交互 留有通道，使得工作坊有一定程度的开放性。

凸显商业面向 前店的设计通常注重突出商业面向，吸引顾客进入。优化购物流线，以提供良好的购物体验。

选择性保留原有的工业遗址，剔除保留价值不高的厂房。

保留原有建筑的历史性和独特性，同时满足现代化的需求。

增加更灵活的空间，例如开放式布局、多功能区域和可变化的空间分区。

在保留建筑前留有空间对比，突出大伦丝厂，仿古商业街充当背景，突出三水共汇景观点的吸引力。

今 建筑风貌控制

从西向东依次以时代为基底塑造建筑形式。

强烈的新旧对比

绿色空间融入对比

以新型的建筑材料表现延续古镇前店后坊的建筑肌理。

柔性的新旧对比

尺度对比

古镇传承融洽衔接

古

慢行系统流线
车行流线
游客路线

提取塘栖传统院落中的组织元素，打造平面基本构成模式。

模式选取

将建筑与园林相结合，营造复合的院落空间，以形成多元的空间组合方式和空间感知体验。

空间复合

建筑空间组织的形态骨架

以商业街为骨架，串联工业遗址建筑。

将塘栖建筑院落所强调的规整几何化构图与传统园林步移景异的设计手法相融合，结合具体地形条件和用地布局形成富有变化的序列。

序列变化

虚实变化

根据城市空间、道路、浅丘等要素的对景、借景关系，局部开敞建筑所围合的院落空间，形成良好的景观视线和虚实对比。

水街生成

开放共享舞台——科创研发中心节点

意象解读

编织的基本原理是将纱线、绳子或其他柔性材料交叉、缠绕在一起，以形成网状结构或纹理。编织可以采用各种不同的方法和图案，以创造出不同的效果和纹理。

智慧编织

弹性空间 融合空间 多元开放的交流平台 优美的景观生态 多维度的创新空间

结构生成

减法处理

板块空间、滨水线性步行空间做减法处理，规整对称。

庭院空间

尺度跳跃，造型丰富，强调外界面以及与水面的关系。板块空间，规整中寻求变化。开放空间加以分割分化，强调围合与组团间的联系。整体环境设计、多样化建筑组团，体现个性与标准性。板块空间，强调庭院空间。

多元场景塑造

构建多维度的空间结构

空中步行连廊 地下车行流线

建筑形势呈围合

确定生态出口朝向

①高效的空间利用效率，使得更大的绿色生态空间融入。
②无障碍通行，可以使所有人轻松、安全地使用垂直交通系统。
③视觉和环境体验：立体垂直交通流线的设计可以提供视觉上的连续性和流动感。开放的垂直空间、大型玻璃幕墙或景观窗户可以为乘客带来良好的视野和视觉体验。

编织的体块生成

品质公寓

慢行步道系统

社区活动中心

主要开放界面

开放公寓

主要景观朝向

主要开放朝向

①无界限感的空间，增加了居住区域的流动性和灵活性。
②多功能性的设计，以最大限度地利用空间。不同的区域可以用于居住、工作、休闲和娱乐等多种活动，适应不同的居住需求。
③打造共享社交空间。
④创造室内外无缝连接的舒适居住体验。

构建立面的山水意象以及屋顶绿地设置

景观视廊
车行流线
园区工作流线

智慧互联核心——商务中心节点

意象解读

门户的概念引入，地块门户作为城市的入口，具有标识性和形象塑造的作用。它通过建筑、景观、艺术装置等元素，展示地区的特色、文化和价值，形成一个有辨识度的形象，成为区域的标志。

字母H代表杭州的首写字母，流线形的笔画同时也代表着丝绸的柔软。字母具有极高的辨识度，作为标志性节点建筑十分合适。

研发产业园 生态绿地 中心公园 CORE 东西文化走廊 设计创客 服装展示中心

国际时尚发布中心

时尚秀场——蚕丝展览节点

意象解读

一场时代的秀
模特即是你我

人才秀 自信秀 现代酒店 建筑秀 塘栖纺织厂 设计工作坊 新中式商业街 文化秀

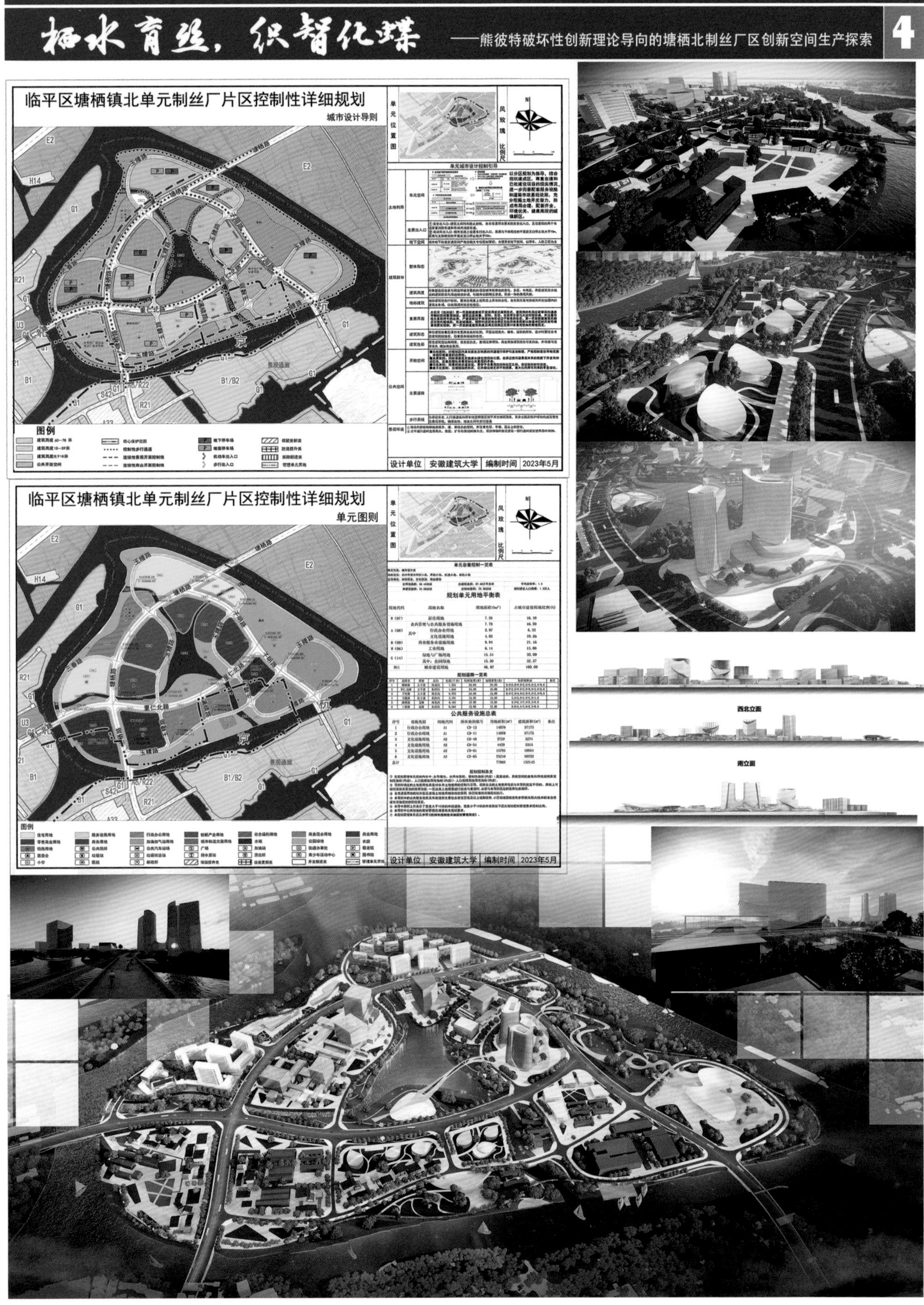
栖水育丝，织智化蝶
——熊彼特破坏性创新理论导向的塘栖北制丝厂区创新空间生产探索
4
临平区塘栖镇北单元制丝厂片区控制性详细规划
城市设计导则
单元位置图
风玫瑰
比例尺
图例
设计单位 安徽建筑大学 编制时间 2023年5月
临平区塘栖镇北单元制丝厂片区控制性详细规划
单元图则
规划单元用地平衡表
公共服务设施总表
设计单位 安徽建筑大学 编制时间 2023年5月
西北立面
南立面

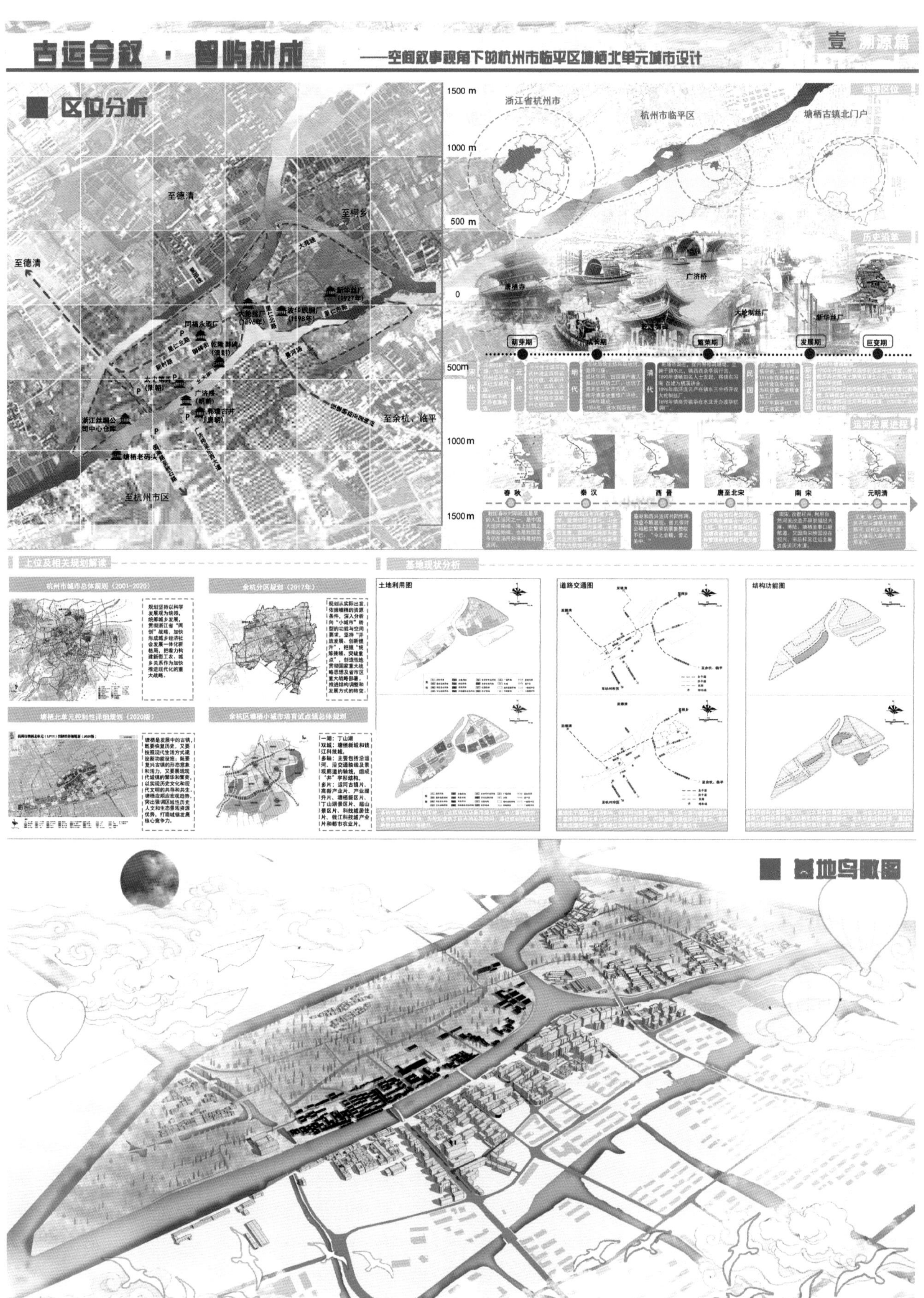

古运今叙 · 智屿新成
——空间叙事视角下的杭州市临平区塘栖北单元城市设计
壹 溯源篇
区位分析
至德清
至桐乡
至余杭、临平
至杭州市区
塘栖老码头
广济桥
地理区位
浙江省杭州市
杭州市临平区
塘栖古镇北门户
1500 m
1000 m
500 m
0
历史沿革
广济桥
大纶制丝厂
新华丝厂
萌芽期
成长期
繁荣期
发展期
巨变期
运河发展进程
春秋
秦汉
西晋
唐至北宋
南宋
元明清
上位及相关规划解读
杭州市城市总体规划（2001-2020）
余杭分区规划（2017年）
塘栖北单元控制性详细规划（2020版）
余杭区塘栖小城市培育试点镇总体规划
基地现状分析
土地利用图
道路交通图
结构功能图
基地鸟瞰图

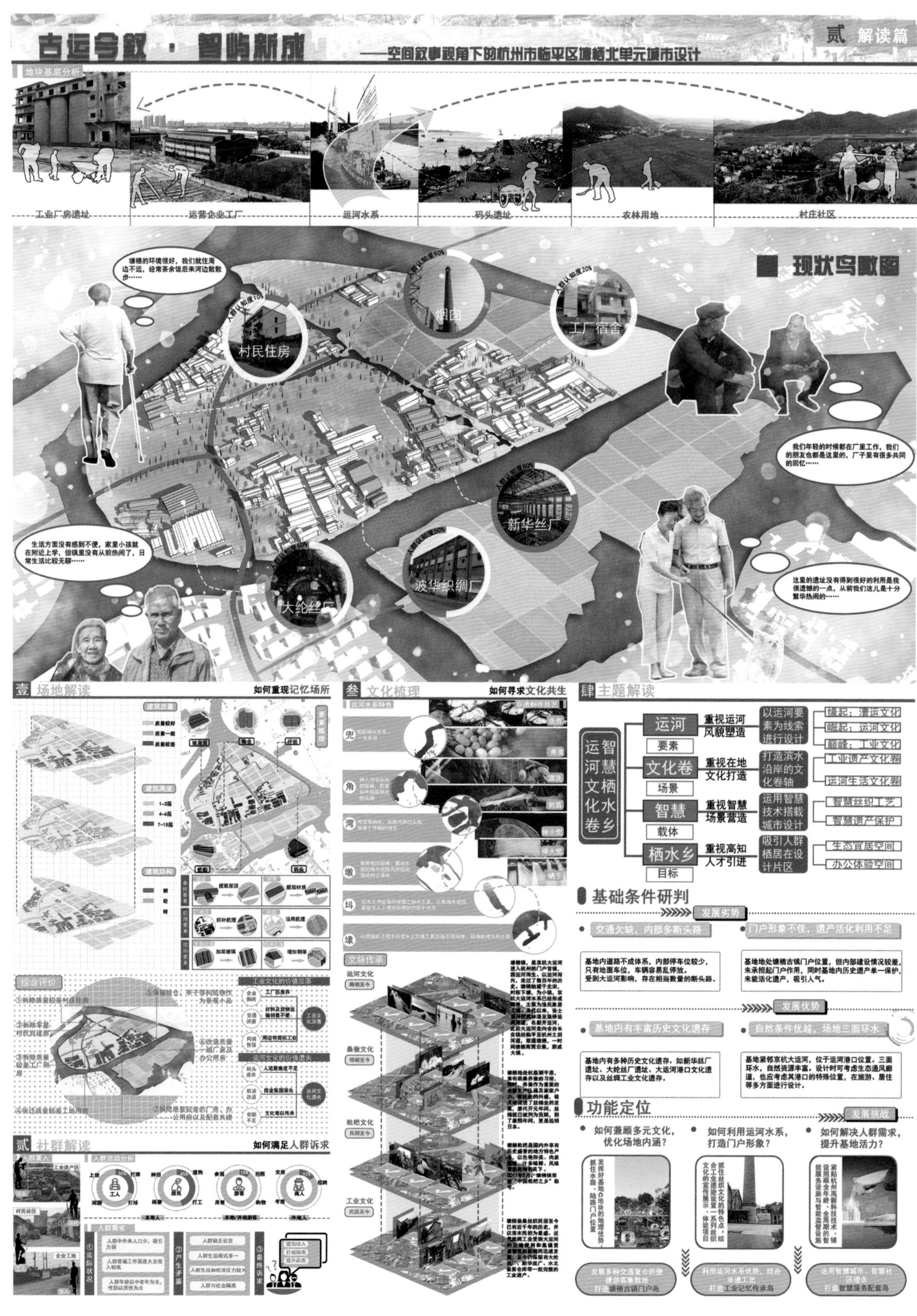
古运今叙·智屿新成
——空间叙事视角下的杭州市临平区塘栖北单元城市设计
贰 解读篇
地块基底分析
工业厂房遗址
运营企业工厂
运河水系
码头遗址
农林用地
村庄社区
现状鸟瞰图
塘栖的环境很好，我们就住周边不远，经常茶余饭后来河边散散步……
村民住房
烟囱
工厂宿舍
我们年轻的时候都在厂里工作，我们的朋友也都是这里的，厂子里有很多共同的回忆……
新华丝厂
生活方面没有感到不便，家里小孩就在附近上学，但镇里没有从前热闹了，日常生活比较无聊……
大纶丝厂
崇华织绸厂
这里的遗址没有得到很好的利用是我很遗憾的一点，从前我们这儿是十分繁华热闹的……
壹 场地解读
如何重现记忆场所
综合评价
贰 社群解读
如何满足人群诉求
叁 文化梳理
如何寻求文化共生
运河水系特色
文脉传承
运河文化
桑蚕文化
枇杷文化
工业文化
肆 主题解读
运河智慧文栖化水卷乡
运河 要素 重视运河风貌塑造 以运河要素为线索进行设计
缘起：漕运文化
崛起：运河文化
颠峰：工业文化
文化卷 场景 重视在地文化打造 打造滨水沿岸的文化卷轴
工业遗产文化
运河生活文化
智慧 载体 重视智慧场景营造 运用智慧技术搭载城市设计
智慧丝织工艺
智慧遗产保护
栖水乡 目标 重视高知人才引进 吸引人群栖居在设计片区
生态宜居空间
办公休验空间
基础条件研判
发展劣势
交通欠缺，内部多断头路
门户形象不佳，遗产活化利用不足
基地内道路不成体系，内部停车位较少，只有地面车位，车辆容易乱停放。受到大运河影响，存在相当数量的断头路。
基地地处塘栖古镇门户位置，但内部建设情况较差，未承担起门户作用，同时基地内历史遗产单一保护，未能活化遗产，吸引人气。
发展优势
基地内有丰富历史文化遗存
自然条件优越，场地三面环水
基地内有多种历史文化遗存，如新华丝厂遗址、大纶丝厂遗址、大运河港口文化遗存以及丝织工业文化遗存。
基地紧邻京杭大运河，位于运河港口位置。三面环水，自然资源丰富。设计时可考虑生态通风廊道，也应考虑其港口的特殊位置，在旅游、居住等多方面进行设计。
功能定位
发展挑战
如何兼顾多元文化，优化场地内涵？
如何利用运河水系，打造门户形象？
如何解决人群需求，提升基地活力？
发展多种交通复合的便捷游客集散地 打造塘栖古镇门户岛
利用运河水系优势，结合非遗工艺 打造工业记忆传承岛
运用智慧城市、智慧社区理念 打造智慧服务配套岛

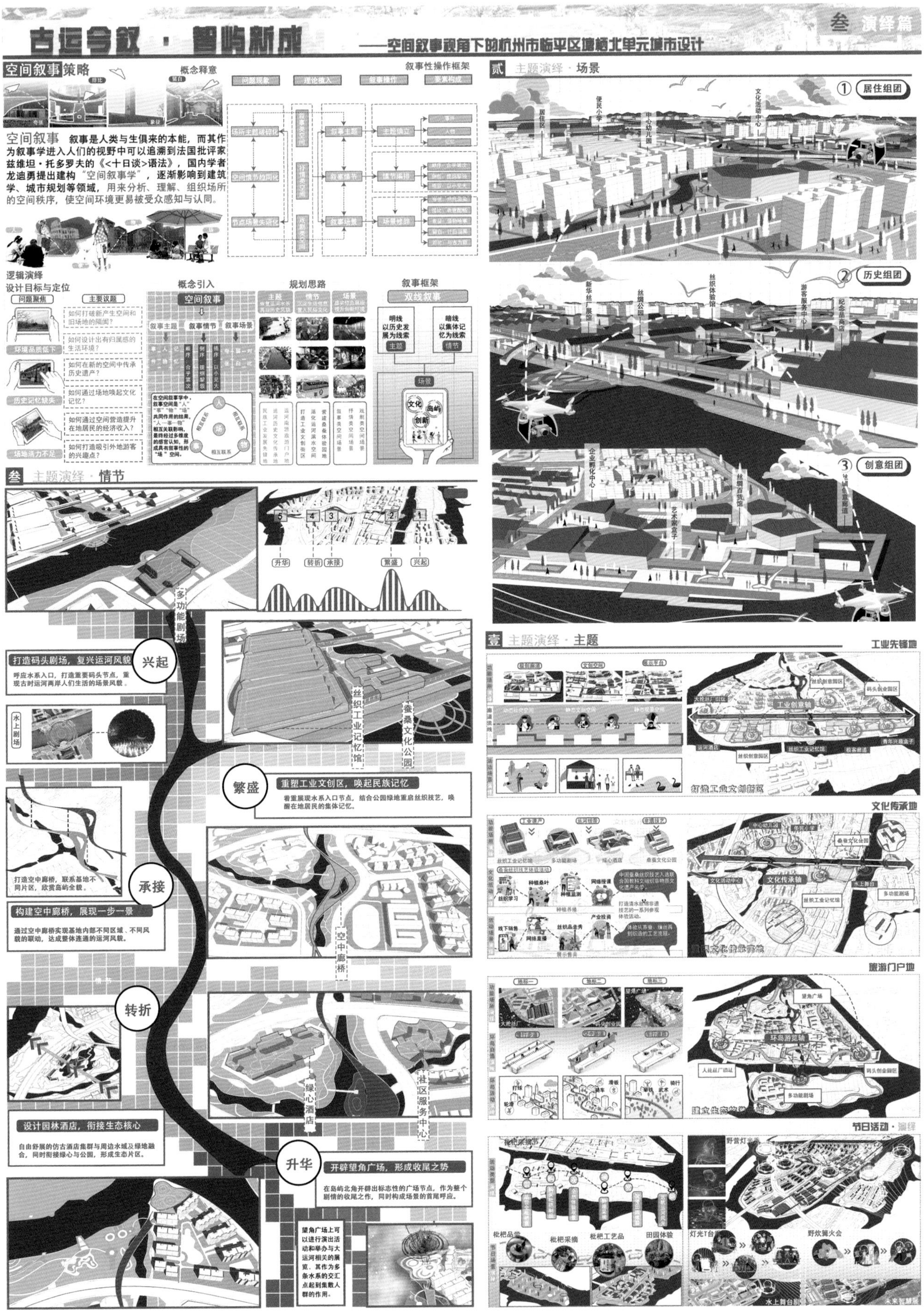

古运今叙 · 智屿新成

——空间叙事视角下的杭州市临平区塘栖北单元城市设计

叁 演绎篇

空间叙事策略

概念释意

排比 留白 夸张 象征

空间叙事 叙事是人类与生俱来的本能，而其作为叙事学进入人们的视野中可以追溯到法国批评家兹维坦·托多罗夫的《<十日谈>语法》，国内学者龙迪勇提出建构“空间叙事学”，逐渐影响到建筑学、城市规划等领域，用来分析、理解、组织场所的空间秩序，使空间环境更易被受众感知与认同。

叙事性操作框架

逻辑演绎

设计目标与定位

问题聚焦	主要议题
环境品质低下	如何打破新产生空间和旧场地的隔阂？
	如何设计出有归属感的生活环境？
历史记忆缺失	如何在新的空间中传承历史遗产？
	如何通过场地唤起文化记忆？
场地活力不足	如何通过空间营造提升在地居民的经济收入？
	如何打造吸引外地游客的兴趣点？

概念引入

规划思路

叙事框架

叁 主题演绎 · 情节

兴起 打造码头剧场，复兴运河风貌

呼应水系入口，打造重要码头节点，重现古时运河两岸人们生活的场景风貌。

繁盛 重塑工业文创区，唤起民族记忆

着重展现水系入口节点，结合公园绿地重启丝织技艺，唤醒在地居民的集体记忆。

打造空中廊桥，联系基地不同片区，欣赏岛屿全貌。

承接 构建空中廊桥，展现一步一景

通过空中廊桥实现基地内部不同区域、不同风貌的联动，达成整体连通的运河风貌。

转折 设计园林酒店，衔接生态核心

自由舒展的仿古酒店集群与周边水域及绿地融合，同时衔接绿心与公园，形成生态片区。

升华 开辟望角广场，形成收尾之势

在岛屿北角开辟出标志性的广场节点，作为整个剧情的收尾之作，同时构成场景的首尾呼应。

望角广场上可以进行演出活动和举办与大运河相关的展览，其作为多条水系的交汇点起到集散人群的作用。

贰 主题演绎 · 场景

壹 主题演绎 · 主题

工业先锋地

文化传承地

旅游门户地

节日活动 · 演绎

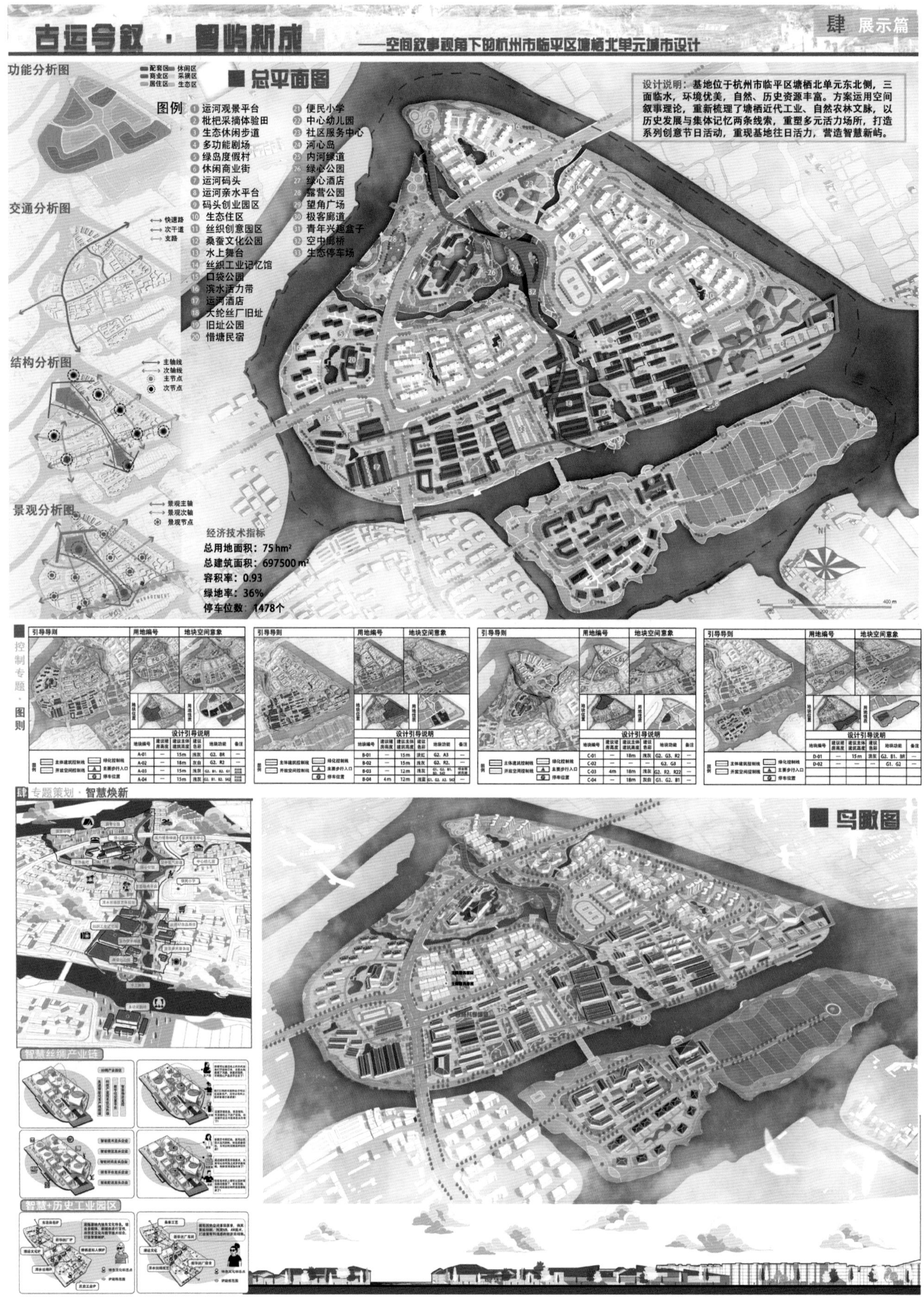
肆 展示篇
古运今叙 · 智屿新成
——空间叙事视角下的杭州市临平区塘栖北单元城市设计
功能分析图
交通分析图
结构分析图
景观分析图
总平面图
设计说明：基地位于杭州市临平区塘栖北单元东北侧，三面临水，环境优美，自然、历史资源丰富。方案运用空间叙事理论，重新梳理了塘栖近代工业、自然农林文脉，以历史发展与集体记忆两条线索，重塑多元活力场所，打造系列创意节日活动，重现基地往日活力，营造智慧新屿。
图例
1 运河观景平台
2 枇杷采摘体验田
3 生态休闲步道
4 多功能剧场
5 绿岛度假村
6 休闲商业街
7 运河码头
8 运河亲水平台
9 码头创业园区
10 生态住区
11 丝织创意园区
12 桑蚕文化公园
13 水上舞台
14 丝织工业记忆馆
15 口袋公园
16 滨水活力带
17 运河酒店
18 大纶丝厂旧址
19 旧址公园
20 惜塘民宿
21 便民小学
22 中心幼儿园
23 社区服务中心
24 河心岛
25 内河绿道
26 绿心公园
27 绿心酒店
28 露营公园
29 望角广场
30 极客廊道
31 青年兴趣盒子
32 空中廊桥
33 生态停车场
经济技术指标
总用地面积：75 hm²
总建筑面积：697500 m²
容积率：0.93
绿地率：36%
停车位数：1478个
控制专题 · 图则
引导导则
用地编号
地块空间意象
设计引导说明
专题策划 · 智慧焕新
智慧丝绸产业链
智慧+历史工业园区
鸟瞰图

创智水乡进阶计划

——杭州市临平区塘栖北单元城市设计 / 金晔烨 孔怡 马施婷 邵筱萱

古韵新运 秀 TIME

——杭州市临平区塘栖北单元城市设计 / 罗欣雨 汪宇城 吴子琦 徐斌

长相忆 · 运河情

——杭州市临平区塘栖北单元城市设计 / 冯泽辉 申屠熠辉 王逸昊 徐慧涛

创智水乡进阶计划——杭州市临平区塘栖北单元城市设计

2023全国城乡规划专业"7+1"联合毕业设计

识机遇 01

1.1 场地区位优势

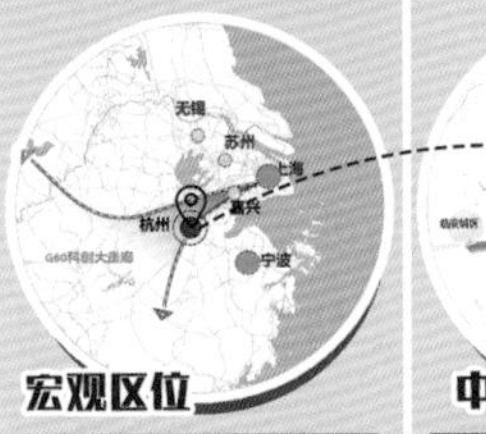

宏观区位

- 两廊战略交汇点
- 杭州融沪桥头堡

杭州地处中国华东地区、京杭大运河南端，是环杭州湾大湾区核心城市、G60科创走廊中心城市，位于G60科创大走廊的战略节点。

中观区位

- 杭州北门户
- 申嘉湖入杭要道

塘栖镇是杭州北门户、申嘉湖入杭的要道，杭州临平副城副中心，处于杭州北部生态带中。塘栖镇与嘉兴、上海、苏州等周边城市具有良好的交通联系。

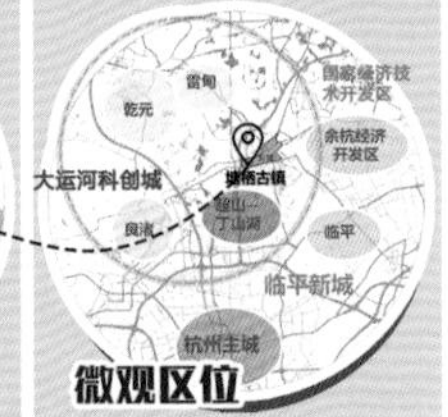

微观区位

- 技术开发区围绕
- 自然环境优越

塘栖北单元东接余杭经济技术开发区，西邻钱江开发区，北望德清雷甸，南接超山—丁山湖，具有良好的周边功能支撑及优越的自然环境资源。

1.2 古今价值延续

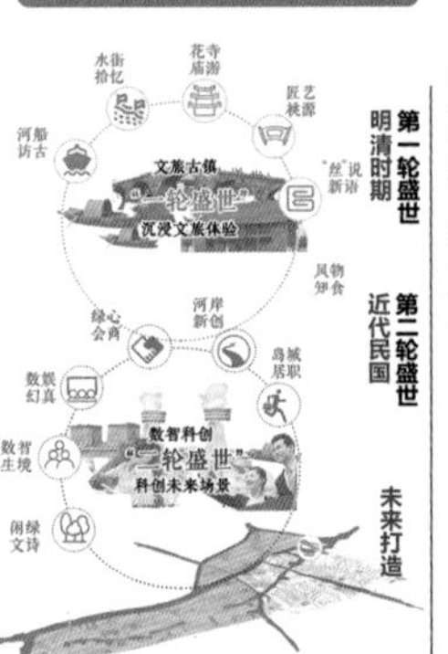

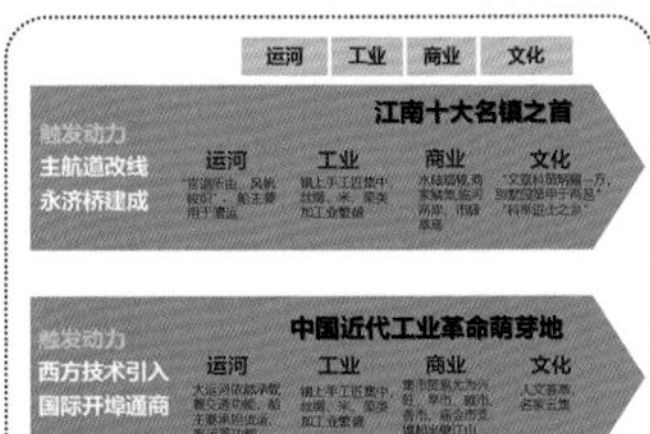

文化活化 产业智造

1.3 上位规划支持

《杭州国土空间总体规划（2021—2035年）》

- 功能定位：落实杭州新定位、新格局

打造历史文化名城、创新活力之城、生态文明之都；建设世界一流的现代化国际大都市。

- 产业发展：引导主城产业向城北疏散

临平作为杭州都市区北翼中心，发展智能制造、科技创新、生产服务产业功能，成为杭州主城北进的主引擎。

- 中心体系：深化城区体系

打造杭州第四心，即临平城区中心，以承担数字时尚、商务服务、公共服务功能，临平区内规划打造2个都市特色服务中心，即临平经开区中心、运河科创城中心，以承担区域特色化、专业化服务职能。

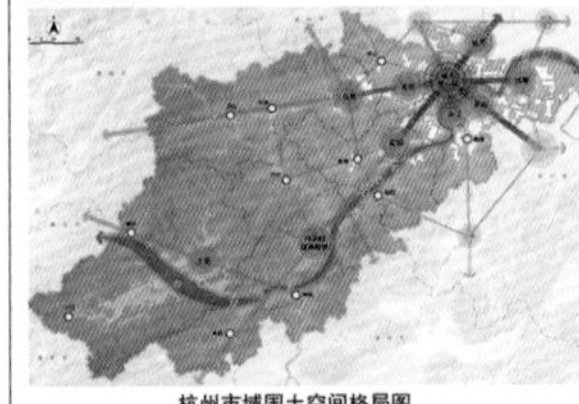

杭州市域国土空间格局图

《临平区国土空间总体规划（2021—2035年）评审稿》

- 产业布局层面

大运河科创城创新圈产业导向为"研发创造、孵化中试、产业转化、创研服务"四位一体产创空间矩阵。

- 产业体系层面

规划大运河科创城科创休闲端，利用片区良好的自然、文化资源和优越的环境，面向社会消费升级，发展创意经济、文旅休闲、会展服务和现代农业。

做优山水人文旅游空间，拓展科创新高地

张家墩地块有新兴智造、科创研发产业的潜力基础。承接大运河科创城创新圈的发展方向，发展文旅休闲、数字文化、研发创造等高端产业。

临平城西科创大走廊、古镇文旅联动图

《临平区"十四五"制造业和数字经济高质量发展规划》

- 规划内容

依托塘栖古镇、超山一丁山湖、大运河国家文化公园（临平段）等山水文化资源，充分利用存量工业用地资源，以"产、城、人、景"融合发展为导向，以打造杭州国际人才汇聚地和临平创新增长极为目标，有序推进产业空间、产业功能、产业要素重塑升级。

融合发展的双创示范片区

研究范围逐步淘汰腾退工业园区，承接核心区数字经济要素转移，培育发展数字科创、数字文创等新经济、新业态。

临平产业布局图

《临平区大运河科创城产业发展战略研究及规划》

- 规划内容

大运河科创城突出"文化+科创"双赋能，抓实"环境再造、文化再生、产业再兴"三大目标，凸显大运河国家文化公园（临平段）"田园风光、古镇风貌、科创风采"的特色优势。

- 规划对塘栖的功能定位

积极培育集科技研发和生产于一体的创业中心，努力把塘栖打造成为产业集聚、生产高效、配套完善的杭州湾先进高新技术产业高地。

张家墩孵化器项目，数字文化集聚区

将数字文化高地的建设与塘栖千年古镇复兴大计相融合，构建以数字化文化和文化数字化"新两化融合"为核心的数字文化经济产业体系。

1.4 产业发展机遇

临平区机遇：原余杭区制造业主平台承载地，对接G60科创大走廊和杭州智造走廊资源

新开发的运河段能够重新发挥对产业人才的集聚效应，成为产业人才集聚的新飞地

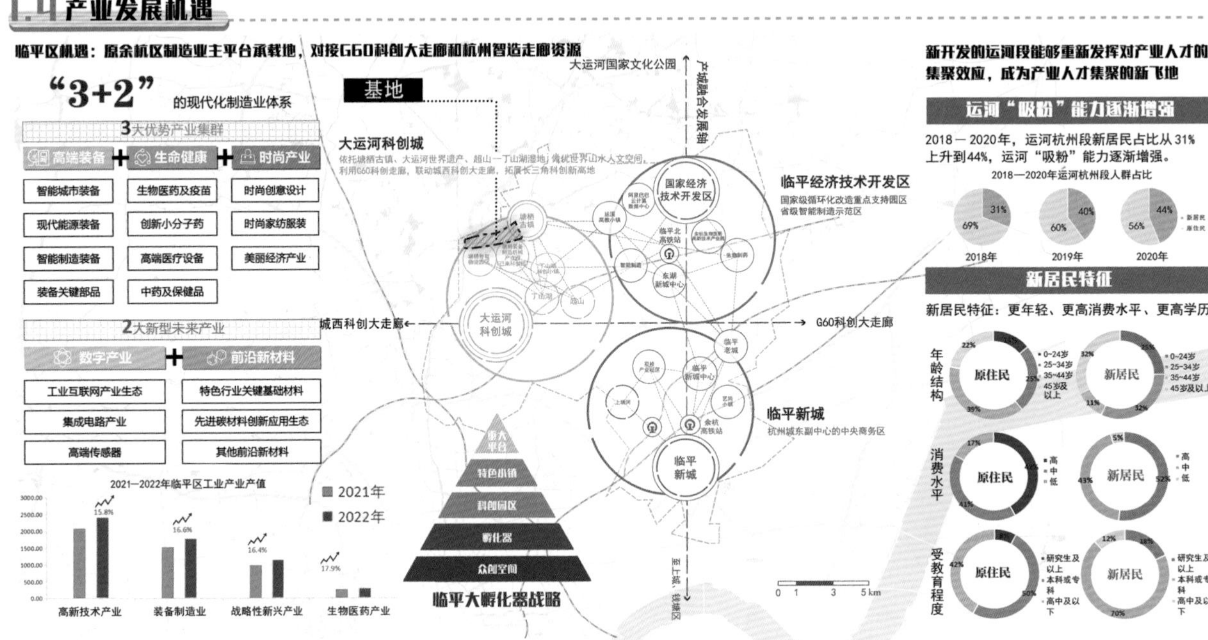

创智水乡进阶计划——杭州市临平区塘栖北单元城市设计

2023全国城乡规划专业"7+1"联合毕业设计

明现状 02

2.1 建成环境概况

土地利用

以工业用地为主，未来发展潜力大

研究范围城乡建设用地共238.6公顷，其中城市建设用地168.45公顷。城镇建设用地以工矿用地和居住用地为主，拥有较多未开发土地。

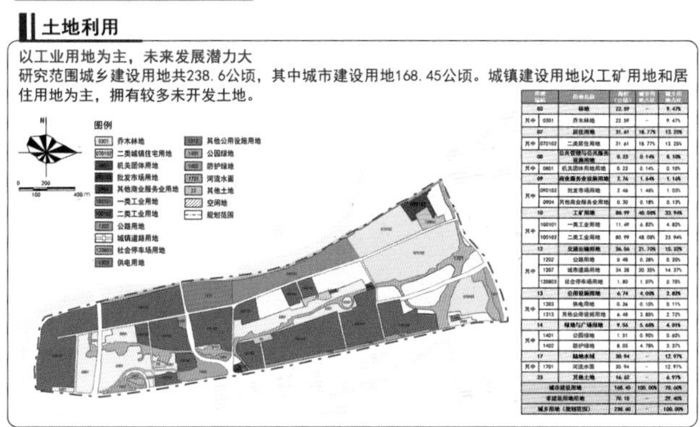

用地编码		用地名称	面积（公顷）	城市建设用地占比	城乡用地占比
03		林地	22.59	-	9.47%
其中	0301	乔木林地	22.59	-	9.47%
07		居住用地	31.61	18.77%	13.25%
其中	070102	二类居住用地	31.61	18.77%	13.25%
08		公共管理与公共服务设施用地	0.23	0.14%	0.10%
其中	0801	机关团体用地用地	0.23	0.14%	0.10%
09		商业服务业设施用地	2.76	1.64%	1.16%
其中	090102	批发市场用地	2.46	1.46%	1.03%
	0904	其他商业服务业用地	0.30	0.18%	0.13%
10		工矿用地	80.99	48.08%	33.94%
其中	100101	一类工业用地	11.49	6.82%	4.82%
	100102	二类工业用地	80.99	48.08%	33.94%
12		交通运输用地	36.56	21.70%	15.32%
其中	1202	公路用地	0.48	0.28%	0.20%
	1207	城市道路用地	34.28	20.35%	14.37%
	120803	社会停车场用地	1.80	1.07%	0.75%
13		公用设施用地	6.74	4.00%	2.82%
其中	1303	供电用地	0.26	0.15%	0.11%
	1313	其他公用设施用地	6.48	3.85%	2.72%
14		绿地与广场用地	9.56	5.68%	4.01%
其中	1401	公园绿地	1.51	0.90%	0.63%
	1402	防护绿地	8.05	4.78%	3.37%
17		陆地水域	30.94	-	12.97%
其中	1701	河流水面	30.94	-	12.97%
23		其他土地	16.62	-	6.97%
城市建设用地			168.45	100.00%	70.60%
非建设用地用地			70.15	-	29.40%
城乡用地（规划范围）			238.60	-	100.00%

建筑现状

建筑风貌整体性有待协调，需考虑现代发展和传承保护相结合

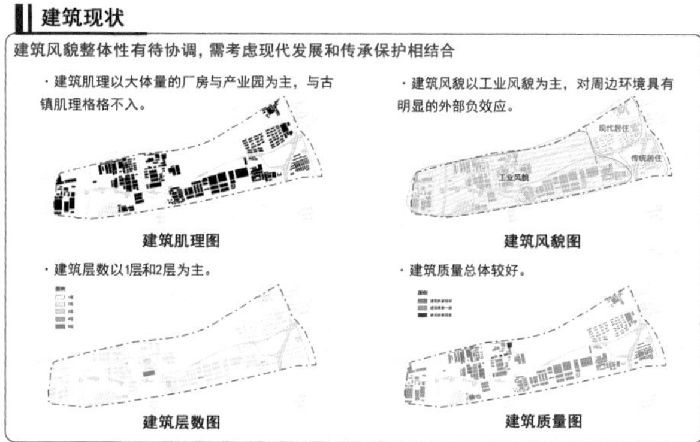

对外交通

对外交通通行压力与机遇兼具

研究范围内过境交通复杂；人车混行严重，通行压力大；规划建设地铁9号线站点，利于形成杭州主城区北部新枢纽。

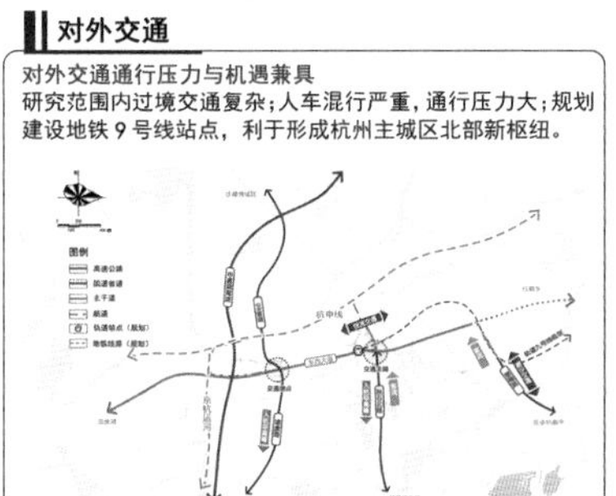

内部交通

内部交通系统性差

研究范围内道路整体联系弱，隔河交通弱，多断头路；道路影响未来发展；特色交通基础好。

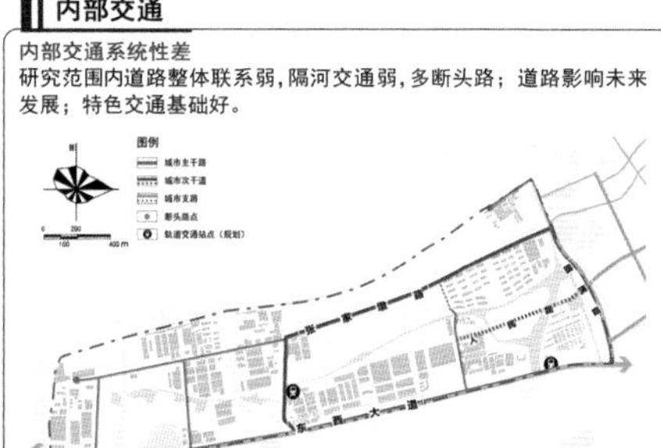

公共服务设施

生活配套与产业配套空白，开发潜力大

研究范围内生活生产配套空白，未来开发潜力大；文体旅游受古镇影响，公园绿地自然本底尚未开发。

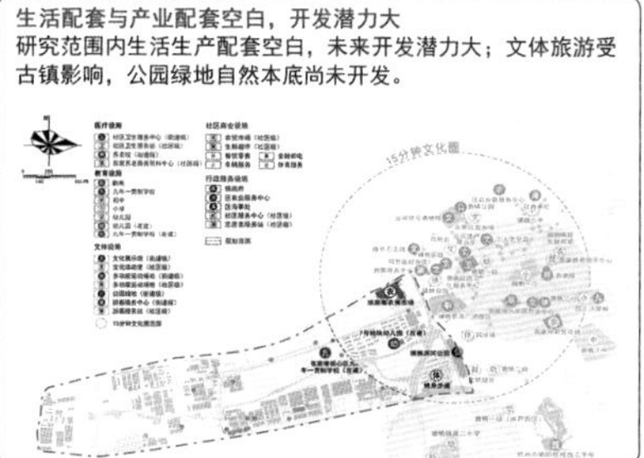

2.2 产业发展现状

01 高端创新要素聚集不足，产业亟待升级

周边数字产业分布

高新产业增加概况

· 镇域GDP：一产增加值为4.40亿元，规模工业增加值为19.50亿元。

· 区域创新产业：R&D经费支出占GDP比值3.5%（与杭州全市持平）；既有创新平台数量少、规模小、能级不高（高新技术企业达到578家，省级重点企业研究院4家）。

塘栖镇工业发展

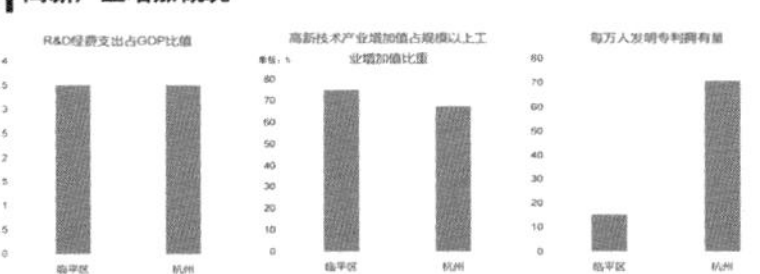

· 一产：农业经济收入较高，但特色蚕桑产业发展极为缓慢。

· 二产：工业企业数量接近饱和，增速放缓，增幅-26%，呈倒退趋势；临平片区高新技术产业发展突出，但高端人才资源紧缺，对塘栖人才发展产生一定限制。

· 三产：贸易服务业态有一定发展，但农工业经济仍占比较大。

02 产业结构以二产为主，产业发展极不平衡

研究范围内产业以二产为主，农业用地利用率较低。

二产分布较广，以电器机械和器材制造业、金属制品业和纺织业等为主，企业类型和数量丰富，仅有三家高科技研发企业。

三产仅分布于东北部，业态低端且难以辐射至张家墩工业片区。

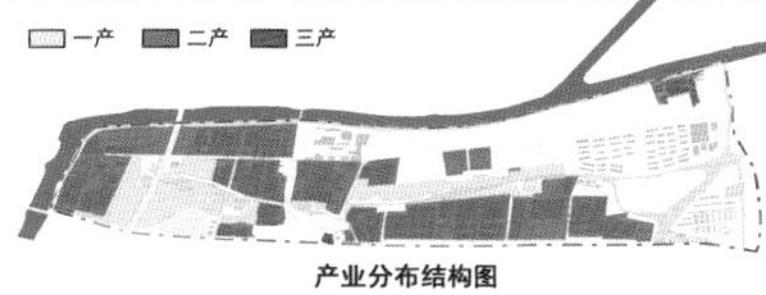

产业分布结构图

03 二产以传统制造类产业为主布局，基础薄弱

初步形成以电器机械、纺织、金属制品和物流仓储为主的产业集群，其中传统制造业产业用地占比84.38%，科技研发为新兴产业。食品加工、塑料等业态分布较为散乱，同类型业态企业未建立整体联动的联系。

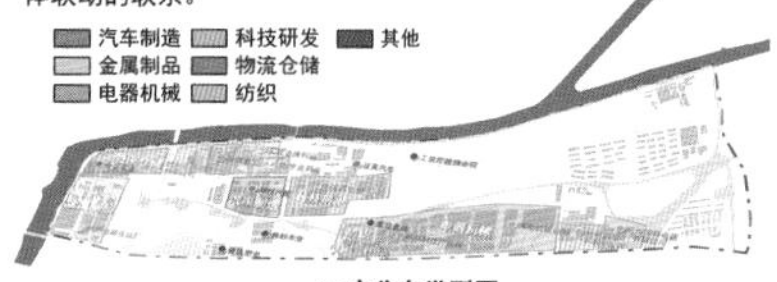

二产分布类型图

04 特色品牌缺乏联动，有特色产业发展基础

2023全国城乡规划专业"7+1"联合毕业设计

创智水乡进阶计划——杭州市临平区塘栖北单元城市设计

寻路径 03

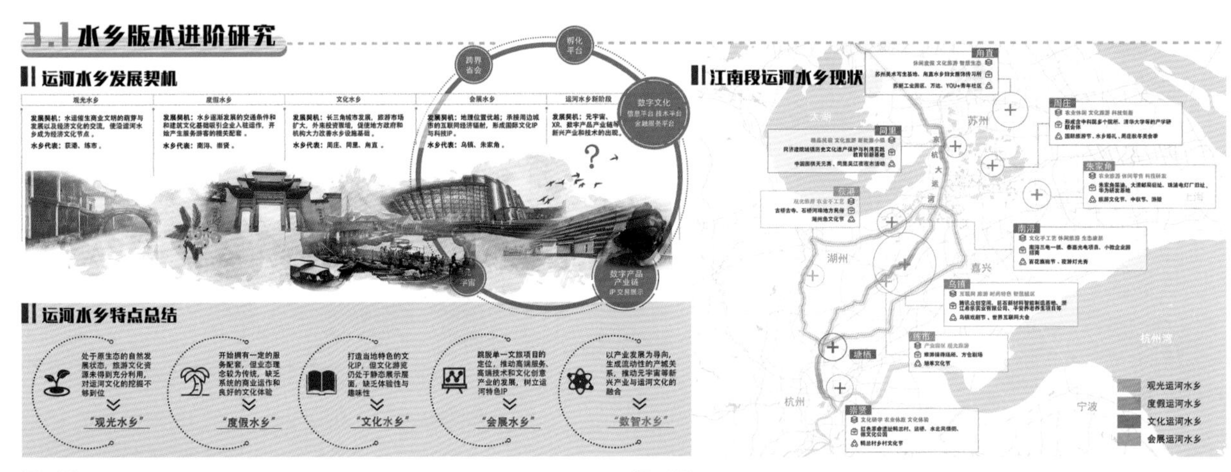

3.2 点燃进阶引擎

数字文化发展趋势

传统文化如何与现代发展衔接?

工业遗存活化利用 例：北京焦化厂更新改造

通过工业遗产的改造和再利用实现产业升级、活力再造和经济复兴，对**现有空间的数字评估**保留厂区内**空间肌理、能代表场地历史演进特征的物质遗存和特色构建**等，转型为**博物馆、展览馆和餐厅**等，进行生态修复展览及科普教育。

运河文化焕发异彩 例：扬州中国大运河博物馆

馆内运用NEC**投影机**打造沉浸式数字展厅，更是通过震撼双眼的影像，为游客留下了一段难忘的运河文化记忆。在以**展现运河文化为主题的"河之恋"数字化**专题展厅当中，超大的沉浸式CAVE空间带来视觉上强烈的冲击力。

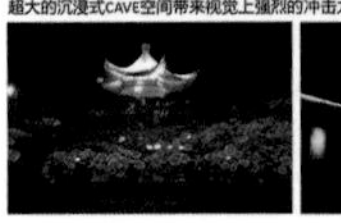

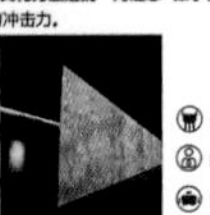

数字藏品
数字虚拟大使
沉浸式云游博物馆

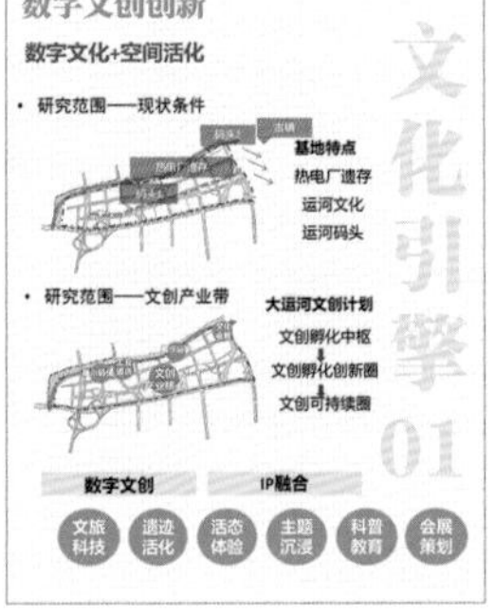

数字空间发展趋势

数字生活服务在新消费时代如何展现活力?

货+场的重构 例：杭州运河天地文化创意园

杭州运河天地文化创意产业园打造了14个文创园区、6个特色楼宇。14个文创园区包括LOFT49、A8艺术公社、唐尚433、丝联166、西岸国际艺术区、浙窑陶艺公园、乐富·智汇园、元谷创意园、富义仓、创意桥、华源创意工场、SOHO创意部落、建华文创园、天堂E谷；6个特色楼宇包括丽阳国际、文化商城等。

设计服务业
现代传媒业
信息服务业
动漫影视业

人+场的重构 例：西安大唐不夜城

西安曲江大唐不夜城文化商业（集团）有限公司与太一集团联合打造了**全球首个基于唐朝历史文化背景的元宇宙项目——"大唐·开元"**。据悉"大唐·开元"构建一个与真实世界平行的虚拟数字世界，**能在完美复原的唐朝街道上体验游览、购物**，并且享受和现实世界一样的商家折扣，**为消费者创造虚实融合的购物空间。**

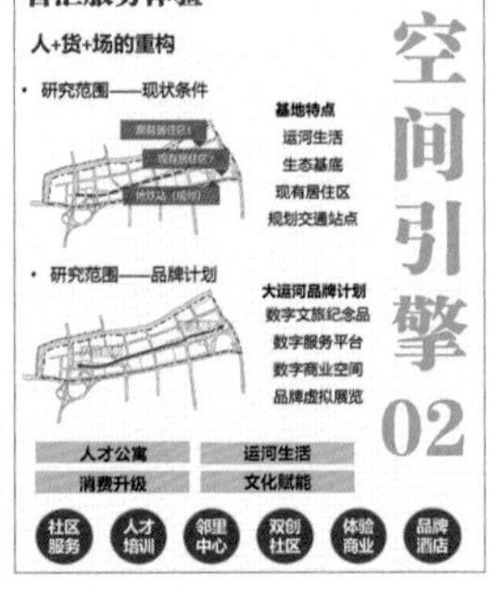

数字产业发展趋势

临平数字经济如何发挥新动能?

数字经济+科创集聚 例：临平工业互联网小镇

工业互联网小镇聚焦**5G技术、信息软件、工业App、人工智能、云计算、大数据、物联网**等领域的服务商。基于**阿里云supET工业互联网平台**，秉持"创新生态、规模转化"的**双轮驱动**的发展模式，建设一个应用创新、咨询服务、生态构筑等方面具有领先优势的包容、共赢、开放、协作的工业互联网新生态体系。

临平数字经济如何有序建设创新载体?

产业大脑+未来工厂

产业大脑 + 未来工厂

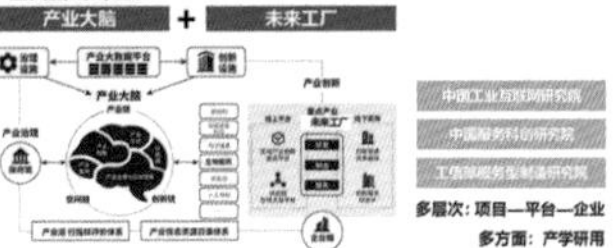

多层次：项目—平台—企业
多方面：产学研用

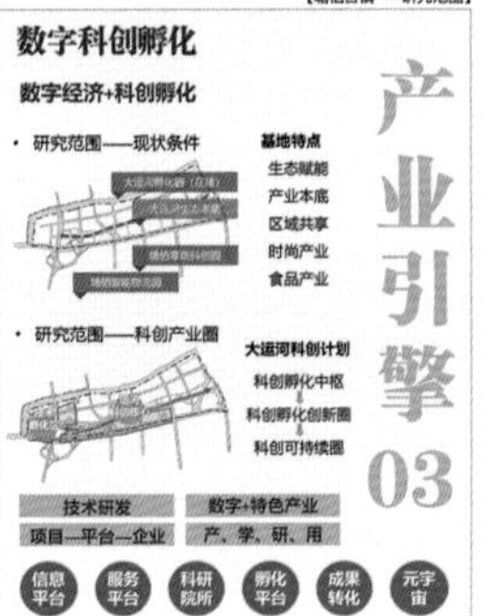

3.3 基地综合评估

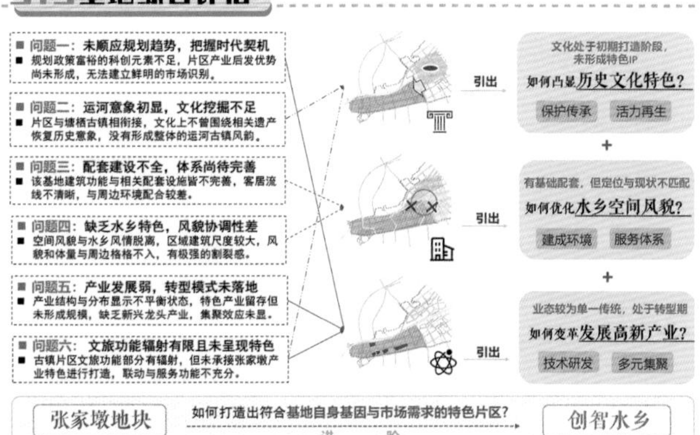

3.4 发展路径探寻

目标定位

结合临平大运河科创城产业发展战略，引入数字科技创新技术，让塘栖更好地承载相应需求

数字经济产业加快推进，新功能和新载体引进，科创孵化引领地 + 人文产业、历史古韵的本地优势，与数字空间的结合基础好 + 运河水乡风情体验，空间服务多维重构

设计思路

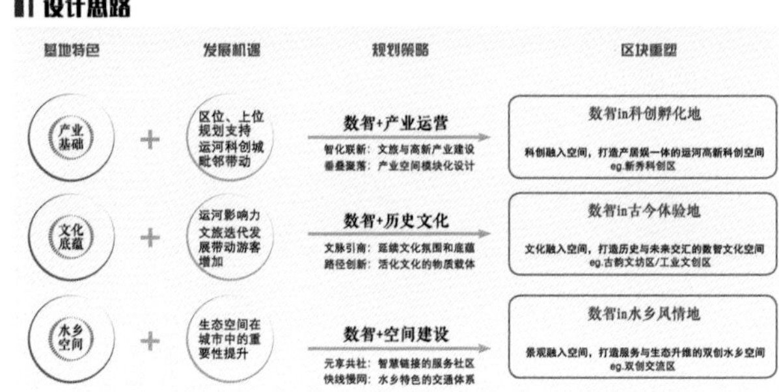

创智水乡进阶计划

——杭州市临平区塘栖北单元城市设计

2023全国城乡规划专业“7+1”联合毕业设计

引策略 04

4.1 数智+科创新城

智化联新——文旅与高新产业高地

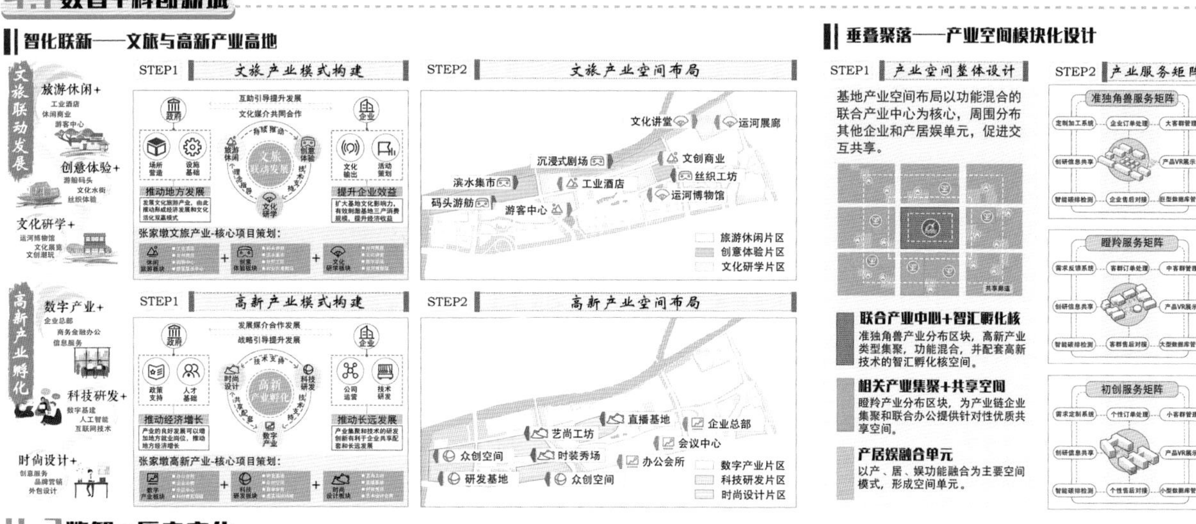

垂叠聚落——产业空间模块化设计

STEP1 产业空间整体设计

基地产业空间布局以功能混合的联合产业中心为核心，周围分布其他企业和产居娱单元，促进交互共享。

联合产业中心+智汇孵化核

准独角兽产业分布区块，高新产业类型集聚，功能混合，并配套高新技术的智汇孵化核空间。

相关产业集聚+共享空间

瞪羚产业分布区块，为产业链企业集聚和联合办公提供针对性优质共享空间。

产居娱融合单元

以产、居、娱功能融合为主要空间模式，形成空间单元。

STEP2 产业服务矩阵

准独角兽服务矩阵

瞪羚服务矩阵

初创服务矩阵

4.2 数智+历史文化

文脉引商——延续文化氛围和底蕴

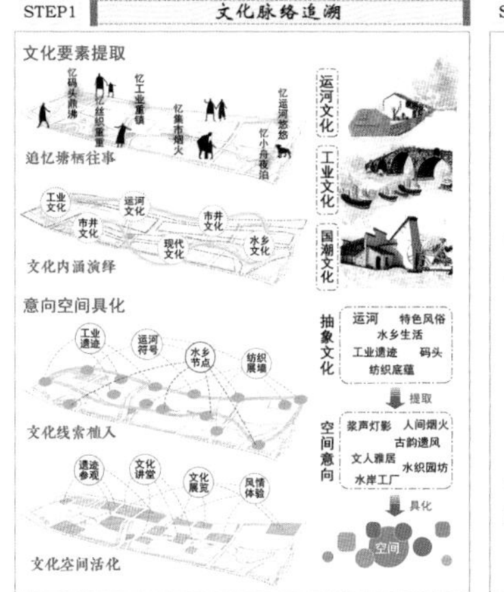

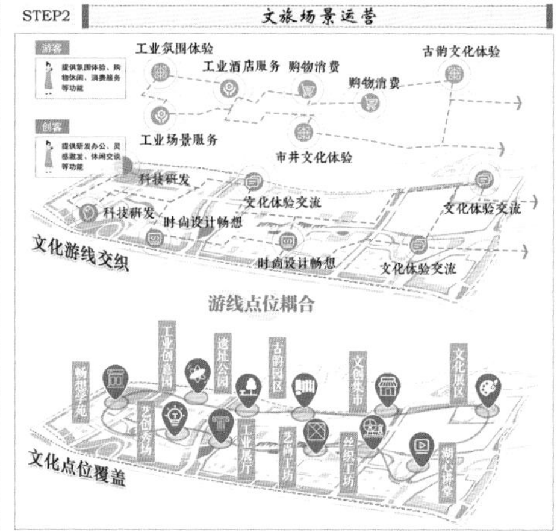

路径创新——活化文化的物质载体

4.3 数智+空间建设

元享共社——智慧共享的服务社区

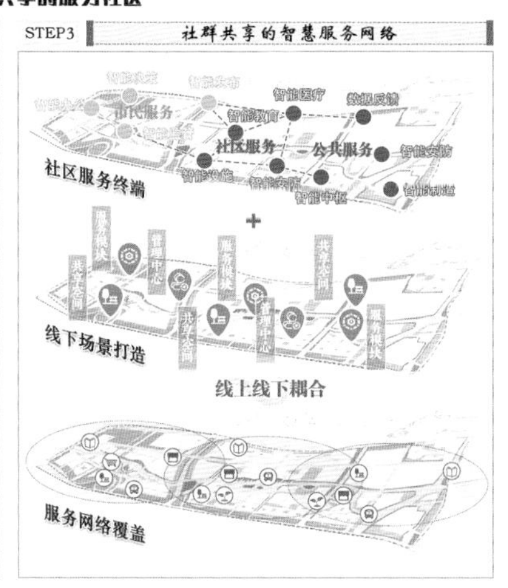

快线慢网——水乡特色的交通体系

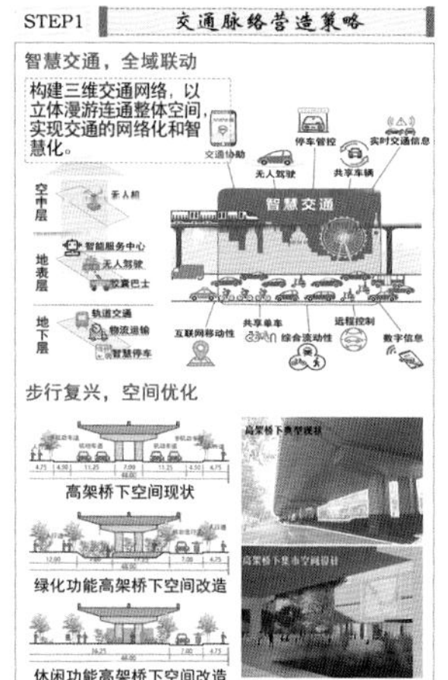

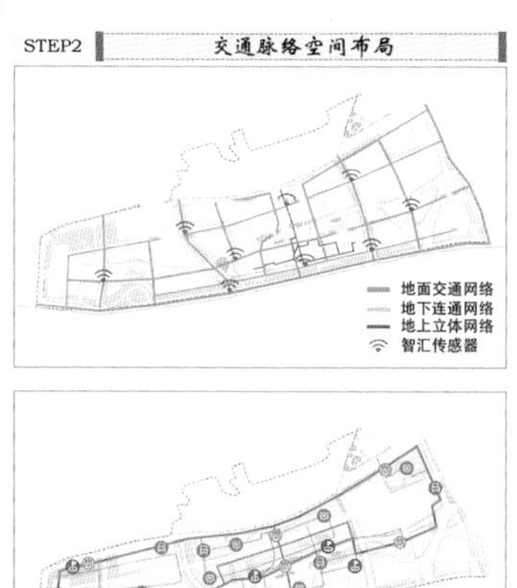

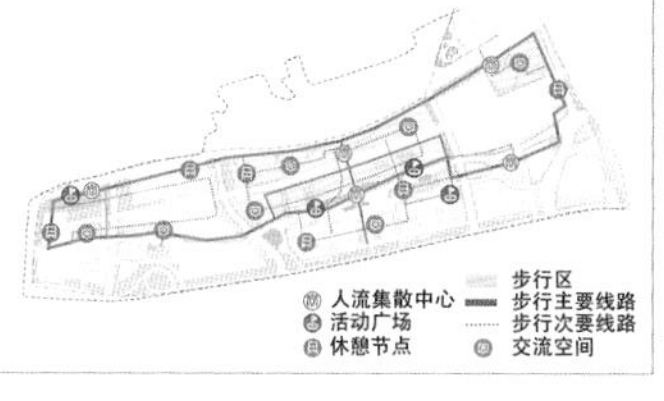

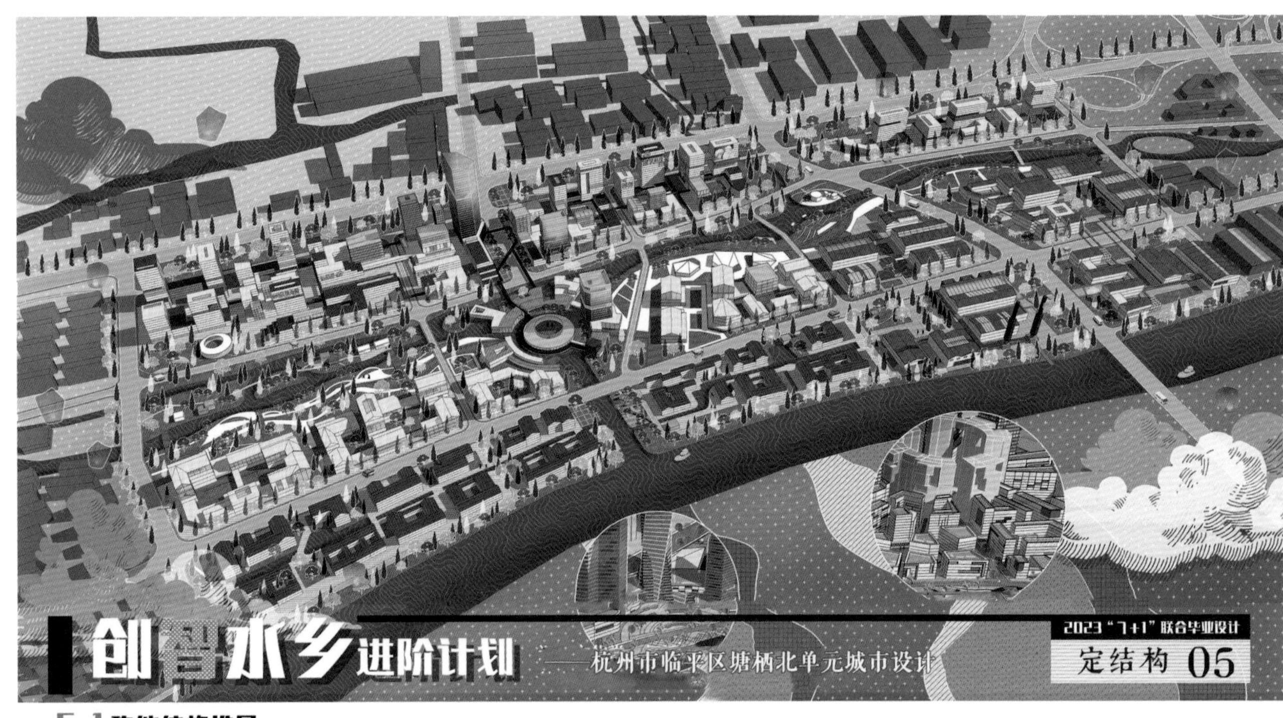

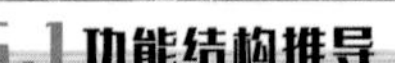

5.1 功能结构推导

产业

1. 产业布局规划

通过对上位规划和周边产业进行分析，确定基地的主体产业布局。

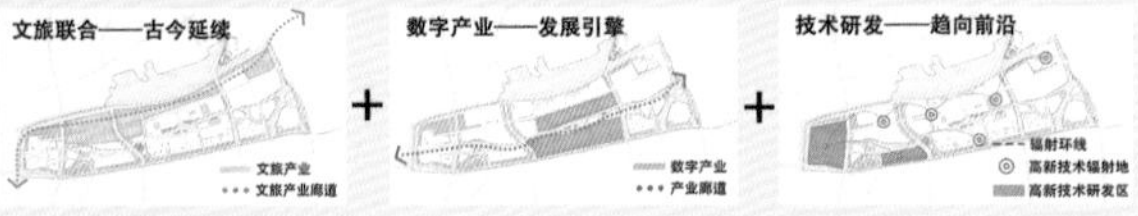

文旅联合——古今延续　+　数字产业——发展引擎　+　技术研发——趋向前沿

文旅产业　文旅产业廊道　数字产业　产业廊道　辐射环线　高新技术辐射地　高新技术研发区

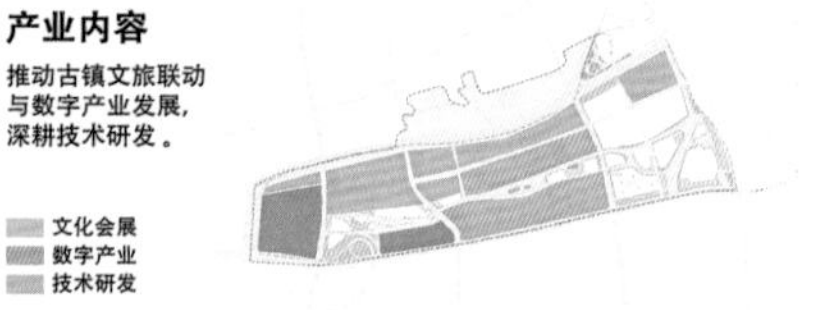

容器

2. 建筑整治探索

通过对现状建筑的质量和风貌进行分析，确定基地地块的拆除、改造和保留方案。

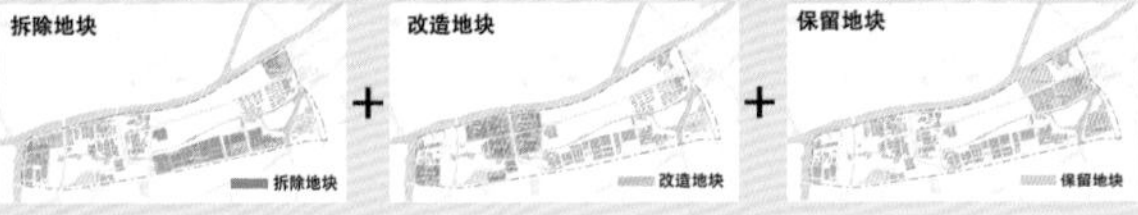

拆除地块　+　改造地块　+　保留地块

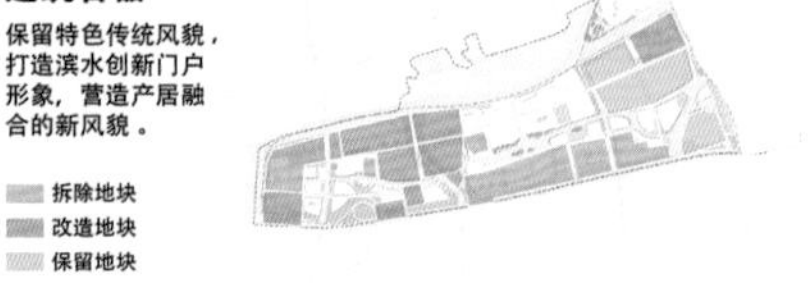

交通

3. 交通条件梳理

通过对内部和外部的交通条件进行分析，确定基地的道路网、水运体系和慢行体系。

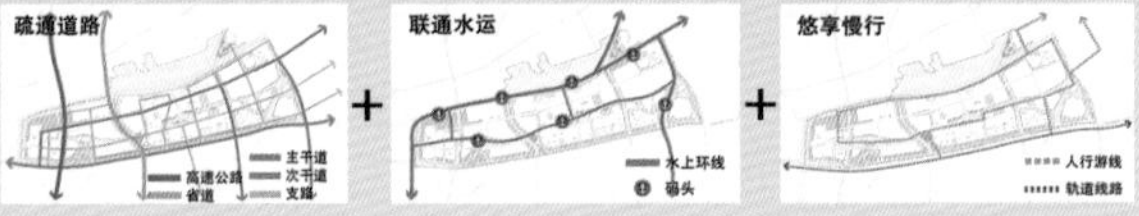

疏通道路　+　联通水运　+　悠享慢行

高速公路　省道　主干道　次干道　支路　水上环线　码头　人行游线　轨道线路

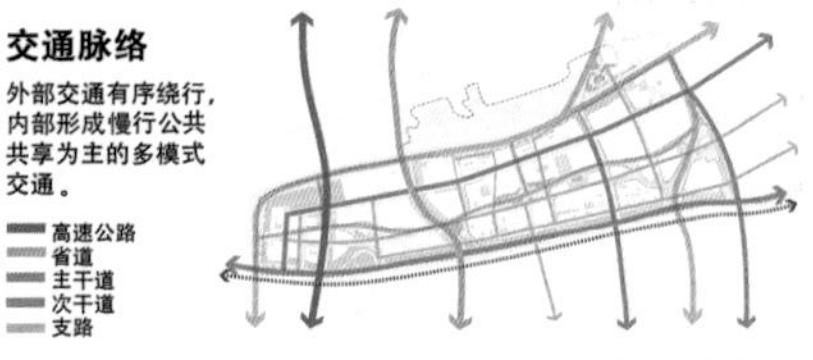

基底

4. 发展基底分析

通过对水系、绿网和限制条件进行分析，确定基地的控制区、对景点和廊道等要素。

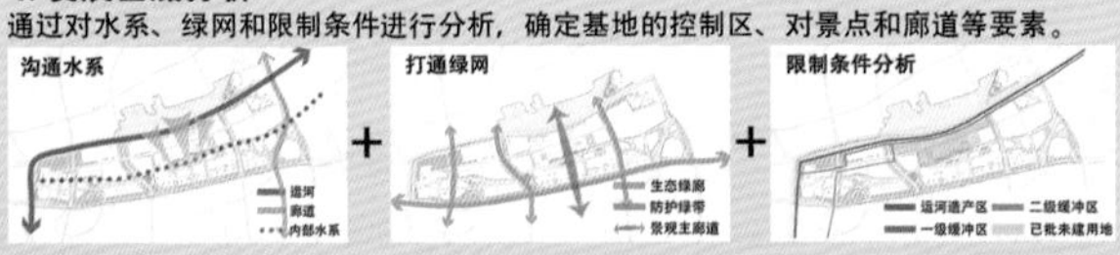

沟通水系　+　打通绿网　+　限制条件分析

运河　廊道　内部水系　生态绿廊　防护绿带　景观主廊道　运河遗产区　一级缓冲区　二级缓冲区　已批未建用地

产业内容

推动古镇文旅联动与数字产业发展，深耕技术研发。

文化会展　数字产业　技术研发

建筑容器

保留特色传统风貌，打造滨水创新门户形象，营造产居融合的新风貌。

拆除地块　改造地块　保留地块

交通脉络

外部交通有序绕行，内部形成慢行公共共享为主的多模式交通。

高速公路　省道　主干道　次干道　支路

蓝绿基底

生态网络主要分布于运河以及基地内部的空白腹地空间。

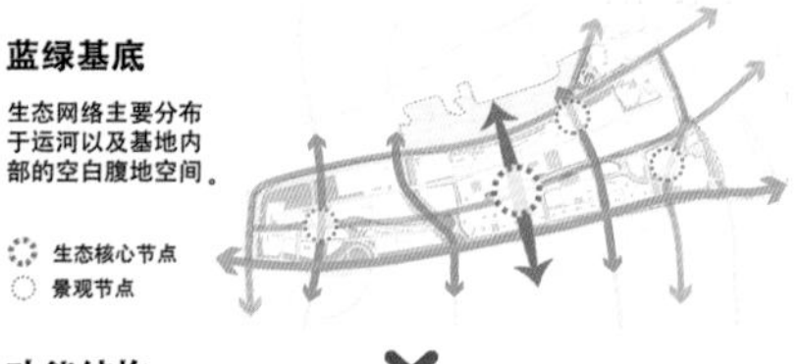

生态核心节点　景观节点

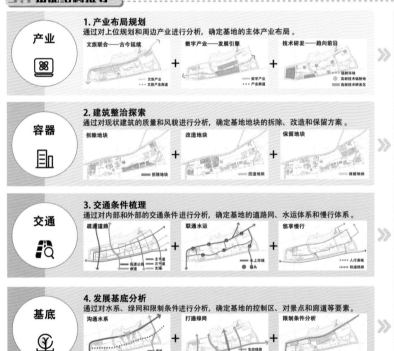

功能结构

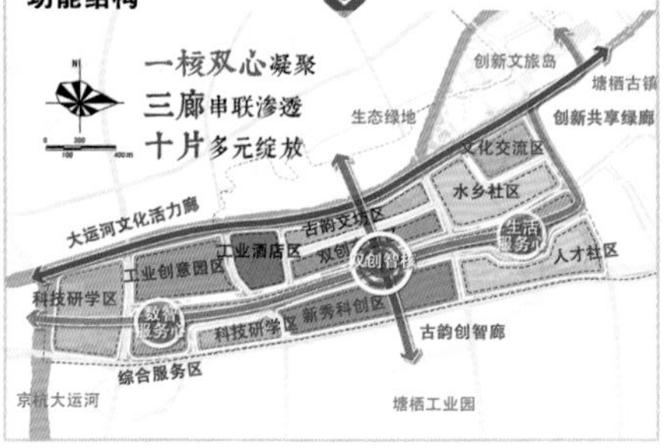

一核双心凝聚
三廊串联渗透
十片多元绽放

创新文旅岛　塘栖古镇　生态绿地　创新共享绿廊　文化交流区　水乡社区　大运河文化活力廊　工业酒店区　古韵文旅区　工业创意园区　双创智核　生活服务区　人才社区　科技研学区　科技研学区　新秀科创区　古韵创智廊　综合服务区　京杭大运河　塘栖工业园

5.2 土地利用规划

城乡用地和城市建设用地平衡表（规划）

用地编码		用地名称	面积（公顷）	城市用地占比（%）	城乡用地占比（%）
07		居住用地	27.42	12.48	11.49
其中	0701	城镇住宅用地	24.83	11.30	10.41
	0702	城镇社区服务设施用地	2.59	1.18	1.09
08		公共管理与公共服务设施用地	29.61	13.48	12.41
其中	0802	科研用地	18.07	8.23	7.57
	0803	文化用地	10.18	4.63	4.27
	0804	教育用地	1.36	0.62	0.57
09		商业服务业设施用地	43.67	19.88	18.30
其中	0901	商业用地	13.95	6.35	5.85
	090104	旅馆用地	4.03	1.83	1.69
	09002	商务金融用地	25.69	11.70	10.77
0803/0901		文化/商业混合用地	11.54	5.25	4.84
0803/0902		文化/商务金融混合用地	8.45	3.85	3.54
12		交通运输用地	42.68	19.43	17.89
其中	1202	公路用地	0.48	0.22	0.20
	1207	城市道路用地	42.20	19.21	17.69
13		公用设施用地	0.26	0.12	0.11
其中	1303	供电用地	0.26	0.12	0.11
14		绿地与广场用地	56.05	25.51	23.49
其中	1401	公园绿地	50.28	22.89	21.07
	1403	广场用地	5.77	2.63	2.42
17		陆地水域	18.93	-	7.93
其中	1701	河流水面	18.93	-	7.93
城市建设用地			219.68	100.00	92.07
非建设用地用地			18.91	-	7.93
城乡用地（规划范围）			238.60	-	100.00

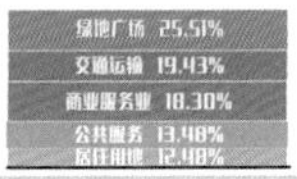

绿地广场 25.51%
交通运输 19.43%
商业服务业 18.30%
公共服务 13.48%
居住用地 12.48%

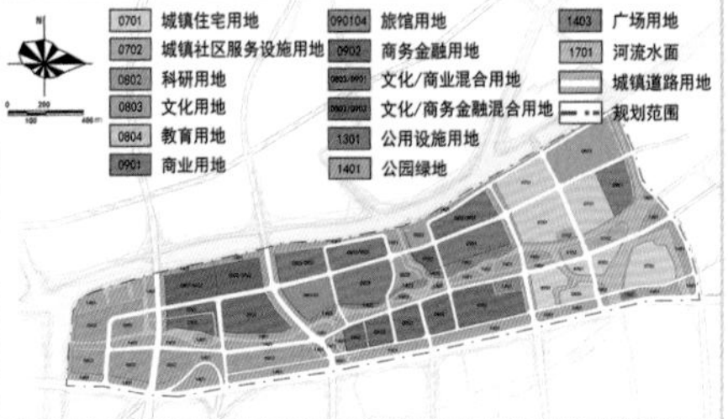

0701 城镇住宅用地　0702 城镇社区服务设施用地　0802 科研用地　0803 文化用地　0804 教育用地　0901 商业用地　090104 旅馆用地　0902 商务金融用地　0803/0901 文化/商业混合用地　0803/0902 文化/商务金融混合用地　1301 公用设施用地　1401 公园绿地　1403 广场用地　1701 河流水面　城镇道路用地　规划范围

创智水乡进阶计划——杭州市临平区塘栖北单元城市设计

2023“7+1”联合毕业设计

定结构 05

5.3 总平面图——设计范围

京杭大运河

基地重要节点

图例

① 运河产业孵化园 ② 热电厂遗址公园 ③ 古韵文创园区 ④ 运河博物馆 ⑤ 运河文化广场 ⑥ 沉浸剧场 ⑦ 运河文创集市 ⑧ 工业创意园 ⑨ 工业酒店 ⑩ 亲水广场 ⑪ 直播基地 ⑫ 数字IP展示馆 ⑬ 双创交流中心 ⑭ 时尚秀场 ⑮ 智游连廊 ⑯ 艺尚工坊 ⑰ 丝织工坊 ⑱ 滨水步道 ⑲ 湖心讲堂 ⑳ 溪畔公园 ㉑ 众创办公楼 ㉒ 科创转化园区 ㉓ 未来数字引擎 ㉔ 企业花园 ㉕ 数字公园 ㉖ 科创实验室

技术经济指标

总用地面积：113.4 hm^2　　建筑密度：42%

总建筑面积：192.7 hm^2　　绿地率：29%

容积率：1.7　　停车位数量：5800

5.4 设计范围系统规划图

道路系统规划

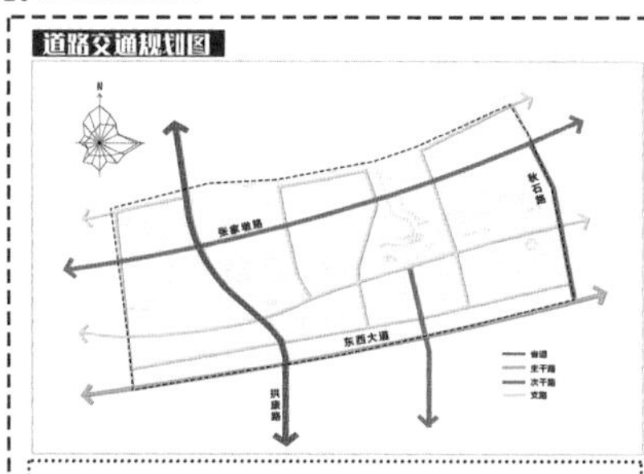

道路交通规划图

在原道路层级基础上，结合新规划地块和河流，加大道路密度，取消部分内部次干道，加设其余干道支路，确保各片区交通畅通有序，提高交通效率。

公共交通规划图

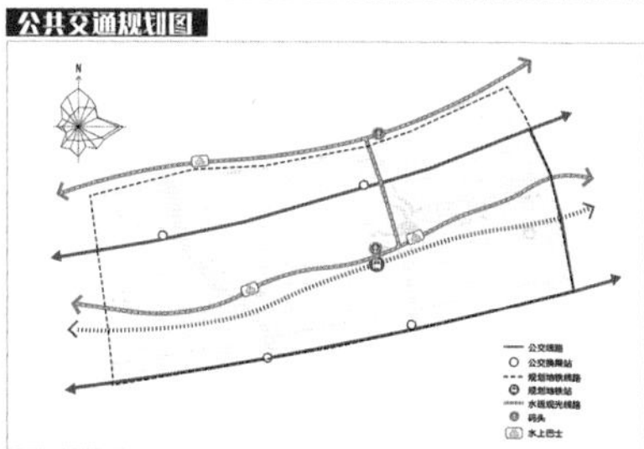

规划建立以轨道交通、公交巴士为主的综合公共交通体系，地块中心的地铁9号线也作为重要的对外公共交通核心流线，在增加区域交通可达性的同时设置巴士码头，通过水上巴士串联各个区域，形成特色水上观光路线。

地下停车规划图

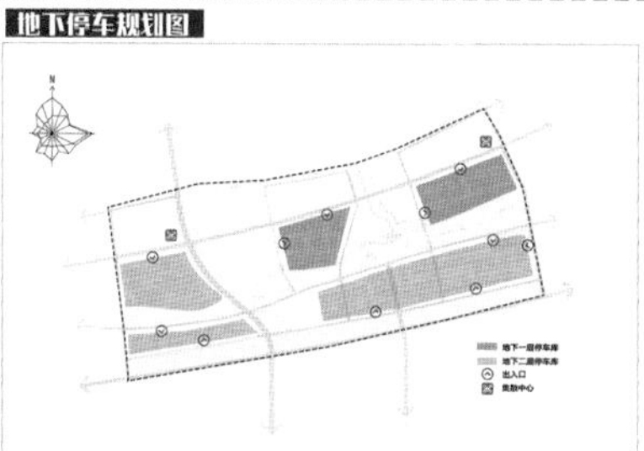

结合外部交通与主要客流方向，在靠近场地出入口处设置集散中心，集中停车。同时道路衔接各板块，根据需求设置一层和二层地下停车区域，缓解停车压力。

公共系统规划

景观系统规划图

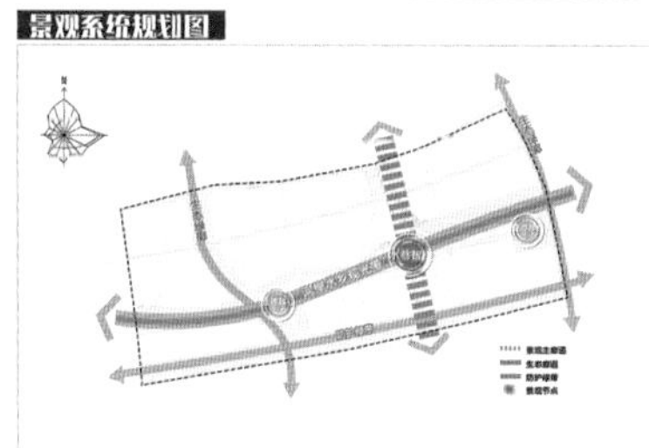

规划打造贯穿地块南北的景观廊道，同时打造贯穿地块东西的水乡观光带，沿等级高的道路打造南北向的生态廊道和东西向的防护绿带，组成完整的绿色景观体系。

公共服务设施配套规划图

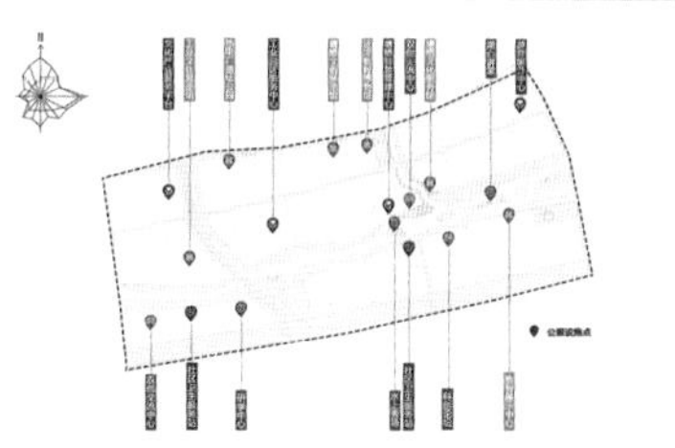

依托片区丰富的资源，结合创智新兴产业新增一系列各种尺度的公共服务设施，设置在运河两岸和内部地块，将保护建筑与新增公共设施串联成高品质的共享服务圈。

开发强度规划

建筑高度规划图

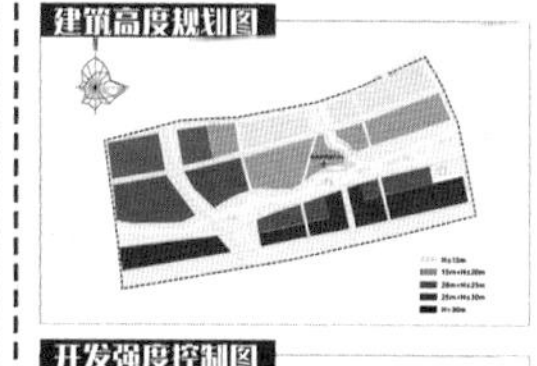

总体从河岸到内陆高度控制逐渐上升，营造良好的主街次巷的空间秩序感。

开发强度控制图

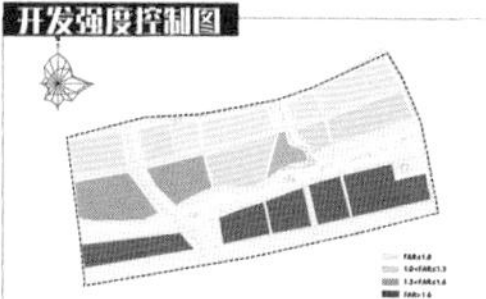

运河沿岸容积率控制在1.0以下，生活片区容积率在1.3以下，工业区容积率则在1.0~1.6，新兴产业区容积率在1.6以上。

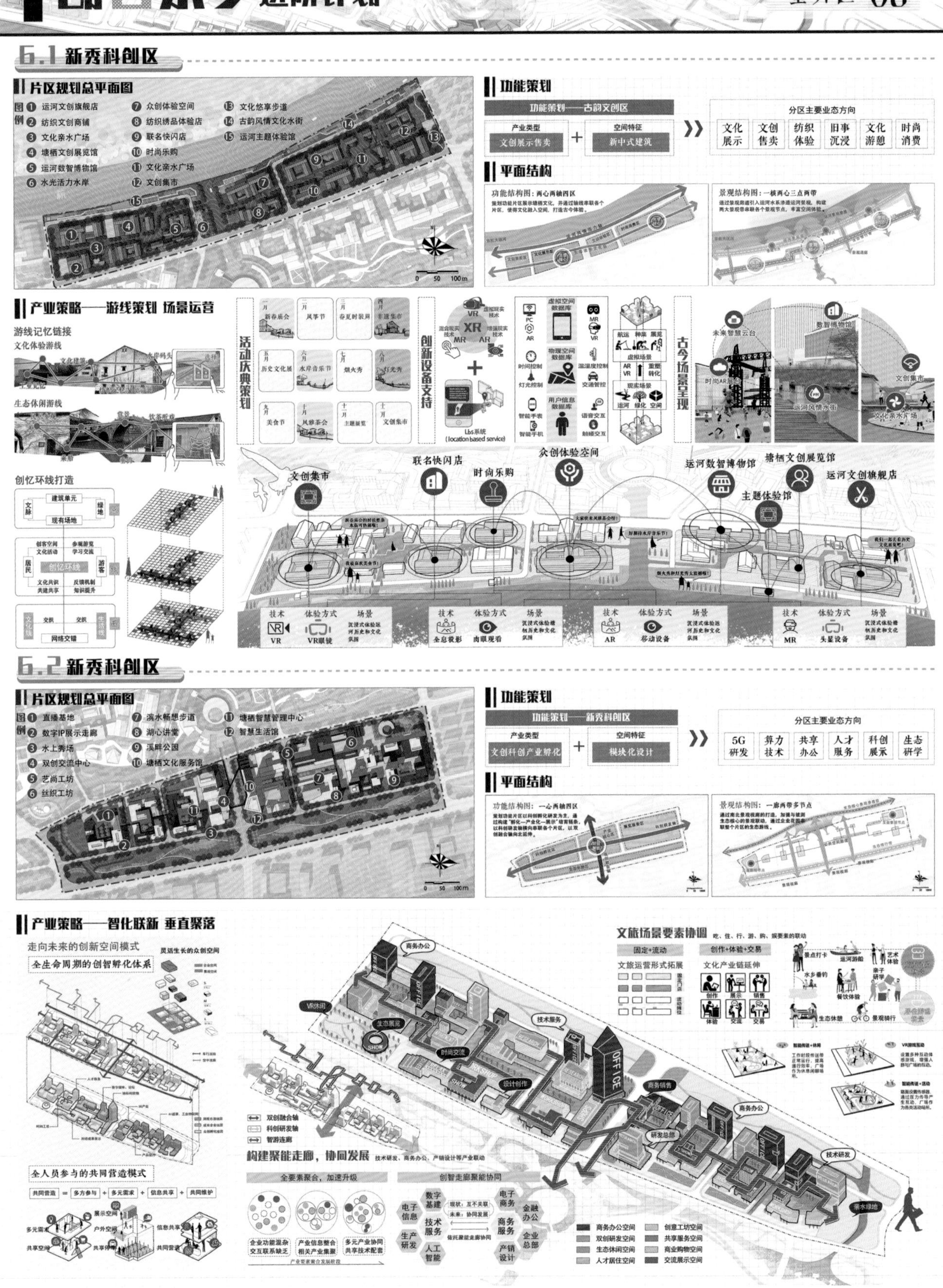
创智水乡进阶计划
——杭州市临平区塘栖北单元城市设计
2023"7+1"联合毕业设计
塑片区 06
6.1 新秀科创区
片区规划总平面图
图例
① 运河文创旗舰店
② 纺织文创商铺
③ 文化亲水广场
④ 塘栖文创展览馆
⑤ 运河数智博物馆
⑥ 水光活力水岸
⑦ 众创体验空间
⑧ 纺织绣品体验店
⑨ 联名快闪店
⑩ 时尚乐购
⑪ 文化亲水广场
⑫ 文创集市
⑬ 文化悠享步道
⑭ 古韵风情文化水街
⑮ 运河主题体验馆
功能策划
功能策划——古韵文创区
产业类型
文创展示售卖
空间特征
新中式建筑
分区主要业态方向
文化展示
文创售卖
纺织体验
旧事沉浸
文化游憩
时尚消费
平面结构
功能结构图：两心两轴四区
景观结构图：一核两心三点两带
产业策略——游线策划 场景运营
游线记忆链接
文化体验游线
生态休闲游线
创忆环线打造
活动庆典策划
创新设备支持
古今场景呈现
联名快闪店
时尚乐购
众创体验空间
运河数智博物馆
塘栖文创展览馆
运河文创旗舰店
文创集市
主题体验馆
6.2 新秀科创区
片区规划总平面图
图例
① 直播基地
② 数字IP展示走廊
③ 水上秀场
④ 双创交流中心
⑤ 艺尚工坊
⑥ 丝织工坊
⑦ 滨水畅想步道
⑧ 湖心讲堂
⑨ 溪畔公园
⑩ 塘栖文化服务馆
⑪ 塘栖智慧管理中心
⑫ 智慧生活馆
功能策划
功能策划——新秀科创区
产业类型
文创科创产业孵化
空间特征
模块化设计
分区主要业态方向
5G研发
算力技术
共享办公
人才服务
科创展示
生态研学
平面结构
功能结构图：一心两轴四区
景观结构图：一廊两带多节点
产业策略——智化联新 垂直聚落
走向未来的创新空间模式
全生命周期的创智孵化体系
全人员参与的共同营造模式
构建聚能走廊，协同发展
全要素聚合，加速升级
创智走廊聚能协同
文旅场景要素协调
商务办公空间
双创研发空间
生态休闲空间
人才居住空间
创意工坊空间
共享服务空间
商业购物空间
交流展示空间

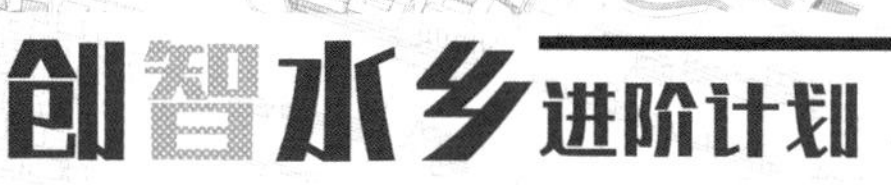

创智水乡进阶计划——杭州市临平区塘栖北单元城市设计

2023 "7+1" 联合毕业设计

塑片区 06

6.3 工业文创区

片区规划总平面图

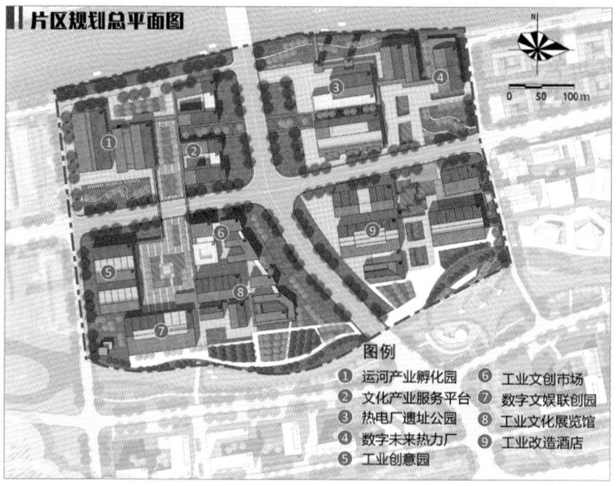

0 50 100m
图例
① 运河产业孵化园
② 文化产业服务平台
③ 热电厂遗址公园
④ 数字未来热力厂
⑤ 工业创意园
⑥ 工业文创市场
⑦ 数字文娱联创园
⑧ 工业文化展览馆
⑨ 工业改造酒店

空间改造——多元利用 文化活化

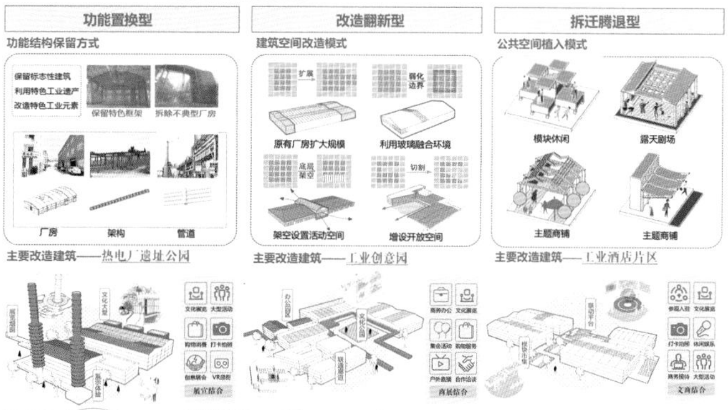

功能置换型
功能结构保留方式
保留标志性建筑
利用特色工业遗产
改造特色工业元素
保留特色框架
拆除不典型厂房
厂房
架构
管道
主要改造建筑——热电厂遗址公园
改造翻新型
建筑空间改造模式
原有厂房扩大规模
利用玻璃融合环境
架空设置活动空间
增设开放空间
主要改造建筑——工业创意园
拆迁腾退型
公共空间植入模式
模块休闲
露天剧场
主题商铺
主题商铺
主要改造建筑——工业酒店片区

功能策划

功能策划——古韵文创区

产业类型：工业展创综合 ＋ 空间特征：厂房建筑改造 》

分区主要业态方向					
工业展示	文创售卖	工业酒店	数字文娱	文化游憩	工业体验

平面结构

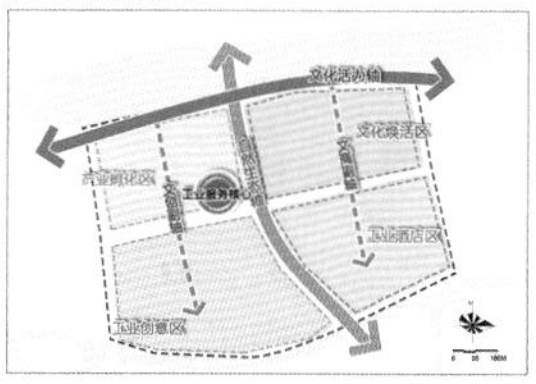

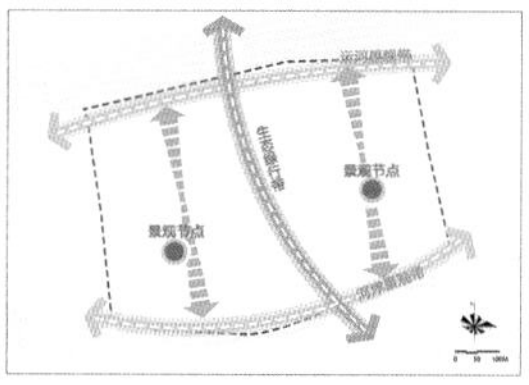

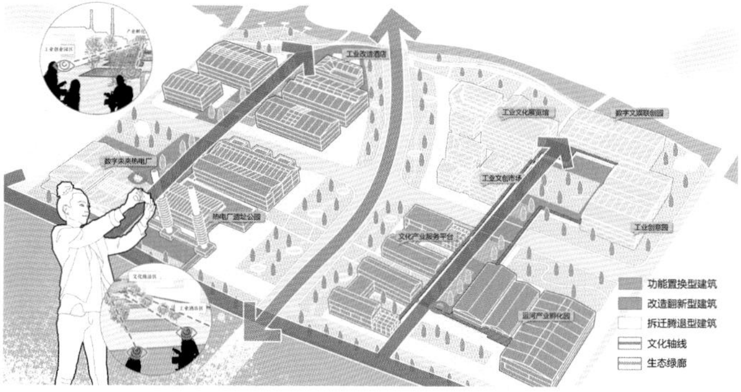

功能置换型建筑
改造翻新型建筑
拆迁腾退型建筑
文化轴线
生态绿廊

6.4 双创交流区

片区规划总平面图

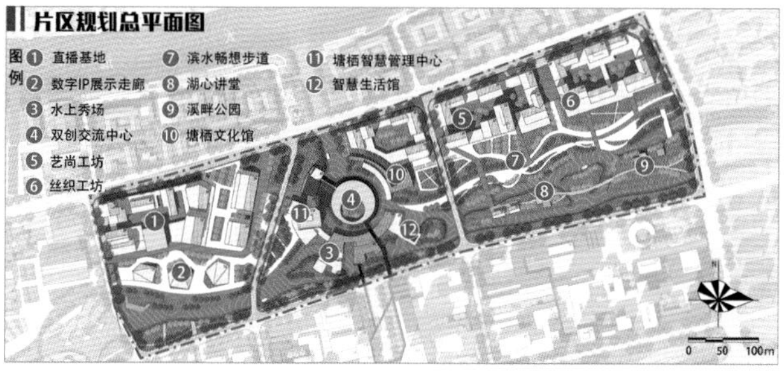

图例
① 直播基地
② 数字IP展示走廊
③ 水上秀场
④ 双创交流中心
⑤ 艺尚工坊
⑥ 丝织工坊
⑦ 滨水畅想步道
⑧ 湖心讲堂
⑨ 溪畔公园
⑩ 塘栖文化馆
⑪ 塘栖智慧管理中心
⑫ 智慧生活馆
0 50 100m

功能策划

功能策划——双创交流区

产业类型：生活创新服务 ＋ 空间特征：生态院落 》

分区主要业态方向					
人文休闲	生活服务	丝织工艺	文化展示	科创交互	生态研学

平面结构

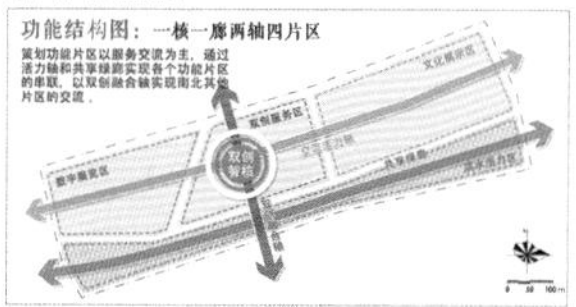

功能结构图：一核一廊两轴四片区

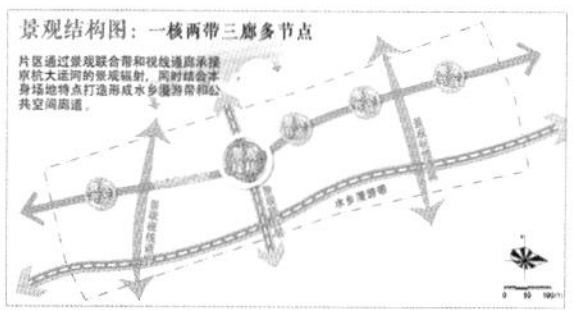

景观结构图：一核两带三廊多节点

智慧共享——空间定制 智慧改造

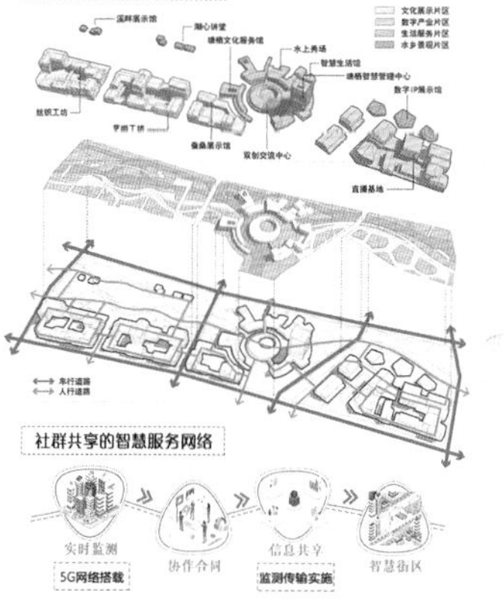

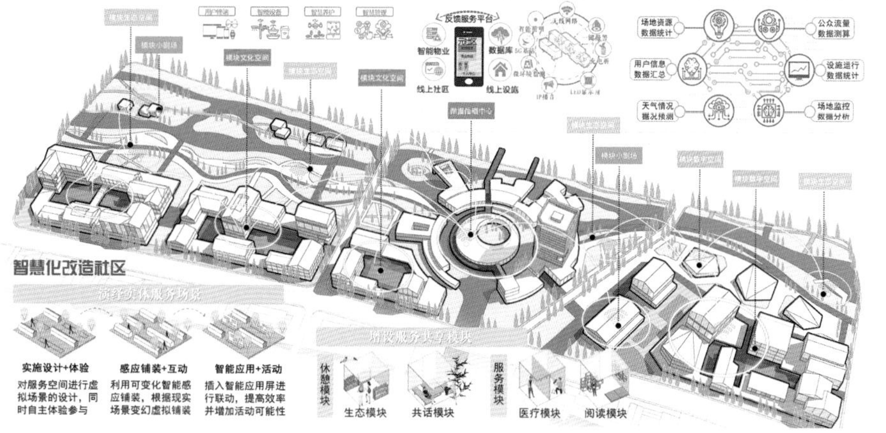

创新共栖的水乡生态院落
社群共享的智慧服务网络
实时监测
5G网络搭载
协作合同
信息共享
监测传输实施
智慧街区

空间感知定制系统
智慧化改造社区
实施设计+体验
对服务空间进行虚拟场景的设计，同时自主体验参与
感应铺装+互动
利用可变化智能感应铺装，根据现实场景变幻虚拟铺装
智能应用+活动
插入智能应用屏进行联动，提高效率并增加活动可能性
休憩模块
生态模块
共话模块
服务模块
医疗模块
阅读模块
场地资源数据统计
公众流量数据测算
用户信息数据汇总
设施运行数据统计
天气情况概况预测
场地监控数据分析

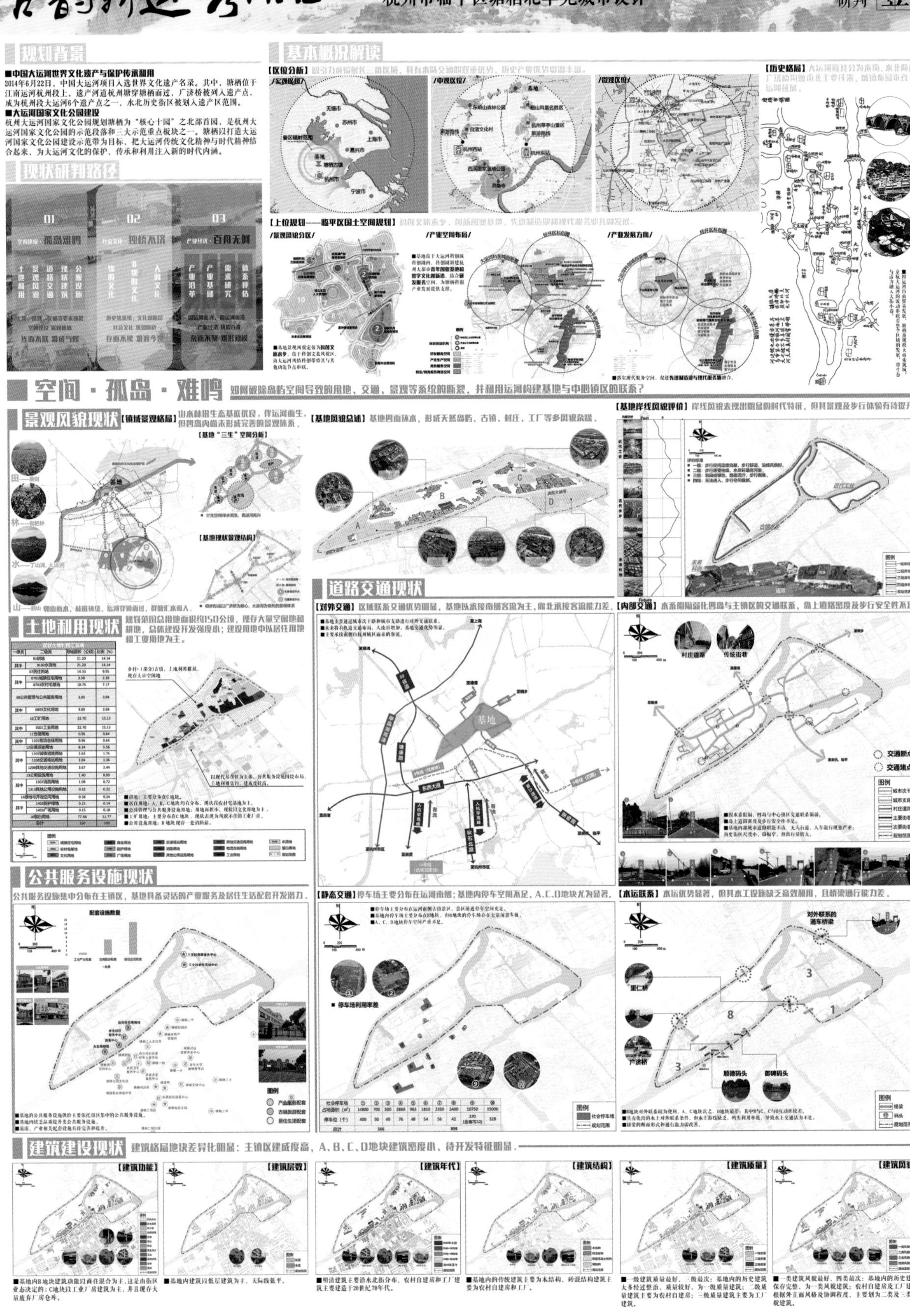
古韵新运 秀TIME
——杭州市临平区塘栖北单元城市设计
基地研判 壹
规划背景
■中国大运河世界文化遗产与保护传承利用
2014年6月22日，中国大运河项目入选世界文化遗产名录。其中，塘栖位于江南运河杭州段上，遗产河道杭州塘穿塘栖而过，广济桥被列入遗产点，成为杭州段大运河6个遗产点之一，水北历史街区被划入遗产区范围。
■大运河国家文化公园建设
杭州大运河国家文化公园规划塘栖为"核心十园"之北部首园，是杭州大运河国家文化公园的示范段落和三大示范重点板块之一。塘栖以打造大运河国家文化公园建设示范带为目标，把大运河传统文化精神与时代精神结合起来，为大运河文化的保护、传承和利用注入新的时代内涵。
现状研判路径
01 空间建设：孤岛难鸣
02 社会文化：独栖不济
03 产业经济：百舸无舸
基本概况解读
【区位分析】
【历史格局】
【上位规划——临平区国土空间规划】
空间·孤岛·难鸣
如何破除岛屿空间导致的用地、交通、景观等系统的断裂，并利用运河构建基地与中心镇区的联系？
景观风貌现状
【基地风貌总述】基地四面环水，形成天然岛屿，古镇、村庄、工厂等多风貌杂糅。
【基地岸线风貌评价】岸线风貌表现出明显的时代特征，但其景观及步行体验有待提升。
土地利用现状
规划范围总用地面积约150公顷，现存大量空闲地和耕地，总体建设开发强度低；建设用地中以居住用地和工业用地为主。
道路交通现状
【对外交通】区域联系交通优势明显，基地以承接南侧客流为主，但北承接客流能力差。
【内部交通】水系阻隔弱化四岛与主镇区的交通联系，岛上道路密度及步行安全性不足。
【静态交通】停车场主要分布在运河南侧；基地内停车面积不足，A、C、D地块尤为显著。
【水运联系】水运优势显著，但其水工设施缺乏高效利用，且桥梁通行能力差。
公共服务设施现状
公共服务设施集中分布在主镇区，基地具备灵活的产业服务及居住生活配套开发潜力。
建筑建设现状
建筑格局地块差异化明显：主镇区建成度高，A、B、C、D地块建筑密度小，待开发特征明显。
【建筑功能】【建筑层数】【建筑年代】【建筑结构】【建筑质量】【建筑风貌】

——杭州市临平区塘栖北单元城市设计

基地研判 贰

文化·独桥·不济

如何缝补断层消弭的历史文化，搭建以广济桥为代表的古今文化桥梁并据此激活文化魅力？

塘栖与大运河发展

塘栖应“运”而生，与大运河历史文脉相连、发展共栖。

隋唐 宋 元 明 清 民国 中华人民共和国

公元581年 京杭大运河全线贯通

公元960年 塘下塘，为小镇

公元1279年 张士诚开运河

公元1368年 商贾造72桥，使水陆并行

陈守清重修广济桥，1498年建成

公元1644年 成为“江南十大名镇之首”

乾隆南巡，赐御碑、设行宫

太平天国运动，受到重创

公元1911年 清末民初，近代工商业兴起，兴建大纶丝厂、新华丝厂等

公元1949年 铁路取代水路，运河功能降级

开辟新航道，广济桥段老航道封航

2014年大运河申遗成功

物的文化

【历史环境要素】历史文化资源丰富，但现存的历史资源大部分保护不佳。

隋唐 宋 元 明 清 民国 中华人民共和国

公元581年 公元960年 公元1279年 公元1368年 公元1644年 公元1911年 公元1949年

郭璞井 新开运河 广济桥 石灰桥 乾隆御碑 青堂 大纶丝厂、新华丝厂等 花园桥（复建）

乾隆御碑 油车弄 石灰桥 广济桥 郭璞井 花园桥 新华丝厂 新开运河

很重要 重要 一般重要

【建筑文化】建筑风格差异大，但存在一定的延续性。

隋唐 宋 元 明 清 民国 中华人民共和国

西姚宅等 大纶丝厂、新华丝厂等 鱼船埭（村）等

明清风格建筑肌理—以民居为主

近代风格建筑肌理—以工厂为主

现代风格建筑肌理—以民居为主

西姚宅 合院 上层居住，下层商业，白墙黛瓦，沿河被廊，体量小

建筑风格差异大，但存在一定的延续性

建筑风格、颜色混杂，体量较小

新华丝厂 行列式 以灰色为主，坡屋顶，体量大

非物的文化

【文化活动传承】历史/传统文化活动主要沿运河集聚分布，但传承度较低。

隋唐 宋 元 明 清 民国 中华人民共和国

枇杷文化 漕运文化 集市文化 丝绸之府 枇杷文化节

卫家斑皮影戏 米塑 漕运 喝茶 香市 清水丝绵 评弹 蜜饯

留存 消失

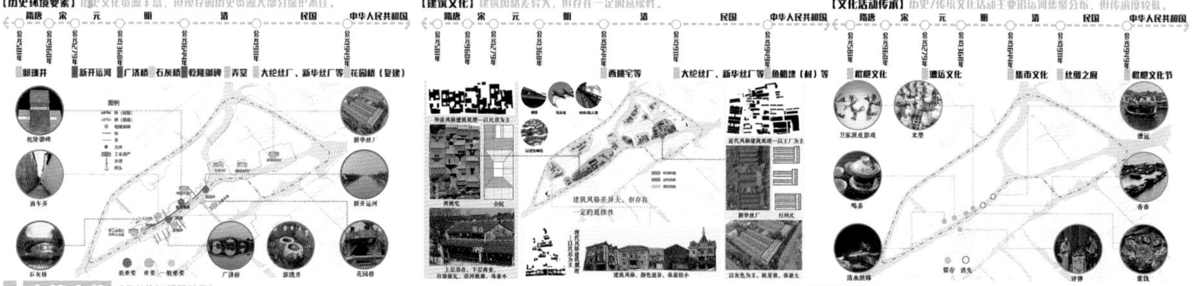

人的文化

【公共生活组织特征】人群结构受游客影响，在生活方式上也呈现出单一化的倾向。

陈守清 本地居民 商户 唐珏 游客 本地居民 游客及商户 工作者

过去的塘栖以当地居民、文人墨客以及外来香客为主，商户也为当地居民。今天的人群以当地居民和游客为主，游客挤压居民的生活空间。

生活集市 旅游集市

早市（早晨） 晚市（傍晚） 庙会市（一年四季）

过去的集市以生活为主，生活气息浓厚，文化底蕴深厚，可以留住人。

现今的集市以旅游为主，商业氛围浓厚，缺少生活气息，但是游客游玩的空间较小，而居民生活空间被挤压，居民活动以古镇之外为主，文化也逐渐流失，难以留住人。

【公共空间评析】公共空间以文化节点为主，主要面向游客，缺乏居民共享的空间，部分区域可达性较差。

景观性 功能性 文化性 可达性

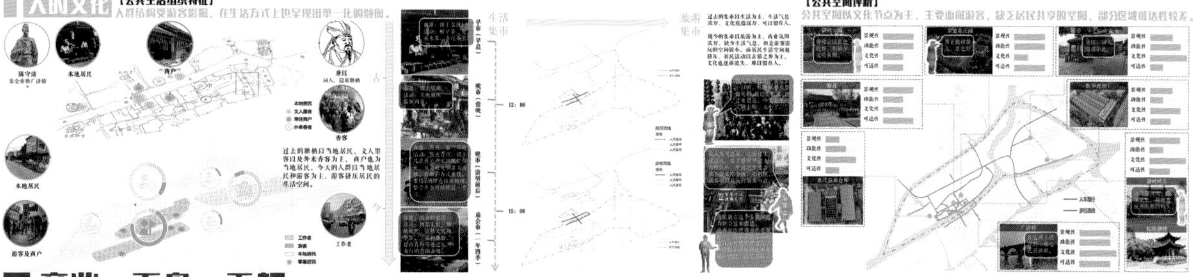

产业·百舟·无舸

产业因运河而兴，如何顺应时代发展要求并结合塘栖特色，创设独树一帜、支撑未来发展的产业？

业态布局

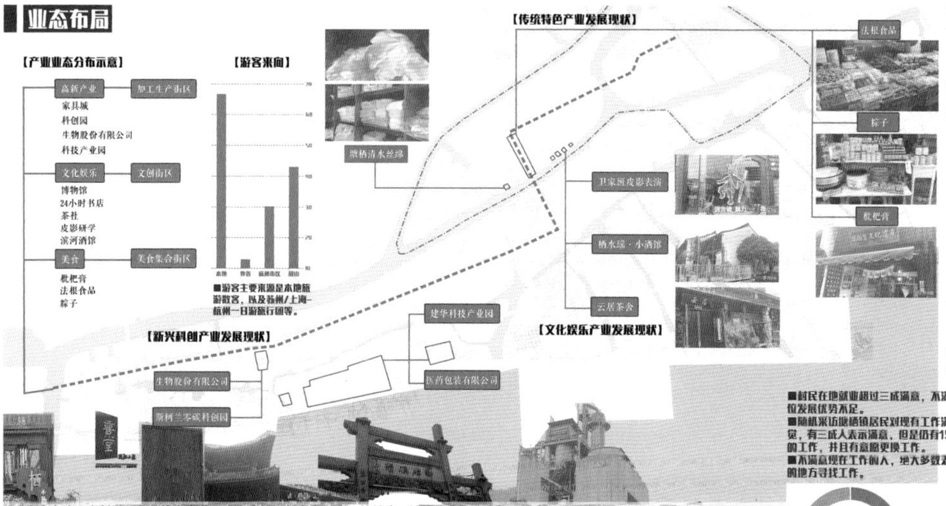

【产业业态分布示意】

高新产业—加工生产街区：家具城、科创园、生物股份有限公司、科技产业园

文化娱乐—文创街区：博物馆、24小时书店、茶社、皮影研学、滨河酒馆

美食—美食集合街区：枇杷膏、法根食品、粽子

【游客来向】

本地 外省 杭州市区 周边

■游客主要来源是本地旅游散客，以及苏州/上海—杭州一日游旅行团等。

【传统特色产业发展现状】

塘栖清水丝绵 法根食品 粽子 枇杷膏

【文化娱乐产业发展现状】

卫家斑皮影表演 栖水瑶·小酒馆 云居茶舍

【新兴科创产业发展现状】

建华科技产业园 医药包装有限公司 生物股份有限公司 斯柯兰零碳科创园

主要产业类型

务农	务工	务商
传统粮食作物种植	新兴工业园区就业	旅游业民宿酒店糕饼店
第一产业	第二产业	第三产业

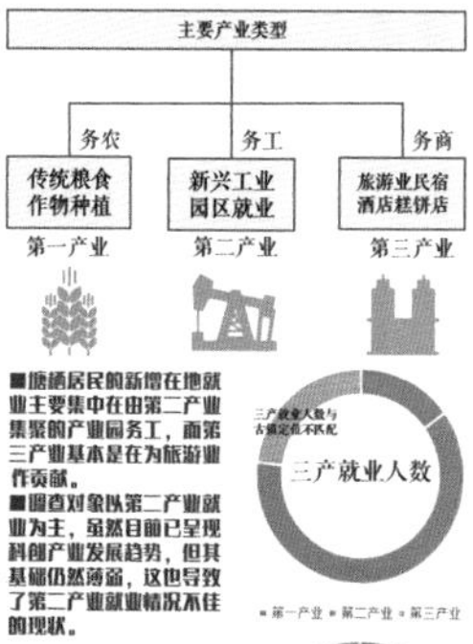

■塘栖居民的新增在地就业主要集中在由第二产业集聚的产业园务工，而第三产业基本是在为旅游业作贡献。

■调查对象以第二产业就业为主，虽然目前已呈现科创产业发展趋势，但其基础仍然薄弱，这也导致了第二产业就业情况不佳的现状。

三产就业人数（三产就业人数与古镇定位不匹配）

■第一产业 ■第二产业 ■第三产业

政府有意建成高新区，但是技术岗位无太多空缺，加之老工业区被拆除，塘栖镇的就业优势不足。以种植业为主的低水平就业氛围使当地就业前景不明朗，古镇镇区功能齐备，但文旅服务支撑较弱，水乡风貌余韵尚存，但整体策划实施不佳，古镇特点没有得到很好的利用，结果便是人口外流的现实。

在地就业类型仍然以围绕工业为主展开，新生就业类型少，第三产业未得到较好发展

职业类型	农业生产	商品零售	餐饮业	事业单位	企业管理	运输业	建筑业	养殖业	流动职业	医疗部门	服务业	快递业
工作场景												
内容描述	粮食种植、枇杷、甘蔗、桑树	服装小店、文创店、生活用品、粮食店	餐厅、小酒馆、面馆、小卖部	政府、村民活动中心、党员之家、警察局	高新产业区、热电厂、制衣厂、食品厂	水运、货运、客运、摩托车	浇筑水泥、搭框架、砌砖	渔业、个体畜牧业	保洁人员、打零工人员、滴滴司机	护士、医生、管理人员	研学、餐饮、民宿、酒店、糕点铺	快件、货物收发
工作时长	时长不定	11小时	10小时	8小时	8小时	时长不定	10小时	时长不定	时长不定	8小时倒班	12小时倒班	12小时

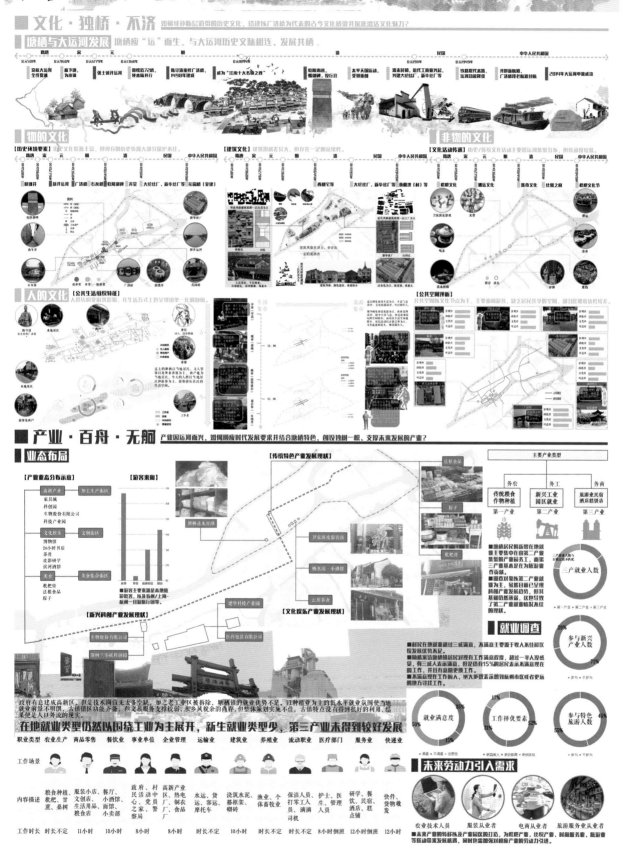

就业调查

■村民在地就业超过三成满意，不满意主要源于收入不佳和区位发展优势不足。

■随机采访塘栖镇居民对现有工作满意程度，超过一半人没感觉，有三成人表示满意，但是仍有15%的居民表示不满意现在的工作，并且有意愿更换工作。

■不满意现在工作的人，绝大多数表示想到杭州市区或者更远的地方寻找工作。

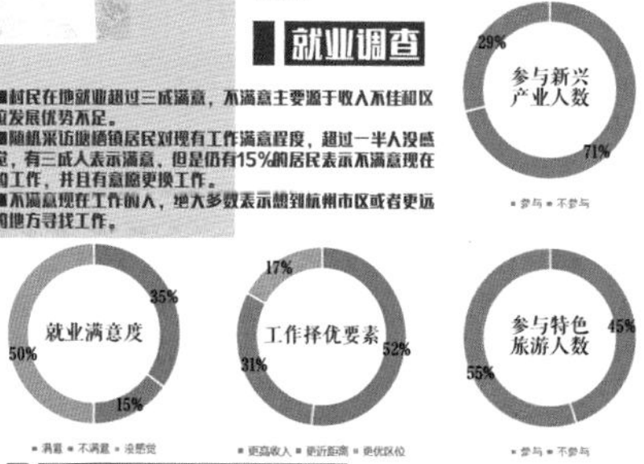

参与新兴产业人数：29% 71%（■参与 ■不参与）

就业满意度：35% 15% 50%（■满意 ■不满意 ■没感觉）

工作择优要素：17% 52% 31%（■更高收入 ■更近距离 ■更优区位）

参与特色旅游人数：45% 55%（■参与 ■不参与）

未来劳动力引入需求

农业技术人员 服装从业者 电商从业者 旅游服务业从业者

■未来产业的转移以及产业园区的打造，为枇杷产业、丝织产业、时尚服务业、旅游业等联动带来发展机遇，同时也需加强对相应产业的劳动力引进。

古韵新运 秀TIME
——杭州市临平区塘栖北单元城市设计
基地研判 叁
产业·百舟·无舸
产业因运河而兴，如何顺应时代发展要求并结合塘栖特色，创设独树一帜、支撑未来发展的产业？
一产本底
历史上形成渔、桑、果并重的农业结构，以枇杷为主要特色农产品，但传统蚕桑业待提质发展。
二产本底
历史上发展丝绸等轻工产业，近现代逐渐转向以通用设备、金属制造为主的重工业，创新发展不足。
三产本底
三产产值稳定上升，主要依靠古镇旅游业、服务业发展，但旅游业服务能级不足，发展潜力与特色待挖掘。
■历史上为渔桑业、林果业并重的农业结构，城市发展制约了渔业发展，形成渔-桑-果三足鼎立的农业结构。
产业转移和规划支撑
重工业外移、科技型企业引进趋势明显，未来推进文旅农联动发展
【产业外迁】
企业统计表
项目	数量(家)	增幅(%)
企业总数	4003	-26.0
工业企业数	1267	-21.4
规上工业企业数	81	-1.2
服务业企业数	2494	-27.7
规上服务业企业数	52	23.8
■现有企业主要为服务业企业。规上企业占企业总数比值较小。各企业在数量上都出现了一定的减幅，主要由于最新的规划使得不少企业进行了拆除和征迁。
【产业迁入】
■塘栖共引进科技型企业20余家，新增认定区级高层次人才14人，落地校企合作项目10个。
校企合作 科技创业
塘栖已引进智能制造、数字经济等产业项目47个，已来科技园被认定为市级孵化器。
加快淘汰落后产能和污染隐患企业，充分挖掘、整理老工业园区存量空间资源，已于大运河科创城中打造已来科创园一期、零碳科创园暨已来科创园二期、运河智造谷等三个科创园区。
【产业外迁】《临平塘栖：工业重镇焕新生》浙江日报
■近年来，为了加快产业转型升级、提升土地节约集约利用水平，塘栖镇实施“腾笼换鸟”战略，鼓励引导企业进行旧厂房改造、“零土地”技改，充分挖掘存量土地利用潜力，盘活存量，转型发展。塘栖北部，轰轰烈烈的拆迁正在进行。塘栖南部，提升改造也在如火如荼发展。
【产业迁入】 临平“十四五”规划
■打造五百亿级时尚产业集群。依托中国服装科创研究院，推动时尚产业有机更新，全面提升产业集群质效水平。
■依托塘栖古镇山水文化资源，植入科创、文创等环境影响低、技术含量高、创新能力强的产业功能，以优越的生态环境和景观品质吸引新经济、新业态，对接城西科创大走廊，协同拱墅、余杭，共建生态、创新、人文融合发展的双创示范片区、“名山名湖名镇”生态休闲名片。
■推进农文旅融合，将产业与水乡古镇、超山梅海、丁山湖湿地等优势资源串珠成线，开发塘栖运河夜游、塘栖古镇湖光山色音乐会、塘超小径网红绿道等项目。
设计解析
概念植入
面对空间孤岛难鸣、文化独桥不济、产业百舟无舸的现状矛盾，运河古镇的悠久历史能否碰撞现代文化，将人文与创新传承融合以焕发新生？
空间如岛，在景观格局、用地现状、交通组织以及服务配套、建筑肌理上呈现出连而不联，难成气候
景观风貌格局→时代变革特征
用地公服配套→空白腹地潜力
交通建筑组织→沟通内外要求
历史文化变迁→应运河而生
物质非物质留存→古韵味文化
公共生活方式→新运河文化
产业如舟，在特色种植农业、传统丝织工业、古镇文旅以及劳动力就业现状上呈现出杂而不聚，难形规模
特色农业→试验平台
传统工业→科创新艺
古镇文旅→风潮变革
未来产业→青年生产力
岛 展示的载体
桥 古今的展现
舟 新秀的植入
秀 TIME → 秀场 + 时代 + 时间
运河将塑造怎样的塘栖四岛？
空间秀岛——织运河秀场
时空联系，岛互鸣
运河文化如何焕活塘栖四岛？
文化秀桥——秀古韵新运
古今共现，桥广济
运河如何运载四岛产业变革？
产业秀舟——运国潮新秀
产业植入，舸争流
愿景定位
集江南丝潮聚集地、国潮创新古镇、运河四岛时代秀场、水乡田园生态于一体的大运河城镇发展的秀场先锋
运河秀 TIME
空间基底
文化底蕴
产业传承
三位一体
临平大运河科创城核心引擎
大运河古镇文旅国潮引领者
运河带动三生融合的城市副中心
杭州大运河国家公园中最璀璨的明珠
舸 运国潮新秀
舸争流，打造江南丝潮聚集地
桥 秀古韵新运
桥广济，打造国潮创新古镇
岛 织运河秀场
岛互鸣，打造运河四岛时代秀场

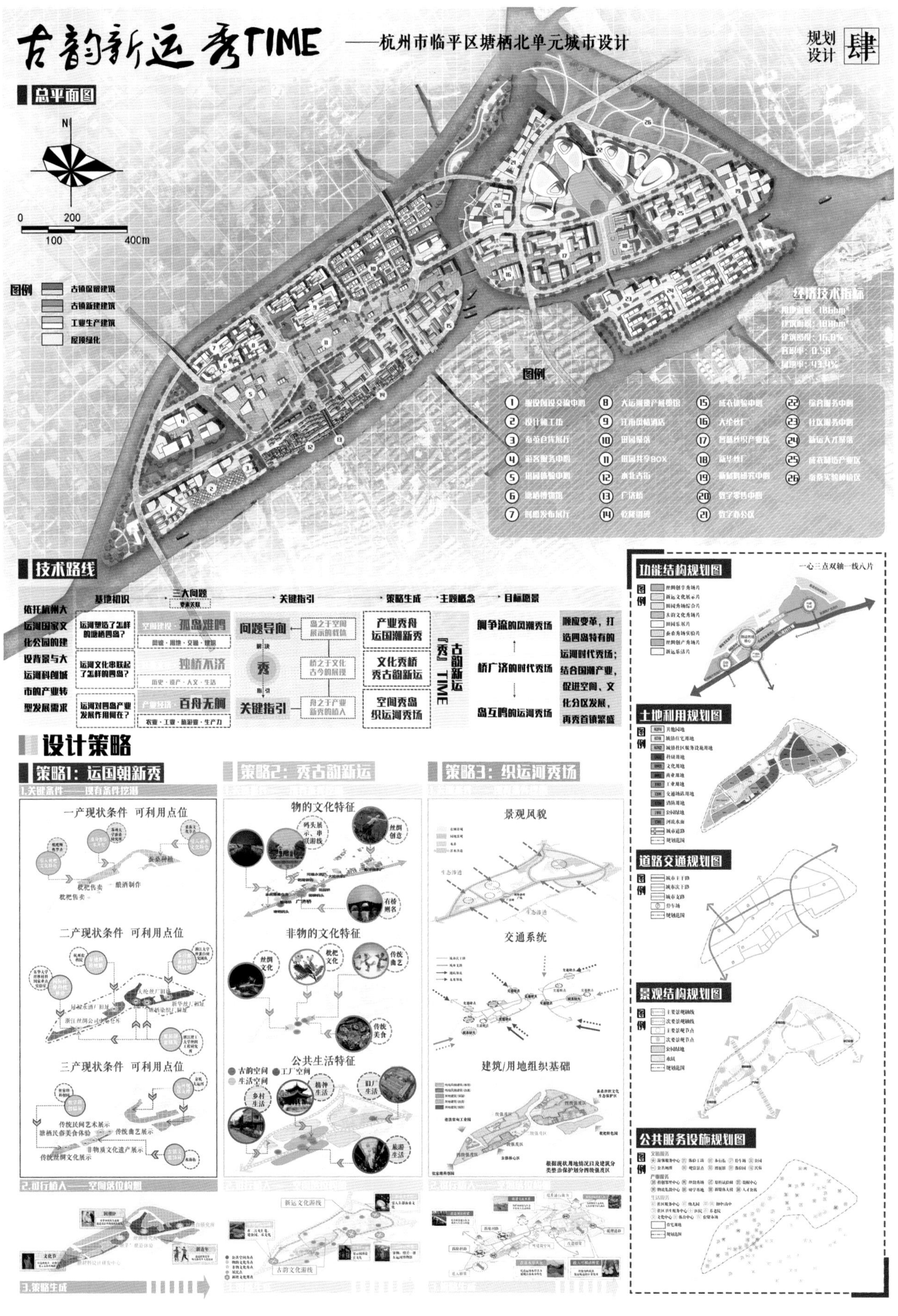
古韵新运 秀TIME
——杭州市临平区塘栖北单元城市设计
规划设计 肆
总平面图
技术路线
设计策略
策略1：运国朝新秀
策略2：秀古韵新运
策略3：织运河秀场
功能结构规划图
土地利用规划图
道路交通规划图
景观结构规划图
公共服务设施规划图

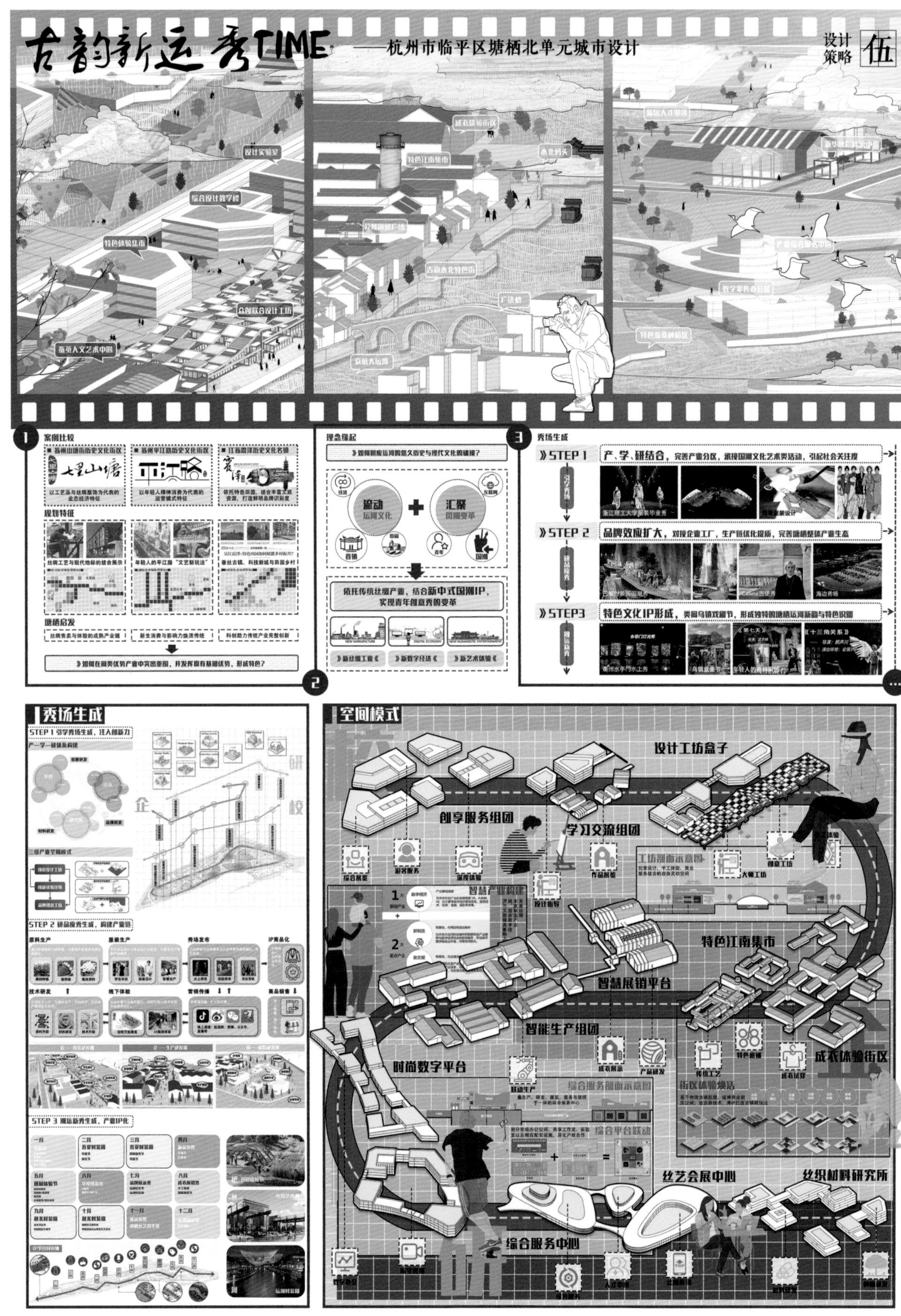
古韵新运 秀TIME
——杭州市临平区塘栖北单元城市设计
设计策略 伍
设计实验室
综合设计教学楼
特色体验集市
众创联合设计工坊
蚕桑人文艺术中心
成衣体验街区
特色江南集市
水北码头
古韵水北特色街
广济桥
京杭大运河
特色桑基种植区
数字零售商业区
案例比较
苏州山塘街历史文化街区
北京平江路历史文化街区
江苏震泽历史文化名镇
以工艺品与丝绸服饰为代表的业态经济特征
以年轻人消费为代表的运营模式特征
依托特色田园，结合丰富文旅资源，打造鲜明品牌识别度
规划特征
丝绸工艺与现代地标的结合展示
年轻人的平江路"文艺新玩法"
蚕丝古镇，科技新城与田园乡村
塘栖启发
丝绸售卖与体验的成熟产业链
新生消费与影响力焕活传统
科创助力传统产业克服创新
》如何在同类优势产业中突出重围，并发挥原有基础优势，形成特色？
理念缘起
》如何回应运河的悠久历史与现代文化的碰撞？
流动 运河文化
汇聚 国潮变革
依托传统丝绸产业，结合新中式国潮IP，实现青年创意秀的变革
》新丝绸工业《
》新数字经济《
》新艺术体验《
秀场生成
》STEP 1 产、学、研结合，完善产业分区，承接国潮文化艺术类活动，引起社会关注度
浙江理工大学服装毕业秀
》STEP 2 品牌效应扩大，对接企业工厂，生产链优化提质，完善塘栖整体产业生态
》STEP3 特色文化IP形成，类同乌镇戏剧节，形成独特的塘栖运河新韵与特色识别
秀场生成
STEP 1 引学秀场生成，注入创新力
产—学—研体系构建
STEP 2 赋品牌秀生成，构建产业链
原料生产
服装生产
秀场发布
IP商品化
技术研发
线下体验
营销传播
商品销售
STEP 3 国际新秀生成，产业IP化
空间模式
设计工坊盒子
创享服务组团
学习交流组团
工坊剖面示意图
智慧产业构建
特色江南集市
智慧展销平台
智能生产组团
时尚数字平台
成衣体验街区
街区体验焕活
综合服务剖面示意图
综合平台联动
丝艺会展中心
丝织材料研究所
综合服务中心

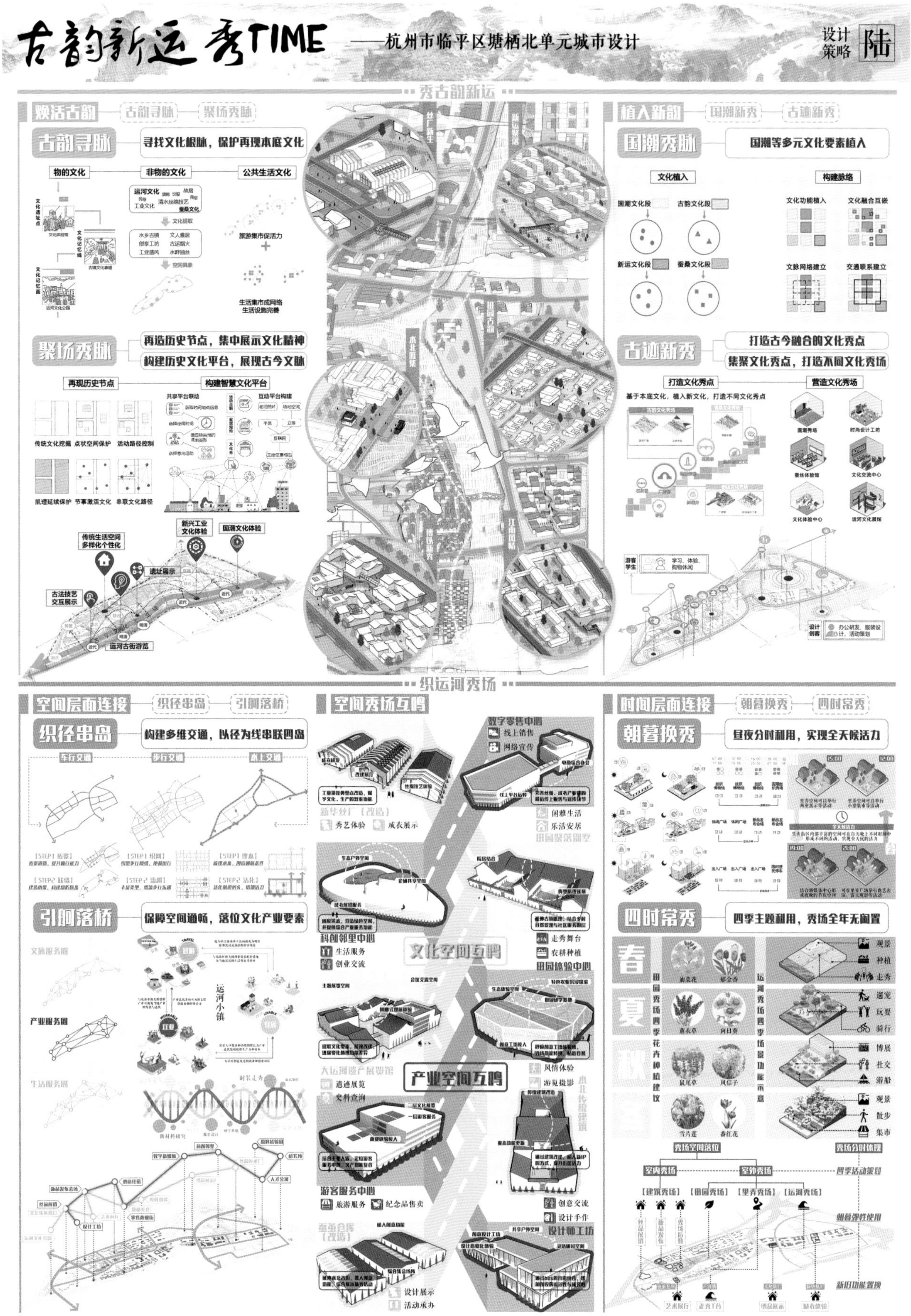

——杭州市临平区塘栖北单元城市设计

秀古韵新运

焕活古韵 — 古韵寻脉 — 聚场秀脉

古韵寻脉 寻找文化根脉，保护再现本底文化

物的文化　非物的文化　公共生活文化

运河文化　渔歌　故居　民俗　工业文化　清水丝绵技艺　蚕桑文化

文化提取

水乡古镇　文人雅居　创享工坊　古运烟火　工业遗风　水畔趣丝

空间具象

旅游集市促活力

生活集市成网络　生活设施完善

文化遗址点　文化记忆线　文化记忆面

聚场秀脉 再造历史节点，集中展示文化精神；构建历史文化平台，展现古今文脉

再现历史节点　构建智慧文化平台

传统文化挖掘　点状空间保护　活动路径控制

肌理延续保护　节事激活文化　串联文化路径

共享平台联动　互动平台构建

传统生活空间多样化个性化　新兴工业文化体验　国潮文化体验　古法技艺交互展示　遗址展示　运河古街游览

植入新韵 — 国潮新秀 — 古迹新秀

国潮秀脉 国潮等多元文化要素植入

文化植入　构建脉络

国潮文化段　古韵文化段　新运文化段　蚕桑文化段

文化功能植入　文化融合互嵌　文脉网络建立　交通联系建立

古迹新秀 打造古今融合的文化秀点；集聚文化秀点，打造不同文化秀场

打造文化秀点　营造文化秀场

基于本底文化，植入新文化，打造不同文化秀点

国潮秀场　时尚设计工坊　蚕丝体验馆　文化交流中心　文化体验中心　运河文化展馆

游客学生　学习、体验、购物休闲

设计创客　办公研发、服装设计、活动策划

织运河秀场

空间层面连接 — 织径串岛 — 引脚落桥

织径串岛 构建多维交通，以径为线串联四岛

车行交通　步行交通　水上交通

【STEP1 拓道】【STEP2 联络】【STEP1 织网】【STEP2 通廊】【STEP1 理水】【STEP2 活化】

引脚落桥 保障空间通畅，落位文化产业要素

文旅服务圈　产业服务圈　生活服务圈

运河小镇

空间秀场互鸣

数字零售中心：线上销售　网络宣传

新华丝厂（改造）：秀艺体验　成衣展示

田园聚落街区：闲雅生活　乐活安居

科创邻里中心：生活服务　创业交流

田园体验中心：走秀舞台　农耕种植

文化空间互鸣

大运河遗产展览馆：遗迹展览　史料查询

产业空间互鸣

水北传统建筑：风情体验　游览摄影

游客服务中心：旅游服务　纪念品售卖

创意交流　设计手作

蚕丝厂（改造）：设计展示　活动承办

设计师工坊

时间层面连接 — 朝暮换秀 — 四时常秀

朝暮换秀 昼夜分时利用，实现全天候活力

四时常秀 四季主题利用，秀场全年无闲置

春　夏　秋　冬

田园秀场四季花卉种植建议：油菜花　郁金香　薰衣草　向日葵　鼠尾草　风信子　雪片莲　番红花

运河秀场四季功能示意：观景　种植　走秀　遛宠　玩耍　骑行　博展　社交　游船　观景　散步　集市

秀场空间落位　秀场分时体验

室内秀场　室外秀场　四季活动策划

【建筑秀场】【田园秀场】【里弄秀场】【运河秀场】

朝暮弹性使用　新旧功能置换

艺术展厅　走秀T台　情景展演　服装发布

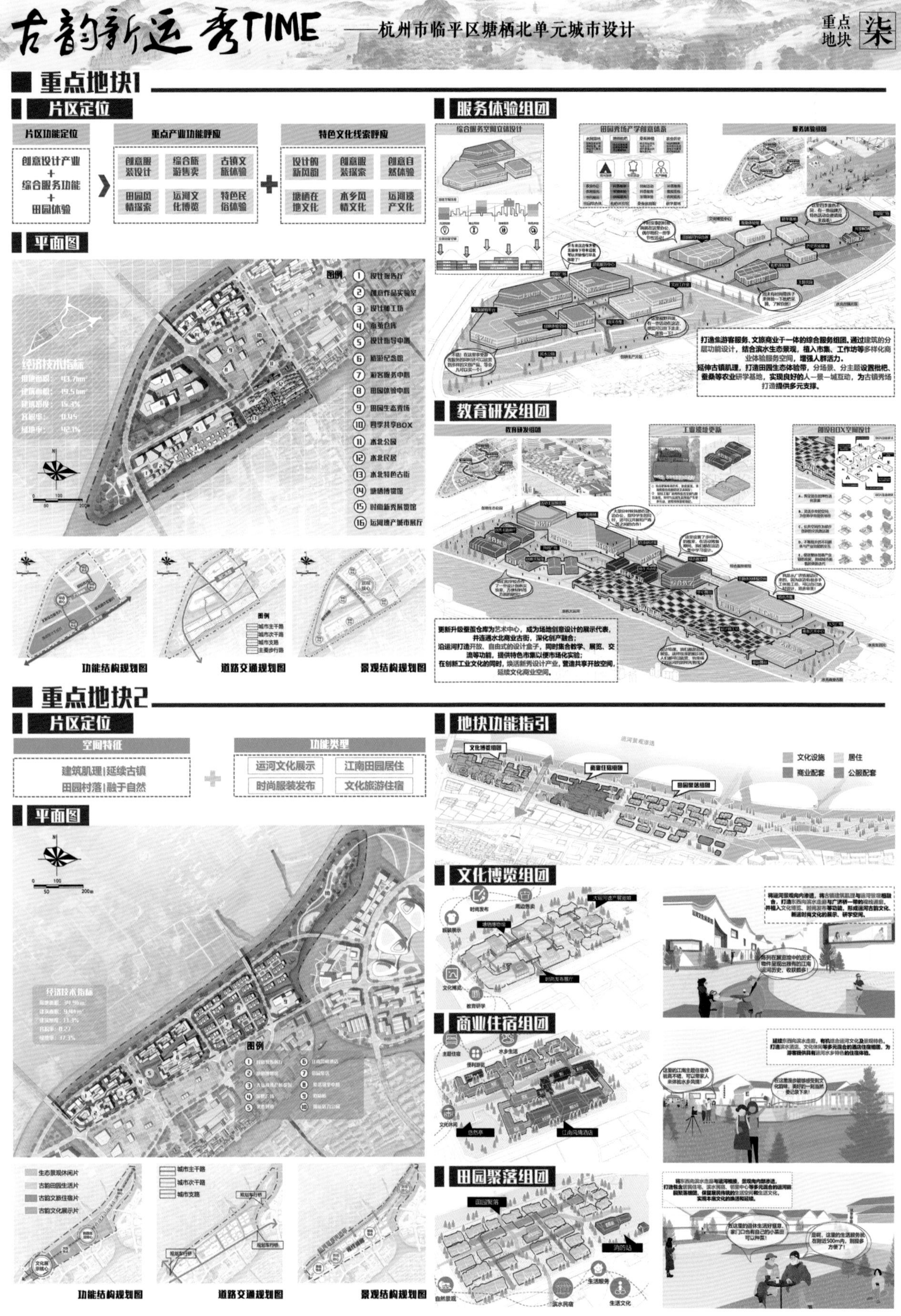
古韵新运 秀TIME ——杭州市临平区塘栖北单元城市设计
重点地块 柒
重点地块1
片区定位
片区功能定位
创意设计产业 + 综合服务功能 + 田园体验
重点产业功能呼应
创意服装设计
综合旅游售卖
古镇文旅体验
田园风情探索
运河文化博览
特色民俗体验
特色文化线索呼应
设计的新风韵
创意服装探索
创意自然体验
塘栖在地文化
水乡风情文化
运河遗产文化
平面图
经济技术指标
图例
1 设计服务厅
2 创意作品实验室
3 设计师工坊
4 滨湖会展
5 设计指导中心
6 栖迎纪念馆
7 游客服务中心
8 田园体验中心
9 田园生态秀场
10 秀学共享BOX
11 水北公园
12 水北民居
13 水北特色古街
14 塘栖博物馆
15 时尚新秀展览馆
16 运河遗产城市展厅
功能结构规划图
道路交通规划图
景观结构规划图
服务体验组团
综合服务空间立体设计
田园秀场产学创意体系
服务体验组团
打造集游客服务、文旅商业于一体的综合服务组团，通过建筑的分层功能设计，结合滨水生态景观，植入市集、工作坊等多样化商业体验服务空间，增强人群活力。
延伸古镇肌理，打造田园生态秀场，分场景、分主题设置枇杷、蚕桑等农业研学基地，实现良好的人—景—城互动，为古镇秀场打造提供多元支撑。
教育研发组团
教育研发组团
工业建筑更新
创意BOX空间设计
更新升级蚕茧仓库为艺术中心，成为场地创意设计的展示代表，并连通水北商业古街，深化创产融合；
沿运河打造开放、自由式的设计盒子，同时集合教学、展览、交流等功能，提供特色市集以便市场化实验；
在创新工业文化的同时，焕活新秀设计产业，营造共享开放空间，延续文化商业空间。
重点地块2
片区定位
空间特征
建筑肌理|延续古镇
田园村落|融于自然
功能类型
运河文化展示
江南田园居住
时尚服装发布
文化旅游住宿
平面图
经济技术指标
图例
功能结构规划图
道路交通规划图
景观结构规划图
地块功能指引
文化博览组团
商业住宿组团
田园聚落组团
文化设施
居住
商业配套
公服配套
文化博览组团
时尚发布
教育研学
文化博览
商业住宿组团
主题住宿
水乡生活
文化休闲
江南风情酒店
田园聚落组团
田园聚落
消防站
自然景观
滨水民宿
生活服务
生活文化

古韵新运 秀TIME
——杭州市临平区塘栖北单元城市设计

重点地块3

片区功能定位

四季田园秀场 + 古韵文化体验

花朝盛会 | 毕设展秀 | 枇杷庆典 | 冬日集会 + 水乡风情 | 水调悠游 | 非遗传承 | 沉浸体验

平面图

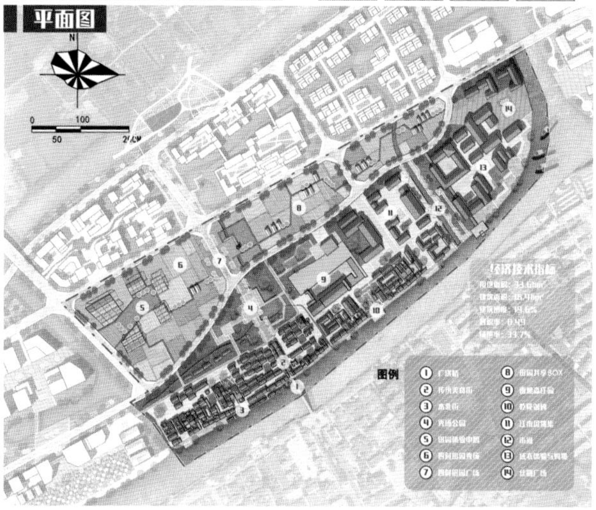

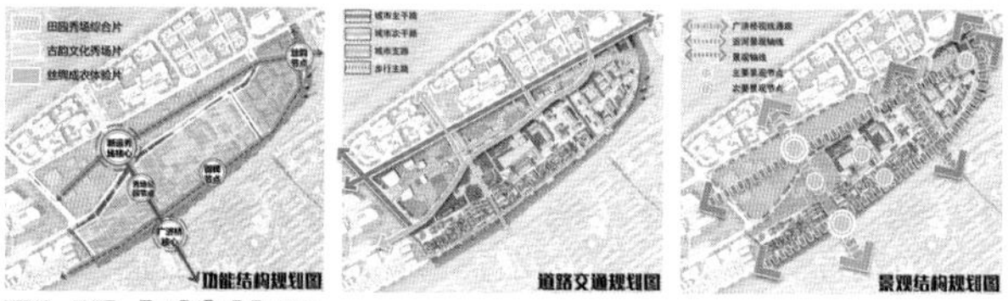

经济技术指标

图例

功能结构规划图 | 道路交通规划图 | 景观结构规划图

广济桥通廊

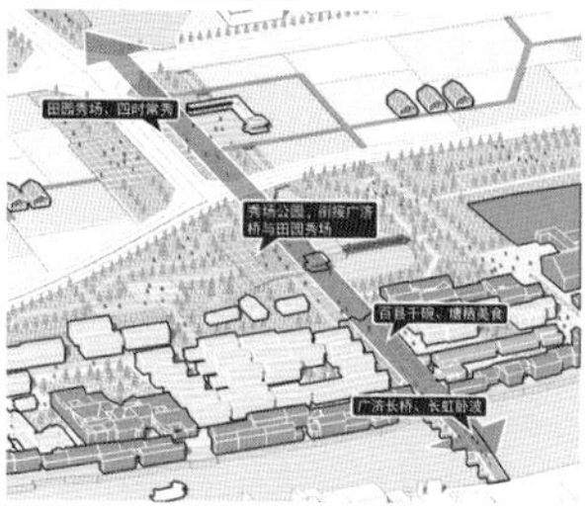

四时田园秀带

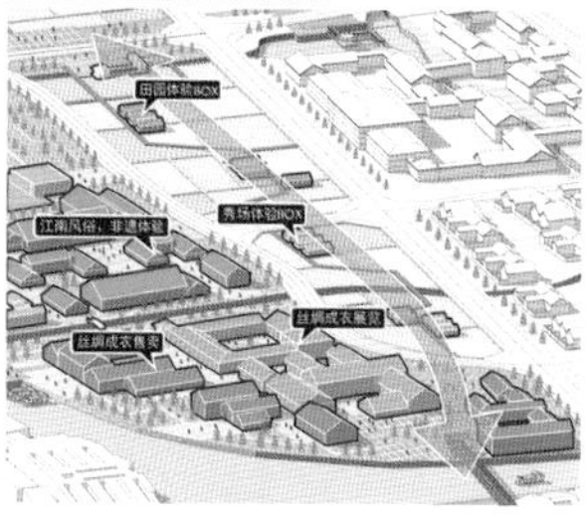

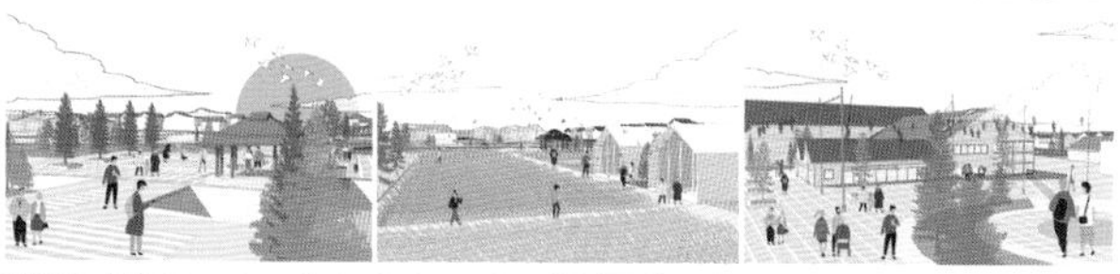

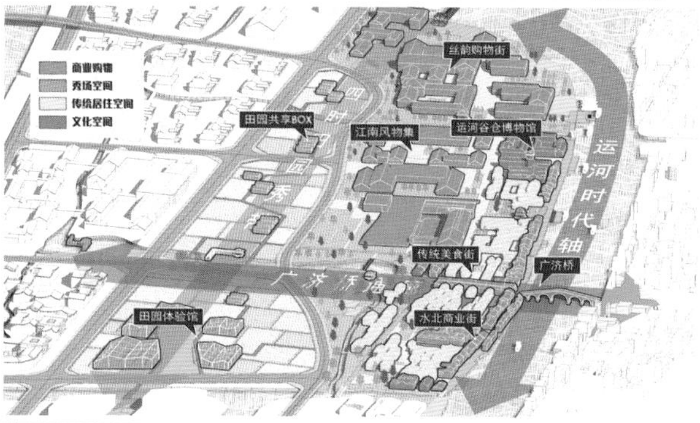

商业购物 | 秀场空间 | 传统居住空间 | 文化空间

丝韵购物街 | 田园共享BOX | 江南风物集 | 运河谷仓博物馆 | 运河时代轴 | 传统美食街 | 广济桥 | 广济沃海 | 田园体验馆 | 水北商业街

重点地块4

平面图

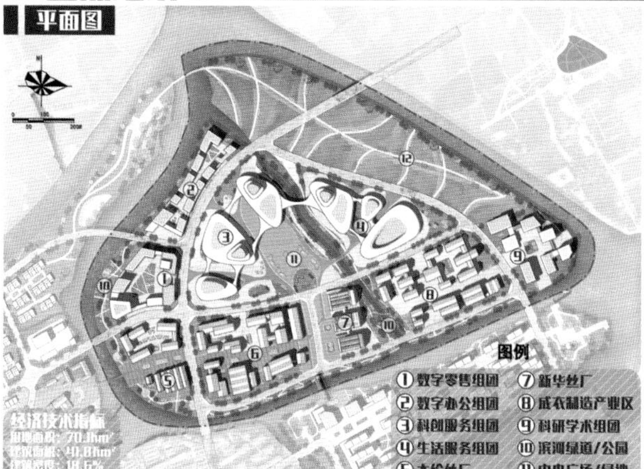

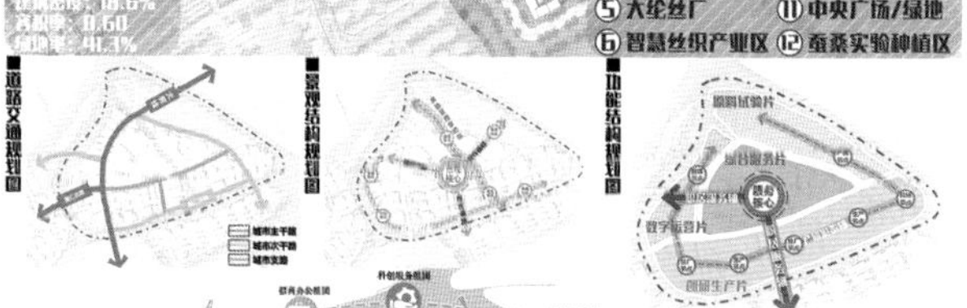

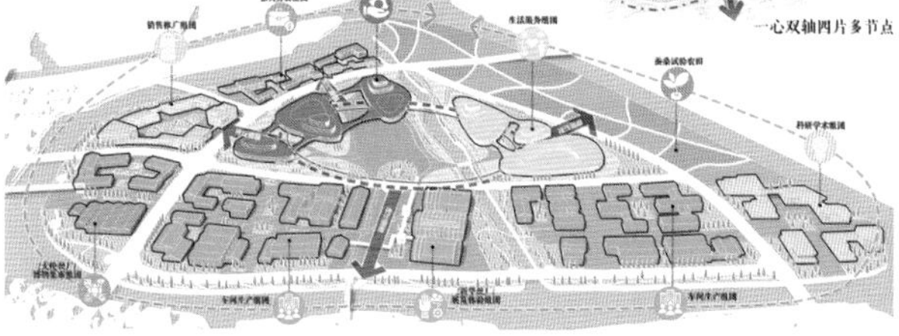

图例

① 数字零售组团　⑦ 新华丝厂
② 数字办公组团　⑧ 成衣制造产业区
③ 科创服务组团　⑨ 科研学术组团
④ 生活服务组团　⑩ 滨河绿道/公园
⑤ 大纶丝厂　⑪ 中央广场/绿地
⑥ 智慧丝织产业区　⑫ 蚕桑实验种植区

经济技术指标
建筑密度：18.6%
容积率：0.60
绿地率：41.3%

道路交通规划图 | 景观结构规划图 | 功能结构规划图

一心双轴四片多节点

片区功能定位

创研生产片|科研制造	桑蚕种植	试验研学	丝料研发	成衣生产	质量检测	技艺体验	科研汇展
数字运营片|推广销售	电商直播	宣传运营	物流仓储	网店管理	数据服务	数字办公	招商引资
综合服务片|产居服务	物业服务	政务服务	企业服务	技术服务	创新服务	医疗服务	商业服务

创研生产片

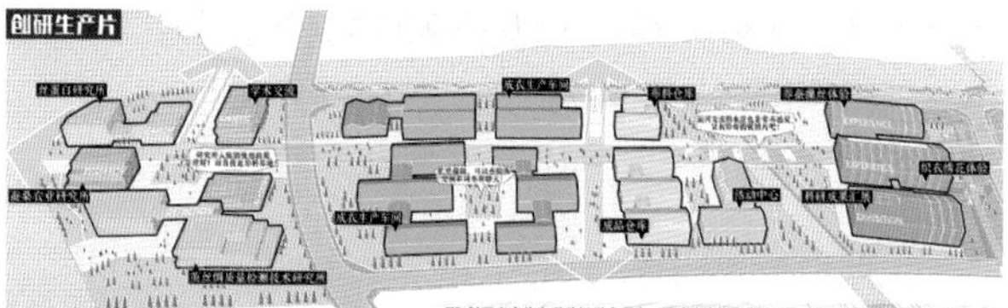

01 创研生产片主要承担学术研发、流水生产及文化展示的功能。学术研发方向可以包括与蚕桑相关的农业领域以及蚕丝蛋白等相关的化学生物领域；丝织品原材料可以在此片区进一步加工以便车间批量生产。同时，通过对大纶丝厂、新华丝厂进行改造更新，使其能够承担博展、体验以及小型集市的功能，既保留了旧丝厂的原始功能记忆，又能够赋予其新的文化魅力。

数字运营片

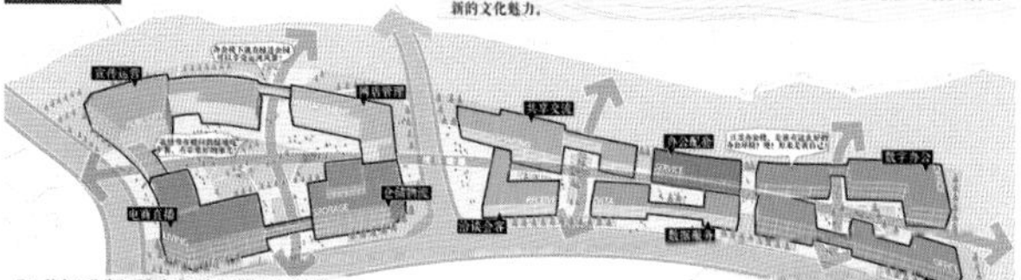

02 数字运营片主要负责成品产出后的线上变售以及宣传推广等功能。该片区可以承担商务洽谈、电商直播、新媒体宣传运营、数据服务以及相关办公功能。通过顺应运河岸线、院落围合的设计，蓝绿相融，能够为办公者提供舒适的工作环境。

03 综合服务片为产业生活提供完备的服务功能。针对科研生产园区可以提供各类技术品牌服务、创新创业服务以及智慧园区服务等；针对生活居住区可以提供政务服务、医疗康养及商业服务等，为就业者及周边居民提供便利的综合服务。

综合服务片

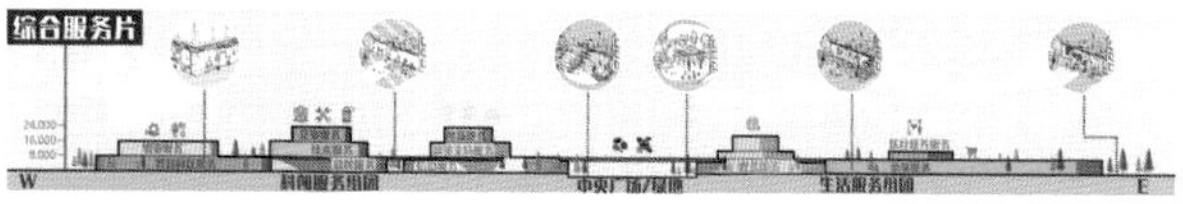

W | 科创服务组团 | 中央广场/绿地 | 生活服务组团 | E

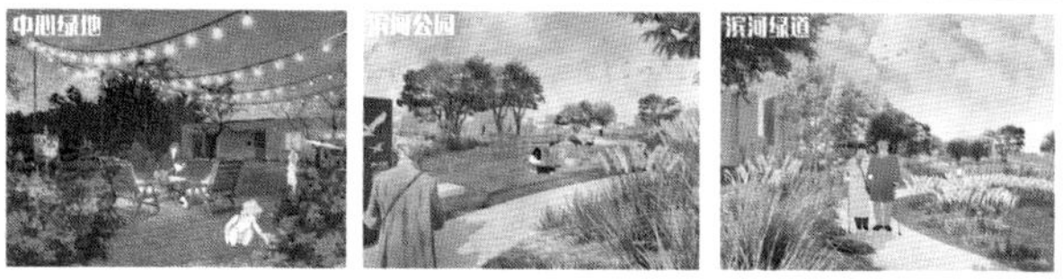

中心绿地 | 滨河公园 | 滨河绿道

长相忆·运河情
——杭州市临平区塘栖北单元城市设计
拾忆 壹

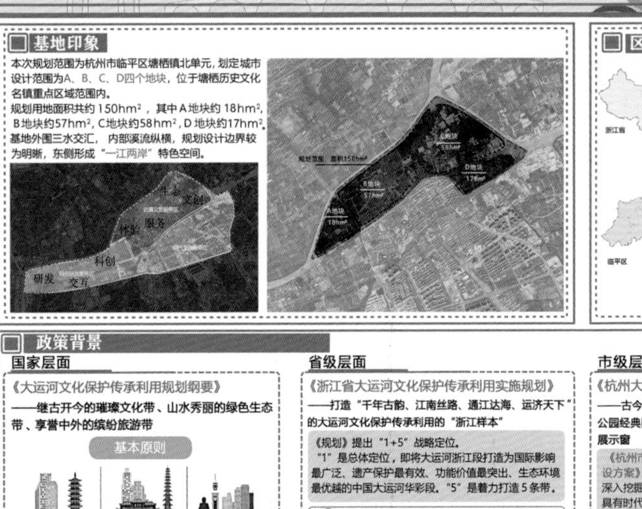
基地印象
本次规划范围为杭州市临平区塘栖镇北单元，划定城市设计范围为A、B、C、D四个地块，位于塘栖历史文化名镇重点区域范围内。
规划用地面积共约150hm²，其中A地块约18hm²，B地块约57hm²，C地块约58hm²，D地块约17hm²。
基地外围三水交汇，内部溪流纵横，规划设计边界较为明晰，东侧形成"一江两岸"特色空间。
服务
科创
研发
文旅
交互

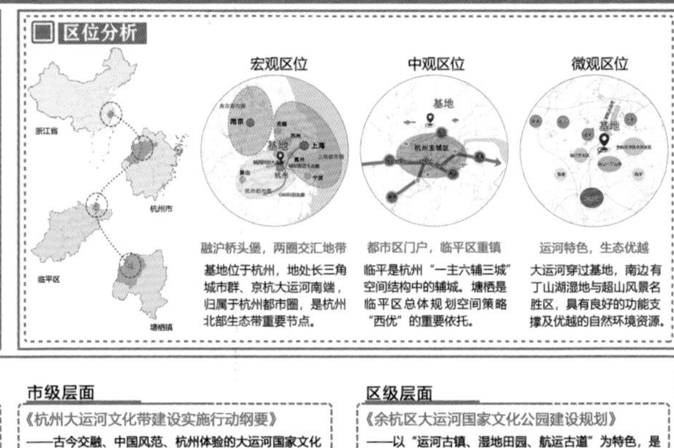
区位分析
宏观区位
中观区位
微观区位
浙江省
杭州市
临平区
塘栖镇
基地
融沪桥头堡，两圈交汇地带
基地位于杭州，地处长三角城市群、京杭大运河南端，归属于杭州都市圈，是杭州北部生态带重要节点。
都市区门户，临平区重镇
临平是杭州"一主六辅三城"空间结构中的辅城。塘栖是临平区总体规划空间策略"西优"的重要依托。
运河特色，生态优越
大运河穿过基地，南边有丁山湖湿地与超山风景名胜区，具有良好的功能支撑及优越的自然环境资源。

政策背景

国家层面
《大运河文化保护传承利用规划纲要》
——继古开今的璀璨文化带、山水秀丽的绿色生态带、享誉中外的缤纷旅游带
基本原则
科学规划 突出保护
古为今用 强化传承
优化布局 合理运用
功能定位
继古开今的璀璨文化带
山水秀丽的绿色生态带
享誉中外的缤纷旅游带
文化内涵
展现遗存 承载的文化
活化流淌 伴生的文化
弘扬历史 凝练的文化

省级层面
《浙江省大运河文化保护传承利用实施规划》
——打造"千年古韵、江南丝路、通江达海、运济天下"的大运河文化保护传承利用的"浙江样本"
《规划》提出"1+5"战略定位。
"1"是总体定位，即将大运河浙江段打造为国际影响最广泛、遗产保护最有效、功能价值最突出、生态环境最优越的中国大运河华彩段。"5"是着力打造5条带。
① 打造树立国际标杆的文化遗产展示带
② 打造践行"两山"理念的生态文明示范带
③ 打造传承中华文明的文化旅游精品带
④ 打造重现通江达海的千年古道水运带
⑤ 打造承接国家战略的沿河开放利用带
大运河（浙江段）遗产保护规划

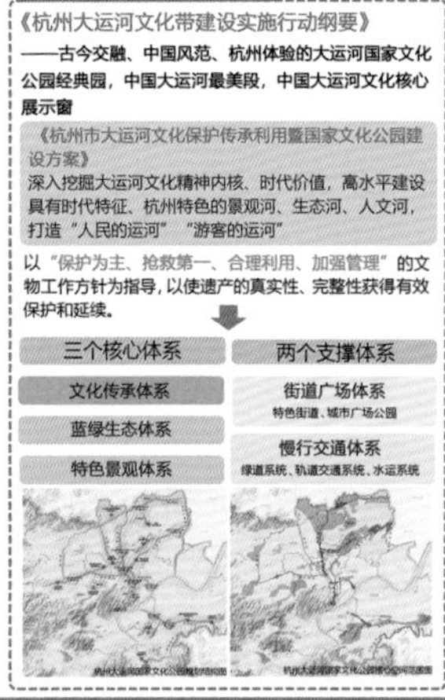
市级层面
《杭州大运河文化带建设实施行动纲要》
——古今交融、中国风范、杭州体验的大运河国家文化公园经典园，中国大运河最美段，中国大运河文化核心展示窗
《杭州市大运河文化保护传承利用暨国家文化公园建设方案》
深入挖掘大运河文化精神内核、时代价值，高水平建设具有时代特征、杭州特色的景观河、生态河、人文河，打造"人民的运河""游客的运河"
以"保护为主、抢救第一、合理利用、加强管理"的文物工作方针为指导，以使遗产的真实性、完整性获得有效保护和延续。
三个核心体系
两个支撑体系
文化传承体系
蓝绿生态体系
特色景观体系
街道广场体系
特色街道、城市广场公园
慢行交通体系
绿道系统、轨道交通系统、水运系统

区级层面
《余杭区大运河国家文化公园建设规划》
——以"运河古镇、湿地田园、航运古道"为特色，是中国大运河文化带建设中田园特色与活态利用的典范段
一个集传统文化、历史乡愁记忆、生态修复、城市形象、传承利用保护、市民休闲于一体的国家文化公园
策略一 文化唤醒 遗产保护与传承
通过对沿线遗产点、旅游点、文化点的梳理，设置景观节点，打造文化载体，将大运河文化保护好、传承好
策略二 绿色链接 特色营建
缝合城市空间，修复流域生态，延续田园风情，强化区块特色，彰显文化内涵
策略三 慢行注活 水陆互补、绿道贯穿
构建慢行廊道，塑造多维度的开放空间，建设多维度的绿道体系和水上交通体系
策略四 城水共融 产业带动
与城市互融共生，区域联动有机发展，运河文化+绿道经济+乡村振兴

上位规划

《杭州市国土空间总体规划（2021—2035年）》
"一主六辅三城"的空间结构
做优主城、做强副城、集聚县城、培育重镇。"六辅"，包括萧山、良渚、钱塘、临平、富阳、临安六大辅城，是产城融合、职住平衡的综合性城区。
城市性质
长江三角洲区域中心城市、国家历史文化名城、全国数字经济第一城、国际文化旅游休闲中心、世界一流的社会主义现代化国际大都市。
基地
总目标与分阶段目标
2050 独特韵味别样精彩的世界名城
2035 社会主义现代化国际大都市
2025 数智杭州 宜居天堂
世界视野 中国样本 杭州韵味
历史文化名城 创新活力之城 生态文明之都

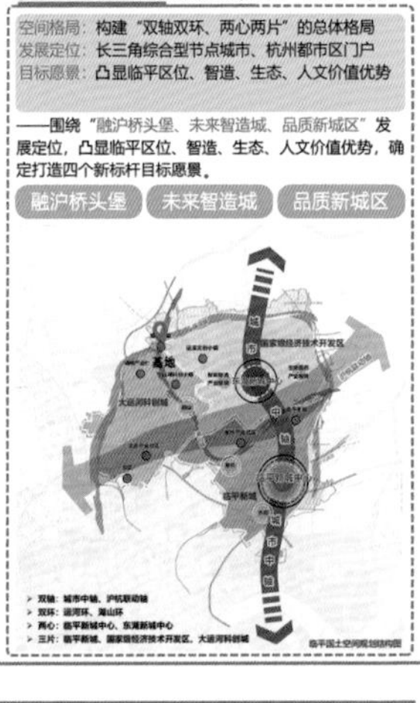
《临平区国土空间总体规划(2021—2035年)》
空间格局：构建"双轴双环、两心两片"的总体格局
发展定位：长三角综合型节点城市、杭州都市区门户
目标愿景：凸显临平区位、智造、生态、人文价值优势
——围绕"融沪桥头堡、未来智造城、品质新城区"发展定位，凸显临平区位、智造、生态、人文价值优势，确定打造四个新标杆目标愿景。
融沪桥头堡
未来智造城
品质新城区
基地
临平国土空间规划结构图

临平区"十四五"规划
《规划》提出
一核引领：临平环线快速路围合的区域为城市发展核
三片共兴：未来智造片、数创时尚片、大运河科创片
两轴带动：产城融合发展轴、区域联动发展轴
——打造长三角开放高地、数智化变革高地、全景式幸福高地，高水平建设"数智临平·品质城区"，奋力展现"重要窗口"的临平风采。
打造产业科技创新高地
强化现代基础设施支撑
打造高能级未来智造城
建设大运河美丽大花园
构筑现代化品质新城区
共建共治共享美好家园
构建高水平融沪桥头堡
打造国际一流营商环境
基地
G60科创走廊

《塘栖历史文化名镇保护规划》
保护思路
以运河为线，整体保护两岸风貌
以古镇为珠，联动保护纵深街巷
以林塘为底，保护文化生态景观
整体格局
"一核"——塘栖古镇保护核心
"双心"——丁山湖和超山山水文化生态心
"两廊"——运河文化景观廊和塘超山水景观廊
"五片"——塘栖古镇片、蚕桑丝织文化生态片、枇杷农业文化景观片、超山文化景观片和湿地传统村落片
林
枇杷林
湿地
林山

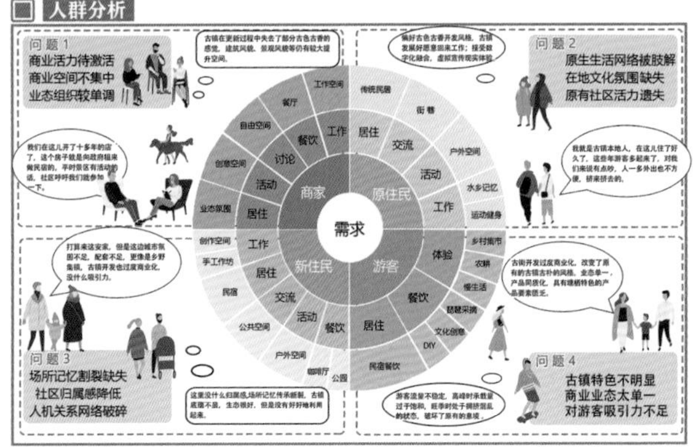
人群分析
问题1
商业活力待激活
商业空间不集中
业态组织较单调
问题2
原生生活网络被肢解
在地文化氛围缺失
原有社区活力遗失
问题3
场所记忆割裂缺失
社区归属感降低
人机关系网络破碎
问题4
古镇特色不明显
商业业态太单一
对游客吸引力不足
需求
商家
原住民
新住民
游客
工作
居住
交流
活动
讨论
餐饮
体验
购物

整体框架
拾忆篇
客观视角下塘栖记忆的提取
主观视角下塘栖记忆的描述
同类型记忆比较
区位分析 宏观 中观 微观
政策解读 国家层面 浙江省层面
上位规划 杭州市层面 临平区层面 塘栖镇层面
人群分析 人口构成（外来者、在地者） 人群现状特征（访谈） 人群需求与记忆点
案例分析 大运河沿线古镇 大运河沿线历史街区 国外古镇建设经验
古镇印象及古镇发展困境
转译篇
传承失源
产业失益
空间失宜
环境失意
古镇印象淡化 物质遗存失活 非遗展示不足
文旅项目单调 传统产业衰弱 产业联动不强
用地间数失衡 交通连接不畅 空间分异明显
周边联系薄弱 水岸景观衰乱 绿地系统破碎
问
如何打造文化品牌？
如何提升体验方式？
如何重塑水乡风貌？
如何突出生态优势？
谋议篇
谋文事
谋业事
谋场事
谋景事
古镇品牌强化 历史场所保护 非遗文化传承
丰富文旅体验 传统产业赋能 多元产业链接
用地高效复合 优化交通系统 协调空间组织
景观渗透连接 水岸有机互动 激活生态空间
演绎篇

长相忆·运河情
——杭州市临平区塘栖北单元城市设计
转译
贰

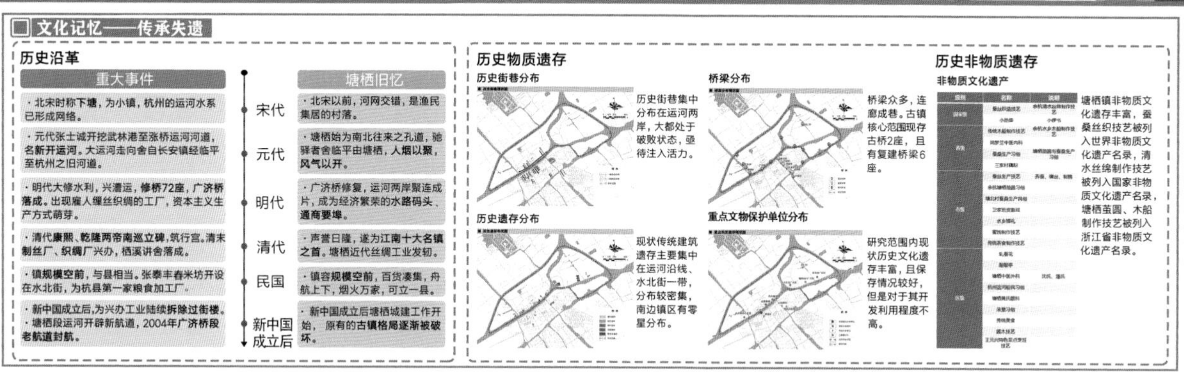
文化记忆——传承失遗
历史沿革
重大事件
塘栖旧忆
宋代
·北宋时称下塘，为小镇，杭州的运河水系已形成网络。
·北宋以前，河网交错，是渔民集居的村落。
元代
·元代张士诚开挖武林港至张桥运河河道，名新开运河。大运河走向舍自长安镇经临平至杭州之旧河道。
·塘栖始为南北往来之孔道，驰驿者舍临平由塘栖，人烟以聚，风气以开。
明代
·明代大修水利，兴漕运，修桥72座，广济桥落成。出现雇人缫丝织绸的工厂，资本主义生产方式萌芽。
·广济桥修复，运河两岸聚连成片，成为经济繁荣的水路码头、通商要埠。
清代
·清代康熙、乾隆两帝南巡立碑，筑行宫，清末制丝厂、织绸厂兴办，栖溪讲舍落成。
·声誉日隆，遂为江南十大名镇之首。塘栖近代丝绸工业发轫。
民国
·镇规模空前，与县相当。张泰丰春米坊开设在水北街，为杭县第一家粮食加工厂。
·镇容规模空前，百货凑集，舟航上下，烟火万家，可立一县。
新中国成立后
·新中国成立后,为兴办工业陆续拆除过街楼。·塘栖段运河开辟新航道，2004年广济桥段老航道封航。
·新中国成立后塘栖城建工作开始，原有的古镇格局逐渐被破坏。
历史物质遗存
历史街巷分布
历史街巷集中分布在运河两岸，大都处于破败状态，亟待注入活力。
桥梁分布
桥梁众多，连廊成巷。古镇核心范围现存古桥2座，且有复建桥梁6座。
历史遗存分布
现状传统建筑遗存主要集中在运河沿线、水北街一带，分布较密集，南边镇区有零星分布。
重点文物保护单位分布
研究范围内现状历史文化遗存丰富，且保存情况较好，但是对于其开发利用程度不高。
历史非物质遗存
非物质文化遗产
塘栖镇非物质文化遗存丰富，蚕桑丝织技艺被列入世界非物质文化遗产名录，清水丝绵制作技艺被列入国家非物质文化遗产名录，塘栖蜜饯、木船制作技艺被列入浙江省非物质文化遗产名录。

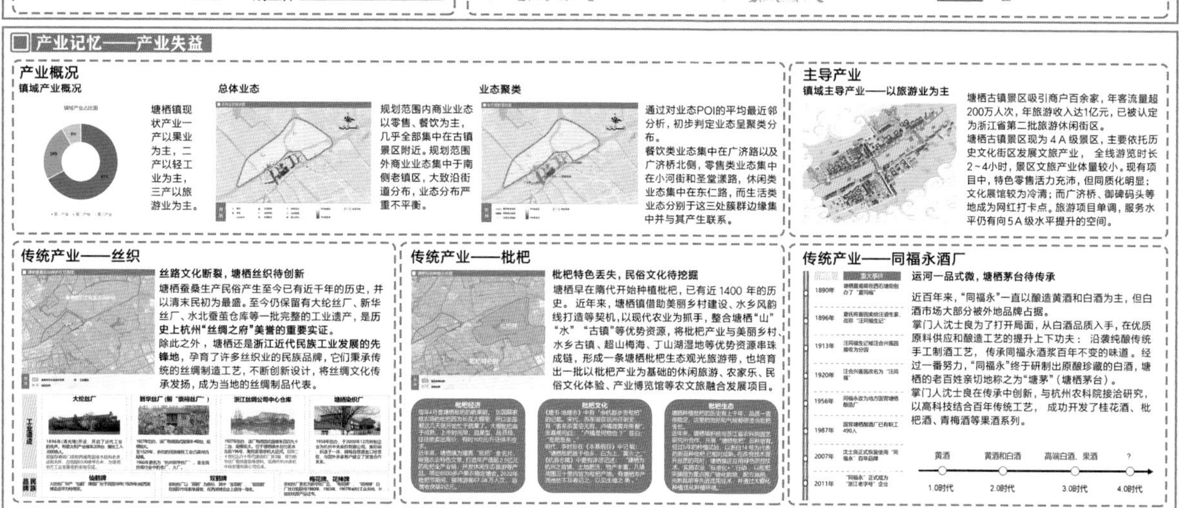
产业记忆——产业失益
产业概况
镇域产业概况
塘栖镇现状产业一产以果业为主，二产以轻工业为主，三产以旅游业为主。
总体业态
规划范围内商业业态以零售、餐饮为主，几乎全部集中在古镇景区附近。规划范围外商业业态集中于南侧老镇区，大致沿街道分布，业态分布严重不平衡。
业态聚类
通过对业态POI的平均最近邻分析，初步判定业态呈聚类分布。
餐饮类业态集中在广济路以及广济桥北侧，零售类业态集中在小河街和圣堂漾路，休闲类业态集中在东仁路，而生活类业态分别于这三处簇群边缘集中并与其产生联系。
主导产业
镇域主导产业——以旅游业为主
塘栖古镇景区吸引商户百余家，年客流量超200万人次，年旅游收入达1亿元，已被认定为浙江省第二批旅游休闲街区。
塘栖古镇景区现为4A级景区，主要依托历史文化街区发展文旅产业，全线游览时长2~4小时，景区文旅产业体量较小。现有项目中，特色零售活力充沛，但同质化明显；文化展馆较为冷清；而广济桥、御碑码头等地成为网红打卡点。旅游项目单调，服务水平仍有向5A级水平提升的空间。
传统产业——丝织
丝路文化断裂，塘栖丝织待创新
塘栖蚕桑生产民俗产生至今已有近千年的历史，并以清末民初为最盛。至今仍保留有大纶丝厂、新华丝厂、水北蚕茧仓库等一批完整的工业遗产，是历史上杭州“丝绸之府”美誉的重要实证。
除此之外，塘栖还是浙江近代民族工业发展的先锋地，孕育了许多丝织业的民族品牌，它们秉承传统的丝绸制造工艺，不断创新设计，将丝绸文化传承发扬，成为当地的丝绸制品代表。
大纶丝厂
新华丝厂（新“塘栖丝厂”）
浙江丝绸公司中心仓库
塘栖染织厂
传统产业——枇杷
枇杷特色丢失，民俗文化待挖掘
塘栖早在隋代开始种植枇杷，已有近1400年的历史。近年来，塘栖镇借助美丽乡村建设、水乡风韵线打造等契机，以现代农业为抓手，整合塘栖“山”“水”“古镇”等优势资源，将枇杷产业与美丽乡村、水乡古镇、超山梅海、丁山湖湿地等优势资源串珠成链，形成一条塘栖枇杷生态观光旅游带，也培育出一批以枇杷产业为基础的休闲旅游、农家乐、民俗文化体验、产业博览馆等文旅融合发展项目。
枇杷经济
枇杷文化
枇杷生态
传统产业——同福永酒厂
运河一品式微，塘栖茅台待传承
近百年来，“同福永”一直以酿造黄酒和白酒为主，但白酒市场大部分被外地品牌占据。
掌门人沈士良为了打开局面，从白酒品质入手，在优质原料供应和酿造工艺的提升上下功夫：沿袭纯酿传统手工制酒工艺，传承同福永酒浆百年不变的味道。经过一番努力，“同福永”终于研制出原酿珍藏的白酒，塘栖的老百姓亲切地称之为“塘茅”（塘栖茅台）。
掌门人沈士良在传承中创新，与杭州农科院接洽研究，以高科技结合百年传统工艺，成功开发了桂花酒、枇杷酒、青梅酒等果酒系列。
1890年
1896年
1913年
1920年
1956年
1987年
2007年
2011年
黄酒
黄酒和白酒
高端白酒、果酒
?
1.0时代
2.0时代
3.0时代
4.0时代

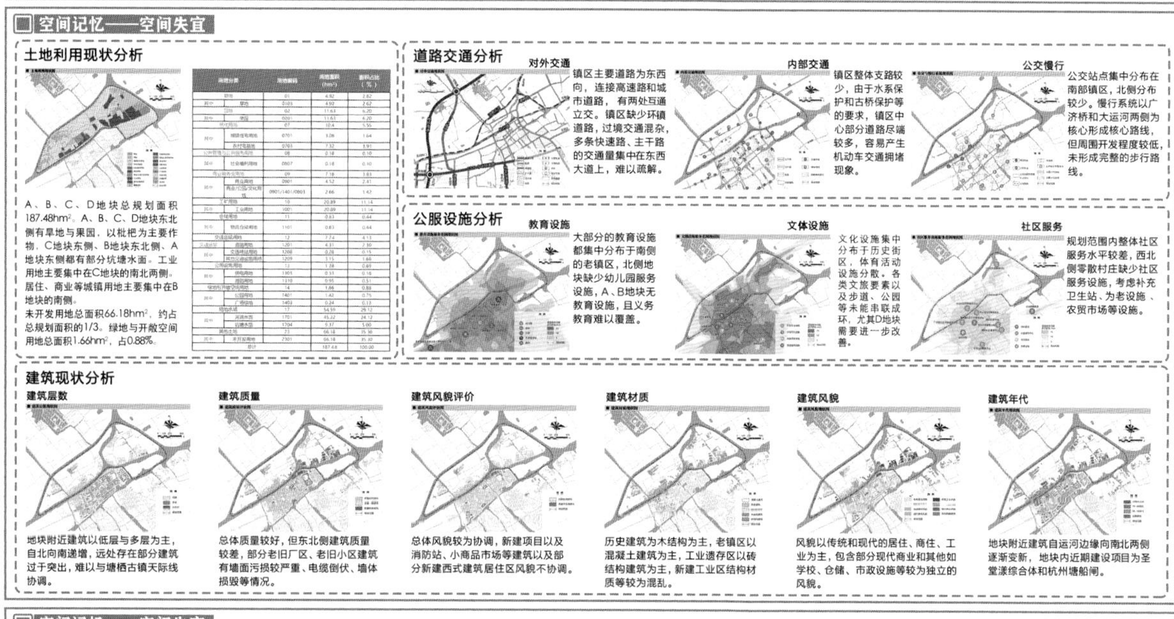
空间记忆——空间失宜
土地利用现状分析
A、B、C、D地块总规划面积187.48hm²。A、B、C、D地块东北侧有旱地与果园，以枇杷为主要作物。C地块东侧、B地块东北侧、A地块东侧都有部分坑塘水面。工业用地主要集中在C地块的南北两侧。居住、商业等城镇用地主要集中在B地块的南侧。
未开发用地总面积66.18hm²，约占总规划面积的1/3。绿地与开敞空间用地总面积1.66hm²，占0.88%。
道路交通分析
对外交通
镇区主要道路为东西向，连接高速路和城市道路，有两处互通立交。镇区缺少环镇道路，过境交通混杂，多条快速路、主干路的交通量集中在东西大道上，难以疏解。
内部交通
镇区整体支路较少，由于水系保护和古桥保护等的要求，镇区中心部分道路尽端较多，容易产生机动车交通拥堵现象。
公交慢行
公交站点集中分布在南部镇区，北侧分布较少。慢行系统以广济桥和大运河两侧为核心形成核心路线，但周围开发程度较低，未形成完整的步行路线。
公服设施分析
教育设施
大部分的教育设施都集中分布于南侧的老镇区，北侧地块缺少幼儿园服务设施，A、B地块无教育设施，且义务教育难以覆盖。
文体设施
文化设施集中分布于历史街区，体育活动设施分散，各类文旅要素以及步道、公园等未能串联成片，尤其D地块需要进一步改善。
社区服务
规划范围内整体社区服务水平较差，西北侧零散村庄缺少社区服务设施，考虑补充卫生站、为老设施、农贸市场等设施。
建筑现状分析
建筑层数
地块附近建筑以低层与多层为主，自北向南递增，远处存在部分建筑过于突出，难以与塘栖古镇天际线协调。
建筑质量
总体质量较好，但东北侧建筑质量较差，部分老旧厂区、老旧小区建筑有墙面污损较严重、电缆倒伏、墙体损毁等情况。
建筑风貌评价
总体风貌较为协调，新建项目以及消防站、小商品市场等建筑以及部分新建西式建筑居住区风貌不协调。
建筑材质
历史建筑为木结构为主，老镇区以混凝土建筑为主，工业遗存区以砖结构建筑为主，新建工业区结构材质等较为混乱。
建筑风貌
风貌以传统和现代的居住、商住、工业为主，包含部分现代商业和其他如学校、仓储、市政设施等较为独立的风貌。
建筑年代
地块附近建筑自运河边缘向南北两侧逐渐变新，地块内近期建设项目为圣堂漾综合体和杭州塘船闸。

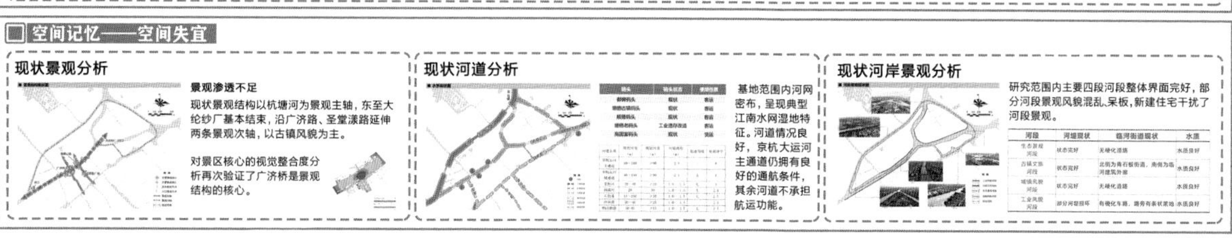
空间记忆——空间失宜
现状景观分析
景观渗透不足
现状景观结构以杭塘河为景观主轴，东至大纶纱厂基本结束，沿广济路、圣堂漾路延伸两条景观次轴，以古镇风貌为主。
对景区核心的视觉整合度分析再次验证了广济桥是景观结构的核心。
现状河道分析
基地范围内河网密布，呈现典型江南水网湿地特征，河道情况良好，京杭大运河主通道仍拥有良好的通航条件，其余河道不承担航运功能。
现状河岸景观分析
研究范围内主要四段河段整体界面完好，部分河段景观风貌混乱、呆板，新建住宅干扰了河段景观。

长相忆·运河情 ——杭州市临平区塘栖北单元城市设计

谋议 叁

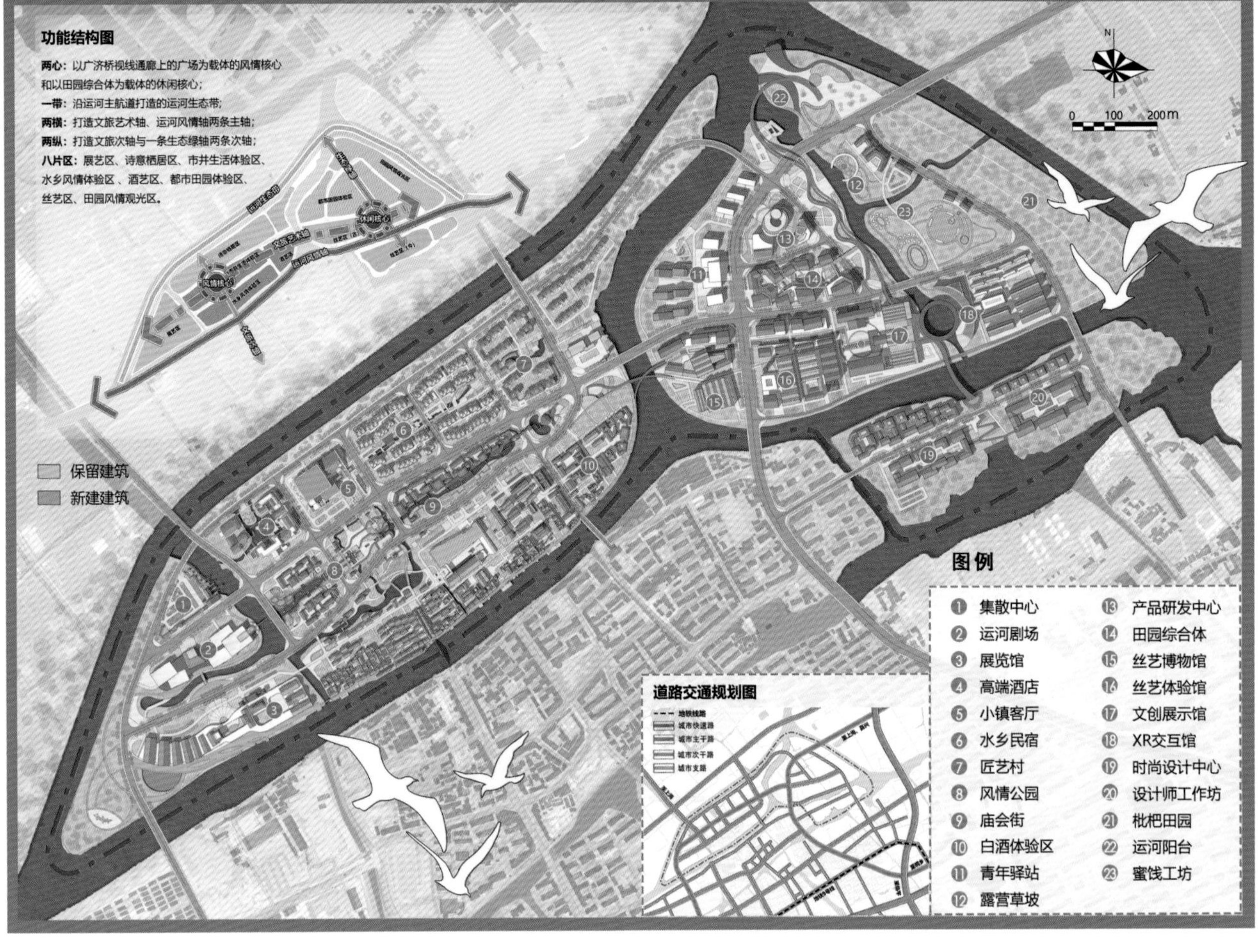

功能结构图

两心：以广济桥视线通廊上的广场为载体的风情核心和以田园综合体为载体的休闲核心；
一带：沿运河主航道打造的运河生态带；
两横：打造文旅艺术轴、运河风情轴两条主轴；
两纵：打造文旅次轴与一条生态绿轴两条次轴；
八片区：展艺区、诗意栖居区、市井生活体验区、水乡风情体验区、酒艺区、都市田园体验区、丝艺区、田园风情观光区。

保留建筑
新建建筑

0 100 200m

道路交通规划图

图例

1	集散中心	13	产品研发中心
2	运河剧场	14	田园综合体
3	展览馆	15	丝艺博物馆
4	高端酒店	16	丝艺体验馆
5	小镇客厅	17	文创展示馆
6	水乡民宿	18	XR交互馆
7	匠艺村	19	时尚设计中心
8	风情公园	20	设计师工作坊
9	庙会街	21	枇杷田园
10	白酒体验区	22	运河阳台
11	青年驿站	23	蜜饯工坊
12	露营草坡		

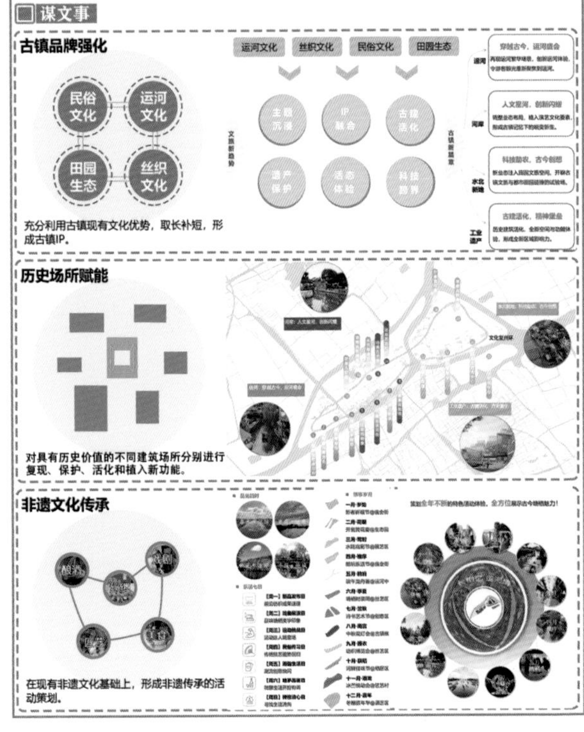

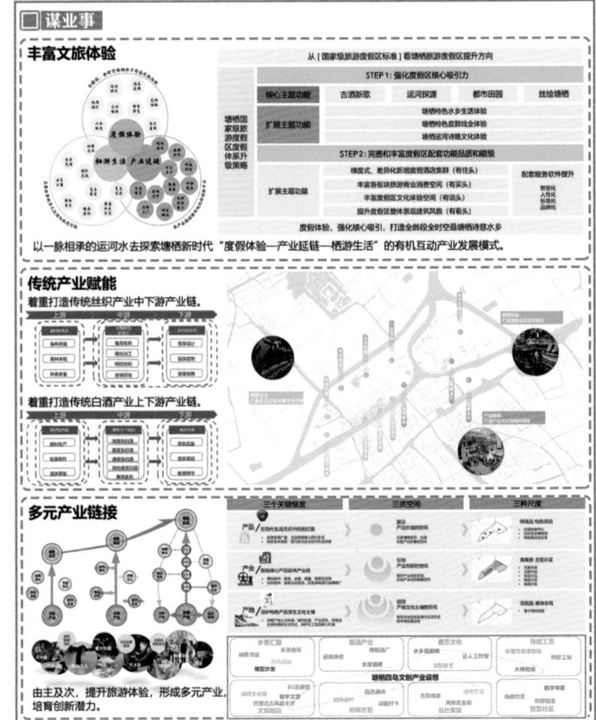

充分利用古镇现有文化优势，取长补短，形成古镇IP。
历史场所赋能
对具有历史价值的不同建筑场所分别进行复现、保护、活化和植入新功能。

在现有非遗文化基础上，形成非遗传承的活动策划。

谋业事
丰富文旅体验
以一脉相承的运河水去探索塘栖新时代“度假体验—产业延链—栖游生活”的有机互动产业发展模式。
传统产业赋能
着重打造传统丝织产业中下游产业链。
着重打造传统白酒产业上下游产业链。
多元产业链接
由主及次，提升旅游体验，形成多元产业，培育创新潜力。

谋场事

用地高效复合 提高用地效率，把控用地结构；结合现有资源，有效复合利用。

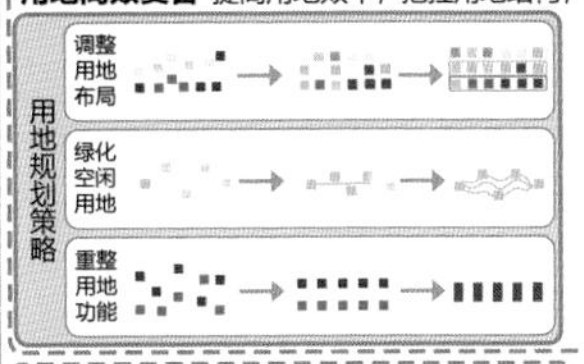

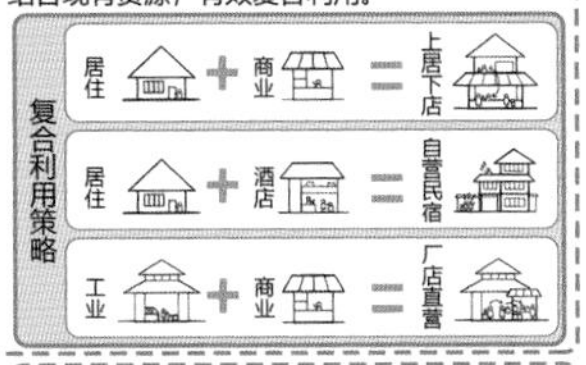

用地规划策略：调整用地布局；绿化空间用地；重整用地功能

复合利用策略：居住 + 商业 = 上居下店；居住 + 酒店 = 自营民宿；工业 + 商业 = 厂店直营

优化交通系统 补强对外联系，分级调整流线。

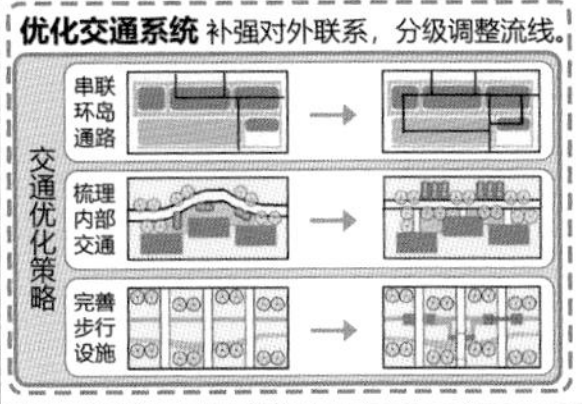

交通优化策略：串联环岛通路；梳理内部交通；完善步行设施

协调空间组织 有机拓展空间，延续空间肌理。

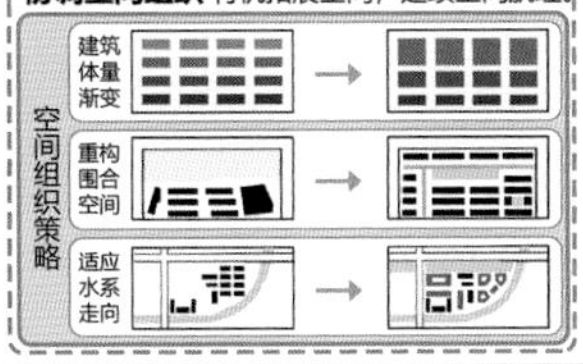

空间组织策略：建筑体量渐变；重构围合空间；适应水系走向

谋景事

景观渗透连接 贯通场地水系，构造水体循环；强化景观联系，呼应周边场地。

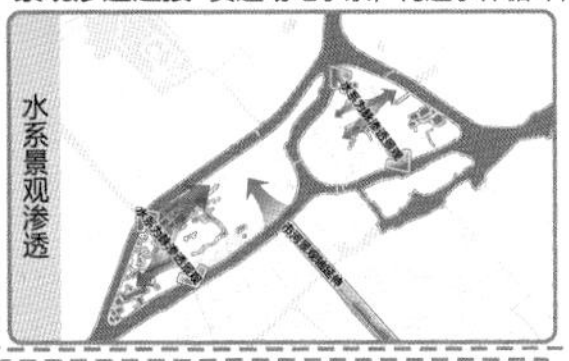

水系景观渗透

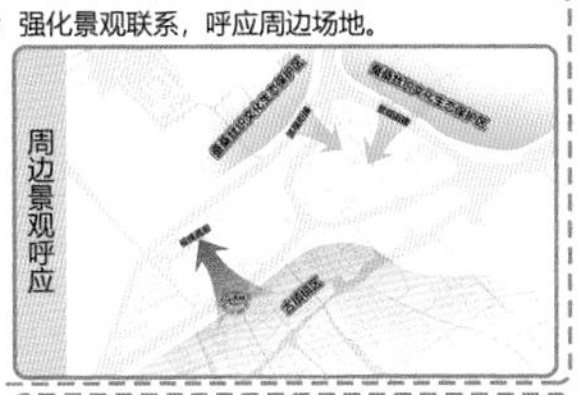

周边景观呼应

水岸有机互动 丰富水岸形式，优化城水关系。

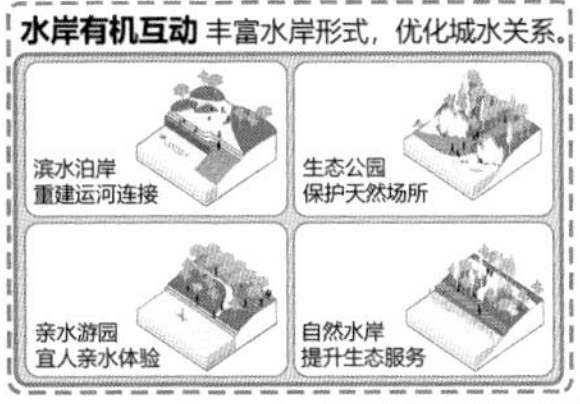

滨水泊岸 重建运河连接

生态公园 保护天然场所

亲水游园 宜人亲水体验

自然水岸 提升生态服务

激活生态空间 强化绿地使用，赋能生态空间。

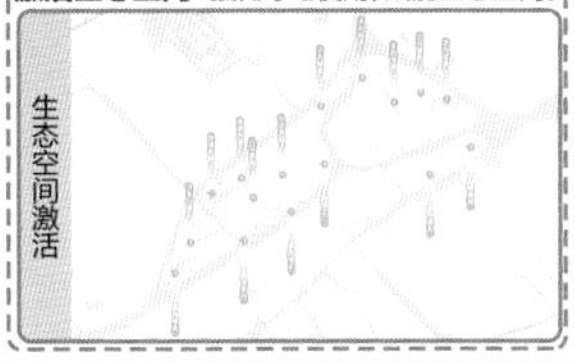

生态空间激活

土地利用规划

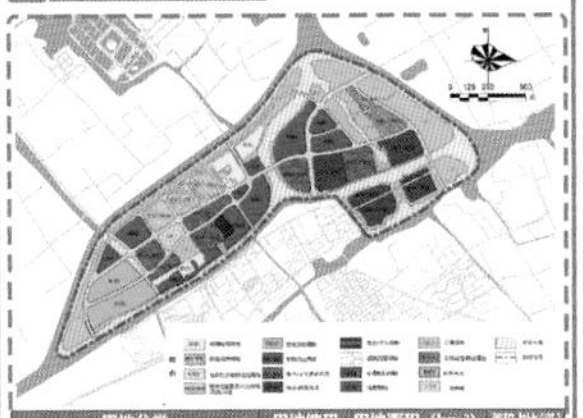

用地分类		用地编码	用地面积（hm^2）	面积占比(%)
居住用地		07	14.5	7.75
其中	商住混合用地	0701/0901	5.31	2.84
	城镇住宅用地	0701	6.43	3.43
	城镇社区服务设施用地	0702	0.38	0.21
	城镇社区服务设施用地/文化用地	0702/0803	2.38	1.27
公共管理与公共服务用地		08	9.79	5.23
其中	文化用地	0803	9.79	5.23
商业服务业用地		09	51.88	27.72
其中	商业用地	0901	20.61	11.01
	商业用地/文化用地	0901/0803	15.1	8.07
	商业商务用地	0901/0902	15.24	8.14
	工业用地/商业用地	1001/0901	0.93	0.50
交通运输用地		12	23.77	12.70
其中	道路用地	1201	22.46	12.00
	交通场站用地	120803	1.31	0.70
公用设施用地		13	0.95	0.51
其中	消防用地	1310	0.95	0.51
绿地与开敞空间用地		14	45.07	24.07
其中	公园绿地	1401	39.21	20.94
	公园绿地/商业用地	1401/0901	3.92	2.09
	防护绿地	1402	0.35	0.19
	广场绿地	1403	1.59	0.85
水域		17	41.23	22.02
其中	河流水面	1701	41.23	22.02
总计			187.24	100.00

游客流线规划

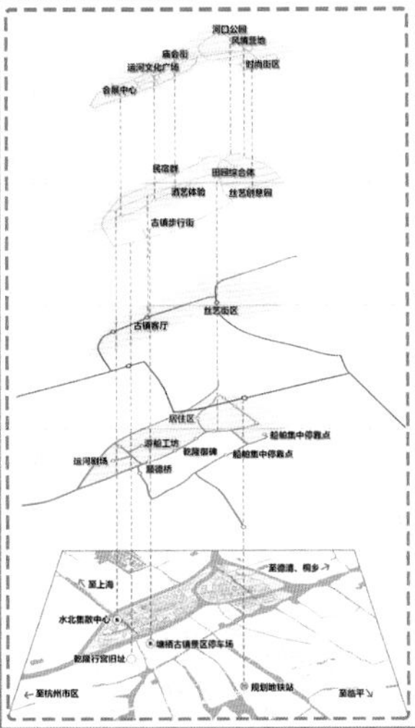

景观设计引导

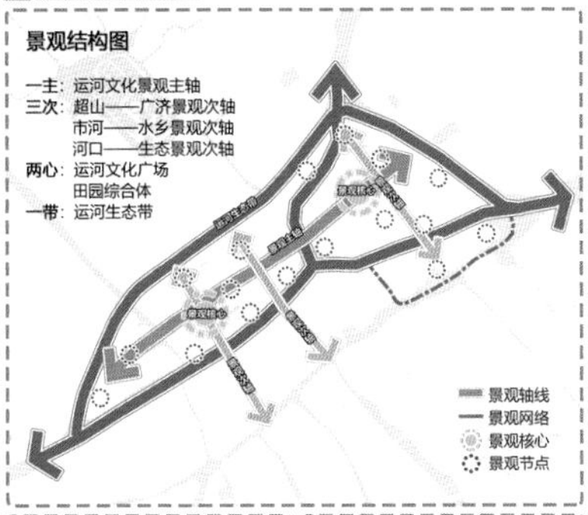

景观结构图

一主：运河文化景观主轴
三次：超山——广济景观次轴
市河——水乡景观次轴
河口——生态景观次轴
两心：运河文化广场
田园综合体
一带：运河生态带

景观轴线
景观网络
景观核心
景观节点

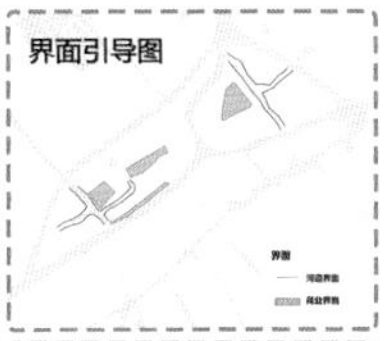

界面引导图

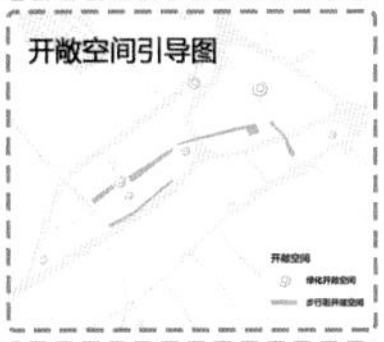

开敞空间引导图

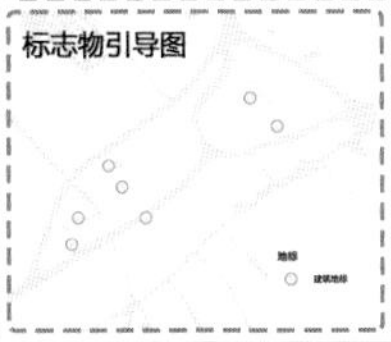

标志物引导图

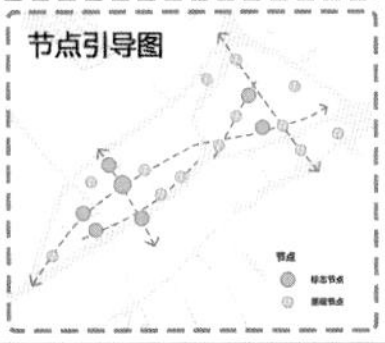

节点引导图

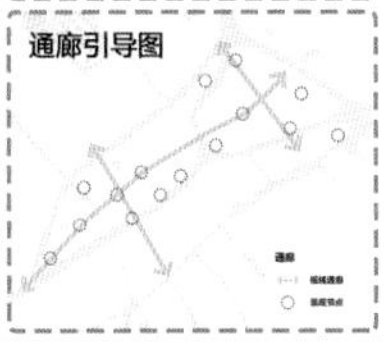

通廊引导图

鸟瞰展示

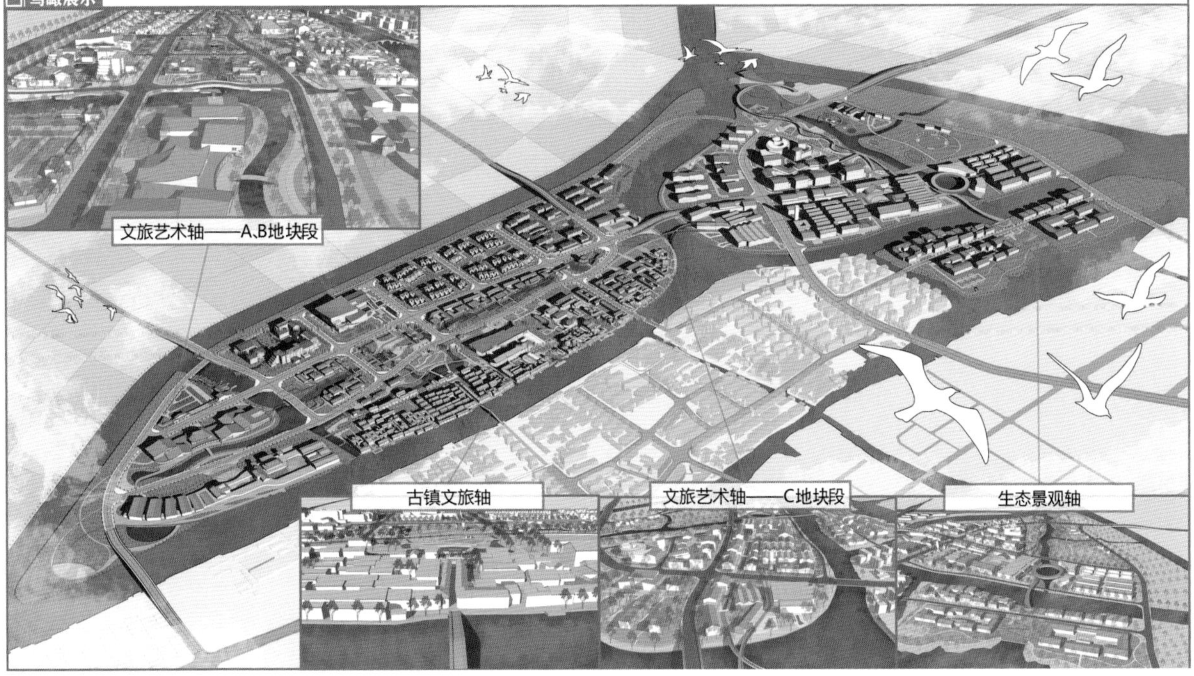

文旅艺术轴——A,B地块段

古镇文旅轴

文旅艺术轴——C地块段

生态景观轴

长相忆·运河情——杭州市临平区塘栖北单元城市设计

演绎 伍

上位对接

地块概况

地块位于基地A、B地块西南侧，水北历史街区外围，东西狭长，面积25.2hm²。

规划要求

其主体位于文旅艺术轴上，规划中以文化商业复合用地、文化活动用地、广场绿地为主，主要注重东西向的轴线打造。

功能定位

以文化活动和旅游体验为主要功能，串联多元要素，集中展现塘栖运河文化创新发展的设计核心地块。

文旅体验轴总平面图

设计说明

该详细设计地块位于历史街区北侧，以补强历史街区的旅游体验功能，集中展现塘栖古镇文化为主要设计目的。

以茧仓、大善寺遗址和御碑街为主要的保留要素。依托茧仓和大善寺遗址打造运河文化博物馆，并且沿御碑街和广济桥视廊保留开敞空间，在交汇处设置广场。

将水系引入文旅体验轴，打造多样的亲水景观，自西向东串联剧场、工坊、广场、庙会街、礼堂等要素，丰富运河文化载体，并且在部分地段设置游船路线。

建筑风貌自历史街区以外建筑风格以传统中式向新中式逐步过渡，建筑体量逐步增大，A地块上以较大群组的文化公共服务设施为主，B地块以较小体量的传统商业建筑围合为主。

总平面图 1:2500

地块鸟瞰图

遗产活化引导

地块内重点文旅项目载体一览表

项目名称	项目说明	承载非遗
运河文化博物馆	包含将茧仓修缮而来的文博展馆，发掘并开发为遗址公园的大善寺遗址，并将其围合入中庭	余杭清水丝绵制作技艺（国）等
运河古今剧院	包含溯源剧场以展示非遗剧目，包含新潮剧场以紧跟时代发展，促进传统剧目与数字媒体的交融	小热昏（国）、卫家班皮影戏（市）等
游船工坊	活化水乡造船非遗技艺，再现漕运船民生活，开发造船、漕运等旅游体验项目	传统木船制作技艺（省）、运河船民习俗（区）
庙会水街	避开运河开发限制，重构城水关系，包含水乡茶馆等功能，承载民俗节庆	传统茶食与各类民俗节日（市、区）
水月礼堂	主要作为景观构筑物而设计，为水乡婚礼增添仪式感	水乡婚礼（市）

场景展现

场景一

以泊湾结合景观桥，解决游船、旅客、车辆的交织问题。

场景二

使用牌坊作为框景，强化中轴线上的东西对望关系。

场景三

自眺望塔向东眺望，整条水街尽收眼底，视线开敞通畅。

场景四

以天桥、景观桥、地下通道等保证主轴步行的连续性。

规划策略

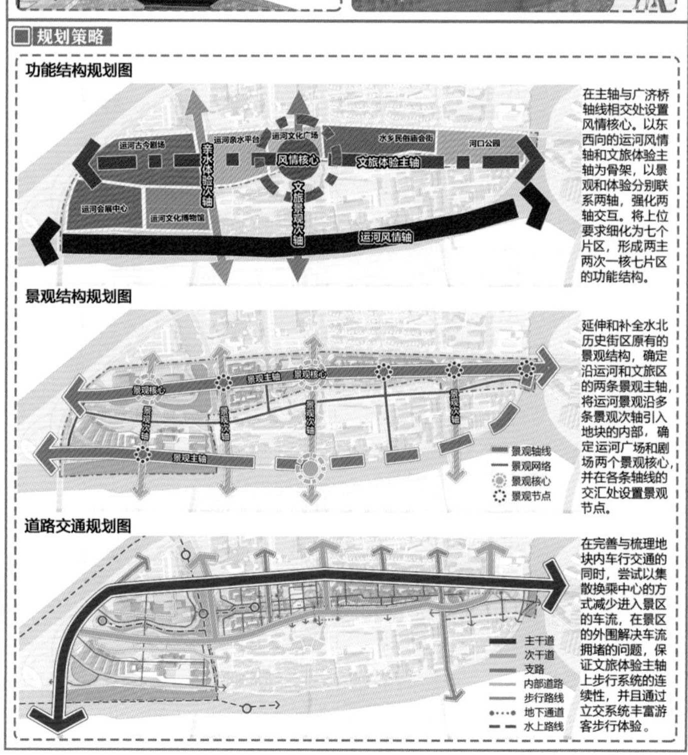

功能结构规划图

在主轴与广济桥轴线相交处设置风情核心。以东西向的运河风情轴和文旅体验主轴为骨架，以景观和体验分别联系两轴，强化两轴交互。将上位要求细化为七个片区，形成两主两次一核七片区的功能结构。

景观结构规划图

延伸和补全水北历史街区原有的景观结构，确定沿运河和文旅区的两条景观主轴，将运河景观沿多条景观次轴引入地块的内部，确定运河广场和剧场两个景观核心，并在各条轴线的交汇处设置景观节点。

道路交通规划图

在完善与梳理地块内车行交通的同时，尝试以集散换乘中心的方式减少进入景区的车流，在景区的外围解决车流拥堵的问题，保证文旅体验主轴上步行系统的连续性，并且通过立交系统丰富游客步行体验。

长相忆·运河情 —— 杭州市临平区塘栖北单元城市设计

演绎 陆

丝织产业模块总平面图

设计说明：设计地块面积约为38公顷，以蚕桑丝织文化为主题，活化利用大纶丝厂、新华丝厂等工业遗产，串联C、D两地块，形成完整、连续的丝艺文化体验路线，打造两岸古今对话关系，传承与发扬丝织文化。

经济技术指标

用地面积:27.6hm²

总建筑面积:42.9hm²

容积率:1.55

建筑密度:36%

绿地率:43%

建筑限高:24m

图例

1. 蚕桑文化科普馆
2. 丝织文化博物馆
3. 成衣展览馆
4. 水塔公园
5. 蚕茧加工
6. 丝艺文化街
7. 染织厂
8. 丝艺广场
9. 文创产品商店
10. XR互动体验馆
11. 丝艺创意园
12. 过河天桥
13. 学践基地
14. 缫丝厂
15. 设计师工坊
16. 时尚街区
17. 创意办公区
18. 公园
19. 停车场

N

0 100 200m

鸟瞰场景图

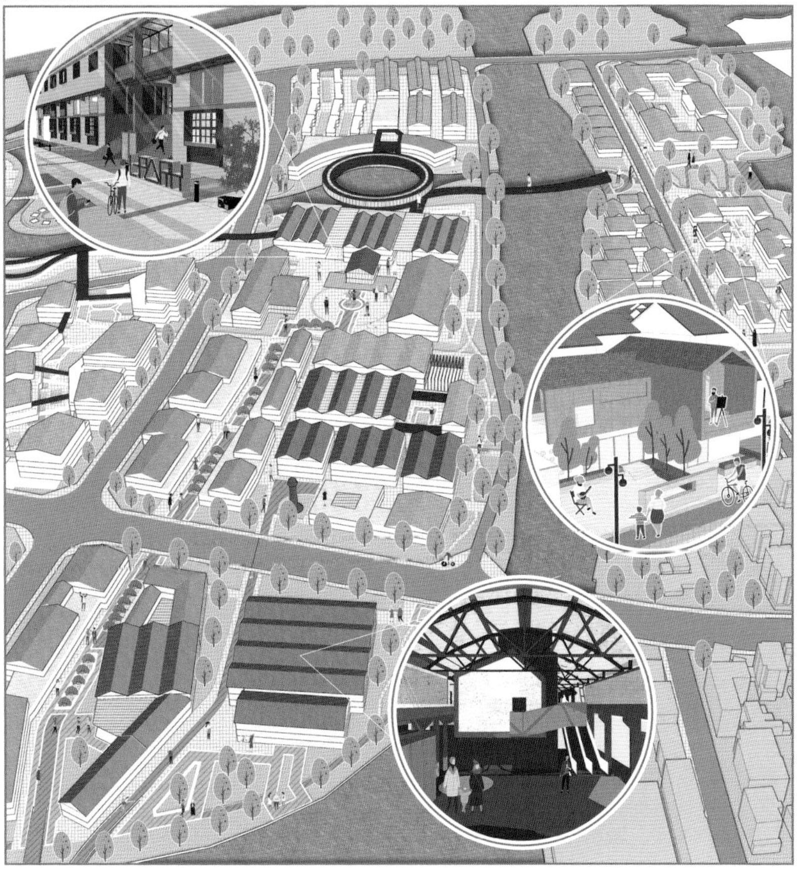

规划策略

功能结构规划图

通过轴线串联形成往事（文化展览）、传承（技艺体验）、互动（XR交互）、生产（工厂参观）、潮流（时尚工坊）、创新（新品秀场）六片区。

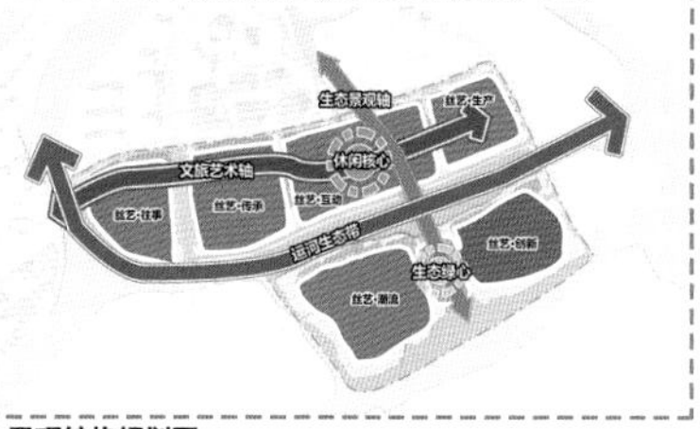

景观结构规划图

基于轴线与路网生成景观轴线，在景观主轴上打造两个景观核心，并形成多个公共空间节点。

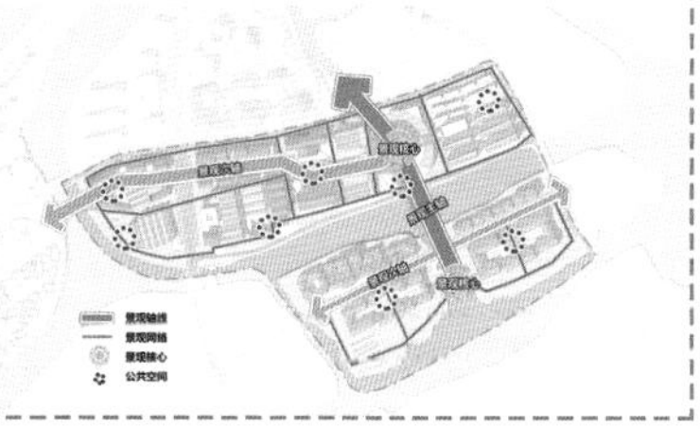

道路交通规划图

增加内部道路，缓解城市道路交通压力；完善滨水绿道系统，增加水上游船交通方式，形成完整、连续的步行体系。

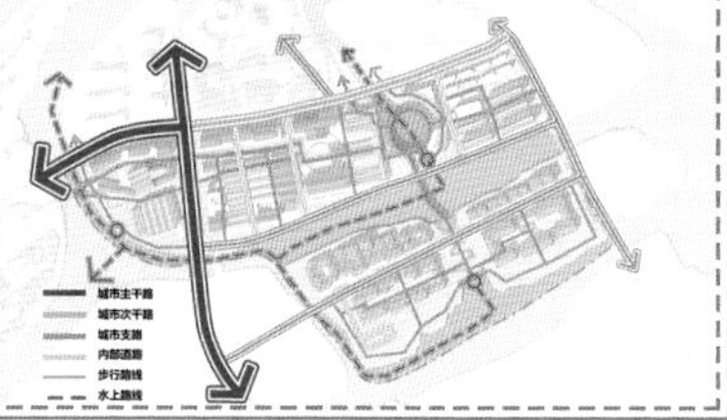

长相忆·运河情 ——杭州市临平区塘栖北单元城市设计

空间 柒

诗意栖居总平面图

设计说明
设计地块面积约为34.8公顷，以满足居住功能和公共服务为主要目的，满足原有居民回迁安置与外来游客入住的需求，同时补足公共服务设施，服务当地居民和外来游客。打造滨水公园绿化带，优化B 地块北侧沿运河的主要展示面。
图例
① 迎宾接待
② 宴会中心
③ 康体娱乐
④ 度假酒店
⑤ 中央湖心
⑥ 行政酒廊
⑦ 酒店式公寓
⑧ 小镇客厅
⑨ 水乡民宿
⑩ 邻里中心
⑪ 安置民居
⑫ 景观公园
⑬ 消防站
⑭ 滨水绿道
0 100 200 m
经济技术指标
用地面积： 38.4hm²
总建筑面积： 42.9hm²
容积率： 1.11
建筑密度： 12%
绿地率： 54%
建筑限高： 24m
总平面图 1:2500

鸟瞰图

规划策略

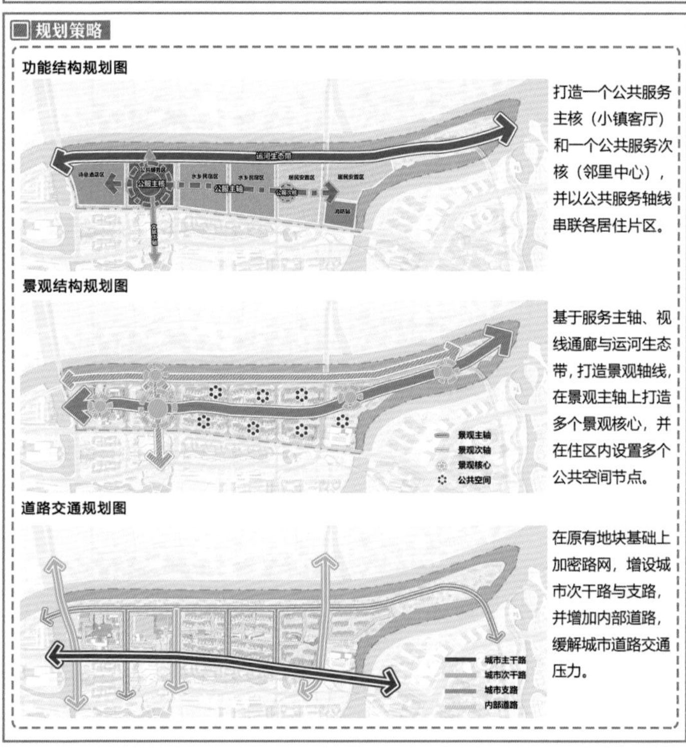
功能结构规划图
打造一个公共服务主核（小镇客厅）和一个公共服务次核（邻里中心），并以公共服务轴线串联各居住片区。
景观结构规划图
景观主轴
景观次轴
景观核心
公共空间
基于服务主轴、视线通廊与运河生态带，打造景观轴线，在景观主轴上打造多个景观核心，并在住区内设置多个公共空间节点。
道路交通规划图
城市主干路
城市次干路
城市支路
内部道路
在原有地块基础上加密路网，增设城市次干路与支路，并增加内部道路，缓解城市道路交通压力。

社区场景图

小镇客厅
社区有个小镇客厅，居住质量一下就上去了!
小镇客厅和社区广场对我们游客真是太友好了!
邻里中心
共享绿化空间
有空可以在家门口散散步、遛遛狗，真不错。
老幼活动空间
家门口就有老人和小孩休闲娱乐的地方，真方便!

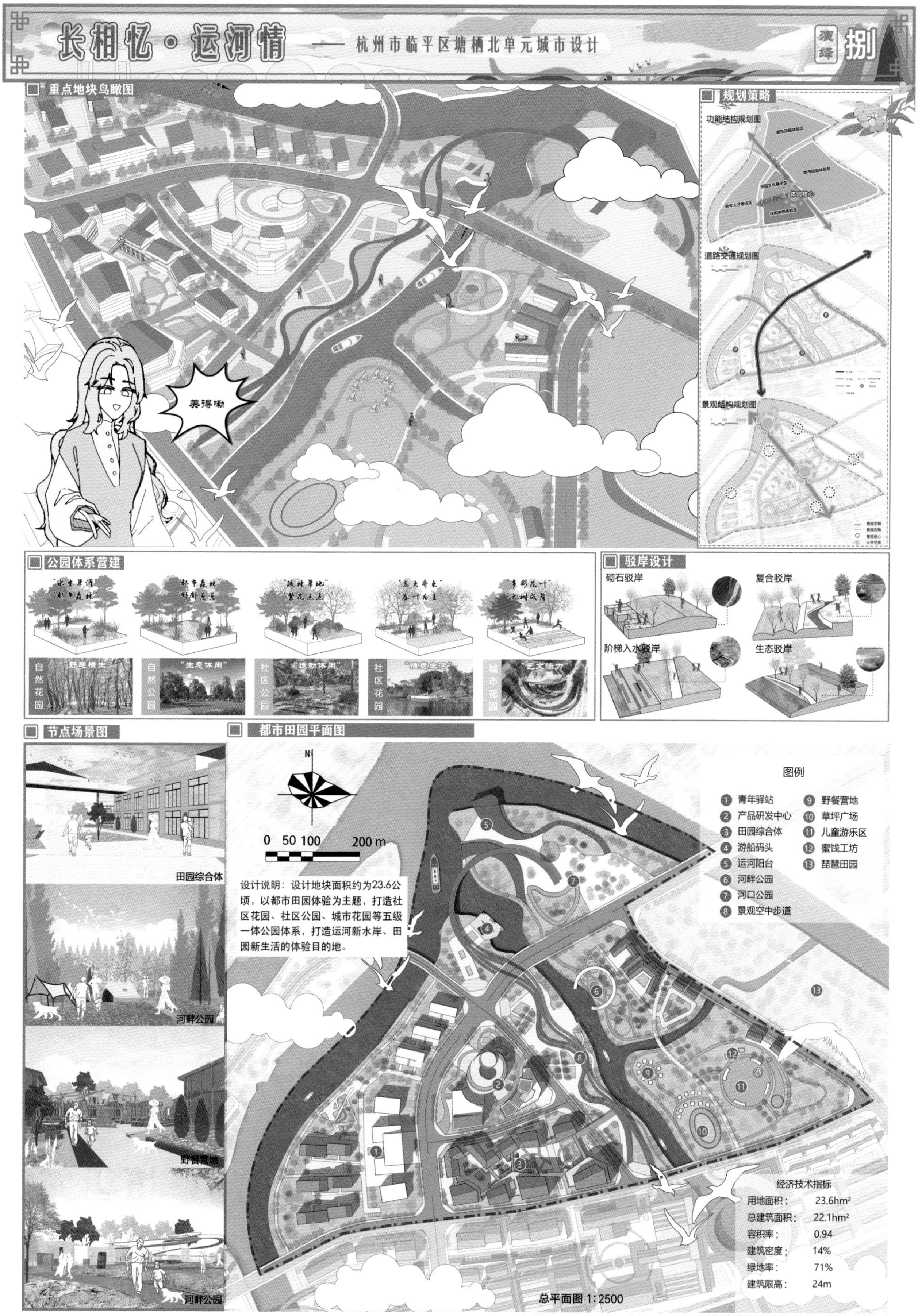

长相忆·运河情

—— 杭州市临平区塘栖北单元城市设计

演绎 捌

重点地块鸟瞰图

规划策略

功能结构规划图

道路交通规划图

景观结构规划图

公园体系营建

驳岸设计

砌石驳岸

复合驳岸

阶梯入水驳岸

生态驳岸

节点场景图

田园综合体

河畔公园

野餐营地

河畔公园

都市田园平面图

设计说明：设计地块面积约为23.6公顷，以都市田园体验为主题，打造社区花园、社区公园、城市花园等五级一体公园体系，打造运河新水岸、田园新生活的体验目的地。

图例

1. 青年驿站
2. 产品研发中心
3. 田园综合体
4. 游船码头
5. 运河阳台
6. 河畔公园
7. 河口公园
8. 景观空中步道
9. 野餐营地
10. 草坪广场
11. 儿童游乐区
12. 蜜饯工坊
13. 琵琶田园

经济技术指标

用地面积：	23.6hm²
总建筑面积：	22.1hm²
容积率：	0.94
建筑密度：	14%
绿地率：	71%
建筑限高：	24m

总平面图 1:2500

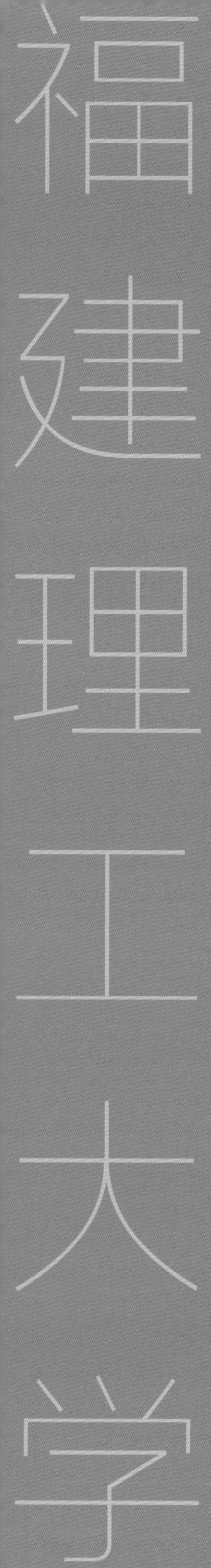

寻河理脉 · 乐岛共生

——基于时空行为画像的杭州市临平区塘栖北单元城市设计 / 林华峰 刘竞翔 许方斌 叶炜

时智运来，忆古塑今

——杭州市临平区塘栖古镇北单元城市设计 / 黄夏晗 李振 林思婷 秦俊涵

创织新城 · 智汇古运

——基于“城市织造”的杭州市临平区塘栖北单元张家墩地块城市设计 / 黄玲 彭珊珊 翁生琳 熊纯

寻河理脉·乐岛共生——基于时空行为画像的杭州市临平区塘栖北单元城市设计

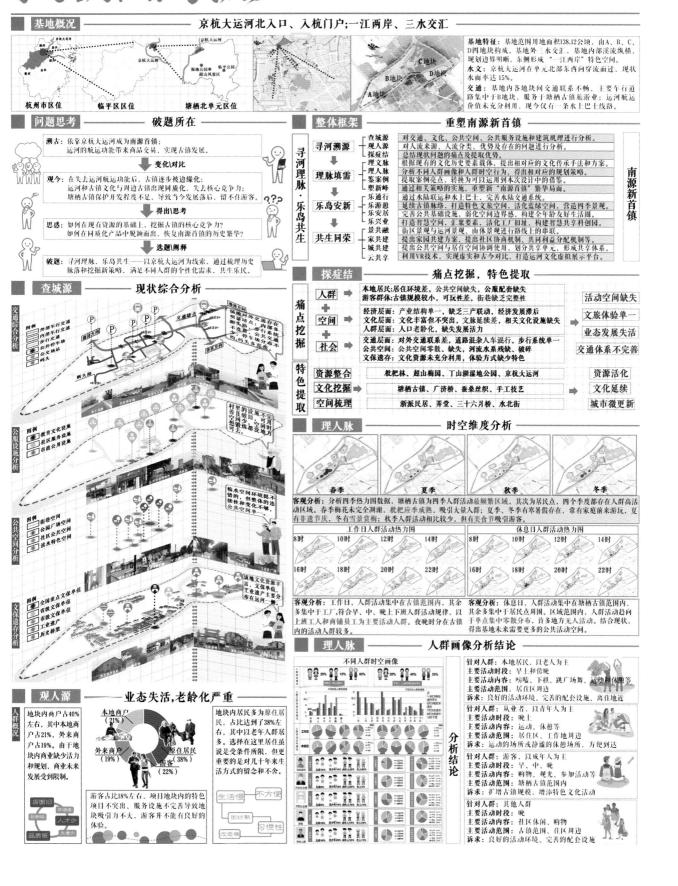

基地概况 —— 京杭大运河北入口、入杭门户;一江两岸、三水交汇

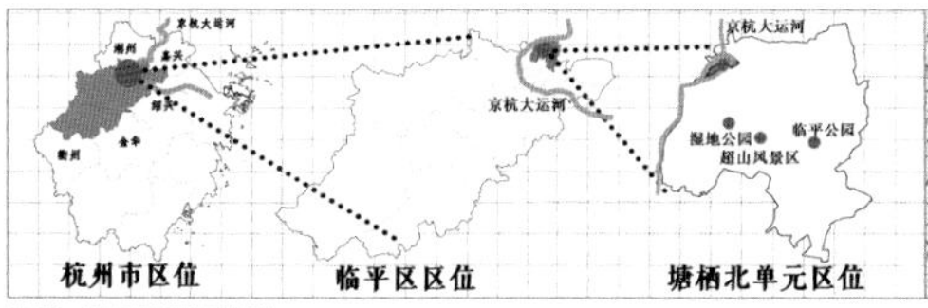

杭州市区位　临平区区位　塘栖北单元区位

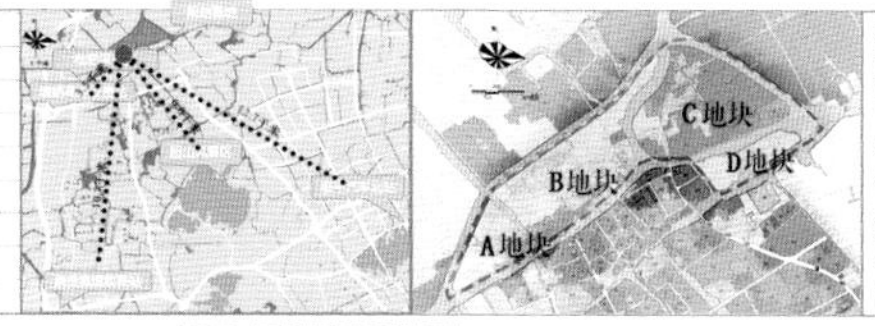

京杭大运河　A地块　B地块　C地块　D地块

基地特征： 基地范围用地面积138.12公顷，由A、B、C、D四地块构成，基地外三水交汇，基地内部溪流纵横，规划边界明晰，东侧形成“一江两岸”特色空间。

水文： 京杭大运河在单元北部东西向穿流而过，现状水面率达15%。

交通： 基地内各地块间交通联系不畅，主要车行道路集中于B地块，服务于塘栖古镇旅游业；运河航运价值未充分利用，现今仅有一条水上巴士线路。

问题思考 —— 破题所在

溯古： 依靠京杭大运河成为南源首镇；
运河的航运功能带来商品交易，实现古镇发展。

变化\对比

观今： 在失去运河航运功能后，古镇逐步被边缘化；
运河和古镇文化与周边古镇出现同质化，失去核心竞争力；
塘栖古镇保护开发程度不足，导致当今发展落后，留不住游客。

得出\思考

思惑： 如何在现有资源的基础上，挖掘古镇的核心竞争力？
如何在同质化产品中脱颖而出，恢复南源首镇的历史繁华？

选题\阐释

破题： 寻河理脉，乐岛共生——以京杭大运河为线索，通过梳理历史脉落和挖掘新策略，满足不同人群的个性化需求，共生乐民。

整体框架 —— 重塑南源新首镇

寻河理脉·乐岛共生 → 南源新首镇

寻河溯源	查城源	对交通、文化、公共空间、公共服务设施和建筑肌理进行分析。
	观人源	对人流来源、人流分类、优势及存在的问题进行分析。
	探症结	总结现状问题的痛点及提取优势。
理脉填需	理文脉	根据现有的文化历史要素载体，提出相对应的文化传承手法和方案。
	理人脉	分析不同人群画像和人群时空行为，得出相对应的规划策略。
	鉴案例	提取案例亮点，转换为可以运用到本次设计中的借鉴。
	塑新峰	通过相关策略的实施，重塑新“南源首镇”繁华局面。
乐岛安新	乐通行	通过水陆联运和水上巴士，完善水陆交通系统。
	乐游憩	延续古镇脉络，打造特色文旅空间，活化蓝绿空间，营造四季景观。
	乐安居	完善公共基础设施，弱化空间边界感，构建全年龄友好生活圈。
	乐兴业	打造智慧空间，汇聚要素，活化工厂旧址，构建智慧共享科创园。
共生同荣	景共融	街区景观与运河景观、山体景观进行路线上的串联。
	家共建	提出家园共建方案，提出社区协商机制、共同利益分配机制等。
	城共建	提出公共空间与居住空间协调使用，划分共享单元，形成共享体系。
	云共享	利用VR技术，实现虚实和古今对比，打造运河文化虚拟展示平台。

查城源 —— 现状综合分析

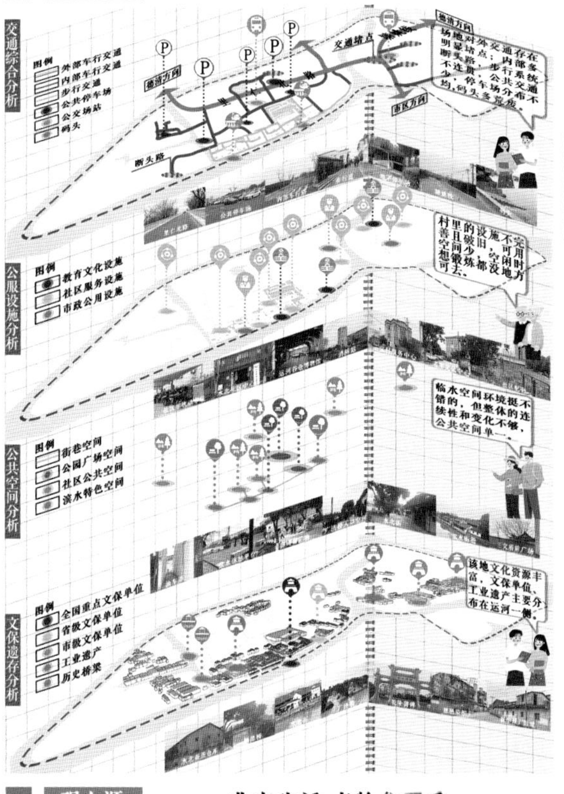

探症结 —— 痛点挖掘，特色提取

痛点挖掘

类别	问题	结论
人群	本地居民:居住环境差，公共空间缺失，公服配套缺失 游客群体:古镇规模较小，可玩性差，街巷缺乏完整性	活动空间缺失
空间	经济层面：产业结构单一，缺乏三产联动，经济发展滞后 文化层面：文化丰富但不突出，文脉延续差，相关文化设施缺失 人群层面：人口老龄化，缺失发展活力	文旅体验单一
社会	交通层面：对外交通联系差，道路混杂人车混行，步行系统单一 公共空间：公共空间零散、缺失，河流水系残缺、破碎 文保遗存：文化资源未充分利用，体验方式缺少特色	业态发展失活 交通体系不完善

特色提取

类别	资源	结论
资源整合	枇杷林、超山梅园、丁山湖湿地公园、京杭大运河	资源活化
文化挖掘	塘栖古镇、广济桥、蚕桑丝织、手工技艺	文化延续
空间梳理	浙派民居、弄堂、三十六爿桥、水北街	城市微更新

理人脉 —— 时空维度分析

春季　夏季　秋季　冬季

客观分析： 分析四季热力图数据，塘栖古镇为四季人群活动最频繁区域，其次为居民点，四个季度都存在人群高活动区域。春季梅花未完全凋谢，枇杷应季成熟，吸引大量人群；夏季、冬季有寒暑假存在，常有家庭前来游玩，夏有非遗节庆，冬有雪景赏梅；秋季人群活动相比较少，但有美食节吸引游客。

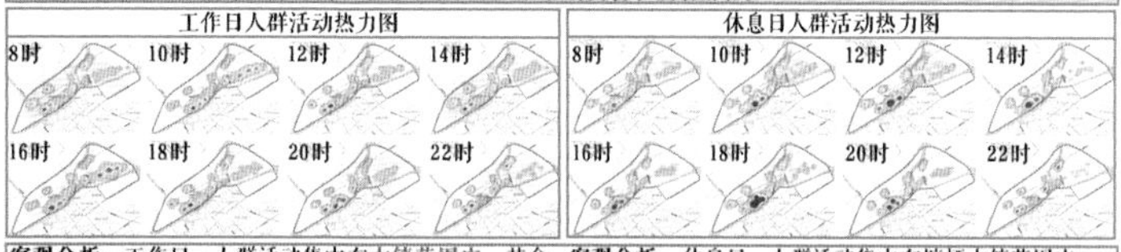

工作日人群活动热力图：8时　10时　12时　14时　16时　18时　20时　22时

休息日人群活动热力图：8时　10时　12时　14时　16时　18时　20时　22时

客观分析： 工作日，人群活动集中在古镇范围内，其余多集中于工厂,符合早、中、晚上下班人群活动规律，以上班工人和商铺员工为主要活动人群。夜晚时分在古镇内的活动人群较多。

客观分析： 休息日，人群活动集中在塘栖古镇范围内，其余多集中于居民点周围。区域范围内，人群活动趋向于单点集中零散分布，许多地方无人活动。结合现状，得出基地未来需要更多的公共活动空间。

观人源 —— 业态失活,老龄化严重

人群概况

地块内商户占40%左右，其中本地商户占21%，外来商户占19%。由于地块内商业缺少活力和规划，商业未来发展受到限制。

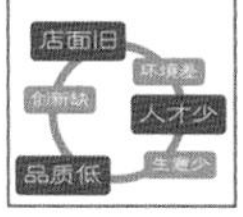

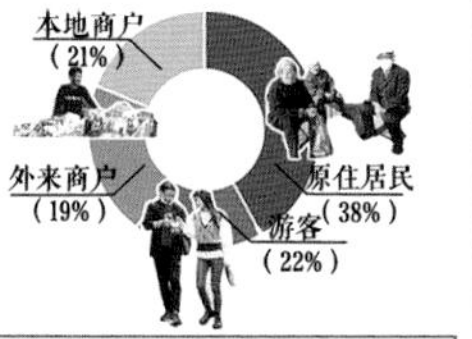

游客占比18%左右，项目地块内的特色项目不突出、服务设施不完善导致地块吸引力不大，游客并不能有良好的体验。

地块内居民多为原住居民，占比达到了38%左右，其中以老年人群居多。选择在这里居住虽说是受条件所限，但更重要的是对几十年来生活方式的留念和不舍。

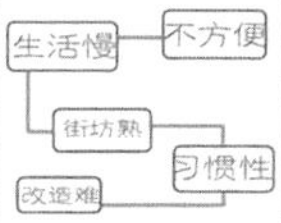

理人脉 —— 人群画像分析结论

不同人群时空画像

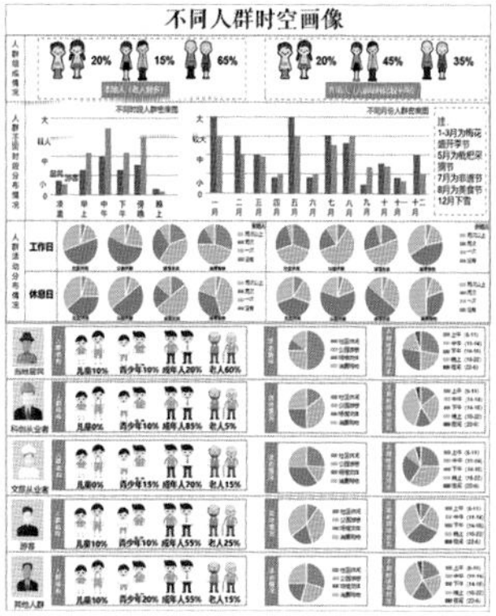

分析结论

针对人群：本地居民、以老人为主
主要活动时段：早上和傍晚
主要活动内容：唠嗑、下棋、跳广场舞、运动和休憩等
主要活动范围：居住区周边
诉求：良好的活动环境、完善的配套设施、离住地近

针对人群：从业者、以青年人为主
主要活动时段：晚上
主要活动内容：运动、休憩等
主要活动范围：居住区、工作地周边
诉求：运动的场所或静谧的休憩场所，方便到达

针对人群：游客、以成年人为主
主要活动时段：早、中、晚
主要活动内容：购物、观光、参加活动等
主要活动范围：塘栖古镇范围内
诉求：扩增古镇规模，增添特色文化活动

针对人群：其他人群
主要活动时段：晚
主要活动内容：社区休闲、购物
主要活动范围：古镇范围、住区周边
诉求：良好的活动环境、完善的配套设施

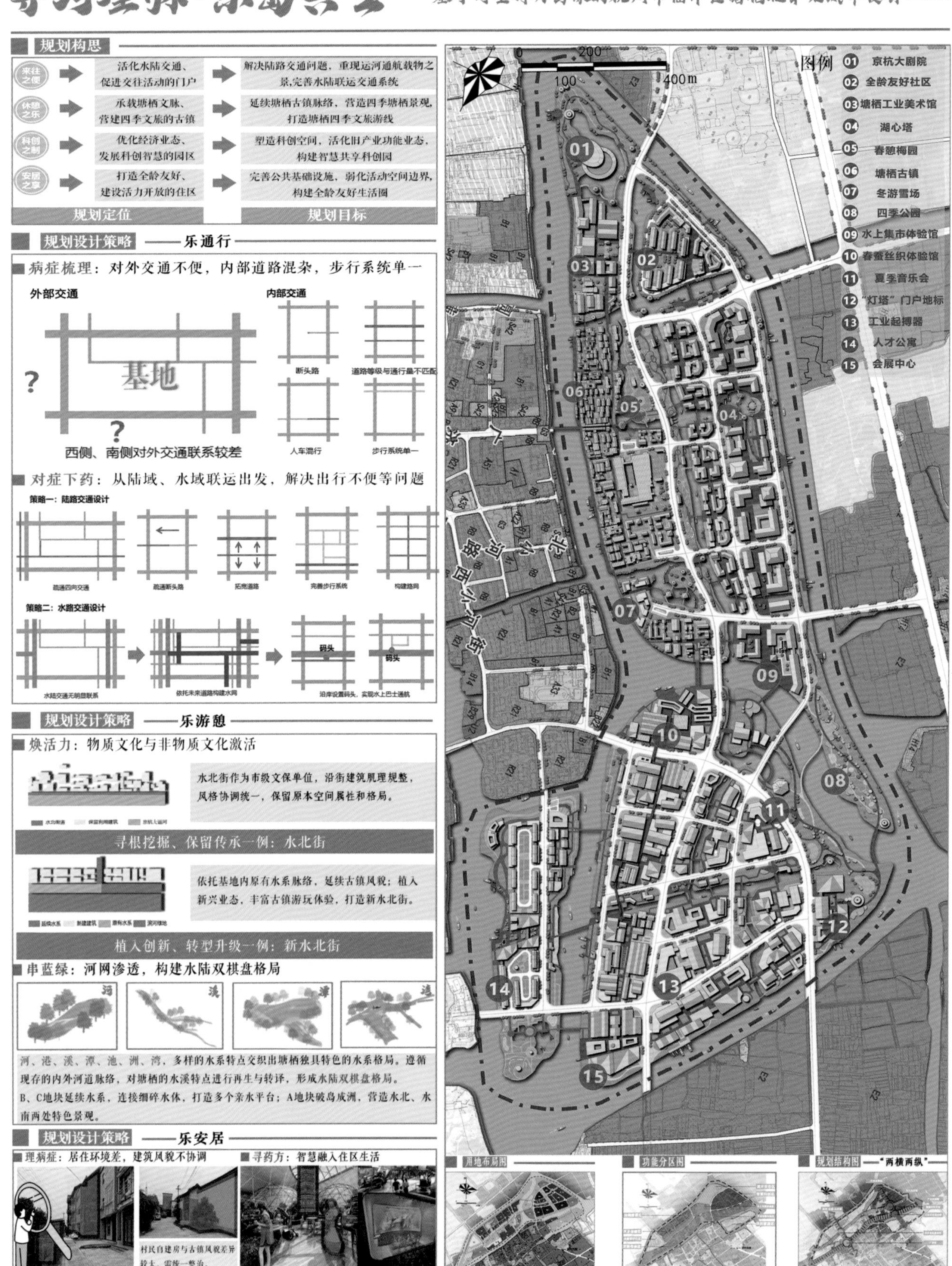
寻河理脉·乐岛共生
——基于时空行为画像的杭州市临平区塘栖北单元城市设计
02
规划构思
来往之便
活化水陆交通、促进交往活动的门户
解决陆路交通问题，重现运河通航载物之景,完善水陆联运交通系统
休憩之乐
承载塘栖文脉、营建四季文旅的古镇
延续塘栖古镇脉络，营造四季塘栖景观，打造塘栖四季文旅游线
科创之制
优化经济业态、发展科创智慧的园区
塑造科创空间，活化旧产业功能业态，构建智慧共享科创园
安居之享
打造全龄友好、建设活力开放的住区
完善公共基础设施，弱化活动空间边界，构建全龄友好生活圈
规划定位
规划目标
规划设计策略 ——乐通行
病症梳理：对外交通不便，内部道路混杂，步行系统单一
外部交通
基地
西侧、南侧对外交通联系较差
内部交通
断头路
道路等级与通行量不匹配
人车混行
步行系统单一
对症下药：从陆域、水域联运出发，解决出行不便等问题
策略一：陆路交通设计
疏通四向交通
疏通断头路
拓宽道路
完善步行系统
构建路网
策略二：水路交通设计
水陆交通无明显联系
依托未来道路构建水网
码头
沿岸设置码头，实现水上巴士通航
规划设计策略 ——乐游憩
焕活力：物质文化与非物质文化激活
水北街作为市级文保单位，沿街建筑肌理规整，风格协调统一，保留原本空间属性和格局。
寻根挖掘、保留传承一例：水北街
依托基地内原有水系脉络，延续古镇风貌；植入新兴业态，丰富古镇游玩体验，打造新水北街。
延续水系
新建建筑
原有水系
滨河绿地
植入创新、转型升级一例：新水北街
串蓝绿：河网渗透，构建水陆双棋盘格局
河
溪
潭
湾
河、港、溪、潭、池、洲、湾，多样的水系特点交织出塘栖独具特色的水系格局。遵循现存的内外河道脉络，对塘栖的水溪特点进行再生与转译，形成水陆双棋盘格局。
B、C地块延续水系，连接细碎水体，打造多个亲水平台；A地块破岛成洲，营造水北、水南两处特色景观。
规划设计策略 ——乐安居
理病症：居住环境差，建筑风貌不协调
村民自建房与古镇风貌差异较大，需统一整治。
寻药方：智慧融入住区生活
0 100 200 400m
图例
01 京杭大剧院
02 全龄友好社区
03 塘栖工业美术馆
04 湖心塔
05 春憩梅园
06 塘栖古镇
07 冬游雪场
08 四季公园
09 水上集市体验馆
10 春蚕丝织体验馆
11 夏季音乐会
12 “灯塔”门户地标
13 工业起搏器
14 人才公寓
15 会展中心
用地布局图
功能分区图
规划结构图 “两横两纵”

寻河理脉·乐岛共生——基于时空行为画像的杭州市临平区塘栖北单元城市设计

03

分析图 —— 功能分区、结构、开发强度

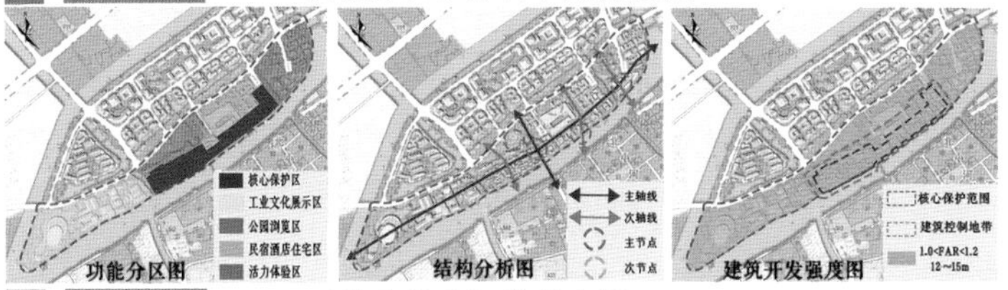

核心保护区
工业文化展示区
公园浏览区
民宿酒店住宅区
活力体验区

功能分区图

主轴线
次轴线
主节点
次节点

结构分析图

核心保护范围
建筑控制地带
1.0<FAR<1.2 12～15m

建筑开发强度图

前期思考 —— “共建共享”的新家园

场地思考：场地无法吸引人　建筑风貌不一　人群需求没响应　景观绿化缺失　部分文化被埋没　设施配置不全面　活动空间单一　交通道路不畅　功能与人群不匹配

手段：景共融　家共建　城共创

具体方案：
景共融：规划景观旅游路线，实现景观共造
家共建：追溯文化源头，多面发展文化，实现文化共创
城共创：营造出服务于多人群的空间，实现家园共享

目标：“共建共享”的新家园

规划思路：本质——溯古传今——物质空间及精神文化继承延续；上升点——共建共享——不同人群的心理需求（人群画像）

空间：现实空间（继承文化）+叠加 心理空间（满足人群需求）——设计

方案思考

线 + 点 + 轴

浏览路线　活动节点　轴线设置

策略一 —— 景共融

景观节点
街道景观
景观主路线
景观次路线

塑造理念：公共空间、景观节点、景观轴线；区域联动——湖河溪渠；绿化景观植入——节点 绿点 组团 轴线

空间营造

景观需求：
本地居民——具备休憩和交谈功能
从业者——具备活动和沟通功能
游客——具备游玩和浏览功能
其他人群——具备多方面功能的综合公园

沟通型　休憩型　游玩型
活动型　浏览型　综合型

策略二 —— 家共建

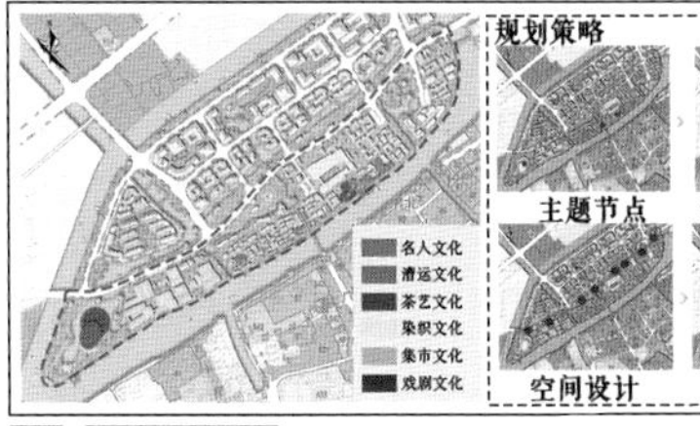

名人文化
漕运文化
茶艺文化
染织文化
集市文化
戏剧文化

规划策略

主题节点　一点带动多点
空间设计　游线设计

衍生策略

运河谷仓博物馆（漕运）
京杭大剧院（戏剧）
卢家原址（名人）
御碑码头（漕运）
塘栖工业美术馆（染织）
临平方志馆（名人）
古韵斋（茶艺）
塘栖美食街（集市）

日常事件　周期事件　节庆事件

基础　衍生（吸引人群）

策略三 —— 城共创

保留建筑
修改建筑
新建建筑

建筑拆改图

城市道路
主街道
次街道
小道
交通节点

道路交通图

活力主游线
活力次游线
活力节点
活力广场

活力游线图

游客、本地居民、从业者、其他人群——建筑需求：
建筑族群功能丰富，并配置内外活动空间
建筑以修缮和保留为主，对私密空间有建筑的围合保护
建筑之间存在联系，可以产生单点历史建筑联动多元产业
建筑可以以不同形式围合，形成不同空间以满足需求

建筑更新：美术馆　体验馆　博物馆

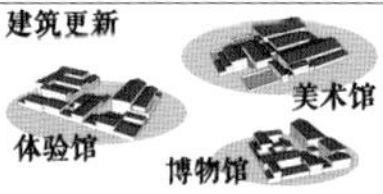

街宽之比	人群感受	适合位置
街宽比D/H>2	过于宽阔，给人深远、安静的感觉，无明显边界感	衔接对外道路
2>街宽比D/H>1	比例恰到好处，既不会拥挤，也不会无归属感	水北街与商业街衔接道路
街宽比D/H=1	整体感觉均匀协调，给人明显的舒适感	场地内大部分道路
街宽比D/H<1	边界感明显，整体给人一种压迫感	与私密场地衔接道路

用场地内部现有居民点建筑围合形成的内部空间充当本地居民社区休闲的活动空间

内部的历史建筑或工业遗址进行建筑围合的空间充当游客消费浏览的活动空间

通过新建建筑的围合形成相对集中且安静的空间充当从业者交谈空间

将场地内部生态景观较好且交通便捷的空间充当其他人群休憩的活动空间

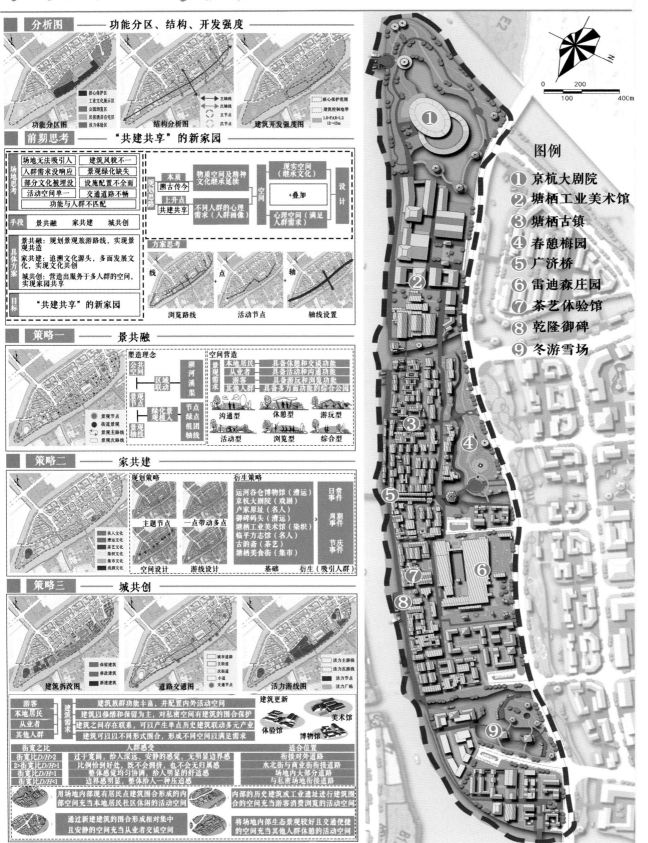

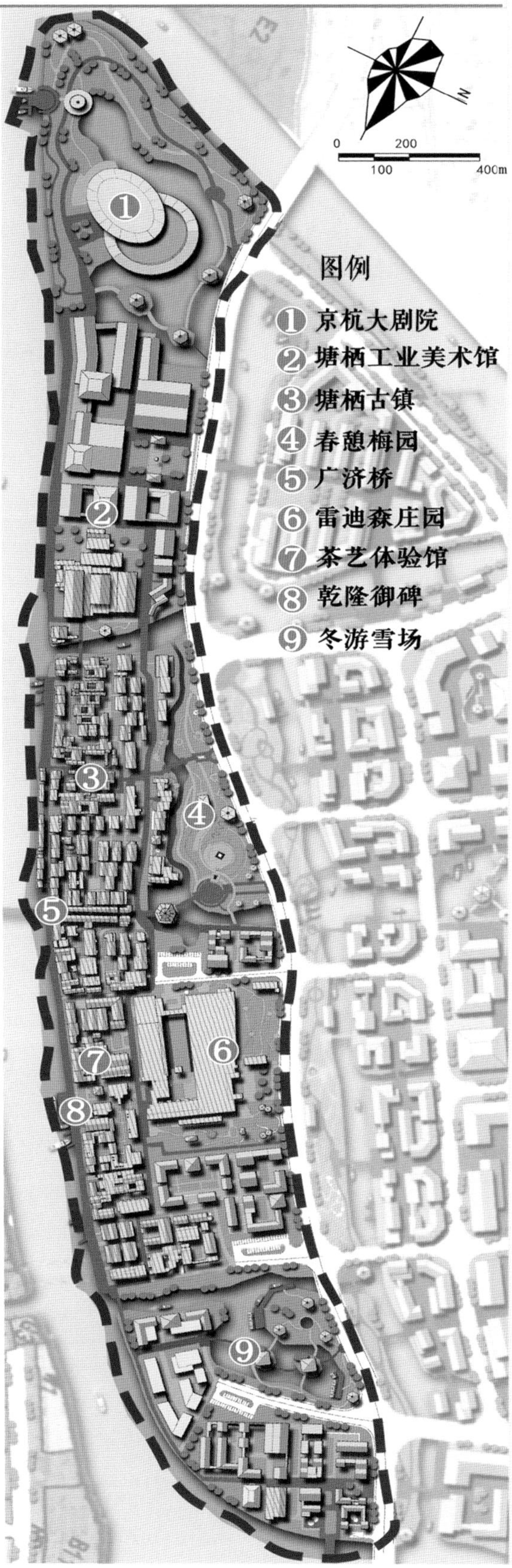

0　100　200　400m

图例

① 京杭大剧院
② 塘栖工业美术馆
③ 塘栖古镇
④ 春憩梅园
⑤ 广济桥
⑥ 雷迪森庄园
⑦ 茶艺体验馆
⑧ 乾隆御碑
⑨ 冬游雪场

寻河理脉·乐岛共生——基于时空行为画像的杭州市临平区塘栖北单元城市设计 04

寻河理脉·乐岛共生——基于时空行为画像的杭州市临平区塘栖北单元城市设计 05

规划分析图——规划综合分析

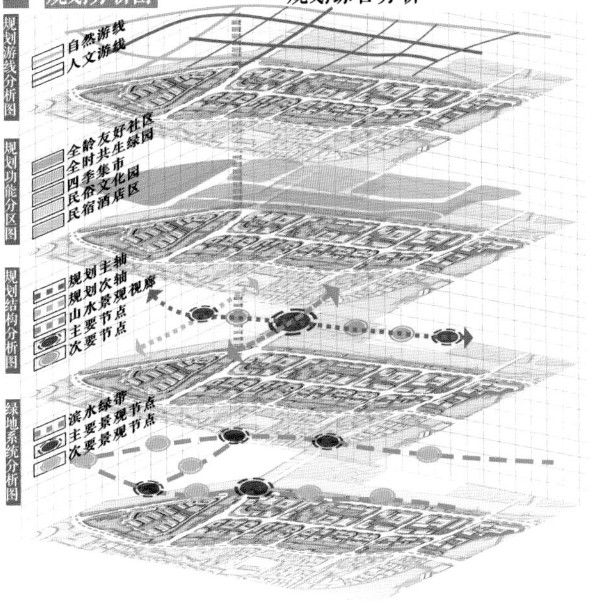

规划游线分析图
自然游线
人文游线

规划功能分区图
全龄友好社区
全时共生绿园
四季集市
民俗文化园
民宿酒店区

规划结构分析图
规划主轴
规划次轴
山水景观视廊
主要节点
次要节点

绿地系统分析图
滨水绿带
主要景观节点
次要景观节点

概念引入——时空行为画像下的共生家园

乐岛共生 → 构建原型 → 不同人群时空画像 → 概念引入 → 场景理论 全龄友好 共生理论 → 设计策略 → 主题叙事 / 场景营市 / 全龄友好 / 智慧共生 → 技术路线 → 要素提取 / 节事激活 / 空间营造 / 智慧焕活

规划策略1——主题叙“市”，场景营市

要素提取

茶艺 农桑 秋收 织造 庙会

大运河故事的原型，以漕运为主线索，串联起人们的一生

灯会祈福 载舟游憩 五谷丰登 宋妆丝韵

节事激活

1月 2月 3月	4月 5月	6月 7月 8月	9月 10月	11月 12月
赏梅节	枇杷节	非遗节	开运节	冬雪节
1.踏雪寻梅	1.枇杷采摘	1.梨园晚会	1.花灯祈福	1.寒冬垂钓
2.梅花茶艺	2.田园集市	2.宋妆体验	2.漫游运河	2.围炉煮茶
3.梅花集市	3.枇杷花蜜	3.非遗集市	3.谷仓丰登	3.美食集市

空间营造

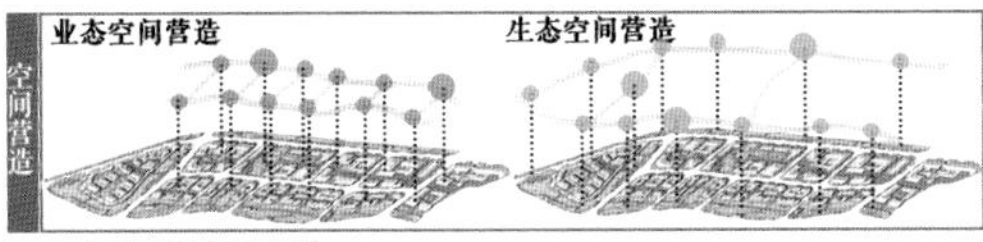

业态空间营造　生态空间营造

规划策略2——全龄友好，智慧共生

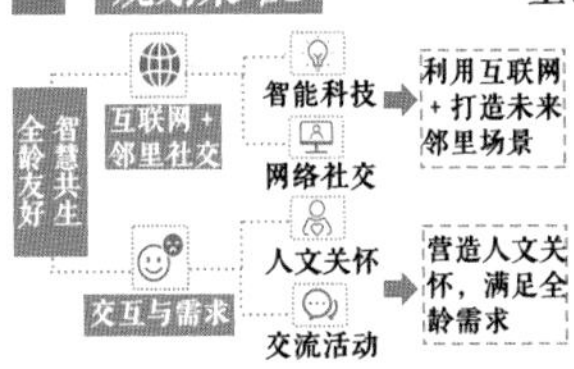

全龄友好 智慧共生

互联网+邻里社交：智能科技、网络社交 → 利用互联网+打造未来邻里场景

交互与需求：人文关怀、交流活动 → 营造人文关怀，满足全龄需求

情感化人文关怀社区　自主化活力健身社区
特色化趣味活动社区　全龄化友好交流社区

根据前期对人群时空行为画像的分析，不同的人群具有不同的需求，研究发现原住民(老人居多)的室外活动空间与活动类型不丰富。以满足老人的需求为主线，链接智能数据，通过社区全龄公园+不同功能小微空间的打造，为全龄乐享社区注入全新的活力。

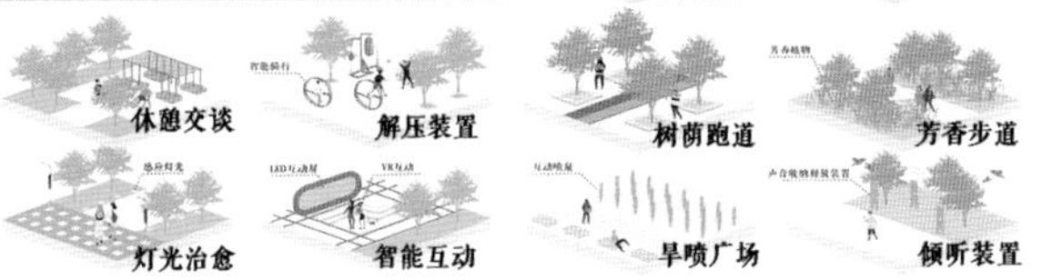

运动打卡　自然交融
社交场所　独处空间
休憩交谈　解压装置　树荫跑道　芳香步道
灯光治愈　智能互动　旱喷广场　倾听装置

总平面图

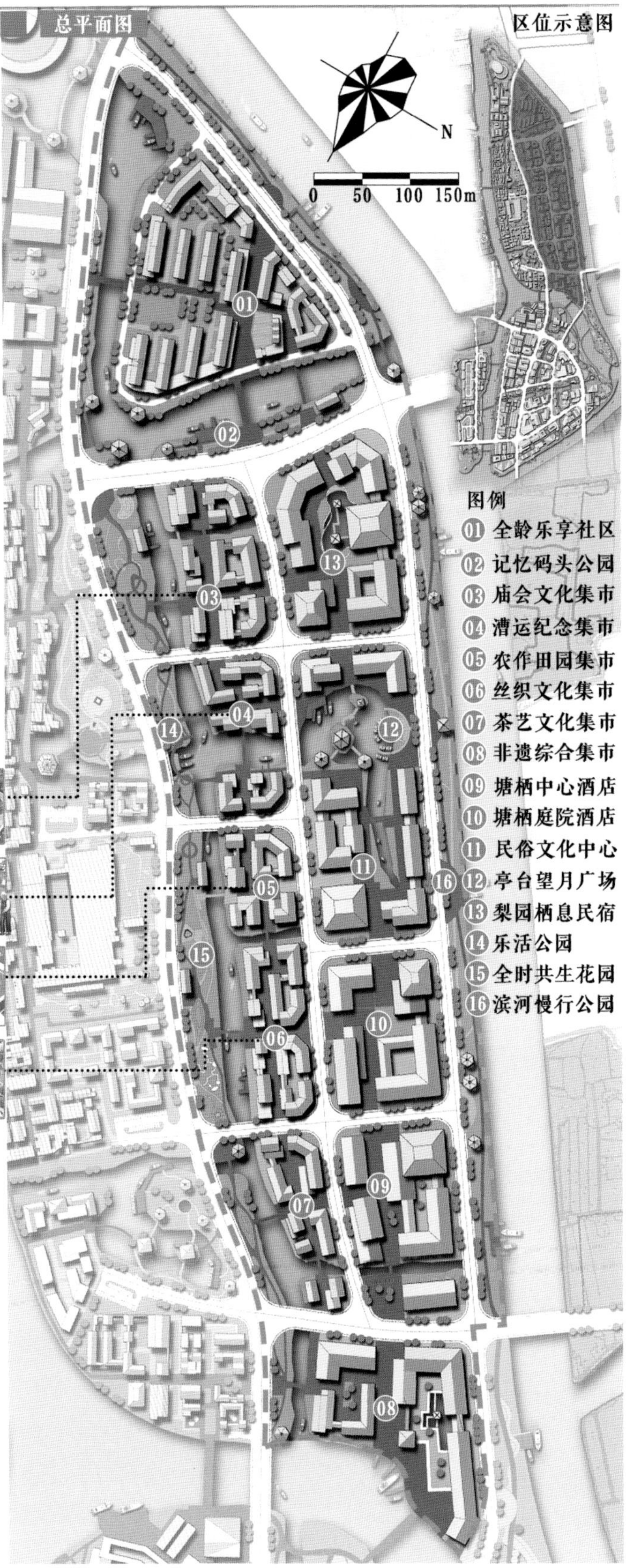

区位示意图

N

0 50 100 150m

图例
01 全龄乐享社区
02 记忆码头公园
03 庙会文化集市
04 漕运纪念集市
05 农作田园集市
06 丝织文化集市
07 茶艺文化集市
08 非遗综合集市
09 塘栖中心酒店
10 塘栖庭院酒店
11 民俗文化中心
12 亭台望月广场
13 梨园栖息民宿
14 乐活公园
15 全时共生花园
16 滨河慢行公园

寻河理脉·乐岛共生——基于时空行为画像的杭州市临平区塘栖北单元城市设计 06

重点地块设计 —— 运河慢行，智慧生长
设计思路 ——智慧、生态融合共生
起
梳理现状
问题总结
荒地废地较多
公服配套缺失
滨水空间荒芜
废弃厂房居多
绿地景观差异
产业结构单一
基地特色
周边文化资源
河流水系纵横
开发潜力较大
承
人群画像分析
人群诉求
从业者诉求：需要运动活动的场所及相关运动器械、静谧的公园或可供社交的开敞空间，期望活动空间离工作地或住地距离近，强调便捷可达。
游客诉求：期望漫步在自然生态之中，参观及体验当地特色文化。
结论
公共活动场所
自然生态景观
产业转型优化
当地特色文化
转
理念及策略
运河慢行理念
编织四季之景
以蓝串绿，塑造生态四季之景
临水漫步，构建运河慢行之道
共生共享，营建多元复合之地
智汇生长理念
聚集智创之地
新旧融合，建设多元风貌园区
人机交互，构建可视互动展厅
交流共建，打造开放创客空间
合
设计空间
四季生态区
四季生态公园
夏季音乐会
水上集市体验馆
共享科创区
智创培训中心
科创工作室
科创起搏器
智慧展示区
智创可视化展示中心
城市会客厅
规划策略
诉求1：公共空间（从业者）
公共绿地
交流空间
商业建筑
办公建筑
诉求2：生态景观（游客）
生态景观残破
河流
植被
配套设施
文化
春
夏
秋
冬
四季公园
规划分析图
规划结构
智创产业发展轴
科创连接轴
四季生态景观轴
智创博览轴
规划功能分区
四季生态区
共享科创区
智慧展示区
步行系统结构
科创步道
生态步道
景观系统结构
绿心
绿廊
景观节点
0
100
200
400 m
区位示意图
重点地块总平面图
图例
① 四季公园
② 水上集市体验区
③ 夏季音乐会
④ 智创培训中心
⑤ 科创工作室
⑥ 科创起搏器
⑦ 城市会客厅
主题游线 —— 依水而行，漫步运河边，欣赏四季自然景观，体验科创智慧之变
场景展示

寻河理脉·乐岛共生——基于时空行为画像的杭州市临平区塘栖北单元城市设计 07

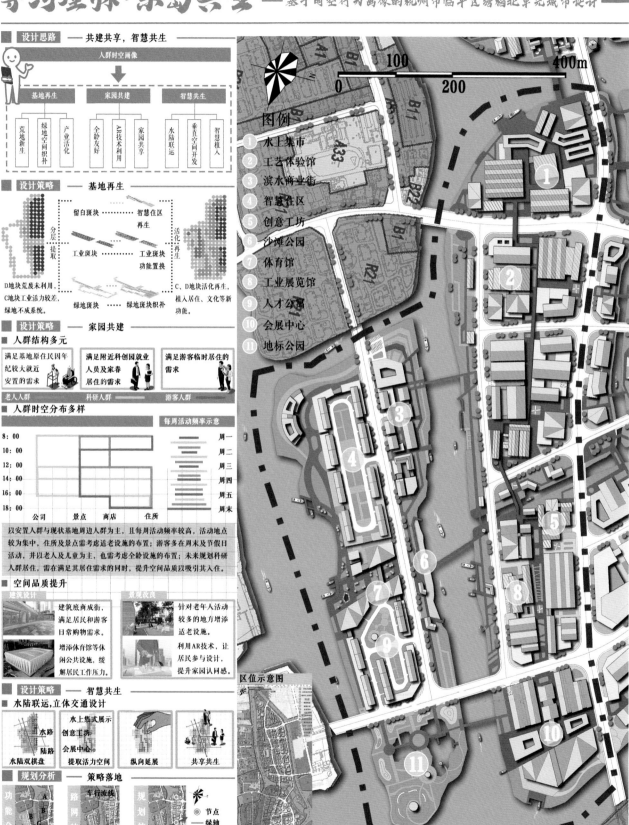

设计思路 —— 共建共享，智慧共生

人群时空画像

- 基地再生：荒地新生、绿地空间织补、产业活化
- 家园共建：全龄友好、AR技术利用、家园共享
- 智慧共生：水陆联运、垂直空间开发、智慧植入

设计策略 —— 基地再生

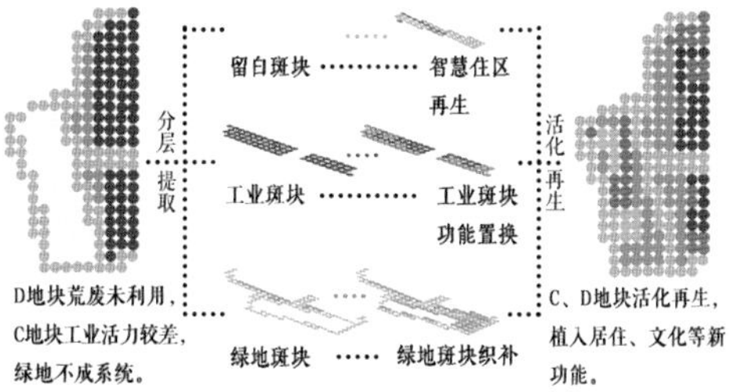

留白斑块
智慧住区再生
分层提取
活化再生
工业斑块
工业斑块功能置换
绿地斑块
绿地斑块织补

D地块荒废未利用，C地块工业活力较差，绿地不成系统。

C、D地块活化再生，植入居住、文化等新功能。

设计策略 —— 家园共建

人群结构多元

老人人群	科研人群	游客人群
满足基地原住民因年纪较大就近安置的需求	满足附近科创园就业人员及家眷居住的需求	满足游客临时居住的需求

人群时空分布多样

每周活动频率示意
8:00
10:00
12:00
14:00
16:00
18:00
公司
景点
商店
住所
周一
周二
周三
周四
周五
周末

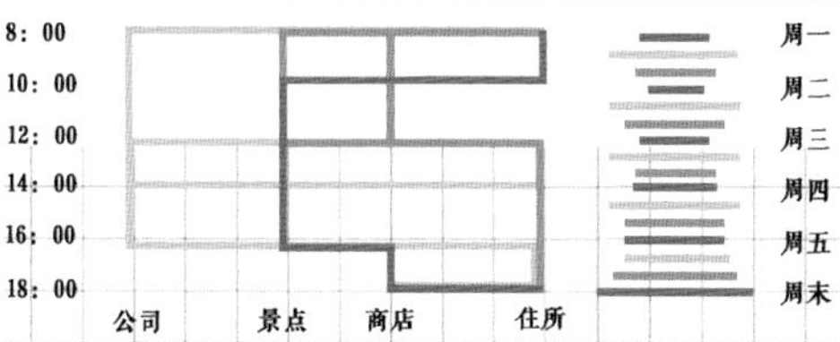

以安置人群与现状基地周边人群为主，且每周活动频率较高，活动地点较为集中，住所及景点需考虑适老设施的布置；游客多在周末及节假日活动，并以老人及儿童为主，也需考虑全龄设施的布置；未来规划科研人群居住，需在满足其居住需求的同时，提升空间品质以吸引其入住。

空间品质提升

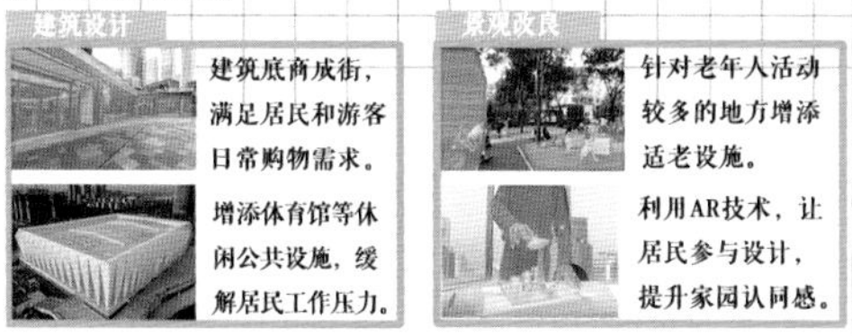

建筑设计
景观改良

建筑底商成街，满足居民和游客日常购物需求。

增添体育馆等休闲公共设施，缓解居民工作压力。

针对老年人活动较多的地方增添适老设施。

利用AR技术，让居民参与设计，提升家园认同感。

设计策略 —— 智慧共生

水陆联运，立体交通设计

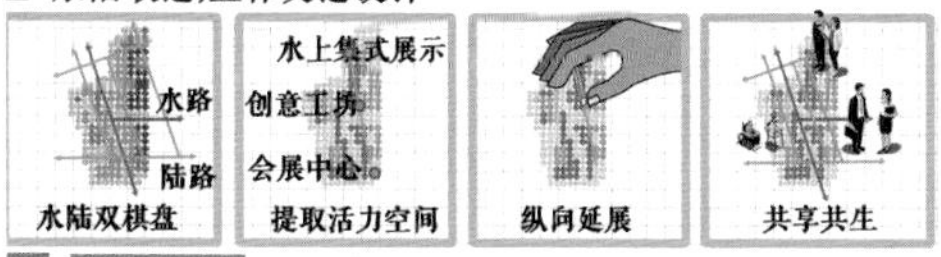

水路
陆路
水上集式展示
创意工坊
会展中心

水陆双棋盘　提取活力空间　纵向延展　共享共生

规划分析 —— 策略落地

功能分区
路网结构
车行流线
步行流线
规划结构
节点
绿轴
商业轴线
主轴

0
100
200
400m
图例
1 水上集市
2 工艺体验馆
3 滨水商业街
4 智慧住区
5 创意工坊
6 沙滩公园
7 体育馆
8 工业展览馆
9 人才公寓
10 会展中心
11 地标公园
区位示意图

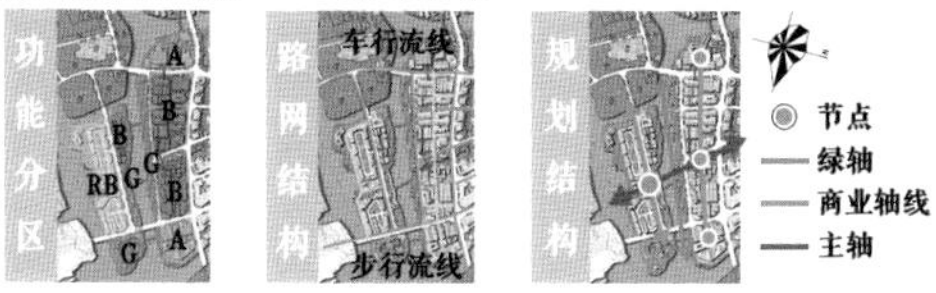

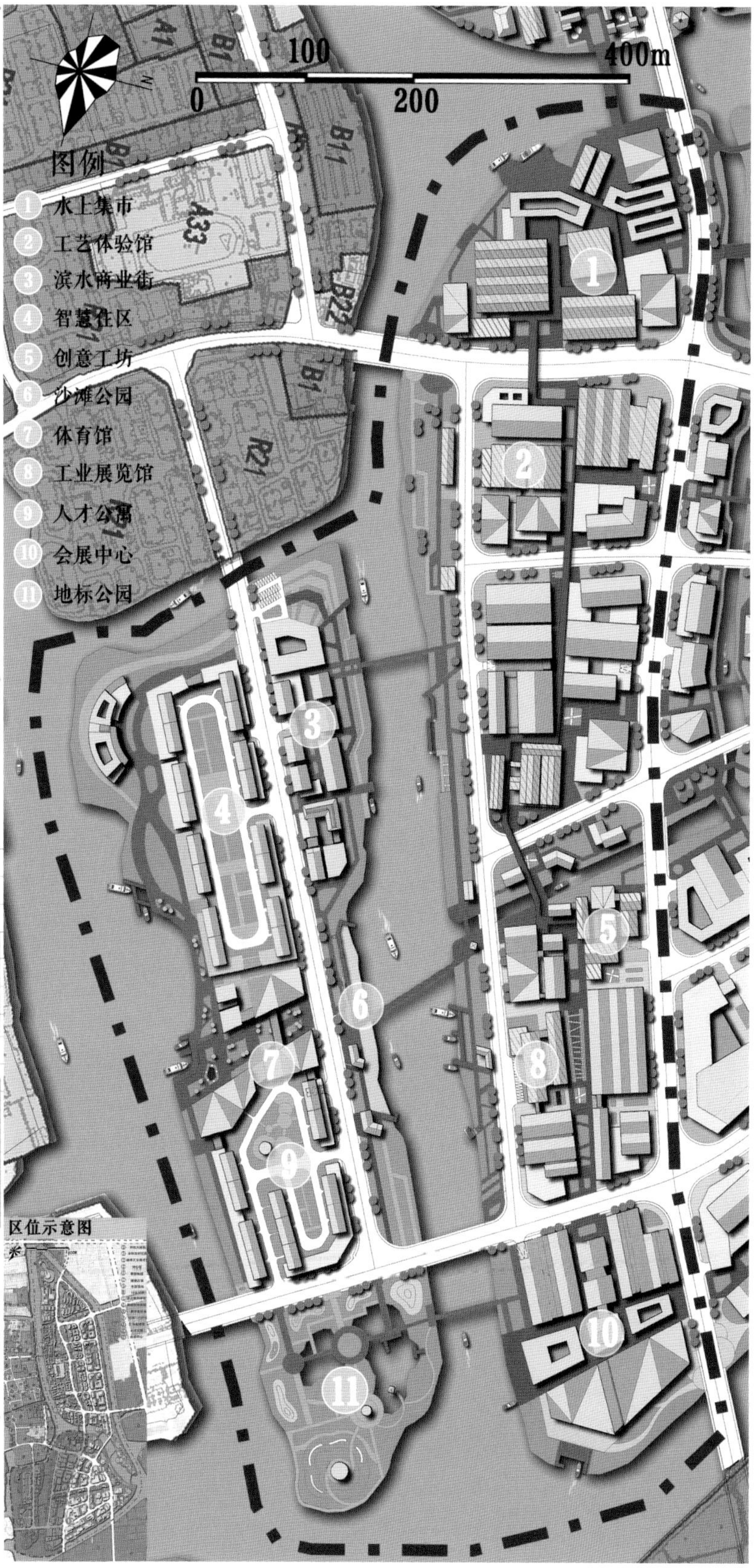

寻河理脉·乐岛共生——基于时空行为画像的杭州市临平区塘栖北单元城市设计 08

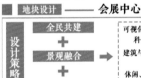

门户灯塔
工业起搏器
会展中心
创意工坊
四季公园
水上集市
共享社区
图例：
客运码头

地块设计——会展中心

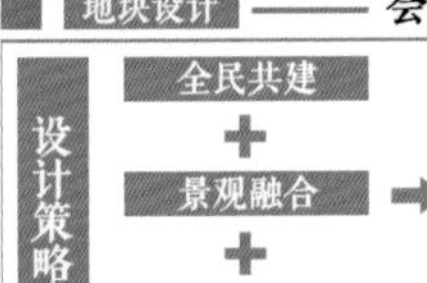

可视化交互配套设施
科创智慧展示
建筑与绿地相互映衬融合
休闲、体育、会谈、展示多方位合一

设计说明
地块位于基地东南侧，三江交汇之处，主要作为未来景观公园以及科创产品展示交流的中心。立灯塔形望景台，与基地北端、东端相互呼应，登临望景台一览众山小。

节点设计——会展中心与儿童公园

图例
1 儿童广场
2 集散大厅
3 会议中心
4 观光塔
5 室外展厅
6 游船码头
7 景观灯塔

地块设计——城市会客厅

设计策略
科创智慧新生
建筑形态管控
注入多样功能

可视化交互配套设施
科创智慧展示
新中式建筑风貌协调
建筑高度控制
休闲、体育、接待、展示多方位合一

设计说明
地块位于塘栖的北入口，主要作为未来城市会客厅进行打造，集休闲游憩、体育活动、智慧展示等功能于一体。由于建筑限高，立灯塔为区域标志，引导入杭船舶。同时作为新型智能科技的试验空间，为人群活动提供更好的服务。

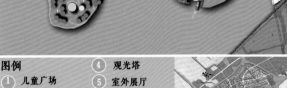

节点设计——城市会客厅

图例
1 活力绿地 2 会议厅 3 灯塔 4 休息室
5 数字可视化互动厅 6 展示厅 7 游船码头

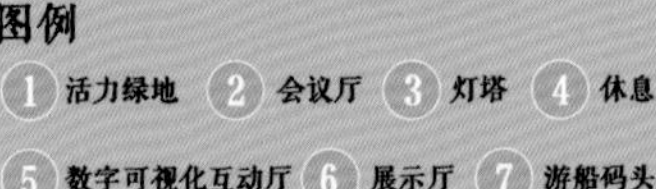

1 时智运来，忆古塑今

浙江 杭州 塘栖古镇

——杭州市临平区 塘栖古镇北单元城市设计

本次项目对象——大运河（临平段）核心区块所在的塘栖镇是省级历史文化名镇，是杭州的北门户，也是杭州北部生态带重要节点。

保留建筑

拆除建筑

价值梳理

①有艺术、尤其是美术孕育的历史文化土壤——塘栖古镇卫家班皮影戏"经家族传承和师徒传承，有独特艺术氛围。

②有大量的文物遗存和工业遗址——老工业遗址为塘栖古镇留下了丰富的记忆。

③塘栖A、B、C、D地块具有极大相似性——独特的山水格局，有山有水、依山傍水、显山露水。

④整个古镇被植被覆盖，临运河而生，岸线较长——生态本底好，但是后期因工业有所污染。

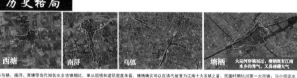

地理区位

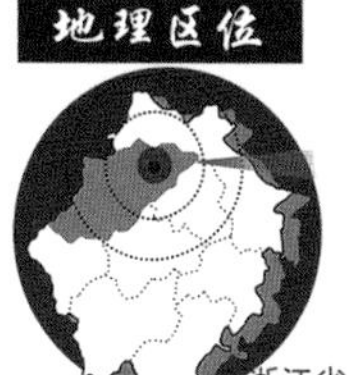

浙江省

杭州地处中国华东地区、钱塘江下游、东南沿海、浙江北部、京杭大运河南端，是环杭州湾大湾区核心城市、G60 科创走廊中心城市。杭州人文古迹众多，具代表性的有西湖文化、良渚文化、丝绸文化、茶文化。

杭州市

临平区地处长三角圆心地，是杭州融沪桥头堡和杭州都市圈东北门户，境内交通网络发达。塘栖古镇位于临平区西北，同时也在杭州西站和杭州东站北侧。以车站为节点，连接塘栖古镇与超山风景名胜区等景区。

临平区

塘栖古镇位于杭州市北部，古镇与嘉兴、上海、苏州等周边城市具有良好的交通联系。塘栖古镇地处杭嘉湖平原南端，是浙北重镇、江南水乡名镇、临平副中心，是闻名遐迩的"花果之地、丝绸之府、枇杷之乡"。

历史沿革

宋代
- 北宋时称下塘，为小镇，杭州的运河水系已形成网络。
- 南宋时下塘之西有唐栖寺。

元代
- 元代张士诚开挖武林港至张桥运河河道，名新开运河。此后，大运河走向舍自长安镇经临平至杭州之旧河道。

明代
- 巡抚周忱主持兴筑运河(自北新桥至崇德界)塘岸,造桥72座，使之水陆并行，便于漕运。
- 成化年间，出现富户雇人巢丝织绸的工厂，出现了资本主义生产方式。
- 陈守清募金重修广济桥。
- 1498年建成;1556年，设水利添设府。

清代
- 康熙帝南巡，运河堤塘，节加修固。
- 乾隆帝南巡，拨内帑修筑塘堤，立碑于镇水北，镇西西茶亭筑行宫。
- 1890年塘栖知名人士发起，将镇东冯庵改建为栖溪讲舍。
- 1896年南浔庞元产在镇东三分桥开设大纶丝厂。

民国
- 民国初，镇容规模空前，与县相当。
- 1918年张泰丰春米坊开设在水北街，为杭县第一家粮食加工厂。
- 1927年华纶丝厂创建于洪家漾。

新中国成立后
- 1949年塘栖解放。
- 1950年开始拆除花园桥到吴家桥过街楼,并将晚步弄右侧原土墩夷平填北小河，拓宽街道，到1983年完成。
- 1953年拆除花园桥到俞家湾整条市西街过街檐楼;在镇周废圮的庙院遗址上先后兴办工厂。

萌芽期 | 成长期 | 繁荣期 | 发展期 | 巨变期

历史格局

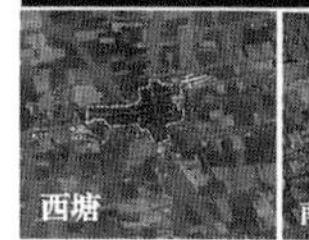
西塘

南浔

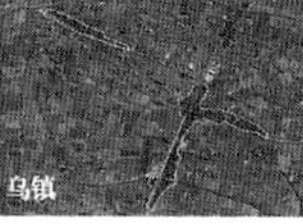
乌镇

与乌镇、南浔、西塘等当代知名水乡古镇相比，单从规模和建筑密度来看，塘栖确实可以在清代被誉为江南十大名镇之首、民国时期杭州第一大市镇；与小桥流水的秀气不同的是，塘栖由宽阔的运河分隔南北，多了一份大气。

上位规划

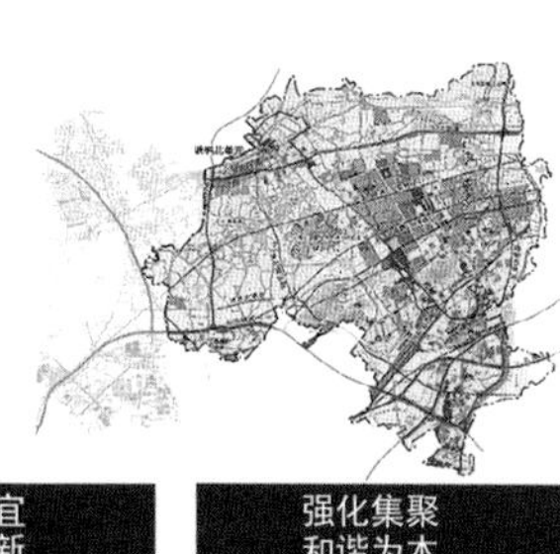

科学发展 城乡统筹

规划坚持以科学发展观为统领，统筹城乡发展，贯彻浙江省"两创"战略，加快形成城乡经济社会发展一体化新格局，把着力构建新型工农、城乡关系作为加快推进现代化的重大战略。

因地制宜 积极创新

规划从实际出发，依据塘栖的资源条件，深入分析向"小城市"转型的功能与空间要把握"统筹兼顾、突破重点"，创造性地贯彻国家重大战略思想及省市区重大战略部署，推进结构调整和发展方式的转变。

强化集聚 和谐为本

规划以我国当前农村土地改革的指导思想为指引，以土地的集约节约利用为根本要求，强化城乡的集聚发展；充分尊重广大群众的意愿，维护集体和农户土地合法权益。规划中强调公众参与的原则，强调社会经济发展的和谐。

选地背景

杭州市

城市层面

运河文化

杭州位于京杭大运河最南端，杭州段是大运河历史古迹最丰富、文化底蕴最深厚的一段。

三江两湖两山一城

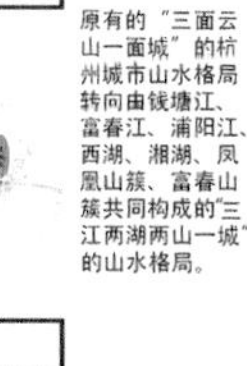

原有的"三面云山一面城"的杭州城市山水格局转向由钱塘江、富春江、浦阳江、西湖、湘湖、凤凰山脉、富春山脉共同构成的"三江两湖两山一城"的山水格局。

东南名郡

杭州境内土地肥沃，特产众多。杭州是华夏文明的发祥地之一、中国著名的七大古都之一，以"东南名郡"著称于世。

杭城

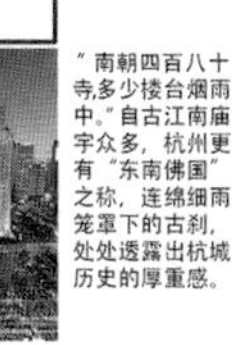

"南朝四百八十寺,多少楼台烟雨中。"自古江南庙宇众多，杭州更有"东南佛国"之称，连绵细雨笼罩下的古刹，处处透露出杭城历史的厚重感。

塘栖古镇

片区层面

山水格局

塘栖除了拥有运河的滋养,还有镇区东南边超山的环抱,形成天人合一的山水格局,是人与自然和谐相生的完美组合。

历史文化

如果把浙江诸多名镇比作粒粒璀璨明珠，塘栖镇则是镶嵌在杭州市余杭县境、古运河畔分外夺目而又耀眼的一颗。

艺术湾区

塘栖一带，历史上曾活跃着一个非常有名的民间皮影戏班——卫家班。几百年来，"卫家班皮影戏"经家族传承和师徒传承，名声在外。

工业运输

乘漕舫前往古镇，游览塘栖水、桥、井、寺、碑、街、宅、廊等古迹古韵。古镇水道交错，廊桥相连，走水坊、逛古街、穿廊檐、钻里弄，探寻古镇真味。

2 时智运来，忆古塑今

浙江 杭州 塘栖古镇 —— 杭州市临平区 塘栖古镇北单元城市设计

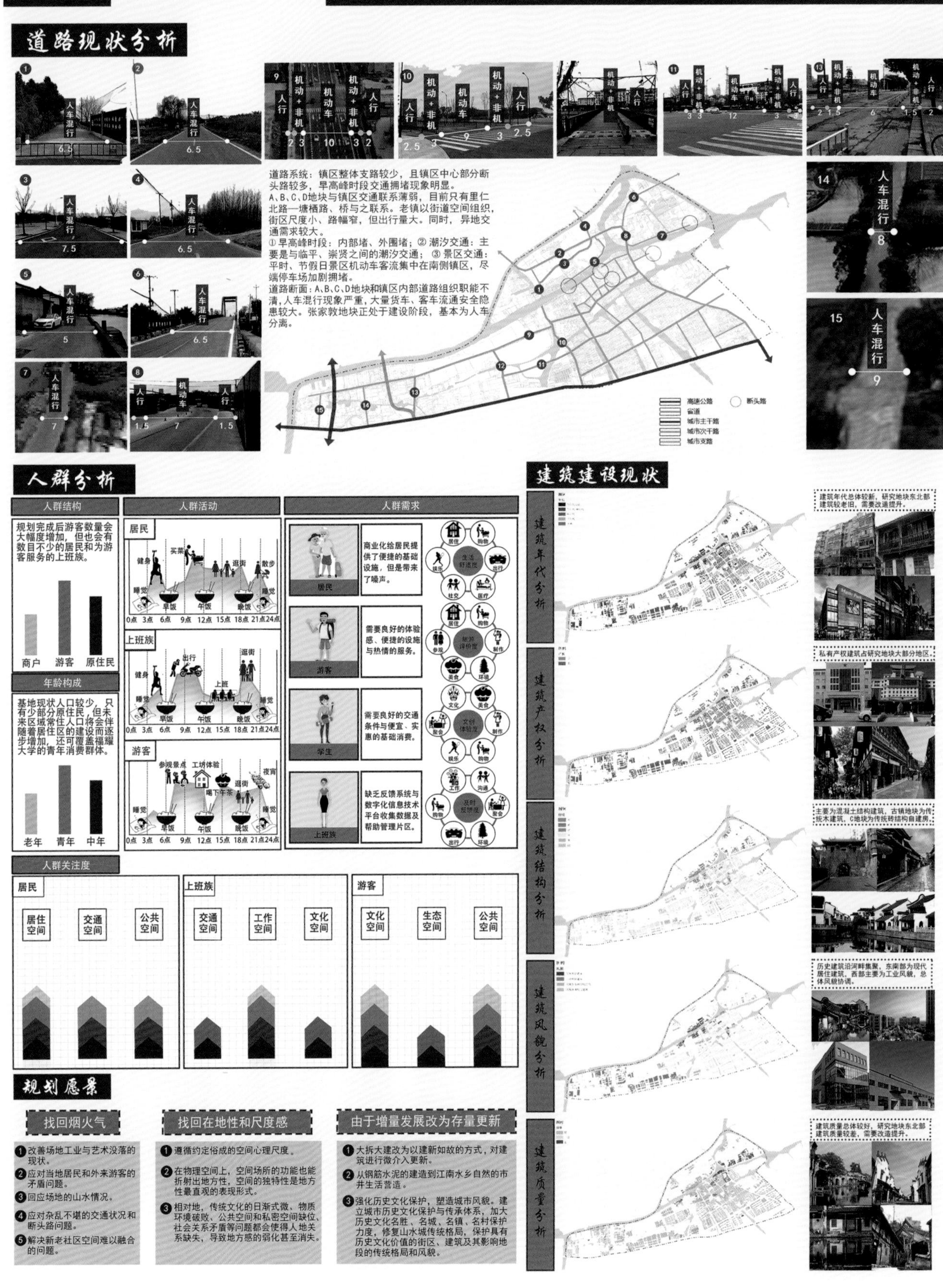

道路现状分析
人行
机动+非机
机动车
人车混行
道路系统：镇区整体支路较少，且镇区中心部分断头路较多，早高峰时段交通拥堵现象明显。
A、B、C、D地块与镇区交通联系薄弱，目前只有里仁北路—塘栖路、桥与之联系。老镇以街道空间组织，街区尺度小、路幅窄，但出行量大。同时，异地交通需求较大。
① 早高峰时段：内部堵、外围堵；② 潮汐交通：主要是与临平、崇贤之间的潮汐交通；③ 景区交通：平时、节假日景区机动车客流集中在南侧镇区，尽端停车场加剧拥堵。
道路断面：A、B、C、D地块和镇区内部道路组织职能不清，人车混行现象严重，大量货车、客车流通安全隐患较大。张家敦地块正处于建设阶段，基本为人车分离。
人群分析
人群结构
规划完成后游客数量会大幅度增加，但也会有数目不少的居民和为游客服务的上班族。
商户
游客
原住民
年龄构成
基地现状人口较少，只有少部分原住民，但未来区域常住人口将会伴随着居住区的建设而逐步增加，还可覆盖福耀大学的青年消费群体。
老年
青年
中年
人群活动
居民
健身
买菜
逛街
散步
睡觉
早饭
午饭
晚饭
上班族
出行
上班
游客
参观景点
工坊体验
喝下午茶
夜宵
0点 3点 6点 9点 12点 15点 18点 21点24点
人群需求
商业化给居民提供了便捷的基础设施，但是带来了噪声。
需要良好的体验感、便捷的设施与热情的服务。
需要良好的交通条件与便宜、实惠的基础消费。
缺乏反馈系统与数字化信息技术平台收集数据及帮助管理片区。
学生
居住
购物
娱乐
出行
社交
医疗
参观
制作
美食
环境
文化
聚会
工作
沟通
人群关注度
居住空间
交通空间
公共空间
工作空间
文化空间
生态空间
规划愿景
找回烟火气
1 改善场地工业与艺术没落的现状。
2 应对当地居民和外来游客的矛盾问题。
3 回应场地的山水情况。
4 应对杂乱不堪的交通状况和断头路问题。
5 解决新老社区空间难以融合的问题。
找回在地性和尺度感
1 遵循约定俗成的空间心理尺度。
2 在物理空间上，空间场所的功能也能折射出地方性，空间的独特性是地方性最直观的表现形式。
3 相对地，传统文化的日渐式微、物质环境破败、公共空间和私密空间缺位、社会关系矛盾等问题都会使得人地关系缺失，导致地方感的弱化甚至消失。
由于增量发展改为存量更新
1 大拆大建改为以建新如故的方式，对建筑进行微介入更新。
2 从钢筋水泥的建造到江南水乡自然的市井生活营造。
3 强化历史文化保护，塑造城市风貌。建立城市历史文化保护与传承体系，加大历史文化名胜、名城、名镇、名村保护力度，修复山水城传统格局，保护具有历史文化价值的街区、建筑及其影响地段的传统格局和风貌。
建筑建设现状
建筑年代分析
建筑年代总体较新，研究地块东北部建筑较老旧，需要改造提升。
建筑产权分析
私有产权建筑占研究地块大部分地区。
建筑结构分析
主要为混凝土结构建筑，古镇地块为传统木建筑，C地块为传统砖结构自建房。
建筑风貌分析
历史建筑沿河畔集聚，东南部为现代居住建筑，西部主要为工业风貌，总体风貌协调。
建筑质量分析
建筑质量总体较好，研究地块东北部建筑质量较差，需要改造提升。

3 时智运来，忆古塑今

浙江 杭州 塘栖古镇

——杭州市临平区塘栖古镇北单元城市设计

总平面图

A、B地块

图例

1 枇杷主题公园
2 枇杷展览馆
3 客创街区
4 丝织文化体验点
5 保留村庄
6 度假聚落
7 大善寺
8 新中式商业中心
9 溪风公园
10 古镇生活区
11 塘栖古镇商业区
12 广济桥
13 谷仓博物馆
14 御碑公园
15 古镇延续区
16 游客度假区
17 风情水街
18 新中式居住区
19 运河之韵
20 消防站
21 塘栖博物馆

C、D地块

22 滨河公园
23 康养公寓
24 生态社区
25 社区服务中心
26 共享社区
27 文化街区
28 大运河生态公园
29 小学
30 幼儿园
31 儿童公园
32 科创园
33 盒子工坊
34 商业街服务点
35 下沉广场
36 VR体验场馆
37 中心广场
38 亲水公园

图例

新建建筑
保留/改造建筑
码头
观光游轮航线
乌篷船航线

N 0 50 100 200m

焕活策略

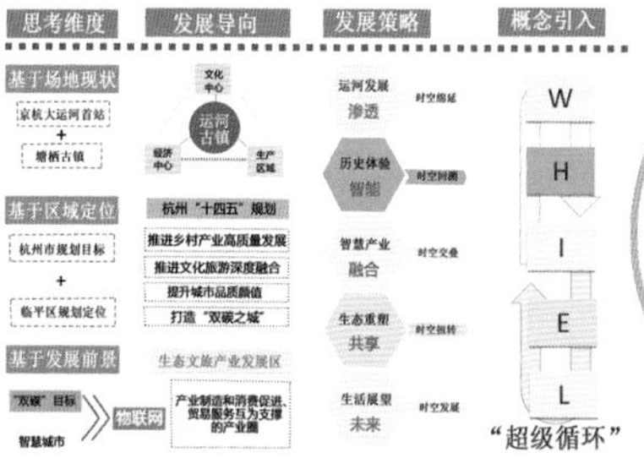

思考维度	发展导向	发展策略	概念引入
基于场地现状	文化中心、运河古镇、经济中心、生产区域	运河发展 渗透；历史体验 智能	W、H
基于区域定位	杭州"十四五"规划：推进乡村产业高质量发展、推进文化旅游深度融合、提升城市品质韵味、打造"双碳之城"	智慧产业 融合；生态重塑 共享	I、E
基于发展前景	生态文旅产业发展区	生活展望 未来	L

规划理念

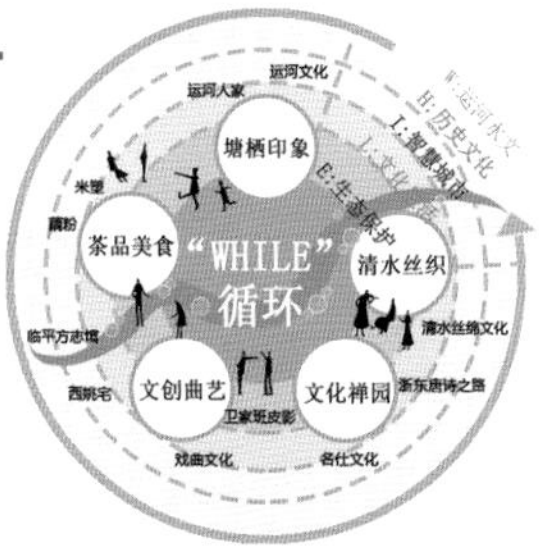

"WHILE"循环

"超级循环"

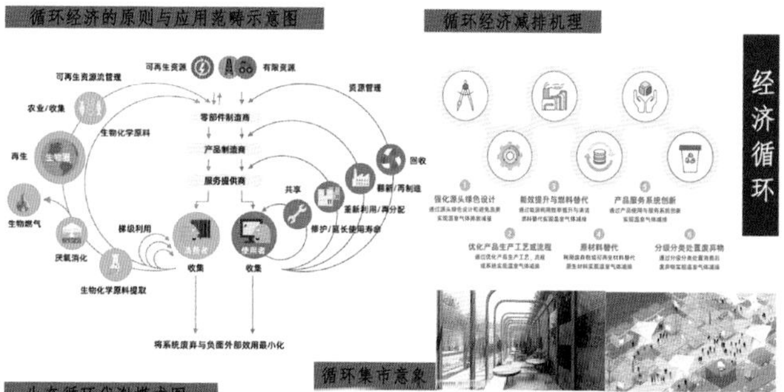

茶品美食、塘栖印象、清水丝织、文化禅园、文创曲艺

循环经济的原则与应用范畴示意图

循环经济减排机理

经济循环

四季生活循环

春 花灯元夜

春天，活动为步行购物、文创休闲、自然嬉戏，突出闲适、沉醉、惬意之感。

夏 百河争流

夏天，活动为游泳戏水、乘船竞渡、登高远眺，突出嬉戏、竞游、辽阔之感。

秋 匂栏雾梦

秋天，活动为文艺演出、农事体验、生态休闲，突出繁忙、奇妙、闲适之感。

冬 迷雾烟雨

冬天，活动为茶歇住宿、博物展览、滨水漫步，突出奇幻、满足、宁寂之感。

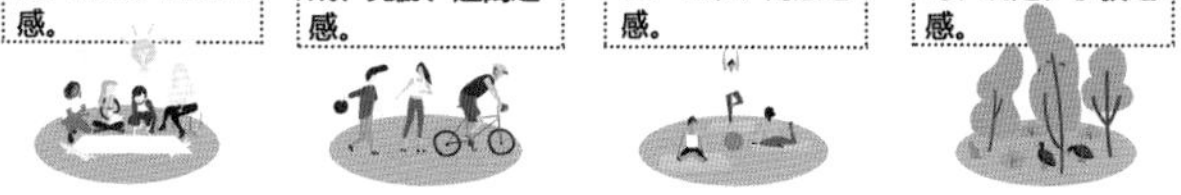

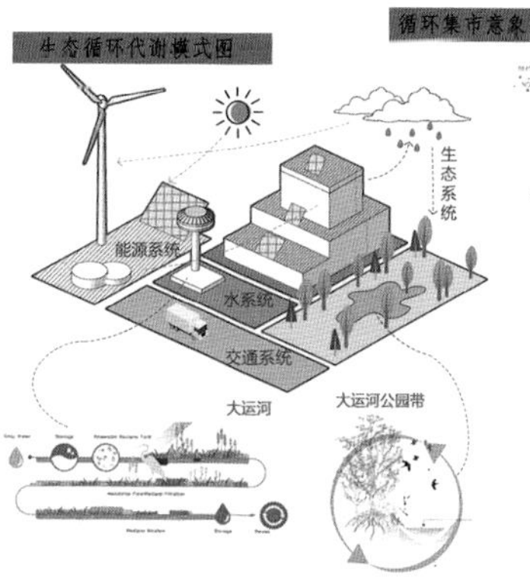

生态循环代谢模式图

能源系统
水系统
交通系统
生态系统
大运河
大运河公园带

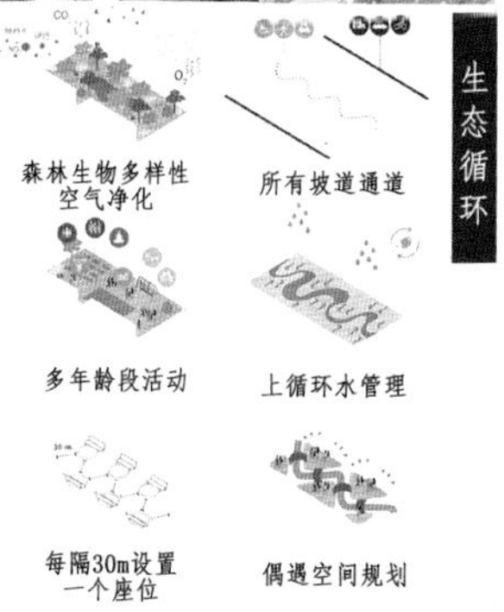

循环集市意象

生态循环

森林生物多样性 空气净化
所有坡道通道
多年龄段活动
上循环水管理
每隔30m设置一个座位
偶遇空间规划

4 时智运来，忆古塑今

浙江 杭州 塘栖古镇 ——杭州市临平区 塘栖古镇北单元城市设计

规划策略
策略一：公共空间织补
更新历史建筑，根据塘栖的历史建筑肌理对古建进行空间织补。
丰富街巷空间，曲折街巷。
宽窄变化
打通断头路，重组街巷。
增加绿化公共空间，提升活力。
策略二：地方历史文化延续
功能重塑、活力重现——例：水北街
重塑后商铺功能
皮影糖画店：结合塘栖的非物质文化遗产——皮影馆来打造一个有关皮影的产业链，从而吸引游客进入水北街。
针对选品重复过多、功能重复的店面，进行功能置换，植入体验馆、手工作坊；文化要素物化，植入文化牌坊、文化走廊等，并且打造开放共享空间，活化利用。
文化体验中心：塘栖古镇缺少游客休憩的地方，可以结合文化体验来设置休憩地点。
保护建筑 更新建筑 新建还原肌理
寻根挖掘、保留传承——
例：大纶丝厂旧址
大纶丝厂旧址作为市级文物保护单位，现状建筑肌理规整，风貌协调统一，保留其原本承载的空间属性，增加绿化空间与休憩空间，使之与周边建筑联系更加紧密。
策略三：文化旅游主题植入
地块潜力分析
旅游产业 工业 文化产业 农业 休闲娱乐
活力注入：创建文化记忆、重要节点，塑造文化意象
创意休闲：打造申报百年老字号店铺、茶馆、民宿等
文化展示：博物馆、戏台、皮影戏馆、古井、古桥
智慧共享：线上AR向导、VR体验、线上展厅
百年老字号
皮影体验馆
打造皮影体验馆，让游客亲身体验多元文化
塘栖博物馆
运用元宇宙打造沉浸式体验，带领游客感受塘栖的历史物质文化和人文文化
民宿
利用原本的古建进行改建，将民宿和周围环境相融合，给游客带来更好的观感体验
策略四：慢行交通模式架构
滨水慢行空间人群活动
共享单车 客运码头
策略五：运河绿色生态智慧联结
绿色生态公园路线
与御碑公园衔接，打造塘栖特色谷仓公园。
杭州大运河门户点，打造杭州地标公园。
河流交汇节点，打造塘栖特色的枇杷主题公园。
古镇北部公园，打造超山—广济桥—新桥街—溪风公园的景观轴线。
打造塘栖特色运河生态公园。
打造以运动和游憩为主要功能，以彩叶植物为主题的特色科创公园。
历史文化科创路线
串联古桥、古街、古井，打造江南水乡特色游线。
活化御碑公园、谷仓博物馆，提升部分历史建筑功能。
原为杭州丝绸公司中心仓库，未开放，改造成为杭州丝织文化体验点。
更新成以科技馆为主，融合酒店、亲子教育、游学营地、商业等业态的综合活动中心。
社区空间解压策略
问题切入
设计目标
具体策略
运动打卡 自然交融 社交场所 独处空间
休憩交谈 解压装置 灯光治愈 智能互动
树荫跑道 芳香步道 旱喷广场 倾听装置

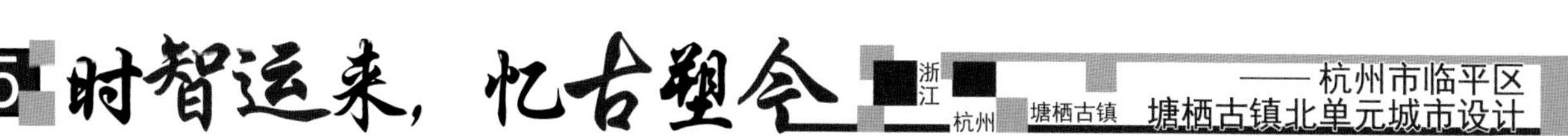

5 时智运来，忆古塑今

浙江 杭州 塘栖古镇

——杭州市临平区 塘栖古镇北单元城市设计

智创新园
文化记忆
以运河文化为主轴，引入现代智能发展手段与创新需求，再现智汇产业、智忆文化、智享生活的运河南源首镇的繁盛之景。
地块主题分析

往超山风景区
往超山风景区
道路系统分析图

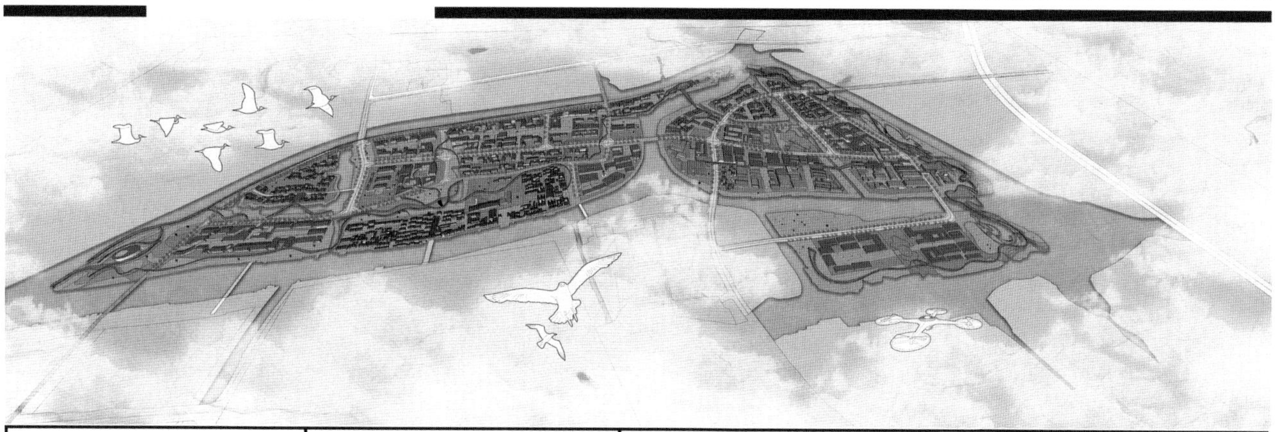

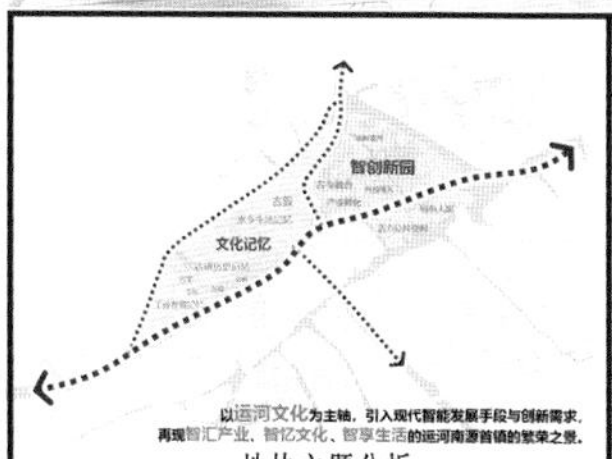

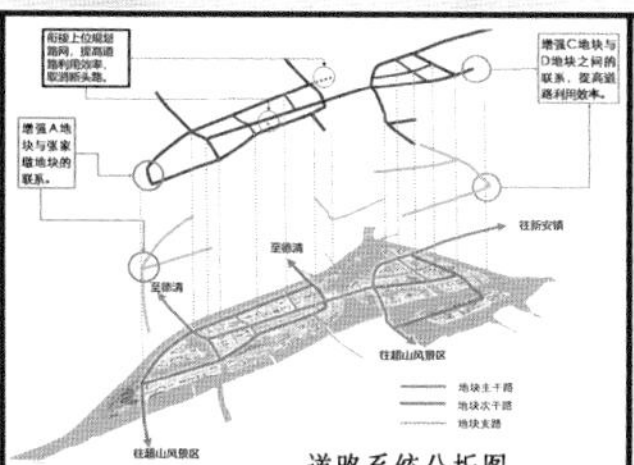

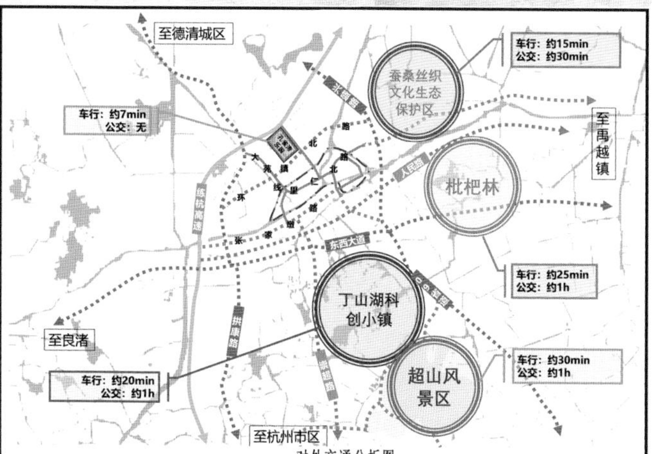

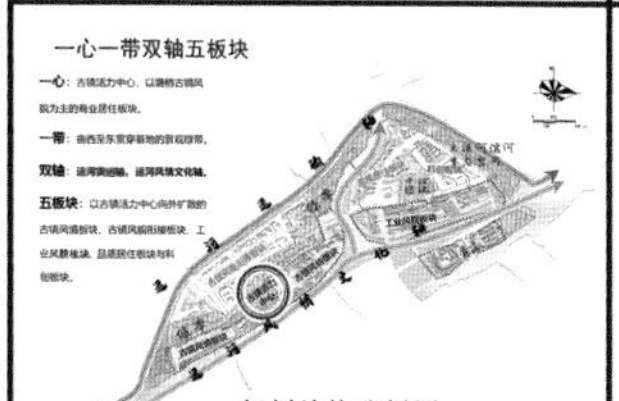

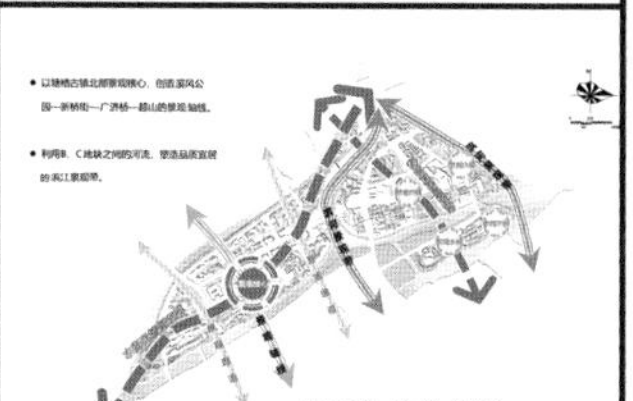

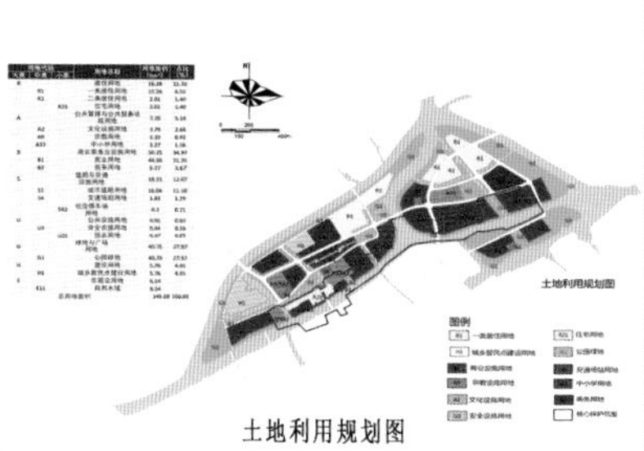

至德清城区
车行：约15min
公交：约30min
蚕桑丝织文化生态保护区
至禹越镇
车行：约7min
公交：无
枇杷林
车行：约25min
公交：约1h
丁山湖科创小镇
至良渚
车行：约30min
公交：约1h
超山风景区
车行：约20min
公交：约1h
至杭州市区
对外交通分析图

一心一带双轴五板块
规划结构分析图

景观结构分析图

土地利用规划图
图例
土地利用规划图

空间肌理调整
组合散乱建筑，丰富屋面，形成统一的整体。
拆除临时搭建、违背风貌的建筑，增加建筑，还原村落肌理。
消解厂房传统肌理，重塑新空间。
依托原有功能，塑造核心节点。

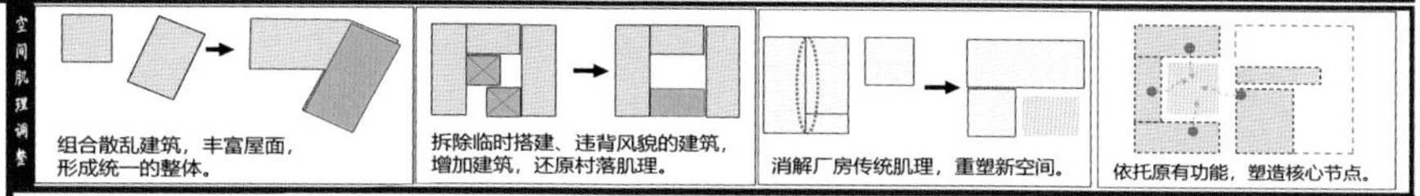

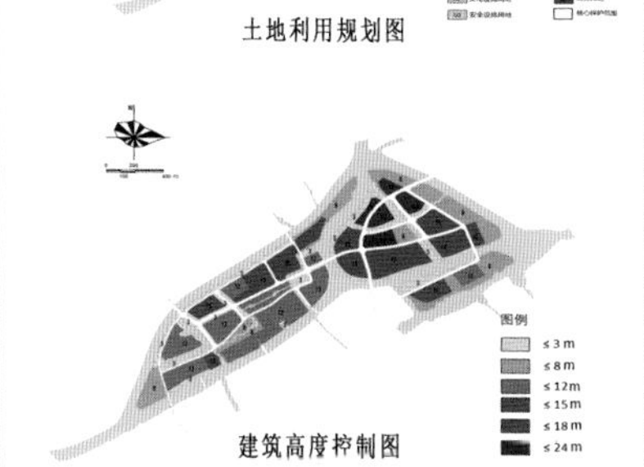

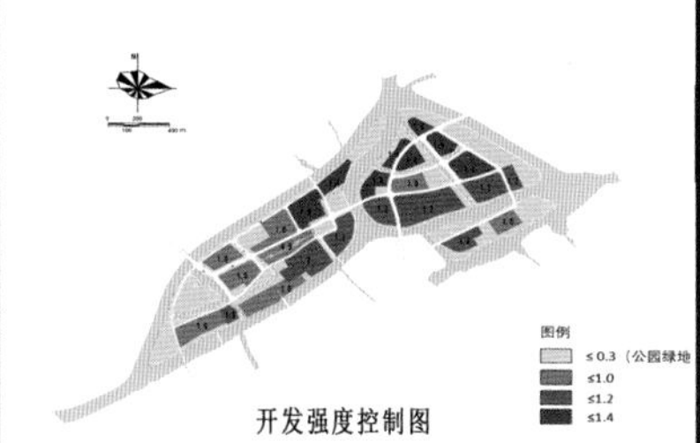

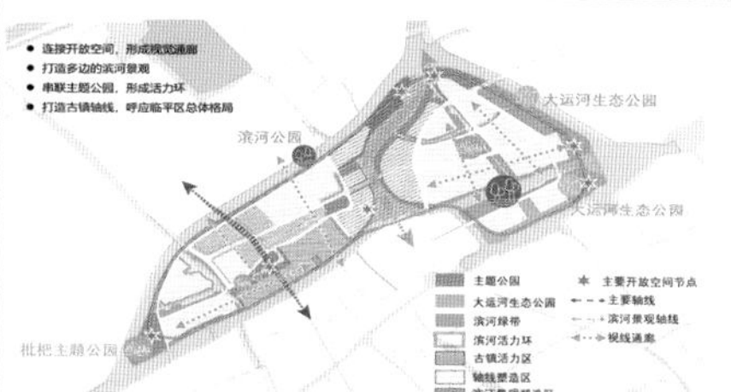

连接开放空间，形成视觉通廊
打造多边的滨河景观
串联主题公园，形成活力环
打造古镇轴线，呼应临平区总体格局
滨河公园
大运河生态公园
枇杷主题公园
开放空间优化图

往孔雀湾乐园
至杨家洋
往练杭高速
至主城区
至张家墩
内部交通分析图

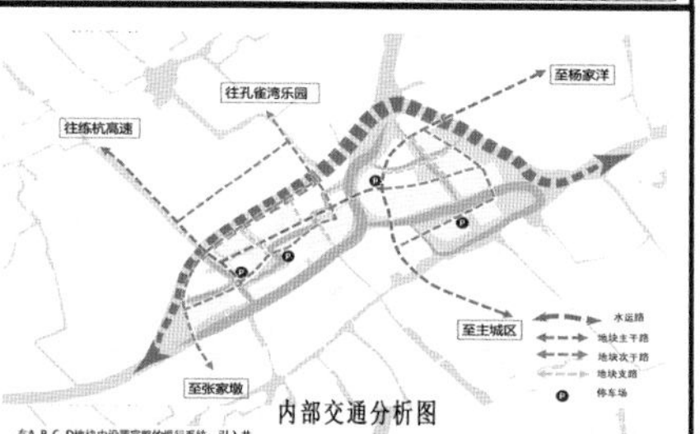

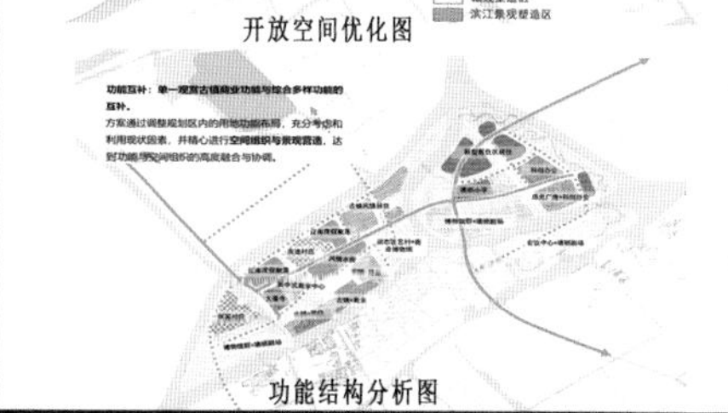

功能结构分析图

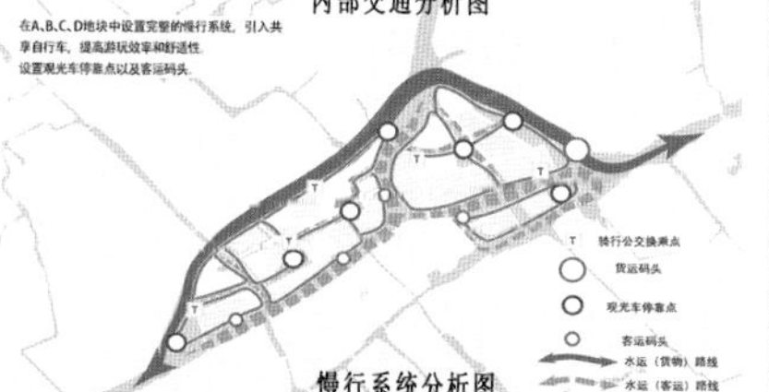

在A、B、C、D地块中设置完整的慢行系统，引入共享自行车，提高游玩效率和舒适性，设置观光车停靠点以及客运码头。
慢行系统分析图

图例
≤3m
≤8m
≤12m
≤15m
≤18m
≤24m
建筑高度控制图

图例
≤0.3（公园绿地）
≤1.0
≤1.2
≤1.4
开发强度控制图

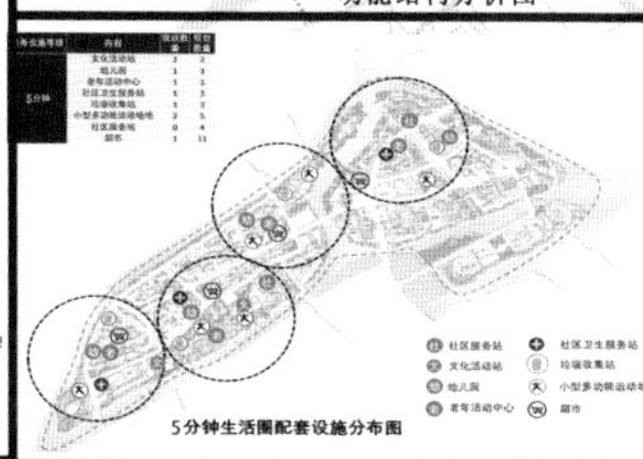

5分钟生活圈配套设施分布图

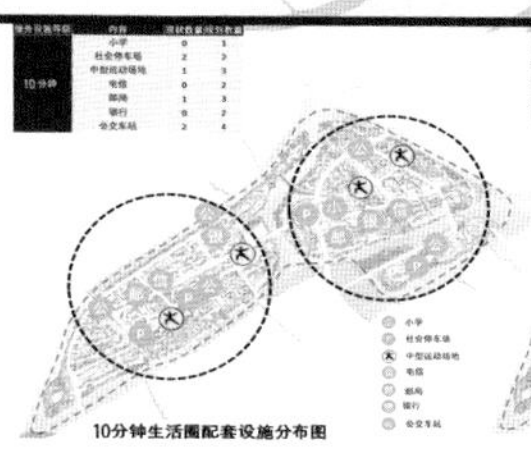

10分钟生活圈配套设施分布图

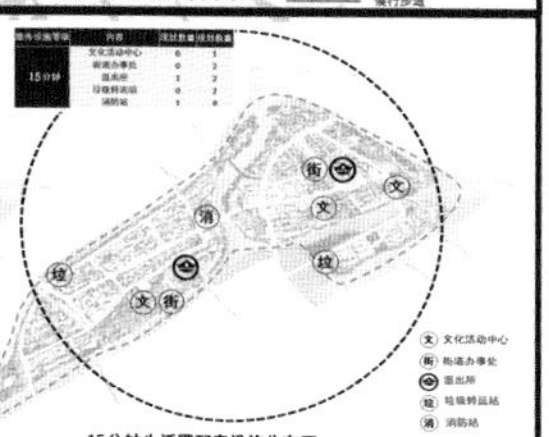

15分钟生活圈配套设施分布图

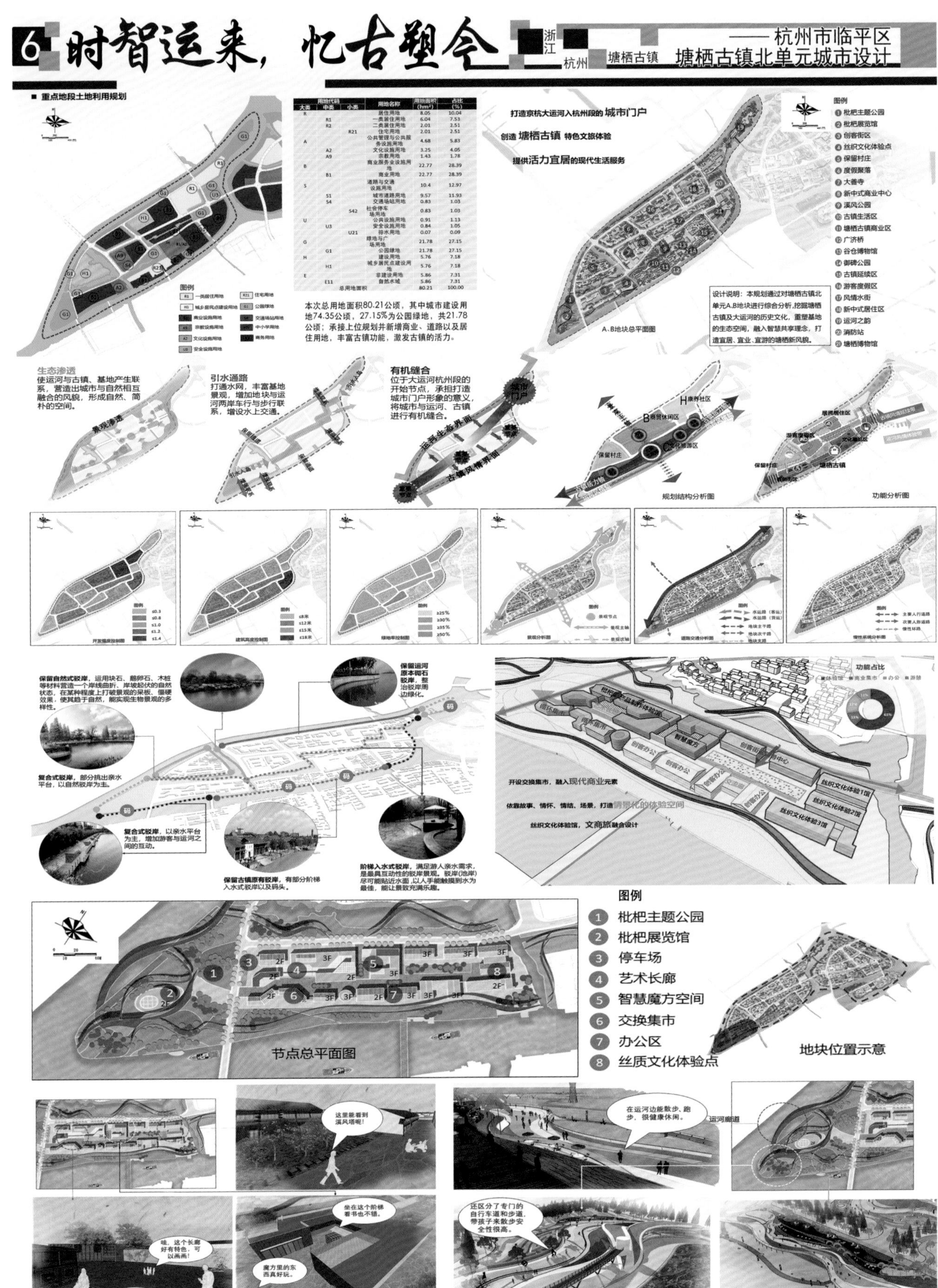
6 时智运来，忆古塑今
浙江 杭州 塘栖古镇
——杭州市临平区
塘栖古镇北单元城市设计
重点地段土地利用规划
打造京杭大运河入杭州段的城市门户
创造塘栖古镇特色文旅体验
提供活力宜居的现代生活服务
图例
1 枇杷主题公园
2 枇杷展览馆
3 创客街区
4 丝织文化体验点
5 保留村庄
6 度假聚落
7 大善寺
8 新中式商业中心
9 溪风公园
10 古镇生活区
11 塘栖古镇商业区
12 广济桥
13 谷仓博物馆
14 御碑公园
15 古镇延续区
16 游客度假区
17 风情水街
18 新中式居住区
19 运河之韵
20 消防站
21 塘栖博物馆
A.B地块总平面图
设计说明：本规划通过对塘栖古镇北单元A.B地块进行综合分析，挖掘塘栖古镇及大运河的历史文化，重塑基地的生态空间，融入智慧共享理念，打造宜居、宜业、宜游的塘栖新风貌。
生态渗透
使运河与古镇、基地产生联系，营造出城市与自然相互融合的风貌，形成自然、简朴的空间。
景观渗透
引水通路
打通水网，丰富基地景观，增加地块与运河两岸车行与步行联系，增设水上交通。
有机缝合
位于大运河杭州段的开始节点，承担打造城市门户形象的意义，将城市与运河、古镇进行有机缝合。
城市门户
运河生态界面
古镇风情界面
保留村庄
康养社区
规划结构分析图
功能分析图
开发强度控制图
建筑高度控制图
绿地率控制图
保留自然式驳岸，运用块石、鹅卵石、木桩等材料营造一个岸线曲折、岸坡起伏的自然状态，在某种程度上打破景观的呆板、僵硬效果，使其趋于自然，能实现生物景观的多样性。
保留运河原本砌石驳岸，整治驳岸周边绿化。
复合式驳岸，部分挑出亲水平台，以自然驳岸为主。
复合式驳岸，以亲水平台为主，增加游客与运河之间的互动。
保留古镇原有驳岸，有部分阶梯入水式驳岸以及码头。
阶梯入水式驳岸，满足游人亲水需求，是最具互动性的驳岸景观。驳岸(池岸)尽可能贴近水面，以人手能触摸到水为最佳，能让景致充满乐趣。
功能占比
开设交换集市，融入现代商业元素
依靠故事、情怀、情结、场景，打造情景化的体验空间
丝织文化体验馆，文商旅融合设计
丝织文化体验1馆
丝织文化体验2馆
丝织文化体验3馆
图例
1 枇杷主题公园
2 枇杷展览馆
3 停车场
4 艺术长廊
5 智慧魔方空间
6 交换集市
7 办公区
8 丝质文化体验点
节点总平面图
地块位置示意
在运河边散步、跑步，很健康休闲。
运河廊道
哇，这个长廊好有特色，可以画画!
这个角度挺好看，帮我拍一张!
坐在这个阶梯看书也不错。
魔方里的东西真好玩。
还区分了专门的自行车道和步道，带孩子来散步安全性很高。

用地代码			用地名称	用地面积(hm²)	占比(%)
大类	中类	小类			
R			居住用地	8.05	10.04
	R1		一类居住用地	6.04	7.53
	R2		二类居住用地	2.01	2.51
		R21	住宅用地	2.01	2.51
A			公共管理与公共服务设施用地	4.68	5.83
	A2		文化设施用地	3.25	4.05
	A9		宗教用地	1.43	1.78
B			商业服务业设施用地	22.77	28.39
	B1		商业用地	22.77	28.39
S			道路与交通设施用地	10.4	12.97
	S1		城市道路用地	9.57	11.93
	S4		交通场站用地	0.83	1.03
		S42	社会停车场用地	0.83	1.03
U			公共设施用地	0.91	1.13
	U3		安全设施用地	0.84	1.05
		U21	排水用地	0.07	0.09
G			绿地与广场用地	21.78	27.15
	G1		公园绿地	21.78	27.15
H			建设用地	5.76	7.18
	H1		城乡居民点建设用地	5.76	7.18
E			非建设用地	5.86	7.31
	E11		自然水域	5.86	7.31
		总用地面积		80.21	100.00

本次总用地面积80.21公顷，其中城市建设用地74.35公顷，27.15%为公园绿地，共21.78公顷；承接上位规划并新增商业、道路以及居住用地，丰富古镇功能，激发古镇的活力。

7 时智运来，忆古塑今

浙江 杭州 塘栖古镇

——杭州市临平区塘栖古镇北单元城市设计

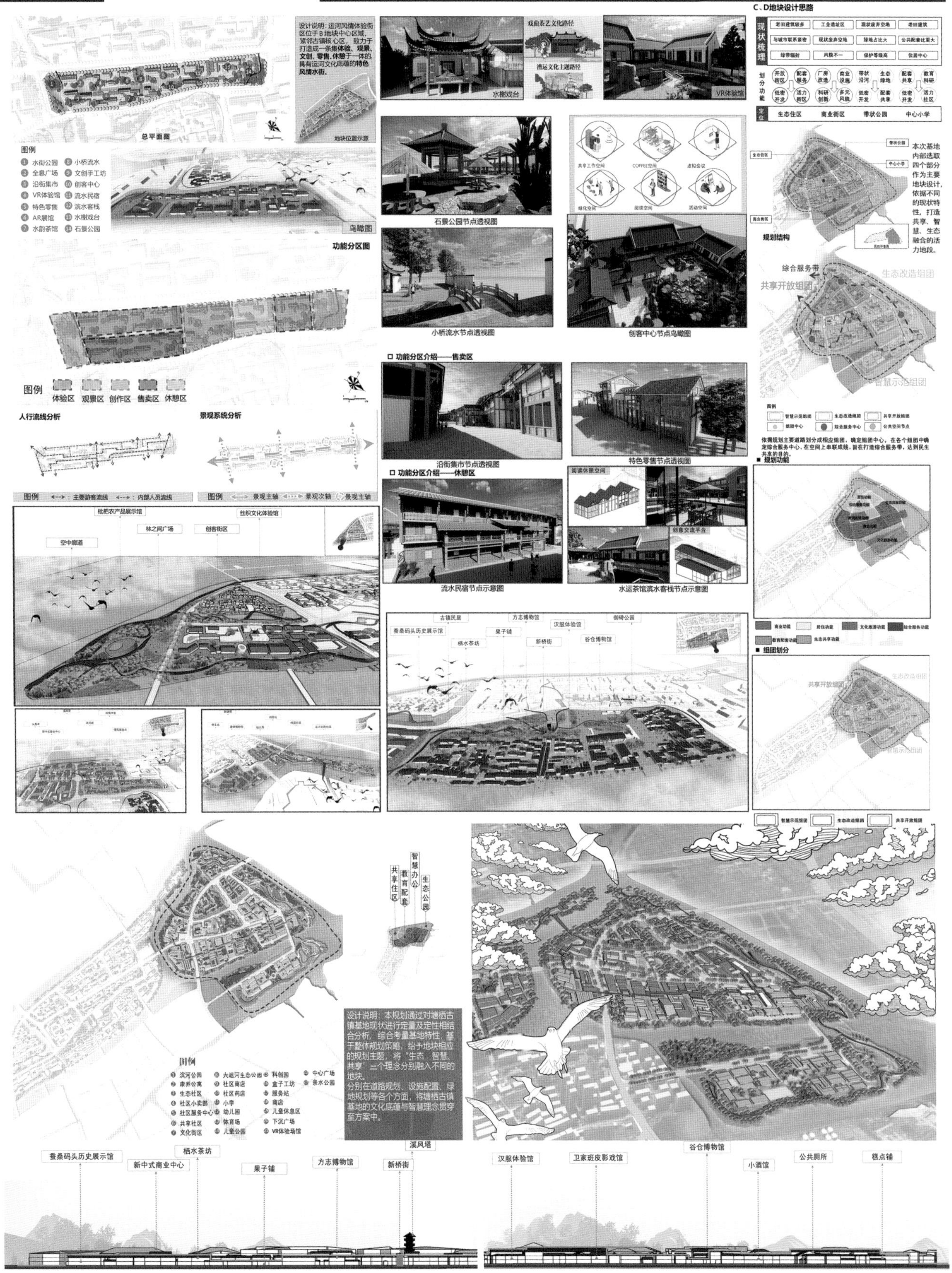

设计说明：运河风情体验街区位于B地块中心区域，紧邻古镇核心区，致力于打造成一条集体验、观景、文创、零售、休憩于一体的具有运河文化底蕴的特色风情水街。

地块位置示意

总平面图

图例
1 水街公园
2 全息广场
3 沿街集市
4 VR体验馆
5 特色零售
6 AR展馆
7 水韵茶馆
8 小桥流水
9 文创手工坊
10 创客中心
11 流水民宿
12 滨水客栈
13 水榭戏台
14 石景公园

鸟瞰图

功能分区图

图例 体验区 观景区 创作区 售卖区 休憩区

人行流线分析

图例 主要游客流线 内部人员流线

景观系统分析

图例 景观主轴 景观次轴 景观主轴

戏曲茶艺文化路径

漕运文化主题路径

水榭戏台

VR体验馆

石景公园节点透视图

共享工作空间 COFFEE空间 虚拟会议 绿化空间 阅读空间 活动空间

小桥流水节点透视图

创客中心节点鸟瞰图

功能分区介绍——售卖区

沿街集市节点透视图

特色零售节点透视图

功能分区介绍——休憩区

流水民宿节点示意图

阅读休憩空间 创意交流平台

水运茶馆滨水客栈节点示意图

枇杷农产品展示馆 丝织文化体验馆 林之间广场 创客街区 空中廊道

古镇民居 方志博物馆 汉服体验馆 御碑公园 蚕桑码头历史展示馆 果子铺 新桥街 谷仓博物馆 栖水茶坊

C、D地块设计思路

现状梳理				
	老旧建筑较多	工业遗址区	现状废弃空地	老旧建筑
	与城市联系紧密	现状废弃空地	绿地占比大	公共配套比重大
	绿带辐射	风貌不一	保护等级高	位居中心

划分功能：开放街区、配套服务 → 低密开发、活力街区；厂房改造、商业设施 → 科研创新、多元风貌；带状沿河、生态绿地 → 低密开发、配套共享；配套共享、教育科研 → 低密开发、活力社区

定位：生态住区 商业街区 带状公园 中心小学

带状公园 生态住区 中心小学 商业街区

规划结构

本次基地内部选取四个部分作为主要地块设计，依据不同的现状特性，打造共享、智慧、生态融合的活力地段。

综合服务带 共享开放组团 生态改造组团 智慧示范组团

图例
智慧示范组团 生态改造组团 共享开放组团
组团中心 综合服务中心 公共空间节点

依据规划主要道路划分成相应组团，确定组团中心，在各个组团中确定综合服务中心，在空间上串联成线，旨在打造综合服务带，达到民生共享的目的。

■ 规划功能

■ 组团划分

共享开放组团 生态改造组团 智慧示范组团

智慧示范组团 生态改造组团 共享开放组团

共享住区 智慧办公 教育配套 生态公园

图例
1 滨河公园
2 康养公寓
3 生态社区
4 社区小卖部
5 社区服务中心
6 共享社区
7 文化街区
8 大运河生态公园
9 社区商店
10 社区药店
11 小学
12 幼儿园
13 体育场
14 儿童公园
15 科创园
16 盒子工坊
17 服务站
18 商店
19 儿童休息区
20 下沉广场
21 VR体验场馆
22 中心广场
23 亲水公园

设计说明：本规划通过对塘栖古镇基地现状进行定量及定性相结合分析，综合考量基地特性，基于整体规划策略，给予地块相应的规划主题，将"生态、智慧、共享"三个理念分别融入不同的地块。

分别在道路规划、设施配置、绿地规划等各个方面，将塘栖古镇基地的文化底蕴与智慧理念贯穿至方案中。

蚕桑码头历史展示馆 新中式商业中心 栖水茶坊 果子铺 方志博物馆 新桥街 溪风塔 汉服体验馆 卫家班皮影戏馆 谷仓博物馆 小酒馆 公共厕所 糕点铺

8 时智运来，忆古塑今

浙江 杭州 塘栖古镇

——杭州市临平区塘栖古镇北单元城市设计

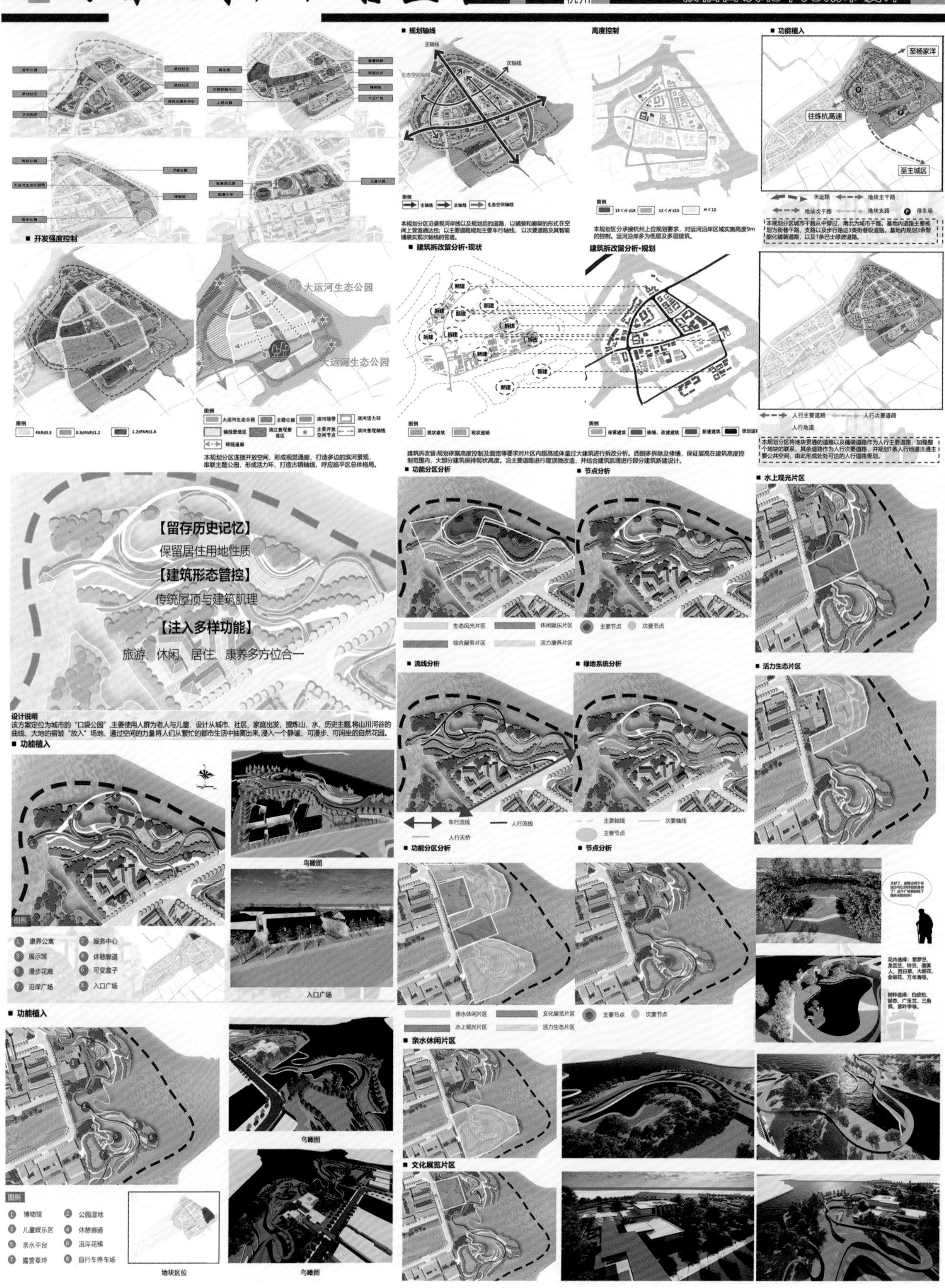
规划轴线
本规划分区沿袭现河岸线以及规划后的道路，以铺装和廊架的形式在空间上营造通达性；以主要道路规划主要车行轴线，以次要道路及其智能铺装实现次轴线的营造。
高度控制
本规划分区分承接杭州上位规划要求，对运河沿岸区域实施高度9m的控制，运河沿岸多为低层及多层建筑。
功能植入
至杨家洋
往练杭高速
至主城区
开发强度控制
大运河生态公园
本规划分区连接开放空间，形成视觉通廊，打造多边的滨河景观，串联主题公园，形成活力环，打造古镇轴线，呼应临平区总体格局。
建筑拆改留分析·现状
建筑拆改留分析·规划
新建
建筑拆改留-规划依据高度控制及面宽等要求对片区内超高或体量过大建筑进行拆改分析，西侧多拆除及修缮，保证眺望在建筑高度控制范围内，大部分建筑保持现状高度，沿主要道路进行屋顶微改造，并结合建筑肌理进行部分建筑新建设计。
人行主要道路
人行次要道路
人行通道
【留存历史记忆】
保留居住用地性质
【建筑形态管控】
传统屋顶与建筑肌理
【注入多样功能】
旅游、休闲、居住、康养多方位合一
设计说明
该方案定位为城市的"口袋公园"，主要使用人群为老人与儿童，设计从城市、社区、家庭出发，提炼山、水、历史主题，将山川河谷的曲线、大地的褶皱"放入"场地，通过空间的力量将人们从繁忙的都市生活中抽离出来，浸入一个静谧、可漫步、可闲坐的自然花园。
功能分区分析
生态风光片区
休闲娱乐片区
综合服务片区
活力康养片区
主要节点
次要节点
节点分析
水上观光片区
流线分析
车行流线
人行流线
人行天桥
绿地系统分析
主要轴线
次要轴线
主要节点
活力生态片区
功能植入
图例
1 康养公寓
2 服务中心
3 展示馆
4 休憩廊道
5 漫步花廊
6 可变盒子
7 沿岸广场
8 入口广场
鸟瞰图
入口广场
亲水休闲片区
文化展览片区
水上观光片区
活力生态片区
功能植入
图例
1 博物馆
2 公园湿地
3 儿童娱乐区
4 休憩廊道
5 亲水平台
6 沿岸花桥
7 露营草坪
8 自行车停车场
地块区位
鸟瞰图
亲水休闲片区
文化展览片区

由"织造"到"智造"的城市转变

创织新城·智汇古运

基于"城市织造"的杭州市临平区塘栖北单元张家墩地块城市设计

01缫丝·研究背景

区位分析

张家墩地块位于杭州市临平区北部，东接余杭经济技术开发区，西邻钱江开发区，具有良好的周边功能支撑，是G60科创走廊和杭州城东智造大走廊的战略交汇点。

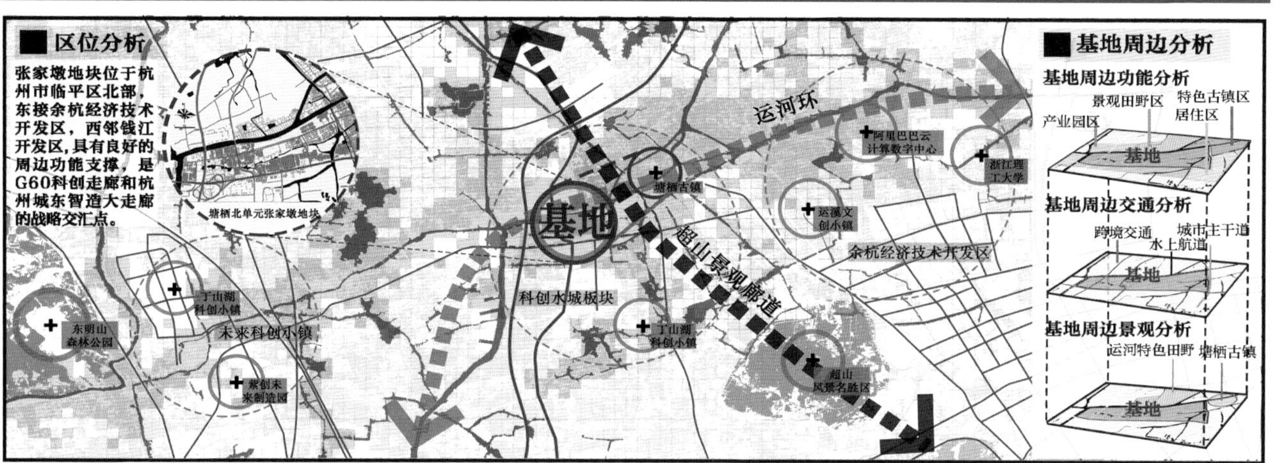

基地周边分析

基地周边功能分析

基地周边交通分析

基地周边景观分析

背景文化分析

基地紧邻大运河，运河文化成为基地的一大特色。

漕运成就运河，运河载动漕运。被运河文化浸润淮安，历经千年，依然绽放着迷人的光芒。

它是古运河上仅存的一座七孔石拱桥，更是余杭区乃至杭州地标性的古建筑之一。

码头文化主要为特殊的聚落形态和民居建筑类型组合，特别是古镇呈现出的条带状空间形态。

按要求将茧丝离解

整理丝线的过程

整理经线和纬线

地位：塘栖是一个蚕乡，有着十分悠久的历史，素有"丝绸之府"之誉，是国家级非物质文化遗产。
基地文化总结
"前千年"古韵文化
"后千年"科创未来

运河郊野文化

工业遗址文化

丝织文化作为塘栖国家非物质文化遗产，最具塘栖特色。
运河郊野文化为张家墩地块提供了优越的自然环境和景观。
古今同框，再现千古运河文化卷

上位规划

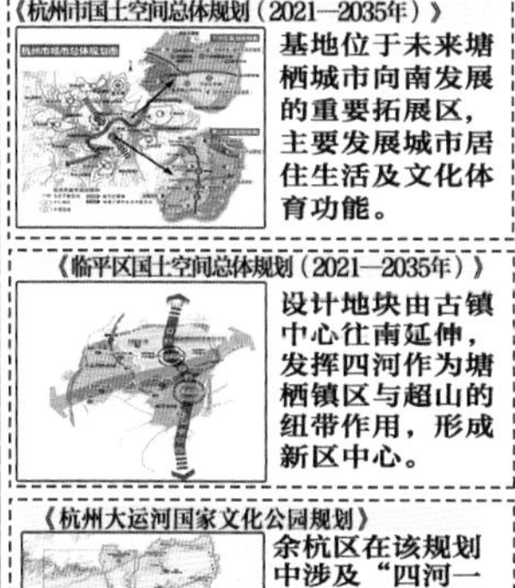

《杭州市国土空间总体规划（2021—2035年）》

基地位于未来塘栖城市向南发展的重要拓展区，主要发展城市居住生活及文化体育功能。

《临平区国土空间总体规划（2021—2035年）》

设计地块由古镇中心往南延伸，发挥四河作为塘栖镇区与超山的纽带作用，形成新区中心。

《杭州大运河国家文化公园规划》

余杭区在该规划中涉及"四河一园"，结合地标、文化资源点，塑造重要视廊，形成特色山水文化景观格局。

规划为

临平副城次中心　杭州大运河国家文化公园

未来趋势

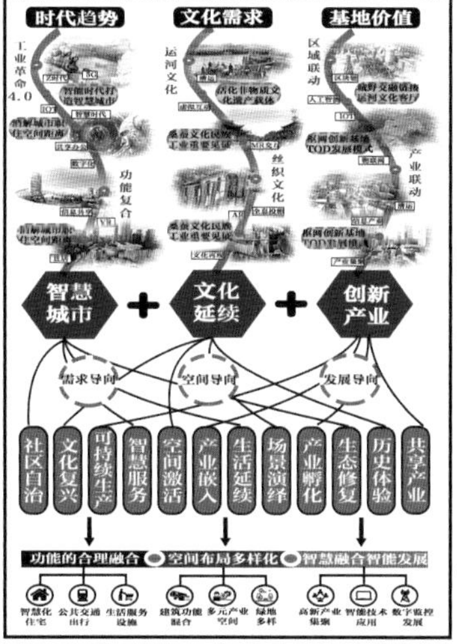

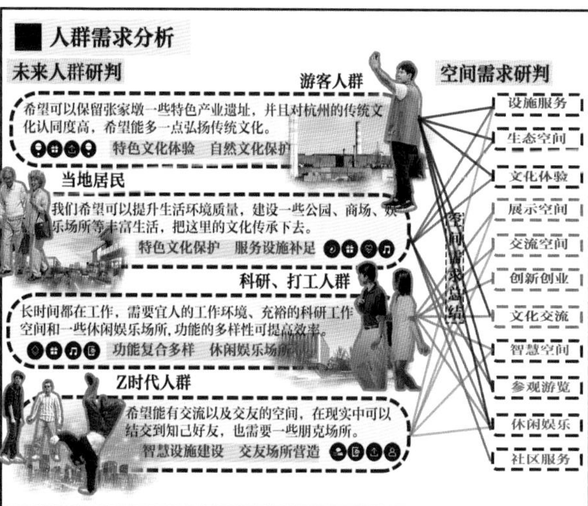

人群需求分析
未来人群研判
游客人群
希望可以保留张家墩一些特色产业遗址，并且对杭州的传统文化认同度高，希望能多一点弘扬传统文化。
特色文化体验　自然文化保护
当地居民
我们希望可以提升生活环境质量，建设一些公园、商场、娱乐场所等丰富生活，把这里的文化传承下去。
特色文化保护　服务设施补足
科研、打工人群
长时间都在工作，需要宜人的工作环境、充裕的科研工作空间和一些休闲娱乐场所，功能的多样性可提高效率。
功能复合多样　休闲娱乐场所
Z时代人群
希望能有交流以及交友的空间，在现实中可以结交到知己好友，也需要一些朋克场所。
智慧设施建设　交友场所营造
空间需求研判
设施服务
生态空间
文化体验
展示空间
交流空间
创新创业
文化交流
智慧空间
参观游览
休闲娱乐
社区服务

创织新城·智汇古运

由“织造”到“智造”的城市转变

基于“城市织造”的杭州市临平区塘栖北单元张家墩地块城市设计

02络丝·基地研判

综合分析

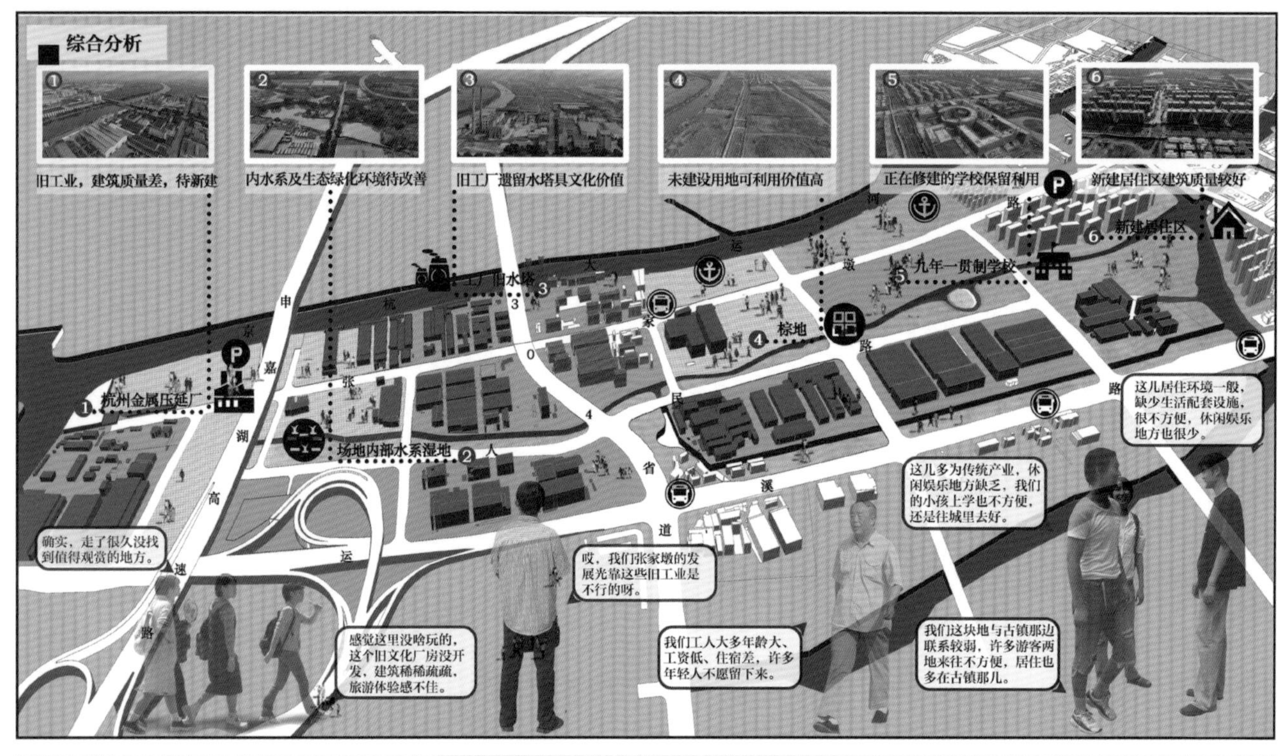

综合分析

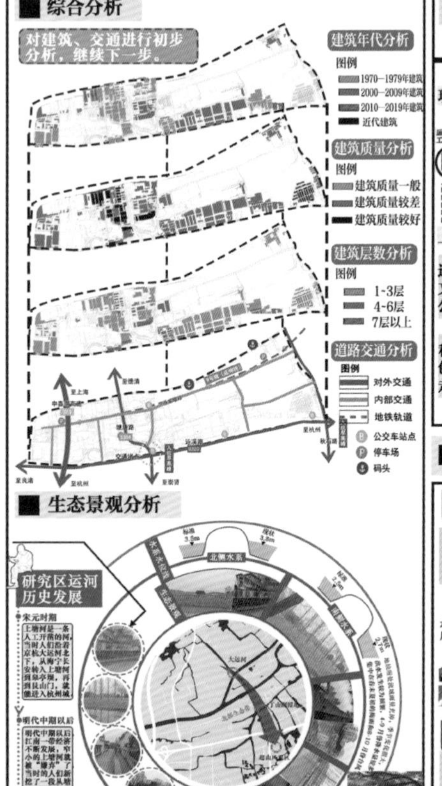

技术路线

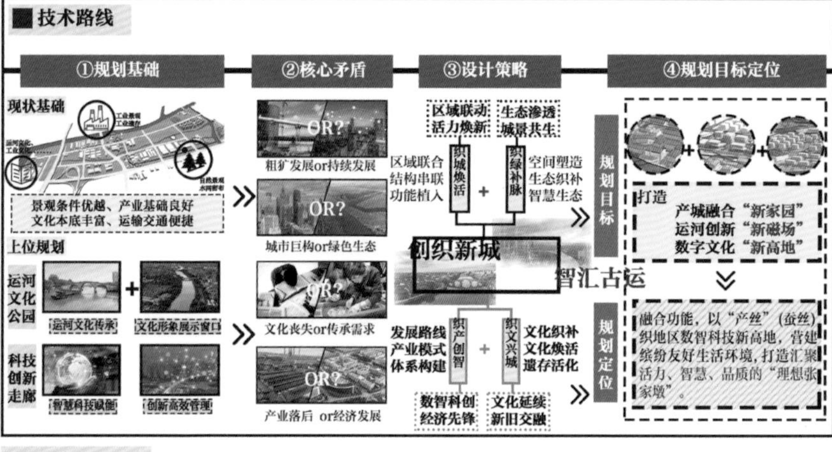

SWOT分析

S 优势 Strength

1. 水陆空交通便捷；2. 丰富的生态资源本底；
3. 遗存工业厂房文化价值高；4. 良好产业基础。

W 劣势 Weaknesses

1. 土地使用率低且功能形式单一；2. 河网密布，割裂地块；
3. 建筑秩序混乱；4. 老旧工业厂房居多；
5. 配套设施不足；6. 内部交通混乱。

O 机遇 Opportunities

地处G60科创走廊和杭州城东智造大走廊战略交汇点，为张家墩工业转型提供契机。《杭州大运河国家文化公园规划》目标将基地打造为融合生产、生态、生活、旅游为一体的江南水城流动文化走廊，享受运河的余杭塘栖运河文化走廊。

T 威胁 Threats

1. 高新产业园区同质化发展；2. 地处边缘地区，难引进人才；
3. 运河文化运用与打造，与周边景区模式同质化。

由“织造”到“智造”的城市转变

创织新城·智汇古运

■基于“城市织造”下的杭州市临平区塘栖北单元张家墩地块城市设计

03整丝·空间策略

织城焕活——区域联动，活力创新

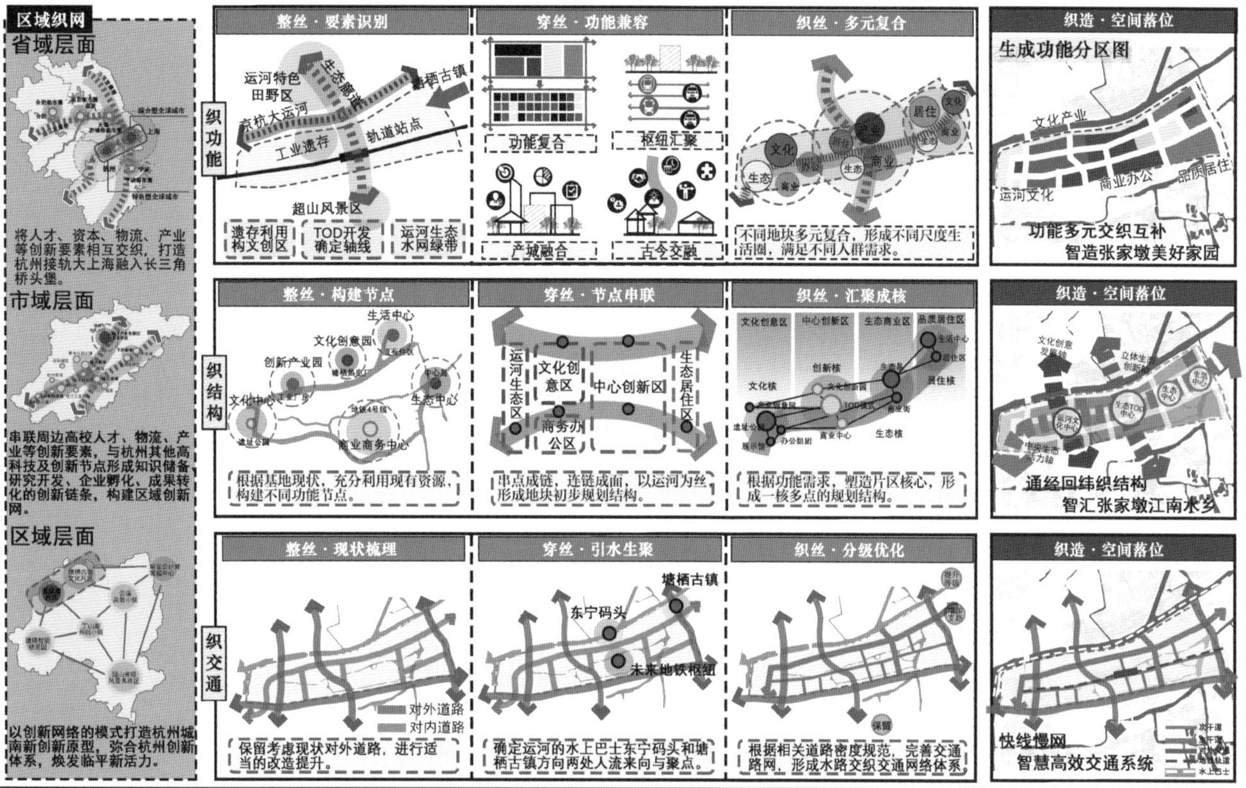

区域织网
省域层面
将人才、资本、物流、产业等创新要素相互交织，打造杭州接轨大上海融入长三角桥头堡。
市域层面
串联周边高校人才、物流、产业等创新要素，与杭州其他高科技及创新节点形成知识储备、研究开发、企业孵化、成果转化的创新链条，构建区域创新网。
区域层面
以创新网络的模式打造杭州城南新创新原型，弥合杭州创新体系，焕发临平新活力。
织功能
整丝·要素识别
运河特色田野区
生态廊道
塘栖古镇
京杭大运河
工业遗存
轨道站点
超山风景区
遗存利用构文创区
TOD开发确定轴线
运河生态水网绿带
穿丝·功能兼容
功能复合
枢纽汇聚
产城融合
古今交融
织丝·多元复合
文化
居住
产业
商业
生态
不同地块多元复合，形成不同尺度生活圈，满足不同人群需求。
织造·空间落位
生成功能分区图
文化产业
运河文化
商业办公
品质居住
功能多元交织互补
智造张家墩美好家园
织结构
整丝·构建节点
生活中心
文化创意园
创新产业园
文化中心
生态中心
商业商务中心
根据基地现状，充分利用现有资源，构建不同功能节点。
穿丝·节点串联
运河生态区
文化创意区
中心创新区
生态居住区
商务办公区
串点成链，连链成面，以运河为纽，形成地块初步规划结构。
织丝·汇聚成核
文化创意区
中心创新区
生态商业区
品质居住区
创新核
文化核
居住核
生态核
商业中心
根据功能需求，塑造片区核心，形成一核多点的规划结构。
织造·空间落位
通经回纬织结构
智汇张家墩江南水乡
织交通
整丝·现状梳理
对外道路
对内道路
保留考虑现状对外道路，进行适当的改造提升。
穿丝·引水生聚
塘栖古镇
东宁码头
未来地铁枢纽
确定运河的水上巴士东宁码头和塘栖古镇方向两处人流来向与聚点。
织丝·分级优化
根据相关道路密度规范，完善交通路网，形成水路交织交通网络体系。
织造·空间落位
快线慢网
智慧高效交通系统
水上巴士

土地利用规划

土地利用规划

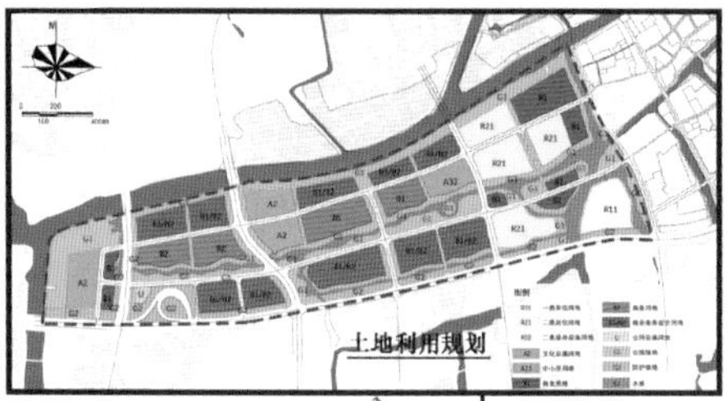

生态先行，
TOD模式开发

打造集商业、文化、生态、居住为一体，融合功能，建设“产丝”（蚕丝）织地区数智科技创新高地，营建缤纷友好生活环境，营造活力、智慧、品质的“理想张家墩”。

容积率控制
依托未来轨道站点，中部开发强度较高

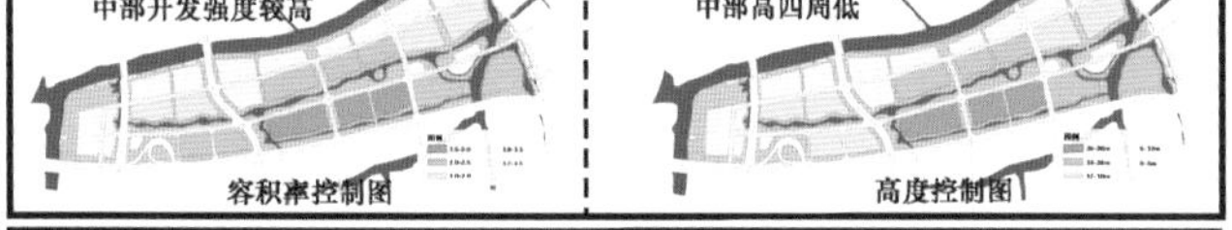

高度控制
南高北低，中部高四周低

容积率控制图
高度控制图

TOD模式

TOD策略
居住区
公共开放空间
公共交通站点
办公区
核心商务区
建筑发展模式
TOD综合体结构
公交首末站
水上巴士站
往地上/地下行人通道
地下商业
地铁9号线站厅
地下停车
地铁9号线站台
GL
B1
B2
B3
B4

智慧交感路径

智能交感道路（人行）
智能交感道路（车行）
无人巴士
智能交感道路（物流）
物联网
智慧出行接驳原则一：地铁站换乘原则
智慧出行接驳原则二：无人驾驶汽车换乘原则
换乘距离<150m
换乘距离<50m
智慧出行接驳原则三：单项服务设施点布置原则
换乘距离<50m
换乘距离<100m
换乘距离<500m

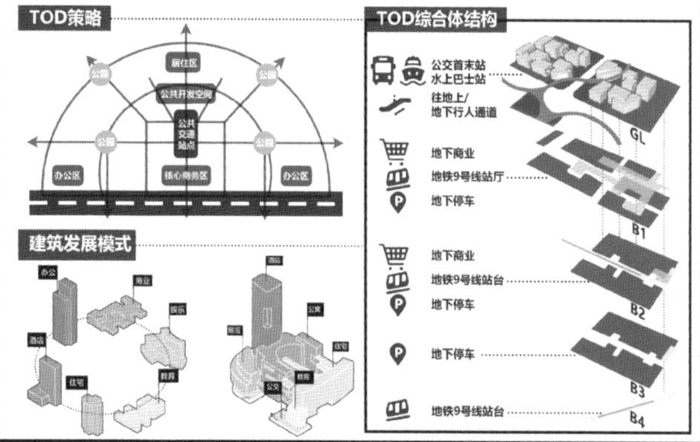

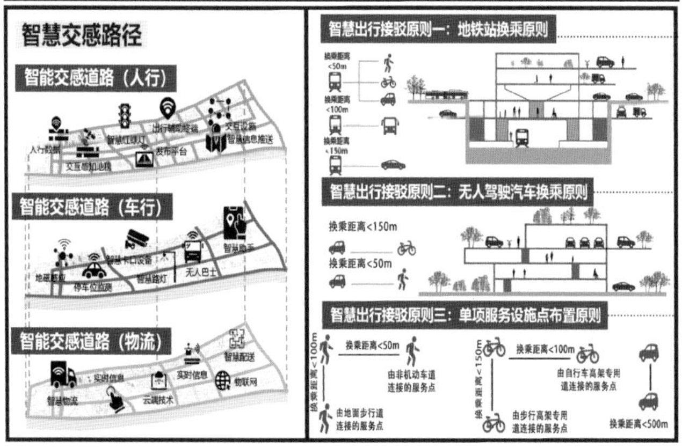

交通枢纽效果图展示

便捷的智慧交通枢纽为我们的生活提高了通行效率，打破了原有的出行模式，周边的空中花园景观也给我们带来了极佳的观景感受。

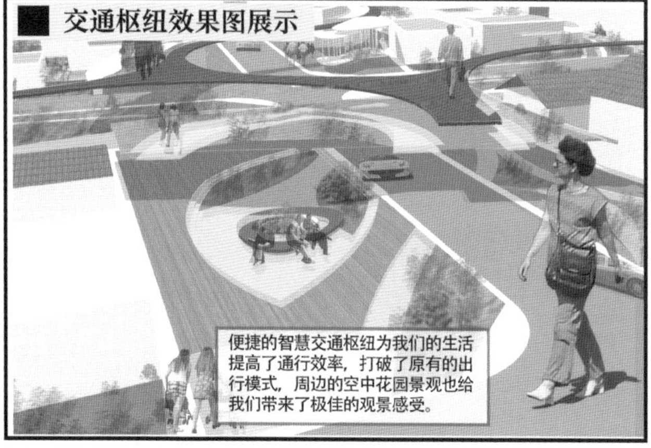

创织新城·智汇古运
由"织造"到"智造"的城市转变
基于"城市织造"的杭州市临平区塘栖北单元张家墩地块城市设计
03整丝·生态研判
织绿补脉——生态渗透，城景共生
抽丝·生态本底
整丝·特色植入
穿丝·空间塑造
织丝·生态织补
织造·空间落位
多元需求，城野交融
依托水岸植入张家墩特色主题
构建多维流线步道，建设绿色生态片区
蓝绿交织织生态
智汇张家墩运河磁场
棕地修复
土壤修复
STEP1.风险评估
STEP2.土壤修复
水源修复
滨水景观策略
河岸重塑
亲水空间塑造
开放空间营造
硬质铺砖空间
城市海绵体构建
城境共生
生态公园
自然水系
城市道路
街边公园
商务办公区域
智汇景观
立体绿化
5G赋能
文景共生
智慧赋能，文景共生
智慧管理
智能养护
智能反馈
廊道生成与空间关系
生成逻辑
结构分析
3F——立体健康步道
2F——高架生态公园
1F——健康创意空间
效果展示
集观景、交流、商业、文化为一体的立体高架公园
主要空间节点
丝路终点
丝路中心
丝路起点
TOD商业综合体
文化公园

创织新城·智汇古运

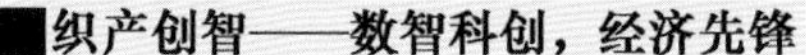

由"织造"到"智造"的城市转变

■基于"城市织造"的杭州市临平区塘栖北单元张家墩地块城市设计

03整丝·产业策略

■织产创智——数智科创，经济先锋

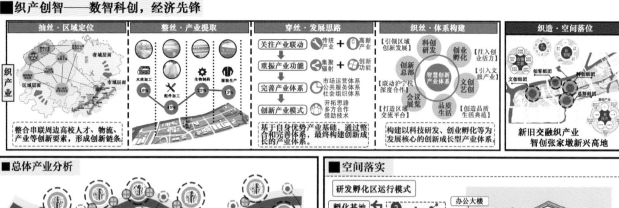

抽丝·区域定位

整合串联周边高校人才、物流、产业等创新要素，形成创新链条。

整丝·产业提取

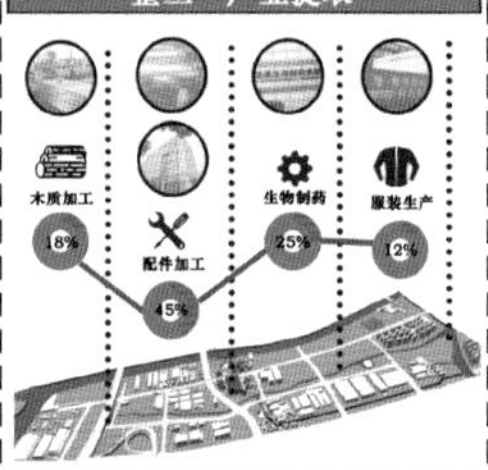

穿丝·发展思路

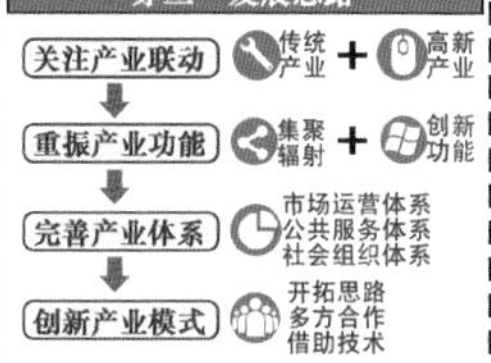

关注产业联动 / 重振产业功能 / 完善产业体系 / 创新产业模式

基于自身优势产业基础，通过整合和完善体系，最终构建创新成长的产业体系。

织丝·体系构建

构建以科技研发、创业孵化等为发展核心的创新成长型产业体系。

织造·空间落位

新旧交融织产业
智创张家墩新兴高地

■总体产业分析

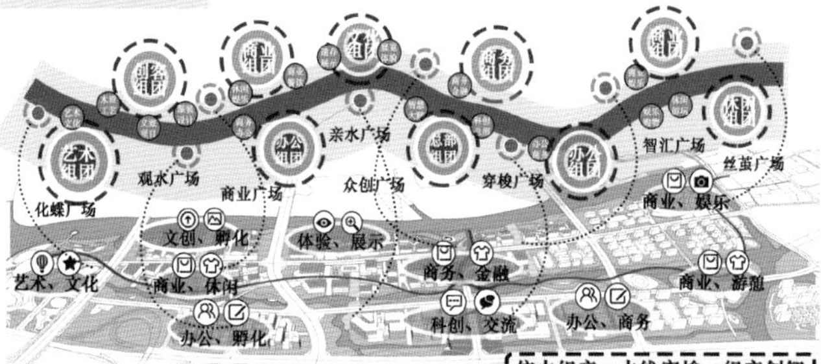

依水织产，水线穿梭，织产创智

植入产业分析

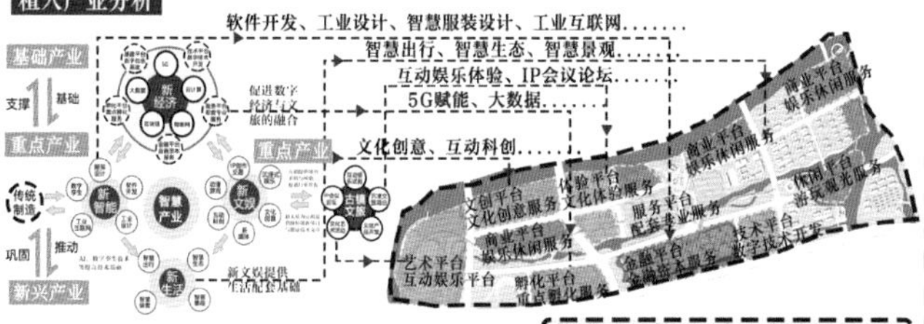

构建五大产业平台，发展智慧产业

产业建筑分析

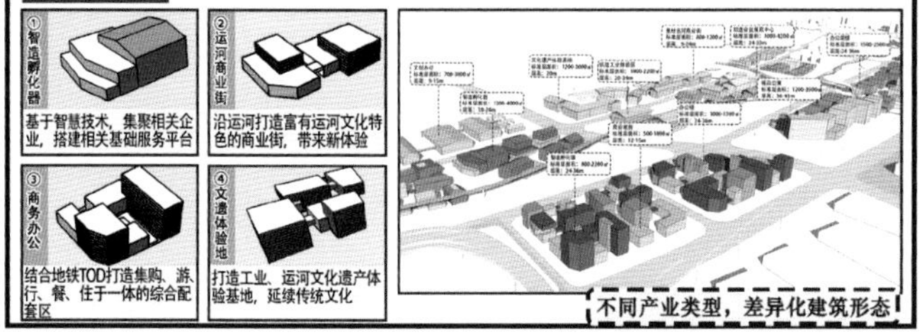

① 智造孵化器：基于智慧技术，集聚相关企业，搭建相关基础服务平台

② 运河商业街：沿运河打造富有运河文化特色的商业街，带来新体验

③ 商务办公：结合地铁TOD打造集购、游、行、餐、住于一体的综合配套区

④ 文遗体验馆：打造工业、运河文化遗产体验基地，延续传统文化

不同产业类型，差异化建筑形态

■产业模式

1.研产一体，促进片区融合交流

创意工坊
文旅开发工坊
服装设计工坊
技术信息研发工坊

智慧空间
智产工厂
合作生产部
虚拟交流厅

共享交流空间

2.科技加持，智慧产业融入居民生活

生产参与体验
智能设施
实时虚拟传输 身临其境
足不出户 无障碍沟通
衣食住行
智慧交通系统
智慧街道
共享集市
智慧公园

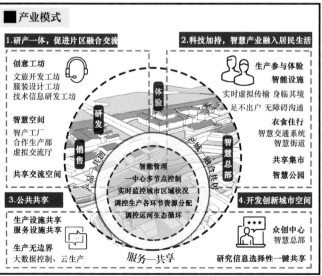

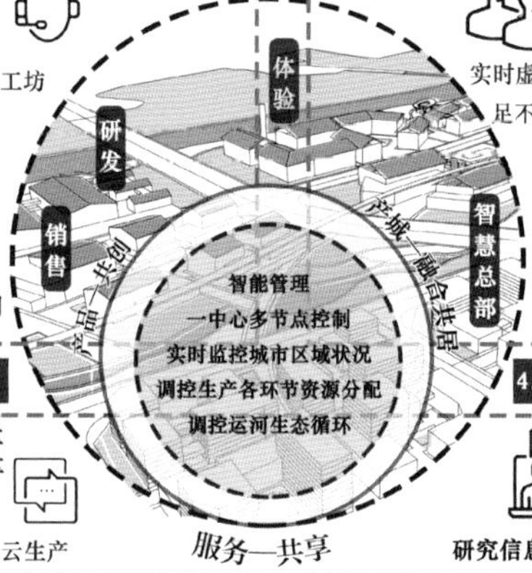

智能管理
一中心多节点控制
实时监控城市区域状况
调控生产各环节资源分配
调控运河生态循环

3.公共共享

生产设施共享
服务设施共享
生产无边界
大数据控制、云生产

服务—共享

4.开发创新城市空间

众创中心
智慧总部
研究信息选择性一键共享

■空间落实

研发孵化区运行模式

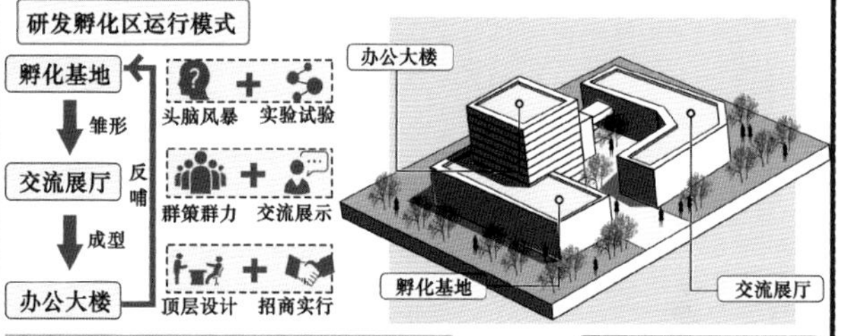

孵化基地 → 雏形 → 交流展厅 → 成型 → 办公大楼（反哺）

头脑风暴 + 实验试验
群策群力 + 交流展示
顶层设计 + 招商实行

集研、展、招于一体，方便快捷，便于交流研发

研发孵化组团

体验展览区运行模式

体验馆：木船制作+运河穿梭+制丝体验
文化展览厅：运河文化+丝绸文化+工业文化
集会广场：共享集市+大型活动+文化交流

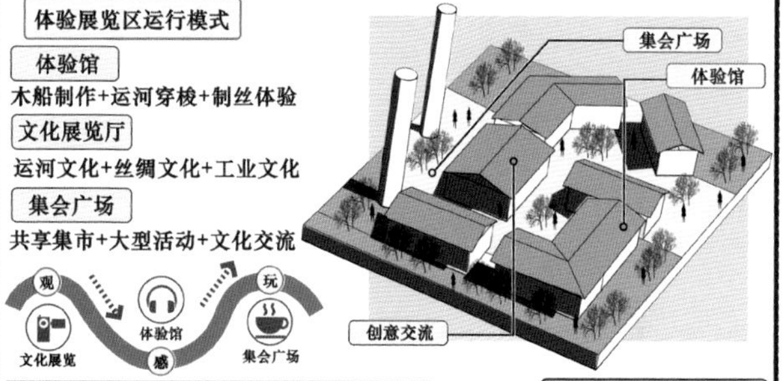

集观、感、玩于一体，丰富游玩体验，增加吸引力

文化体验展览组团

金融商务区功能模式

金融商务组团功能多元，集办公、休闲、交流、展示、商业等多元功能于一体，更加复合、综合。

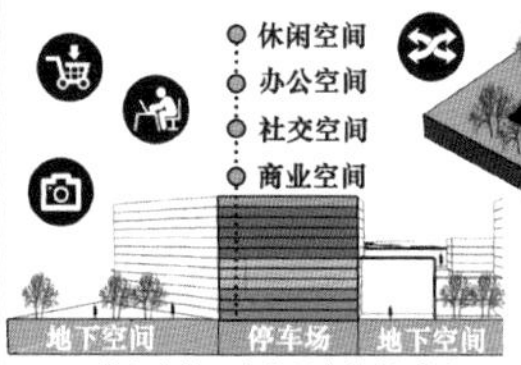

休闲空间 / 办公空间 / 社交空间 / 商业空间

综合大楼—商务写字楼剖面图

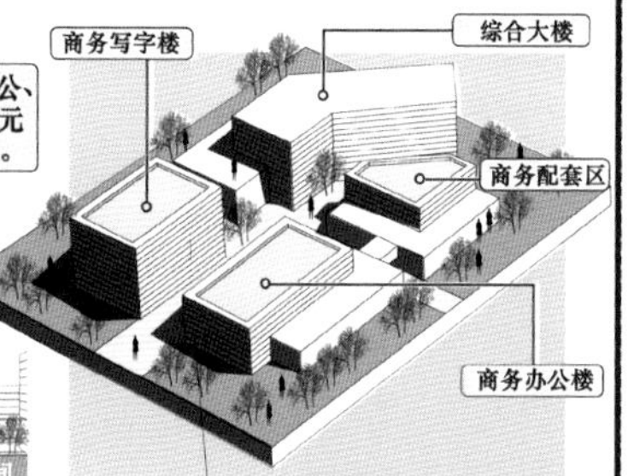

金融商务组团

文化创意区功能模式

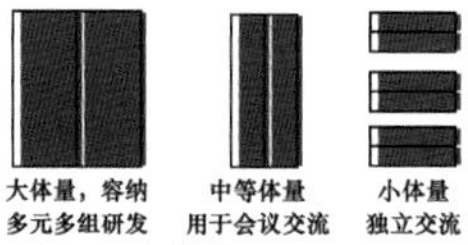

大体量，容纳多元多组研发 / 中等体量用于会议交流 / 小体量独立交流

文创中心：艺术创作+文旅开发
文研楼：学术交流+人才培育+成果展示
休闲小吧：休闲餐饮+交流讨论

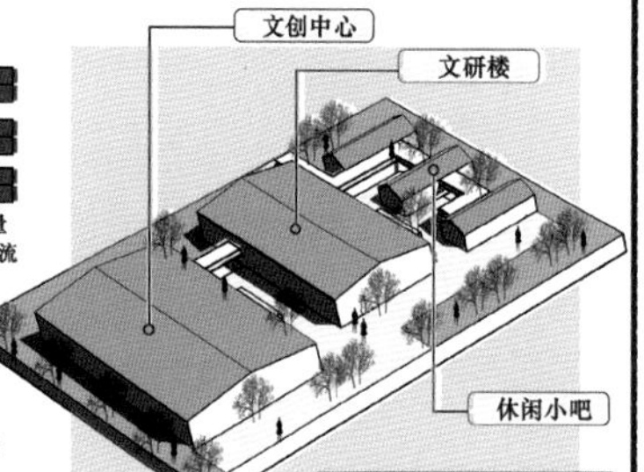

文化创意组团

创织新城·智汇古运
由"织造"到"智造"的城市转变
基于"城市织造"的杭州市临平区塘栖北单元张家墩地块城市设计
03整丝·文化策略
织文兴城——文化延续，新旧交融
抽丝·文化梳理
整丝·特色提取
穿丝·文化织补
织丝·文化焕活
织造·空间落位
通过前期调研，分析得出张家墩地块拥有运河文化、工业文化、码头文化、丝绸文化等，文化资源丰富。
码头商船 商贸交流 水乡建筑 运河生态
热电厂 工业厂房 水塔 工业仓库
织布机 丝厂 织丝梭子
通过数智手段，传承、创新、活化文化。
以创新技术为手段，采用线上线下交互系统，促进文化耦合。
古今交融织文化
智汇张家墩古韵水乡
工业遗存活化
工业保留
保留结构，重置功能
根据工厂特点，选取部分仅保留其结构，在原有基础上进行功能重置。
保留功能，更新结构
评鉴工厂历史及功能，结合工业4.0保留工厂部分功能，开发透明工厂。
旧工业厂房 大型工业厂 烟囱 大型仓储厂 油桶
工业遗址改造策略
保留改造策略原则
建筑单体改造
更新表皮
设置天窗
屋顶改造
连接成组
内部分割
保留元素提取改造
提取建筑体 更新改造屋顶
提取构造体 增加联系平台
空间功能置入
建筑拆改留
改造建筑共计8处
保留建筑共计82处
其余部分皆为新建
旧厂 热电厂 九年一贯制学校 居住区
文化历史风貌建筑
文化建筑风貌延续
塘栖古镇风貌 商业街风貌 工业风貌
张家墩地块与塘栖古镇紧密相连，基地延续古镇风貌，沿运河岸线打造具有特色的历史风貌建筑。
文化商业街建筑风貌
单层商业建筑 增强内外流通 丰富店前空间 结合廊道灵活形式
通过采用坡屋顶的仿古建筑使地块与古镇之间的风貌协调，单层商业建筑体量较小，错落组合形成商业街，延续历史风貌。
多层商业建筑 划分空间层次 丰富屋顶形式 退台屋顶花园
多层坡屋顶仿古建筑实现功能复合，既满足商业需求，又满足办公商务需求，通过丰富屋顶形式塑造地块新风貌。
文化延续
文化保护传承
充分挖掘文化要素，通过物质空间营造等方式演绎文化内涵。
物质文化 保护 更新
非物质文化 传承 展示
文化建筑组合
仿古与现代融合古今文化
古建筑单组合体块切割
文化体验商店
文化展示平台
仿古院落与现代复合
组合建筑拆解重组结合
商业活动院子
休闲观景平台
屋顶绿化花园
智慧文化演绎
打造数字运河岸街区
VR体验节点
虚拟互动
空间功能植入
塘栖热电厂
工业文化展馆 运河文化体验馆 丝织文化体验馆
将张家墩的物质与非物质文化遗产分别落位于不同体验空间。
文化情节构建路径
文化VR展示&地标广场展示
工业文化展示
文化延续轴线
丝织文化展示
油桶景观展示&文化遗产展示
文化产业生产线

由“织造”到“智造”的城市转变

创织新城·智汇古运

■基于“城市织造”的杭州市临平区塘栖北单元张家墩地块城市设计

04织造·总平面图

■ 分析图

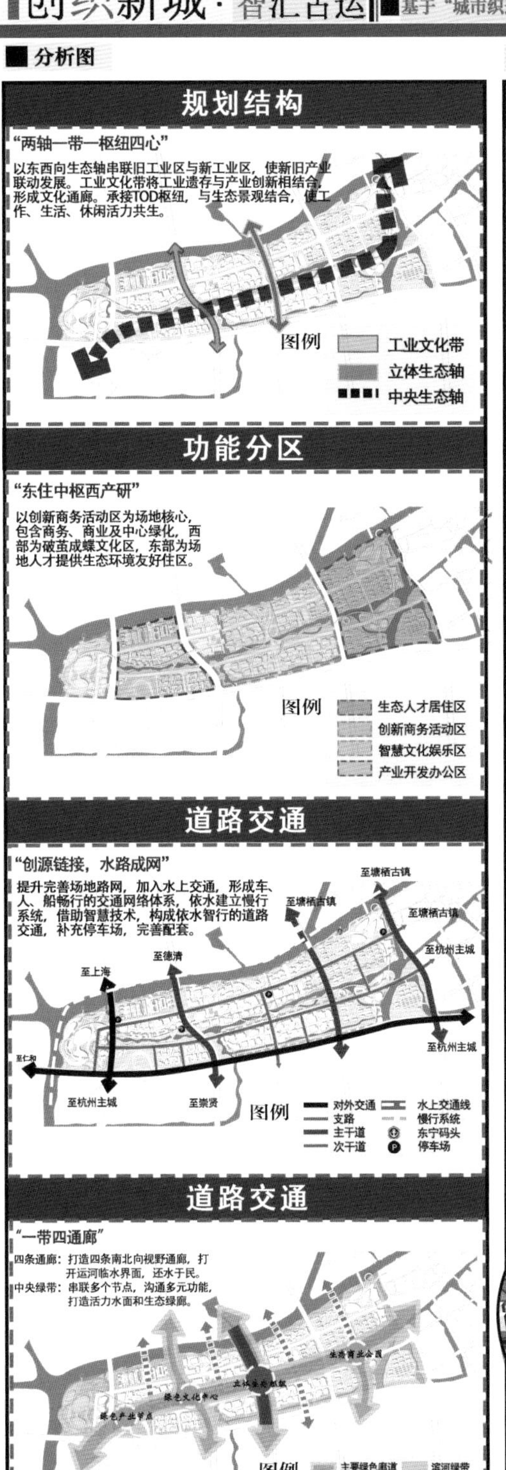

规划结构
“两轴一带一枢纽四心”
以东西向生态轴串联旧工业区与新工业区，使新旧产业联动发展。工业文化带将工业遗存与产业创新相结合，形成文化通廊。承接TOD枢纽，与生态景观结合，使工作、生活、休闲活力共生。
图例
工业文化带
立体生态轴
中央生态轴
功能分区
“东住中枢西产研”
以创新商务活动区为场地核心，包含商务、商业及中心绿化，西部为破茧成蝶文化区，东部为场地人才提供生态环境友好住区。
图例
生态人才居住区
创新商务活动区
智慧文化娱乐区
产业开发办公区
道路交通
“创源链接，水路成网”
提升完善场地路网，加入水上交通，形成车、人、船畅行的交通网络体系，依水建立慢行系统，借助智慧技术，构成依水智行的道路交通，补充停车场，完善配套。
至塘栖古镇
至塘栖古镇
至塘栖古镇
至杭州主城
至上海
至德清
至杭州主城
至杭州主城
至崇贤
图例
对外交通
支路
主干道
次干道
水上交通线
慢行系统
东宁码头
停车场
道路交通
“一带四通廊”
四条通廊：打造四条南北向视野通廊，打开运河临水界面，还水于民。
中央绿带：串联多个节点，沟通多元功能，打造活力水面和生态绿廊。
图例
主要绿色廊道
立体生态廊道
视野廊道
滨河绿带
主要节点
次要节点

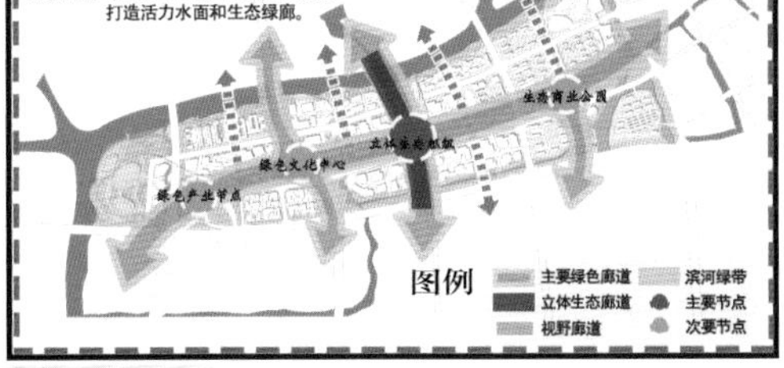

■ 设计说明

以“丝”编织新城，用“智”汇聚古运。以“桑”为底，以运河为“丝”，流动串联整个区域的发展，通过织城焕活、织绿补脉、织产创智、织文兴城四大策略，将生态与活力融入大街小巷。古镇悠久历史碰撞着现代文化，将人文与科创传承融合，将创新与智慧汇聚于运河沿岸，使张家墩焕发新生，展现大运河国家文化公园杭州段的门户形象，彰显运河科创城独特魅力。

■ 总平面图

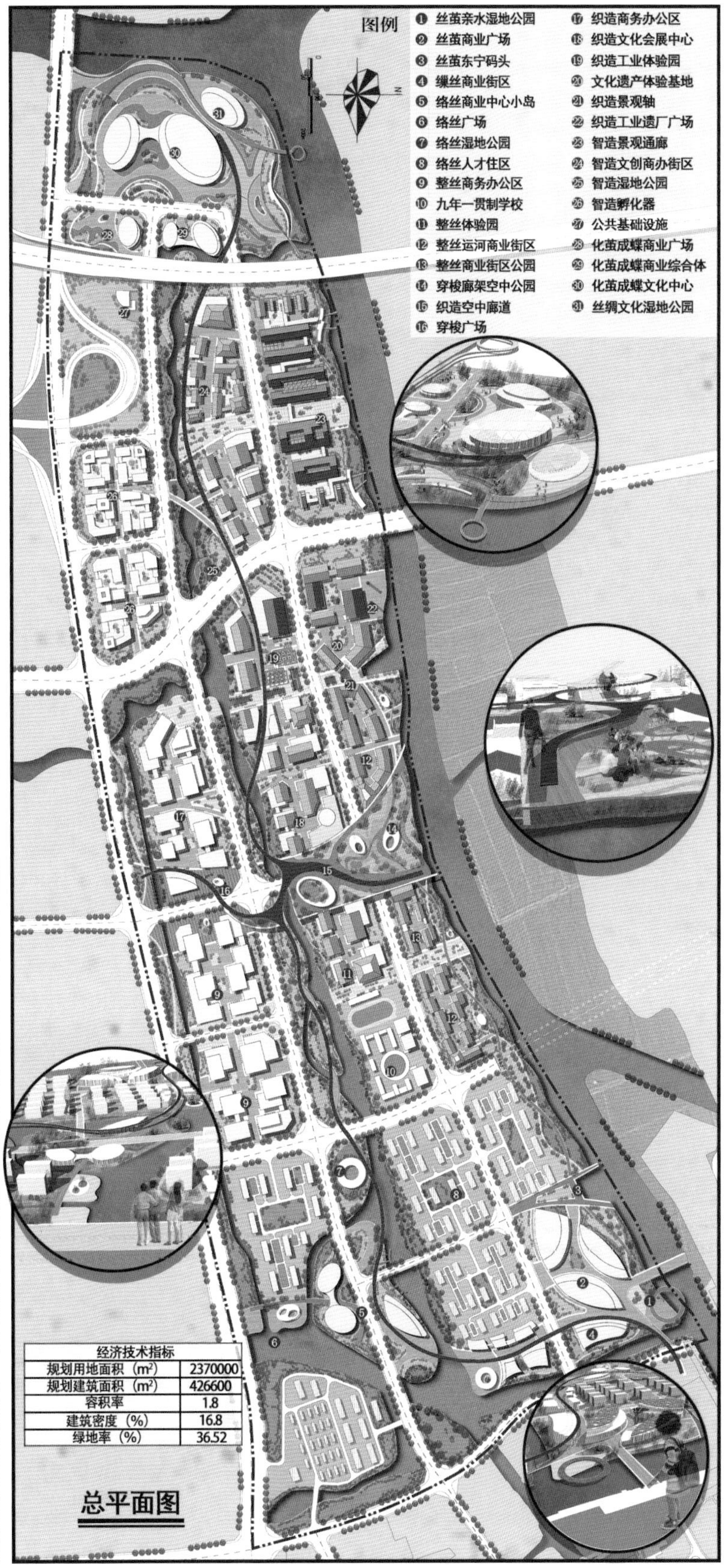

图例

1. 丝茧亲水湿地公园
2. 丝茧商业广场
3. 丝茧东宁码头
4. 缫丝商业街区
5. 络丝商业中心小岛
6. 络丝广场
7. 络丝湿地公园
8. 络丝人才住区
9. 整丝商务办公区
10. 九年一贯制学校
11. 整丝体验园
12. 整丝运河商业街区
13. 整丝商业街区公园
14. 穿梭廊架空中公园
15. 织造空中廊道
16. 穿梭广场
17. 织造商务办公区
18. 织造文化会展中心
19. 织造工业体验园
20. 文化遗产体验基地
21. 织造景观轴
22. 织造工业遗厂广场
23. 智造景观通廊
24. 智造文创商办街区
25. 智造湿地公园
26. 智造孵化器
27. 公共基础设施
28. 化茧成蝶商业广场
29. 化茧成蝶商业综合体
30. 化茧成蝶文化中心
31. 丝绸文化湿地公园

经济技术指标	
规划用地面积（m²）	2370000
规划建筑面积（m²）	426600
容积率	1.8
建筑密度（%）	16.8
绿地率（%）	36.52

总平面图

创织新城·智汇古运

由“织造”到“智造”的城市转变

基于“城市织造”的杭州市临平区塘栖北单元张家墩地块城市设计

04织造·效果图

效果图及城市天际线

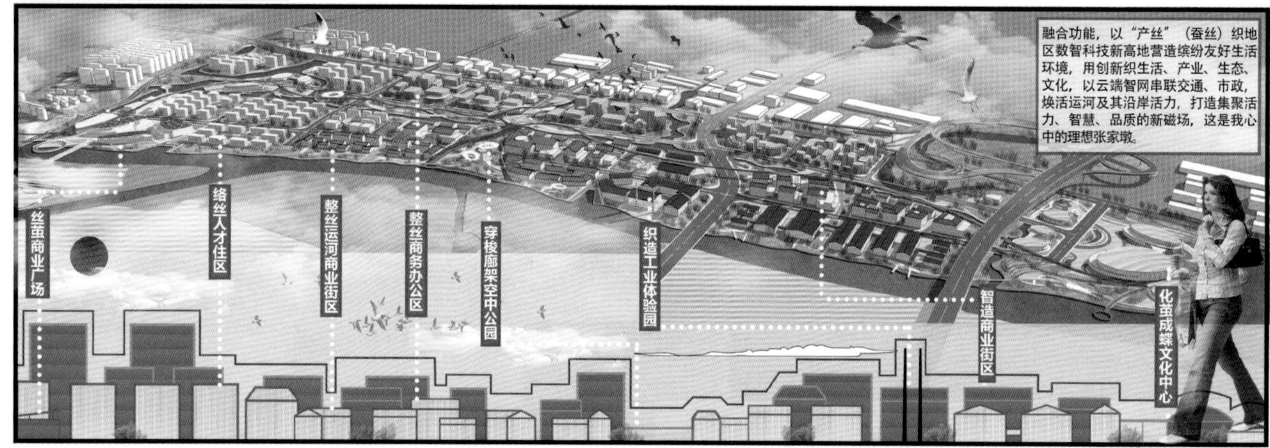

融合功能，以“产丝”（蚕丝）织地区数智科技新高地营造缤纷友好生活环境，用创新织生活、产业、生态、文化，以云端智网串联交通、市政，焕活运河及其沿岸活力，打造集聚活力、智慧、品质的新磁场，这是我心中的理想张家墩。

智造商业街区

廊架空中花园

哇，空中廊架上可以观赏张家墩美丽景色，还能通过廊架到达地块各地方，方便又有趣。

三层立体构架

这三层立体构架能够丰富地块竖向交通，我们上班、休闲、娱乐等需求都能通过不同层满足。

织造工业遗厂

爸爸妈妈带我参观他们曾工作的地方，体验工厂文化，这些都是在城市里看不到的。

化蝶文化馆

文化馆好漂亮，形似蝴蝶，在这可学习许多丝织文化，还能体验丝织工艺。

智造孵化器

丰富多样的办公空间能满足我们不同需求，提高工作效率，下班之余能休闲娱乐，得到放松。

廊道整体结构

立体结构

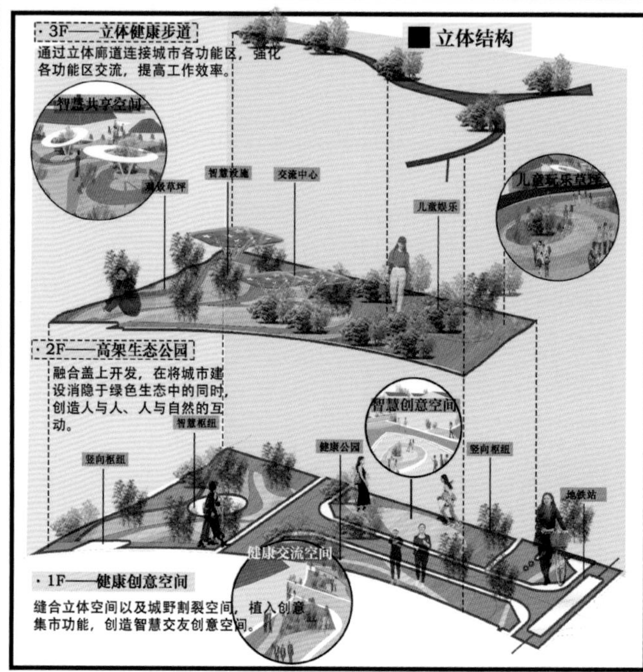

通过立体廊道连接城市各功能区，强化各功能区交流，提高工作效率。

融合盖上开发，在将城市建设消隐于绿色生态中的同时，创造人与人、人与自然的互动。

缝合立体空间以及城野割裂空间，植入创意集市功能，创造智慧交友创意空间。

浙江科

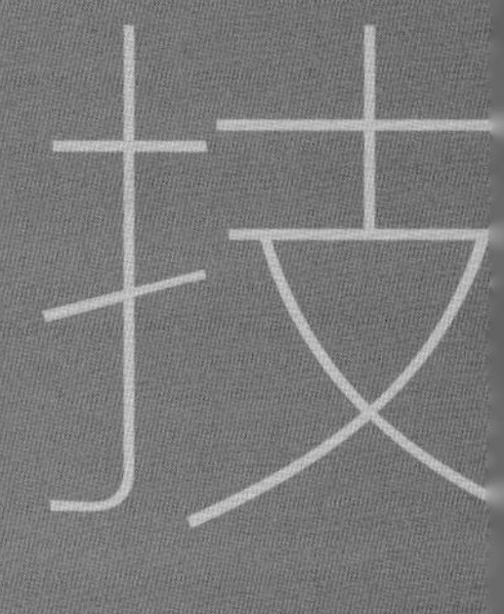

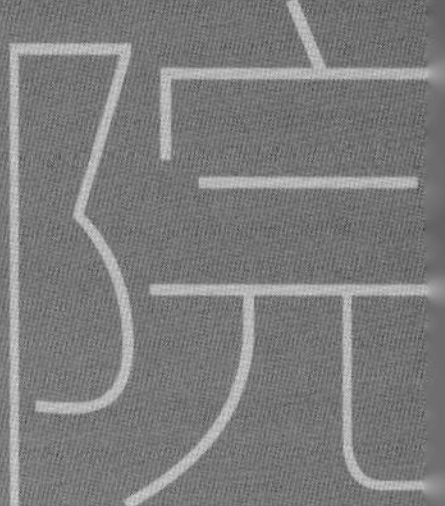

誉 · 塘栖洛书

——以“力 · 造 · 形”为核心的塘栖北单元城市设计 / 钟浩强 严恩惠

圩塘筑城　栖居未来

——杭州临平塘栖北单元城市设计 / 黄佳龙　林佳怡　翁宇珍 吴沈松

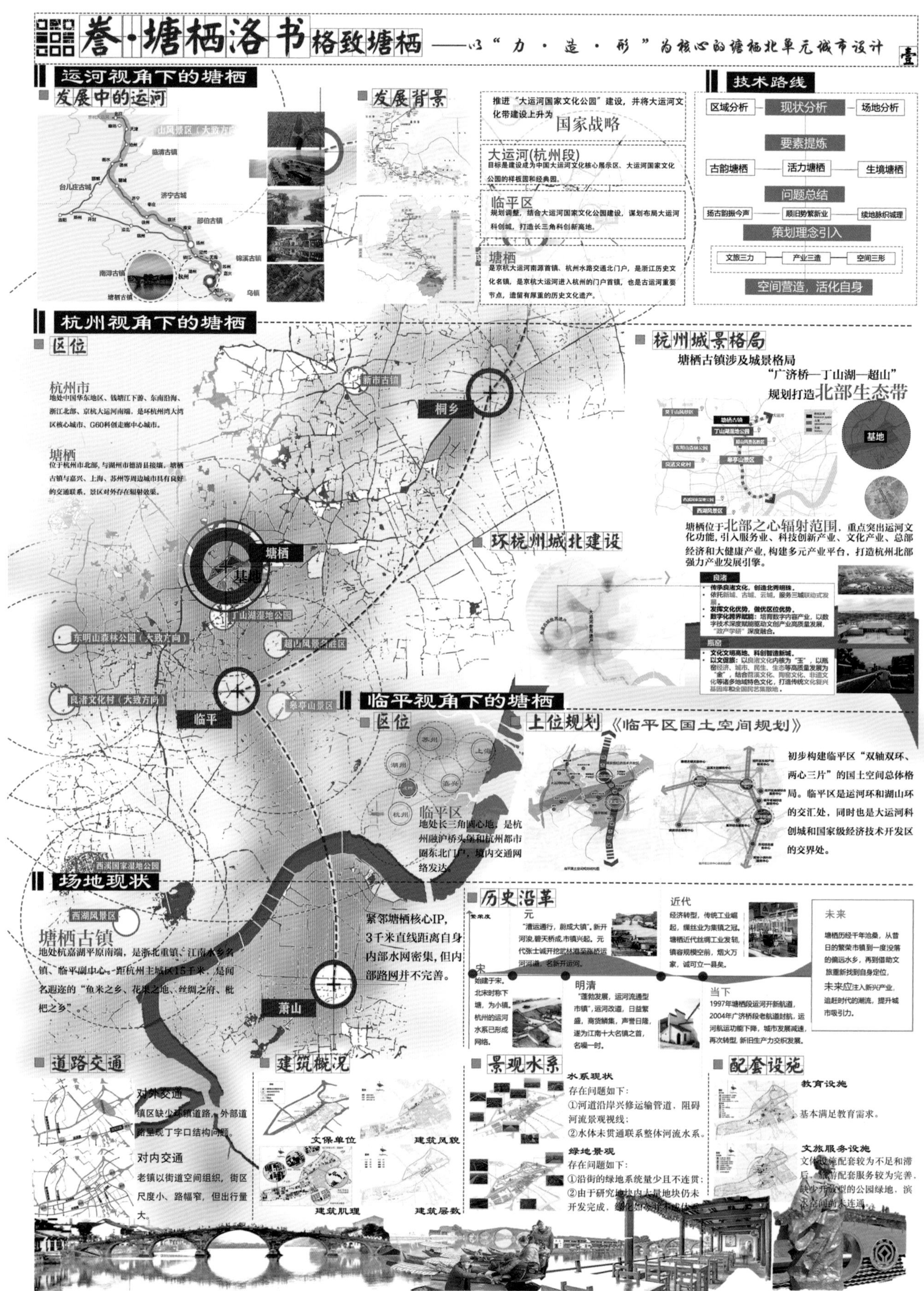
眷·塘栖洛书 格致塘栖
——以“力·造·形”为核心的塘栖北单元城市设计
壹
运河视角下的塘栖
发展中的运河
发展背景
推进“大运河国家文化公园”建设，并将大运河文化带建设上升为
国家战略
大运河(杭州段)
目标是建设成为中国大运河文化核心展示区、大运河国家文化公园的样板园和经典园。
临平区
规划调整，结合大运河国家文化公园建设，谋划布局大运河科创城，打造长三角科创新高地。
塘栖
是京杭大运河南源首镇、杭州水路交通北门户，是浙江历史文化名镇，是京杭大运河进入杭州的门户首镇，也是古运河重要节点，遗留有厚重的历史文化遗产。
技术路线
区域分析
现状分析
场地分析
要素提炼
古韵塘栖
活力塘栖
生境塘栖
问题总结
扬古韵振今声
顺旧势繁新业
续地脉织城理
策划理念引入
文旅三力
产业三造
空间三形
空间营造，活化自身
杭州视角下的塘栖
区位
杭州市
地处中国华东地区、钱塘江下游、东南沿海、浙江北部、京杭大运河南端，是环杭州湾大湾区核心城市、G60科创走廊中心城市。
塘栖
位于杭州市北部，与湖州市德清县接壤。塘栖古镇与嘉兴、上海、苏州等周边城市具有良好的交通联系，景区对外存在辐射效果。
新市古镇
桐乡
塘栖
基地
丁山湖湿地公园
东明山森林公园（大致方向）
超山风景名胜区
良渚文化村（大致方向）
临平
临平山景区
西溪国家湿地公园
西湖风景区
萧山
杭州城景格局
塘栖古镇涉及城景格局
“广济桥—丁山湖—超山”
规划打造北部生态带
基地
塘栖位于北部之心辐射范围，重点突出运河文化功能，引入服务业、科技创新产业、文化产业、总部经济和大健康产业，构建多元产业平台，打造杭州北部强力产业发展引擎。
环杭州城北建设
良渚
瓶窑
临平视角下的塘栖
区位
临平区
地处长三角圆心地，是杭州融沪桥头堡和杭州都市圈东北门户，境内交通网络发达。
上位规划
《临平区国土空间规划》
初步构建临平区“双轴双环、两心三片”的国土空间总体格局。临平区是运河环和湖山环的交汇处，同时也是大运河科创城和国家级经济技术开发区的交界处。
场地现状
塘栖古镇
地处杭嘉湖平原南端，是浙北重镇、江南水乡名镇、临平副中心。距杭州主城区15千米，是闻名遐迩的“鱼米之乡、花果之地、丝绸之府、枇杷之乡”。
紧邻塘栖核心IP，3千米直线距离自身内部水网密集，但内部路网并不完善。
历史沿革
宋
始建于宋。北宋时称下塘，为小镇。杭州的运河水系已形成网络。
元
“漕运通行，廨成大镇”。新开河浚，碧天桥成，市镇兴起。元代张士诚开挖武林港至塘栖运河河道，名新开运河。
明清
“蓬勃发展，运河流通型市镇”，运河改道，日益繁盛，商贸鳞集，声誉日隆，遂为江南十大名镇之首，名噪一时。
近代
经济转型，传统工业崛起，缫丝业为集镇之冠。塘栖近代丝绸工业发轫，镇容规模空前，烟火万家，诚可立一县矣。
当下
1997年塘栖段运河开新航道，2004年广济桥段老航道封航，运河航运功能下降，城市发展减速，再次转型，新旧生产力交织发展。
未来
塘栖历经千年沧桑，从昔日的繁荣市镇到一度没落的偏远水乡，再到借助文旅重新找到自身定位，未来应注入新兴产业，追赶时代的潮流，提升城市吸引力。
道路交通
对外交通
镇区缺少环镇道路，外部道路呈现丁字口结构问题。
对内交通
老镇以街道空间组织，街区尺度小、路幅窄，但出行量大。
建筑概况
文保单位
建筑风貌
建筑肌理
建筑层数
景观水系
水系现状
存在问题如下：
①河道沿岸兴修运输管道，阻碍河流景观视线；
②水体未贯通联系整体河流水系。
绿地景观
存在问题如下：
①沿街的绿地系统量少且不连贯；
②由于研究地块内大量地块仍未开发完成，绿化如今并未成体系。
配套设施
教育设施
基本满足教育需求。
文旅服务设施
文化设施配套较为不足和滞后，旅游配套服务较为完善，缺少开放型的公园绿地，游不连通。

叁·塘栖洛书 策动塘栖——以"力·造·形"为核心的塘栖北单元城市设计 贰

他山之石

【案例一：城郊野新发展】

梦想小镇

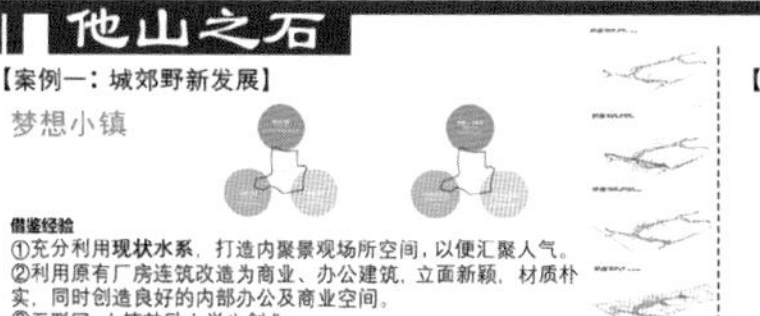

借鉴经验
①充分利用现状水系，打造内聚景观场所空间，以便汇聚人气。
②利用原有厂房连筑改造为商业、办公建筑，立面新颖，材质朴实，同时创造良好的内部办公及商业空间。
③互联网+小镇鼓励大学生创业。

【案例二：旧古镇新风貌】

【案例三：旧古镇新模式】

乌镇

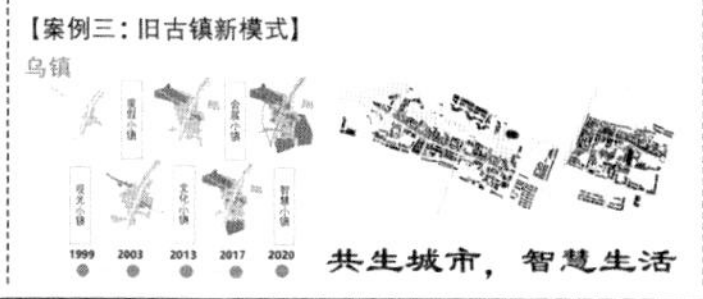

共生城市，智慧生活

【案例四 环湖产业链】

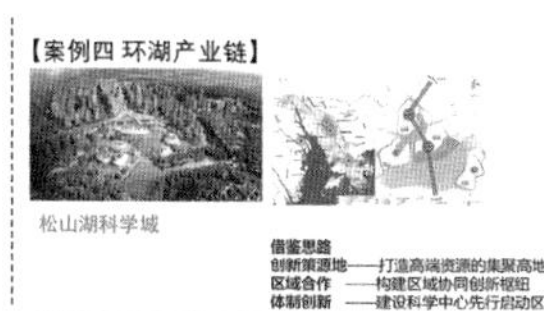

松山湖科学城

问题总结+策动框架

区域中的塘栖
区域优势弱，杭城竞争力大
印象一：古韵塘栖
历史要素众多，传承与更新
印象二：活力塘栖
产业基础多元，转型与升级
印象三：生境塘栖
生态前置较好，生活环境待补

+ 他山之石

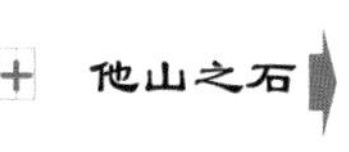

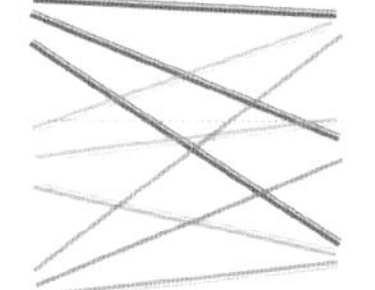

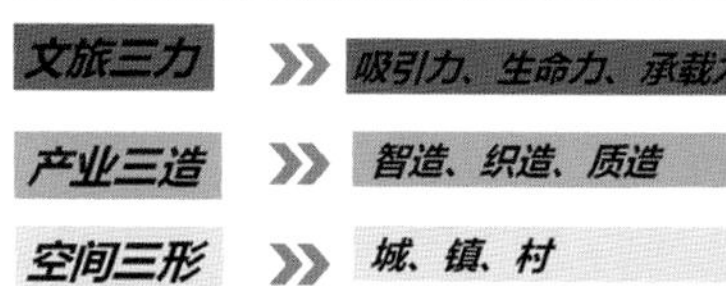

文旅三力 》 吸引力、生命力、承载力
产业三造 》 智造、织造、质造
空间三形 》 城、镇、村

破题——河图、洛书

"河图""洛书"是中国古代流传下来的两幅神秘图案，蕴含了深奥的宇宙星象之理，被誉为"宇宙魔方"，是中华文化、阴阳五行术数之源。语出《易经系辞·上》"河出图，洛出书"。河图、洛书是数学里的三阶幻方，中国古代叫"纵横图"。九宫格游戏正是在纵横图的基础上发展而来的。

河图、洛书是古人对于运算方法的总结，是一种谋略的方式，借助这种方式可演化出属于

塘栖的河图洛书

塘栖洛书——三力、三造、三形的九宫模型

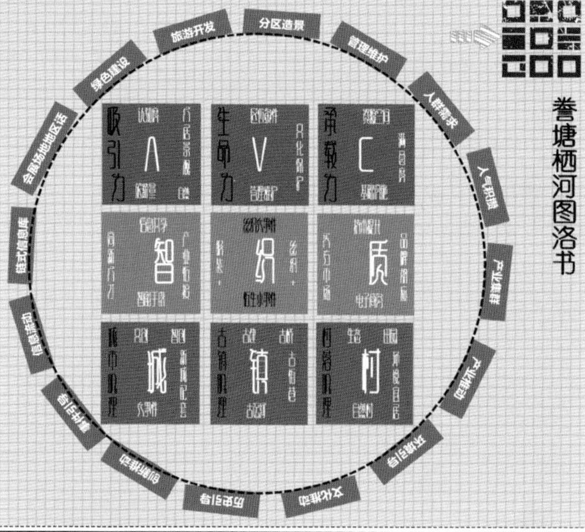

文旅三力

源起

AVC理论是由同济大学刘滨谊教授提出来的，其核心是三力，即吸引力、生命力、承载力，三者相互支持、相互促进。关于文旅三力，相关指标选取由11中类、29小类组成。

吸引力

【一】以创造吸引力为重点，积极打造文旅环境，提升古镇知名度，提供更好的开发平台。

①自然景观：卖出枇杷风景，复兴水乡水脉，四季四景。

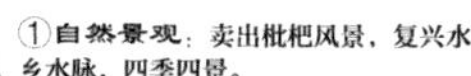

②人文景观：以文化线路串起景观。

③人居环境：合理分区、统一风貌。
④区位条件：整体条件有益，充分利用优势，提升塘栖郊野竞争力。
⑤社会认知度：打造塘栖IP，借用大事件的宣传，树立古镇形象。

生命力

四季节日

1月 2月 3月 春
丝织文化节 花市
4月 5月 6月 夏
非遗市集 枇杷节
7月 8月 9月 秋
科技艺术节 拜月节
10月 11月 12月 冬
运河音乐节 美食节

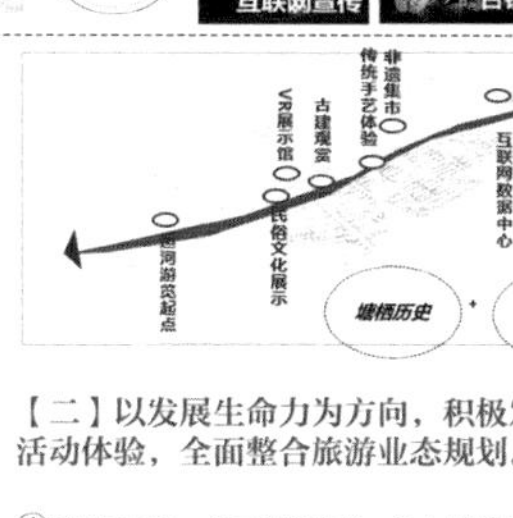

【二】以发展生命力为方向，积极发展文旅活动体验，全面整合旅游业态规划。

①旅游开发：多元旅游体验，健全服务平台，强化政策支撑。
②文化保护与传承：把握运河机遇，守住古镇文脉。
③管理维护：定期检查，合理开发，科学管理监测。

承载力

【三】以提升承载力为支撑，加强环境保护和基础设施规划，提高居住游憩舒适度。

①资源空间承载力：确保基础设施质量与数量，采用精细化管理，避免资源浪费。
②环境承载力：以生态发展为前提，创造良好的自然环境与人居环境。
③心理承载力：以质量提高游客文化认知与旅游意向，让居民享受和了解旅游的积极意义和经济效益，避免游客对居民生活过度干扰。

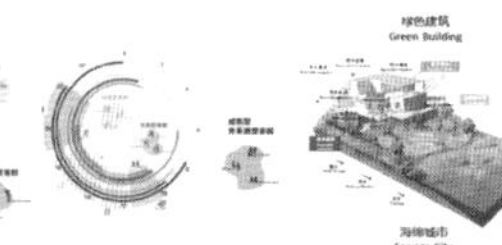

产业三造

智造

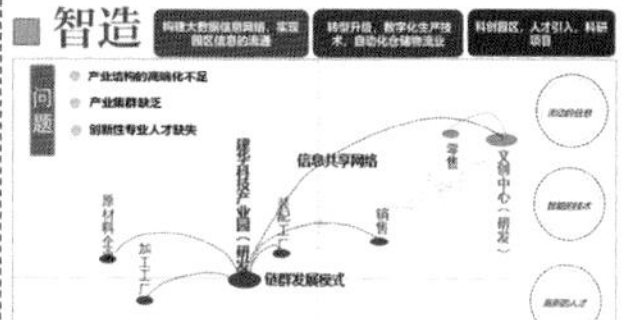

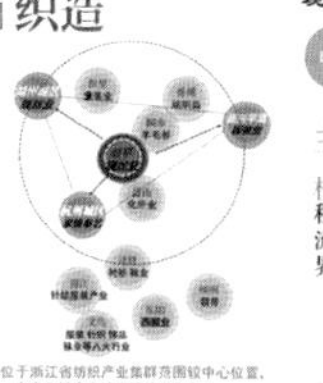

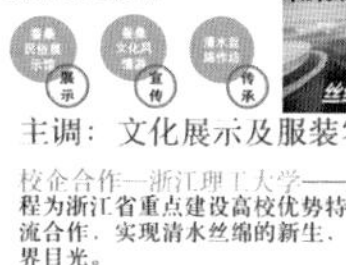

①摒弃高消耗、低产出、不重视研发的传统低端产业，转而培育数字化、绿色化、以创新驱动的新兴产业。
②培育更多龙头企业和产业集群：辅助配套性企业出现，各企业之间逐渐形成联结，产业链初现规模；集群增长速度快，资源有集中趋势。
③推动创新链、人才链、资金链和产业链的深度融合。
发展模式选择：链群式模式——专业化分工+完整产业链

织造

现有织造传承 未来织造传承

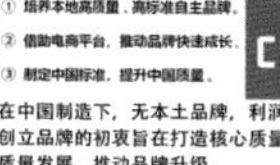

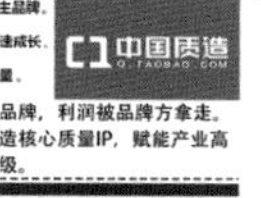

主调：文化展示及服装零售

校企合作——浙江理工大学——前身为浙江省高等蚕桑学校，其纺织科学与工程为浙江省重点建设高校优势特色学科。塘栖可与拥有纺织学科的学校进行交流合作，实现清水丝绵的新生，为学校提供科研场地，承办专业赛事，聚焦外界目光。

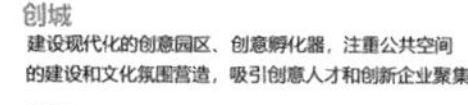

缫丝技艺 》 服装销售 》 非遗文化宣传 》 丝织博览会

借鉴乌镇"互联网+"成功经验，引导设置不同的小场馆发散相关小事件。
服装+
进一步推进服装电商市场发展，打造产销展示平台，让更多人欣赏到塘栖织造的魅力。

质造

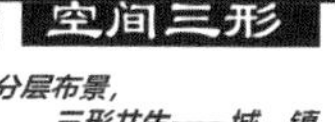

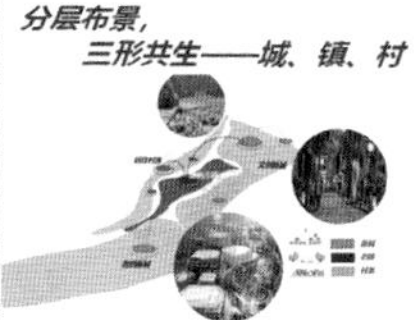

①培养本地高质量，高标准自主品牌。
②借助电商平台，推动品牌快速成长。
③制定中国标准，提升中国质量。

在中国制造下，无本土品牌，利润被品牌方拿走。创立品牌的初衷旨在打造核心质量IP，赋能产业高质量发展，推动品牌升级。

空间三形

分层布景，三形共生——城、镇、村

创城
建设现代化的创意园区、创意孵化器，注重公共空间的建设和文化氛围营造，吸引创意人才和创新企业聚集。

旅镇
放大区域文化优势，以塘栖古镇为中心，激活周围文旅氛围，延续和恢复古镇肌理，发挥古镇历史文化价值。

居村
村庄具有较强的地域文化特色及自然、朴实、舒适的特点，将这些特色运用到居住设计中，增强居民的归属感，提供具有人文气息和生活情趣的居住环境。

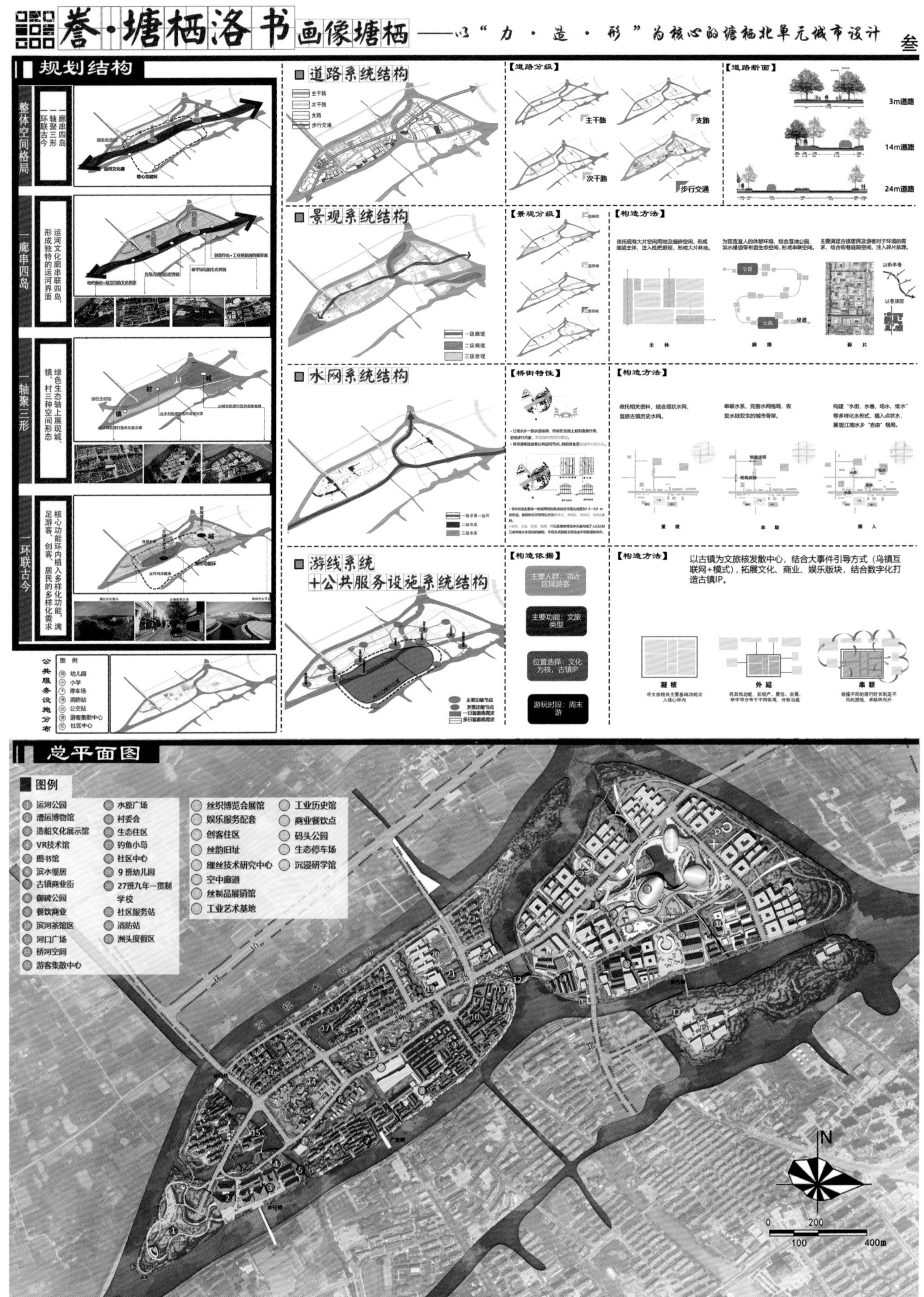
叁·塘栖洛书 画像塘栖
——以“力·造·形”为核心的塘栖北单元城市设计
叁
规划结构
整体空间格局
一廊串四岛 一轴聚三形 一环联古今
一廊串四岛
运河文化廊串联四岛，形成独特的运河界面
一轴聚三形
绿色生态轴上展现城、镇、村三种空间形态
一环联古今
核心功能环内植入多样化功能，满足游客、创客、居民的多样化需求
公共服务设施分布
图例
幼儿园
小学
停车场
消防站
公交站
游客集散中心
社区中心
道路系统结构
主干路
次干路
支路
步行交通
【道路分级】
主干路
支路
次干路
步行交通
【道路断面】
3m道路
14m道路
24m道路
景观系统结构
一级廊道
二级廊道
三级景观
【景观分级】
【构造方法】
主体
串络
碎片
水网系统结构
一级水系—运河
二级水系
三级水系
【桥街特性】
【构造方法】
游线系统
+公共服务设施系统结构
【构造依据】
主要人群：邻近区域游客
主要功能：文旅类型
位置选择：文化为核，古镇IP
游玩时段：周末游
【构造方法】
以古镇为文旅核发散中心，结合大事件引导方式（乌镇互联网+模式），拓展文化、商业、娱乐版块，结合数字化打造古镇IP。
凝核
外延
串联
总平面图
图例
1 运河公园
2 漕运博物馆
3 造船文化展示馆
4 VR技术馆
5 图书馆
6 滨水憬居
7 古镇商业街
8 御碑公园
9 餐饮商业
10 滨河茶馆区
11 河口广场
12 桥河空间
13 游客集散中心
14 水原广场
15 村委会
16 生态住区
17 钓鱼小岛
18 社区中心
19 班幼儿园
20 27班九年一贯制学校
21 社区服务站
22 消防站
23 洲头度假区
丝织博览会展馆
娱乐服务配套
创客住区
丝韵旧址
缫丝技术研究中心
空中廊道
丝制品展销馆
工业艺术基地
工业历史馆
商业餐饮点
码头公园
生态停车场
沉浸研学馆
N
0 100 200 400m

誊·塘栖洛书 画像塘栖 ——以"力·造·形"为核心的塘栖北单元城市设计 肆

鸟瞰效果图

分区重点设计

创城

【创城区域平面图】

【创城区域鸟瞰图】

【节点效果图】

相较A、B、D地块，C地块更具打造城市肌理的前置条件，地块灵活性强。结合"大事件"引导打造**创意智岛**。

采取大事件推动模式建立"塘栖丝织文化博物馆"，开展"古韵新生"传统文化复新会议，提高城市文旅吸引力和影响力,注入生命力。

居村

【居村区域平面图】

【居村区域鸟瞰图】

保留村落组团　新建村落组团

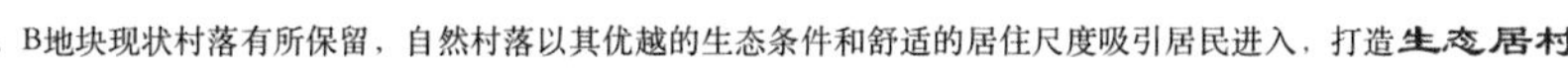

A、B地块现状村落有所保留，自然村落以其优越的生态条件和舒适的居住尺度吸引居民进入，打造**生态居村**。

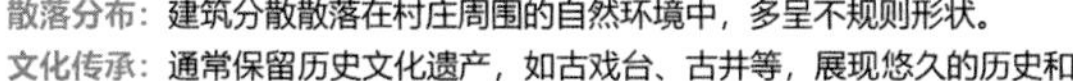

空间

散落分布：建筑分散散落在村庄周围的自然环境中，多呈不规则形状。

文化传承：通常保留历史文化遗产，如古戏台、古井等，展现悠久的历史和文化。

庭院环抱：建筑多数被庭院、院落环绕，形成空间上的独立性和私密性。

新旧交织村落组团

新旧交织村落组团

绿心商业街

水网入村落

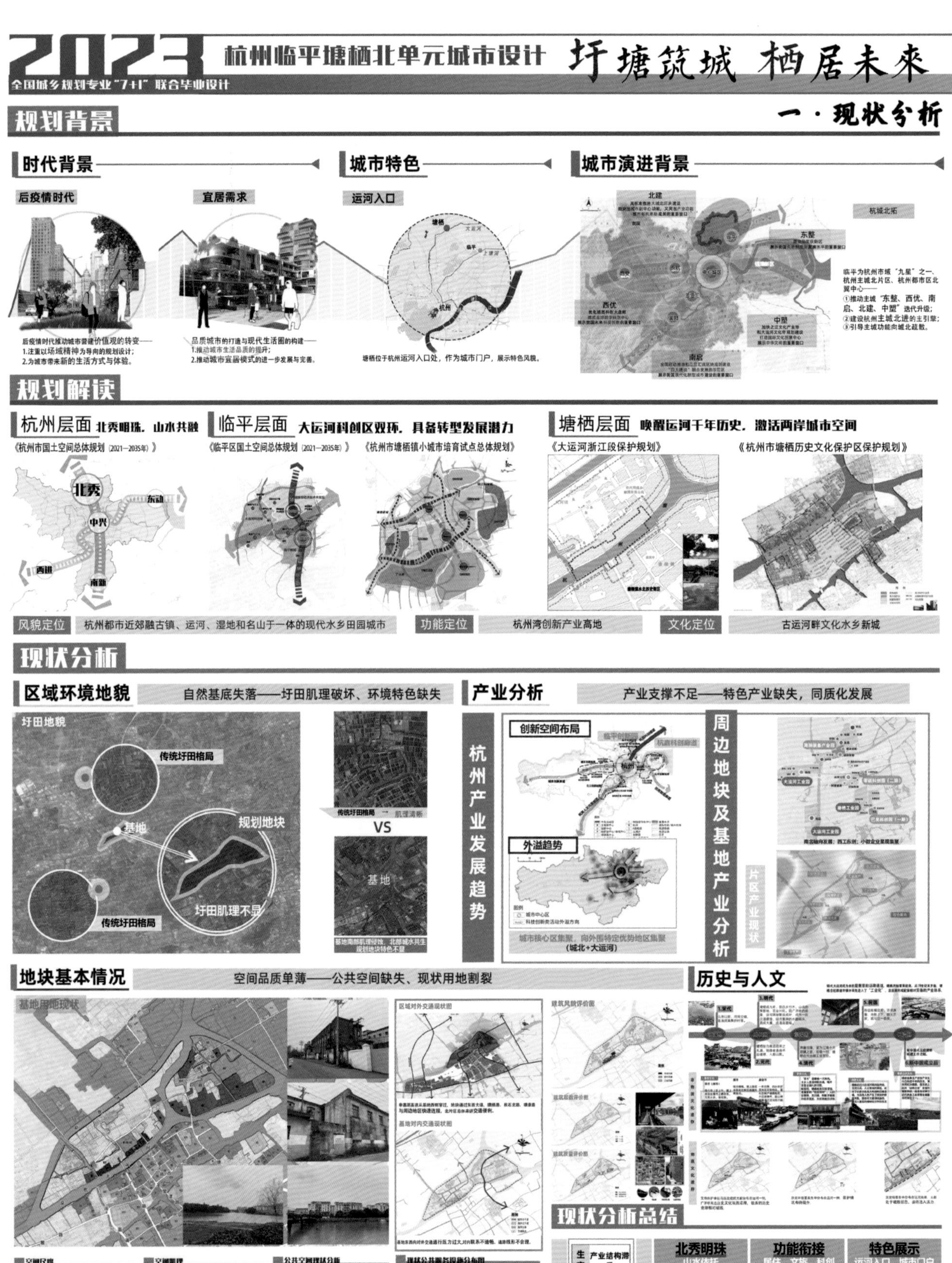
2023
杭州临平塘栖北单元城市设计
圩塘筑城 栖居未来
全国城乡规划专业"7+1"联合毕业设计
规划背景
一·现状分析
时代背景
城市特色
城市演进背景
后疫情时代
宜居需求
运河入口
后疫情时代推动城市营建价值观的转变——
1.注重以场域精神为导向的规划设计；
2.为城市带来新的生活方式与体验。
品质城市的打造与现代生活圈的构建——
1.推动城市生活品质的提升；
2.推动城市宜居模式的进一步发展与完善。
塘栖位于杭州运河入口处，作为城市门户，展示特色风貌。
北建
东整
西优
中塑
南启
杭城北拓
临平为杭州市域"九星"之一、杭州主城北片区、杭州都市区北翼中心——
①推动主城"东整、西优、南启、北建、中塑"迭代升级；
②建设杭州主城北进的主引擎；
③引导主城功能向城北疏散。
规划解读
杭州层面 北秀明珠，山水共融
《杭州市国土空间总体规划（2021—2035年）》
北秀
东动
中兴
西进
南新
临平层面 大运河科创区双环，具备转型发展潜力
《临平区国土空间总体规划（2021—2035年）》
《杭州市塘栖镇小城市培育试点总体规划》
塘栖层面 唤醒运河千年历史，激活两岸城市空间
《大运河浙江段保护规划》
《杭州市塘栖历史文化保护区保护规划》
风貌定位
杭州都市近郊融古镇、运河、湿地和名山于一体的现代水乡田园城市
功能定位
杭州湾创新产业高地
文化定位
古运河畔文化水乡新城
现状分析
区域环境地貌
自然基底失落——圩田肌理破坏、环境特色缺失
圩田地貌
传统圩田格局
规划地块
基地
圩田肌理不显
传统圩田格局
VS
基地
产业分析
产业支撑不足——特色产业缺失，同质化发展
杭州产业发展趋势
创新空间布局
外溢趋势
城市核心区集聚，向外围特定优势地区集聚
（城北+大运河）
周边地块及基地产业分析
片区产业现状
地块基本情况
空间品质单薄——公共空间缺失、现状用地割裂
基地用地现状
区域对外交通现状图
基地对内交通现状图
建筑风貌评价图
历史与人文
现状分析总结
问题总结
生产 产业结构滞后
生态 自然基底失落
生活 人居品质单薄
发展需求
北秀明珠
山水依托
功能衔接
居住、文旅、科创
特色展示
运河入口、城市门户
基地

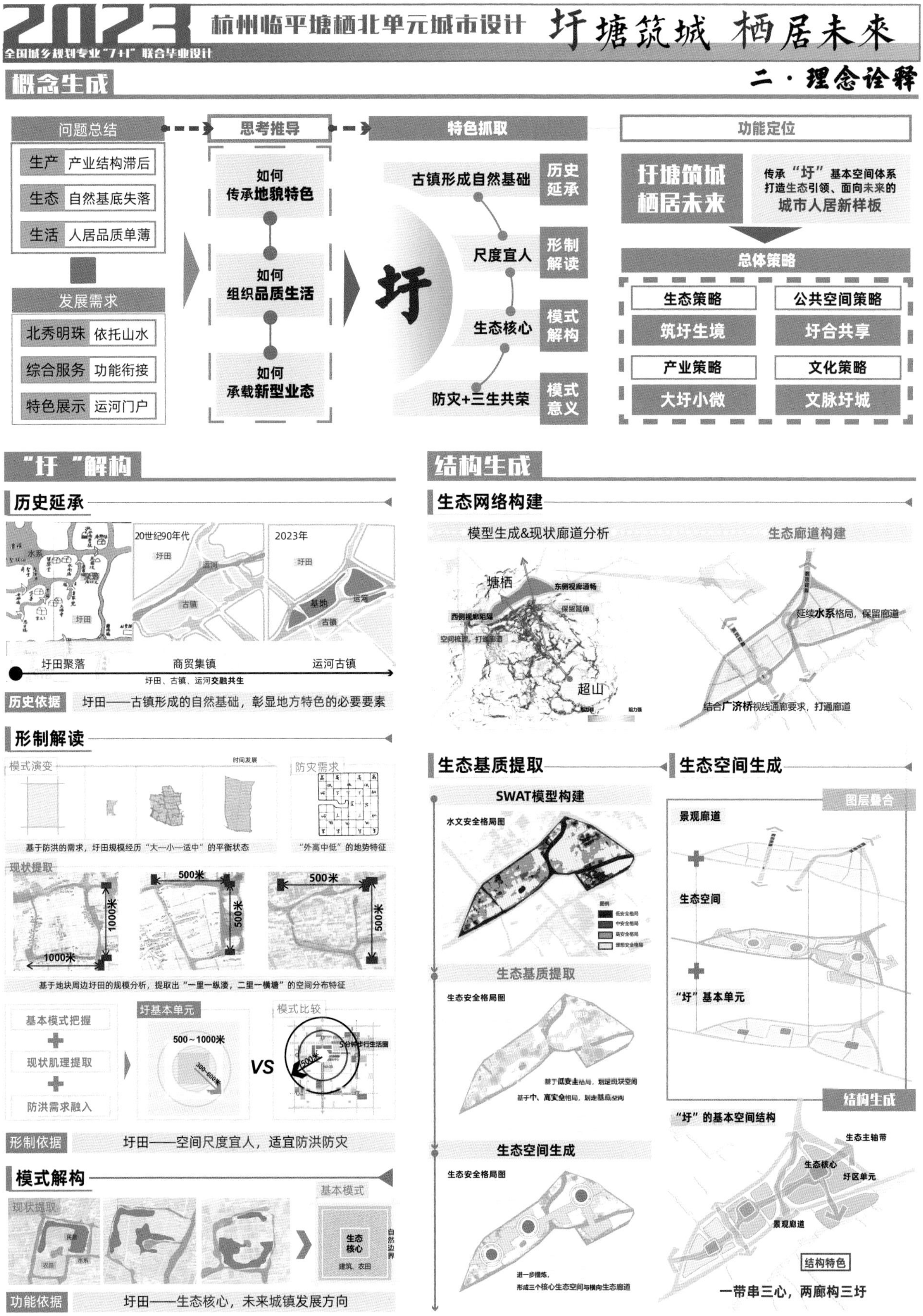

概念生成

二·理念诠释

问题总结：生产 产业结构滞后；生态 自然基底失落；生活 人居品质单薄

发展需求：北秀明珠 依托山水；综合服务 功能衔接；特色展示 运河门户

思考推导：如何传承地貌特色；如何组织品质生活；如何承载新型业态

特色抓取：圩
- 历史延承：古镇形成自然基础
- 形制解读：尺度宜人
- 模式解构：生态核心
- 模式意义：防灾+三生共荣

功能定位：圩塘筑城 栖居未来——传承"圩"基本空间体系 打造生态引领、面向未来的城市人居新样板

总体策略：
- 生态策略：筑圩生境
- 公共空间策略：圩合共享
- 产业策略：大圩小微
- 文化策略：文脉圩城

"圩"解构

历史延承

20世纪90年代 2023年

圩田聚落 → 商贸集镇 → 运河古镇

圩田、古镇、运河交融共生

历史依据：圩田——古镇形成的自然基础，彰显地方特色的必要要素

形制解读

模式演变 时间发展 防灾需求

基于防洪的需求，圩田规模经历"大—小—适中"的平衡状态

"外高中低"的地势特征

现状提取

1000米 1000米 500米 500米 500米 500米

基于地块周边圩田的规模分析，提取出"一里一纵溇，二里一横塘"的空间分布特征

基本模式把握 + 现状肌理提取 + 防洪需求融入

圩基本单元 500~1000米 300~600米 VS 模式比较 5分钟步行生活圈 300米

形制依据：圩田——空间尺度宜人，适宜防洪防灾

模式解构

现状提取 民居 水系 农田 → 基本模式 生态核心 建筑、农田 自然边界

功能依据：圩田——生态核心，未来城镇发展方向

结构生成

生态网络构建

模型生成&现状廊道分析：塘栖 东侧视廊通畅 保留延伸 西侧视廊阻隔 空间梳理，打通廊道 超山

生态廊道构建：延续水系格局，保留廊道；结合广济桥视线通廊要求，打通廊道

生态基质提取

SWAT模型构建：水文安全格局图（低安全格局、中安全格局、高安全格局、理想安全格局）

生态基质提取：生态安全格局图；基于低安全格局，划定斑块空间；基于中、高安全格局，划定基底空间

生态空间生成：生态安全格局图；进一步提炼，形成三个核心生态空间与横向生态廊道

生态空间生成

图层叠合：景观廊道 + 生态空间 + "圩"基本单元

结构生成："圩"的基本空间结构：生态主轴带、生态核心、圩区单元、景观廊道

结构特色：一带串三心，两廊构三圩

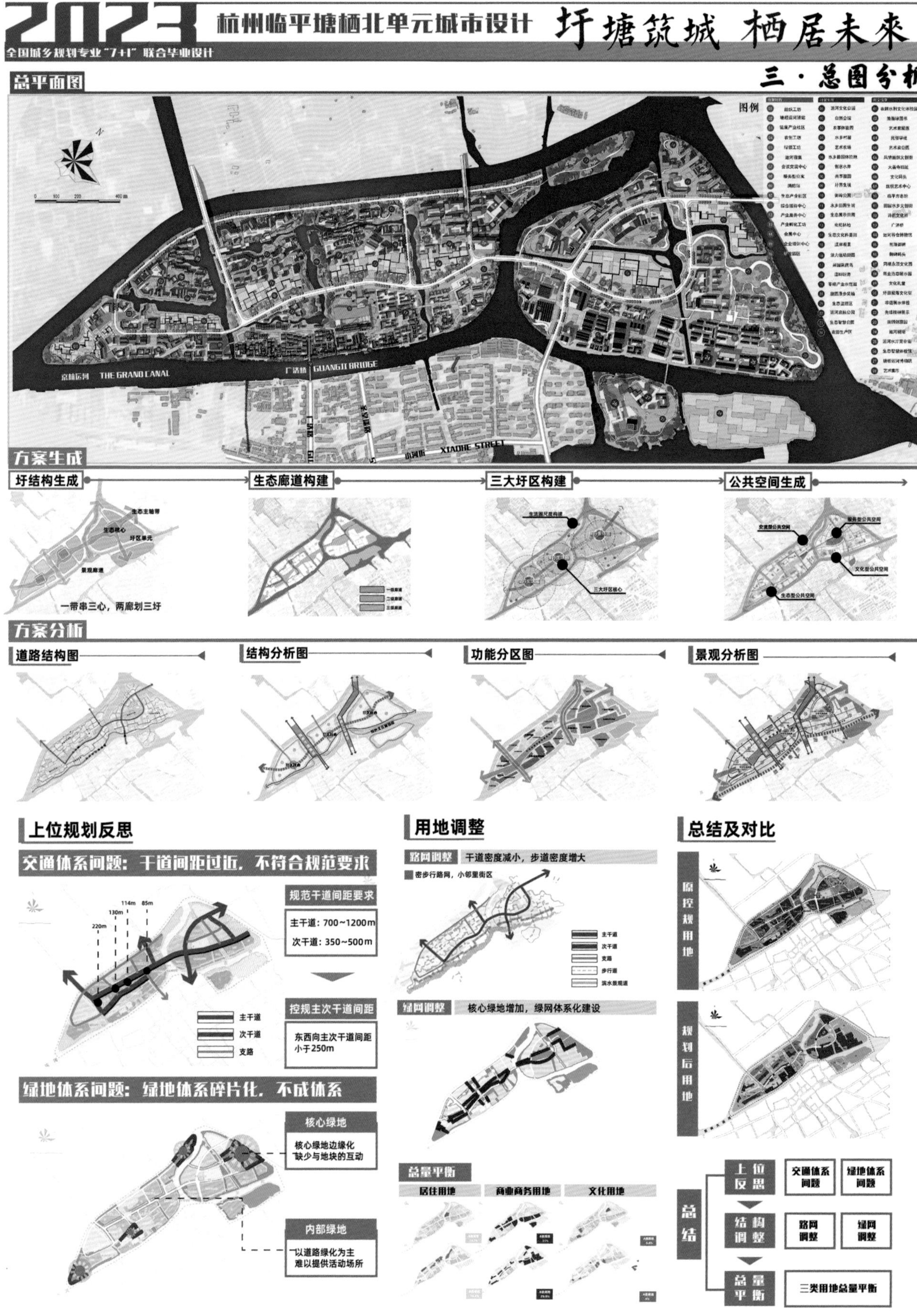
2023 杭州临平塘栖北单元城市设计 圩塘筑城 栖居未来
全国城乡规划专业"7+1"联合毕业设计
三·总图分析
总平面图
图例
京杭运河 THE GRAND CANAL
广济桥 GUANGJI BRIDGE
小河街 XIAOHE STREET
方案生成
圩结构生成
生态廊道构建
三大圩区构建
公共空间生成
一带串三心，两廊划三圩
方案分析
道路结构图
结构分析图
功能分区图
景观分析图
上位规划反思
交通体系问题：干道间距过近，不符合规范要求
规范干道间距要求
主干道：700~1200m
次干道：350~500m
控规主次干道间距
东西向主次干道间距小于250m
220m
130m
114m
85m
主干道
次干道
支路
绿地体系问题：绿地体系碎片化，不成体系
核心绿地
核心绿地边缘化缺少与地块的互动
内部绿地
以道路绿化为主难以提供活动场所
用地调整
路网调整 干道密度减小，步道密度增大
密步行路网，小邻里街区
绿网调整 核心绿地增加，绿网体系化建设
总量平衡
居住用地
商业商务用地
文化用地
总结及对比
原控规用地
规划后用地
总结
上位反思
交通体系问题
绿地体系问题
结构调整
路网调整
绿网调整
总量平衡
三类用地总量平衡

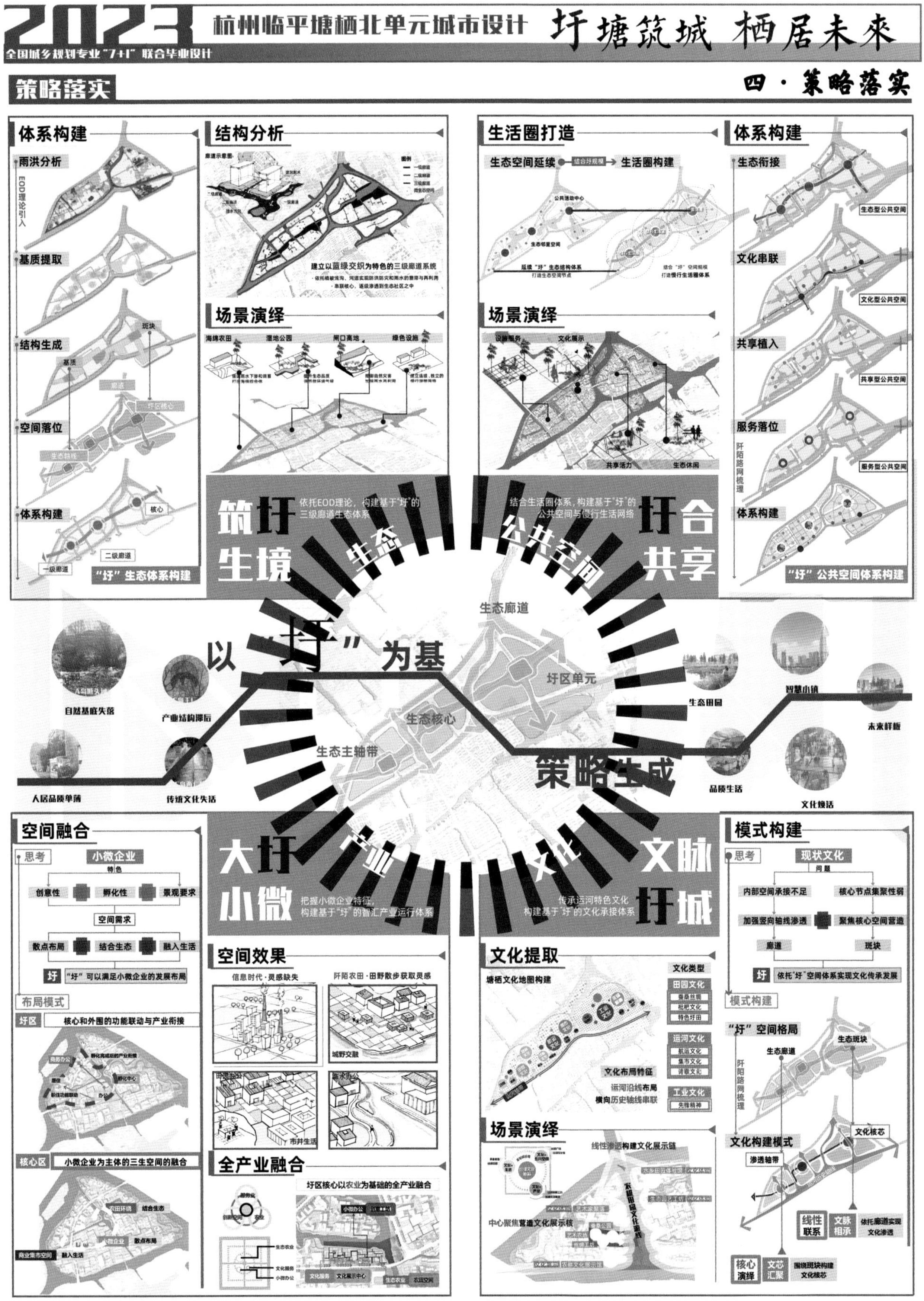

2023 杭州临平塘栖北单元城市设计 圩塘筑城 栖居未来

全国城乡规划专业"7+1"联合毕业设计

策略落实

四·策略落实

体系构建

雨洪分析

EOD理论引入

基质提取

结构生成

斑块

基质

廊道

圩区核心

空间落位

生态轴线

体系构建

核心

二级廊道

一级廊道

"圩"生态体系构建

结构分析

建立以蓝绿交织为特色的三级廊道系统

场景演绎

海绵农田

湿地公园

闸口高地

绿色设施

生活圈打造

生态空间延续

结合圩规模

生活圈构建

公共活动中心

延续"圩"生态结构体系 打造生态空间节点

结合"圩"空间视模 打造慢行生活圈体系

场景演绎

设施服务

文化展示

共享活力

生态休闲

体系构建

生态衔接

生态型公共空间

文化串联

文化型公共空间

共享植入

共享型公共空间

服务落位

服务型公共空间

阡陌路网梳理

体系构建

"圩"公共空间体系构建

筑圩生境

依托EOD理论，构建基于"圩"的三级廊道生态体系

圩合共享

结合生活圈体系，构建基于"圩"的公共空间与慢行生活网络

生态

公共空间

生态廊道

圩区单元

生态核心

生态主轴带

以"圩"为基

策略生成

自然基底失落

产业结构滞后

人居品质单薄

传统文化失活

生态田园

智慧小镇

未来样板

品质生活

文化焕活

大圩小微

把握小微企业特征，构建基于"圩"的智汇产业运行体系

文脉圩城

传承运河特色文化，构建基于"圩"的文化承接体系

产业

文化

空间融合

思考

小微企业

特色

创意性

孵化性

景观要求

空间需求

散点布局

结合生态

融入生活

圩 "圩"可以满足小微企业的发展布局

布局模式

圩区 核心和外围的功能联动与产业衔接

核心区 小微企业为主体的三生空间的融合

农田环境

结合生态

小微企业

散点布局

商业集市空间

融入生活

空间效果

信息时代·灵感缺失

阡陌农田·田野散步获取灵感

城野交融

市井生活

全产业融合

圩区核心以农业为基础的全产业融合

服务化

创新创业

农业

生态农业

文化服务

文化展示中心

小微办公

文化提取

塘栖文化地图构建

文化类型

田园文化

运河文化

工业文化

文化布局特征

运河沿线布局

横向历史轴线串联

场景演绎

线性渗透构建文化展示链

中心聚焦营造文化展示核

模式构建

思考

现状文化

问题

内部空间承接不足

核心节点集聚性弱

加强竖向轴线渗透

聚焦核心空间营造

廊道

斑块

圩 依托"圩"空间体系实现文化传承发展

模式构建

"圩"空间格局

生态廊道

生态斑块

阡陌路网梳理

文化构建模式

渗透轴带

文化核芯

线性联系

文脉相承

依托廊道实现文化渗透

核心演绎

文芯汇聚

围绕斑块构建文化核芯

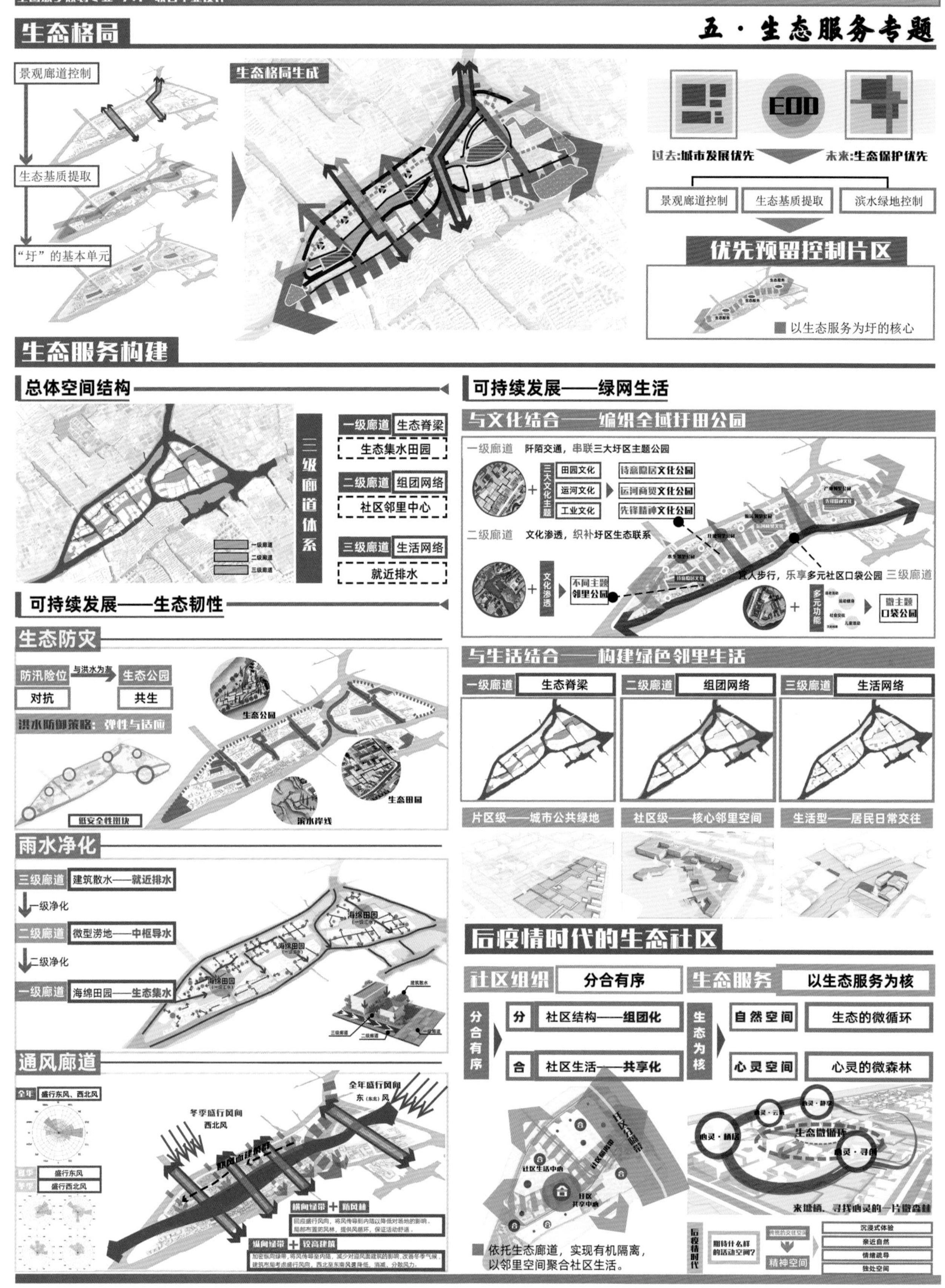
2023
全国城乡规划专业"7+1"联合毕业设计
杭州临平塘栖北单元城市设计
圩塘筑城 栖居未来
生态格局
五·生态服务专题
景观廊道控制
生态基质提取
"圩"的基本单元
生态格局生成
EOD
过去:城市发展优先
未来:生态保护优先
景观廊道控制
生态基质提取
滨水绿地控制
优先预留控制片区
以生态服务为圩的核心
生态服务构建
总体空间结构
三级廊道体系
一级廊道 生态脊梁
生态集水田园
二级廊道 组团网络
社区邻里中心
三级廊道 生活网络
就近排水
可持续发展——生态韧性
生态防灾
防汛险位
与洪水为友
生态公园
对抗
共生
洪水防御策略:弹性与适应
低安全性用块
生态公园
生态田园
滨水岸线
雨水净化
三级廊道 建筑散水——就近排水
一级净化
二级廊道 微型涝地——中枢导水
二级净化
一级廊道 海绵田园——生态集水
海绵田园
通风廊道
全年 盛行东风、西北风
夏季 盛行东风
冬季 盛行西北风
冬季盛行风向
西北风
全年盛行风向
东(东北)风
横向绿带 + 防风林
纵向绿带 + 较高建筑
可持续发展——绿网生活
与文化结合——编织全域圩田公园
一级廊道 阡陌交通,串联三大圩区主题公园
三大文化主题
田园文化
运河文化
工业文化
诗意隐居文化公园
运河商贸文化公园
先锋精神文化公园
二级廊道 文化渗透,织补圩区生态联系
文化渗透
不同主题邻里公园
三级廊道
进入步行,乐享多元社区口袋公园
多元功能
微主题口袋公园
与生活结合——构建绿色邻里生活
一级廊道 生态脊梁
二级廊道 组团网络
三级廊道 生活网络
片区级——城市公共绿地
社区级——核心邻里空间
生活型——居民日常交往
后疫情时代的生态社区
社区组织 分合有序
生态服务 以生态服务为核
分合有序
分 社区结构——组团化
合 社区生活——共享化
生态为核
自然空间 生态的微循环
心灵空间 心灵的微森林
社区生活中心
圩区共享中心
生态循环
来塘栖,寻找心灵的一片微森林
依托生态廊道,实现有机隔离,以邻里空间聚合社区生活。
后疫情时代
期待什么样的活动空间?
精神空间
沉浸式体验
亲近自然
情绪疏导
独处空间

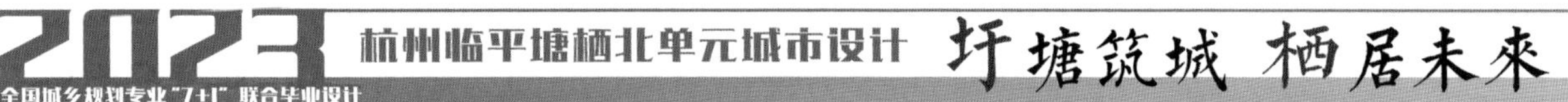

2023 杭州临平塘栖北单元城市设计 圩塘筑城 栖居未来

全国城乡规划专业"7+1"联合毕业设计

六·社会生态专题

策略生成

人——社会网络瓦解　**产**——产业发展落后　**地**——风俗文化失落

鱼船埭村村民
鱼船埭村个人作坊
三文村庙

地块内村落大拆大建，导致人口外流，社会网络逐步瓦解

地块内村落以小型工坊与农业为主体产业，缺乏产业联动，经济发展落后

地块内村落伴随人口外流，传统习俗与文化缺乏关注，逐步失落

村庄现状问题 → 社会生态 → 总体空间策略：

- 血缘 → 邻里友好
- 业缘 → 文化多样
- 地缘 → 传承发展

社会生态营建

具体空间落实

建筑更新，建筑整合
就近新建，延续肌理
少量拆除，提供公共空间
建筑更新，立面改造
建筑更新，建筑整合
就近新建，延续肌理
空间梳理，打通步行游线
少量拆除，提供公共空间

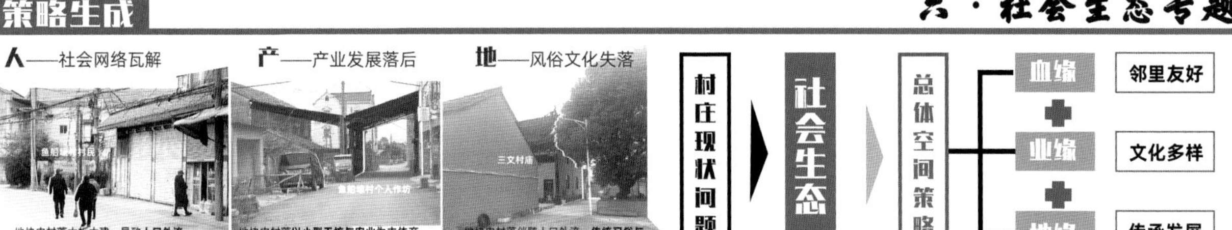

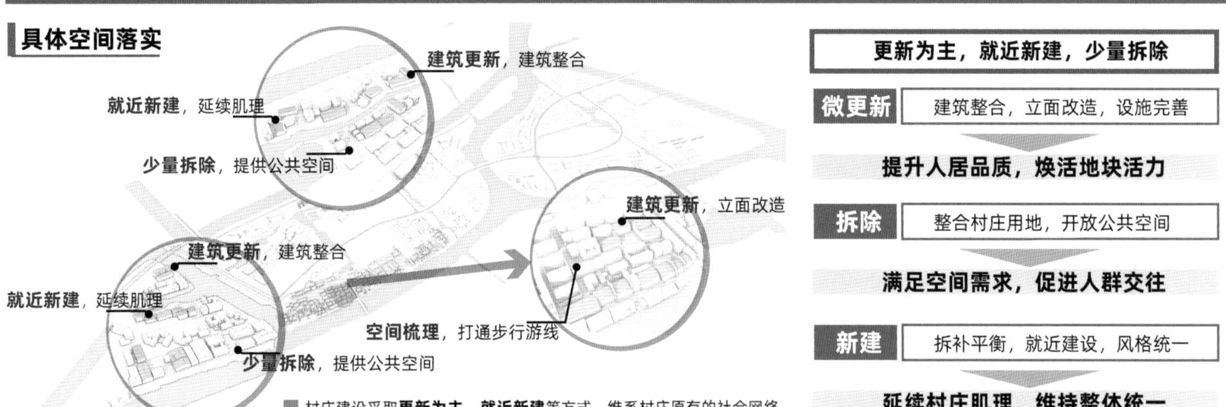

■ 村庄建设采取**更新为主、就近新建**等方式，维系村庄原有的社会网络

更新为主，就近新建，少量拆除

微更新	建筑整合，立面改造，设施完善

提升人居品质，焕活地块活力

拆除	整合村庄用地，开放公共空间

满足空间需求，促进人群交往

新建	拆补平衡，就近建设，风格统一

延续村庄肌理，维持整体统一

血缘——友好邻里（分策略）

宗族血缘 —依托→ 文化设施 —维系→ 友好邻里关系

文化礼堂：宗祠意象（宗族文化寄托）；开放空间（邻里交往联系）

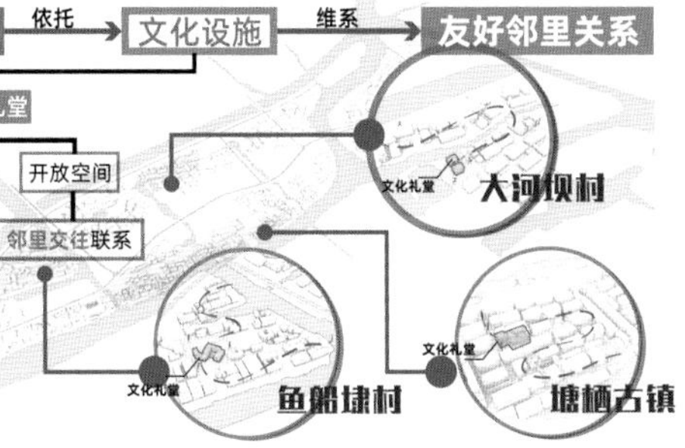

文化礼堂
大河坝村
文化礼堂
鱼船埭村
文化礼堂
塘栖古镇

业缘——就业平衡（分策略）

村落保留 —提供→ 廉租房 —促进→ 多层级劳动 ■ 就近就业

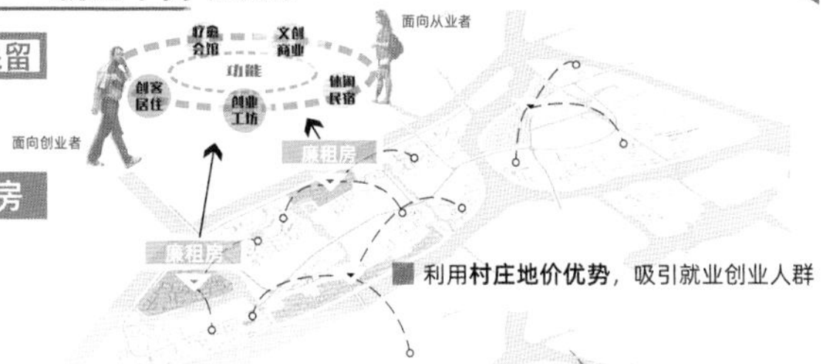

面向从业者
面向创业者
功能
创客居住
创业工坊
文创商业
疗愈养老
廉租房
廉租房

■ 利用**村庄地价优势**，吸引就业创业人群

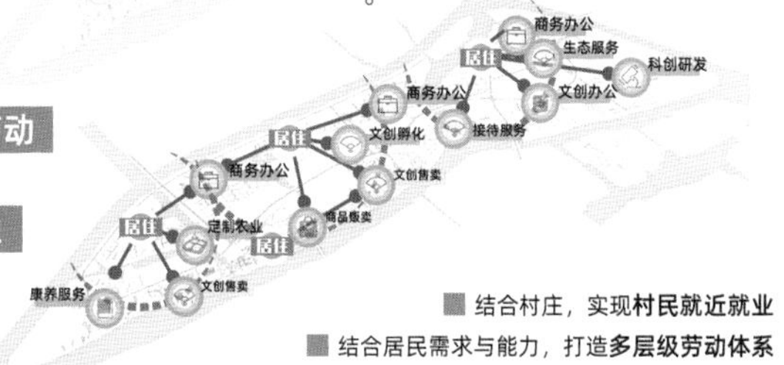

商务办公
生态服务
科创研发
居住
文创办公
商务办公
文创孵化
接待服务
居住
商务办公
文创售卖
商品贩卖
居住
定制农业
居住
康养服务
文创售卖

■ 结合村庄，实现**村民就近就业**

■ 结合居民需求与能力，打造**多层级劳动体系**

地缘——文化多样（分策略）

现状文化 —依托→ 外来人员 ■ 交流空间 —形成→ 多元文化体系

- 工业文化：丝厂、仓库、厂房
- 运河文化：航运、诗歌、集市
- 田园文化：蚕桑、枇杷、圩田

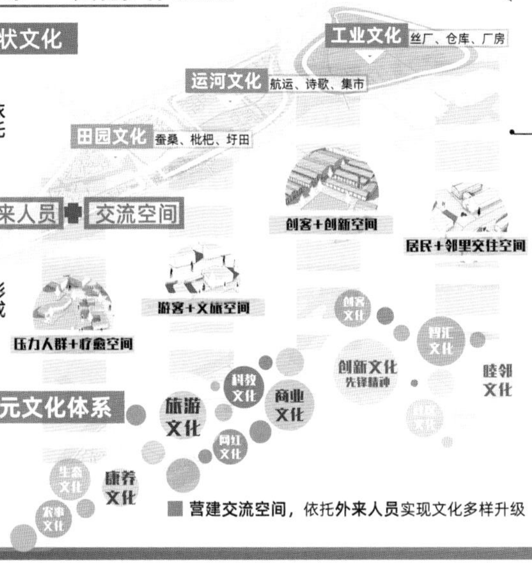

创客+创新空间
居民+邻里交往空间
游客+文旅空间
压力人群+疗愈空间
创客文化
创新文化 先锋精神
社区文化
睦邻文化
科教文化
商业文化
旅游文化
网红文化
生态文化
康养文化
农事文化

■ 营建交流空间，依托**外来人员**实现**文化多样升级**

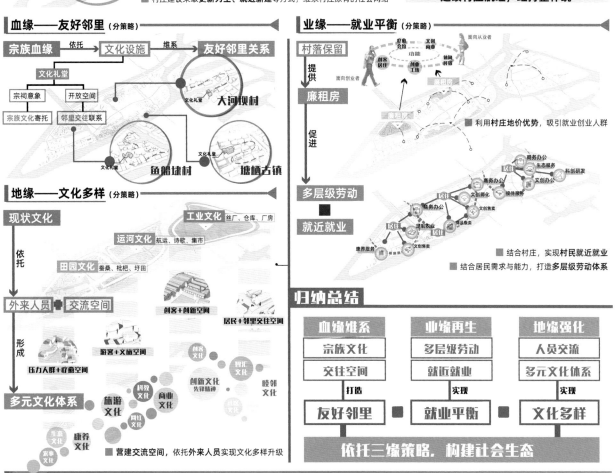

归纳总结

血缘维系	业缘再生	地缘强化
宗族文化	多层级劳动	人员交流
交往空间	就近就业	多元文化体系
打造	实现	实现
友好邻里	就业平衡	文化多样

依托三缘策略，构建社会生态

2023 杭州临平塘栖北单元城市设计 圩塘筑城 栖居未来
全国城乡规划专业"7+1"联合毕业设计

总体鸟瞰图

七·效果展示

节点展示

节点鸟瞰图——织染创园

遗址广场

创意长街

休憩小径

创意餐吧

场景展示

长街入口

丝织书廊

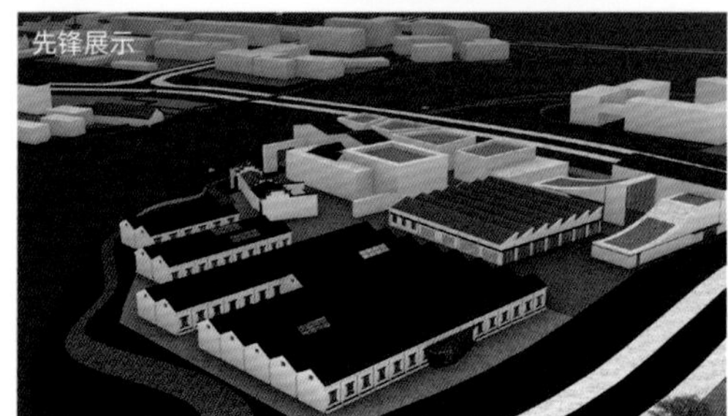
先锋展示

2023 杭州临平塘栖北单元城市设计 圩塘筑城 栖居未来

全国城乡规划专业"7+1"联合毕业设计

模式推广

八·价值提升

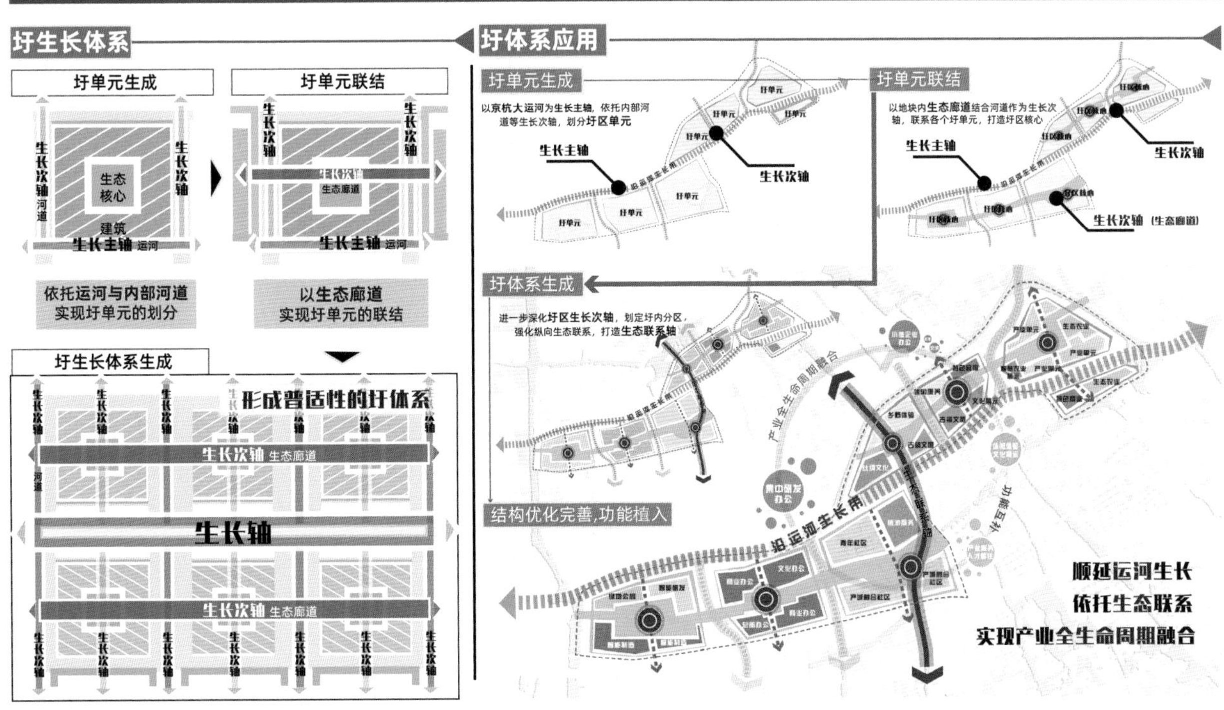

价值提升

价值曲线

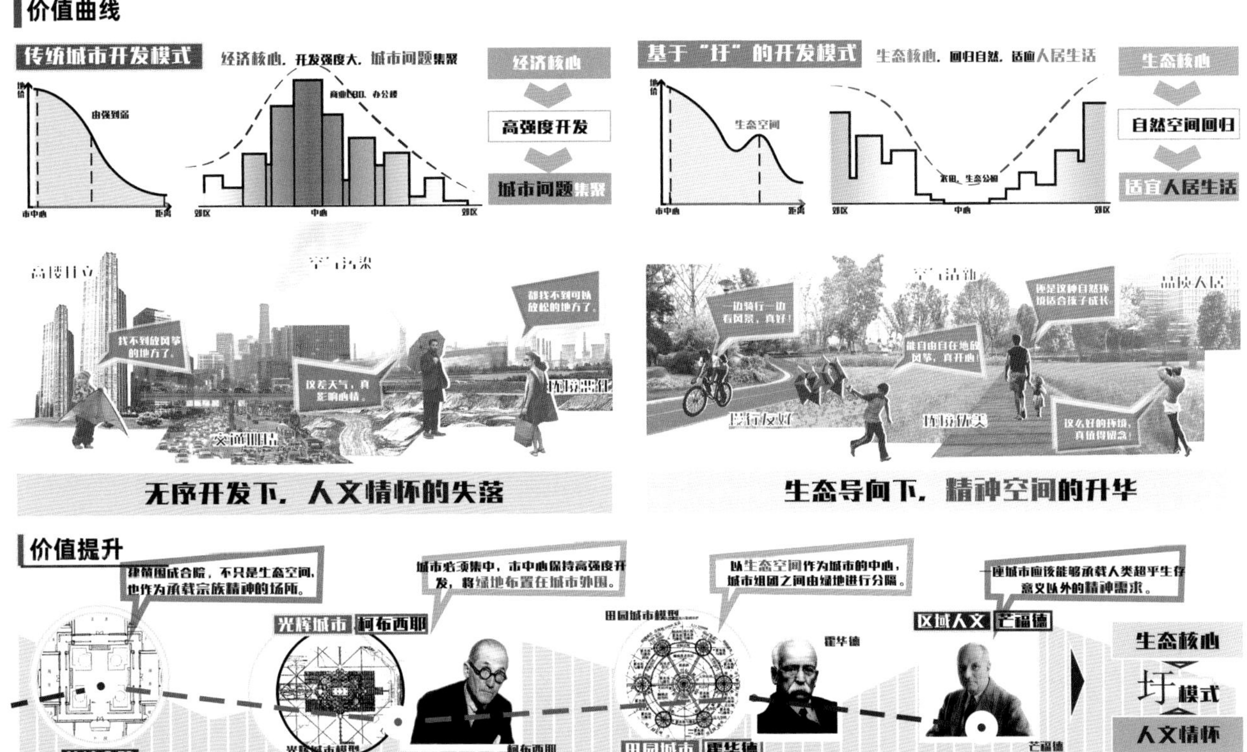

价值提升

田城融合，实虚转化，山水人文与当代城市的反哺与超越 ⟹ 栖居未来

教师感言

Teachers' Comments

高晓路

这是我第一次参加全国城乡规划专业“7+1”联合毕业设计，也是我第一次指导本科生进行毕业设计。杭州塘栖镇历史文化底蕴深厚，充满江南水韵灵动气息，经过浙江工业大学老师的精心组织和七校学生的深入挖掘，基地特色和各种想法跃然纸上，留下了令人难忘的印象。

有幸与来自大江南北的老师和学生们结缘，我不仅深刻感受到这种创新模式给学生们带来的视野拓展和尽情发挥的快乐，而且得到各校老师的亲切帮助。特别是北京建筑大学苏毅老师、荣玥芳老师的鼎力支持，让我受益良多，心中充满感激。

荣玥芳

又一年全国城乡规划专业“7+1”联合毕业设计结束了，回顾 13 年来联合毕业设计高校师生给我们带来的学习机会以及潜移默化的影响，感慨万千！感谢浙江工业大学给我们带来时代感满满、挑战性极强的题目，感谢各校师生团队带给我们不同视角的历史城市更新思考，感谢学生们的努力，希望未来我们还会对本届杭州更新设计记忆犹新！在此祝福学生们前程似锦！我们江湖再见！

苏毅

非常感谢有机会参加和指导十三届全国城乡规划专业“7+1”联合毕业设计。这次毕业设计的主题是“运河文化卷，智汇栖乡”，这是一个非常有意义的主题，不仅是对运河文化的传承和发扬，更是对未来城市发展的思考和探索。在这次毕业设计过程中，我深刻感受到了青年学生的创新力和实践能力，他们用自己的专业知识和实际操作提出了许多创新的想法和解决方案。同时，我也看到了这些学生对于运河文化的热爱和对于智慧城市的期待，他们用自己的智慧和努力，为城市的未来作出了贡献。今年参加的学校有变化，但情怀依旧，祝联合毕业设计越办越好。

苏州科技大学

顿明明

全国城乡规划专业“7+1”联合毕业设计经历了三年“云设计”后终于可以线下进行，既是结束也是开始，感慨万千！感谢浙江工业大学老师们的精心选题和缜密组织，本届联合毕业设计得以顺利推进，完美收官。祝贺七所学校毕业的 2023 届学生们，愿你们前程似锦，人生如画！联合毕业设计教学重在交流，通过各校间师生的柔性切磋，共同进步。祝愿全国城乡规划专业“7+1”联合毕业设计不断持续发展，迎接行业变革的挑战，培养“顶天立地”的卓越人才，越办越好！

于淼

第十三届全国城乡规划专业“7+1”联合毕业设计的选题、开题、中期交流以及最后答辩都离不开浙江工业大学的周密组织与安排。本次毕业设计是近三年来首次全程线下举行的联合教学活动，在各校师生的共同努力下成功地呈现了相对满意的设计成果。大运河畔的杭州市临安区北单元城市更新规划是一个具有挑战且有纪念意义的城市更新任务，带着脱离往年线上云毕业设计的兴奋，我和学生共同度过了这段教学相长的数月时间，收获良多。联合毕业设计重在“联”与“合”，在这个收获的季节里，感谢主办方浙江工业大学为各个高校教学与探索搭建了相互学习、共同发展的交流平台。

周敏

感谢本届联合毕业设计主办方浙江工业大学的精心组织，使联合毕业设计的选题、实地调查、中期交流等各个环节进展顺畅，使正式回归线下教学的全国城乡规划专业“7+1”联合毕业设计让人无比期待。在国土空间行业变革背景下，城市更新、高质量发展、历史文化传承等多重要求，使得当代规划师不断寻求文化传承、经济发展、社会共享、空间增值等多维度的共鸣共耦，难度大、责任重。运河文化、江南文化、互联网技术等多重价值特色赋予了本次联合毕业设计对象丰富的内涵，也充满了更大的挑战。十分欣慰看到了不同高校带来洞见与想法的设计，取得了丰硕的成果。同时，祝贺 2023 届毕业生毕业快乐，海阔天空！愿当下不茫，未来可期！祝福全国城乡规划专业“7+1”联合毕业设计大家庭绿树长青，弥久常新！期待 2004 年的福州之行，咱们再聚首！

陈朋、程亮

三年疫情之后又恢复了线下联合毕业设计，2023 年又认识了许多新的老师和学生，收获了许多关于杭州塘栖古镇与大运河的新感受。本次联合毕业设计选题在大运河国家文化公园建设背景下的塘栖古镇，是一个非常好的选题。选题涉及古镇保护与利用、国家文化公园建设、科创空间塑造等不同内容，学生可以进行不同维度的思想碰撞。在各校的毕业设计成果里，我们看到了不同院校师生特色鲜明的方案思考，感受到了他们对于基地未来美好愿景的创新灵感，这些也促使我们进一步反思教学手段上的不足。城市设计是对城市空间特征的塑造，是对更适宜的人居环境的创造。它要体现城市共同价值观，要协同指引空间行动，要形成空间意图落实的实施手段和路径，在未来的教学中应进一步强化对相关内容的研讨。处在这样一个专业环境显著变化的时期，希望各位学生能继续保持对专业的热爱、对社会的担当，通过规划与设计为人们提供更美好的城市生活。祝各位学生满怀热爱奔赴山海，向光而行，绽放青春！感谢主办方的精心组织，感谢联合毕业设计院校的支持和指导，2024 年有福之城——福州再相聚！

李伦亮

城市设计需要跨学科的综合设计思维，其是对城市三维空间的综合设计，关注城市三维空间品质与特色塑造。在当前国土空间规划体系建立、生态文明与绿色发展、存量规划与增量规划并存、城市更新与空间品质提升的大背景下，城市设计被赋予了更多的内涵与职责。联合毕业设计选择城市设计类课题，有利于训练学生全面研究分析问题与综合设计的能力，关注城市的整体性与多样性，关注历史文化保护传承与地域特色塑造，关注城市发展与各类影响要素之间的关系，是对五年城乡规划专业学习的总结与提升。

塘栖古镇是大运河世界文化遗产的重要组成部分，如何在保护与传承古镇历史文化和风貌特色的基础上，基于古镇现代发展需求，处理好存量空间与增量空间的关系，运用城市设计的手法，构筑古镇未来画卷，塑造“运河文化卷，智汇栖水乡”，是本次设计的主题。经过多年的“7 + 1”联合毕业设计实践，各校师生通过联合教学与相互学习，加强了沟通、合作与交流，设计内容成果丰富，设计方案异彩纷呈。

感谢浙江工业大学城乡规划系的各位老师精心组织了本次联合毕业设计，为各校老师和学生提供了优越的教学办公条件；感谢浙江省城乡规划设计研究院的鼎力支持，过程堪称完美；也感谢福建理工大学建筑与城乡规划学院为本次联合毕业设计终期答辩提供了优越的教学环境和周到的接待服务。祝全国城乡规划专业“7+1”联合毕业设计越办越好。

安徽建筑大学

汪勇政

全国城乡规划专业“7+1”联合毕业设计已走过 13 载，13 年中，参与团队成员稳中有变，迸发出勃勃生机。其中有 3 所高校从学院升级为大学，大家都从联合毕业设计的平台中汲取了营养，推进了合作交流。本次浙江工业大学提供了挑战性极强的特色课题，师生们从中深刻感受到浓浓的运河文化和地方空间魅力。安徽建筑大学小组的成员们围绕古镇保护利用与创新发展开展了各具特色的专题探索与设计表达。期待 2023 年毕业的学生前程似锦，更期待联合毕业设计平台行稳致远！

张馨木

一句春不晚，到了真江南。隐隐宽窄巷，凹凸青石板。

5 个月的联合毕业设计，5 年的规划学习，在 2023 年的端午时节，画下句点，仿佛昨晚才见懵懂与稚嫩，今朝就迎来成长与自信，凭河而立，微风拂来感慨。

从安徽到杭州，从此处的粉墙到彼处的黛瓦，我们安徽建筑大学两组学生思维活跃，下笔有意，历经数轮改稿，终绘“智屿”“和光”，在尘世间、烟火里共策塘栖水乡从数字到数智的美好愿景，完成了从书本到现实的一次切身体验。从此刻起，终于可以摘掉 mask，欢呼赴前程。祝愿大家毕业后仍然目有山川，志存高远；胸有丘壑，懂得坚持；心有明灯，善良温暖。

七孔广济桥连七校，串联水南水北。感谢浙江工业大学提供的这次宝贵的交流学习机会，期待全国城乡规划专业“7+1”联合毕业设计越办越好。

陈梦微

2023 年是我参加联合毕业设计的第二年，但这个活动于我而言，宛如初见。终于，在春暖花开的西子湖畔，等到了七校联盟的线下相聚，同时有幸以主办方的角色参与整个教学活动的组织中，深刻感受到了这个活动的魅力与不易。2023 年的毕业设计选题有意义、有趣味、有挑战，基地包含的元素丰富，涉及的专业知识广泛而综合，要解决的问题也颇具难度。即便如此，经过各校老师的辛勤指导、学生的努力付出，最终还是形成了丰富多元的优秀成果。全国城乡规划专业“7+1”联合毕业设计一路走来，积蓄着各校老师和学生的热情与智慧，传承了独特的气质与韧性。相信在七校师生的共同呵护下，全国城乡规划专业“7+1”联合毕业设计会走得更远。

丁亮

本次联合毕业设计以“运河文化卷，智汇栖水乡”为题，大运河、塘栖古镇、未开发的岛屿、待更新的工业区、历史、人文、生态……丰富的元素为学生提供了广阔的规划创意空间。朝气蓬勃的学生们来到烟雨江南踏勘现场、勾勒塘栖新画卷，在一次次否定自我、推倒重来中不断提升，提交了一份份展现 5 年学习成果的满意答卷。全国城乡规划专业“7+1”联合毕业设计为老师和学生搭建了跨院校交流学习的舞台，作为新人的我认识了很多新朋友，受益良多。感谢老师们的辛勤付出，感谢学生们的全情投入，期待来年再相聚！

龚强

盛夏初至是塘栖枇杷成熟的季节，也是本次全国城乡规划专业“7+1”联合毕业设计收获成果的季节。本次联合毕业设计选择了杭州塘栖古镇北单元地块作为城市设计对象，作为曾经的江南十大名镇，塘栖的城镇开发建设面临着如何在保护中求发展的课题。学生们在本次设计中结合大运河文化公园、古镇历史遗存、地铁资源和未来科创产业发展机遇等环境资源因素，创新性地提出了结构性保护、新旧融合共生等多项设计构思与策略。从选题解读到城市设计展现，对学生来说可谓是一次具有里程碑意义的实践，完成这次实践后学生们将走进社会成为一名规划师，希望大家在未来的工作岗位上心怀“国之大者”，勇担时代大任，规划建设更美丽的中国。

李凯克

这次联合毕业设计以“运河文化卷，智汇栖水乡”为主题，很好地体现了在新时期大运河国家文化公园建设保护的目标要求下，塘栖镇作为历史文化名镇重点关注的保护和发展两个方面。各校学生也在这个框架下，充分尊重历史现状特征，挖掘地方特色，设计出了非常富有创意的成果。各小组的设计成果在尊重地区历史文化的前提下，不仅关注空间本身，也提出了各种新产业焕活古镇的途径。这不仅体现了各位学生作为规划师的职业素养，更体现了他们在本科阶段学习的全面性。这次联合毕业设计不仅提供了很好的选题，也为校际交流提供了很好的平台。感谢各校学生和指导老师，我们2024年再见。

孙莹

作为一名年轻老师，2023年是我第二次参加七校联合毕业设计，七校共同汇报、答辩、交流的过程，也是自我成长的过程。在这个过程中，我再一次感受到青年学子们的热情和创造力，更感佩各校老师的睿智和责任心，也学习到了更多的教学方法和经验。七校联合教学，更重要的意义在于对教学共性问题的交流和探讨，也需要我们未来持续不断地努力！

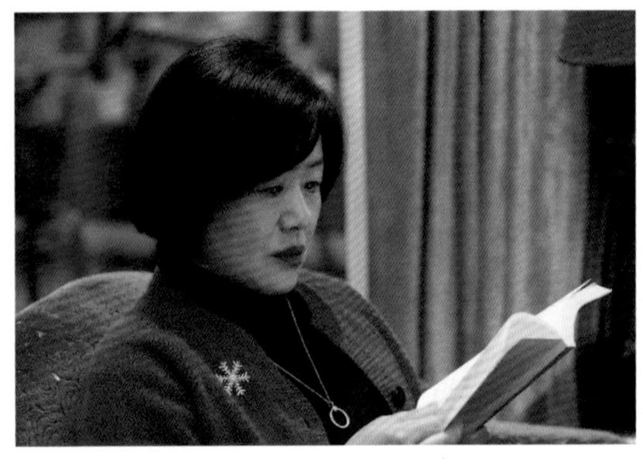

徐鑫

经过漫长、艰辛的三年线上联合教学，2023年终于得以重聚，而且有机会再次作为东道主邀请各校师生相聚杭州，倍感欣慰、喜悦与荣幸！

我校2014年与全国城乡规划专业“7+1”联合毕业设计联盟结缘，从那时起我就加入这个群体一直到现在，正好整十年。在我眼中，“7+1”联盟早已不仅仅是一个组织、一个个兄弟院校以及一个个稍显生疏的老师和学生，更如同一个亲切温暖的大家庭。在这里，我结识了许多优秀的同行，你们的学识、见解、态度和情怀令我钦佩，也受益良多，而每一年都有新的青年教师的加入更让我对联盟的精彩未来有了更大的期待。还有每年都不同但都是同样可爱的学生，是你们的活力、想象力、创造力让我坚信“一代人终将老去，而总有人正年轻”。

近一年的紧张忙碌，还有很多感谢的话要说。感谢浙江省城乡规划设计研究院有限公司城市规划设计三分院的鼎力相助！感谢各校老师的辛勤付出！感谢各位学生的不懈努力！前行虽不易，未来仍可期。让我们共同期待全国城乡规划专业“7+1”联合毕业设计精彩的明天！

曹风晓

时间如白驹过隙，2023 年的全国城乡规划专业“7+1”联合毕业设计已告一段落。作为新加入这个大家庭的成员，我感受颇深，也在同老师和学生的交流中学到很多。在这次毕业设计中，我们不仅交流了各个学校城乡规划专业的办学经验，分享了创新教学模式，还学习了各个兄弟院校的城市设计新方法、新思路以及地域特色；在与学生的交流中充分感受到大家的激情与活力，新想法、新词汇喷涌而出，这些都让我受益良多。感谢浙江工业大学的精心组织，以及各校师生的共同努力，大家出色地完成了选题、开题、调研和中期答辩的工作，在福建理工大学的终期答辩为本届联合毕业设计交出了完美的答卷。最后，期盼 2024 年与各个兄弟院校的老师和学生在福州相聚，开启联合毕业设计的新篇章。

邱永谦

很高兴能再次参与全国城乡规划专业“7+1”联合毕业设计活动，与各兄弟院校的老师和学生交流互动。本次设计基地为杭州塘栖古镇，以“运河文化卷，智汇栖水乡”为主题，不同院校的学生从背景分析到特色挖掘，从目标理念到设计策略，从功能定位到空间塑造，展开了积极而富有创意的思考，形成了丰富多样的成果。在此过程中，学生们对设计的多元思考和创新探索以及老师们在各阶段的精彩点评和深入指导，让我受益匪浅。

在此，衷心感谢主办方浙江工业大学的各位老师，他们在选题、调研、中期汇报和终期答辩等环节给予精心组织和科学安排。也感谢各校老师无私的付出和悉心的指导。祝愿全国城乡规划专业“7+1”联合毕业设计活动越办越好！

杨芙蓉

不知不觉间，我加入全国城乡规划专业“7+1”联合毕业设计这个大家庭已经整整十年了。在这十年间，我参与了每一届联合毕业设计的教学，见证了学校的成长、专业的成长，以及联合毕业设计联盟这个大家庭的成长与变化，从中感受到自己也在逐步成长与进步中。在这十年间，老师们通过这个平台交流教学理念、创新教学模式，学生们通过一次一次的现场调研、探讨、答辩，交流学习心得，碰撞设计火花，感悟地域特色与设计的关系。虽然经过了三年疫情，但是联合毕业设计还是坚持了下来，并适应各种新形势，依然保持积极发展的良好趋势。2023 年，经过浙江工业大学的精心组织和各校师生的共同努力，我们圆满完成了选题、开题、调研和中期答辩的工作，并在我们学校顺利完成了终期答辩，给本届联合毕业设计划上一个完美的句号。欢迎各个兄弟院校的老师和学生 2024 年相聚福州，期待 2024 年在我们学校开启新的蓝图。

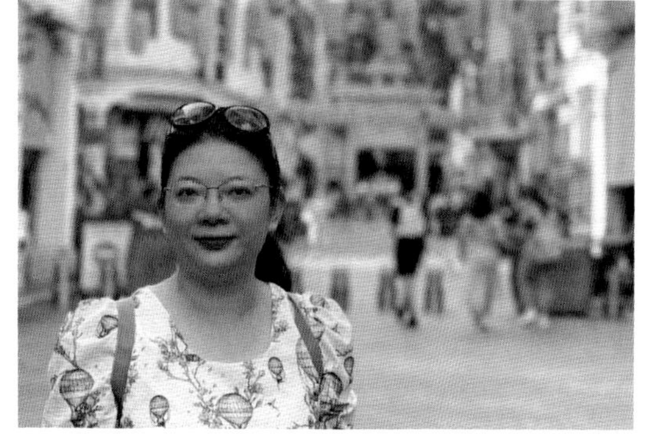

浙江科技学院

丁康乐

在开始这次联合毕业设计之前，我们告诉学生们可以跳出自己的思维框架，尝试做出一些富有创意的设计。学生们利用空间生成的逻辑，捕捉当地的“圩田”空间特点，以此来构建生态型生活区。同时，他们还结合“圩”的空间单元，把公共空间、文化保护、社会生态和产业发展等内容组织在一起，并交织在空间上。通过这个方案，学生们试图表达自己的设计价值观，并设想未来城市空间的发展模式。这是一次有趣的探索。

汤燕

参加联合毕业设计的学生紧扣“运河文化卷，智汇栖水乡”主题，从基地自然特征着手，提炼出用“圩”空间形式来组织本次基地的城市设计，重点从生态安全、产业融合、社会组织、公共空间组织等方面提出了针对性较强的实施策略，从方案构思到空间形态有一定创新性。此次联合毕业设计是一个愉快的教学相长过程，也希望学生们以此为契机，激发对不同类型城市空间的探索，逐步建立自己的设计价值观。

张学文

这是我第一次带学生参加联合毕业设计，感触很深，主要在两方面：一是友校老师的敬业精神，尤其是组织方浙江工业大学的老师们，他们严谨认真的教学、翔实周全的安排、细致入微的服务，令人倍感亲切、荣幸；二是学生的学习态度，来自全国各地高校的规划学子在一起讨论、交流、学习，展现自己的能力，虚心学习友队的经验，听取老师的指导，气氛十分融洽。

学生感言

Students' Comments

崔净雅

五年时光匆匆而逝，本科生涯在本次“塘栖之旅”毕业设计中结束了。

在本次毕业设计过程中，高晓路老师与苏毅老师对我们有莫大的帮助，从开始的场地调研到中期的方案构思，再到最后的方案呈现，两位老师给予了我们巨大的鼓励，在此对他们表示衷心的感谢！同时，我也十分感谢我的队友扈航和赵婷两位同学，合作之中难免有摩擦，但正是因为他们一路以来的包容与支持，我们的设计团队才能关关难过关关过！从杭州到福州，虽路途遥远，但收获颇丰！

最后，谨向全国城乡规划专业“7+1”联合毕业设计的所有老师致以衷心的感谢和崇高的敬意！

扈航

本科阶段五年的学习在完成毕业设计的过程中逐渐划上了句号。首先要感谢各位老师孜孜不倦的教诲，将我领入设计学类的门并且带领我探索城乡规划的原理；也要特别感谢本次指导我们的高晓路老师，虽然我们是第一次协作，但是高老师耐心的教导和充满鼓励的教学，帮助我们小组不断地向前。其次要感谢我的队员崔净雅和赵婷同学，尤其是崔净雅同学，作为组长，她细致的安排使我们组按部就班地完成了设计成果。再次要感谢同班的同学，在最终阶段我的电脑遭遇了不可预知的问题，他们在紧要关头帮我攒了一台电脑，以供我完成毕业设计的任务。最后要感谢我自己，坚持不懈地落实校训“实事求是，精益求精”，而且我也给自己未来的学习制定了更高的目标，将不断地在所学领域深耕。

赵婷

本次毕业设计作品是大学五年期间我最用心的一次作品，也代表了我在本科期间的最高水准。正是通过本次设计，我更为深刻地了解到了规划的内核和意义。

这次的规划设计自始至终由我们团队的三人在高晓路老师的带领下配合完成。从最初的现状分析，到后期的规划理念，再到最终的方案呈现，都是我们共同努力的结果。在此过程中，我们组内也出现了争论和矛盾，但最终达成高度一致，实现了方案的完美呈现。高老师也竭尽所能，在处理学校繁杂工作的同时，最大限度地为我们提供帮助。衷心感谢为本次毕业设计付出的所有人，更加感谢我的队友和老师！

李兆康

在三个月的毕业设计中，我学习到了很多的知识与经验，更重要的是交到了很多宝贵的朋友。新冠肺炎疫情过后的第一次出京居然是毕业设计调研与汇报，这是我不曾设想到的。整个过程充满着激动与开心，和同学的汇报交流也让我注意到以往我所忽视的产业方面的策划问题。首先，我要感谢的就是指导我们的苏毅老师与高晓路老师，他们在整个毕业设计过程中都十分认真负责，也十分支持我们各种新奇的想法，并且对我们的想法如何实现给予了最大支持。其次，我要感谢在毕业设计过程中帮助过我的所有同学，他们让我在这个过程中学习到了很多知识，也见识到了很多高水平的汇报，让我明白未来需要走的路还长。这是我五年本科阶段的结束，同时也是我未来新阶段的开始。共勉，感谢！

罗子渝

首先，我要感谢苏毅老师。他给予了我们很多的帮助和指导，让我们能够顺利完成毕业设计；他教给我很多专业知识和实践经验，让我能够更好地理解和应用所学的知识。其次，我要感谢我的同组同学。他们和我一起合作，共同完成了毕业设计。在这个过程中，我们互相支持、互相帮助，共同克服了困难和挑战。本次团队合作的经历，让我更加珍惜团队的力量和合作的重要性。在毕业设计过程中，我遇到了很多困难和挑战，但是这些困难和挑战也让我更加成熟和坚强。我学会了如何解决问题，如何克服困难，如何应对挑战。这些经历将会成为我未来发展的宝贵财富。最后，我想说，毕业不是终点，而是新的起点。在未来的道路上，我会继续努力学习，不断提升自己的能力和素质。总之，毕业设计是我大学生涯中非常重要的一段经历。通过这个过程，我不仅学到了专业知识，更重要的是学到了如何面对挑战，如何与人合作，如何成为一个更好的人。我相信，这些经历将会引领我走向更加美好的未来。

奚景煜

对于本次毕业设计，我感受颇多，不管是一开始的选题、调研、开题汇报，还是中期的建模、出草图，抑或是最终的成果提交、答辩，这些步骤、过程都让我对城乡规划这个专业有了更深的了解及认知。城乡规划不是按照规章制度去死板地设计，而是需要融入当地的民风、民俗以及现场的实际条件去进行更完美的雕琢。城乡规划既需要理性的分析也需要感性的艺术设计。此次毕业设计，十分感谢学校、老师以及一起进行设计的同学，在大家的互相帮助下，才能顺利地完成最终的答辩，感谢大家！

陈歌

参加联合毕业设计是一场新的体验，能在多校共创的环境下去思考、去碰撞、去竞争、去收获。

三月下杭州，在塘栖流连的调研、穿街走巷的摄影、寻声问主的访谈，都是值得我们留存在记忆中的一幕幕画卷。在校的设计、彼此的坚持、新奇的尝试、翻开的书卷、敲下的文字，因之鲜活，历久弥新。

得良师有幸，觅益友有幸，一场旅途走走即至，来时问路长短，归时惜光之短。三个月的毕业设计落幕，感谢我的小伙伴们一起同行、喜乐，也感谢我的老师一直教导和陪伴。前路漫漫，回首也是漫天星光。

黄心怡

时光飞逝，岁月如梭，伴随着毕业设计的落幕，五年的大学生活也划上了句号。这五年我经历了很多事情，在个性上成长了，在为人处世上也更加成熟。这五年里，曾经和朋友一起到处跑，和朋友彻夜聊天，和队友一起奋战到天明，也曾为了方案熬到头秃，为了最后期限（ddl）焦虑到失眠，总之有苦有甜。感谢遇到的每个人散发的善意，也感谢自己的坚持。

对于本次毕业设计，感谢队友的相互支持、捧场，感谢朋友的开解、陪伴，感谢老师的指导、鼓励，当然还要感谢自己的努力、释怀，这些都是毕业设计圆满结束的必要条件。

祝大家毕业快乐！也预祝各位学弟和学妹不熬夜、不加班，轻轻松松毕业，顺顺利利开启新篇章！希望大家在未来的道路上一帆风顺，有所热爱。

姜欣玥

毕业设计从开题到答辩，从北京到杭州，再到福州，历时半年之久。这半年的毕业设计不仅是对以往所学知识的检验，也是对自己能力的提高。以往的课题选址大多是在北京，而这次选择了杭州，也让我意识到了在每一个课题中都应该不断学习，努力提升自己的知识和综合素质，注重埋论结合实践。在调研过程中和外校同学合作，也让我体会到了团队合作的重要性，团队合作可以调动所有成员的智慧，最终得到最优结果。最后，感谢我们的指导老师对我们细心的指导和无私的帮助。

方纪圆

总觉得来日方长，可转眼就步入了这个征程的尾声。行文至此，回顾过往种种，思绪万千，万般艰辛却终抵不过路上见过的风景和携手同行的人。

塘栖这个题目让我第一次去到了杭州和福州。作为一个地地道道的北方人，我感受到了南方不同于北方的城市性格。同时，七校联合毕业设计也让我认识了更多不同学校的同学和不同学校的教育本底特色，接收到了不同老师的观点，丰富了更多的思考方向和切入点，令我收获颇丰。

最后，告别这个盛夏，凭栏远眺，轻舟已过万重山。海阔凭鱼跃，天高任鸟飞，以梦为马，不负韶华。

何阅

五年时间匆匆而过，想起大一时懵懵懂懂地开始接触建筑设计，到现在参与这次七校联合毕业设计，一路走来，成长很多。我感到十分幸运，能够与同学们一起参与线下调研，切实地感受塘栖的水乡文化，并且以“水”为专题对塘栖进行研究，同时以“航运 · 杭韵”为主题，挖掘塘栖历史文化，对水网形态进行深入研究，并且以水网演变及发展脉络为核心，尝试预测塘栖未来水网形态。这是我第一次在城市设计当中担任组长，感谢队友们的配合。感谢高老师给予的帮助与指导，尤其是在我感到迷茫、进度停滞不前的时候，老师总能在百忙之中抽出时间来帮我找到前进的方向，给予我耐心的指导。

李恩

时光荏苒，大学生活已近尾声。这次联合毕业设计给了我一个难能可贵增长见识的机会，去到不曾去过的江南水乡，感受那里的风土人情，发掘塘栖这座小镇的历史与文化，这些都是与北方生活全然不同的体验。与此同时，在构思与设计过程中，我也通过文献研读、案例解析等方式，增长了专业知识，与老师、同学的交流更是拓宽了我的思路。总而言之，这是一次收获颇丰的毕业设计，一学期不算长，却成为我毕生难忘的回忆。毕业在即，愿我们都学有所成，奔赴理想的未来。

程菲儿

很荣幸能参与由浙江工业大学主办的全国城乡规划专业“7+1”联合毕业设计，也荣幸能成为疫情后参与联合毕业设计项目的一分子，我和同学们能够前往塘栖基地亲身感受其风土人情，真是此前未曾想到的。在这里首先要感谢浙江工业大学的热情款待和大力支持。其次要感谢与我同组的各位同学。在毕业设计的实践过程中，正是因为有组员之间的互帮互助、通力协作，我们才能顺利地拿出最后的成果。最后要感谢顿明明老师、周敏老师与于淼老师在毕业设计过程中对我们的辛勤指导和耐心鼓励，也感谢学院给予我们在学习生涯最后展示自己的机会。祝我们的母校越来越好！

李玉冰

非常幸运能够将全国城乡规划专业“7+1”联合毕业设计作为大学生涯的收官之作。本次设计选址在杭州市临平区塘栖镇北单元，作为一个历史文化名镇、一个运河文化带上的水乡古镇，塘栖经历了从兴盛到落寞，如何去焕发片区活力是我们本次设计的重要任务。在长达几个月的设计过程中，我们从信心满满到疲惫力竭，其间遇到了很多困难，但都在小组合作的方式下共同解决了问题，最终有幸为毕业设计划上圆满的句号。在此次毕业设计中，我不仅重新梳理了专业知识体系，锻炼了自身的专业能力，也收获了更多宝贵的经验和体会。感谢各位老师给予我们的敦促与悉心教导，让我学会了以严谨的态度面对专业学习；感谢全国城乡规划专业“7+1”联合毕业设计平台带来的宝贵体验，这将会是我大学生涯中最宝贵的记忆。

王雪松

参加全国城乡规划专业“7+1”联合毕业设计是我在大学五年里最难忘的经历之一。本次毕业设计旨在对塘栖运河文化发掘、整合、传承、创新，重新激发城市特色魅力与彰显时代特色。在这个过程中，我有幸与来自不同院校的同学交流学习，共同为这一目标努力。

在团队合作中，我学会了倾听他人的意见，尊重每个团队成员的专业知识，并有效地整合各种资源来推动项目进展。同时，我也在实践中不断运用和拓展了自己的城乡规划知识和技能。

本次联合毕业设计，不仅让我在交流学习中开拓了视野，更对我未来的职业生涯产生了深远的启示。在此我由衷地感谢每一位老师的悉心指导，也祝愿大家都有美好的前程！

章嘉圆

滴——【系统通知】恭喜本次参与全国城乡规划专业“7+1”联合毕业设计的副本玩家们全员通关，获得相应经验和成就奖励。感谢玩家们的通力协作和NPC老师们给予的悉心教导与帮助。

滴——【系统通知】恭喜NPC老师们及其学校组织达成教书育人成就，威望值+n，学生-n。祝愿大家工作顺利、生活如意。

滴——【系统通知】恭喜玩家们通关“大学”支线任务，从此天高任鸟飞，海阔凭鱼跃，各自奔赴锦绣未来。

滴——【系统通知】“人生之旅”主线任务进度+1，下一支线及未知副本即将开启，请玩家们做好准备。祝愿玩家们所行之路皆己愿，所遇之事皆如意。

滴——【系统通知】广告位招租。

高丽

很开心也很荣幸本科的最后一个设计是全国城乡规划专业“7+1”联合毕业设计。在做毕业设计之余，我感受到了不同城市的风土人情。在本次毕业设计中，我深刻地体验到了团队合作的力量，过去的几个月，我与团队里的其他同学一起面对了许多挑战和困难，但是通过相互协作和支持，我们最终克服了困难，完成了项目。我们不仅学习了专业知识，还锻炼了沟通、协作和解决问题的能力，同时也开拓了设计思维，与时俱进地在设计里运用了很多量化的手法，让方案更直观、客观。

此外，感谢指导老师们一直以来的耐心教导与鼓励，支撑着我不断进步，也感谢学院为我们提供的机会与舞台。在这次团队毕业设计中，我学到了很多东西，也结识了很多优秀的人，我相信这个经历将会对我未来的工作和生活产生积极的影响。最后衷心祝愿我们的行业能越来越好。

梁瑞宸

在本次联合毕业设计中，很荣幸成为团队中的一员，能够与大家一起互补互助，为我的大学生涯划上一个圆满的句号。回想几个月的学习，我记忆颇深，中间曾跌落低谷，但最终还是振作了起来，精益求精，奋发向上，最终完成了这次毕业设计。这种团队式合作完成毕业设计是我从未体验过的，其增强了团队的凝聚力，也对我未来的发展有所帮助。尽管最终的成果仍有一些不足，但是我们尽到了自己最大的努力，所以没有遗憾。

最后，感谢这次毕业设计给我们提供了一次难以忘怀的机会，让我们与其他院校的同学一起学习与交流，也让我们对规划设计有了不一样的理解与感悟。感谢各位指导老师的悉心指导，也感谢在团队中奉献的每一位队友，我永远不会忘记这次经历。

马旭

经过了两个多月的时间，我们终于完成了毕业设计。回看这一过程，从开始的初期调研到过程中的推敲方案，再到文本的最终完成，每一步都充满了尝试与挑战。在这段时间里，我学到了很多知识，也有很多感受，原先自己头脑中一些模糊的概念逐渐清晰，稚嫩作品一步步完善起来，每一次进步都是我学习的收获。尽管存在着一些不足，但这个过程充分培养了我们的合作能力、系统思维能力、调研能力、汇报能力，使我受益匪浅。

最后感谢于淼老师的谆谆教导，感谢全国城乡规划专业“7+1”联合毕业设计提供的交流平台，感谢一起并肩前行的小伙伴们，祝大家前程似锦。

张晨

参加全国城乡规划专业“7+1”联合毕业设计的过程中，我受益匪浅。首先，此次联合毕业设计使我有机会结识之前不够熟悉的同学，了解他们不同的学习习惯，也为我们之间的交流提供了更多的可能性。我们能够共同面对挑战，加深了对彼此的了解，也增加了对各自专业的理解和兴趣。

其次，我们在联合毕业设计中分工合作，这对我们个人的成长极为有益，每个人都要独立思考，同时与同伴交流协商，这样每个人的学术能力和团队合作能力都得到了锻炼。在完成项目的过程中，我们充分体现了“拼多多”精神，共享资源，优化方案，减少冗余，提高了整个项目的效率。

最后，此次联合毕业设计更新了我对未来的职业规划和发展方向。当我们通力合作，以团队的方式完成一项任务时，我对于未来的职业目标有了更深入的认识，也明确了如何在与人合作、交流学术问题、寻找创新点、解决问题等方面进行强化和改进。

总之，参与全国城乡规划专业“7+1”联合毕业设计不仅让我对学习生涯和未来的职业规划有了全新的认识和体验，而且让我与其他同学建立了更紧密的联系，受益匪浅。希望未来还有更多机会能够参加这样的联合毕业设计，与大家共同成长，共同进步。

陈良樾

首先感谢三位指导老师的悉心指导，感谢周敏老师教导我们全面、立体的规划思路，并逐字逐页提出修改意见，让我在本次毕业设计中收获良多。

其次感谢组长杨浩巍同学，他一边积极与老师和组员进行沟通，一边优秀地完成了设计任务，是小组内不可或缺的组织者，为我们这次的联合毕业设计任务减轻了许多沟通上的负担。感谢组员潘启烨同学，他为我们的小组设计工作提供了全面且优质的技术与思路支持，并有效地发起了多次建设性的小组讨论，在这段忙碌的日子里，他用细心与耐心激励着我。感谢组员杨宇溪同学，她在繁忙的研究生复试准备工作中，依旧高效地完成了每一项任务。感谢初次地块调研的组长叶炜同学，他组织了一次很出色的实地调研和初期汇报。

最后感谢陪伴我许久的舍友们。有缘再见！

苏州科技大学

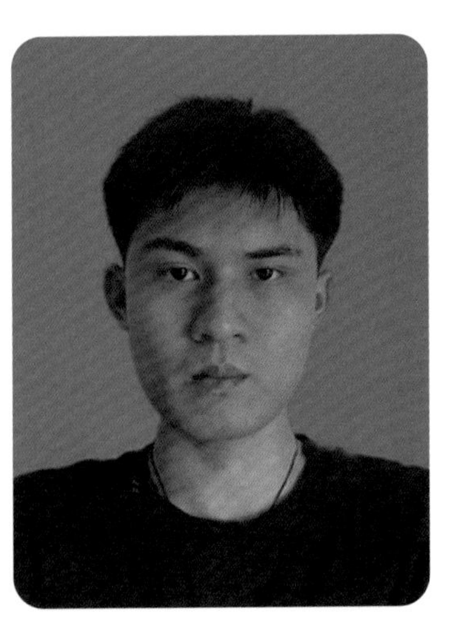

潘启烨

本次联合毕业设计让我受益匪浅。本次课题选择涵盖了旧城更新、新城建设、历史文化街区改造等综合内容，有效地结合了大学所学各类专业知识。本次联合毕业设计与以往相比，强调了研究、实施层面的内容，使得方案更贴合实际，不足的是在规划理念和具体方案上有待加强，缺少学生时代的特点。通过本次合作，我加强了与同学之间的沟通协作能力，加强了方案设计能力，为以后的规划工作奠定了基础。感谢老师、同学的悉心指导和帮助。

杨浩巍

很开心也很荣幸本科的最后一个设计能参加全国城乡规划专业“7+1”联合毕业设计。在本次毕业设计中，从塘栖古镇的实地调研，到中期答辩，到最终的福州汇报，受益颇多；在前期调研时，认识了不同学校的小伙伴，了解了大运河文化遗产的相关背景，感受了浙江当地的风土人情；在中期答辩过程中，检验了自己知识上的不足，提升了自己的知识运用能力，也更加系统地了解了城乡规划这门学科。最后，感谢老师们的悉心指导，感谢同组伙伴们的一路陪伴，祝愿大家前程似锦。

杨宇溪

时间飞逝，转瞬间繁重而充实的毕业设计已圆满结束。这项工作量大、具有挑战性的任务是对我五年以来学习的检验，以及对我的理论功底与实践能力的考核。回顾五年以来的专业学习，我存在一些不足和遗憾之处，但从整体来看还是取得了长足的进步，给本科五年的生活和学习划上了较为满意的句号。

在设计过程中，我们小组的同学共同查阅资料、交流经验，学到了很多知识，努力完成了这项毕业设计。分工合作的形式也培养了我独立工作的能力，使我充分体会到设计时从无到有的艰辛和顺利完成时的喜悦。最后，感谢我们的指导教师周敏老师的悉心指导，感谢给过我帮助的同学们。心存感念，胜过千言；行文至此，皆为终章。

刘文涵

在短短一学期的学习中，我们所能触及的往往只是表层的问题，想要找到问题的根源往往需要更长时间去研究。此次和各校同学共同交流学习的珍贵经历让我体会到，在考虑古镇景区及其周边的发展路径时，我们要深挖影响其发展的经济、社会和文化因素，从利于地区长远发展的角度去优化产业结构，完善片区功能，并在此基础之上规划合理的空间形态，这样才能夯实地区发展的根基，彻底改善地区民生，提高居民的幸福感、归属感、获得感。作为城乡规划专业的学生，未来我在从事相关工作时也会牢记这次联合毕业设计所获得的经验，时刻提醒自己，为地区发展切实考虑，为民生改善出谋划策，每一步规划都要做到有理有据、脚踏实地。

王雨晗

从初次踏入塘栖古镇调研至完成毕业答辩的十几周时间里，我们对塘栖古镇进行了深入的分析，其面临着环境重塑、文化重构和产业再生的迫切需求。规划设计如何强化地段历史文化保护和特色风貌塑造，如何打造更宜游的文旅空间以增强居民和游客的安全感、获得感、体验感，是我们需要着重关注的问题。我们的方案对以上问题做出回应，以文旅发展为导向设计重点地段，从文化、产业、风貌、人居四个层面引导城市设计。未来，塘栖古镇将成为杭州市文化传承风貌织补典范区。

毕业设计作为五年本科学习的结尾，痛并快乐着。我们要感谢陈朋和程亮两位指导老师以及联合毕业设计其他院校的各位老师对我们的帮助与指导，这是我们参加联合毕业设计最惊喜的收获。

李源宇

本次联合毕业设计的旅程随着终期答辩的结束而结束了，回想这段意义非凡的经历，感慨良多。从前期调研到中期汇报、终期答辩，我们一直在不断学习、不断收获、不断进阶。我认为联合毕业设计是一个很好的学习平台，在与其他院校师生的交流中，我感受到了面向同一个城市问题的多元化解决方案的魅力，也深知自己在逻辑思维、规划素养、创新能力等方面仍然存在许多提升空间。设计过程中一度遇到许多阻碍和限制，但“关关难过关关过”，很幸运能够坚持下来，也很高兴能够在积累和实践中看到自己的进步和成果。其实在决定参加联合毕业设计前就有所耳闻，这是一段较为艰难的经历，但走到今天回首过往，发觉自己曾经的短板逐步提高，稚嫩的羽翼日渐丰盈，就知道付出的一切都是值得的。

在这里衷心感谢陈朋和程亮两位指导老师给我这样一个学习与锻炼的机会，以及一学期自始至终的悉心教导；也感谢七校联合毕业设计的各位老师对我们的帮助与指导。相信这段联合毕业设计的旅程，会是我人生中一段难忘而又珍贵的记忆。

山东建筑大学

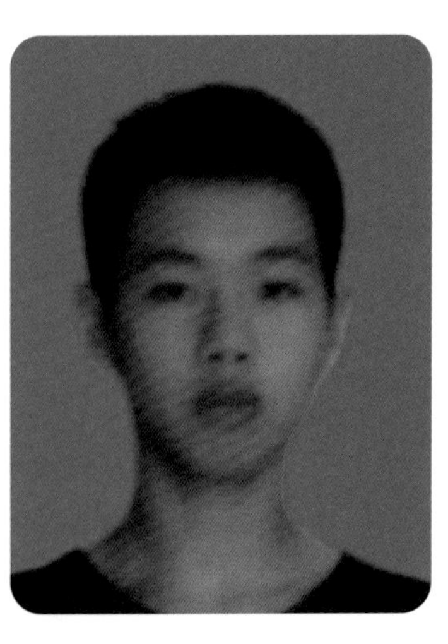

刘瑨丞

本次设计是在程亮、陈朋两位老师的悉心指导下完成的，从选题、调研、理论分析到方案生成，无不倾注了老师们的心血和汗水。感谢全国城乡规划专业“7+1”联合毕业设计这个平台让我接触到更好的城市设计课题，接触到各个学校优秀的导师。感谢各个导师给予我的指导及关怀，这对我的个人成长有着深刻意义。在此谨向所有曾经关心和帮助过我的老师、同学和朋友致以诚挚的谢意！

葛琪

转眼间，毕业设计在一个个紧张又忙碌的日子中悄然落下帷幕。这个学期经历的正是城乡规划专业五年学习生涯的缩影，也为五年的求学生涯划上了圆满的句号。在陈朋、程亮两位老师的带领下，有幸去到杭州参加此次的毕业设计，感受江南水乡的风土人情，聆听来自不同学校老师和同学的见解，让我收获颇多。由衷感谢陈朋、程亮两位老师的指导与陪伴，以及在我们瓶颈期提供的各种帮助。

课程设计是我们专业课程知识综合应用的实践训练，是我们迈向社会、从事职业工作不可缺少的过程。毕业设计不仅是对前面所学知识的一种检验，也是对自己能力的一种提高。同时联合毕业设计又给予我们一个互相学习和展示自我的平台。通过此次设计我认识到，规划设计是抽丝剥茧的层层逻辑推论，是覆盖了设计素养和逻辑思维的运用。

毕业设计结束了，但人生的新篇章才刚开始，我将始终怀揣热情和对知识的渴望，继续努力充实自己。

刘希贤

随着毕业答辩的结束，为期三个多月的“运河文化卷，智汇栖水乡”七校联合毕业设计也结束了。参加七校联合毕业设计的过程中，我从杭州的初期开题、中期答辩到福州的终期答辩，聆听了来自不同学校师生的见解，也领略了杭州、福州这两个城市的风土人情，同时留下了许多美好的回忆。

通过这次毕业设计，我认识到了自身的不足，明白了自己所学知识还有所欠缺，与校内外其他同学相比还有许多可以提升的方面。尽管在这个过程中有过迷茫、失望和无力，但我还是选择了坚持和努力，同时也明白了学习是一个不断坚持、持续积累的过程，在今后的工作和生活中都应该不断地学习新知识，提升自己的专业综合能力。

最感谢的是我们的毕业设计指导老师——程亮老师、陈朋老师。两位老师不厌其烦的悉心指导与陪伴，让我在整个毕业设计中学到了很多以前没有了解过的知识，见识到了很多优秀的设计，也让我对于城市设计的认识与理解达到了一个新的高度，同时让我更加熟悉了城市设计的方法，尤其是城市规划的逻辑性与城市设计的引导性以及规划策划到设计的流程逻辑。

最后，感谢指导老师给我这样的机会锻炼，感谢指导老师对我的悉心指导，也感谢我的搭档在整个设计过程中一起合作完成了最终的毕业设计成果，同时也感谢七校联合毕业设计中所有关心和帮助过我的老师、同学和朋友，向你们致以诚挚的谢意！

卢逸舟

临近毕业，很荣幸能够参加这次全国城乡规划专业“7+1”联合毕业设计，与大家一起相聚于塘栖古运河畔，再别于福州闽江岸边。和小组成员一起参与基地的实地调研，感受异地风情与城市风貌，向友校老师、同学学习，拓展城乡规划设计思路，是一次过程精彩、收获颇丰的规划设计经历。

本次城市设计针对历史遗产保护和城市更新主题，以问题与目标为导向，以五大专题对基地进行现状分析及空间策划，盘活与激活现存要素，织补与完善未来发展需求，使基地的活力得到提升，生成城市设计成果，为后期城市建设提供依据。

在本次联合毕业设计期间，我对本科期间的学习进行了再次回顾，收获颇丰，充实且快乐。未来我将继续努力，不断提高。

阮思琦

提笔致谢，这是毕业设计的最终章，也是我本科五年的结尾。总觉来日方长，却不知岁月清浅，时节如流。五年的旅程，所有的相遇，于我都是礼物；所有的经历，于我都是馈赠，在此，我怀着感恩的心向五年来所有帮助过我的人表示诚挚的感谢。很荣幸参与此次全国城乡规划专业“7+1”联合毕业设计，感谢李老师的悉心教导，也感谢我的队友一直与我一起并肩作战。在这个过程中也留下了一些遗憾，因为一些原因错过了前期集体调研和中期答辩，但在整个过程中认识了循循善诱的各校老师，感受到了同学们对专业的热情与坚持，我们小组也提交了令自己较为满意的作品。最后我希望大家都能在未来的学习与工作中不忘初心，坚定自己的追求，继续努力奋斗，始终保持热爱。

贾慧琳

很荣幸能参加本次的全国城乡规划专业“7+1”联合毕业设计。时光飞逝，三个月的时光充实且愉快。在这次联合毕业设计中，不管是张馨木老师的谆谆教导，还是组员以及大团队朋友们的相互交流与探讨，都让我受益良多，没有缺憾。对我来说，毕业设计不仅仅是一次设计作业，更重要的是作为我们五年学习的总结，这是对自我的一种挑战与升华。一步步地设计与更改，一步步地成熟与成长。在此再次感谢张老师，感谢来自各地的老师与同学，感谢朋友们，是你们让我大学的最后时光拥有了一次完美的收尾。愿大家不忘初心，砥砺前行，让我们在未来的征程上绽放出绚丽之花！

安徽建筑大学

徐图

毕业答辩的结束，意味着大学五年学习生涯的完结。非常荣幸能参加这次的全国城乡规划专业“7+1”联合毕业设计，非常高兴能与各地朋友相聚交流与学习，三个月的设计过程带给我内心的充实与深深的感悟。感谢这次联合毕业设计，让我感受到浙江塘栖的古运河之美，也体会到福州的温暖与热情。同时在此我谨向我的导师张馨木老师致以衷心的感谢，感谢您的悉心指导与言传身教；感谢各校答辩组老师为我们这次设计提出的宝贵意见与专业方向的教导，这些都使我终身受益。最后感谢团队朋友们的相互支持与帮助，希望在未来的道路上，大家都可以不负韶华，前程似锦！

洪玮

在即将结束大学生活、完成毕业设计之际，我深深感受到了城市设计的重要性和无限潜力。城市设计不仅仅是美学和建筑的结合，更是一个关乎人类生活质量和社会发展的综合性学科。

在我的毕业设计中，我努力将理论知识与实际问题相结合，探索出更具可行性和创新性的城市设计方案。通过深入研究城市居民的需求和社会变革的趋势，我致力于打造一个可持续发展、宜居宜业的城市空间。在这个过程中，我学会了平衡各种利益和权衡各种需求的艺术。

徐红

城市设计是一个充满挑战和创造机会的领域。每座城市都有其独特的文化、历史和社会背景，而城市设计师的责任就是在尊重和保护这些特色的同时，推动城市向更加可持续和包容的未来发展。这需要我们具备广阔的视野、敏锐的观察力和创新的思维方式。

通过毕业设计的历程，我不仅学到了专业知识和技能，更培养了解决问题的能力和团队合作精神。与同学们的交流和合作让我意识到城市设计是一项团队工作，只有通过合作、分享和不断学习，我们才能创造出更好的城市环境。

胡诚洁

在联合毕业设计中，我们每个成员都有一致的目标，即通过合作完成毕业设计，为自己大学五年的学习划上圆满的句号。这次联合毕业设计少不了我们每位成员对团队的担当，并且将这份担当兑现成为实际的工作和行动；也少不了队友的信任，是成员之间的相互信任和尊重使得我们可以达到高效的工作状态。

同时，在此过程中，我们得到了导师、同学、家人的帮助和支持。在我们遇到问题和挑战时，他们给予的指导和建议对我们的毕业设计起到了至关重要的作用。

田雨佳

我认为这次毕业设计是整个大学学习过程中最具挑战性和最有成就感的部分。在这个过程中，我遇到了各种难题，但通过自己的努力和老师的指导，最终完成了一个可以令自己和他人满意的作品。这个过程不仅考验了我的耐心和毅力，也让我学会了如何更好地沟通和合作。最重要的是，本次毕业设计让我学到了新的思维方式，以更好地应对未来的挑战和机遇。虽然这个过程十分漫长而且困难，但看到自己一点一点地进步，真的让我体会到无法用语言表达的成就感！

金晔烨

非常荣幸参与了本次联合毕业设计，这既是对我专业学习的一次检验，也是对我专业能力的一种认可。在每周推进设计和不断合作打磨作品的过程中，我从中体会到了学习和创作的快乐，对“运河水乡”和“智慧融入”的主题有了更深层次的理解。此外在合作过程中，我锻炼了自己的工作能力，树立了对自己工作能力的信心，相信这段历程会对我今后的学习、工作、生活产生非常重要的影响。我还充分体会到了在创造过程中探索的艰难和成功时的喜悦，在过程中学到的东西是这次毕业设计的最大收获和财富，使我终身受益。

最后也非常感谢各位组员的帮助和指导老师的悉心教导，独木难支，没有他们的助益和扶持，我也无法独自交出满意的作品！再次感谢！

孔怡

在整个毕业设计过程中，我学到了新知识，增长了见识。在今后的日子里，我仍然要不断地充实自己，争取在所学领域有所作为。脚踏实地、认真严谨、实事求是的学习态度和不怕困难、坚持不懈、吃苦耐劳的精神是我在这次设计中最大的收益。我想这是一次对意志的磨练，是一次对实际能力的提升，会对我未来的学习和工作有很大的帮助。

在此，很感谢我的指导老师和专业老师，老师严谨治学的态度、渊博的知识、无私的奉献精神使我深受启迪。老师还不顾劳累与辛苦，为我们争取时间和利益，为我们讲解毕业设计需要调整和修改的方向。我相信，在以后的成长道路中我一定会铭记这五年带给我的每一份欢乐与汗水，将它们绘制成只属于我的画卷。

马施婷

回顾一个学期的毕业设计过程，从一开始的迷茫探索到中期的明确主题，再到最后的成果展现，种种经历都让我印象深刻，受益匪浅。很幸运期间与队友团结协作，交出了联合毕业设计的满意答卷。

在此，我想要感谢老师的悉心指导，老师严谨治学的态度和渊博的知识让我深受启迪；同时也必须感谢我的队友们的支持与帮助，完美的默契和配合让我们在快乐画图的同时也得以较好地完成了此次毕业设计，为我的本科生涯划上了圆满的句号。

邵筱萱

漫长而又短暂的毕业设计结束了，在这三个月的匆匆时光里有很多值得记忆与回味的时刻。很荣幸我们有这次机会能够去塘栖调研，亲身感受运河边的市井烟火。同时也与来自各个高校的老师、同学面对面交流学习，这份迟到三年的“重逢”无疑是难忘的记忆。

我在完成毕业设计的过程中锻炼了技能，历练了心态，也证明了自己，同时在与同学相互交流的过程中发现了自己现阶段的不足之处。在此我要感谢我的组员们，无形的默契促使我们向同一个目标前进，为五年的学习生涯画上圆满的句号。我要感谢我的指导老师们，是他们让我学到以一种新方式看世界、看生活，使我充分体会到了在创造过程中探索的艰难和成功时的喜悦。此项毕业设计的收获将使我终身受益！

罗欣雨

此次联合毕业设计，从塘栖调研到现状认知，从主题提出到活动策划，从方案设计到具体落地，我们展示互联互通的大运河精神和大运河文化。其间我们产生了许多疑惑，遇到了许多挫折，也有很多想法难以达成统一。但是，在一次次与老师的方案讨论和深化中，在一次次与队友的深夜鼓励中，在一次次带着我们对于基地的思考进行图纸绘制中，终于以“古韵新运，秀 TIME”的主题将我们的规划理念展现出来。这次毕业设计也让我对城市设计有了更深入的了解，我们需要把自己所学的理论知识应用于实践，在调研与实践中不断分析、总结，希望自己在之后的规划设计中能真正满足当地居民和基地发展的诉求。

汪宇城

本次全国城乡规划专业“7+1”联合毕业设计是一次非常好的能与其他学校同学互相学习的舞台，同时通过这个舞台，我不仅提高了自己的专业能力，也加深了对塘栖的了解。

在这次规划设计的过程中，通过老师每周的耐心指导、组内同学的通力合作，我们最终交出了一份满意的答卷。回顾整个流程，我们有迷茫也有困惑，有欢乐也有收获，每一次与老师交流后的进步都让我们欣喜。联合毕业设计不仅是对五年本科学习的考验，也是一场各校师生之间的交流学习，最终将成为我成长路上的宝贵回忆。在此感谢各位老师的辛勤付出，感谢小组同学的共同拼搏，让我整个本科学习生涯不留遗憾。

吴子琦

本次全国城乡规划专业“7+1”联合毕业设计作为本科生涯的尾声，使得我可以重新审视自身所学到的规划知识，并将其转化为作品中的逻辑与表达。老师每周的指导以及小组成员的通力合作都将成为宝贵的回忆。感谢大家的付出，希望我们都有一个美好的未来！

徐斌

当毕业设计图纸打印出来的时候，不仅意味着我要毕业了，也意味着大学课程最后一次学习成果检验也结束了。毕业设计是一个努力提高自己的专业素质和学习能力的过程，也是一个理论知识完整实践的机会，能够将我所学的专业知识更好地运用于实际当中也是一件非常具有成就感的事情。从对基地现状调研到设计成果产出的过程，不仅培养了我认真严谨、实事求是的学习态度，也让我充满责任与情怀去进行设计，在这期间的经历让我对此次毕业设计有了更深刻的理解。同时，非常感谢团队的所有老师和同学，在我们的共同努力下为本次联合毕业设计划下了圆满的句号，这种收获的喜悦是参与的每个人都能深深体会到的。

冯泽辉

很荣幸参加了此次全国城乡规划专业“7+1”联合毕业设计，这段时间是对我大学五年学习生涯的成果检验。毕业设计让我充分学习了很多前沿的规划理论和技术方法，也让我充分了解到协同合作的重要性，并且一定要注重细节，这样才可以获得一个比较完整的成果。同时一定要学会坚持，不能被一点点的困难打倒，无论遇到什么样的困难都一定要勇敢面对，正面解决问题才是正确的态度。

联合毕业设计组每周都会开展线下交流，这样同学之间能相互学习，开拓思维，取长补短，相互激励。联合毕业设计是一项团队合作，团队精神是十分重要的。所以感谢我的队友们，大家一起努力、积极配合，才有了我们组最终的成绩。当然还要感谢我们的六位指导老师，感谢他们的悉心指导和温暖陪伴。

申居熠辉

本次塘栖镇北单元的城市设计以小组合作的形式进行。在实地调研过程中，我们深入塘栖，感受运河，丈量街巷，访问居民，积累了大量的前期准备资料，萌生了许多灵感与创意。在设计过程中，我们各自发挥所长，图纸设计、模型搭建、文本排版等工作都有同学各司其职，有独立有合作，有欢喜也有收获。这次课程设计深化了我们的空间感知能力，细化了我们的要素分配路径，锻炼了我们的制图手艺，同时激发了许多围绕塘栖古镇展开的创意，未来的塘栖必将熠熠生辉。

王逸昊

2023 年的联合毕业设计是疫情管控放开后的第一次联合毕业设计，能够去到塘栖古镇进行实地的考察与汇报，给我留下了十分深刻的回忆。相比曾经的课程设计来说，联合毕业设计面临着更加复杂的形势，各校之间学术成果的交流也给我们带来了更多的学业压力。同时，我们自身面临毕业后不同的出路也使得团队合作难上加难。但是，在老师们的指导和敦促下，我们还是克服了各种困难，按时交出了成果。在这个过程中，我们的方案经过了四五次迭代，综合了小组内各位同学的方案，获得了一个相对较为理想的方案，但各自为战的现象也使得我们的设计较为割裂，仍有着许多改进的空间。

总体来说，能够快速迭代方案，按时提交成果，这样的经历也必将可活用于日后的工作和生活之中。

徐慧涛

在本次联合毕业设计中，我们有过迷茫，也有过欣喜。在实地调研的过程中，我们感受到了塘栖古镇的底蕴与魅力，也为它的衰落与困窘而心痛。在与当地居民交流的过程中，我们看到了一段名为《长相忆 · 运河情》的视频，从中深刻地体会到了塘栖曾经的繁华，也找到了我们设计的灵感。在老师们的指导下，我们不断地修改和打磨我们的作品，经历了许多次推翻重来的无奈，最终形成了我们的方案。很感谢老师们的帮助和伙伴们的合作。

福建理工大学

林华峰

岁月不居，时节如流。大运河的故事在初春开始，在夏初结束，从杭州塘栖古镇到福建理工大学，似乎预示着一个故事的结束和另一个故事的开始。在全国城乡规划专业“7+1”联合毕业设计的洗礼下，在各位老师和同学的帮助下，我对城乡规划有了更深刻的理解和感受，受益匪浅。感谢各位老师和同学，这次经历必将在我未来的道路上成为一盏明灯！

刘竞翔

一转眼几个月过去，全国城乡规划专业“7+1”联合毕业设计也已圆满落幕。联合毕业设计是我本科期间的最后一次设计，我从中收获颇丰。实地调研期间，与其他学校同学一起合作完成初期调研任务，让我认识了许多志同道合的朋友；设计阶段，与老师和组员一起头脑风暴想方案、想设计，一起向着最终的设计目标走去；毕业答辩阶段，在各校老师和同学面前展示最终成果，聆听老师点评，和同学相互学习、交流经验。这次宝贵的经历不仅能促进我自身能力的提升，还能增强我的专业知识，为将来的规划生涯打下基础。最后，非常幸运选择了联合毕业设计作为本科期间最后的设计，很荣幸参与了浙江工业大学精心组织的联合毕业设计，给我的本科生涯划上完美的最后一笔。

许方斌

时光如箭，岁月如梭。从实地调研到方案生成，时间过得太快了；从塘栖再到本校，我们经历的太多了。全国城乡规划专业“7+1”联合毕业设计作为我本科期间最后一个设计，让我受益良多。在此，感谢老师们的细心指导，感谢组员们的团结互助。

叶炜

不知不觉，这次全国城乡规划专业“7+1”联合毕业设计已经落下了帷幕。在这次联合毕业设计里，我收获了很多东西，这些东西不仅包括自身能力的提升和专业知识的增长，也包括宝贵的回忆和同学之间的友谊。在这段时间里，通过一次次的现场调研、探讨、设计和交流设计心得，得到了许多设计理念的碰撞火花，学到了很多新的设计手法及思维。虽然设计过程中发生了一些小问题，但是在老师和同学的帮助下还是坚持了下来。最后，真的很荣幸参与了浙江工业大学精心组织的联合毕业设计，给我的本科生涯划上完美的最后一笔。

黄夏晗

面对最后一次作业，回望以往的数次作业，感触颇多，无论是从相关知识的获得方面，还是从相关的分析方法与学习理念的认知方面，抑或是从自身视野的拓展方面，我都受益匪浅。杭州市临平区塘栖北单元城市设计已经步入尾声，但是在这个过程中学到的一系列知识与经验将伴随我的一生。本次作业的重点是实现运河古镇的蝶变与活力延续，塑造运河古镇新的活力发展空间，并且提升城镇生活品质与满足文化旅游的需求，我们的规划方案以古镇作为旅游文创发展综合体，衔接城市发展，承接运河态势，在“双碳”和智慧城市背景下，打造以“WHILE”理念为核心的超级循环运河古镇，将古镇整体分为五大板块，围绕古镇活力环，引入复合型功能与多元场景文旅体验。

李振

在此次联合毕业设计过程中，我深刻体会到小组合作的重要性。在基地的前期调研中，与来自不同学校的组员一同调研，发现了自己在专业课程学习中的不足，在今后的学习和工作中有待改进。在设计的过程中遇到了 些困难和挑战，但与组员协力解决后便是喜悦，这得益于五年的学习积累和专业技能的培养。我明白毕业设计带给我的不只是又一次设计经验的积累，更是对五年大学学习成果的一次检验。毕业设计是将理论运用到实践的一个重要过程，同时这也是我们从学校走向社会的转折点，是人生的一个里程碑。

福建理工大学

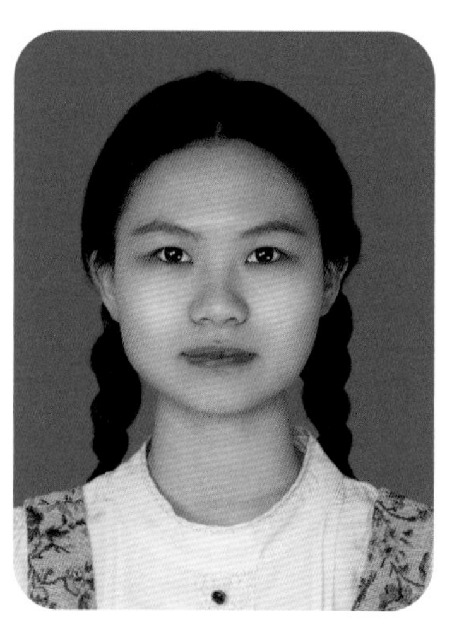

林思婷

在此次联合毕业设计中，我们组以“WHILE”超级循环，包括渗透——运河发展（时空绵延）、智能——历史体验（时空回溯）、融合——智慧产业（时空交叠）、共享——生态重塑（时空扭转）、未来——生活展望（时空发展）为规划理念，贯穿始终。我身为组长，担负起了自己的责任。在我看来，毕业设计不仅是对大学五年所学知识的一种检验，也是对自己能力的一种提高。通过这次毕业设计我明白，学习是一个长期积累的过程，以后无论是在工作中还是在生活中都应该不断地努力学习，提高自己的专业素养。只有将理论与实践紧密结合，才能走出康庄大道。

秦俊涵

随着毕业日子的到来，毕业设计也接近尾声。经过几周的奋战，我的毕业设计终于完成了。本次设计的重点是实现运河古镇的蝶变与活力延续，塑造运河古镇新的活力发展空间，并且提升城镇生活品质与满足文化旅游的需求，打造以“WHILE”理念为核心的超级循环运河古镇。在做毕业设计以前觉得毕业设计只是对这几年来所学知识的单纯总结，但是通过这次做毕业设计发现自己的看法有点太片面了。毕业设计不仅是对前面所学知识的一种检验，而且也是对自己能力的一种提高。通过这次毕业设计我明白了自己原来的知识还不够完善，自己要学习的东西还有很多。以前老是觉得自己什么东西都会，什么东西都懂，有点眼高手低。通过这次毕业设计，我才明白学习是一个长期积累的过程，在以后的工作、生活中应该不断地学习，努力提高自己的知识水平和综合素质。

黄玲

很开心能够参加此次联合毕业设计，与其他六所学校的同学一起调研，交流学习。通过这次活动，我受益匪浅。首先，从初期调研到中期汇报到终期答辩，每一次都是很好的学习机会，不仅能在老师的点评后不断调整优化自己的设计，更能吸收别的小组值得学习的优秀地方，让自己不断进步，从不同的视角认识地块、设计地块。其次，在图纸表达和汇报方面，此次联合毕业设计也提供了一次很好的学习机会，相信在我未来的学习和工作中都能有所助益。最后，还要感谢我们的指导老师——杨芙蓉老师的细心指导！

彭珊珊

至此，毕业设计已经完成。一路走来的艰辛和快乐确实有些令人难忘，在此期间，不知道熬了多少夜，掉了多少头发。故余虽愚，终获有所闻。

三生有幸，得遇良师。在此次联合毕业设计完成之际，谨向我的导师邱永谦老师、杨芙蓉老师、曹风晓老师表示衷心的感谢，从学习到生活，从选题到定稿，三位指导老师都给予我无限的帮助。还要感谢其他六所学校老师们的意见和指导，让我在此次毕业设计中在城市设计方面受益良多。

心怀感恩，有幸在大学五年中遇到熊纯、翁生琳、黄玲三位小组成员，在临近毕业之际，我们一同欢笑、一同前进，还在通宵的夜晚不断地互相鼓励。尤其感恩她们对我的无限包容和义无反顾的支持。

此外，也感恩那个从未放弃以及严格要求自我的自己，愿有所成，不负众望！

翁生琳

岁月不居，时节如流，此次设计的结束意味着毕业的落幕。在毕业设计之初，我们来到了杭州调研。二月的杭州有点冷，但是天很蓝，大家都很兴奋，在塘栖我们看到了江南运河、江南古镇以及江南水乡，也了解了很多文化。

在设计中，很有幸得到杨芙蓉、邱永谦、曹风晓三位老师的指导。在老师们的身上我见识了什么叫“师者，传道授业解惑也”，老师们的专业知识渊博，并且严谨地指导我们开展方案设计。感谢老师们的谆谆教诲，希望老师们万事顺意，桃李满园。

海内存知已，天涯若比邻。同时也感谢我的小组成员们，在福建理工大学最后的时光里，有幸与大家成为一组，大家积极认真的态度与团结协作的精神让我们此次的设计圆满地完成了。祝福大家前程似锦，不负韶华。

回顾这半年的毕业设计，我收获了很多。也要感谢自己，“凡心所向，素履所往；生如逆旅，一苇以航”，愿我们眼里有光，未来可期。

熊纯

全国城乡规划专业“7+1”联合毕业设计对我而言是崭新的、具有挑战的、收获满满的一次毕业设计。在杭州实地调研时，我接触到了其他高校的同学，一起分析、探讨基地现状，学习到了不同学校的设计思维。回到学校后与小组成员们深入分析、查阅资料、激发灵感，并且结合本次设计的主题，使得张家墩地块变成一幅极具活力、智慧、高品质的美丽画卷。

在这三个月的毕业设计中，感谢邱永谦老师、杨芙蓉老师、曹风晓老师对我们的悉心教导，以及在迷茫时给我们指引方向；感谢彭珊珊、翁生琳、黄玲三位队友给我的帮助和支持，我们相互陪伴、相互成长，愉快地完成了毕业设计。

严恩惠

在大学五年的最后一道大关中，我选择联合毕业设计是对自己这段人生交出的一份答卷。第一次作为组长参加联合毕业设计，锻炼了我的团队协调能力。而联合的意义在于展现我校的专业能力，学习他校的设计思路优点，我在这一层面大有所获。在设计过程中，与队友的合作，对头脑风暴的汇总，对策略方案的选择，都潜移默化地提升了自身的能力。

钟浩强

回顾团队一路走来的点点滴滴，过程中不免存在或大或小的分歧与矛盾，但是没有碰撞就没有进步，这是我们不断改进方案获得最佳效果的必经步骤。此次合作加强了我们团队的协作性，我们在分歧中不断磨合，在合作中不断找到新的灵感，为团队提供了高质量的策划方案。

黄佳龙

非常荣幸能够代表学校参加此次全国城乡规划专业“7+1”联合毕业设计，并能够在丁老师与汤老师的指导下与几位组员合作共同完成毕业设计。

此次毕业设计不仅仅是对原有城市设计知识体系的运用与贯通，更是在老师的指导与自身的探索下的学习与深化。在老师们的指导与指引下，我们将设计思路从原先关注形体的模式化空间设计，转向空间与理念相结合的城市设计方法，以理性与数字化的城市设计分析方法为规划基础，结合本土化的区域基因去构想地块形态与发展，并在最后发散构想出可生长的、符合未来城市发展趋势的、精神与空间共融共生的城市营建模式。虽然在这个过程中不断碰壁、撞墙，但最后收获满满，体验了思维的跃迁。不仅仅是在学习方面，在设计的过程中团队内部也经历了不断磨合、竞合的过程，但在老师的引导下，都成为作品不断向好发展的动力，更让我们收获了最真挚的情谊。

林佳怡

通过本次联合毕业设计这一宝贵的机会，我加强了对于城市设计的理解，感受到了对城市进行设计所给予城市发展和更新的新机遇、古镇与现代技术的新碰撞。在实地调研中，我们对基地进行了由浅入深的了解，并且在整个设计过程中不断结合实际，做出最适合塘栖本身的设计方案，通过数据的支持与对未来的展望，串联支撑起最终的方案。

与组员协调合作，与指导老师及时沟通反馈，在这个过程中，痛苦与快乐并存，遗憾与不足参半。这不仅是对我专业能力的一次提升，也是对我心智与协作精神的一次挑战。在大家的努力下，我们最终为本科生涯划上了满意的句号，也在其他院校同学的作品中了解到自身的不足，时刻谨记人外有人，学无止境。

翁宇珍

这次毕业设计可以说是对五年来学习成果的一次检验与巩固。在设计过程中，我们学习到了很多的专业知识，尤其是如何将理念贯彻到整个方案中，这是对于从前学习不足的一个补充。通过这次毕业设计，我们也对城市设计有了更深的理解，不仅是对基地发展的思考，也是对未来城市发展模式的一种畅想。另外，在设计中四个人的合作锻炼了我们团队协作的能力，同时在合作过程中我们收获了最真挚的友谊。非常感激丁老师与汤老师在这次毕业设计中对我们的耐心指导，不仅在城市设计方面，更是对我们未来的学习和发展给予了很多的引导。我相信这次城市设计不仅是对五年学习的圆满收尾，更是一个好的起点，将成为我们在规划学习道路上的一个重要节点。

吴沈松

非常荣幸能参加全国城乡规划专业“7+1”联合毕业设计，从塘栖镇的现场调研到中期汇报再到终期答辩，一路走来，无论是对于我的专业知识还是实践能力都起到了很大的提升作用。对我来说，这是一次难能可贵的体验。

历时三个多月，从最开始的结构梳理、理念生成到中期的方案成型、策略落实再到最后的专题研究、价值升华，我们争吵过、嬉笑过也崩溃过，但是感谢我的组员和悉心教导我们的两位指导老师，最终我们都完成了自己的毕业设计。

一路走来，我根本没想到最终能完成这么大的工作量。虽然经常熬夜，偶有争吵，但是这一次合作更加深了我们的同学友谊和师生情谊。这一次的实践经历必将作为宝贵的精神财富，陪我在未来的规划道路上一直走下去。

2023 全国城乡规划专业七校联合毕业设计大事记

选题

2022.12.11 线上

浙江工业大学屏峰校区 设计与建筑学院 / 腾讯会议

· 项目背景和选题情况

· 设计基地航拍视频播放

· 各校老师提问交流

· 选题及教学组织研讨会

开题

2023.2.23—2023.2.26 杭州

杭州塘栖古镇 杭州运河塘栖雷迪森庄园

· 2023.2.23、2023.2.24 各校学生混编集体调研

· 2023.2.25 开题会议

· 2023.2.25 补充调研及调研汇报成果制作

· 2023.2.26 调研成果分组汇报、成果交流

· 2023.2.26 七校教师教学交流会

中期

2023.4.14、2023.4.15 杭州

浙江工业大学屏峰校区 设计与建筑学院

· 中期成果分组汇报

· 基地补充调研

答辩

2023.6.2—2023.6.4 福州

福建理工大学旗山校区 建筑与城乡规划学院

· 最终成果分组答辩

· 设计成果观摩展览

· 联合毕业设计评优及教师座谈会

后记
POSTSCRIPT

第十三届全国城乡规划专业“7+1”联合毕业设计在经历了不平凡的三年线上教学后，2023 年终于重回了正轨。能够有机会组织各校来杭参与实地调研、中期汇报，看着各校老朋友熟悉的面容和新朋友热情的笑脸，心生无限荣幸、珍惜与感动！本书即为此次联合毕业设计教学活动的过程记录和成果呈现。各校师生热情饱满、构思活跃，使得本次活动硕果累累。在此，真诚地感谢北京建筑大学、苏州科技大学、山东建筑大学、安徽建筑大学、福建理工大学和浙江科技学院的师生，以及浙江省城乡规划设计研究院、杭州临平大运河科创城建设指挥部、浙江省国土空间规划学会人才培养专业委员会等单位的领导与专家的辛劳和付出。

在此特别感谢浙江省城乡规划设计研究院有限公司城市规划设计三分院的蔡健院长和华力副院长对本次联合毕业设计活动的大力支持，从选题、选址、编制设计任务书、提供资料到前期调研，他们倾注了大量时间和精力参与此次教学活动，并多次提供专业的指导和无私的帮助，这种扎实严谨的治学态度和以培养新时代规划师为己任的无私情怀使我们深受感动、获益匪浅。

同时还要感谢杭州临平大运河科创城建设指挥部提供的资料支持和现场协助；感谢在选题会上做出精彩报告的杭州市规划设计研究院城市发展与历史保护研究所华芳所长；感谢福建理工大学师生承担了此次联合毕业设计的终期答辩和成果展览，并为答辩的顺利、圆满进行做了大量的工作；感谢浙江工业大学教务处金伟娅副处长、设计与建筑学院陈前虎院长和陈炜副院长、设计与建筑学院城乡规划系主任周骏副教授的大力支持；也感谢全程参与此次联合毕业设计筹备、组织、指导等各项工作的浙江工业大学联合毕业设计指导教师组徐鑫、龚强、丁亮、孙莹、陈梦微、李凯克老师，以及在开题和中期活动中参与志愿服务的 2020 级、2021 级的本科学生。

感谢华中科技大学出版社的简晓思编辑，她对工作的耐心、细心和用心，促成了此次作品集的顺利出版。

期待全国城乡规划专业“7+1”联合毕业设计越办越好！

浙江工业大学设计与建筑学院

第十三届全国城乡规划专业“7+1”联合毕业设计指导教师组

2023 年 7 月